用电检查
培训教材

国网浙江省电力公司营销部
国网浙江省电力公司培训中心　组编

中国电力出版社
CHINA ELECTRIC POWER PRESS

内 容 提 要

为了有效提高用电检查人员的从业素质和综合业务能力，结合新形势下对用电检查工作的实际需求，浙江省电力公司营销部组织有关专家编写了本书。全书共十一章，主要内容包括基础知识、仪器仪表与设备、法律与法规、业务基础、业扩工程管理、供用电合同、现场检查、重要电力用户管理、用户电气事故处理与调查分析、优化用电和典型行业停电事故案例分析。

本书具有很强的系统性、实用性和前瞻性，涵盖了国家和电力行业最新的政策、标准、规程、规定以及新知识、新技术、新设备、新工艺；本书的另一亮点是列举了大量的实际案例，对广大一线工作人员具有较强的参考和指导意义。

本书可作为供电企业用电检查工作人员的培训教学用书，也可作为电力职业院校教学参考书。

图书在版编目（CIP）数据

用电检查培训教材/国网浙江省电力公司营销部，国网浙江省电力公司培训中心组编. —北京：中国电力出版社，2015.1（2020.7重印）
ISBN 978-7-5123-3835-7

Ⅰ.①用… Ⅱ.①国…②国… Ⅲ.①用电管理-技术培训-教材 Ⅳ.①TM92

中国版本图书馆 CIP 数据核字（2012）第 300476 号

中国电力出版社出版、发行
（北京市东城区北京站西街 19 号　100005　http://www.cepp.sgcc.com.cn）
北京雁林吉兆印刷有限公司印刷
各地新华书店经售

*

2015 年 1 月第一版　　2020 年 7 月北京第五次印刷
787 毫米×1092 毫米　16 开本　25.5 印张　682 千字
印数 7001—11000 册　　定价 65.00 元

编 委 会

前　言

电力的安全、可靠、有效供应是现代社会正常运转、快速发展的重要物质基础，事关经济的发展、社会的稳定和国家的安全大局。用电检查工作是电网经营企业的一项重要的基础性工作，也是保障正常的供用电秩序和社会公共安全的重要手段。《电力法》第三十二条明确："对危害供电、用电安全和扰乱供电、用电秩序的，供电企业有权制止。"《用电检查管理办法》对供电企业用电检查人员开展工作的准则和必须遵守的纪律做出了明确规定。实践证明，用电检查工作在贯彻国家电力法规、方针、政策、标准、规章制度，帮助用户安全科学用电，维护电力用户合法权益，保障公共电网安全方面发挥了积极作用，是供电企业与客户之间沟通的桥梁和纽带。

随着电力事业的迅猛发展和电力体制改革的不断推进，用电检查的工作由"监察、检查、指导、帮助"改变为"服务、检查、指导、帮助"；其工作的性质也由政企合一的行政职能转变为单一的企业行为。用电检查工作既肩负着保障正常的供用电秩序和社会公共安全的重任，也承担着向用户提供安全和优化用电服务，普及电力法律法规、电费电价、节能技术等知识，提高全社会安全用电、科学用电水平的义务。因此，用电检查人员不仅要具有良好的政治觉悟、职业道德以及正确的服务理念，而且需要具备扎实的电力和法律知识、丰富的实践经验及较宽的知识面；既能熟练运用各种电力法律、法规，又要精通各项电力技术、安全用电等相关规章制度和标准，还要具备较强的善于与客户沟通联系的能力。

近几年来，国家对做好安全生产、保障公共安全越来越重视，要求把安全生产工作摆在重中之重的位置，把坚持科学发展、安全发展的指导思想和理念落实到生产、经营、建设的每一个环节。电网公司作为国家能源供应企业，在保障电力供应，维护公共安全方面承担着重要的社会责任。

通过十几年的用电检查工作实践，以国家电网公司为代表的供电企业不断开拓创新、认真履行职责，始终将服务社会、服务客户、服务地方政府、服务发电企业的理念贯穿于整个用电检查过程，并将服务客户安全、科学用电自觉地作为供电企业永恒的服务主题，坚持践行"诚信、责任、创新、奉献"的企业精神，自觉承担起普遍服务义务，履行社会的责任，对保障和促进电力工业的改革和发展、促进国民经济发展和满足人民日益增长的生活需求，产生了积极而又深远的影响，开创了供电企业与电力用户双赢的良好局面。

依法进行用电检查的工作理念在供电企业中不断得到了加强，用电检查专业的工作方式发生了很大变化。依托电力营销系统软件，以客户安全用电服务工作需求为核心，使用电检查工作逐步走向了规范化、标准化、程序化管理。对近几年用电检查工作涌现出来的许多行之有效的方法和良好的经验进行总结、提升，扩大丰富了用电检查服务的内涵。如通过用电检查开展电力用户的安全用电教育；通过用电检查开展电力用户的优化用电指导；帮助指导、编制高危及重要用户的停电应急预案、并与供电企业联动开展应急预演；共同完成用户各类保供电工作；积极配合政府部门开展节能减排和电力需求侧管理工作；做好新技术、新工艺、新设备的推广应用等。

为了有效提高用电检查人员的从业素质和综合业务能力，结合新形势下对用电检查工作的实际需求，浙江省电力公司营销部组织有关专家，编写了《用电检查培训教材》。

本书内容不仅具有很强的专业性、系统性、针对性、实用性，而且具有一定的前瞻性。本书涵盖了国家和电力行业最新的政策、标准、规程、规定以及新知识、新技术、新设备、新工艺，并融入了大量成功的创新、经验、案例和亮点等。尤其是一线工作的成功案例，都是基层用电检查人员的实际工作智慧和经验的总结。他们在日常工作中刻苦钻研，勤于思考，形成了大量适合实际的工作思路和方法。例如优化用电等典型优秀案例，本书都给予了详细的介绍，希望对实际工作有所启发，并能得到推广应用。

本书可作为供电企业用电检查人员岗位培训和资格考核认定的专业教材，也可作为供电企业用电检查人员必备的工作手册，还可作为广大电力用户电气专业运行、作业、管理人员的培训参考资料。

本书在编写过程中得到了营销资深专家方耀明高级工程师的悉心指导，在此表示衷心地感谢。由于时间仓促，加之水平有限，书中不当之处在所难免，敬请广大读者提出宝贵意见。

编　者

2014 年 8 月

目　录

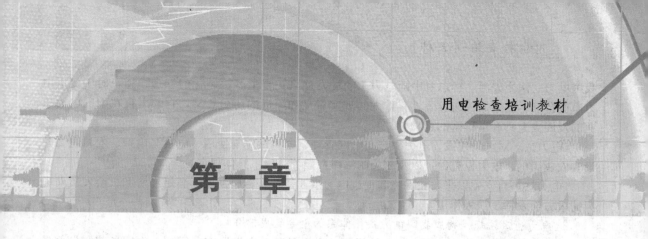

第一章

基 础 知 识

第一节 供用电法律法规

一、电力法规体系

（一）电力法规的演变

当今各发达国家，无一不是靠强化法律手段来调整电力供应与使用法律关系，规范供用电及供用电管理行为的。美、英、日、法等国家是供用电管理法规比较健全的国家，也是世界上对电力立法较早的国家。世界各国的《电力法》的名称不尽相同，有的称为《电力法》，有的称为《电业法》，有的称为《电力事业法》，但其内容都是调整电力建设、电力生产、电力供应和电力使用的社会经济关系，规范电力投资、经营和使用行为的法律规范。

我国的电力立法工作起步较晚，为了调整供用电关系，在 1953 年原燃料工业部起草，并经原政务院财经委员会批准，颁发了我国第一部适用于全国的电力规范性规定——《供用电暂行规则》（1963 年修订后改名为《全国供用电规则》），使我国供用电行为真正进入了法制化轨道。

随着国家建设的发展，供用电业务也在不断地发生变化，全国各地在执行"规则"中出现了许多新的情况和新的问题。为适应这些变化，1963 年、1972 年、1983 年原水利电力部三次组织对《全国供用电规则》作了修订，分别由国家经济委员会、国家计划委员会和国家经济委员会颁布实施。

《全国供用电规则》的形成，是经过多年实践，总结正反两方面经验的结晶，尤其是 1983 年修订完善的《全国供用电规则》，在调整供用电关系，加强供用电管理，保证正常供用电，起到了不可磨灭的历史作用。

1995 年 12 月 28 日，第八届全国人民代表大会第十七次会议正式通过了《中华人民共和国电力法》（以下简称《电力法》），自 1996 年 4 月 1 日起施行。《电力法》的颁布和施行，标志着我国电力法制建设进入了新纪元。

（二）电力法规体系的构成

我国的电力法规体系可分四个层次，即电力法、电力行政法规、电力地方性法规和电力规章。

1.《电力法》是我国电力法律体系的基石

1995 年 12 月 28 日颁布的《电力法》一直沿用至今，属于特别法的范畴。它的颁布开创了我国电力立法之先河，标志着中国电力工业的发展真正走上了法制化的管理轨道，对于促进电力事业持续、健康、快速发展具有重大的现实意义和深远的历史意义，它的出台在中国电力事业的发展史上具有里程碑的意义。

《电力法》对电力建设、电力生产与电网管理、电力供应与使用、电价与电费、农村电力建设和农业用电、电力设施保护以及相关的法律责任等做出了具体规定。

《电力法》自实施以来，在保障和促进电力事业持续、健康发展，满足经济和社会发展对电力需求方面发挥了积极作用。

2. 电力行政法规是构成我国电力法律体系的重要组成部分

电力行政法规是依据《电力法》的授权，根据我国电力发展实际需要，由国务院制订并颁布的与电力行业相关的行政法规。现行的电力行政法规，主要包括：《电力供应与使用条例》、《电力设施保护条例》、《电网调度管理条例》和《电力监管条例》等四个条例。

除上述已颁布的四个电力行政法规外，实际上《电力法》在颁布的同时还授权国务院制定其他一些电力行政法规，如：授权制定《电价管理办法》和《农业和农村用电管理办法》（《电力法》第三十七条规定："上网电价实行同网同质同价。具体办法和实施步骤由国务院规定"；第四十五条规定："电价的管理办法，由国务院依照本法的规定制定"；第五十一条规定："农业和农村用电管理办法，由国务院依照本法的规定制定"）。

另外，除上述《电力法》中已明确要求制订的有关管理办法外，国务院还可以根据电力体制改革的需要，有权制定电力市场运营规则方面、电力环保方面等行政法规、或者出台其他一些电力管理的具体规定，这些出台的规定，也属于电力行政规范的范畴。

3. 电力规章是我国电力法规体系的具体实施性文件

电力规章指国务院电力管理部门和省、自治区、直辖市人民政府制定与电力相关、指导实施作业行为的规章制度和规定。

这些行业规章制度，主要是有权颁布机构，根据电力行业发展的实际需要及特定时期所发生的带普遍性的问题，依据法律或其他行政法规的授权，颁布的一些针对某一方面问题的规章制度和规定。

目前已颁布的综合性电力规章主要包括：《电力设施保护条例实施办法》、《供电监管办法》、《供电营业区划分及管理办法》、《用电检查管理办法》、《居民用户家用电器损坏处理办法》、《供电营业规则》、《电力进网作业许可证管理办法》等。

这些规章的公布实施，标志着全方位、多层次的电力法规体系的全面搭建，为我国依法治电工作的开展提供了全方位的法律保障。

4. 电力地方性法规是我国电力法规体系的必要补充

电力地方性法规指由省（自治区、直辖市）级人民代表大会及其常委会制定发布的涉电地方性法规。

近年来，相关省、自治区、直辖市针对本地方在实施国家电力法律、法规中遇到的情况和问题，出台了一些地方性法规。这些地方性法规也应属于我国电力法规体系的重要组成部分。如：《江西省反窃电办法》、《北京市预防和查处窃电行为条例》、《辽宁省反窃电条例》、《云南省查处窃电行为条例》等。

另外，省（自治区、直辖市）政府所在地市级政府以及部分有独立立法权的市级政府，制定公布的有关电力的地方政府规章，作为电力法规体系的有益补充，对促进本地区范围内电力事业的发展发挥了很大作用。如 2011 年 5 月 25 日，济南市第十四届人民代表大会常务委员会审议通过。2011 年 7 月 29 日，山东省第十届人民代表大会常务委员会批准，发布的《济南市电力管理条例》。

二、电力营销相关法规

（一）《电力法》

1. 电力法的基本内容

现行的《电力法》是 1995 年 12 月 28 日由中华人民共和国第八届全国人民代表大会第十七次会议通过，自 1996 年 4 月 1 日起开始施行。其内容包括：总则、电力建设、电力生产和电网管理、电力供应与使用、电价与电费、农村电力建设和农业用电、电力设施保护、监督检查、法律责任、附则，并附有相关的刑法条款。

2. 《电力法》明确的权利和义务

《电力法》中明确的权利和义务，涉及许多方面。归纳起来主要包括：

（1）电力投资者和电力建设单位的权利义务。

电力投资者和电力建设单位赋有的权利：①电力投资者对其投资形成的电力，享有法定权益，并可优先使用。②法律维护电力投资的合法权益。③电力建设用地受法律保护。

电力投资者和电力建设单位应承担的义务：①电力建设应当符合电力发展规划，符合国家产业政策。②电力建设不得使用国家明令淘汰的电力设备和技术。③输变电工程、调度通信自动化工程等电网配套工程和环境保护工程，应当与发电工程项目同时设计、同时建设、同时验收、同时投入使用。④电力建设项目使用土地时，应当依照有关法律、行政法规的规定办理，依法征用土地的，应当依法支付土地补偿费和安置补偿费，做好迁移居民的安置工作，并且，应当贯彻保护耕地、节约利用土地的原则。

（2）电力企业的权利义务。

电力企业赋有的权利：①具有统一调度权利。电网运行实行统一调度，分级管理。②供电专营权利。一个供电营业区内只设一个供电单位，供电企业在批准的供电营业区内向用户供电。③对违法行为的制止权利。对危害供电、用电安全和扰乱供电、用电秩序的，供电企业有权制止。④依法收费的权利。供电企业按照国家标准的电价和用电计量装置的记录，向用户计收电费和有关费用。⑤用电检查和抄表收费的权利。供电企业查电人员和抄表收费人员有权对用户进行用电安全检查和抄表收费。⑥提出电价方案的权利。上网电价，由电力生产企业和电网经营企业协商提出方案；互供电价，由联网双方协商提出方案；销售电价，由电网经营企业提出方案，报有关物价行政主管部门核准。⑦中止供电的权利。对窃电用户和不按规定期限交纳电费或拖欠电费严重的用户，可以按法定程序中止供电。

电力企业应承担的义务：①持续供电的义务。电网运行应当连续、稳定、保证供电可靠性。电力企业应当对电力设施定期进行检修和维护，保护其正常运行。②保证供电质量的义务。供电企业应当保证给用户的供电质量符合国家标准。对公用供电设施引起的供电质量问题，应当及时处理。用户对供电质量有特殊要求的，供电企业应当根据其必要性和电网的可能，提供相应的电力。③普遍服务的义务。供电营业区内的供电营业机构，对本营业区内的用户有按照国家规定供电的义务，不得违反国家规定对其营业区内申请用电的单位和个人拒绝供电。④依法经营的义务。供电企业不得擅自变更电价；不得在收取电费时，代收其他费用。供电企业应当在其营业场所公告用电的程序、制度和收费标准，并提供用户须知资料。供电企业查电人员和抄表收费人员在进行用电安全检查或者抄表收费时，应当出示有关证件。

（3）用电人的权利与义务。

用电人赋有的权利：

1）有申请用电的权利和依法用电的权利。

2）有投诉的权利。用户对供电企业中断供电有异议的，可以向电力管理部门投诉。

用电人应承担的义务：

1）保护电力设施用地的义务。任何单位和个人不得非法占用变电设施用地、输电线路走廊和电缆通道。

2）依法办理用电手续的义务。申请新装用电、临时用电、增加用电容量、变更用电和终止用电，应当依照规定的程序办理手续。

3）维护正常供用电秩序的义务。用户用电不得危害供用电安全和扰乱供、用电秩序。

4）依法交纳电费的义务。用户应当按照国家核准的电价和计量装置的记录，按时交纳电费；对供电企业用电检查人员和抄表收费人员依法履行职责，应当提供方便。

5）服从电网统一调度的义务。任何单位和个人不得非法干预电网调度，电力生产企业、供电企业和用户都必须服从调度机构的调度指令。

3.《电力法》所涵盖的法律责任

《电力法》确立的法律责任包括民事责任、行政责任和刑事责任。

（1）民事责任。

民事责任，是指违法行为人对其侵害的权利的补救，也是人民法院保护民事权利的具体方法和制裁不法行为的具体措施。

《电力法》有关民事责任的内容主要包括：

1）违反《供用电合同》的民事责任，即一方或双方发生的违约责任。

2）电力企业未保证供电质量或未事先通知用户中断供电，依法承担赔偿的特定民事责任。

3）电力运行事故损害赔偿责任及免除责任。

（2）行政责任。

行政责任，是由于行为人违反行政法律义务，国家行政机关依法给予的一种行政制裁。它包括惩罚性的行政责任和补救性的行政责任。行政责任的形式包括行政处分和行政处罚。

《电力法》对行政责任的内容主要包括：

1）非法占用变电设施用地、输电线路走廊或者电缆通道的，由县级以上地方人民政府责令限期改正；逾期不改正的，强制清除障碍。

2）电力建设项目不符合电力发展规划、产生政策的，由电力管理部门责令其停止建设。

3）电力建设项目使用国家明令淘汰的电力设备和技术的，由电力管理部门责令其停止使用，没收国家明令淘汰的电力设备，并处五万元以下罚款。

4）未经许可从事供电或者变更营业区的，由电力管理部门责令改正，没收违法所得，可以并处违法所得五倍以下的罚款。

5）供电企业拒绝供电或者中断供电的，由电力管理部门责令其改正，并给予警告；情节严重的，对有关主管人员和直接责任人员给予行政处分。

6）危害供电、用电安全或者扰乱供电、用电秩序的，由电力管理部门责令其改正，并给予警告；情节严重或者拒绝改正的，可以中止供电，可以并处五万元以下的罚款。

7）未按照国家核准的电价和用电计量装置和记录向用户计收电费、超越权限制定电价或者在电费中加收其他费用的，由物价行政主管部门给予警告，责令返还违法收取的费用，可以并处违法收取费用五倍以下的罚款；情节严重的，对有关主管人员和直接责任人员给予行政警告，责令返还违法收取的费用，可以并处违法收取费用五倍以下的罚款；情节严重的，对有关主管人员和直接责任人员给予行政处分。

8）减少农业和农村用电指标的，由电力管理部门责令其改正；情节严重的，对有关主管人员和直接责任人员给予行政处分；造成损失的，责令其赔偿损失。

9）未经批准或者未采取安全措施，在电力设施周围或者在依法制定的电力设施保护区域内进行作业、危及电力设施安全的，由电力管理部门责令其停止作业，恢复原状并赔偿损失。

10）在依法划定的电力设施保护区内修建建筑物、构筑物或者种植物、堆放物品，危及电力设施安全的，由当地人民政府责令其强制拆除、砍伐或者清除。

11）阻碍电力建设或者电力设施抢修；扰乱电力生产企业、变电站、电力调度机构和供电秩序的；殴打、污辱履行职务的查电人员或者抄表收费人员；拒绝、阻碍电力监督、检查人员依法执行职务的，由公安机关给予治安管理处罚。

（3）刑事责任。

刑事责任，是指行为人因实施了法律所禁止的行为，触犯了刑法所承担的刑事法律后果。

《电力法》有关刑事责任的内容主要包括：①盗窃电能。②盗窃电力设施或者以其他方法破坏电力设施、危害公共安全。③电力管理部门工作人员滥用职权、玩忽职守、徇私舞弊。④电力企业职工违反《电力法》的有关规定，应当承担的刑事责任。

（二）《电力供应与使用条例》

1.《电力供应与使用条例》的制订

"国家对电力供应和使用，实行安全用电、节约用电、计划用电的管理原则。电力供应与使用办法由国务院依照本法的规定指定。"根据《电力法》第二十四条的授权，在1996年4月17日，国务院以196号令的形式发布了《电力供应与使用条例》，并明确该条例自1996年9月1日起施行。《电力供应与使用条例》在法的形式上属于行政法规类，它是具有法律效力的规范性文件，是全面调整供用电关系的基本供用电法规。

2.《电力供应与使用条例》的基本内容

《电力供应与使用条例》共有九章四十五条。

第一章为"总则"，共七条。该章主要明确了制订《电力供应与使用条例》的目的和适用范围；规定《电力供应与使用条例》适用的主体及电力供应和使用的原则规定。

第二章为"供电营业区"，共四条。该章主要明确了电力的专营性。供电企业必须要在批准的供电营业区内供电、一个供电营业区内只设一个供电营业机构和并网运行的电力生产企业送入电网的电力、电量由供电营业机构统一经销；明确供电营业区确定的权限机构为各级政府管理部门、用户用电容量超过供电营业区的供电能力的由电力管理部门指定供电单位；明确供电营业区划定的原则为"根据电网结构和供电的合理性"。

第三章为"供电设施"，共七条。该章主要明确供电设施的规划、建设主体；明确供电设施的建设和运行要求；明确供电设施建设、管理和使用，各方责任和义务。

第四章为"电力供应"，共十条。该章主要明确了供电方在电力供应过程中的义务；规定用电方在电力供应过程中必须履行的配合义务。

第五章为"电力使用"，共三条。该章主要对电力管理部门、供电企业和用户，三方在电力使用过程的责任和行为进行了规范。

第六章为"供用电合同"，共四条。该章规定电力供应必须以签订供用电合同为前提，并对合同的签订、履行及解除作了原则性的规定。

第七章为"监督与管理"，共两条。该章规定了各级电力管理部门加强对供用电监督管理的权限、范围、纪律等事项和规定了用户电工及电力设施承装、承修、承试单位必须持证上岗。

第八章为"法律责任"，共七条。该章规定了违反条例行为应承担的行政法律责任、民事法律责任、经济法律责任和刑事法律责任的形式、种类及应当受到的处罚措施等。

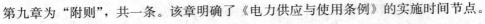

第九章为"附则"，共一条。该章明确了《电力供应与使用条例》的实施时间节点。

（三）《供电营业规则》

1.《供电营业规则》制定

"为加强供电营业管理，建立正常的供电营业秩序，保障供用双方的合法权益，根据《电力供应与使用条例》和国家有关规定，制定本规则。"《供电营业规则》由原国家电力工业部于1996年正式颁布实施。它是《电力法》、《电力供应与使用条例》最重要的配套规章，是我国电力法律体系中的重要组成部分，是指导全国供电营业工作的基本法规。

2.《供电营业规则》的基本内容

《供电营业规则》共十章，一百零七条。

第一章是"总则"，共四条。该章主要说明了《供电营业规则》制定的目的和法律依据；《供电营业规则》的调整范围；供用双方在供电营业过程中必须遵守的基本原则和《供电营业规则》的基本要求。

第二章是"供电方式"，共十一条。该章主要明确供电企业对用户供电的品质；明确供用双方确定供电方式的一些基本原则。

第三章是新装、增容与变更用电，共二十一条。该章详细规定了供、用双方发生（办理）各类营业业务（包括新装、增容与变更用电）过程中，必须遵循的基本规则和有关程序要求。该章节是《供电营业规则》最核心的内容之一，也是确定电费计算方式的重要支撑依据。

第四章是"受电设施建设与维护管理"，共十五条。该章明确了因营业行为的发生，而引发的内外部电力设施建设工程和后续维护管理过程中，供用双方的责任、义务的确定与分界；同时对受电工程的建设标准做出了一些原则性的规定。

第五章是"供电质量与安全供用电"，共十八条。该章主要明确了供电企业向用户提供电能的质量与有关服务要求，同时明确了为保障电力系统电能质量，用户所应承担的配合义务。

第六章是"用电计量与电费计收"，共十九条。该章主要规定了供、用双方贸易结算电能计量装置配置、安装、运行管理和异常处理的相关规定；明确了供、用双方建立供用关系后电费结算的基本原则。

第七章是"并网电厂"，共三条。该章主要是对供电企业与"并网电厂"这一特定用户发生营业业务，做出的一些特殊（补充）规定。

第八章是"供用电合同与违约责任"，共八条。该章主要强调供、用双方实现供电的基本要求，即签订《供用电合同》，并且对供用电合同签订的内容，合同的格式、签订（变更）合同的程序及供用双方违反合同约定应承担的责任等，进行了原则性的规定。

第九章是"窃电的制止与处理"，共五条。该章主要是对"窃电"这一严重危害供用电秩序行为的认定，处理方式（包括窃电量的认定）和附带的奖罚措施做了一些原则性的规定。

第十章是"附则"，共两条。分别明确了各网（省）经营企业具有制订实施细则的权利（进行授权）和《供电营业规则》的时间效力。

（四）《供电监管办法》

1.《供电监管办法》的制定

《供电监管办法》是国家电监会在2009年11月26日正式颁布，于2010年1月1日正式开始实施的一个部门规章。这部规章是在2005年颁布的《供电服务监管办法（试行）》的基础上，根据新形势对供电和供电监管工作的新要求，进一步深化、完善后修订出台的，是监管机构开展供电监管工作指导供电企业不断加强和改进供电服务的重要法律依据。

《供电监管办法》的制订，溯源于《电力监管条例》。主要涉及《电力监管条例》第一章总则、第二章监管机构、第三章监管职责、第四章监管措施、第五章法律责任中的相关内容。如，《电力监管条例》第十八条"电力监管机构对供电企业按照国家规定的电能质量和供电服务标准向用户提供供电服务的情况实施监管等"，授权确定了《供电监管办法》中关于监管内容的合法性。

2.《供电监管办法》的主要内容

《供电监管办法》共五章四十条。

第一章是"总则"，共五条。该章主要是对《供电监管办法》基本内容的原则性、概括性规定，分别对制定办法的目的、供电监管机制、供电监管原则、供电监管对象和对违法行为投诉举报作了原则规定。总则对本法具有总的指导意义，准确理解"总则"内容，是把握和适用办法的基础。

第二章是"监管内容"，共二十条。该章分别对监管供电企业的供电能力、供电质量、供电安全保障、供电服务、供电市场行为、执行国家规定的成本规则、执行国家规定的电力行政许可规定、节能减排等20项监管内容进行了详细的规定。

第三章是"监管措施"，共六条。该章是关于电力监管机构履行供电监管的具体方法和程序的规定，分别明确了电力监管机构包括信息报送、信息系统审查、现场检查、用户满意度调查等各种监管措施。同时对供电企业不执行或违反国家有关供电监管规定时，电力监管机构可以采取的措施进行了规定。

第四章是"罚则"，共七条。该章主要规定了电力监管机构从事监管工作的人员、供电企业以及其他有关人员，违反办法规定应当承担的行政和刑事等法律责任。

第五章是"附则"，共二条。该章主要是对《供电监管办法》条文内容的补充和《供电监管办法》时间效力的说明。

三、电力营销业务相关法律说明

（一）供用电合同

1.《供用电合同》的地位

《合同法》一百七十六条规定："供用电合同是供电人向用电人供电，用电人支付电费的合同。"第一百七十七条规定："供用电合同的内容包括供电的方式、质量、时间，用电容量、地址、性质，计量方式，电价、电费的结算方式，供用电设施的维护责任等条款。"第一百七十八条规定："供用电合同的履行地点，按照当事人约定；当事人没有约定或者约定不明确的，供电设施的产权分界处为履行地点。"第二十七条规定："电力供应与使用双方应当根据平等自愿、协商一致的原则，按照国务院制定的电力供应与使用办法签订供用电合同，确定双方的权利和义务。"

《合同法》与《电力法》都规定了电力供应和使用必须签订供用电合同。供电人与电力使用人是两个地位平等的民事主体，在正式使用电力前签订《供用电合同》既是实际交易行为的需要，也是一种法定的义务。

2.《供用电合同》应包含的内容

《合同法》第一百七十九条规定："供电人应当按照国家规定的供电质量标准和约定，安全供电。供电人未按照国家规定的供电质量标准和约定安全供电，造成用电人损失的，应当承担损害赔偿责任。"第一百八十二条规定："用电人应当按照国家有关规定和当事人的约定及时交付电费。用电人逾期不交付电费的，应当按照约定支付违约金。经催告用电人在合理期限内仍不交付电费和违约金的，供电人可以按照国家规定的程序中止供电。"第一百八十三条规定："用电人应当按照国家有关规定和当事人的约定安全用电。用电人未按照国家有关规定和当事人的约定安全用电，造成供电人损失的，应当承担损害赔偿责任。"

《电力使用与供应条例》第三十三条规定："供用电合同应当具备以下条款：（1）供电方式、供电质量和供电时间；（2）用电容量和用电地址、用电性质；（3）计量方式和电价、电费结算方式；（4）供用电设施维护责任的划分；（5）合同的有效期限；（6）违约责任；（7）双方共同认为应当约定的其他条款。"

《合同法》及《电力供应与使用条例》以不同的形式，明确了《供用电合同》应该包含的基本内容。

3. 《供用电合同》的订立、变更和解除

（1）合同的订立。

《合同法》第十三条规定："当事人订立合同，采取要约、承诺方式。"《合同法》第十四条规定："要约是希望和他人订立合同的意思表示。"这些是合同订立的前提条件。

用电人向供电人提出用电申请（提出要约），供电人在接受用电人的申请后，首先应完成对用电人提出申请的有效性进行审查，再根据自己的供电能力，决定是否供应电力（做出承诺）。

《电力法》第二十七条规定："电力供应与使用双方应当根据平等自愿、协商一致的原则，按照国务院制定的电力供应与使用办法签订供用电合同，确定双方的权利和义务。"按照法律规定，供、用双方签订的《供用电合同》必须采用书面形式。

《电力法》第二十六条规定："供电营业区内的供电营业机构，对本营业区内用户有按照国家规定供电的义务；不得违反国家规定对其营业区内申请用电的单位和个人拒绝供电。"供电营业区的专属性，同时决定了供电企业必须要比其他一般企业承担更加确定的义务：供电企业无正当理由不得拒绝用户的用电申请。

（2）合同的变更。

合同的变更，是指在依法成立的合同于其尚未履行或者尚未完全履行完毕之前，由当事人达成协议而对其内容进行修改和补充的行为。合同的变更，一般仅仅涉及合同内容的局部变更，而不变更双方当事人。

如：在供用电合同有效期内，用电方因故需要改变供用电合同中约定的电费缴费账号时，只要在正式变更前通知供电方，并征得供电方的认可（办理相应的变更手续），其变更就将依法自动生效。这种不影响合同主体有效性，只是对合同部分内容的调整的行为，就是合同的变更行为。

在一般情况下，合同的变更与合同的订立一样，是双方法律行为，必须双方当事人协商一致，并在原来合同的基础上达成新的协议；但是在基于法律的直接规定变更合同，或者在情势变更的情况下，无须征得对方当事人的同意，单方变更合同也能产生法律上的效力。

如国家有权行政部门发布通知，调整用户的分类电价。供电方按照通知规定电价（《供用电合同》约定内容，同样具有法律效力）。当然对这种情形，一般要求在事后能及时向对方说明。

（3）合同的解除。

合同的解除，是指在合同有效成立以后，当解除的条件具备时，当事人一方或双方的意思表示，使合同关系自始或仅向将来消灭的行为。

合同的解除具有如下特征：（1）合同的解除仅适用于已有效成立的合同；（2）合同的解除须达到一定的条件；（3）合同的解除必须有解除行为。解除权依单方面意思表示即可成立。

依据解除权发生的依据不同，可将解除权分为法定解除权和约定解除权。

《合同法》第九十四条规定："有下列情形之一的，当事人可以解除合同：（1）因不可抗力致使不能实现合同目的；（2）在履行期限届满之前，当事人一方明确表示或者以自己的行为表明不履行主要债务；（3）当事人一方迟延履行主要债务，经催告后在合理期限内仍未履行；（4）当事人一方迟延履行债务或者有其他违约行为致使不能实现合同目的；（5）法律规定的其他情形。"只要符合上述条件之一的，合同另一方就可以行使法定解除权，依法解除合同。

约定解除权是合同当事人在合同成立之后生效之前约定保留解除合同的权利。合同双方当事人在合同订立时预先规定合同解除的条件，当条件成立时，合同当事人一方即可行使解除权。

《合同法》第九十六条规定："当事人一方依照本法第九十三条第二款、第九十四条的规定主张解除合同的，应当通知对方。合同自通知到达对方时解除。对方有异议的，可以请求人民法院或者仲裁机构确认解除合同的效力。法律、行政法规规定解除合同应当办理批准、登记等手续的，依照其规定。"即无论是法定解除权还是约定解除权的行使，都必须以通知为要件，对法律规定需经登记才生效的合同，解除时也同样需办理登记手续。

3. 双务合同中抗辩权的行使

（1）抗辩权的含义。

双务合同履行中的抗辩权，是指双务合同一方当事人在法定条件下对抗另一方当事人的请求权、拒绝履行其债务的权利。

《合同法》第六十六条规定："当事人互负债务，没有先后履行顺序的，应当同时履行。一方在对方履行之前有权拒绝其履行要求。一方在对方履行债务不符合约定时，有权拒绝其相应的履行要求。"

《合同法》第六十七条规定："当事人互负债务，有先后履行顺序，先履行一方未履行的，后履行一方有权拒绝其履行要求。先履行一方履行债务不符合约定的，后履行一方有权拒绝其相应的履行要求。"

在双务合同行使过程中行使抗辩权，是法律赋予的权利，合同履行中的抗辩权对债务人而言是一种自我保护手段。《供用电合同》就是一种双务合同，有效的使用抗辩权，将会大大降低供电企业的收费风险。

（2）不安抗辩权。

不安抗辩权是双务合同履行过程中，有先给付义务的当事人，因对方财产显著减少或资力明显减弱，有难为对待给付的情形时，在对方未为对待给付或提供担保前，有拒绝自己给付的权利。

《合同法》第六十八条规定："应当先履行债务的当事人，有确切证据证明对方有下列情形之一的，可以中止履行：（1）经营状况严重恶化；（2）转移财产、抽逃资金，以逃避债务；（3）丧失商业信誉；（4）有丧失或者可能丧失履行债务能力的其他情形。"

《合同法》第六十九条规定："当事人依照本法第六十八条的规定中止履行的，应当及时通知对方。对方提供适当担保时，应当恢复履行。中止履行后，对方在合理期限内未恢复履行能力并且未提供适当担保的，中止履行的一方可以解除合同。"

在实际操作中，如供电企业在发现用电户已经具备《合同法》第六十八条的情形之一的，有权使用不安抗辩权。在履行不安抗辩权时，供电企业首先用书面的形式通知对方对提前履行义务（如支付电费），或为履行义务提供保证。当用户在通知规定时间到达后，仍无法提供保证的，即可以履行不安抗辩权，提前中止供电（中止双方的合同关系）。

（二）电费支付担保

1. 担保的含义

担保是指法律为确保特定的债权人实现债权，以债务人或者第三人的信用或者特定财产来督促债务人履行债务的制度。担保一般发生在经济行为中，如被担保人到时不履行承诺，一般由担保人先行履行承诺。

根据惯例，供电企业具有先给付（供应电力）的义务；用电户是在使用电力后，根据供电企业的缴费通知支付电费。要求特定客户为电费支付提供担保，是降低电费回收风险的有效措施之一。

供电企业对客户行使不安抗辩权，要求对方为后续电费支付提供担保是法律明确的必要程序。除此之外，有条件的供电企业也可以对高风险，而用电量较大的用电户，采用合同约定的方法（可以直接在《供用电合同》中附加条文），请用电户提供电费支付担保。

实践证明，通过协商要求部分特定用电户提供电费担保（特别是在用电户申请用电时）在现实上还是比较可行的，并且对保证供电企业行使债权相当有利。

供电企业在与用电户协商办理《电费支付保证合同》时，应严格遵循《担保法》的相关规定。

2. 担保方式

《担保法》第二条规定："本法规定的担保方式为保证、抵押、质押、留置和定金"这就是法定的几种担保方式。

（1）保证。

保证，是指第三人和债权人约定，当债务人不履行其所负的债务时，由第三人按照约定履行债务或者承担责任的担保方式。其中，该第三人叫保证人。保证的实质是由第三人提供的信用担保。

具有代为清偿债务能力的法人、其他组织或者公民，可以作保证人。但法律规定，下列法人或其他组织，禁止作为保证人：

1）国家机关不得为保证人，但经国务院批准为使用外国政府或者国际经济组织贷款进行转贷的除外。

2）学校、幼儿园、医院等以公益为目的的事业单位、社会团体不得为保证人。

3）企业法人的分支机构、职能部门不得为保证人。企业法人的分支机构有法人书面授权的，可以在授权范围内提供保证。

采用保证方式提供担保的，保证人与债权人应当以书面形式订立保证合同。保证合同应当包括以下内容：①被保证的主债权种类、数额。②债务人履行债务的期限。③保证的方式。④保证担保的范围。⑤保证的期间。⑥双方认为需要约定的其他事项。

（2）抵押。

抵押，是指债务人或者第三人不转移对法定财产的占有，将该财产作为债权的担保。债务人不履行债务时，债权人有权依法以该财产折价或者以拍卖、变卖该财产的价款优先受偿。其中的债务人或者第三人为抵押人，债权人为抵押权人，提供担保的财产是抵押物。

抵押物必须是法律规定可以用作抵押的物，根据《担保法》第三十四条的规定："下列财产可以抵押：（1）抵押人所有的房屋和其他地上定着物；（2）抵押人所有的机器、交通运输工具和其他财产；（3）抵押人依法有权处分的国有的土地使用权、房屋和其他地上定着物；（4）抵押人依法有权处分的国有的机器、交通运输工具和其他财产；（5）抵押人依法承包并经发包方同意抵押的荒山、荒沟、荒丘、荒滩等荒地的土地使用权；（6）依法可以抵押的其他财产。

"不得抵押的财产：（1）土地所有权；（2）耕地、宅基地、自留地、自留山等集体所有的土地所有权；（3）学校、幼儿园、医院等以公益为目的的事业单位、社会团体的教育设施、医疗卫生设施和其他社会公益设施；（4）所有权、使用权不明或者有争议的财产；（5）依法被查封、扣押、监管的财产；（6）依法不得抵押的其他财产。"

另外，根据最高人民法院关于适用《中华人民共和国担保法》若干问题的解释规定："以法定程序确认为违法、违章的建筑物抵押的，抵押无效。""当事人以农作物和与其尚未分离的土地使用权同时抵押的，土地使用权部分的抵押无效。"

采用抵押方式提供担保的，抵押人和抵押权人应当以书面形式订立抵押合同。抵押合同应当包括以下内容：①被担保的主债权种类、数额。②债务人履行债务的期限。③抵押物的名称、数量、质量、状况、所在地、所有权权属或者使用权权属。④抵押担保的范围。⑤当事人认为需要约定的其他事项。

在选择抵押方式担保时，对特定物的抵押必须办理抵押物的登记手续，其方法必须遵循《担保法》第四十二条规定："办理抵押物登记的部门如下：（1）以无地上定着物的土地使用权抵押的，为核发土地使用权证书的土地管理部门；（2）以城市房地产或者乡（镇）、村企业的厂房等建筑物抵押的，为县级以上地方人民政府规定的部门；（3）以林木抵押的，为县级以上林木主管部门；（4）以航空器、船舶、车辆抵押的，为运输工具的登记部门；（5）以企业的设备和其他动产抵押的，为财产所在地的工商行政管理部门。"

（3）质押。

质押，是指为了担保债权的履行，债务人或第三人将其动产或权利移交债权人占有，当债务人不履行债务时，债权人有就其占有的财产享有优先受偿权利的担保方式。其中，将其动产或权利移交债权人占有的债务人或第三人叫做出质人，该动产或权利叫做质物，占有质物并享有优先受偿权的债权人叫做质权人。质押包括动产质押与权利质押。

采用质押方式提供担保的，出质人和质权人应当以书面形式订立质押合同。质押合同应当包括以下内容：①被担保的主债权种类、数额。②债务人履行债务的期限。③质物的名称、数量、质量、状况。④质押担保的范围。⑤质物移交的时间。⑥当事人认为需要约定的其他事项。

（4）留置。

留置是指债权人按照合同约定占有债务人的动产，债务人不按照合同约定的期限履行债务的，债权人有权依照规定留置该财产，以该财产折价或者以拍卖、变卖该财产的价款优先受偿。其中，享有留置权的债权人为留置权人，被留置的动产为留置物。留置是在保管合同、运输合同、加工承揽合同等合同履行过程中较多采用的一种担保方式。

（5）定金。

定金是指合同当事人约定的，为确保合同的履行，由一方当事人在法律规定的范围内预先向对方交付的一定款项。债务人履行债务后，定金应当抵作价款或者收回。给付定金的一方不履行约定的债务的，无权要求返还定金；收受定金的一方不履行约定的债务的，应当双倍返还定金。

定金与违约金具有不同的含义，违约金是当事人一方在不履行合同或不完全履行合同时，根据法律规定或依合同的约定，向对方支付一定数额金钱的责任形式。违约金在许多国家的立法上都规定为合同的一种担保方式，我国法律则没有这样的规定。

定金与违约金的主要区别表现在以下几个方面：①定金是债的一种担保方式，而违约金是对违约的一种制裁手段。②定金是在履行合同前交付的，而违约金则是在发生违约行为后交付的。③定金有证明合同存在和先行给付的性质，而违约金则不具有这种作用。④定金都是由约定而产生。只是当事人在约定定金时，对定金数额应在法律规定的具体标准范围内约定。

3.《支付电费担保合同》的实现

电费支付一般应采用书面担保，由供用双方签订担保合同。《担保法》第五条规定："担保合同是主合同的从合同，主合同无效，担保合同无效。担保合同另有约定的，按照约定。"要签订《支付电费担保合同》首先应保证供、用双方签订的《供用电合同》的有效性。

供电企业与用电户之间的债务是每月的电费，其值连续且每月变动。为保证电费担保合同的有效性，必须注明在最高债权限度内，对一定期间内连续发生的债权提供担保，即使用"最高额担保"的形式签订担保合同，最高额的确定，应根据该用户实现欠费停电的可能时间内产生的最高电费金额来确定。

供电企业与用电户的债务保证范围，应包括电费本金及按合同约定可计收的违约金等。

（三）电力行政执法

1. 电力行政执法的内容

电力行政执法是指电力行政执法主体按照法律、法规的规定，对相对人采取的具体直接影响其权利义务，或者对相对人的权利义务的行使和履行情况直接进行监督检查的行为，是保证电力相关法律、法规实施的直接性的、管理性的行为。

按照行政执法行为对相对人权利义务所引起的直接效果，电力行政执法主要包括以下内容：

（1）电力行政处理。是电力行政执法主体为实现行政管理目标和任务而处理相对人特定事项的具体行政行为，通常的表现为行政验收、行政许可、行政给付、行政确认、行政奖励等。

（2）电力行政处罚。电力行政处罚的对象是电力行政相对人，包括违反法律、法规、规定即违反行政管理秩序但尚未构成犯罪的公民、法人或者其他组织。处罚的形式主要有批评教育、警告等影响声誉性的处罚，有没收、吊销证件、拘留等剥夺权利性的处罚，以及限期完成、责令停业、罚款等。

（3）电力行政检查。是电力行政执法主体对电力行政事务实行管理和监督的措施之一，其表现为对行政相对人权利的某种临时性限制。实施电力行政检查可以通过实地检查方式、书面检查方式、特别检查方式进行。

（4）电力行政处置。通常行政处置形式有封存、扣留两种。电力行政处置一般发生在紧急情形下，不采取行政处置将有可能导致危害后果发生，但这种处置并不是对相对人权利义务的最终处分，而只是一种临时性约束或限制，并体现了电力行政执法主体的单方强制性。

2. 授权行使行政执法权

授权执法是指法律、法规将某些行政处罚权授予非行政机关的组织行使。经过授权，非行政机关的组织就取得了执法的资格，可以以自己的名义行使处罚权，以自己的名义独立地承担相应的法律后果。

（1）授权形式。即必须是由享有法律、行政法规、地方性法规制定权的国家机关，以制定法律、法规形式进行授权。由国务院部委以及地方政府所制定的行政规章并不能进行授权。

（2）授权范围。被授出的行政执法权应是共有权力，而非专有权力。共有权力是并不专属于某一特定机关所享受的权力，而专有权力只能由法律规定的某一特定机关行使。如行政拘留等限制人身自由的行政处罚权就是公安机关的专有权力，不能通过授权方式由其他组织实施。

（3）授权对象。行政权利只能授权给具有管理公共事务职能的组织。作为被授权行使行政权力的组织，应当具有熟悉有关法律、法规和业务的正式工作人员，还应具有相应的检查、鉴定等实施行政执法的技术条件并且能够独立承担法律责任。具备管理公共事务职能的组织，包括社会团体、事业组织和企业在内，均可成为被授权对象。

3. 用电检查权的行使

《电力法》第三十三条规定，"供电企业查电人员和抄表收费人员进入用户，进行用电安全检查或抄表收费时，应当出示有关证件"。《用电检查管理办法》第三条规定，"用电检查工作必须以事实为依据，以国家有关电力供应与使用的法规、方针、政策，以及国家和电力行业的标准为准则,对用户的电力使用进行检查。"《电力法》授予了供电企业行政执法权,《用电检查管理办法》明确了供电企业用电检查工作开展的具体要求和工作的范围。

供电企业用电检查权应在法律许可的范围内行使。公民的住宅安宁权、休息权等公民基本权利,由《宪法》赋予,供电企业没有特权侵犯公民的这些权利。供电企业的用电检查权附有经营属性,在行使过程中必然限制作为平等的民事主体另一方基本权利的实现。因此,供电企业在用电检查时,必须行为合法,程序适当,规范公允。检查权任意扩大,都会引起侵权的法律后果,这就需要对用电检查加强管理。《用电检查管理办法》规定检查人员须作风正派,熟悉相关法规制度,具有用电检查资格。可是,目前部分供电企业用电检查人员根本没有有效的检查证书,用电检查人员在执行查电任务时,不能出示《用电检查证》,用户依法有权拒绝接受检查。

供电企业用电检查权是以平等的民主主体身份行使的,用电检查工作具有随时性、突出性,执行检查任务难免出现用户不配合或不在现场的情形,给违约用电行为取证增加了难度。为更合法地取证,在用电检查中可引入公证制度。执行检查任务时,对那些具有重大违章用电嫌疑、违章用电手段隐蔽以及不经现场确认,证据可能灭失等情形,及时邀请公证员赶到现场,出具公证书,证明用电检查程序,违章用电事实,为进一步解决纠纷提供合法有效的证据。

(四)产权与责任分界

2007 年 3 月 16 日,第十届全国人民代表大会第五次会议通过了《中华人民共和国物权法》,并于随后颁布。该法于 2007 年 10 月 1 日起施行。《物权法》是确认和调整财产关系的基础性法律,它的颁布、实施,对于规范社会主义市场积极秩序,构建社会主义和谐社会,具有重大意义,同时必将对供电企业生产经营、营销业务等产生重大影响。

1. 产权与产权争议

《物权法》首先依法确认了供电企业对电力设施资产的所有权,电力设施占地形成的土地使用权,因修建、铺设电力设施形成的空间权和地役权等物权。他人侵犯供电企业上述权利的,供电企业可以依据《物权法》规定,直接行使物权请求权予以救济。如:要求确认权利、返还原物、恢复原状、排除妨害、消除危险或损害赔偿。

经统计分析,电力设施主要涉及如下物权纠纷类型:①部分电力设施因建设年代久远等原因难以确定其产权归属,由此引起的电力设施产权纠纷;②供电企业通过他人电力设施给第三人供电的,该设施产权人要求支付有偿使用费而引起的电力设施使用权纠纷;③电力建设施工中的拆迁、补偿纠纷;④由于电力设施涉及的空间权、地役权限制了土地使用者权益,土地使用者要求供电企业排除妨碍或赔偿损失,由此产生的空间权、地役权补偿纠纷;⑤架空输电线路跨越林木、房屋产生的相邻防险纠纷(如电磁污染纠纷);⑥盗窃、破坏电力设施引起的纠纷。发生上述纠纷,应发挥《物权法》定分止争的功能,除通过和解、调解、诉讼等途径妥善解决外,还可以约定通过仲裁方式解决。

2. 供电设施产权分界的意义

产权附带责任,明确供电设施资产分界具有十分重大的意义。

(1)明确产权分界,有利于明确供电设施的运行维护管理责任。供电设施的运行维护管理责任,以产权归属确定。"公用供电设施建成投产后,由供电单位统一维护管理。经电力管理部门批准,供电企业可以使用、改造、扩建该供电设施。共用供电设施的维护管理,由产权单位协商确定,产权单位可自行维护管理。也可以委托供电企业维护管理。用户专用的供电设施建成投产后,由用户维护管理或者委托供电企业维护管理。"(《电力供应与使用条例》第十七条)

(2)明确产权分界,有利于明确电力损害案件的责任划分。在供电设施上发生事故引起的法律责任，按供电设施产权归属确定。产权归属于谁，谁就承担其拥有的供电设施上发生事故引起的法律责任。

2001 年 4 月，最高人民法院出台了《关于触电损害赔偿问题的司法解释》，其中规定，因高压电造成人身损害的案件，由电力设施产权人依照《民法通则》第一百二十三条的规定承担民事责任。

（3）明确产权分界，有利于合理分摊损耗。用电计量装置原则上应装在供电设施的产权分界处。当用电计量装置不安装在产权分界处时，线路与变压器损耗的有功与无功电量均须由产权所有者负担。

3. 供电企业产权分界的确定原则

供电设施的资产分界，应由供用双方协商确定，并在《供用电合同》中加以明确。《供电营业规则》，对产权（出资）作了一些原则性规定：

1）公用低压线路供电的，以供电接户线用户端最后支持物为分界点，支持物属供电企业。

2）10 千伏及以下公用高压线路供电的，以用户厂界外或配电室前的第一断路器或第一支持物为分界点，第一断路器或第一支持物属供电企业。

3）35 千伏及以上公用高压线路供电的，以用户厂界外或用户变电站外第一基电杆为分界点。第一基电杆属供电企业。

4）采用电缆供电的，本着便于维护管理的原则，分界点由供电企业与用户协商确定。

5）产权属于用户且由用户运行维护的线路，以公用线路分支杆或专用线路接引的公用变电站外第一基电杆为分界点，专用线路第一基电杆属用户。

第二节　电力系统相关知识

一、电气主接线

（一）电气主接线的定义

电气主接线是指发电厂、变电站中的一次设备按照实际生产要求连接而成的电路，也称发电厂、变电站主电路或一次接线。

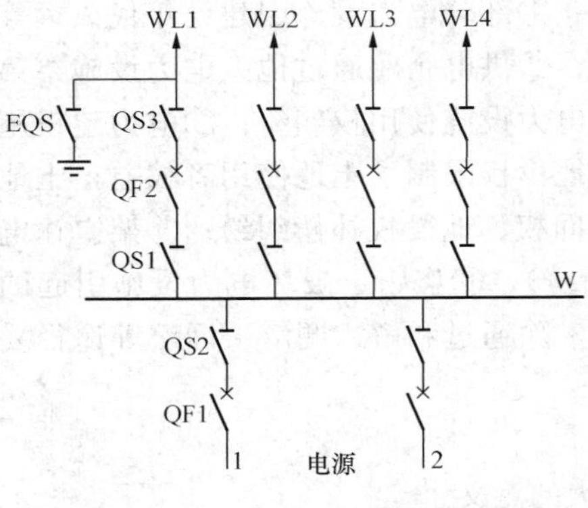

图 1-1　单母线电气主接线简图

QF—断路器；QS—隔离开关；EQS—接地开关；
W—母线；WL—出线

按规定符号绘制而成的主电路图称为电气主接线图，也称一次接线图。图 1-1 表示单母线电气主接线图，主接线图以单线图表示，即三相电路中只画出一相设备的连接图，只有在需要表明局部三相电路不对称时，才将局部绘制成三线图。另外规定在电气主接线图中，所有断路器和隔离开关均以断开位置画出。

（二）变配电站电气主接线的基本要求

变配电站主接线设计应根据负荷容量大小、负荷性质、电源条件、变压器容量及台数、用电设备特点及进出线回路数等综合分析来确定。主接线应力求简单、运行可靠、操作方便、设备少、占地面积小、便于维修、节约投资和便于扩建等要求。

（三）主接线的类型

电气主接线的形式对配电装置的布置、供电可靠性、运行灵活性和建设投资资金都有很大影响。变配电站典型的电气主接线大致可分为有母线和无母线两类，有母线类主接线主要包括单母线、单母线分段、双母线接线等，无母线类主接线包括桥形接线、单元接线等。

1. 单母线接线

单母线接线包括不分段的单母线接线（也叫单母线接线），分段的单母线接线（也称单母线分段接线）以及带旁路母线的单母线接线。这里只介绍前两种。

（1）单母线接线。

单母线接线图如图 1-1 所示，基本支路是电源（发电机、变压器或其他电源进线）和引出线，电源和引出线之间用母线 W 连接。电源支路将电能送至母线，引出线从母线获取电能，母线起着汇集和分配电能的作用，所以也称汇流母线或汇流排。

单母线接线中每一支路均装有断路器（QF）。断路器在正常情况下用来接通和断开电路，故障时自动切断电路。断路器两侧装有隔离开关（也称闸刀或刀闸），如 QS1 和 QS3。靠近母线侧的叫母线侧隔离开关，如 QS1 和 QS2。靠近线路侧的叫线路侧隔离开关，如 QS3（当线路对侧无来电可能时，该隔离开关也可省去）。接地开关 EQS 在检修线路时闭合，以代替接地线使用，在安装临时接地线比较方便的 10～35kV 变配电站中，可不装设固定接地开关，设备需要检修时，用临时接地线在被检修设备两侧接地。

电气设备按工作状态可分为运行、热备用、冷备用和检修四种状态。将设备由一种状态变为另一种状态所进行的操作称为倒闸操作。倒闸操作中，线路停、送电的操作顺序如下（以线路 WL1 为例）：

送电时，先合母线侧隔离开关 QS1，再合线路侧隔离开关 QS3，最后合断路器 QF2。停电时，先拉开断路器 QF2，再拉开线路侧隔离开关 QS3，最后拉开母线侧隔离开关 QS1。

在断路器未断开的情况下拉开或合上隔离开关，是一种误操作，叫做带负荷拉（合）闸，由于隔离开关没有熄灭负荷电流所产生的电弧的能力，带负荷拉（合）闸将导致触头烧毁，甚至引起相间短路。在技术上可通过加装防误闭锁装置，如电磁锁、程序锁等来防止误操作。

出线的送电和停电操作必须按上述顺序进行，按上述顺序操作有以下好处：

1）停电操作时，如果断路器未断开而误认为断路器已断开，会发生线路（负荷）侧隔离开关带负荷拉闸的误操作，此时，线路隔离开关上方将发生弧光短路，因故障点在线路侧，继电保护装置可以将断路器自动断开，切除故障点，对其他回路影响较小。

2）若断路器在合闸状态，却误认为断路器断开的情况下进行送电操作，先合母线侧隔离开关，不会产生不良后果（因线路侧隔离开关还在断开位置）。再合负荷侧隔离开关时就发生带负荷合闸的误操作，同样故障点仍在线路侧，对其他回路影响较小。

反之，故障点将在母线侧隔离开关上，跳闸的将是电源开关，要停母线，影响面较大。

单母线接线的优点为：接线简单、清晰、操作方便、占地少、便于扩建和采用成套配电装置。

单母线接线的缺点有：

1）在母线上发生故障或母线检修，各进出线全停。

2）任何进出线的母线侧隔离开关故障或检修，各进出线全停。

3）断路器检修时，该出线（进线）停电。

单母线接线的适用范围：单母线接线只适用于容量小、线路少和对二、三级负荷供电的变电站。通常只适用于只有一台变压器的下列变配电站中：

1）6～10kV 配电装置的出线回路数不超过 5 回。

2）35～66kV 配电装置的出线回路数不超过 3 回。

3）110～220kV 配电装置的出线回路数不超过 2 回。

（2）单母线分段接线。

当引出线数目较多、电源超过 1 个时，为提高供电可靠性，可用断路器将母线分段。图 1-2 所示的为单母线分段接线，断路器 DQF 就叫母分断路器或分段断路器。

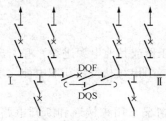

图 1-2 单母线分段接线
DQS—分段隔离开关；
DQF—分段断路器

单母线分段接线的运行方式在正常情况下有两种：

1）母分断路器闭合、两段母线并列运行。当任一段母线发生故障时，继电保护装置动作，首先跳开母分断路器，再跳开故障母线的电源断路器，从而保证另一段母线继续供电。

2）母分断路器断开、两段母线分列运行，每个电源只向本段母线上的引出线供电，为提高供电可靠性，可加装备用电源自动投入装置，当任一电源断路器跳开之后，分段断路器自动合上，由一个电源向两段母线供电。两段母线分列运行的一大优点是可以限制短路电流。

需要说明的是，在用户变电站中两段 380V 母线通常是不允许并列运行的，主要原因有：一是并列运行时短路电流很大，可以达到几十千安甚至上百千安，给断路器开断短路电流带来困难，二是并列运行后保护整定将更复杂，如一段母线短路时，为使保护具有选择性，母分断路器应先动作跳闸，主变压器低压侧断路器应延时动作跳闸。为避免出现低压侧母线并列运行，两个变压器低压侧出口断路器和母分断路器之间应设置联锁装置，如采用三锁两钥匙的方法，断路器合闸前必须开锁，分闸后才能取下钥匙，但钥匙只有两把，因此三个断路器就不会出现同时合闸的现象。

单母线分段接线的主要优点有：接线简单清晰、设备较少、占地少、便于扩建和采用成套配电装置。当母线发生故障时，仅故障母线段停止工作，另一段母线仍继续工作。对重要用电设备，可从不同段母线分别供电，一供一备，以提高供电可靠性。

单母线分段接线的主要缺点有：

1）当一段母线或母线隔离开关发生故障或检修时，该母线上所有进出线全停。

2）任一出线断路器检修时，该回路停止供电。

单母线分段接线的使用范围：具有两回电源线路，一、二回转送线路和两台变压器的变电站。本接线在大中型企业中采用较多。通常适用于下列变配电站中：

1）6～10kV 配电装置的出线回路数超过 5 回。

2）35～66kV 配电装置的出线回路数为 4～8 回。

3）110～220kV 配电装置的出线回路数为 3～4 回。

2. 双母线接线

如图 1-3 所示，它具有两组母线。每回线路都经一台断路器和两组隔离开关分别与两组母线相连，母线与母线之间用母线联络断路器 QFc（简称母联）连接，采用两组母线后，使运行的可靠性和灵活性大为提高，具有供电可靠性高、调度灵活、扩建方便等特点。

双母线接线的主要优点如下：

（1）双母线接线调度灵活性高。

各个电源和各回路负荷可以任意分配到某一组母线上，能灵活地适应电力系统中各种运行方式的调度和潮流变化的需要，可以有多种运行方式：

1）一组母线运行，另一组母线备用的方式：

假定Ⅰ母为运行母线，Ⅱ母为备用母线。正常运行时，全部进出线接于运行母线上，即所有电源和引出线上Ⅰ母侧的隔离开关接通，Ⅱ母侧的隔离开关断开，母联断路器断开，备用母

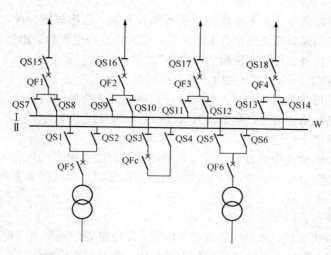

图 1-3　双母线接线图

线不带电，此时运行情况相当于单母线接线。

2）双母线并列运行：

正常运行时母联断路器合上，两组母线都处于运行状态，进出线分别接在两组母线上，即一个电源和一部分引出线与Ⅰ母相连接，另一个电源和其他引出线与Ⅱ母相连接，此时运行情况相当于单母线分段接线，若一组母线发生故障，只会引起部分电源和引出线停电，经过倒闸操作后可迅速将停电部分转移到另一组母线上，便可恢复供电。

3）可利用母联断路器代替引出线断路器工作：

如线路断路器 QF1 被分闸闭锁（断路器在运行时出现某些故障，比如液压机构油压降低等），使断路器不能迅速可靠分闸，而将分闸回路闭锁。若该断路器运行于Ⅰ母，只需将该断路器所在线路以外的所有的电源和引出线都倒到Ⅱ母上，并通过母联回路送电到Ⅰ母和运行于Ⅰ母的该线路，母联断路器与该线路断路器串联，若该线路发生故障，母联断路器将会跳闸切断该线路，若要停下该线路断路器，拉开母联断路器，再拉开线路断路器两侧隔离开关即可。

4）在特殊需要时可将个别回路接在备用母线上单独工作或试验：

如融冰试验、新线路设备投产前的零起升压试验等工作时，将试验线路接在备用母线上单独工作或试验，不会影响其他负荷的正常工作。

（2）双母线接线供电可靠性高。

1）通过两组母线隔离开关的倒闸操作，可以轮流检修一组母线而不致使供电中断：

当两组母线同时工作，其中一组母线需检修时，可将全部的电源和线路倒换到备用母线上。称为热倒。其步骤如下：

①检查母联断路器及两侧隔离开关确在合闸位置，将母联断路器操作熔丝取下，即母联改非自动；

②将需检修母线上的所有出线倒到另一组母线上，此时应注意先合上断开的母线隔离开关，后断开闭合的母线隔离开关，避免出现带负荷拉闸；

③放上母联开关操作熔丝，断开母联开关及两侧隔离开关；

④经验电、放电后合母线接地隔离开关或挂母线接地线。

2）一组母线故障后，能迅速恢复供电：

如工作母线Ⅰ母发生短路故障，各电源回路的断路器自动跳闸。只要拉开故障母线Ⅰ母上各出线回路未跳闸的断路器以及 I 母线侧的所有隔离开关，退出故障母线，再依次将这些电源和引出线回路 II 母侧的隔离开关逐个合上，最后再依次将这些电源和引出线回路的断路器合上，就可迅速恢复供电。这种倒母线方法称为"冷倒"。

3）检修任一回路的母线隔离开关时，只要该回路停电：

检修任一回路的母线隔离开关时，只需断开该隔离开关所属的这条线路和与该隔离开关相连的这组母线，其他线路均可通过热倒的方法倒到另一组母线继续运行。

（3）双母线接线便于扩建。

双母线接线可以向两侧任意方向扩建，以增加电源回路和引出线回路，而不会影响两组母线的电源和负荷的均匀分配。扩建部分建设完成后，可分组停母线接入系统，这样就不会引起原有回路停电。

双母线接线的缺点：

与单母线分段接线比较，双母线接线设备增多，配电装置布置复杂，投资和占地面积增大；而且在倒母线操作时，隔离开关被当成操作电器使用，容易发生误操作。

双母线接线的适用范围：适用于出线回路数或母线上电源较多、输送和穿越功率较大、母线故障后要求迅速恢复供电、母线或母线设备检修时不允许影响对用户设备的供电、系统运行、调度对接线的灵活性有一定要求时采用，各级电压采用情况如下：

1）6～10kV 配电装置，当短路电流较大、出线需带电抗器时。

2）35～66kV 配电装置的出线回路数超过 8 回；或链接的电源较多、负荷较大时。

3）110～220kV 配电装置的出线回路数为 5 回及以上时。

3. 无母线类接线

无母线类接线的最大的特点是使用断路器数量较少，一般使用的断路器数都小于或等于进出线回路数，从而结构简单，投资较少。常见的有线路—变压器组单元接线和桥形接线。

图 1-4　线路—变压器
单元接线

（1）线路—变压器单元接线。

该接线中变压器与线路之间不设母线，每一台变压器和一条线路之间只需一台断路器（单母线接线中每一台变压器和一条线路都需要一台断路器），不需高压配电装置，如图 1-4 所示，接线最简单，设备和占地最少，并可大大简化继电保护和综合自动化装置。为进一步节省成本，线路电源端的保护装置满足变压器保护要求时，高压断路器可以用高压熔断器或隔离开关代替。但此隔离开关应能满足开断变压器空载电流的要求。

线路—变压器单元接线的缺点是：线路故障或检修时，变压器停运；变压器故障或检修时，线路停运。

线路—变压器单元接线使用范围：适用于对二级负荷供电，只有一回线路和一台变压器的小型变电站。

（2）桥形接线。

当只有两台变压器和两条线路时，采用桥形接线，使断路器数目最少，如图 1-5 所示。按照桥断路器 QF3 的位置，桥形接线可分为内桥接线和外桥接线，分别如图 1-5（a）、（b）所示。

1）内桥接线。内桥接线如图 1-5（a）所示，其桥断路器 QF3 设置在出线断路器内侧，内桥接线与（只有两台主变压器和两条线路的）单母线分段接线相比较，省掉了两台主变压器侧断路器，较为经济。但因为变压器侧没有断路器，所以投切变压器的操作较复杂。内桥接线适用范围：对一、二级负荷供电，并且变压器不经常操作或线路较长、故障概率较高的变电站。

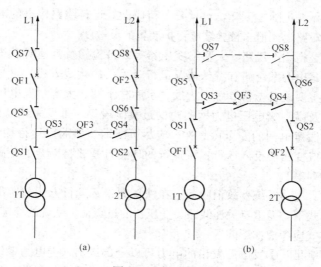

图 1-5 桥形接线

（a）内桥接线；（b）外桥接线

2）外桥接线。外桥接线如图 1-5（b）所示，其桥断路器 QF3 设置在出线断路器外侧。线路侧没有断路器，所以投切线路的操作较复杂。当线路较短，且变压器随经济运行的需求需经常切换时，或者系统有穿越功率流经本变电站时，采用外桥接线就更为适宜。因为穿越功率只流经一个断路器（桥断路器 QF3），保护整定相对简单，同时断路器通过的电流相对较小。

外桥接线适用范围：对一、二级负荷供电，并且变压器经常操作或线路较短、故障概率较低的变电站，以及线路有穿越功率时。

二、电力系统运行方式

电力系统中，为使系统安全、经济、合理运行，或者满足检修工作的要求，需要经常变更系统的运行方式，由此相应地引起了系统参数的变化。在设计变、配电站选择开关电器和确定继电保护装置整定值时，往往需要根据电力系统不同运行方式下的短路电流来计算和校验所选用电器的稳定性和继电保护装置的灵敏度。电力系统运行方式包括正常运行方式、事故后运行方式、特殊运行方式。

电力系统正常运行方式能充分满足用户对电能的需求；电网所有设备不出现过负荷和过电压问题，所有输电线路的传输功率都在稳定极限以内；有符合规定的有功及无功功率备用容量；继电保护及安全自动装置配置得当且整定正确；系统运行符合经济性要求；电网结构合理，有较高的可靠性、稳定性和抗事故能力；通信畅通，信息传送正常。

正常运行接线方式，是电力系统经常使用的、保持安全稳定经济运行的接线方式。正常运行接线方式的运行时间长，是其他方式的基础。有些设备检修时只需在正常接线方式上做小的改变，这种接线方式也属于正常接线方式的范畴。

最大运行方式：系统在该方式下运行时具有最小的短路阻抗值，发生短路后产生的短路电流最大。在最大运行方式下，通常系统投入运行的发电机和线路都较多，此时对用户发电站而言供电可靠性较高。一般根据系统最大运行方式的短路电流值来校验所选用的开关电器的稳定性。

最小运行方式：系统在该方式下运行时具有最大的短路阻抗值，发生短路后产生的短路电流最小。此时对用户变电站而言，系统线路数量和系统发电机数量下降，如果用户部分进线停电，应及时调整运行方式，将负荷转移到运行线路，此时应关注运行线路是否过负荷，同时，

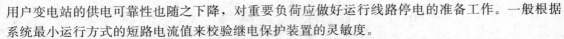

用户变电站的供电可靠性也随之下降，对重要负荷应做好运行线路停电的准备工作。一般根据系统最小运行方式的短路电流值来校验继电保护装置的灵敏度。

特殊运行方式：是指主干线路、大联络变压器等设备检修及其他对系统稳定运行影响较为严重的运行方式。这是电力系统遇有特殊情况运行时采用的接线方式，它与正常运行接线方式有很大的不同。一些主要设备检修、水电大发、水库枯水期、大容量发电厂分期投产、变电站改建、电力网改造以及高一级电压电力网初建的过渡阶段等，都要采用特殊的运行接线方式。特殊运行方式应特别注意电网的安全可靠性，应尽可能缩短事故后运行接线方式的运行时间。例如：将备用的线路或变压器投入运行；将运行的环路打开或将断开的环路合上；在预先选定的地点将电力系统解列等。

事故后运行方式：电力系统事故消除后，在恢复到正常运行方式前所出现的短期稳定运行方式。事故后运行方式下，需重点关注线路、变压器的过负荷、系统的稳定性等。

电力系统运行方式应考虑如下问题：

（1）功率分布要满足：①发电厂发出的电力可以全部送出（受电力系统结构限制者除外）；②实现互联电力系统的交换电力和过网电力；③所有载流元件不过负荷；④所有线路输送的功率不超过稳定极限；⑤各发电厂、变电站母线电压在合格范围内；⑥电力网中的功率损耗较小。

（2）短路容量：检查所采用接线方式下电力系统各处的短路容量是否超过各发电厂、变电站等的断路器遮断容量和隔离开关、母线以及架构和地线网的设计强度。如有超过，则需采取降低短路容量的措施，常用的有：断开环路（包括减少并联支路的数目），减少变压器中性点直接接地点的数目，停用线路的自动重合闸等。

（3）电力系统安全和稳定：安排的运行接线方式应使电力系统有较高的安全稳定性，并应符合《电力系统安全稳定导则》所规定的静稳定储备；发生事故时保持电力系统稳定和事故后的安全运行，发生严重事故时电力系统不能瓦解。

（4）电力系统调峰：运行接线方式应能适应发电机组开停或抽水蓄能组改变运行工况等调峰措施时所引起的电力网的功率变化。

（5）继电保护：运行接线方式应与运行中的继电保护的要求相配合。

三、高电压技术

（一）过电压类型

电力系统中的各种电气设备，都是按一定电压制造的，都有一定的绝缘强度。当电压过高，超过其绝缘强度时，就要产生闪络（击穿），它能使绝缘破坏，引起事故。这种对绝缘有危险的电压和高于正常运行时的电压，均称为过电压。过电压的类型见表1-1。

表1-1　　　　　　　　　　　　　过 电 压 的 类 型

过电压	内部过电压	工频过电压	长线电容过电压	
			不对称接地过电压	
			甩负荷	
		操作过电压	操作容性负载过电压	开断电容器组过电压
				开断空载长线路过电压
			操作感性负载过电压	开断空载变压器过电压
				开断并联电抗器过电压
				开断高压电动机过电压
				开断真空断路器过电压

续表

过电压	内部过电压	谐振过电压	线性谐振过电压
			铁磁谐振过电压
			参数谐振过电压
	外部过电压		直击雷电过电压
			感应雷电过电压
			雷电侵入波过电压

(1) 长线电容过电压：在 110kV 电压等级及以上的高压、超高压电网中，若输电线路较长，线路的"电容"效应就会显著增大，因此，在工频电源作用下，远距离空载线路电容效应的积累会使末端电压升高。

(2) 不对称接地过电压：系统发生不对称接地时，特别是中性点非有效接地系统发生单相接地时，非故障相电压升高，如果考虑弧光接地，过电压将更高。

(3) 甩负荷：突然甩负荷后，系统阻抗压降减小，发电机调节器跟踪特性不好，将使系统电压升高。

(4) 开断电容器组过电压：开断电容器时由于断路器电弧的重燃，将使电容器上产生过电压。

(5) 开断空载长线路过电压：在合闸或自动重合闸时，由于系统中储能元件存在，状态的改变将引起振荡型的过渡过程。

(6) 开断空载变压器过电压：空载变压器作为感性元件，使空载电流未到零之前就发生熄弧（称为空载电流的突然"截流"），变压器绕组上储存的能量经对地电容释放，其过电压为

$$U_c = \sqrt{\frac{L}{C}} i_0$$

式中：L 为变压器电感；C 为变压器对地电容；i_0 为变压器开断瞬间的电流。

(7) 开断并联电抗器和高压电动机过电压：其原理同开断空载变压器。

(8) 开断真空断路器过电压：引起过电压的主要原因是截流太大引起的。

(9) 直击雷电过电压：雷电放电时，不是击中地面，而是击中输配电线路、杆塔或其他建筑物。大量雷电流通过被击物体，经被击物体的阻抗接地，在阻抗上产生电压降，使被击点出现很高的电位，被击点对地的电压叫做直击雷过电压。

(10) 感应雷电过电压：雷闪击中电气设备附近地面，在放电过程中由于空间电磁场的急剧变化而使未直接遭受雷击的电气设备上感应出过电压。

(11) 雷电侵入波的过电压：由架空进线或电缆进线遭雷击而侵入电厂和变电站的配电装置的雷电波而引起的过电压。

(二) 过电压防护措施

(1) 切除空载线路（或并联电容器）过电压：改善开关灭弧性能、断路器断口并联电阻、线路并联电抗，以及采用 MOA 保护等。

(2) 切除空载变压器（或并联电抗器、感应电动机）过电压：操作时把变压器的中性点临时接地、采用 MOA 加以限制。

(3) 电弧接地过电压：中性点采用有效接地或经过消弧线圈接地。

(4) 雷电过电压防护：

1) 3～10kV 柱上配电开关的防护措施：对经常处于断路状态运行而又带电的柱上断路器、

负荷开关或隔离开关，应在其带电侧装设 MOA 避雷器。其接地线应与柱上断路器等的金属外壳连接，接地电阻不宜超过 10Ω。

2）配电变压器的防雷：避雷器应尽量靠近变压器安装。避雷器、变压器低压侧中性点、变压器金属外壳连在一起，形成三点共同接地。

3）3～10kV 架空配电线路的防雷：

①提高线路本身的绝缘水平。在架空线路上采用瓷横担、木横担或更高一级的绝缘子，以提高线路的耐雷水平。

②装设自动重合闸装置。线路上因雷击放电而产生的短路是由电弧所引起的。线路断路器跳闸后，电弧也就熄灭了。如果采用一次自动重合闸装置，使断路器经 0.5s 或更长一点的时间自动合闸，电弧一般都不会重燃，从而恢复供电。

③采用多回线路或电缆线路供电。对重要电力用户可用环形供电或不同杆架设的双回线路供电，必要时采用电力电缆供电，以提高防雷效果，保证供电的可靠性。

④装设线路型氧化锌避雷器或保护间隙。这是用来保护线路上个别绝缘最薄弱的部分。

4）变配电站的防雷：

①直击雷保护：雷击避雷针时，雷电流经避雷针及其接地装置泄入大地。

②雷电侵入波的防护：a. 站内安装避雷器保护；b. 站外装设进线段保护。

③感应过电压防护：可通过避雷器保护。

5）高压线路防雷：110kV 及以上电压等级的输电线路可全线架设避雷线。

（5）谐振过电压的防护：

1）提高断路器动作的同期性。由于许多谐振过电压是在非全相运行条件下引起的，因此提高开关动作的同期性，防止非全相运行，可以有效防止谐振过电压的发生。

2）在并联高压电抗器中性点加装小电抗，用这个措施可以阻断非全相运行时工频电压传递及串联谐振。

3）破坏发电机产生自励磁的条件，防止参数谐振过电压。

四、继电保护

（一）保护配置

1. 变压器的故障类型与特征

变压器的内部故障可分为油箱内故障和油箱外故障两类，油箱内故障主要包括绕组的相间短路、匝间短路、接地短路，以及铁芯烧毁等。变压器油箱内的故障十分危险，由于油箱内充满了变压器油，故障后强大的短路电流使变压器油急剧的分解气化，可能产生大量的可燃性瓦斯气体，很容易引起油箱爆炸。油箱外故障主要是套管和引出线上发生的相间短路和接地短路。电力变压器不正常的运行状态主要有外部相间短路、接地短路引起的相间过电流和零序过电流，负荷超过其额定容量引起的过负荷、油箱漏油引起的油面降低，以及过电压、过励磁等。

2. 用户配电变压器的保护方式

无论是在环网供电单元、箱式变电站或是终端用户的高压室接线方式中，如配电变压器发生短路故障时，保护配置应能快速可靠地切除故障，对保护 10kV 高压开关设备和变压器都非常重要。10kV 终端用户配电变压器的保护通常有三种方式：一是利用跌落式熔断器，二是利用负荷开关加高压熔断器所构成的组合电器，三是利用真空断路器。这三种配置方式在技术和经济上各有优缺点。

（1）跌落式熔断器保护。

跌落式熔断器是 10kV 配电变压器最常用的一种短路保护开关，它具有经济、操作方便、适应户外环境性强等特点，被广泛应用于 10kV 配电变压器一次侧作为保护和进行设备投、切操作之用。因其有一个明显的断开点，具备了隔离开关的功能，给检修设备创造了一个安全作业环境，增加了检修人员的安全感。安装在配电变压器上，可以作为配电变压器的主保护。所以，在 10kV 配电变压器中得到了普及，户外 315kVA 及以下配电变压器常采用跌落式熔断器（RW系列）。目前，10kV 户外跌落式熔断器分为 50、100、200A 三种型号。200A 跌落式熔断器的遮断能力上限是 200MVA，下限是 20MVA。

10kV 跌落式熔断器适用于环境空气无导电粉尘、无腐蚀性气体及易燃、易爆等危险性环境，年度温差变化在 ±40℃ 以内的户外场所。

（2）负荷开关加熔断器的组合电器作为变压器保护。

负荷开关加熔断器的组合电器可以开断至 31.5kA 的短路电流，其基本特征是依赖熔断器熔断触发撞针动作于负荷开关。熔断器是分相熔断，其熔断是因短路电流熔断。在配电网系统内的短路有单相、两相、三相短路，且单相、两相短路居多，故熔断器也以熔断一相、两相居多。但任一相熔断后，撞针触发负荷开关的脱扣器，都引起负荷开关三相联动，其顺序总是先熔断熔丝，后断负荷开关。在单相或两相熔断时，开关未断开前，未熔断相还有电流，负荷开关此时不仅是切断负载电流，还要切断未熔相的电流。这个电流称作转移电流，其值是个变量，但大于负荷开关的额定电流。转移电流的大小取决于变压器容量和短路状态。采用负荷开关加熔断器的组合电器作为变压器保护，设计人员一般都不再进行具体的设计和对短路电流和继电保护整定计算，直接选用设备厂提供的成套设备即可。但这种方式也有其自身应用的局限性。

对于短路故障电流的开断均以损坏熔断器为代价，且动作电流、时间无法人为确定。例如当要求 6 倍额定电流时 0.5s 动作、10 倍额定电流时 0s 动作，则负荷开关加熔断器的组合电器是无法满足用户要求的。

负荷开关开断转移电流的能力取决于负荷开关的开断速度，若开断时间短，则开断电流大（产气式 960A，压气式 1250A，SF_6 及真空 1750A）。西安高压研究所对不同容量配电变压器的转移电流已进行试验实测，如 1250kVA 的变压器转移电流最大为 1440A，1600kVA 变压器的转移电流最大为 1800A，所以 SF_6 及真空负荷开关能安全切断 ≤1250kVA 变压器的转移电流，但不能安全切断 ≥1600kVA 变压器的转移电流。因此当用户选择 ≥1600kVA 大容量变压器时，则应该选择断路器作为变压器保护。

当选用负荷开关加熔断器组合电器作为变压器保护时，如用户 10kV 变电站的变压器台数较多时，若采用负荷开关作为进线开关，则无法作为母线短路保护及出线负荷开关加熔断器组合电器的后备保护。由于该类用户一般为大用户或者专线供电，一旦出现母线短路或者熔断器保护不动作时，将会导致上级 110kV 变电站中的 10kV 出线开关动作，影响供电可靠性。在这种情况下，应选择断路器作为进线保护比较妥善。

（3）断路器作为变压器保护。

断路器是大容量 10kV 配电变压器主要短路保护开关，因其开断容量大、分断次数多，广泛地应用于变压器保护。断路器具备所有保护功能与操作功能，但价格相对昂贵。当油浸式变压器容量等于或大于 800kVA、干式变压器容量等于或大于 1000kVA 时，应采用真空断路器保护。断路器在电力系统中主要用来分断正常负荷电流和故障时的短路电流，为了实现自动分断故障时短路电流的功能，必须配备相应的继电保护系统装置。当被保护的变压器发生故障时，由继电器保护装置迅速准确地给断路器发出跳闸命令，使故障变压器及时从系统中断开，减少对变压器的损坏，降低对系统的影响，保证系统其他部分继续运行。

标准 GB 14285—1993《继电保护和安全自动装置技术规程》规定，选择配电变压器的保护开关设备时，当容量等于或大于800kVA，应选用带继电保护装置的断路器。配电变压器容量达到800kVA及以上时，使用油浸变压器时，配备有气体（瓦斯）继电器，使用断路器可与气体继电器相配合，从而对变压器进行有效地保护。对于油浸式变压器容量等于或大于800kVA、干式变压器容量等于或大于1000kVA的用户，因种种原因引起单相接地故障导致零序保护动作，从而使断路器跳闸，切除故障，不至于引起主变电站的馈线断路器动作，影响其他用户的正常供电。

3. 变压器保护配置的基本原则

（1）气体保护。

800kVA及以上的油浸式变压器和400kVA以上的车间内油浸式变压器，均应装设气体保护。气体保护用来反应变压器油箱内部的短路故障以及油面降低，其中通常所称的重瓦斯保护动作于跳开变压器各电源侧断路器，轻瓦斯保护动作于发出信号。

（2）纵差保护或电流速断保护。

6300kVA及以上并列运行的变压器，10000kVA及以上单独运行的变压器，发电厂厂用或工业企业中自用6300kVA及以上重要的变压器，应装设纵差保护。其他电力变压器，应装设电流速断保护，其过电流保护的动作时限应大于0.5s。对于2000kVA以上的变压器，当电流速断保护灵敏度不能满足要求时，也应装设纵差保护。纵差保护用于反应电力变压器绕组、套管及引出线发生的短路故障，其保护动作于跳开变压器各电源侧断路器并发相应信号。

（3）相间短路的后备保护。

相间短路的后备保护用于反应外部相间短路引起的变压器过电流，同时作为气体保护和纵差保护（或电流速断保护）的后备保护，其动作时限按电流保护的阶梯形原则来整定，延时动作于跳开变压器各电源侧断路器，并发相应信号。一般采用过电流保护、复合电压起动过电流保护或负序电流单相低电压保护等。

（4）接地短路的零序保护。

对于中性点直接接地系统中的变压器，应装设零序保护，零序保护用于反应变压器高压侧（或中压侧），以及外部元件的接地短路。

（5）过负荷保护。

对于400kVA以上的变压器，当数台并列运行或单独运行并作为其他负荷的备用电源时，应装设过负荷保护。过负荷保护通常只装在一相，其动作时限较长，延时动作于发信号。

（6）其他保护。

高压侧电压为500kV及以上的变压器，对频率降低和电压升高而引起的变压器励磁电流升高，应装设变压器过励磁保护。

对变压器温度和油箱内压力升高，以及冷却系统故障，按变压器现行标准要求，应装设相应的保护装置。

4. 变电站6~10kV母线保护配置的基本原则

（1）对于变电站6~10kV分段或不分段的单母线，如果允许带时限切除母线故障时，不装设专门的母线保护，母线故障可利用装设在变压器断路器的后备保护和分段断路器的保护来切除。

（2）对于大容量变电站6~10kV单母分段或双母线经常需并列运行且出线带电抗器时，采用接于每一段母线供电元件和电流上的两相、两段式不完全母线差动保护。

（3）分段断路器保护：出线短路电流太大时，分段断路器上通常装设两相式瞬时电流速断或过电流保护。

5. 6～10kV 线路保护配置原则

（1）相间短路保护。

1）对于不带电抗器的单侧电源线路，应装设电流速断保护和过电流保护。保护仅装在电源侧。

2）短路时要求快速切除故障，也可装设瞬时电流速断保护。

3）对于带电抗器的单侧电源线路，如其断路器不能切断电抗器前的短路，则不应装设电流速断保护。

4）对于一般的双侧电源线路，可装设带方向或不带方向的电流速断保护和过电流保护。如灵敏度不符合要求时，对于短线路可采用带辅助导线的纵联差动保护作主保护，带方向或不带方向的过电流保护作后备保护，对于并联的电缆线路，以横联电流差动保护作主保护，带方向或不带方向的过电流保护作后备保护。

（2）单相接地保护。

在变电站和发电厂母线上，应装设单相接地监视装置，反映零序电压，动作于信号。

（3）电缆线路的过负荷。

对于可能经常出现过负荷的电缆线路，应装设过负荷保护，带时限动作于信号，必要时动作于跳闸。

（二）电力变压器的保护整定

1. 电流速断保护

对于容量较小的变压器，当其过电流保护的动作时限大于 0.5s 时，可在电源侧装设电流速断保护。

保护动作电流按躲过变压器外部短路时流过保护的最大短路电流整定，即

$$I_{set} = K_{rel} I_{k.max} \qquad (1 - 1)$$

式中：K_{rel} 为可靠系数，取 1.4～1.6；$I_{k.max}$ 为降压变压器低压侧母线发生三相短路时，流过保护装置的最大短路电流。

按躲过变压器空载投入时的励磁涌流整定为

$$I_{set} = (3 \sim 5)I_N \qquad (1 - 2)$$

式中：I_N 为变压器额定电流。

取上述两条件较大值为整定值。

要求在保护安装处发生两相金属性短路校验，其灵敏度为

$$K_{sen} = \frac{I_{k.min}^{(2)}}{I_{set}} \geqslant 2 \qquad (1 - 3)$$

式中：$I_{k.min}^{(2)}$ 为系统最小运行方式下，变压器电源侧引出端发生两相金属性短路时，流过保护装置的最小短路电流。

2. 差动保护整定计算

差动保护初始动作电流的整定原则，是按躲过正常工况下的最大不平衡电流来整定；拐点电流的整定原则，应使差动保护能躲过区外较小故障电流及外部故障切除后的暂态过程中产生的最大不平衡电流。比率制动系数的整定原则，是使被保护设备出口短路时产生的最大不平衡电流在制动特性的边界线之下。具体整定与保护装置有关，计算时可查阅有关资料。

3. 相间短路后备保护的整定计算

（1）过电流保护。

动作电流计算为

$$I_{op} = \frac{K_{rel}}{K_{re}} I_{L\,max} \tag{1-4}$$

式中：K_{rel} 为可靠系数，取 $1.2 \sim 1.3$；K_{re} 为返回系数，取 0.85；$I_{L\,max}$ 为过负荷电流，有电动机自起动时取 $2 \sim 3$ 倍额定电流，否则取 $1.3 \sim 1.5$。

灵敏度按照电力系统最小运行方式下，低压侧两相短路时流过高压侧（保护安装处）的短路电流校验，即

$$K_{sen} = \frac{I_{2K2.\,min}}{I_{op}} \geq 1.5$$

动作时间按阶梯原则整定，一般取 $0.5 \sim 0.7s$。

2）复合电压过流保护。

动作电流应躲过变压器额定电流整定，即

$$I_{op} = \frac{K_{rel}}{K_{re}} I_{N} \tag{1-5}$$

式中：可靠系数 K_{rel} 取 1.2，返回系数 K_{re} 取 1.15。

动作电压整定为 $U_{set} = (0.5 \sim 0.6) U_{N}$；

低压元件灵敏度：按后备保护范围末端短路进行校验，大于等于 1.2；

负序电压元件：

$$U_{2op} = (0.06 \sim 0.12) U_{N} = 6 \sim 12V$$

时间元件：动作时间的整定同过电流保护。

4. 过负荷保护的整定计算

过负荷保护只反应一相电流的大小，由于变压器允许过负荷能力比较强，所以保护延时一般较长，至少应该比变压器后备保护动作时间多一个级差 Δt。

5. 零序保护

保护的动作时限应比引出线零序电流后段的最大动作时限大一个阶梯时限 Δt。为了缩小接地故障的影响范围及提高后备保护动作的快速性，通常配置为两段式零序电流保护，每段各带两级时限。较短时限断开母联或分段断路器，较长时间断开变压器断路器。保护的灵敏系数按后备保护范围末端接地短路校验，灵敏系数应不小于 1.2。

6. 气体保护与温度保护

气体继电器动作值由变压器生产厂家在出厂前设定；1000kVA 及以上容量的油浸式变压器才装设有温度信号计，一般规定正常运行时上层油温不超过 $85^\circ\!C$，否则应发出信号提示值班人员。最高不超过 $95^\circ\!C$，超过则动作于跳开变压器各侧开关。

五、电力通信自动化

（一）电力通信网

电力通信网是为了保证电力系统的安全稳定运行应运而生的。它同电力系统的安全稳定控制系统、调度自动化系统一起被人们合称为电力系统安全稳定运行的三大支柱。目前，它更是电网调度自动化、网络运营市场化和管理现代化的基础；是确保电网安全、稳定、经济运行的重要手段；是电力系统的重要基础设施。由于电力通信网对通信的可靠性、保护控制信息传送的快速性和准确性具有极其严格的要求，并且电力部门拥有发展通信的特殊资源优势，因此，世界上大多数国家的电力公司都以自建为主的方式建立了电力系统专用通信网。

我国的电力通信网经过几十年风风雨雨的建设，已经初具规模，通过卫星、微波、载波、光缆等多种通信手段构建而成了一个以北京为中心覆盖全国 30 个省（市、区）的立体交叉通信网。整个中国电力通信的发展，从无到有，从小到大，从简单技术到当今先进技术，从较为单

一的通信电缆和电力线载波通信手段到包含光纤、数字微波、卫星等多种通信手段并用，从局部点线通信方式到覆盖全国的干线通信网和以程控交换为主的全国电话网、移动电话网、数字数据网，无不展现出电力通信发展的辉煌成就。随着通信行业在社会发展中作用的提高，以电力通信网为基础的业务不再仅仅是最初的程控语音联网、调度时控制信息传输等窄带业务，逐渐发展到同时承载客户服务中心、营销系统、地理信息系统（GIS）、人力资源管理系统、办公自动化系统（OA）、视频会议、IP电话等多种数据业务。电力通信在协调电力系统发、送、变、配、用电等组成部分的联合运转及保证电网安全、经济、稳定、可靠的运行方面发挥了应有的作用，并有利地保障了电力生产、基建、行政、防汛、电力调度、水库调度、燃料调度、继电保护、安全自动装置、远动、计算机通信、电网调度自动化等通信需要。虽然电力通信的自身经济效益目前不能得以直接体现出来，但它所产生并隐含在电力生产及管理中的经济效益是巨大的。同时，电力通信利用其独特的发展优势越来越被社会所重视。

电力系统发展电信具有潜力和资源优势。潜力即电力通信拥有覆盖全国电力系统的专用通信网，拥有丰富的通信网络基础设施。资源优势，首先体现在长途传输方面，利用输电线路敷设地线缠绕光缆（GWWOP）、自承式光缆（ADSS）、地线复合光缆（OPGW）等电力特殊光缆可迅速形成长途通信能力。电力特殊光缆受外力破坏的可能性小、可靠性高，而且技术已经成熟，特别是OPGW技术，在国内已经广泛应用。其次体现在本地传输方面，城市内电力系统的线路、沟道可用于通信服务，在宽带接入网方面发挥重要作用。

1. 光纤通信技术

光纤通信就是利用光波作为载波来传送信息，而以光纤作为传输介质实现信息传输，达到通信目的的一种最新通信技术。

光纤通信的原理是：在发送端首先要把传送的信息（如话音）变成电信号，然后调制到激光器发出的激光束上，使光的强度随电信号的幅度（频率）变化而变化，并通过光纤发送出去；在接收端，检测器收到光信号后把它变换成电信号，经解调后恢复原信息。

光纤通信与以往的电气通信相比，主要区别在于有很多优点：它传输频带宽、通信容量大；传输损耗低、中继距离长；线径细、质量轻，原料为石英，节省金属材料，有利于资源合理使用；绝缘、抗电磁干扰性能强；还具有抗腐蚀能力强、抗辐射能力强、可绕性好、无电火花、泄漏小、保密性强等优点，可在特殊环境或军事上使用。

光纤通信的应用领域是很广泛的。它主要用于市话中继线，光纤通信的优点在这里可以充分发挥，逐步取代电缆，得到广泛应用；用于长途干线通信，过去主要靠电缆、微波、卫星通信，现已逐步使用光纤通信并形成了占全球优势的比特传输方法；用于全球通信网、各国的公共电信网（如中国的国家一级干线、各省二级干线和县以下的支线）；用于高质量彩色的电视传输、工业生产现场监视和调度、交通监视控制指挥、城镇有线电视网、共用天线（CATV）系统；用于光纤局域网和其他如在飞机内、飞船内、舰艇内、矿井下、电力部门、军事及有腐蚀和有辐射等环境中使用。

光纤传输系统主要由光发送机、光接收机、光缆传输线路、光中继器和各种无源光器件构成。要实现通信，基带信号还必须经过电端机对信号进行处理后送到光纤传输系统完成通信过程。

光纤由内芯和包层组成，内芯一般为几十微米或几微米，比一根头发丝还细；外面层称为包层，包层的作用就是保护光纤。

光纤通信特点如下：

（1）通信容量大、传输距离远；一根光纤的潜在带宽可达20THz。采用这样的带宽，只需

1s左右即可将人类古今中外全部文字资料传送完毕。光纤的损耗极低，在光波长为1.55μm附近，石英光纤损耗可低于0.2dB/km，这比目前任何传输媒质的损耗都低。因此，无中继传输距离可达几十、甚至上百千米。

（2）信号干扰小、保密性能好。

（3）抗电磁干扰、传输质量佳，电通信不能解决各种电磁干扰问题，唯有光纤通信不受各种电磁干扰。

（4）光纤尺寸小、质量轻，便于铺设和运输。

（5）材料来源丰富，环境保护好，有利于节约有色金属铜。

（6）无辐射，难于窃听，因为光纤传输的光波不能跑出光纤以外。

（7）光缆适应性强，寿命长。

（8）质地脆，机械强度差。

（9）光纤的切断和接续需要一定的工具、设备和技术。

（10）分路、耦合不灵活。

（11）光纤光缆的弯曲半径不能过小（＞20cm）。

2. 电力线载波通信（PLC）

传统的电力线载波通信（PLC）主要利用高压输电线路作为高频信号的传输通道，仅仅局限于传输话音、远动控制信号等，应用范围窄，传输速率较低，不能满足宽带化发展的要求。目前PLC正在向大容量、高速率方向发展，同时转向采用低压配电网进行载波通信，实现家庭用户利用电力线打电话、上网等多种业务。

该技术是把载有信息的高频加载于电流，然后用电线传输接受信息的适配器，再把高频从电流中分离出来并传送到计算机或电话以实现信息传递。该技术最大的优势是不需要重新布线，在现有电线上实现数据、语音和视频等多业务的承载，实现四网合一终端用户只需要插上电源插头就可以实现因特网接入电视频道接收节目打电话或者是可视电话。

3. 微波通信

微波通信使用波长为1～0.1m（频率为0.3～3GHz）的电磁波进行通信。微波通信包括地面微波接力通信、对流层散射通信、卫星通信、空间通信及工作于微波频段的移动通信。

微波通信不需要固体介质，当两点间直线距离内无障碍时就可以使用微波传送。

由于微波的频率极高，波长又很短，其在空中的传播特性与光波相近，也就是直线前进，遇到阻挡就被反射或被阻断，因此微波通信的主要方式是视距通信，超过视距以后需要中继转发。一般说来，由于地球幽面的影响以及空间传输的损耗，每隔50km左右，就需要设置中继站，将电波放大转发而延伸。这种通信方式，也称为微波中继通信或称微波接力通信。长距离微波通信干线可以经过几十次中继而传至数千公里仍可保持很高的通信质量。

微波站的设备包括天线、收发信机、调制器、多路复用设备以及电源设备、自动控制设备等。为了把电波聚集起来成为波束，送至远方，一般都采用抛物面天线，其聚焦作用可大大增加传送距离。多个收发信机可以共同使用一个天线而互不干扰。多路复用设备有模拟和数字之分。模拟微波系统每个收发信机可以工作于60、960、1800路或2700路通信，可用于不同容量等级的微波电路。数字微波系统应用数字复用设备以30路电话按时分复用原理组成一次群，进而可组成二次群120路、三次群480路、四次群1920路，并经过数字调制器调制于发射机上，在接收端经数字解调器还原成多路电话。最新的微波通信设备，其数字系列标准与光纤通信的同步数字系列（SDH）完全一致，称为SDH微波。这种微波设备在一条电路上，八个束波可以同时传送三万多路数字电话电路（2.4Gb/s）。

（二）电力系统自动化

电力系统自动化对电能生产、传输和管理实现自动控制、自动调度和自动化管理。电力系统是一个地域分布辽阔，由发电厂、变电站、输配电网络和用户组成的统一调度和运行的复杂大系统。电力系统自动化的领域包括生产过程的自动检测、调节和控制，系统和元件的自动安全保护，网络信息的自动传输，系统生产的自动调度，以及企业的自动化经济管理等。电力系统自动化的主要目标是保证供电的电能质量（频率和电压），保证系统运行的安全可靠，提高经济效益和管理效能，具体包括电网调度自动化、火力发电厂自动化、水力发电站综合自动化、电力系统信息自动传输系统、电力系统反事故自动装置、供电系统自动化、电力工业管理系统自动化 7 个方面，并形成一个分层分级的自动化系统。区域调度中心、区域变电站和区域性电厂组成最低层次；中间层次由省（市）调度中心、枢纽变电站和直属电厂组成，由总调度中心构成最高层次。而在每个层次中，电厂、变电站、配电网络等又构成多级控制。

1. 电网调度自动化

现代的电网自动化调度系统是以计算机为核心的控制系统，包括实时信息收集和显示系统，以及供实时计算、分析、控制用的软件系统。信息收集和显示系统具有数据采集、屏幕显示、安全检测、运行工况计算分析和实时控制的功能。在发电厂和变电站的收集信息部分称为远动端，位于调度中心的部分称为调度端。软件系统由静态状态估计、自动发电控制、最优潮流、自动电压与无功控制、负荷预测、最优机组开停计划、安全监视与安全分析、紧急控制和电路恢复等程序组成。

2. 火力发电厂自动化

火力发电厂的自动化项目包括：①厂内机、炉、电运行设备的安全检测，包括数据采集、状态监视、屏幕显示、越限报警、故障检出等；②计算机实时控制，实现由点火至并网的全部自动启动过程；③有功负荷的经济分配和自动增减；④母线电压控制和无功功率的自动增减；⑤稳定监视和控制。采用的控制方式有两种形式：一种是计算机输出通过外围设备去调整常规模拟式调节器的设定值而实现监督控制；另一种是用计算机输出外围设备直接控制生产过程而实现直接数字控制。

3. 水力发电站综合自动化

需要实施自动化的项目包括大坝监护、水库调度和电站运行三个方面。

（1）大坝计算机自动监控系统：包括数据采集、计算分析、越限报警和提供维护方案等。

（2）水库水文信息的自动监控系统：包括雨量和水文信息的自动收集、水库调度计划的制订，以及拦洪和蓄洪控制方案的选择等。

（3）厂内计算机自动监控系统：包括全厂机电运行设备的安全监测、发电机组的自动控制、优化运行和经济负荷分配、稳定监视和控制等。

4. 电力系统信息自动传输系统

电力系统信息自动传输系统简称远动系统。其功能是实现调度中心和发电厂变电站间的实时信息传输。自动传输系统由远动装置和远动通道组成。远动通道有微波、载波、高频、声频和光导通信等多种形式。远动装置按功能分为遥测、遥信、遥控三类。把厂站的模拟量通过变换输送到位于调度中心的接收端并加以显示的过程称为遥测。把厂站的开关量输送到接收端并加以显示的过程称为遥信。把调度端的控制和调节信号输送到位于厂站的接收端实现对调节对象的控制的过程，称为遥控或遥调。

5. 电力系统反事故自动装置

反事故自动装置的功能是防止电力系统的事故危及系统和电气设备的运行。在电力系统中装设的反事故自动装置有两种基本类型。

（1）继电保护装置：其功能是防止系统故障对电气设备的损坏，常用来保护线路、母线、发电机、变压器、电动机等电气设备。按照产生保护作用的原理，继电保护装置分为过电流保护、方向保护、差动保护、距离保护和高频保护等类型。

（2）系统安全保护装置：用以保证电力系统的安全运行，防止出现系统振荡、失步解列、全网性频率崩溃和电压崩溃等灾害性事故。系统安全保护装置按功能分为4种形式：一是属于备用设备的自动投入，如备用电源自动投入，输电线路的自动重合闸等；二是属于控制受电端功率缺额，如低周波自动减负荷装置、低电压自动减负荷装置、机组低频自启动装置等；三是属于控制送电端功率过剩，如快速自动切机装置、快关汽门装置、电气制动装置等；四是属于控制系统振荡失步，如系统振荡自动解列装置、自动并列装置等。

6. 供电系统自动化

供电系统包括地区调度实时监控、变电站自动化和负荷控制三个方面。地区调度的实时监控系统通常由小型或微型计算机组成，功能与中心调度的监控系统相仿，但稍简单。变电站自动化发展方向是无人值班，其远动装置采用微型机可编程序的方式。供电系统的负荷控制常采用工频或声频控制方式。

7. 电力工业管理系统自动化

管理系统的自动化通过计算机来实现，主要项目有电力工业计划管理、财务管理、生产管理、人事劳资管理、资料检索以及设计和施工方面等。

第三节　电能质量与安全用电

一、供电质量

（一）供电质量的概念

供电质量指电能质量与供电可靠性，即由电能质量和供电可靠性两部分组成。

1. 电能质量

电能质量是指导致用电设备故障或不能正常工作的电压、电流或频率的偏差，其内容包括频率偏差、电压偏差、电压波动与闪变、三相不平衡、暂态或瞬态过电压、波形畸变（谐波）、电压暂降、中断、暂升以及供电连续性等。

电压不平衡是指三相电压的幅值或相位不对称。不平衡的程度用不平衡度（电压负序分量和正序分量的均方根值百分比）来表示，典型的三相不平衡是指不平衡度超过2%，短时超过4%。在电力系统中，各种不平衡工业负荷以及各种接地短路故障都会导致三相电压的不平衡。

过电压是指持续时间大于1min、幅值大于标称值的电压。典型的过电压值为1.1～1.2倍标称值。过电压主要是由于负载的切除和无功补偿电容器组的投入等过程引起。另外，变压器分接头的不正确设置也是产生过电压的原因。

欠电压是指持续时间大于1min、幅值小于标称值的电压。典型的欠电压值为0.8～0.9倍标称值。其产生的原因一般是由于负载的投入和无功补偿电容器组的切除等过程引起。另外，变压器分接头的错误设置也是欠电压产生的原因。

电压骤降是指在工频下，电压的有效值短时间内下降。典型的电压骤降值为0.1～0.9倍标称值，持续时间为0.5个周期到1min。电压骤降产生的原因主要有：电力系统发生故障，如系统发生接地短路故障；大容量电动机的启动和负载突增也会导致电压骤降。

电压骤升是指在工频下，电压的有效值短时间内上升。典型的电压骤升值为1.1～1.8倍标称值，持续时间为 0.5 个周期到 1min。电压骤升产生的原因主要有：电力系统发生故障，如系统发生单相接地等故障；大容量电动机的停止和负载突降也是电压骤升的重要原因。

供电中断是指在一段时间内，系统的一相或多相电压低于 0.1 倍标称值。瞬时中断定义为持续时间在 0.5 个周期到 3s 之间的供电中断，短时中断的持续时间在 3~60s 之间，而持久停电的持续时间大于 60s。

电压瞬变又称为瞬时脉冲或突波，是指两个连续的稳态之间的电压值发生快速的变化，其持续时间很短。电压瞬变按照电压波形的不同分为两类：一是电压瞬时脉冲，是指叠加在稳态电压上的任一单方向变动的电压非工频分量；二是电压瞬时振荡，是指叠加在稳态电压的同时包括两个方向变动的电压非工频分量。电压瞬变可能是由闪电引起的，也可能是由于投切电容器组等操作产生的开关瞬变。

电压切痕是一种持续时间小于 10ms 的周期性电压扰动。它是由于电力电子装置换相造成的，它使电压波形在一个周期内有超过两个的过零点。由于其频率非常高，用常规的谐波分析设备无法测出，因此以前一直未把此项作为电压质量的一个指标。

2. 供电可靠性

供电可靠性是指供电企业持续供电的能力，可靠性指标是衡量供电企业安全运行、检修维护、基建工程、技术进步等管理水平的重要标志，一般用供电可靠率来考核。供电可靠性管理就是要提高这个指标。

供电可靠率是指在统计期间内，对用户有效时间总小时数与统计期间小时数的比值，用 RS-1 表示。

$$RS\text{-}1 = (1 - 用户平均停电时间 / 统计期间时间) \times 100\% \tag{1-6}$$

$$用户平均停电时间（AIHC-1）= \frac{\sum 用户每次停电时间}{总用户数}$$

$$= \frac{\sum 每次停电持续时间 \times 每次停电用户数}{总用户数}$$

由公式可知，影响供电可靠率的主要因素为每次停电持续时间和每次停电用户数。所以减少停电时间和停电户数是提高供电可靠性的关键。

（二）我国电能质量的标准

1. 电网频率

我国电力系统的标称频率为 50Hz，GB/T 15945—2008《电能质量　电力系统频率偏差》规定：电力系统正常运行条件下频率偏差限值为 ±0.2Hz，当系统容量较小时，偏差限值可放宽到 ±0.5Hz，标准中没有说明系统容量大小的界限。在全国供用电规则中规定：供电局供电频率的允许偏差，电网容量在 300 万 kW 及以上者为 ±0.2Hz、电网容量在 300 万 kW 以下者为 ±0.5Hz。实际运行中，从全国各大电力系统运行看都保持在不大于 ±0.1Hz 范围内。

2. 电压偏差

GB/T 12325—2008《电能质量　供电电压偏差》中规定：35kV 及以上供电电压正、负偏差的绝对值之和不超过标称电压的 10%；20kV 及以下三相供电电压偏差为标称电压的 ±7%；220V 单相供电电压偏差为标称电压的 +7%~-10%。

3. 三相电压不平衡

GB/T 15543—2008《电能质量　三相电压不平衡》中规定，电力系统公共连接点电压不平衡度限值为：电网正常运行时，负序电压不平衡度不超过 2%，短时不得超过 4%；低压系统零序电压限值暂不做规定，但各相电压必须满足 GB/T 12325 的要求。接于公共连接点的每个用户引起该点负序电压不平衡度允许值一般为 1.3%，短时不超过 2.6%。

4. 公用电网谐波

GB/T 14549—1993《电能质量 公用电网谐波》中规定：6～220kV 各级公用电网电压（相电压）总谐波畸变率是：0.38kV 为 5.0%，6～10kV 为 4.0%，35～66kV 为 3.0%，110kV 为 2.0%；用户注入电网的谐波电流允许值应保证各级电网谐波电压在限值范围内，所以国标规定各级电网谐波源产生的电压总谐波畸变率是，0.38kV 为 2.6%、6～10kV 为 2.2%、35～66kV 为 1.9%、110kV 为 1.5%。对 220kV 电网及其供电的电力用户参照本标准 110kV 执行。

5. 公用电网间谐波

GB/T 24337—2009《电能质量 公用电网间谐波》中规定：间谐波电压含有率是 1000V 及以下＜100Hz 为 0.2%，100～800Hz 为 0.5%，1000V 以上＜100Hz 为 0.16%，100～800Hz 为 0.4%，800Hz 以上处于研究中。单一用户间谐波含有率是 1000V 及以下＜100Hz 为 0.16%，100～800Hz 为 0.4%，1000V 以上＜100Hz 为 0.13%，100～800Hz 为 0.32%。

6. 波动和闪变

GB/T 12326—2008《电能质量 电压波动和闪变》规定：电力系统公共连接点，在系统运行的较小方式下，以一周（168h）为测量周期，所有长时间闪变值 Plt 满足：≤110kV，Plt=1；＞110kV，Plt=0.8。

二、安全用电

（一）人身触电危害及触电方式

人体触及带电体形成电流通路，造成人体伤害，称为触电。电作用于人体的机理是一个很复杂的过程，其影响因素很多，对于同样的情况下，不同的人触电的生理效应不尽相同，即使同一个人，在不同的环境，不同的生理状态下，生理效应也不同。通过大量的研究表明，电对人体的伤害，主要来自于电流。

电流流过人体时，电流的热效应会引起肌体烧伤、炭化或在某些器官上产生损坏其功能的高温；肌肉内的体液或其他组织会发生分解作用，从而使各种组织的结构或成分遭到电破坏；产生一定的机械外力引起一定的机械性损伤。因此，当电流流过人体时，人体会产生不同程度的刺麻、酸疼、打击感，并伴随不自主的肌肉收缩、心慌、惊恐等症状，严重时会出现心律不齐、昏迷、心跳及呼吸停止甚至死亡。电流对人体的伤害可分为电伤和电击两种类型。

1. 电伤

电伤是指由于电流的热效应、化学效应和机械效应引起人体外表的局部伤害，如电灼伤、电烙印、皮肤金属化等。电伤在不是很严重的情况下，一般无致命危险。

（1）电灼伤。

电灼伤一般分接触灼伤和电弧灼伤两种。接触灼伤发生在高压触电事故时电流流过的人体皮肤的进出口处。一般进口处比出口处灼伤严重，接触灼伤的面积较小，但深度大，大多为三度灼伤，灼伤处呈现黄色或黑褐色，并可触及皮下组织、肌腱、肌肉及血管，甚至使骨骼呈现炭化状态，一般需要较长时间的治疗。

当发生带负荷误拉、合隔离开关及带地线合隔离开关时，所产生强烈的电弧都可能引起电弧灼伤，其情况与火焰烧伤相似，会使皮肤发红、起泡、组织烧焦、坏死。

（2）电烙印。

电烙印发生在人体与带电体之间有良好的接触部位处。在人体不被电击的情况下，在皮肤表面留下与带电接触体形状相似的肿块痕迹。电烙印边缘明显，颜色呈灰黄色，电烙印一般不发臭或化脓，但往往会造成局部麻木和失去知觉。

（3）皮肤金属化。

皮肤金属化是由于电弧高温使周围金属熔化、蒸发并飞溅渗透到皮肤表面形成的伤害。皮肤金属化后，表面粗糙、坚硬，金属化后的皮肤经过一段时间后方能自行脱离，对身体机能不会造成不良后果。

2. 电击

电击是指电流流过人体内部造成人体内部器官的伤害。当电流流过人体时，会造成人体内部器官（如呼吸系统、血液循环系统、中枢神经系统等）生理或病理变化，工作机能紊乱，严重时会导致人体休克乃至死亡。

电击使人致死的原因有三个方面：一是流过心脏的电流过大、持续时间过长，引起"心室纤维性颤动"而致死；二是因电流作用使人产生窒息而死亡；三是因电流作用使心脏停止跳动而死亡。研究表明，"心室纤维性颤动"致死是最根本、占比例最大的一种。

电击是触电事故中后果最严重的一种，绝大部分触电死亡事故都是电击造成的。通常所说的触电事故主要是指电击。

电击对人体伤害的严重程度与通过人体的电流的大小、持续时间、通过人体的路径、电流的频率以及人体状况等多种因素有关。

（1）电流的大小。

当不同大小的电流流经人体时，往往有各种不同的感觉，通过人体的电流越大，人体的生理反应越明显，感觉也越强烈。按电流通过人体时的生理机能反应和对人体的伤害程度，可将电流分为以下三级。

1）感知电流。使人体能够感觉，但不构成伤害的电流。感知电流的最小值为感知阈值。成年男性平均感知电流为 1.1mA，成年女性为 0.7mA。

2）摆脱电流。人触电以后能自主摆脱电源的最大电流。摆脱电流通过时，人体除麻酥、灼热感外，主要是疼痛、心律障碍感。成年男性的摆脱电流平均为 16mA，成年女性的摆脱电流平均为 10.5mA。

3）致命电流。较短时间内危及生命的最小电流。

（2）电流通过人体的持续时间。

触电致死的主要原因是电流引起心室颤动或窒息。电流通过人体的时间越长越容易引起心室颤动，因为心室在收缩与舒张的时间间隔（约 0.1s）内对电流最为敏感，通电时间越长，重合这段时间的可能性越大，引起心室颤动的可能性越大，越容易致死。另一方面，通电时间越长，体内积聚的外能量越多，会使人体出汗和组织电解，降低人体电阻，而使通过人体的电流逐渐增大，进一步加重触电伤害。

我们用电击能量的概念来衡量电流对人体的伤害程度：

$$电击能量＝电击时通过的电流×时间$$

当电击能量为 50mAs 时，触电者就有生命危险。可见触电时，时间就是生命。

（3）人体的电阻。

人体触电时，在接触电压一定的情况下，流过人体的电流由人体的电阻决定，人体电阻越小，流过的电流越大，人体所遭受的伤害也越大。

人体电阻由体内电阻和表皮电阻组成。体内电阻是指电流流过人体时，人体内部器官呈现的电阻，其数值主要决定于电流的路径，基本上不受外界因素的影响。当电流流过人体内不同部位时，体内电阻呈现的数值不同。一般认为体内电阻为 500Ω 左右。表皮电阻是指电流流过人体时，两个不同触电部位皮肤上的电极和皮下导电细胞之间的电阻之和。表皮电阻随外界条件不同而在较大范围内变化。一般情况下，人体电阻可按 $1000\sim2000\Omega$ 考虑，在安全程度要求较高的场合，人体电阻可按不受外界因素影响的体内电阻（500Ω）来考虑。

（4）作用于人体的电压。

作用于人体的电压，对流过人体的电流的大小有着直接的影响。当人体电阻一定时，作用于人体的电压越高，则流过人体的电流越大，其危险性也越大。实际上，通过人体电流的大小，并不与作用于人体的电压成正比，随着作用于人体电压的升高，人体电阻下降，导致流过人体的电流迅速增加，对人体的伤害也就更严重。

（5）电流通过人体的路径。

电流通过人体的路径不同，使人体出现的生理反应及对人体的伤害程度是不同的。电流通过人体的头部会使人立即昏迷，严重时致人死亡；电流通过脊髓，使人肢体瘫痪；电流通过呼吸系统，会使人窒息死亡。电流通过中枢神经，会引起中枢神经系统的严重失调而导致死亡；电流通过心脏会引起心室"纤维性颤动"，心脏停跳造成死亡。

电流通过人体的路径主要有：手到手，脚到脚和手经胸到脚。电流取任何路径通过人体都可以致人死亡。但电流通过心脏、中枢神经（脑部和脊髓）、呼吸系统是最危险的，因此从手经胸到脚是最危险的电流路径，这时心脏、肺部、脊髓等重要器官都处于路径内，容易引起心室颤动和中枢神经失调而死亡。

（6）电流的种类及频率的影响。

电流种类不同，对人体的伤害程度不一样，相同电压的交流电要比直流电的危险性大。不同频率的交流电流对人体的影响也不相同。通常，$50\sim60\mathrm{Hz}$ 的交流电对人体危害最大，低于或高于此频率的电流对人体的伤害程度要显著减轻。但高频率的电流通常以电弧的形式出现，因此有灼伤人体的危险。频率在 $20\mathrm{kHz}$ 以上的交流小电流对人体已无危害，在医学上可以用作理疗。

（7）人体状态的影响。

电流对人体的作用与人的年龄、性别、身体及精神状态有很大关系。一般情况下，女性比男性对电力敏感，小孩比成人敏感。在相同触电情况下，妇女和小孩更容易受到伤害。此外，患有心脏病、精神病、结核病、内分泌器官疾病的人，因触电造成的伤害都要比正常人严重。

3. 人体触电方式

人体触电的方式很多，归纳起来可分为直接接触触电和间接接触触电。

（1）人体与带电体的直接接触触电。

人体与带电体的直接接触触电又可分为单相触电和两相触电。

1）单相触电。

电网根据中性点接地方式的不同可以分为大接地电流系统和小接地电流系统。由于这两种系统中性点的运行方式不同，当发生单相触电时，电流经过人体路径及大小就不一样，单相触电的危害程度就不一样。

①中性点直接接地系统的单相触电。

以 $380/220\mathrm{V}$ 的低压配电系统为例。当人体触及某一相导体时，相电压作用于人体，电流经过人体、大地、系统中性点接地装置和导线形成闭合回路，如图 1-6 所示。由于中性点接地装置的电阻 R_0 比人体电阻小得多，所以相电压几乎全部加在人体上。假设人体电阻为 1000Ω，电源相电压 U_{ph} 为 $220\mathrm{V}$，则通过人体的电流约为 $220\mathrm{mA}$，远大于人体的摆脱阈值，足以使人命。一般情况下，人脚穿上鞋子有一定的限流作用。人体与带电体之间以及站立点与地面之间也有接触电阻，所以实际电流要小于 $220\mathrm{mA}$，人体触电后有时可以摆脱，但某些特殊场合（高空、水面等）容易造成二次伤害。所以，电气工作人员应穿合格的绝缘鞋，工作时应站在绝缘垫上，防止触电事故的发生。

②中性点不接地系统的单相触电。

如图 1-7 所示，当人站立在地面上，接触到该系统的是某一相导体时，由于导线与地之间存在对地电抗 Z_C（由线路绝缘电阻 R 和对地电容 C 组成），则电流以人接触的导体、人体、大地、另两相导线对地电抗 Z_C 构成回路。通过人体的电流与线路的绝缘电阻及对地电容的数值有关。在低压系统中，对地电容 C 很小，通过人体的电流主要取决于线路的绝缘电阻 R，正常情况下，R 相当大，通过人体的电流很小，一般不致造成对人体的伤害。但当线路绝缘下降，R 减小时，单相触电对人体的危害仍然存在。在高压系统中，线路对地电容较大，将危及触电者的生命。

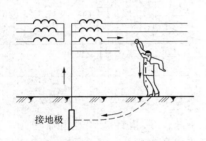

图 1-6　中性点直接接地系统的单相触电

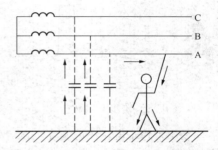

图 1-7　中性点不接地系统的单相触电

2）两相触电。

当人体同时接触带电设备或线路中的两相导体时，电流从一相导体经人体流入另一相导体，构成闭合回路，这种触电方式称为两相触电，如图 1-8 所示。

两相触电时，加在人体上的电压为线电压，是相电压的 $\sqrt{3}$ 倍。通过人体的电流与系统中性点运行方式无关，其大小只决定于人体电阻和两相导体的接触电阻之和。以 380/220V 低压

图 1-8　两相触电

配电系统为例，线电压为 380V，设人体电阻为 1000Ω，则通过人体的电流约为 380mA，大大超过了人体的致颤阈值，足以致人死亡。电气工作中两相触电多在带电作业时发生，由于相间距离小，安全措施不齐全，往往会使人体通过作业工具同时触及两相导体，造成两相触电。

（2）间接接触触电。

间接接触触电是由于电气设备绝缘损坏发生接地故障，设备金属外壳及接地点周围出现对地电压引起的。它包括跨步电压触电和接触电压触电。

1）跨步电压触电。

当电气设备或载流导体发生故障时，接地电流将通过接地体流向大地，并在地中接地体周围作半球形散流，如图 1-9 所示。由图可见，在以接地故障点为球心的半球形散流场中，靠近接地点处的半球面上，电流密度大，远离接地点的半球面上电流密度小，接近接地点的单位长度上的电位差比远离接地点的单位长度上的电位差要大，当离开接地故障点 20m 以外时，两点间的电位差趋近于零。如图 1-10 所示，当人在有电位分布的故障区域内行走时，其两脚之间（一般为 0.8m 的距离）呈现出电位差，此电位差称为跨步电压。由跨步电压引起的触电称为跨步电压触电。在距离接地故障点 8～10m 以内，电位分布的变化率较大，人在此区域内行走，跨步电压高，就有触电的危险；在离接地故障点 8～10m 以外，电位分布的变化率较小，人一步之

间的电位差较小，跨步电压触电的危险性明显降低。人体在受跨步电压作用时，电流将从一只脚经腿、胯部、另一只脚与大地构成回路，虽然电流没有经过人体的全部重要器官，但当跨步电压较高时，触电者脚发麻、腿抽筋，跌倒在地，跌倒后电流可能改变路径而流经人体的主要器官，使人致命。因此，发生高压设备、导线接地故障时，室内不得接近接地故障点 4m 以内，室外不得接近故障点 8m 以内。如果要进入此范围工作，为防止跨步电压触电，进入人员应穿绝缘鞋。

图 1-9　跨步电压触电

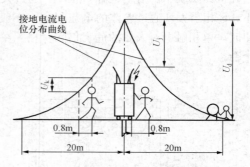

图 1-10　跨步电压触电原理示意图

需要指出，跨步电压还可能发生在另外一些场合。例如，避雷针或者避雷器动作，其接地体周围的地面也会出现伞形电位分布，同样也会发生跨步电压触电。

2）接触电压触电。

在正常情况下，电气设备的金属外壳是不带电的，由于绝缘损坏，设备漏电，使设备的金属外壳带电。如果人体的两个部位（通常是手和脚）同时触及漏电设备的外壳和地面，人体两部分分别处于不同的电位，其间的电位差即为接触电压。由接触电压引起的触电称为接触电压触电。

（3）与带电体的距离小于安全距离的触电。

当人体与带电体（特别是高压带电体）的空气间隙小于一定的距离时，虽然人体没有接触带电体，也可能发生触电事故。这是因为空气间隙的绝缘强度是有限的，当人体与带电体的距离足够近时，人体与带电体间的电场强度将大于空气的击穿场强，空气将被击穿，带电体对人体放电，并在人体与带电体之间产生电弧，此时人体将受到电弧灼伤及电击的双重伤害。这种与带电体的距离小于安全距离的弧光放电触电事故多发生在高压系统中。此类事故的发生，大多是工作人员误入带电间隔、误接近高压带电设备所造成的。因此，为防止此类事故的发生，国家有关标准规定了不同电压等级的最小安全距离，工作人员距离带电体的距离不允许小于此安全距离值。

（4）剩余电荷触电。

剩余电荷触电是指当人触及带有剩余电荷的设备时，带有电荷的设备对人体放电造成的触电事故。设备带有剩余电荷，通常是由于停运后或检修人员在检修中绝缘电阻表测量停电后的并联电容器、电力电缆、电力变压器及大容量电动机等设备时，检修前、后没有对其充分放电所造成的。

（二）防止人身触电的技术措施

防止人身触电，从根本上说是要加强安全意识，严格执行安全用电的有关规定，预防为主。同时，对系统或设备本身或工作环境采取一定的技术措施也是行之有效的办法。防止人身触电的技术措施包括以下几个方面：

（1）电气设备进行安全接地；

（2）在容易触电的场合采用安全电压；

（3）加装防触电保护装置。

另外，电气工作过程采用相应的屏护措施，使人体与带电设备保持必要的安全距离，也是预防人身触电的有效办法。

1. 安全接地

安全接地是防止接触电压触电和跨步电压触电的根本方法。安全接地包括电气设备外壳（或构架）保护接地、保护接零和零线重复接地。

（1）保护接地。

保护接地是将一切正常时不带电而在绝缘损坏时可能带电的金属部分（如各种电气设备的金属外壳、配电装置的金属构架等）与独立的接地装置相连，从而防止工作人员触及时发生触电事故。它是防止接触电压触电的一种技术措施。

保护接地是利用接地装置足够小的接地电阻值，降低故障设备外壳可导电部分对地电压，减小人体触及时流过人体的电流，达到防止接触电压触电的目的。

1）中性点不接地系统的保护接地。

在中性点不接地系统中，用电设备一相绝缘损坏，外壳带电，如果设备外壳没有接地，如图 1-11（a）所示，则设备外壳上将长期存在着电压（接近于相电压），当人体触及到电气设备外壳时，就有电流流过人体，其值为

$$I_d = \frac{3U_{ph}}{|3R_r + Z|} \tag{1-7}$$

接触电压

$$U_r = \frac{3U_{ph}R_r}{|3R_r + Z|} \tag{1-8}$$

式中　U_r——作用于人体的接触电压；

　　　R_r——人体电阻；

　　　Z——电网对地绝缘电阻；

　　　U_{ph}——系统运行相电压。

若采用保护接地，如图 1-11（b）所示，保护接地电阻 R_b 与人体电阻 R_r 并联，由于 $R_b \ll R_r$，则设备对地电压及流过人体的电流可近似为

$$U_r = \frac{3U_{ph}R_b}{|3R_r//R_b + Z|} \approx \frac{3U_{ph}R_b}{|3R_b + Z|} \tag{1-9}$$

$$I_r = \frac{U_c}{R_r} = \frac{3U_{ph}R_b}{|3R_b + Z|R_r} \tag{1-10}$$

式中　R_b——保护接地电阻；

　　　I_r——流过人体的电流。

比较式（1-8）与式（1-9）可知，由于 $Z \gg R_r$、R_b，所以其分母近似相等，而分子 $R_r \gg R_b$，使得接地后对地电压大大降低。同样，由式（1-7）与式（1-10）可知，保护接地后，人体触及设备外壳时流过的电流也大大降低。由此可见，只要选择适当 R_b，即可避免人体触电。

例如，220/380V 中性点不接地系统，绝缘阻抗 Z 取绝缘电阻 7000Ω，有设备发生单相碰壳。若没有保护接地，有人触及该设备外壳，人体电阻 R_r 为 1000Ω，则通过人体的电流约为 66mA；但如果该设备有保护接地，接地电阻 $R_b = 4\Omega$，则流过人体的电流约为 0.26mA，显然，该电流不会危及人身安全。

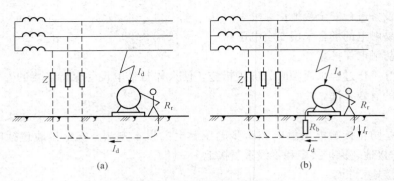

图 1 - 11　中性点不接地系统保护接地原理图

(a) 无接地；(b) 有接地

同样，在 6～10kV 中性点不接地系统中，若采用保护接地，尽管其电压等级较高，也能减小因设备发生碰壳人体触及设备时流过人体的电流，减小触电的危险性。如进一步采取相应的防范措施，如穿绝缘鞋，增大人体回路电阻，也能将流过人体的电流限制在 50mA 之内，保证人身安全。

2）中性点直接接地系统的保护接地。

中性点直接接地系统中，若不采用保护接地，当人体接触一相碰壳的电气设备时，人体相当于发生单相触电，如图 1 - 12 (a) 所示，流过人体的电流及接触电压为

$$I_d = \frac{U_{ph}}{R_r + R_n} \tag{1 - 11}$$

$$U_r = \frac{U_{ph}}{R_r + R_n} \times R_r \tag{1 - 12}$$

式中　R_n——中性点接地电阻。

以 380/220V 低压系统为例，若人体电阻 $R_r = 1000\Omega$，$R_n = 4\Omega$，则流过人体的电流 $I_d \approx$ 220mA，作用于人体电压 $U_r \approx 220$V，此时足以使人致命。

若采用保护接地，如图 1 - 12 (b) 所示，电流将经过人体电阻 R_r 和设备接地电阻 R_b 的并联支路、电源中性点接地电阻 R_n、电源形成回路，设保护接地电阻 $R_b = 4\Omega$，接触电压及流过人体的电流为

$$U_r = U_{ph} \times \frac{R_b}{R_n + R_b // R_r} \approx U_{ph} \times \frac{R_b}{R_n + R_b} = 110(V)$$

$$I_d = \frac{U_r}{R_r} = \frac{U_{ph}}{R_r} \times \frac{R_b}{R_n + R_b} \approx 110(mA)$$

110mA 的电流虽然比未装保护接地时小，但对人身安全仍有致命的危险。所以，在中性点直接接地的低压系统当中，电气设备的外壳采用保护接地仅能减轻触电的危险程度，并不能保证人身安全；在高压系统中，其作用更小。

(2) 保护接零和零线重复接地。

1）保护接零。

在中性点直接接地的低压供电网络中，一般采用的是三相四线制的供电方式。将电气设备的金属外壳与电源（发电机或变压器）接地中性线（零线）作金属性连接，这种方式称为保护接零，如图 1 - 13 所示。

采用保护接零时，当电气设备某相绝缘损坏碰壳，接地短路电流流经短路线和接地中性线构成回路，由于接地中性线阻抗很小，接地短路电流 I_d 较大，足以使线路上（或电源处）的自

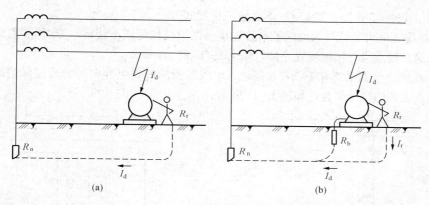

图 1-12　中性点直接接地系统保护接地原理图

(a) 无接地；(b) 有接地

动开关或熔断器在很短的时限内将设备从电网中切除，使故障设备停电。另外，人体电阻远大于接零回路中的电阻，即使在故障未切除前，人体触到故障设备外壳，接地短路电流几乎绝大部分通过接零回路，流过人体的电流接近于零，保证了人身安全。

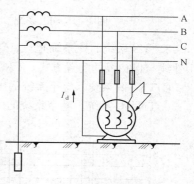

图 1-13　保护接零原理图

2）零线重复接地。

运行经验表明，在保护接零系统中，只在电源的中性点处接地还不够安全，为了防止接地中性线的断线而失去保护接零的作用，还应在零线的一处或多处通过接地装置与大地连接，即零线的重复接地，如图 1-14 所示。

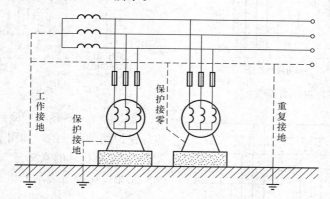

图 1-14　保护接地、保护接零、零线重复接地示意图

在保护接零系统中，若零线不重复接地，当零线断线时，只有断线处之前的电气设备的保护接零才有作用，人身安全得以保护；在断线处之后，当设备某相绝缘损坏碰壳时，设备外壳带有相电压，仍有触电的危险。即使相线不碰壳，在断线处之后的负荷中，如果出现三相负荷不平衡，也会使设备外壳出现危险的对地电压，危及人身安全。采用了零线重复接地后，若零线断线，断线处之后的电气设备相当于进行了保护接地，其危险性相对减小。

（3）低压配电系统的接地型式。

低压配电系统有三种接地型式，IT 系统、TT 系统和 TN 系统。其中，TN 系统又分为

TN—S 系统、TN—C 系统、TN—C—S 系统三种型式。

1）IT 系统。电力系统与大地间不直接连接（经阻抗接地或不接地），电气装置的外露可导电部分通过保护接地线与接地装置连接，如图 1-15 所示。

2）TT 系统。电力系统有一点直接接地，电气装置的外露可导电部分通过保护线接至与电力系统接地点无关的接地装置，如图 1-16 所示。

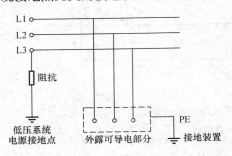

图 1-15　IT 系统

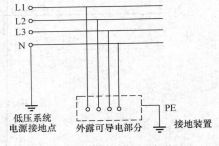

图 1-16　TT 系统

3）TN 系统。该系统有一点直接接地，装置的外露可导电部分用保护线与该点连接。按照中性线与保护线的配置方式，TN 系统有以下 3 种型式。

①TN—S 系统。整个系统的中性线与保护线是分开的，如图 1-17 所示。

②TN—C 系统。整个系统的中性线与保护线是合一的，如图 1-18 所示。

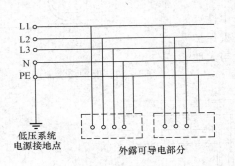

图 1-17　TN—S 系统

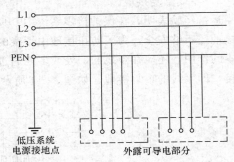

图 1-18　TN—C 系统

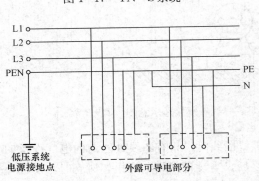

图 1-19　TN—C—S 系统

③TN—C—S 系统。该系统中有一部分中性线与保护线是合一的，如图 1-19 所示。

4）文字代号的意义。

①第一个字母表示低压系统的对地关系：

T——一点直接接地；

I——所有带电部分与地绝缘或一点经阻抗接地。

②第二个字母代表电气装置的外露可导电部分的对地关系：

T——外露可导电部分对地直接电气连接，与低压系统的任何接地点无关；

N——外露可导电部分与低压系统的接地点直接电气连接（在交流系统中，接地点通常就是中性点），如果后面还有字母时，字母表示中性线与保护线的组合；

　　S——中性线和保护线是分开的；

　　C——中性线和保护线是合一的（PEN）线。

　　（4）安全接地注意事项。

　　电气设备的保护接地、保护接零和零线的重复接地都是为了保证人身安全的，故统称为安全接地。为了使安全接地切实发挥作用，应注意以下问题：

　　1）同一系统（同一台变压器或同一台发电机供电的系统）中，只能采用一种安全接地的保护方式，不可一部分设备采用保护接地，另一部分设备采用保护接零。否则，当保护接地的设备一相漏电碰壳时，接地电流经保护接地体、系统中性点接地体构成回路，使零线上出现危险电压，危及人身安全。

　　2）应将接地电阻控制在允许范围内。例如，3～10kV高压电气设备单独使用接地装置的接地电阻一般不超过10Ω；低压电气设备及变压器的接地电阻一般不大于4Ω；当变压器总容量不大于100kVA时，接地电阻不大于10Ω；重复接地电阻每处不大于10Ω；对变压器总容量不大于100kVA的电网，每处重复接地的电阻不大于30Ω，且重复接地少于3处；高压和低压电气设备共用同一接地装置时，接地电阻不大于4Ω等。

　　3）零线的主干线不允许装设断路器或熔断器。

　　4）各设备的保护接零线不允许串接，应各自与零线的干线直接相连。

　　5）在低压配电系统中，不准将三孔插座上接电源零线的端子与接地线的端子串接，否则零线松掉或折断，就会使设备金属外壳带电；若零线和相线接反，也会使外壳带上危险电压。

　　（5）保护接地和接零应用范围。

　　电气装置和设施的下列金属部分，均应接地：

　　1）电动机、变压器和高压电器等的底座和外壳；

　　2）电气设备传动装置；

　　3）互感器的二次绕组；

　　4）发电机中性点柜外壳、发电机出线柜和封闭母线的外壳等；

　　5）气体绝缘全封闭组合电器（GIS）的接地端子；

　　6）配电、控制、保护用的屏（柜、箱）及操作台等的金属框架；

　　7）铠装控制电缆的外皮；

　　8）屋内外配电装置的金属架构和钢筋混凝土架构以及靠近带电部分的金属围栏和金属门；

　　9）电力电缆接线盒、终端盒的外壳，电缆的外皮，穿线的钢管和电缆桥架等；

　　10）装有避雷线的架空线路杆塔；

　　11）除沥青地面的居民区外，其他居民区内，不接地、消弧线圈接地和高电阻接地系统；

　　12）系统中无避雷线架空线路的金属杆塔和钢筋混凝土杆塔；

　　13）装在配电线路杆塔上的开关设备、电容器等电气设备；

　　14）箱式变电站的金属箱体。

　　2. 安全电压

　　我国1983年正式颁布的GB 3805—1983《安全电压标准》，规定了安全电压定义及等级。所谓安全电压，是指为了防止触电事故而由特定电源供电所采用的电压系列。这个电压系列的上限，即两导体间或任一导体与地之间的电压，在任何情况下，都不能超过交流有效值50V。安全电压是以人体允许通过的电流与人体电阻的乘积为依据确定的。例如，对于工频50Hz的交流电压，取人体电阻为1000Ω，致颤阈值为50mA，所以在任何情况下，安全电压的上限不得超过50mA×1000Ω＝50V。我国规定安全电压额定值的等级为42、36、24、12、6V。一般多采用

36V 供电电压，如手提式照明灯、便携式电动工具等。特殊情况采用 24、12V 的安全电压，如金属容器内、矿井内、粉尘多、潮湿环境。当电气设备采用的电压超过安全电压时，必须按规定采取防止直接接触带电体的保护措施。

必须注意的是，采用降压变压器取得安全电压时，应采用双绕组变压器，而不能采用自耦变压器，以使一、二次绕组之间只有电磁耦合而不直接发生电的联系。此外，安全电压的供电网络必须有一点接地，以防止电源电压偏移引起触电危险。

需要指出的是，采用安全电压并不意味着绝对安全。如人在汗湿、皮肤破裂等情况下长时间触及电源，也可能发生电击伤害。当电气设备电压超过 24V 安全电压等级时，还要采取防止直接接触带电体的保护措施。

3. 安全距离

为了防止因人体与带电体小于安全距离引起的触电，可以采取间距防护。所谓间距防护，就是将可能触及的带电体置于可能触及的范围之外，保证人体和带电体有一定的安全距离，防止人体无意的接触或过分接近带电体。

安全距离的大小决定于电压的高低、设备的类型、使用环境以及安装方式等因素。《国家电网公司电力安全工作规程》规定了设备不停电时的安全距离，具体如下：

电压等级（kV）	安全距离（m）
10 及以下	0.70
20、35	1.00
63（66）、110	1.50
220	3.00
330	4.00
500	5.00

此外，DL/T 5220—2005《10kV 及以下架空配电线路设计技术规程》规定了 1～10kV 配电线路不应跨越屋顶为易燃材料做成的建筑物，对耐火屋顶的建筑物，应尽量不跨越，如需跨越，导线与建筑物的垂直距离在最大计算弧垂情况下，裸导线不应小于 3m，绝缘导线不应小于 2.5m。1kV 以下配电线路跨越建筑物，导线与建筑物的垂直距离在最大计算弧垂情况下，裸导线不应小于 2.5m，绝缘导线不应小于 2m。线路边缘与永久建筑物之间的距离在最大风偏情况下，1～10kV 裸导线不应小于 1.5m，绝缘导线不应小于 0.75m（相邻建筑物无门窗或实墙）；1kV 以下裸导线不应小于 1m，绝缘导线不应小于 0.2m（相邻建筑物无门窗或实墙）。

4. 防触电装置

（1）剩余电流保护器。

在低压电网中安装剩余电流动作保护装置（以下简称剩余电流保护器）是防止人身触电、电气火灾及电气设备损坏的一种有效的防护措施。世界各国和国际电工委员会通过制订相应的电气安装规程和用电规程在低压电网中大力推广使用剩余电流保护器。

我国的剩余电流保护器是从 20 世纪 70 年代中期开始发展，并首先在农村低压电网中推广应用的，经过 80 年代到 90 年代的不断完善和发展已形成一个品种完善、规格齐全，符合 IEC 国际标准的剩余电流保护器的产品系列。在低压电网的安全保护中，尤其是农村低压电网的安全保护中发挥了重要作用。

剩余电流保护器的基本原理如图 1-20 所示，铁芯包绕了一电气回路的全部载流导体，磁芯内产生的磁通在一瞬间都与这些导体电流的算术和有关；在一个方向流过的电流假设为正（I_1），则在相反方向流过的电流就为负（I_2）。在无故障的正常回路中，$I_1+I_2=0$，在磁芯内没有磁通，线圈内的电动势为零。当发生接地故障时，接地故障电流 I_d 穿过磁芯流向故障点，但却经大地或经 TN 系统的保护线返回电源。穿过磁芯的诸导体的电流因此不再平衡，电流差在磁芯内产生了磁通。此电流被称作"剩余"电流，这一原理也被认作"剩余电流"原理。磁芯内产生的变磁通在绕组内感应出一电动势，这样就有电流 I_3 流过使脱扣器动作的线圈。如果剩余电流大于能使脱扣器动作的电流值，不论是直接动作的还是经电子继电器动作的，断路器就要跳闸。

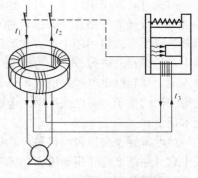

图 1-20　剩余电流保护器的
基本原理

（2）漏电保护器。

漏电保护器的工作原理和剩余电流保护器的工作原理相同，都是利用系统的剩余电流反应和动作，正常运行时系统的剩余电流几乎为零，故它的动作整定值可以整定得很小（一般为 mA 级），当系统发生人身触电或设备外壳带电时，出现较大的剩余电流，漏电保护器则通过检测和处理这个剩余电流后可靠地动作，切断电源。漏电保护器主要包括检测元件（零序电流互感器）、中间环节（包括放大器、比较器、脱扣器等）、执行元件（主开关）以及试验元件等几个部分。漏电保护器的额定漏电动作电流应满足以下三个条件。

1）为了保证人身安全，额定漏电动作电流应不大于人体安全电流值，国际上公认 30mA 为人体安全电流值；

2）为了保证电网可靠运行，额定漏电动作电流应躲过低电压电网正常漏电电流；

3）为了保证多级保护的选择性，下一级额定漏电动作电流应小于上一级额定漏电动作电流，各级额定漏电动作电流应有级差 112~215 倍。

漏电保护器作为直接接触防护的补充保护时（不能作为唯一的直接接触保护），应选用高灵敏度、快速动作型漏电保护器。一般环境选择动作电流不超过 30mA，动作时间不超过 0.1s，这两个参数保证了人体如果触电时，不会使触电者产生病理性生理危险效应。在浴室、游泳池等场所，漏电保护器的额定动作电流不宜超过 10mA。在触电后可能导致二次事故的场合，应选用额定动作电流为 6mA 的漏电保护器。对于不允许断电的电气设备，如公共场所的通道照明、应急照明、消防设备的电源、用于防盗报警的电源等，应选用报警式漏电保护器接通声、光报警信号，通知管理人员及时处理故障。

（三）触电急救

触电急救必须分秒必争，立即就地迅速用心肺复苏法进行抢救，并坚持不断地进行，同时及早与医疗部门联系，争取医务人员接替救治。在医务人员来接替救治前，不应放弃现场抢救，更不能只根据没有呼吸或脉搏擅自判定伤员死亡，放弃抢救。只有医生有权做出伤员死亡的诊断。

1. 脱离电源

触电急救，首先要使触电者迅速脱离电源，越快越好。因为电流作用的时间越长，伤害越重。脱离电源就是要把触电者接触的那一部分带电设备的开关、刀闸或其他电气设备断开；或设法将触电者与带电设备脱离。在脱离电源中，救护人员既要救人，也要注意保护自己。触电者未脱离电源前，救护人员不准直接用手触及伤员，因为有触电的危险。如触电者处于高处，解脱电源后会自高处坠落，因此，要采取预防措施。

触电者触及低压带电设备，救护人员应设法迅速切断电源，如拉开电源开关或刀闸，拔除电源插头等；或使用绝缘工具、干燥的木棒、木板、绳索等不导电的东西解脱触电者；也可抓住触电者干燥而不贴身的衣服，将其拖开，切记要避免碰到金属物体和触电者的裸露身躯；也可戴绝缘手套或将手用干燥衣物等包起绝缘后解脱触电者；救护人员也可站在绝缘垫上或干木板上，绝缘自己进行救护。为使触电者与导电体解脱，最好用一只手进行。如果电流通过触电者入地，并且触电者紧握电线，可设法用干木板塞到其身下，与地隔离，也可用干木把斧子或有绝缘柄的钳子等将电线剪断。剪断电线要分相，一根一根地剪断，并尽可能站在绝缘物体或干木板上。

　　触电者触及高压带电设备，救护人员应迅速切断电源，或用适合该电压等级的绝缘工具及戴手套（穿绝缘靴并用绝缘棒）解脱触电者。救护人员在抢救过程中应注意保持自身与周围带电部分必要的安全距离。

　　2. 急救措施

　　触电伤员呼吸和心跳均停止时，应立即按心肺复苏法支持生命的三项基本措施，正确进行就地抢救，保持通畅气道，进行口对口（鼻）人工呼吸，实施胸外按压（人工循环）。

　　实施胸外按压时，正确的按压位置是保证胸外按压效果的重要前提。确定正确按压位置的步骤：右手的食指和中指沿触电伤员的右侧肋弓下缘向上，找到肋骨和胸骨接合处的中点；两手指并齐，中指放在切迹中心（剑突底部），食指平放在胸骨下部；另一只手的掌根紧挨食指上缘，置于胸骨上，即为正确按压位置（见图1-21）。

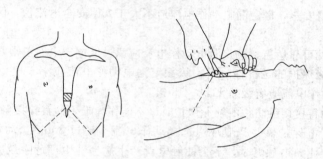

图1-21　正确的按压位置

　　胸外按压的操作频率：

　　（1）胸外按压要以均匀速度进行，每分钟80次左右，每次按压和放松的时间相等；

　　（2）胸外按压与口对口（鼻）人工呼吸同时进行，其节奏为：单人抢救时，每按压15次后吹气2次（15∶2），反复进行；双人抢救时，每按压5次后由另一人吹气1次（5∶1），反复进行。

　　（四）电气安全工器具

　　在电力生产工作过程中，从事不同的工作和进行不同的操作，经常要使用不同的安全工器具，以免发生人身和设备事故，如触电、高空坠落、电弧灼伤等。

　　1. 电气安全工器具的分类

　　电力生产过程中常用的安全工器具可分为绝缘安全工器具和安全防护用具两类。

　　（1）绝缘安全工器具。

　　绝缘安全工器具又分为基本安全工器具和辅助安全工器具。

　　基本安全工器具是指绝缘强度大，能长时间承受工作电压的安全工器具，它一般用于直接操作带电设备或接触带电体进行某些特定的工作。属于这一类的安全工器具，一般包括绝缘杆、高压验电器、绝缘挡板等。

辅助安全工器具是指那些绝缘强度不足以承受电气设备或导体的工作电压，只能用于加强基本安全工器具的保安作用。属于这一类的安全工器具一般是指绝缘手套、绝缘靴、绝缘鞋、绝缘垫、绝缘台等。辅助安全工器具不能直接接触电气设备的带电部分，一般用来防止设备外壳带电时的接触电压，高压接地时跨步电压等异常情况下对人身产生的伤害。

（2）安全防护用具。

安全防护用具是指那些本身没有绝缘性能，但可以保护工作人员不遭受伤害的用具，如接地线、安全帽、护目镜等。此外，登高用的梯子、踏板、安全带等也属于安全防护用具。

2. 基本安全工器具的使用

（1）绝缘操作杆、绝缘棒。

绝缘操作杆主要用来接通或断开跌落式熔断器、刀闸。绝缘棒主要用于安装和拆除临时接地线以及带电测量和试验等工作。

绝缘操作杆、绝缘棒由工作部分、绝缘部分和握手部分组成。工作部分一般由金属或具有较大机械强度的绝缘材料制成，一般不宜过长，在满足工作需要的情况下，长度不宜超过 $5\sim8$mm，以免过长时间操作发生相间或接地短路。绝缘部分和握手部分一般是由环氧树脂管制成，绝缘杆的杆身要求光洁、无裂纹或损伤，其长度根据工作需要、电压等级和使用场所而定。

（2）高压验电器。

高压验电器是检验正常情况下带高电压的部位是否有电的一种专用安全工器具。

（3）低压验电器。

低压验电器又称试电笔或电笔，它的工作范围是在 $100\sim500$V 之间。氖管灯光亮时表明被测电器或线路带电，也可以用来区分火（相）线和零（中性）线，此外还可用它区分交、直流电。当氖管灯泡两极附近都发亮时，被测体带交流电；当氖管灯泡一个电极发亮时，被测体带直流电。

（4）绝缘夹钳。

绝缘夹钳是用来安装和拆卸高、低压熔断器或执行其他类似工作的安全工具。绝缘夹钳由工作钳口、绝缘部分和握手部分组成。

3. 辅助安全工器具的使用

（1）绝缘手套。

绝缘手套是在高压电气设备上进行操作时使用的辅助安全工器具，如用来操作高压隔离开关、高压跌落式熔断器、装拆接地线、在高压回路上验电等工作。在低压交直流回路上带电工作，绝缘手套也可以作为基本用具使用。

绝缘手套用特殊橡胶制成，其试验耐压分为 12kV 和 5kV 两种，12kV 绝缘手套可作为 1kV以上电压的辅助安全工器具及 1kV 以下电压的基本安全工器具。5kV 绝缘手套可作为 1kV 以下电压的辅助安全工器具，在 250V 以下时作为基本用具。

（2）绝缘靴。

绝缘靴的作用是人体与地面保持绝缘，是高压操作时用来与大地保持绝缘的辅助安全工器具，可以作为防跨步电压的基本安全工器具。

4. 防护安全工器具的使用

为了保证电气工作人员在生产中的安全与健康，除在作业中使用基本安全工器具和辅助安全工器具以外，还必须使用必要的防护安全工器具，如安全带、安全帽、防毒用具、护目镜等，这些防用具是防护现场作业人员高空坠落、物体打击、电弧灼伤、人员中毒、有毒气体中毒等

伤害事故的有效措施，是其他安全工器具所不能取代的。

（1）安全带。

安全带是高空作业人员预防高空坠落伤亡事故的防护用具，在高空从事安装、检修、施工等作业时，为预防作业人员从高空坠落，必须使用安全带予以保护。

安全带是由护腰带、围杆带（绳）、金属挂钩和保险绳组成。保险绳是高空作业时必备的人身安全保护用品，通常与安全带配合使用。常用的保险绳有2、3、5m三种。

（2）安全帽。

安全帽是用来保护使用者头部或减缓外来物体冲击伤害的个人防护用品，在工作现场佩戴安全帽可以预防或减缓高空坠落物体对人员头部的伤害，在高空作业现场的人员，为防止工作时人员与工具器材及构架相互碰撞而头部受伤，或杆塔、构架上工作人员失落的工具、材料击伤地面人员。因此，无论高空作业人员或配合人员都应戴安全帽。

佩戴安全帽时，头与帽顶的空间位置构成一个能量吸收系统，可起到缓冲作用，因此可减轻或避免伤害，使冲击力传递分布在头盖骨的整个面积上，避免打击一点。

（3）携带型接地线。

当对高压设备进行停电检修或有其他工作时，为了防止检修设备突然来电或邻近带电高压设备产生的感应电压对工作人员造成伤害，需要装设接地线，停电设备上装设接地线还可以起到放尽剩余电荷的作用。

5. 安全工器具的管理

安全工器具宜存放在温度为−15～+35℃、相对湿度为80%以下、干燥通风的安全工器具室内。安全工器具室内应配置适用的柜、架，并不得存放不合格的安全工器具及其他物品。

携带型接地线宜存放在专用架上，架上的号码与接地线的号码应一致。

绝缘隔板和绝缘罩应存放在室内干燥、离地面200mm以上的架上或专用的柜内。使用前应擦净灰尘。如果表面有轻度擦伤，应涂绝缘漆处理。

绝缘工具在储存、运输时不得与酸、碱、油类和化学药品接触，并要防止阳光直射和雨淋。橡胶绝缘用具应放在避光的柜内，并撒上滑石粉。

（五）电气防火防爆

电气起火的主要原因是由于电气设备的缺陷，安装不当，设计和施工不符合安全标准以及在运行中电气装置由电流（过电流或短路电流）产生的热量、电火花和电弧等所引起的。电气火灾和爆炸事故的发生除了造成人身伤亡和设备毁坏外，还可能造成大规模或长时间的停电，严重影响生产和人民生活。因此，做好电气防火防爆工作，防止事故的发生极为重要。

1. 电气灭火

（1）断电灭火法。

电气设备或线路一旦发生火灾，首先应想到的是迅速切断电源。切断电源后再进行灭火，现场危险性小。断电灭火时应注意以下几点：

1）切断电源的位置要选择适当，防止切断电源后影响灭火扑救工作。

2）切断电源的位置要选择在电源方向且有支持物的附近，以防止导线剪断后跌落在救火场所，造成短路或使救火人员引发跨步电压触电。

3）剪断电源的导线时，相线和中性线应选择在不同的部位分别剪断，以防止剪断导线时，两线相碰而发生短路。

4）拉闸刀开关应用绝缘操作棒或戴绝缘手套。

5）若燃烧场所地及火势对附近运行中的电气设备有严重威胁时，亦应迅速拉开相应的断路器和隔离开关。

（2）带电灭火方法。

带电灭火必须在特别危急的情况下进行，如等待切断电源再进行扑救，事故可能迅速扩大，会严重影响到生产和人身安全。进行带电灭火，必须在保证灭火人员安全的情况下进行，带电灭火时应注意下列几点：

1）带电灭火要使用不导电的灭火剂，如二氧化碳、1211、干粉等灭火器进行灭火。严禁使用导电的灭火剂（如喷射水流、泡沫灭火器等）。

2）必须注意周围环境，防止身体、手、足或者使用的消防器材等过于接近带电体而造成触电事故。

3）带电灭火时，应戴绝缘手套和穿绝缘鞋（靴），防止跨步电压触电。

4）对有油的电气设备，如变压器、油断路器的燃烧，也可用干燥的黄沙盖住火焰，使火熄灭，但是对旋转的设备（如电动机）不能用黄沙灭火，以防黄沙被高速甩出伤人。

2. 电气防爆

（1）爆炸危险场所用防爆电气设备的一般规定。

爆炸危险场所使用的防爆电气设备，在运行过程中，必须具有不可引燃周围爆炸性混合物的性能。

1）防爆型电气设备可制造成隔爆型、增安型、本质安全型、正压型、充油型、充砂型、无火花型、防爆特殊型和粉尘防爆型等类型。

2）各种防爆型电气设备，应设置标明防爆检验合格证号和防爆类型、等级的铭牌，并有防爆检验标志和防爆型、等级的永久性标志。

3）防爆电气设备的表面温度的规定有Ⅰ类、Ⅱ类、Ⅲ类设备之不同要求。

（2）爆炸危险场所的电气线路的一般规定。

1）电气线路应该敷设在爆炸危险性较小的区域或距离释放源较远的位置。应避开易受机械损伤、振动、腐蚀、粉尘积聚以及有危险的场所。

2）爆炸危险场所使用的低压电缆和绝缘导线，其额定电压应不低于线路的额定电压，且不得低于500V。零线的额定电压与相线相同，并应处在同一护套或钢管内。

3）有剧烈振动的地方的用电设备、线路，应采用铜芯绝缘软电缆或铜芯多股电缆。

4）固定敷设的低压电缆或绝缘导线，铜芯和铝芯导线的最小允许截面应符合表1-2的规定。

表1-2　　　　　　　　　　　铜芯和铝芯导线的最小允许截面表

爆炸危险区域	导线最小截面（mm²）						
	铜				铝		
	电力	控制	照明	通信	电力	控制	照明
1	2.5	1.5	1.5	0.28	×	×	×
2	1.5	1.5	1.5	0.19	4.0	×	2.5
11	2.5	1.5	1.5	0.28	×	×	×

5）爆炸危险场所电气线路的连接应符合下列要求：①电气线路中一般不应有中间接头。在特殊情况下，必须在相应的防爆接线盒内连接或分路。②电气线路中使用的连接件，如接线盒、隔离密封盒等应按类按级选配。③多股导线连接的接头宜采用压接法。接线端子宜采用铜铝过

渡接头。

6）电气线路应根据需要设置相应的保护装置，以便在发生过载、短路、漏电、接地、断线等情况下能自动报警或切断电源。

7）爆炸危险场所不准明敷设绝缘导线，必须采用钢管配线工程。

（3）防爆电气设备运行与维护的一般规定。

1）防爆电气设备应由经过培训、考核合格的人员进行操作、使用和维护保养。

2）电气设备上的保护、闭锁、监视、指示装置等，不得任意拆除，应保持其完整性、灵敏度和可靠性。

3）新设备在安装前宜解体检查，符合规定要求后方可投入运行。

4）防爆电气设备的检修应由指定的专业单位负责检修。

5）防爆电气设备的大、中修后，由检修人员填定检修记录，并须经防爆专业质量检验人员进行检验并签发合格证后方可交付使用。

6）在有爆炸危险场所中禁止带电检修电气设备和线路，禁止约时停、送电，并应在断电处挂上"有人工作，禁止合闸"的警告牌。

第四节　常用电气设备与仪器仪表

一、常用电气设备

（一）变压器

1. 变压器的用途

变压器的用途是很广泛的，以电力系统而言，变压器是一个重要设备。在电力系统中，要将大功率的电能输送到很远的地方去，利用低电压大电流传输是有困难的。这是因为，一方面由于电流大会引起输电线路电能的极大损耗，另一方面输电线路的电压降也致使电能输送不出去。为此，需要用升压变压器将电源的电压升高，当输电距离越远、输送功率越大时，要求输电电压越高。当电能输送到用户附近时，又必须将这种高电压降低到配电网络的电压，这就需要利用配电变压器（或称降压变压器）来实现。

此外，在工矿企事业单位中，各种电气设备的电能利用，以及在其他各种场合，如通信广播、自动控制等，变压器都得到广泛的应用。为了不同的用途而制造的变压器差别很大，它们的容量范围可从几伏安至上千兆伏安，电压可从几伏至上千千伏。

2. 变压器的分类

变压器的种类很多，可按不同的依据予以分类。

（1）根据变压器的用途可分为：①电力变压器，主要用在电力系统内，作变换电压用；②特殊用途变压器，包括电炉变压器、整流变压器、电焊变压器等；③调压变压器；④测量用变压器，包括电压互感器、电流互感器；⑤试验变压器；⑥控制变压器，用于自动控制系统。

（2）根据变压器本身的绕组数，可分为双绕组变压器、三绕组变压器和自耦变压器。

（3）根据变压器的相数，可分为单相变压器和三相变压器。通常不存在运输问题和制造上的困难时采用三相变压器，会使成本更低。

（4）根据变压器的绝缘材料，可分为油浸变压器和干式变压器。

此外还可以根据冷却方式、工作频率等进行分类。配电网中常用的变压器冷却方式有风冷和自冷两种，在噪声要求较高的环境，如居民区，应采用自冷变压器。

3. 变压器的基本工作原理

变压器是根据电磁感应原理工作的。如图1-22所示，在构成闭合回路的铁芯上绕有两个绕组。绕组1接交流电源，称一次绕组（或原绕组）；绕组2接负荷Z，称二次绕组（或副绕组）。将变压器的一次绕组接在交流电源上，于是在一次绕组中就通过交变电流 $\dot{I}_1$，由于电流 $\dot{I}_1$ 的励磁作用，将在铁芯中产生交变主磁通 $\dot{\Phi}$。又因为一次、二次绕组在同一个铁芯上，所以铁芯中的主磁通 $\dot{\Phi}$ 同时穿过一次、二次绕组。

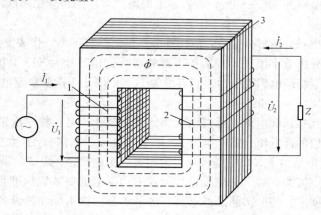

图1-22 单相变压器工作原理图

1—一次绕组；2—二次绕组；3—铁芯

根据电磁感应原理，这个主磁通 $\dot{\Phi}$ 分别在两个绕组中产生感应电动势。这时在二次绕组中接上负荷便有电流流出，负荷端电压即为 $\dot{U}_2$，因此就有电能输出。显然，这时在二次绕组中感应的电动势，对于负荷而言即是电源电动势。由于主磁通 $\dot{\Phi}$ 同时穿过一次、二次绕组，每一匝绕组中感应出的电动势 $\dot{E}$ 应该是相等的。但因为一次、二次绕组的匝数不相等，所以感应电动势 $\dot{E}_1$ 和 $\dot{E}_2$ 的大小也不相同。若忽略内阻抗的压降不计，感应电动势就等于端电压。所以，变压器一次、二次绕组的端电压不同。这就是变压器能变换电压的原理。

4. 配电变压器主要参数

（1）额定容量 S_N。

变压器额定容量是表明该台变压器在额定状态下变压器的输出能力（视在功率）的保证值，单位为 VA 或 kVA。对于三相变压器，额定容量是指三相容量和。我国生产的变压器容量系列是按照 $\sqrt[10]{10}$ 倍数递增的，容量等级分别有 10、20、30、40、50、63、80、100、125、160、200、250、315、400、500、630、800、1000、1250、1600、2000、2500、3150、…、1 000 000kVA等。

（2）额定电压 U_N。

变压器的额定电压表示绕组处于空载状态，分接头在额定情况下电压的保证值，单位为 V 或 kV，三相变压器的额定电压是指线电压。

（3）额定电流 I_N。

变压器的额定电流是根据额定容量和额定电压所计算出的线电流值，单位为 A。

（4）额定频率 f_N。

我国生产的变压器的额定频率是 50Hz。

（5）短路电压百分数 u_k%。

在变压器做短路试验过程中，一次绕组的电流达到额定值时，一次绕组上所加的电压称为短路电压，通常用它与额定电压之比的百分值来表示，短路电压百分数即阻抗压降百分数。中小型电力变压器 u_k 为 4%～10.5%。

（6）空载电流 I_0。

在变压器低压侧加额定电压，高压侧开路，低压侧所测得的电流即为额定电压下的空载电流，其大小约为额定电流的 2%～10%，随着容量的增大，I_0 的百分比降低。

5. 配电变压器型号

变压器铭牌中的型号分两部分组成，前面部分是汉语拼音字母，代表变压器的类型、结构、特征和用途，后面部分由数字组成，表示变压器的参数。如型号为 S9—1000/10 的变压器，其含义为：三相油浸式铜绕组电力变压器，其容量为 1000kVA，一次侧额定电压为 10kV。

（二）互感器

互感器分为电压互感器和电流互感器两大类。其主要作用是：将一次系统的高电压、大电流变换为二次侧标准值的低电压（线电压为 100V）、小电流（我国有 1A 和 5A 两种，通常大型变电站，如 500kV 变电站由于二次电缆较长，为增大二次负载允许阻抗，采用 1A，客户变电站一般采用二次侧额定电流为 5A），使测量、计量仪表和继电器等装置标准化、小型化，并降低了对二次设备的绝缘要求；将二次侧设备以及二次系统与一次系统高压设备在电气方面很好地隔离，互感器二次侧有且只有一点接地，从而保证了二次设备和人身的安全。

1. 电流互感器

（1）基本原理。

电流互感器是利用变压器一、二次侧电流成比例的特点制成。其工作原理、等值电路也与一般变压器相同，只是其一次绕组串联在被测电路中，且匝数很少；二次绕组接电流表、继电器电流线圈等低阻抗负载，近似短路。一次侧电流（即被测电流）和二次侧电流取决于被测线路的负载，而与电流互感器的二次侧负载无关。由于二次侧接近于短路，所以一、二次侧电压 U_1 和 U_2 都很小，励磁电流 I_0 也很小。其原理接线如图 1-23 所示。

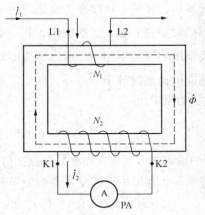

图 1-23　电流互感器原理接线图

电流互感器的特点是：一次侧串联于系统中，二次侧负载阻抗很小，正常运行时相当于短路，二次侧严禁开路。因为一旦开路，一次侧电流均成为励磁电流，使磁通和二次侧电压大大超过正常值而危及人身和设备安全。励磁电流的增大，会导致磁滞和涡流损耗的增加，可能会使电压互感器烧毁，铁芯饱和后，剩磁会影响以后电流互感器的测量精度。因此，电流互感器的二次回路中不许接熔断器，也不允许在运行时未经旁路就拆下电流表、继电器等设备。

电流互感器的接线方式按其所接负载的运行要求确定。最常用的接线方式为单相接线、三相星形接线和不完全星形接线，如图 1-24 所示。

电流互感器的单相接线只能测量一相电流，故常用于三相负荷对称的情况，如反映对称过负荷。电流互感器的星形接线能反映各种类型的短路故障，是用于对各种短路均要求动作的保护装置。电流互感器的不完全星形接线只能反映相间短路，在小电流接地系统中用于相间保护。

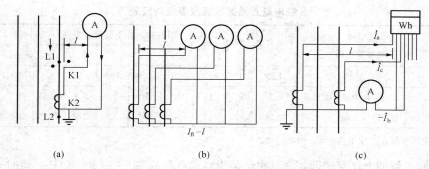

图 1-24　电流互感器接线方式图

（a）单相接线；（b）三相星形接线；（c）不完全星形接线

（2）电流互感器基本参数。

1）额定电压（kV）：是指电流互感器允许工作的系统最高额定（线）电压。

2）额定电流（A）：是指电流互感器长期连续工作时的允许电流。电流互感器的额定电流并不是越大越好，而应根据实际负荷电流选择，实际负荷电流不宜低于额定电流的 60%，以保证电流互感器的精度。

3）电流互感器的准确度等级。

电流互感器的准确度等级是指在规定的二次负荷范围内，一次电流为额定值时的最大误差。测量用电流互感器的标准准确度等级为 0.1、0.2、0.5、1、3、5。如：0.2 级表示二次负荷在额定电流的 25%～100% 之间的任一值时，其额定频率下的电流误差和相位差应不超过表 1-3 所列限值。

表 1-3　　　　　　　　0.1～1 级电流互感器准确度等级对应表

准确度等级	电流误差（±%）在下列额定电流（%）时				相位差，在下列额定电流（%）时							
					±(′)				±crad			
	5	20	100	120	5	20	100	120	5	20	100	120
0.1	0.4	0.2	0.1	0.1	15	8	5	5	0.45	0.24	0.15	0.15
0.2	0.75	0.35	0.2	0.2	30	15	10	10	0.9	0.45	0.3	0.3
0.5	1.5	0.75	0.5	0.5	90	45	30	30	2.7	1.35	0.9	0.9
1	3.0	1.5	1.0	1.0	180	90	60	60	5.4	2.7	1.8	1.8

对 0.2S 级和 0.5S 级特殊用途的电流互感器（特别是和特殊电能表相连接，这些测电表在电流为 50mA～6A 之间，即在额定电流的 1%～120% 之间的某一电流下能作准确测量），在二次负荷为额定负荷的 25%～100% 之间任一值时，其额定频率下的电流误差和相位差应不超过表 1-4 所列限值。这些级别主要用于变比为 25/5、50/5 和 100/5 以及它们的十进位倍数，且额定二次电流仅为 5A。

表 1 - 4　　　　　　　　　　　**S 级电流互感器准确度等级对应表**

准确度等级	电流误差（±%）在下列额定电流（%）时					相位差，在下列额定电流（%）时									
						±(′)					±crad				
	1	5	20	100	120	1	5	20	100	120	1	5	20	100	120
0.2S	0.75	0.35	0.2	0.2	0.2	30	15	10	10	10	0.9	0.45	0.3	0.3	0.3
0.5S	1.5	0.75	0.5	0.5	0.5	90	45	30	30	30	2.7	1.35	0.9	0.9	0.9

注　本表仅用于额定二次电流为 5A 的互感器。

对 3 级和 5 级的电流互感器，在二次负荷为额定负荷的 50%～100% 的任一值时，其额定频率下的电流误差和相位差不应超过表 1 - 5 所列限值。

表 1 - 5　　　　　　　**3 级和 5 级电流互感器准确度等级对应表**

准　确　级	电流误差（±%），在下列额定电流（%）时	
	50	120
3	3	3
5	5	5

注　3 级和 5 级的相位差不予规定。

保护用电流互感器的要求与测量用电流互感器有所不同。保护用电流互感器的准确度等级以该准确度等级在额定准确限值一次侧电流下的最大允许复合误差的百分数标称，其后标以字母 P 表示保护。准确限值系数是一次侧电流与额定一次侧电流之比。标准准确限值系数为 5、10、15、20 和 30。保护用电流互感器的标准准确度等级有 5P 和 10P。在额定频率及额定负荷下，电流误差、相位差和复合误差应不超过表 1 - 6 所列限值。

表 1 - 6　　　　　　　**5P 和 10P 级电流互感器准确度等级对应表**

准确度等级	额定一次侧电流下的电流误差（%）	额定一次侧电流下的相位差		在额定准确限值一次侧电流下的复合误差（%）
		±(′)	±crad	
5P	±1	±60	1.8	5
10P	±3	—	—	10

4）额定容量。

电流互感器的额定容量 S_{N2} 是指电流互感器在额定二次电流 I_{N2} 和额定二次阻抗 Z_{N2} 下运行时，二次绕组输出的容量（$S_{N2}=I_{N2}^2 Z_{N2}$）。因电流互感器的误差与二次负荷有关，同一台电流互感器使用在不同准确级时，会有不同的额定容量。

5）热稳定电流。

电流互感器的热稳定能力常以 1s 允许通过一次额定电流 I_{N1} 的倍数 K_t 来表示。要求电流互感器的允许热效应比短路电流产生的热效应要大。

6）动稳定电流。

电流互感器常以允许通过一次额定电流最大值（$\sqrt{2}I_{e1}$）的倍数 K_d（动稳定电流倍数）来表示其内部动稳定，对于瓷绝缘型电流互感器应校验瓷套管的机械强度，即外部动稳定。

（3）电流互感器型号含义。

电流互感器型号含义如下：

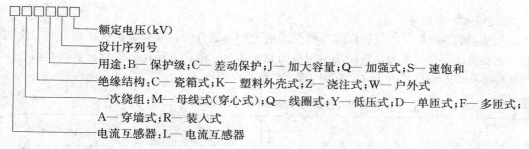

额定电压(kV)

设计序列号

用途：B— 保护级；C— 差动保护；J— 加大容量；Q— 加强式；S— 速饱和

绝缘结构：C— 瓷箱式；K— 塑料外壳式；Z— 浇注式；W— 户外式

一次绕组：M— 母线式(穿心式)；Q— 线圈式；Y— 低压式；D— 单匝式；F— 多匝式；
A— 穿墙式；R— 装入式

电流互感器：L— 电流互感器

例如：LZZBJ9-10 表示支柱式、浇注绝缘、带保护级、加大容量、设计序列号为9、额定电压为10kV的电流互感器。

2. 电压互感器

电压互感器将高电压按比例转换成低电压，即线电压为100V，电压互感器一次侧接一次系统，二次侧接测量仪表、继电保护等。电压互感器主要有电磁式和电容分压式两种，另有非电磁式的，如电子式、光电式等。在60kV及以下系统中，采用电磁式电压互感器，在110kV及以上系统中，新建变电站一般采用电容分压式电压互感器。

(1) 电磁式电压互感器基本原理。

其工作原理与变压器相同，基本结构也是铁芯和一、二次绕组，如图1-25所示。其特点是容量很小且比较恒定，正常运行时接近于空载状态。当在一次绕组上施加一个电压 U_1 时，在铁芯中就产生一个磁通 Φ，根据电磁感应定律，则在二次绕组中就产生一个二次电压 U_2。改变一次或二次绕组的匝数，可以产生不同的一次电压与二次电压比，这就可以组成不同变比的电压互感器。

电磁式电压互感器的特点是：一次侧并联于系统中，二次负载阻抗很大，正常运行时相当于开路，二次侧严禁短路。由于电压互感器内阻抗很小，若二次回路短路时，会出现很大的电流，将损坏二次设备甚至危及人身安全。电压互感器可以在二次侧装设熔断器或空气断路器以保护其自身不因二次侧短路而损坏。在电压等级为60kV及以下系统中，特别是汇流母线电压互感器一次侧，一般应装设熔断器以保护高压电网因互感器高压绕组或引线故障危及一次系统的安全。

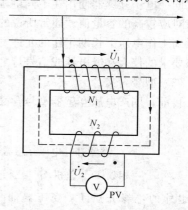

图1-25 电磁式电压互感器原理图

(2) 电压互感器主要参数。

1) 额定电压。指电压互感器允许工作的系统最高额定（线）电压。电压互感器一次侧电压、二次电压和第三绕组电压选择见表1-7。

表1-7　　　　　　　　　　　　　　电压互感器电压选择表

型式	一次侧电压 (kV)		二次侧电压 (V)	第三绕组电压	
单相	接于一次侧线电压上（如 V/V 接法）	U_x	100	—	
	接于一次侧相电压上	$U_\mathrm{x}/\sqrt{3}$	$100/\sqrt{3}$	中性点非直接接地系统	100/3
				中性点直接接地系统	100
三相	U_x		100	100/3	

2）准确级和额定容量。

电压互感器的准确级是根据测量时电压误差的大小来划分的。准确级是指在规定的一次侧电压和二次侧负荷变化范围内，负荷功率因数为额定值时，最大电压误差的百分数。我国电压互感器准确级和误差限值见表1-8。其中3P、6P级为保护级。

表1-8　　　　　　　　　　　　　　电压互感器的准确级和误差限值表

准确级	误　差　限　值		一次侧电压变化范围	频率、功率因数及二次侧负荷变化范围
	电压误差（±%）	相位差（±′）		
0.2	0.2	10		
0.5	0.5	20	$(0.8 \sim 1.2)U_{N1}$	$(0.25 \sim 1)S_{N2}$
1	1.0	40		$\cos\varphi_2 = 0.8$
3	3.0	不规定		$f = f_N$
3P	3.0	120	$(0.05 \sim 1)U_{N1}$	
6P	6.0	240		

同一电压互感器使用在不同的准确级时，二次侧允许接的负荷（容量）也不同，较低的准确值对应较高的容量值。通常所说的额定容量是指对应于最高准确级的容量。电压互感器按照在最高工作电压下长期工作的允许发热条件，还规定有最大（极限）容量。只有供给对误差无严格要求的仪表和继电器或信号灯之类的负载时，才允许将电压互感器用于最大容量。

（3）型号含义。

目前，国产电压互感器型号含义如下：

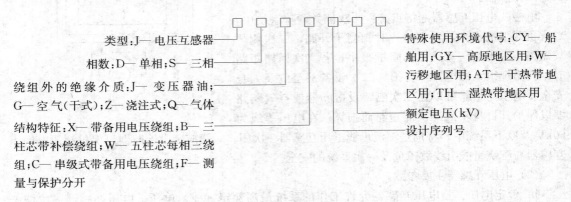

类型：J—电压互感器

相数：D—单相；S—三相

绕组外的绝缘介质：J—变压器油；G—空气（干式）；Z—浇注式；Q—气体

结构特征：X—带备用电压绕组；B—三柱芯带补偿绕组；W—五柱芯每相三绕组；C—串级式带备用电压绕组；F—测量与保护分开

特殊使用环境代号：CY—船舶用；GY—高原地区用；W—污秽地区用；AT—干热带地区用；TH—湿热带地区用

额定电压（kV）

设计序列号

例如，JDZF7-10GYW1表示单相、浇注式、测量与保护绕组分开、设计序号为7、电压等级为10kV、高原地区用、防污型电压互感器。

（三）开关设备

1. 高压断路器

高压断路器是开关电器中最为完善的一种设备。其主要功能是：在正常情况下用于接通和切断设备及线路，起到控制作用；在设备和线路发生故障时，能接受保护装置的命令，迅速切除故障，保证无故障部分正常运行。以上说明，高压断路器能接通、切除负荷电流和短路电流。

断路器主要由灭弧室（开断元件）、绝缘支柱、基座、操动机构组成。其中：灭弧室是断路器的核心元件，起到熄灭电弧的作用；绝缘支柱起到支撑灭弧室以及绝缘作用；基座是断路器的基础；操动机构是将分合闸命令瞬间转换成强大的操作功，以机械传动带动灭弧室动触头分闸。

断路器按照灭弧室采用的灭弧介质的不同可分为：多油断路器、少油断路器、真空断路器、SF₆断路器、压缩空气断路器等，目前在配电网中使用最多的是真空断路器和SF₆断路器。

国产断路器的型号含义如下：

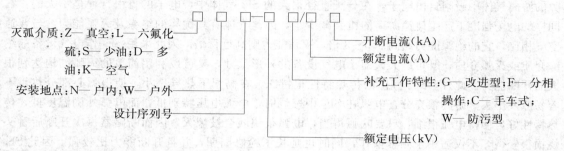

灭弧介质:Z— 真空;L— 六氟化
硫,S— 少油;D— 多
油,K— 空气
安装地点:N— 户内;W— 户外
设计序列号

开断电流(kA)
额定电流(A)
补充工作特性:G— 改进型;F— 分相
操作;C— 手车式;
W— 防污型
额定电压(kV)

断路器的主要技术参数有：

（1）额定电压（kV）：是指断路器正常工作时，系统的最高额定（线）电压。这是断路器的标称电压，断路器应能保证在这一电压的电力系统中使用。

（2）额定电流（A）：是指断路器可以长期通过的最大电流。当额定电流长期通过高压断路器时，其发热温度不应超过70°（环境温度为40°的条件下）。

（3）额定开断电流（kA）：是指在规定条件下能够正常开断的电流。

（4）短路关合电流（kA）：是指在规定条件下，断路器保证正常关合的最大电流。在断路器合闸之前，如线路或设备上已存在短路故障，则在断路器合闸过程中，动、静触头间在未接触时即有巨大的短路电流通过，更容易发生触头熔焊和遭受电动力的损坏，且断路器在关合短路电流时，不可避免地在接通后又自动跳闸，此时还要求能够切断短路电流。

（5）开断时间：是指从断路器接到分闸命令到三相电弧完全熄灭为止的时间，包括断路器固有分闸时间和燃弧时间之和。

2. 真空断路器

真空断路器是用真空（气体压力低于133.3×10^{-4}Pa）作为灭弧介质，在弧隙间自由电子很少，碰撞游离可能性大大减少，由于碰撞游离导致的"雪崩"现象很难出现。

真空灭弧室（见图1-26）主要由外壳、屏蔽层、波纹管、动触头、静触头组成。目前外壳有玻璃外壳和陶瓷外壳两种，由于玻璃外壳容易震碎，大多真空灭弧室采用陶瓷外壳。屏蔽层主要作用是对真空和大气之间的隔离，同时触头在开断时产生的金属蒸汽可以吸附在屏蔽层上。波纹管将轴密封变成面密封，使密封效果更好，同时还可以在操作时起到缓冲作用。动、静触头是一对弧触头，又是导电触头，在断路器闭合时，动、静触头紧密接触，在断路器分闸时，10kV真空断路器触头间的距离（开距）一般为10mm左右，35kV真空断路器触头间的距离一般为14mm左右。

优点：触头烧伤轻，适合于频繁操作回路；触头开距小，体积小，质量轻；动作快，燃弧时间短；维修工作量小；无渗漏油。

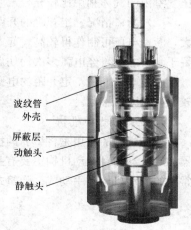

波纹管
外壳
屏蔽层
动触头
静触头

图1-26 真空断路器灭弧室

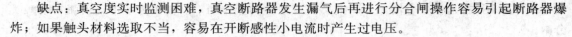

缺点：真空度实时监测困难，真空断路器发生漏气后再进行分合闸操作容易引起断路器爆炸；如果触头材料选取不当，容易在开断感性小电流时产生过电压。

3. SF$_6$ 断路器

SF$_6$ 断路器的灭弧室采用 SF$_6$ 气体作为灭弧介质和绝缘介质。纯净的 SF$_6$ 气体是无色、无臭、不燃烧、无毒的惰性气体，它的比重是空气的 5 倍。SF$_6$ 的分子有特殊性能，它能在电弧间隙的游离气体中吸附自由电子，在分子直径很大的 SF$_6$ 气体中，电子的自由行程是不大的，在同样的电场强度下产生碰撞游离的机会减少了，因此气体有其优异的绝缘及灭弧能力，与普通空气相比，它的绝缘能力约高 2.5～3 倍，灭弧能力则高近百倍。因此采用 SF$_6$ 作电气设备的绝缘介质或灭弧介质，既可以大大缩小电气设备的外形尺寸，又可以利用简单的灭弧结构达到很大的开断能力。此外，SF$_6$ 气体的传热特性很特殊，在高温下热导率小，使得弧心部分热量不容易散发出去，游离很充分，电弧在 SF$_6$ 中燃烧时，电弧电压特别低，而电弧外围温度低，传热特性好，使得电弧很细，只要吹弧得当，电弧很快就会被熄灭，因而断路器每次开断后触头烧损很轻微，不仅适用于频繁操作，同时也延长了检修周期，并且开断能力比较强。因此 SF$_6$ 断路器发展速度很快。

SF$_6$ 断路器的缺点是：它的电气性能受电场均匀程度及水分等杂质影响特别大，因此对 SF$_6$ 断路器的密封结构、元件结构及 SF$_6$ 本身质量的要求相当严格。在 SF$_6$ 断路器交接试验时要求水分含量不大于 150ppmv（体积比，百万分之），其他气室不大于 250ppmv；运行中的 SF$_6$ 断路器灭弧室要求水分含量不大于 300ppmv，其他气室不大于 500ppmv。SF$_6$ 气体的工作压力一般在 0.2～0.7MPa 之间，当气体压力下降后，会影响到断路器的灭弧和绝缘能力，因此压力低到一定程度时，断路器会发出"压力低，需补气"信号，此时可以用该断路器进行分合闸操作，但应及时补气，若压力进一步下降并发出"压力低，闭锁分合闸"信号时，该断路器严禁分、合闸操作，应通过其他断路器将该断路器隔离，改为检修状态。

SF$_6$ 断路器按照结构形式可分为支柱式 SF$_6$ 断路器、落地灌式 SF$_6$ 断路器及 SF$_6$ 全封闭组合电器用 SF$_6$ 断路器三种。

SF$_6$ 断路器按照灭弧室结构可以分为定开距、变开距两种。定开距与变开距相比，主要的不同是在开断电流过程中，弧触头距离始终保持不变。

定开距与变开距灭弧室的比较：

（1）气吹情况。定开距吹弧时间短，压气室内的气体利用稍差；变开距的气吹时间较长，压气室内的气体利用比较充分。

（2）断口情况。定开距的开距短，断口间电场比较均匀，绝缘性能较稳定；变开距的开距大，断口电压可制作得较高，起始介质强度恢复较快，但断口间的电场均匀度较差，绝缘喷嘴置于断口之间，经电弧多次灼伤后，可能影响断口绝缘能力。

（3）电弧能量。定开距的电弧长度一定，电弧能量小；变开距的电弧拉得较长，电弧能量较大，对灭弧不利。

4. 断路器操动机构

操动机构的作用是将微弱的操作命令瞬间转变成强大的操作功，通过机械传动，带动断路器动触头动作。操动机构主要有手动式、电磁式、弹簧式、气动式及液压式等几种，配电网中常用的操动机构有手动式、弹簧式。国产操动机构型号含义如下：

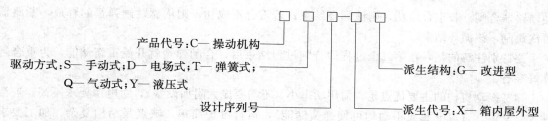

产品代号：C—操动机构

驱动方式：S—手动式；D—电场式；T—弹簧式；

Q—气动式；Y—液压式

派生结构：G—改进型

设计序列号

派生代号：X—箱内屋外型

（1）手动操动机构。

用手力直接合闸的操动机构，称手动操动机构。它主要用来操作电压等级较低、开断电流较小的断路器。手动操动机构的优点是结构简单、不需配置复杂的辅助设备及操作电源；缺点是不能自动重合闸，只能就地操作，不够安全、迅速。

（2）弹簧操动机构。

利用已储能的弹簧为动力使断路器动作的操动机构，称为弹簧操动机构。3AP1 型弹簧储能操动机构如图 1-27 所示。

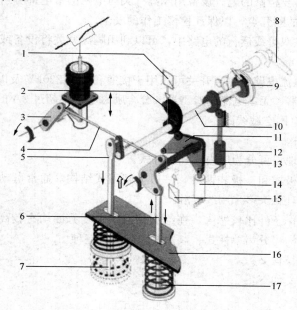

图 1-27　3AP1 型弹簧储能操动机构示意图

1—合闸脱扣；2—凸轮盘；3—拐臂机构；4—操作杆；5—合闸弹簧连接杆；6—分闸弹簧连接杆；
7—合闸弹簧；8—手动摇把；9—储能机构；10—储能轴；11—滚子杠杆；12—合闸缓冲器；
13—操作轴；14—分闸缓冲器；15—分闸脱扣；16—操作机构外壳；17—分闸弹簧

3AP1 型弹簧储能操动机构采用布置简单、坚固耐用的储能弹簧和滚子啮合轴承系统。这里以一个自动重合闸操作循环为例来介绍弹簧操动机构的动作原理。

第一个过程是合闸弹簧的储能，它可用电动或手动的方法实现。

第二个过程是合闸。当操动机构接到合闸指令后，合闸弹簧释放，储能轴顺时针转动，滚子杠杆逆时针转动，使操作杆向左运动，通过传动系统使断路器合闸；同时，分闸弹簧储能。

第三个过程是分闸。当操动系统接到跳闸指令后，跳闸弹簧释放，使操作杆向右运动，通过传动系统使断路器跳闸。

第四个过程是重合闸。由于合闸弹簧已重新储能，所以接到重合闸指令后，合闸弹簧释放使断路器合闸。若重合成功，则该循环结束；若重合不成功，则依靠跳闸弹簧的释放，断路器再次跳闸，该循环结束。

要特别注意的是，在第二个过程即合闸过程结束后，合闸弹簧就开始重新储能，为重合闸作好准备。

弹簧操动机构的主要优点是，需用功率小（不需要庞大附加设备），对电源要求不高，灵活性大（交流、直流电源或手动均可使弹簧储能），运行维护简单。缺点是结构复杂、加工要求高、安装调试困难，大功率时较笨重。弹簧操动机构可用于各个电压等级的断路器中。尤其是在35kV及以下电压等级的断路器中，使用弹簧操动机构的比例逐渐增多。

5. 高压隔离开关

隔离开关是开关电器的一种，因为没有专门的灭弧装置，所以不能切断负荷电流和短路电流。

（1）隔离开关的作用。

1）隔离电源：将需要检修的电气设备用隔离开关与电网的带电部分可靠隔离，使被检修的电气设备与电源有明显的断开点，以保证检修工作的安全。

2）倒闸操作：如在双母线运行的电路中，可以利用隔离开关将设备或线路从一组母线切换到另一组母线上去。

3）接通和切断小电流电路：隔离开关可以用于接通和切断220kV及以下电压等级的空载母线、无故障的电压互感器、无雷电流的避雷器、分合励磁电流不超过2A的空载变压器、关合电容电流不超过5A的配电网空载线路。

（2）隔离开关的结构。

隔离开关根据安装地点可分为屋内式和屋外式。

屋内隔离开关有单极式和三极式两种，一般为闸刀式结构，通常可动触头（闸刀）与支持绝缘子的轴垂直装设，且触头多采用线接触。

屋外式隔离开关工作条件比较恶劣，在绝缘和机械强度方面均有较高的要求，屋外隔离开关型号很多，按基本结构可分为单柱式、双柱式和三柱式三种。

（3）隔离开关的型号含义。

隔离开关的型号含义如下：

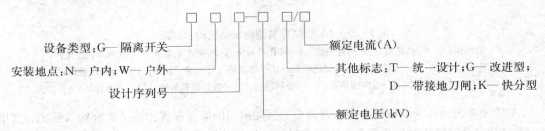

设备类型：G—隔离开关　　　　　　　　　　额定电流（A）
安装地点：N—户内；W—户外　　　　　　　其他标志：T—统一设计；G—改进型；
设计序列号　　　　　　　　　　　　　　　　　　　D—带接地刀闸；K—快分型
　　　　　　　　　　　　　　　　　　　　　额定电压（kV）

（4）隔离开关主要技术参数。

1）额定电压。额定电压是指隔离开关能承受的正常工作线电压。

2）额定电流。额定电流是指隔离开关可以长期通过的工作电流。隔离开关长期通过额定电流时，其各部分的发热温度不超过允许值。

3）动稳定电流。隔离开关在闭合位置时，所能通过的最大短路电流，称为动稳定电流，亦称额定峰值耐受电流，它表明隔离开关在冲击短路电流作用下，承受电动力的能力。这个值的大小由导电及绝缘等部分的机械强度所决定。

4）热稳定电流。热稳定电流是隔离开关在规定时间内，允许通过的最大短路电流，它表示隔离开关承受短路电流热效应的能力，以短路电流的有效值表示。隔离开关的铭牌规定一定时间（1、2、4s）的热稳定电流。

6. 负荷开关

负荷开关是介于断路器和隔离开关之间的一种开关电器，具有简单的灭弧装置，能切断额定负荷电流和一定的过载电流，但不能切断短路电流。

（1）负荷开关的分类。

1）固体产气式高压负荷开关：利用开断电弧本身的能量使弧室的产气材料产生气体来吹灭电弧，其结构较为简单，适用于 35kV 及以下的产品。

2）压气式高压负荷开关：利用开断过程中活塞的压气吹灭电弧，其结构也较为简单，适用于 35kV 及以下产品。

3）压缩空气式高压负荷开关：利用压缩空气吹灭电弧，能开断较大的电流，其结构较为复杂，适用于 60kV 及以上的产品。

4）SF$_6$ 式高压负荷开关：利用 SF$_6$ 气体灭弧，其开断电流大，开断电容电流性能好，但结构较为复杂，适用于 10kV 及以上产品。

5）油浸式高压负荷开关：利用电弧本身能量使电弧周围的油分解气化并冷却熄灭电弧，其结构较为简单，适用于 35kV 及以下的户外产品。

6）真空式高压负荷开关：利用真空介质灭弧，电寿命长，相对价格较高，适用于 60kV 及以下的产品。

（2）负荷开关的型号含义。

负荷开关的型号含义如下：

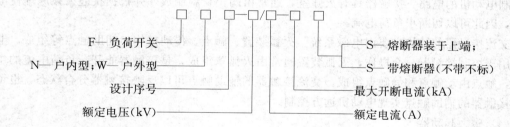

7. 低压开关设备

按照《电业安全工作规程》规定，低压电气设备是指对地电压在 1000V 以下者，低压开关设备含低压断路器、低压刀开关、接触器、磁力起动器、热继电器、漏电保护器等。

（1）低压断路器。

低压断路器广泛地用作变压器、线路或用电设备的控制、过载、短路、失压保护。低压断路器通常以空气作为灭弧和绝缘介质，俗称空气开关。它充分利用近阴极效应，即电弧电流过零后，弧隙的电极极性发生改变，弧隙中的电子立即向新阳极运动，而比电子质量大 1000 倍多的正离子则基本未动，从而在新阴极附近呈现正离子层空间，其电导很低，约在 0.1～1μs 的短暂时间内有 150～250V 的绝缘，对交流低压电气设备的熄弧起到重要作用。

低压断路器由操动机构、触头、保护装置（各种脱扣器）、灭弧系统等组成。低压断路器的操动机构主要有手动操动机构或弹簧操动机构两种。它的触头系统由静触头（主静触头、静弧触头）和动触头（主动触头、动弧触头）组成，主触头是主要导电通道，电路开断时，主触头先断开，此时由弧触头保持电路导通，随着弧触头分开，电弧在弧触头间形成，合闸时刚好相反，从而保护了主触头。容量较小的低压断路器（如400A以下）主触头和弧触头合二为一。低压断路器装有过流、欠压和分闸等脱扣器。主触头闭合后，自由脱扣机构将主触头锁在合闸位置上。过电流脱扣器的线圈和热脱扣器的热元件与主电路串联，欠电压脱扣器的线圈和电源并联。当电路发生短路或严重过载时，过电流脱扣器的衔铁吸合，使自由脱扣机构动作，主触头断开主电路。当电路过载时，热脱扣器的热元件发热使双金属片向上弯曲，推动自由脱扣机构动作。当电路欠电压时，欠电压脱扣器的衔铁释放，也使自由脱扣机构动作。分励脱扣器则作为远距离控制用，在正常工作时，其线圈是断电的，在需要距离控制时，按下启动按钮，使线圈通电，衔铁带动自由脱扣机构动作，使主触头断开。低压断路器的灭弧系统采用灭弧栅片和窄缝相结合的复式结构。

低压断路器，按操作方式分有电动操作、储能操作和手动操作。按结构分有万能式和塑壳式。按使用类别分有选择型和非选择型。按灭弧介质分有油浸式、真空式和空气式。按动作速度分有快速型和普通型。按极数分有单极、双极、三极和四极等。按安装方式分有插入式、固定式和抽屉式等。

（2）低压刀开关。

低压刀开关是最简单的一种低压开关设备。额定电流在1500A以下，只能手动操作，主要应用在不经常操作的交、直流低压电路中。刀开关只能开断几安培的小电流，为了能在短路电流或过负荷时自动切断电流，必须与熔断器配合使用。

刀开关的类型很多，按极数可分为单极、双极和三极；按操作方式可分为直接手柄操作和用杠杆操作；按用途可分为单投和双投等。

（3）交流接触器。

交流接触器是用来远距离接通或断开电路中负荷电流的低压开关电器，广泛用于频繁起动及控制电动机的电路。接触器具有灭弧室，通常由陶土材料制成，并根据狭缝灭弧原理使电弧熄灭，因此可以切断小负荷电流。

交流接触器的结构主要由电磁系统、灭弧装置、触点、传动机构、辅助触点等组成。电磁系统用于控制接触器分合操作，灭弧装置通常由灭弧罩组成，是接触器能开断负荷电流的主要原因，触点由动触点和静触点组成。交流接触器的辅助触点可以反映接触器分合状态，也可以利用接触器的辅助触点实现电动机远方控制。

（4）磁力起动器。

磁力起动器是由交流接触器、热继电器以及按钮组成。它主要用来远距离控制三相异步电动机的起动、停止和正反转，并可兼作电动机的低电压和过负荷保护，但不能断开短路电流。过负荷保护是通过热继电器实现的。主电路出现低电压时，吸持线圈的吸引力减少，起动器自动断开主电路，达到欠电压保护的目的。

（5）热继电器。

热继电器是过负荷保护的一种自动控制电器，种类很多，应用较多的是JR系列的双金属片式热继电器。基本工作原理是利用膨胀系数不同的双金属片在受热后发生弯曲的特性，将控制电路断开。

（6）漏电保护器。

漏电保护器又叫漏电保护开关，主要是用来在设备发生漏电故障时以及对有致命危险的人身触电进行保护。

漏电保护器主要由三部分组成：检测元件、中间放大环节和执行机构。

漏电保护器主要动作性能参数有：额定漏电动作电流、额定漏电动作时间、额定漏电不动作电流。其他参数还有电源频率、额定电压、额定电流等。

1）额定漏电动作电流：在规定的条件下使漏电保护器动作的电流值。例如 30mA 的保护器，当通入电流值达到 30mA 时，保护器即动作断开电源。

2）额定漏电动作时间：是指从突然施加额定漏电动作电流起，到保护电路被切断为止的时间。例如 30mA×0.1s 的保护器，从电流值达到 30mA 起，到主触点分离止的时间不超过 0.1s。

3）额定漏电不动作电流：在规定的条件下，漏电保护器不动作的电流值，一般应选漏电动作电流值的 1/2。例如漏电动作电流 30mA 的漏电保护器，在电流值达到 15mA 以下时，保护器不应动作，否则因灵敏度太高容易误动作，影响用电设备的正常运行。

4）其他参数，如电源频率、额定电压、额定电流等，在选用漏电保护器时，应与所使用的线路和用电设备相适应。漏电保护器的工作电压要适应电网正常波动范围额定电压，若波动太大，会影响保护器正常工作，尤其是电子产品，电源电压低于保护器额定工作电压时会拒绝动作。漏电保护器的额定工作电流，也要和回路中的实际电流一致，若实际工作电流大于保护器的额定电流时，造成过载和使保护器误动作。

（四）熔断器

高压熔断器是一种保护电器，当系统或电气设备发生短路故障或过负荷时，故障电流或过负荷电流使熔体发热熔断、切断电源起到保护作用。

1. 基本构成和工作原理

高压熔断器由熔件、触头和绝缘底座构成。熔件（熔体）一般由铜、银等金属材料组成。触头支持熔件并与外电路连接（支持熔体的载流部分）。

熔断器工作包括以下 4 个物理过程：

（1）流过过载或短路电流时，熔体发热以至熔化。

（2）熔断体气化，电路开断。

（3）电路开断后的间隙又被击穿，产生电弧。

（4）电弧熄灭。

熔断器的切断能力决定于最后一个过程。熔断器的动作时间为上述 4 个过程的时间总和。

2. 熔断器的分类

按安装地点分：户内式、户外式。

按使用电压的高低分：高压熔断器、低压熔断器。

按灭弧方法及主要由其所决定的结构特点的不同分为：瓷插式、封闭产气式、封闭填料式、产气纵吹式。

按限流特性分：限流式和非限流式。

3. 型号含义

高压熔断器的型号参数及含义如下：

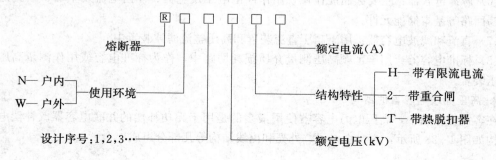

4. 熔断器的额定参数

(1) 额定电压：熔断器长期能够承受的正常工作电压。

(2) 额定电流：熔断器壳体部分和载流部分允许通过的长期最大工作电流。

(3) 熔体的额定电流：熔体允许长期通过而不熔化的最大电流。熔体的额定电流可以和熔断器的额定电流不同。熔体的额定电流不应超过熔断器的额定电流。

(4) 极限分断能力：表示熔断器最大开断能力，若短路电流超出极限分断能力，熔体虽然会烧断，但由于大量金属蒸汽存在，电路并没有被切断，熔管将被烧坏，甚至引起相间短路。

(五) 电力电容器

1. 电力电容器分类和作用

任意两块金属导体，中间用绝缘介质隔开，就可以构成一个电容器。电力电容器种类很多，按其安装方式可分为户内式和户外式两种；按其运行的额定电压可分为低压和高压两类；按其相数可分为单相和三相两种，除低压并联电容器外，其余均为单相；按其外壳材料可分为金属外壳、瓷绝缘外壳、胶木筒外壳等；电力电容器按用途可分为以下八种。

(1) 并联电容器：原称移相电容器，主要用于补偿电力系统感性负荷的无功功率，以提高功率因数，改善电压质量，降低线路损耗。电力系统的负荷和供电设备如电动机、变压器、互感器等，除了消耗有功电力以外，还要"吸收"无功电力。如果这些无功电力都由发电机供给，必将影响它的有功出力，增加电能输送过程中的损耗，而且会造成电压质量低劣，影响用户使用。电容器在交流电压作用下由于电流相位超前电压90°，相当于"发出"无功电力（电容电流），如果把电容器并接在负荷（如电动机）或供电设备（如变压器）上运行，那么，负荷或供电设备要"吸收"的无功电力正好由电容器"发出"的无功电力供给，这就是并联补偿。并联补偿减少了线路能量损耗、可改善电压质量、提高功率因数，提高系统供电能力。用电容器作为无功补偿时，投资少、损耗小，便于分散安装，使用较广。

(2) 串联电容器：串联于工频高压输、配电线路中，用以补偿线路的分布感抗，提高系统的静、动态稳定性，减少线路电压损失和电能损耗，提高线路末端电压水平，改善线路的电压质量，加长送电距离和增大输送能力。

(3) 耦合电容器：主要用于高压输电线路的高频通信、测量、控制、保护以及在抽取电能的装置中作部件用。

(4) 断路器电容器：原称均压电容器，并联在高压断路器断口上起均压作用，使各断口间特别是在开断近距离故障时的电压在分断过程中和断开时均匀，并可改善断路器的灭弧特性，提高分断能力。通常使用在电压等级为220kV及以上，为避免近距离故障时多断口断路器各断口电压分布不均匀而设置的。

(5) 电热电容器：用于频率为40～24000Hz的电热设备系统中，以提高功率因数，改善回路的电压或频率等特性。

(6) 脉冲电容器：主要起储能作用，用作冲击电压发生器、冲击电流发生器、断路器试验用振荡回路等基本储能元件。

(7) 直流和滤波电容器：用于高压直流装置和高压整流滤波装置中。

(8) 标准电容器：用于工频高压测量介质损耗回路中，作为标准电容或用作测量高压的电容分压装置。

2. 高压并联电容器的结构

在客户变电站中，高压电力电容器使用最多的是用于无功补偿的并联电容器。补偿电容器的结构如图1-28所示，主要由心子、外壳和出线结构等几部分组成。

（1）芯子：由若干个元件和绝缘件组合而成，元件是由两张铝箔及放在其间的数层电容器纸和数层聚丙烯薄膜绕卷压扁而成，或者是由两张铝箔及放在其间的数层聚丙烯薄膜绕卷压扁而成，并浸渍绝缘油。芯子中的元件按一定的串并联方式连接，以满足不同电压和容量的要求。具有内熔丝的电容器内部每个元件均串有一个熔丝，当元件击穿时，与其并联的完好元件即对其放电，使熔丝在毫秒级时间内熔断，使击穿的元件切除，电容变动不大，电容器仍可继续运行。

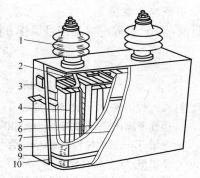

图 1-28 补偿电容器的结构图
1—出线套管；2—出线连接片；3—连接片；
4—扁形元件；5—固定板；6—绝缘件；
7—包封件；8—连接夹板；9—紧箍；
10—外壳

（2）箱壳：用薄钢板密封焊接制成，箱盖上有出线套管，在箱壁两侧焊有供搬运和安装用的吊攀，在一侧吊攀上装有接地螺栓（有的在底部两端还有地脚，供安装之用）。电容极板的引线经串、并联后引至出线瓷套管下端的出线连接片。电容器的金属外壳内充以绝缘浸渍剂。浸渍剂一般有矿物油、氯化联苯、SF_6 气体等。

3. 低压电容器

目前在我国低压系统中采用自愈式电容器。

特点：具有优良的自愈性能、介质损耗小、温升低、寿命长、体积小、质量轻。

结构：采用聚丙烯薄膜作为固体介质，表面蒸镀了一层很薄的金属作为导电电极。所谓自愈性能，是指当作为介质的聚丙烯薄膜被击穿时，击穿电流将穿过击穿点，故障点周围温度剧升，使该处膜上金属层迅速气化挥发，在数微秒极短时间内，两金属层间立即恢复电气绝缘，使电容能继续正常运行的一种功能。

4. 电容器主要参数

（1）额定电压：在最低环境温度和额定环境温度下可连续加在电容器的最高直流电压有效值，一般直接标注在电容器外壳上，如果工作电压超过电容器的耐压，电容器将被击穿，造成不可修复的永久损坏。

（2）绝缘电阻：直流电压加在电容上，并产生漏电电流，两者之比称为绝缘电阻。像陶瓷电容器、薄膜电容器的绝缘电阻是越大越好，而铝电解电容之类的绝缘电阻是越小越好。

（3）电容的时间常数：为恰当地评价大容量电容的绝缘情况而引入了时间常数，它等于电容的绝缘电阻与容量的乘积。

（4）损耗角正切：在规定频率的正弦电压下，电容器的损耗功率除以电容器的无功功率为耗损角正切。在实际应用中，电容器并不是一个纯电容，其内部还有等效电阻。电容在电场作用下，在单位时间内因发热所消耗的能量叫做损耗。各类电容都规定了其在某频率范围内的损耗允许值，电容的损耗主要由介质损耗、电导损耗和电容所有金属部分的电阻所引起的。在直流电场的作用下，电容器的损耗以漏导损耗的形式存在，一般较小，在交变电场的作用下，电容的损耗不仅与漏导有关，而且与周期性的极化建立过程有关。

（5）温度特性：通常以 20℃ 基准温度的电容量与有关温度的电容量百分比表示。

（6）频率特性：随着频率的上升，一般电容器的电容量呈现下降的规律。

5. 并联电容器型号

目前，国产并联电容器型号编排方法如下：

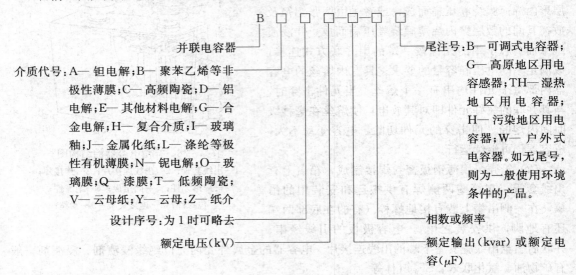

并联电容器

介质代号：A— 钽电解；B— 聚苯乙烯等非极性薄膜；C— 高频陶瓷；D— 铝电解；E— 其他材料电解；G— 合金电解；H— 复合介质；I— 玻璃釉；J— 金属化纸；L— 涤纶等极性有机薄膜；N— 铌电解；O— 玻璃膜；Q— 漆膜；T— 低频陶瓷；V— 云母纸；Y— 云母；Z— 纸介

设计序号：为 1 时可略去

额定电压（kV）

尾注号：B— 可调式电容器；G— 高原地区用电容感器；TH— 湿热地区用电容器；H— 污染地区用电容器；W— 户外式电容器。如无尾号，则为一般使用环境条件的产品。

相数或频率

额定输出（kvar）或额定电容（μF）

例如：电力电容器型号为 BWF3.15—25—1W，其意义表示并联电容器、十二烷基苯浸复合介质，额定电压为 3.15kV、额定容量为 25kvar、单相、户外用。

（六）避雷器

1. 避雷器的作用

避雷器是用来保护电力系统中各种电气设备免受雷电过电压、操作过电压、工频暂态过电压冲击而损坏的一个电器。避雷器的类型主要有保护间隙、阀型避雷器和氧化锌避雷器。保护间隙主要用于限制大气过电压，一般用于配电系统、线路和变电站进线段保护。目前常见的避雷器是氧化锌避雷器，用于各种变电站和发电厂的保护，在 500kV 及以下系统主要用于限制大气过电压。

2. 氧化锌避雷器的原理与结构

避雷器能释放雷电或兼能释放电力系统操作过电压能量，保护电工设备免受瞬时过电压危害，又能截断续流，不致引起系统接地短路。避雷器通常接于带电导线与地之间，与被保护设备并联。当过电压值达到规定的动作电压时，避雷器立即动作，流过电荷，限制过电压幅值，保护设备绝缘；电压值正常后，避雷器又迅速恢复绝缘状态，以保证系统正常供电。

氧化锌避雷器由主体元件、绝缘底座、接线盖板和均压环（220kV 以上等级具有，目的是改善电位分布）等组成。避雷器内部采用氧化锌电阻片为主要元件。每一块氧化锌电阻片从制成时就有它的一定开关电压（叫压敏电阻），在正常的工作电压下（即小于压敏电压）压敏电阻值很大，相当于绝缘状态，但在冲击电压作用下（大于压敏电压），压敏电阻呈低值被击穿，相当于短路状态。然而压敏电阻被击穿状态，是可以恢复的；当高于压敏电压的电压撤销后，它又恢复了高阻状态。因此，在输电线路上如安装氧化锌避雷器后，当雷击时，雷电波的高电压使压敏电阻击穿，雷电流通过压敏电阻流入大地，使电源线上的电压控制在安全范围内，从而保护了电气设备的安全。

3. 避雷器的主要参数

（1）容许最大持续运行电压：避雷器能长期持续运行的最大工频电压有效值。它一般应等于系统的最高工作相电压。

（2）额定电压：避雷器能较长期耐受的最大工频电压有效值，即在系统中发生短时工频电压升高时，避雷器亦能正常可靠地工作一段时间（完成规定的雷电及操作过电压动作负载、特性基本不变、不会出现热损坏）。

（3）起始动作电压（亦称参考电压或转折电压）：大致位于 ZnO 阀片伏安特性由小电流区上升部分进入大电流区平坦部分的转折处，避雷器此时开始进入动作状态以限制过电压。通常以通过 1mA 电流时的电压 U_{1mA} 作为起始动作电压。

（4）残压：是指放电电流通过 ZnO 避雷器时，其端子间出现的电压峰值。此时存在以下三个残压值。

雷电冲击电流下的残压：电流波形为 $7\sim9/8\sim22\mu s$，标称放电电流为 5、10、20kA。

操作冲击电流下的残压：电流波形为 $30\sim100/60\sim200\mu s$，电流峰值为 0.5（一般避雷器）、1（330kV 避雷器）、2kA（500kV 避雷器）；

陡波冲击电流下的残压：电流波前时间为 $1\mu s$，峰值与标称（雷电冲击）电流相同。

4. 避雷器的型号

依据 JB/T 8459—1996《避雷器产品型号编制方法》，金属氧化物避雷器产品型号说明如下：

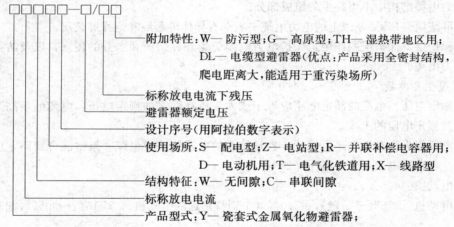

□□□□□—□/□□

附加特性：W— 防污型；G— 高原型；TH— 湿热带地区用；
　DL— 电缆型避雷器（优点：产品采用全密封结构，
　爬电距离大，能适用于重污染场所）
标称放电电流下残压
避雷器额定电压
设计序号（用阿拉伯数字表示）
使用场所：S— 配电型；Z— 电站型；R— 并联补偿电容器用；
　D— 电动机用；T— 电气化铁道用；X— 线路型
结构特征：W— 无间隙；C— 串联间隙
标称放电电流
产品型式：Y— 瓷套式金属氧化物避雷器；
　YH（HY）— 有机外套金属氧化物避雷器

例如型号 HY5WS—10/30，表示有机外套金属氧化物避雷器、其标称放电电流为 5kA、无间隙、配电型避雷器。

（七）电力电缆

1. 电力电缆的作用

电力电缆是用于传输和分配电能的电缆。常用于城市地下电网、发电站的引出线路、工矿企业的内部供电及过江、过海的水下输电线路。在输电线路中，电缆所占的比重正逐渐增加。电力电缆是在电力系统的主干线路中用以传输和分配大功率电能的电缆产品，其中包括 $1\sim$ 500kV 以及以上各种电压等级，各种绝缘的电力电缆。

2. 电力电缆的结构

电力电缆的基本结构由线芯（导体）、绝缘层、屏蔽层和保护层四部分组成。图 1-29（a）为金属屏蔽电力电缆外形图。其剖面图如图 1-29（b）所示。

（1）线芯。线芯是电力电缆的导电部分，用来输送电能，是电力电缆的主要部分，主要有铜和铝材料。

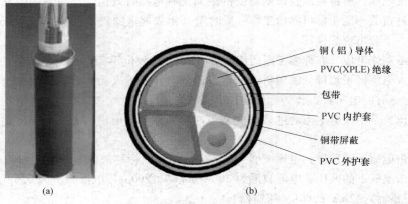

图 1-29　金属屏蔽电力电缆

(a) 外形图；(b) 剖面示意图

（2）绝缘层。绝缘层是将线芯与大地以及不同相的线芯间在电气上彼此隔离，保证电能输送，是电力电缆结构中不可缺少的组成部分。

（3）屏蔽层。15kV 及以上的电力电缆一般都有导体屏蔽层和绝缘屏蔽层。

（4）保护层。保护层的作用是保护电力电缆免受外界杂质和水分的侵入，以及防止外力直接损坏电力电缆。

3. 电缆主要参数

（1）额定电压。电缆的额定电压应等于或大于所在网络的额定电压，电缆的最高工作电压不得超过其额定电压的 15%。

（2）电压损失。对供电距离较远、容量较大的电缆线路或电缆—架空混合线路，应校验其电压损失。各种用电设备允许电压降如下：

高压电动机：≤5%；

低压电动机：≤5%（一般），≤10%（个别特别远的电动机），≤15%～30%（起动时端电压降）；

电焊机回路：≤10%；

起重机回路：≤15%（交流），≤20%（直流）。

4. 型号含义

电力电缆的型号含义如下：

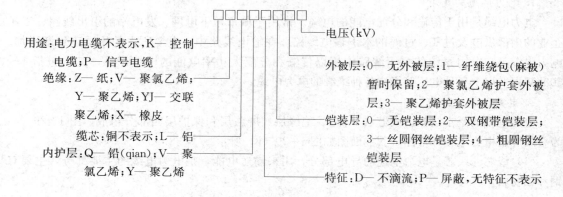

（八）成套配电装置

成套配电装置是制造厂成套供应的设备。同一回路的开关电器、测量电器、保护电器和辅助设备等都装在一个或两个全封闭或半封闭的金属柜中。制造厂生产有各种不同电路的成套配电柜和元件，设计时可根据电气主接线要求选择，组合成整个配电装置。

成套配电装置的特点是：

（1）结构紧凑、占地面积小；

（2）所有电气元件已在工厂组装成一体，大大减少现场安装工作量；

（3）运行可靠性高，维护方便；

（4）耗用钢材较多，造价较高。成套配电装置分为低压配电屏（柜）、高压开关柜、箱式变电站、SF_6全封闭组合电器 4 类。

1. 低压配电屏（柜）

（1）低压配电屏（柜）的作用。

低压配电屏（柜）用于发电厂、变电站和工矿企业 380V/220V 低压配电系统，作为动力、照明配电之用。低压配电屏只做成户内型。

（2）低压配电屏结构。

低压配电屏有固定式和抽出式两大类型。两者主要区别是，前者开关设备固定安装在屏内，断开后不能方便地从柜内抽出。

1）固定式配电屏。

常见固定式配电屏有 PGL、GGL、GGD、GHL 等系列。PGL 型低压配电屏如图 1 - 30 所示。

屏前上部面板（可开启）装有测量仪表，中部面板装有闸刀的操作手柄、控制按钮等，下部屏门内装有继电器、电能表和二次端子排等。

屏后顶部为主母线，并设有防护罩，上部为刀开关，中部为低压断路器、接触器、熔断器，下部为电流互感器、电缆头、中性线和母线。

PGL 型低压配电屏结构简单、价格低廉，可从双面维护，检修方便，广泛应用在发电厂、变电站和工矿企业低压配电系统中。

图 1 - 30 PGL 型低压配电屏

GGD 柜充分考虑散热问题，在柜体上下两端均有不同数量的散热槽孔，当柜内电气元件发热后，热量上升，通过上端槽孔排出，而冷风不断地由下端槽孔补充，使密封的柜体自下而上形成一个自然通风道，达到散热的目的。柜体的顶盖在需要时可拆除，便于现场主母线的装配和调整，柜顶的四角装有吊环，用于起吊和装运。

GGD 型交流低压配电柜具有分断能力高、动热稳定性好、电气方案灵活、组合方便、系列性和实用性强、结构新颖、防护等级高等特点，作为动力、照明及发电设备的电能转换、分配与控制之用，也可作为低压成套开关设备的更新换代产品使用。

GGD 型交流低压配电柜的缺点：回路少，单元之间不能任意组合且占地面积大，不能与计算机联网。

2）抽出式配电屏。

抽出式配电屏包括抽屉式和手车式两种，常见产品有 BFC、BCL、GCL、GCK、GCS 等系列。

图 1-31　GCK 系列低压抽出式
开关柜外形图

GCK 低压抽出式开关柜由动力配电中心（PC）柜和电动机控制中心（MCC）两部分组成。该装置适用于交流 50Hz、额定工作电压小于等于 660V、额定电流 4000A 及以下的控配电系统作为动力配电、电动机控制及照明等配电设备。GCK 系列低压抽出式开关柜外形图如图 1-31 所示。

柜体上部为母线室、前部为电器室、后部为电缆进出线室，各室间有钢板或绝缘板作隔离，以保证安全。整柜采用拼装式组合结构，模数孔安装，零部件通用性强，适用性好，标准化程度高。MCC 柜抽屉小室的门与断路器或隔离开关的操作手柄设有机械联锁，只有手柄在分断位置时门才能开启。受电开关、联络开关及 MCC 柜的抽屉具有三个位置：接通位置、试验位置、断开位置。开关柜的顶部根据受电需要可装母线桥。

GCK 具有分断能力高、动热稳定性好、结构先进合理、电气方案灵活、系列性、通用性强、各种方案单元任意组合、一台柜体，所容纳的回路数较多、节省占地面积、防护等级高、安全可靠、维修方便等优点。

GCK 开关柜的缺点：水平母线设在柜顶，垂直母线没有阻燃型塑料功能板，不能与计算机联网。

（3）低压配电屏的型号含义。

低压配电屏的型号含义如下：

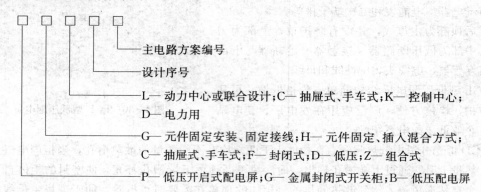

主电路方案编号

设计序号

L— 动力中心或联合设计；C— 抽屉式、手车式；K— 控制中心；
D— 电力用

G— 元件固定安装、固定接线；H— 元件固定、插入混合方式；
C— 抽屉式、手车式；F— 封闭式；D— 低压；Z— 组合式

P— 低压开启式配电屏；G— 金属封闭式开关柜；B— 低压配电屏

2. 高压开关柜

（1）高压开关柜的作用。

高压开关柜用于 3～35kV 电力系统，作为接受、分配电能及控制之用。

（2）高压开关柜的结构。

高压开关柜有固定式和手车式两种。其中手车式是将断路器及其操动机构装在小车上，正常运行时将手车推入柜内，断路器通过隔离触头与母线及出线相连接，检修时可将小车拉出柜外，很方便，并可用相同规格的备用小车，使电路很快恢复供电。

高压成套配电装置是由制造厂成套供应的设备，运抵现场后组装而成的高压配电装置。它将电气主电路分成若干个单元，每个单元即一条回路，将每个单元的断路器、隔离开关、电流

互感器、电压互感器，以及保护、控制、测量等设备集中装配在一个整体柜内（通常称为一面或一个高压开关柜）。

高压成套配电装置按其特点分为金属封闭式、金属封闭铠装式、金属封闭箱式和 SF_6 封闭组合电器等；按断路器的安装方式分为固定式和手车式；按安装地点分为户外式和户内式；按柜体结构形式分为开启式和封闭式。

开关柜具有"五防"连锁功能，即防误分、合断路器，防带负荷拉合隔离开关，防带电合接地开关，防带接地线合断路器，防误入带电间隔连锁功能。除防止误分、合断路器外，其他"五防"功能必须采取强制措施。"五防"连锁功能常采用断路器、隔离开关、接地开关与柜门之间的强制性机械闭锁方式或电磁锁方式实现。

固定式高压开关柜有 GG、KGN、XGN 等系列。

GG 系列为开启性固定式，表示柜内的所有电器元件（如断路器或负荷开关等）均为固定安装的，固定式开关柜较为简单经济，如 XGN2—10、GG—1A 等。

GG1A—10（F）固定式高压开关柜适用于 3～10kV 三相交流 50Hz 系统中作为接受与分配电能之用，并具有对电路进行控制、保护和检测等功能。适用于频繁操作的场所，其母线系统为单母线接线及单母线分段接线。GG1A—10（F）型高压开关柜如图 1-32 所示。

本高压开关柜系开启式，基本结构系用角钢及钢板弯成继电屏板及门，用电焊焊接而成。背面无保护板，靠墙安装，操动机构装于柜前左面的板上。柜前共有四扇门（油断路器电动操作方面方案共有五扇门，打开左下角小门可检修合闸接触器），打开右上门可检修油断路器（或真空断路器、真空交流接触器）、电流互感器、电压互感器、负荷开关等设备；打开右下门可检修线路隔离开关等设备；打开中门可以检修二次线路；打开左上门，可以检修仪表、继电器等设备。屏面可装仪表、继电器、控制开关及信号灯等设备。屏面所装设备均系板后接线，故屏面布置清晰。屏后与一次设备间装有金属隔板，运行中维护检修二次设备是很安全的。本柜体为焊接式结构，有完备的机械"五防"功能，经过多年的生产，积累了丰富的技术及运行经验，不断改进柜体结构，提高断流能力，完善产品性能，现如今柜体最大额定电流为 4000A，开断电流最大为 40kA，由于该产品电流等级大，母线结构多样，停电检修操作方便，柜内空间大，所以在许多变电站得到了广泛应用。

手车式高压开关柜有 JYN、KYN 等系列。KYN28A—12 型高压开关柜示意图如图 1-33 所示。

图 1-32　GG1A—10(F)型高压开关柜示意图　　　　图 1-33　KYN28A—12 型高压开关柜

KYN28A—12 型高压开关柜（中置式户内交流金属铠装移开式开关设备）系用于 3～12kV 三相交流 50Hz 单母线及单母线分段系统的输配电气设备（成套配电装置），主要用于发电厂、中小型发电机输电、工矿企事业配电以及电业系统的二次变电站的受电、输电及大型高压电动机起动等，实行控制保护、监测之用。本开关设备具有"五防"功能，既可配用 VS1 型真空断路器，又可配用 ABB 公司的 VD4 型真空断路器。

(3) 高压开关柜型号含义。

高压开关柜型号含义如下：

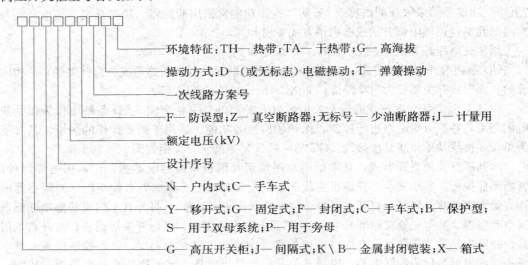

环境特征：TH— 热带；TA— 干热带；G— 高海拔

操动方式：D—（或无标志）电磁操动；T— 弹簧操动

一次线路方案号

F— 防误型；Z— 真空断路器；无标号— 少油断路器；J— 计量用

额定电压(kV)

设计序号

N— 户内式；C— 手车式

Y— 移开式；G— 固定式；F— 封闭式；C— 手车式；B— 保护型；S— 用于双母系统；P— 用于旁母

G— 高压开关柜；J— 间隔式；K\B— 金属封闭铠装；X— 箱式

3. SF₆ 全封闭组合电器

(1) SF₆ 全封闭组合电器的作用。

SF₆ 全封闭组合电器配电装置是以 SF₆ 气体作为绝缘和灭弧介质，以优质环氧树脂绝缘子作支撑的一种新型成套高压电器。其类型和结构发展变化很快。

(2) SF₆ 全封闭组合电器的结构与特点。

SF₆ 全封闭组合电器的结构如图 1-34 所示。

图 1-34　SF₆ 全封闭组合电器的结构

SF₆全封闭组合电器的结构是以SF₆气体作为绝缘和灭弧介质，以优质环氧树脂绝缘子作支撑的一种新型成套高压电器。其所用的母线、断路器、负荷开关、隔离开关、接地开关、电流互感器、电压互感器、避雷器等电气设备均安装在充满SF₆气体的密封金属容器中，按主接线的要求组合成成套配电装置。

SF₆全封闭组合电器与常规电器的配电装置相比，有以下优点：

1）大量节省配电装置占地面积与空间，电压越高，效果越显著。

2）运行可靠性高。SF₆封闭电器由于带电部分封闭在金属壳中，因此，不受污秽、潮湿和各种恶劣天气的影响，也不会由于小动物造成短路和接地事故。SF₆气体为不燃的惰性气体，不致发生火灾，一般也不会发生爆炸事故。

3）土建和安装工作量小，建设速度快。

4）不检修周期长，维护方便。全封闭SF₆断路器由于触头很少氧化，触头开断后烧损甚微，因此不检修周期长，维护方便。

5）由于金属外壳接地的屏蔽作用，能有效消除电磁干扰、静电感应和噪声等，同时，也没有触及带电体的危险，有利于工作人员的安全和健康。

6）抗振性能好。SF₆全封闭电器由于没有或很少有瓷套管之类的脆性元件，设备的高度和重心都很低，且本身的金属结构具有足够抗受外力的强度，因而抗振性能好。

SF₆全封闭组合电器的缺点是：

1）对材料性能、加工精度和装配工艺要求很高。

2）需要专门的SF₆气体系统和压力监视装置，对SF₆气体的纯度和水分都有严格的要求。

3）金属消耗量较大，造价较高。

3. SF₆全封闭组合电器的型号含义

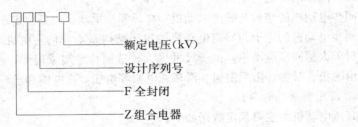

4. 箱式变电站

（1）箱式变电站的作用。

箱式变电站是一种高压开关设备、配电变压器和低压配电装置，按照一定接线方案排成一体的工厂预制紧凑式配电设备。它代替了原有的土建配电房、配电站，成为新型的成套变配电装置，具有占地面积小、组合方式灵活、投资省见效快、外形美观等特点。

（2）箱式变电站的结构。

根据箱式变电站结构特点，主要可以分为欧式箱变和美式箱变两大类。欧式箱变在结构上采用高、低压开关柜，变压器组成方式，形象比喻为给高低压开关柜、变压器盖了房子。美式箱变在结构上将负荷开关、环网柜和熔断器结构简化放入变压器油箱浸在油中，变压器取消油枕、油箱及散热器暴露在空气中，形象比喻为变压器旁边挂个箱子。

二、特种用电设备

（一）高压电动机

1. 高压电动机的作用

高压电动机是指额定电压在1000V以上的电动机，常使用的是6000V和10000V电压。各种电动机中应用最广的是交流异步电动机，又称感应电动机。它使用方便、运行可靠、价格低廉、结构牢固，但功率因数较低，调速也较困难。大容量低转速的动力机常用同步电动机。同步电动机不但功率因数高，而且其转速与负荷大小无关，只决定于电网频率，工作较稳定。在要求宽范围调速的场合多用直流电动机。但它有换向器，结构复杂、价格昂贵、维护困难，不适于恶劣环境。电动机能提供的功率范围很大，从毫瓦级到万千瓦级。电动机的使用和控制非常方便，具有自起动、加速、制动、反转、掣住等能力，能满足各种运行要求；电动机的工作效率较高，又没有烟尘、气味，不污染环境，噪声也较小。由于它的一系列优点，所以在工农业生产、交通运输、国防、商业及家用电器、医疗电气设备等各方面得到广泛应用。一般电动机调速时其输出功率会随转速而变化。

2. 高压电动机的原理与结构

（1）三相异步电动机。

三相异步电动机转子的转速低于旋转磁场的转速，转子绕组因与磁场间存在着相对运动而感生电动势和电流，并与磁场相互作用产生电磁转矩，实现能量变换。按转子结构的不同，三相异步电动机可分为笼式和绕线式两种。笼式转子三相异步电动机结构简单、运行可靠、质量轻、价格便宜，得到了广泛应用，其主要缺点是调速困难。绕线式三相异步电动机的转子和定子一样也设置了三相绕组并通过滑环、电刷与外部变阻器连接。调节变阻器电阻可以改善电动机的启动性能和调节电动机的转速。

三相异步电动机主要由定子、转子及其附件组成。

定子是三相电动机的静止部分。它包括定子铁芯、定子绕组和机座三个部分。

转子是三相电动机的转动部分。它包括转子铁芯、转子绕组两个部分。

（2）同步电动机的结构。

同步电动机的结构与异步电动机一样，同步电动机也是由定子和转子两大部分组成。

同步电动机的定子与异步电动机的定子结构基本相同，由机座、定子铁芯、电枢绕组等组成。对于大型同步电动机，由于尺寸太大，硅钢片常制成扇形，然后对成圆形。同步电动机的转子由磁极、转轴、阻尼绕组、滑环、电刷等组成，在电刷和滑环通入直流电励磁。

3. 高压电动机的参数

高压电动机的主要额定数据如下。

（1）额定容量 P_N：是指电动机轴上输出的有功功率，单位 kW。

（2）额定电压 U_N：是指定子三相绕组上的线电压，单位 V。

（3）额定电流 I_N：是指电动机额定运行时，流过定子绕组的线电流，单位 A。

（4）额定转速 n_N：是指电动机额定运行时的同步转速，单位 r/min。

（5）额定功率因数 $\cos\varphi_N$：是指电动机额定运行时的功率因数。

（6）额定频率 f_N：是指电动机额定运行规定的频率，单位 Hz。

（7）额定效率 η_N：是指电动机额定运行时的效率。

（8）额定励磁电压 U_{IN}：是指电动机额定运行时的励磁电压，单位 V。

（9）额定励磁电流 I_{IN}：是指电动机额定运行时的励磁电流，单位 A。

4. 高压电动机型号含义

三相异步电动机型号字母含义：J—异步电动机；O—封闭；L—铝线绕组；W—户外；Z—冶金起重；Q—高起动转矩；D—多速；B—防爆；R—绕线式；S—双鼠笼；K—高速；H—高转差率。

如型号 JQO 2-52-4，表示封闭式高起动转矩异步电动机、5 号机座、2 号铁芯长度、4 极。

（二）电弧炉

1. 电弧炉分类和工作原理

电弧炉是利用电弧能来冶炼金属的一种电炉。工业上应用的电弧炉可分为三类。

第一类是直接加热式，电弧发生在专用电极棒和被熔炼的炉料之间，炉料直接受到电弧热。主要用于炼钢，其次也用于熔炼铁、铜、耐火材料、精炼钢液等。

第二类是间接加热式，电弧发生在两根专用电极棒之间，炉料受到电弧的辐射热，用于熔炼铜、铜合金等。这种炉子噪声大，熔炼质量差，已逐渐被其他炉类所取代。

第三类称为矿热炉，是以高电阻率的矿石为原料，在工作过程中电极的下部一般是埋在炉料里面的。其加热原理是：既利用电流通过炉料时，炉料电阻产生的热量，同时也利用了电极和炉料间的电弧产生的热量，所以又称为电弧电阻炉。

2. 电弧炉的组成设备

（1）炉用变压器。

电弧炼钢用变压器应能按冶炼要求单独进行电压电流的调节，并能承受工作短路电流的冲击。

电炉变压器额定电压的选择要考虑许多因素。若一次侧电压取高些，则系统电抗小、短路容量大，可减少闪变，但须增加配电装置费用。若二次侧电压高些，则功率因数较高、电效率较高，但电弧长、炉墙损耗快、综合效率变低。

一般电炉变压器二次侧均为低电压（几十至几百伏）、大电流（几千至几万安）。为保证各个熔炼阶段对电功率的不同需要，变压器二次侧电压要能在 $50\%\sim70\%$ 的范围内调整，因此都设计成多级可调形式。调整方法有变换、有载调压分接开关等。变压器容量小于 10MVA 者，可进行无载切换；容量在 10MVA 以上者，一般应是有载调压方式。也有三相分别设置分接头装置，各相分别进行调整，可以保障炉内三相热能平衡。

与普通电力变压器相比，电炉专用变压器有以下特点：①有较大的过负荷能力；②有较高的机械强度；③有较大的短路阻抗；④有几个二次电压等级；⑤有较大的变压比；⑥二次电压低而电流大。

电炉变压器和电弧炉的容量比一般为 $0.4\sim1.2$MVA/t。电弧炉的电流控制，是由电弧炉变压器高压侧绕组分接头的切换和电极的升降来达到的。

（2）电抗器。

为了稳定电弧和限制短路电流，需要约等于变压器容量 35% 的电抗容量，串入变压器主回路中，使得变压器短路阻抗和电抗器电抗之和达到 $0.33\sim0.5$ 标准值（以电炉变压器额定容量为基准）。

大型电弧炉变压器，本身具有满足需要的电抗值，不需外加电抗器；而小于 10MVA 的变压器，电抗不满足要求，需在一次侧外加电抗器。电抗器的结构特点是：即使通过短路电流，铁芯也不发生磁饱和。

电抗器可装在电炉变压器的内部，称为内附式；也可做成装在变压器外部的独立电抗器，称为外附式。

（3）高压断路器。

炼钢电弧炉对高压断路器的要求是：断流容量大；允许频繁动作；便于维修和使用寿命长。电弧电阻炉负载平稳，连续运行。炼钢电弧炉断路器经常跳闸，多选用 SF_6 断路器、电磁式空气断路器、真空断路器等。

（4）电流互感器。

大型炼钢电弧炉的二次电流很大，无法配用电流互感器。因此，低压侧仪表，电极升降自动调节电流信号，都接到高压侧电流互感器上，或接在电炉变压器的第三绕组上（可变变比）。

（5）电磁搅拌器。

为了强化钢液与熔渣反应，使钢液温度和成分均匀，在炼钢电弧炉炉底部，加装电磁搅拌器。搅拌器由绕有两组线圈的铁芯构成。它本身相当于电动机的定子，溶池中的钢液相当于转子。搅拌器线圈中通以可产生移相磁场的两相低频电流，磁场使钢液中产生感应电流，移动磁场与感应电流相互作用，使钢液在电动力的推动下，顺着移动磁场移动的方向流动，从而使钢液得到了搅拌。

采用电磁搅拌的电弧炉，其炉底要用非磁性钢板制成。为了改变电磁搅拌器的搅拌力，要求采用可调频率的低频电源，其频率在 $0.3\sim0.5Hz$ 内调节。一般采用晶闸管变频电源。需加装电容器以提高功率因素，并加装电抗器防止产生谐振。

3. 电弧炉对电能质量的影响

电弧炉的冶炼过程分两个阶段，即熔化期和精炼期。在熔化期，相当多的炉内填料尚未熔化而呈块状固体，电弧阻抗不稳定。有时因电极都插入熔化金属中而在电极间形成金属性短路，并且依靠电炉变压器和所串电抗器的总电抗来限制短路电流，使之不超过电炉变压器额定电流的 $2\sim3$ 倍。不稳定的短路状态使得熔化期电流的波形变化极快，实际上每半个工频周期的波形都不相同。

在熔化初期以及熔化的不稳定阶段，电流波形不规律，故谐波含量大，主要是第 2、3、4、5、6、7 次谐波电流。

在熔化期，电弧炉的电压变化大，最高和最低电压可相差 $2\sim5$ 倍。由于电弧炉负荷的随机性变化和非线性特征，尤其是在熔化期产生随机变化的谐波电流，除了离散频谱外还含有连续频谱分量。含偶次谐波，表明电弧电流的正、负半周期不对称；含连续频谱和间谐波，表明电弧电流的变化带有非周期的随机性。

在熔化期，三相不平衡电流含有较大的负序分量。当一相熄弧另两相短路时，电流的基波负序分量与谐波的等值负序电流可达正序的 $50\%\sim70\%$。这将引起公共供电点的电压不平衡，对电动机的安全运行影响较大，尤其对大电动机的影响更为严重。

实际上电弧炉最重要的影响还不是谐波问题，而是电压波动和闪变。大型电弧炉会引起对电网的剧烈扰动，有的大型炉的有功负荷波动，能够激起邻近的大型汽轮发电机的扭转振荡和电力系统间联络线上的低频振荡。此类冲击性负荷会引起电网电压波动。频率在 $6\sim12Hz$ 范围内的电压波动，即使只有 1%，其引起的白炽灯照明的闪光，已足以使人感到不舒服，甚至有的人会感到难以忍受。尤其是电弧炉在接入短路容量相对较小的电网时，它所引起的电压波动（有时还包括频率波动）和三相电压不平衡，会危害连接在其公共供电点的其他用户的正常用电。

电弧炉的基波负序电流也较大，熔化期平均负序电流为基波正序电流的 20% 左右。最大负序电流都发生在两极短路时，但这时谐波电流含量不大。必须指出，电弧炉的电压波形变化是随机性的，所以当数台电弧炉同时运转时，它们引起的各种扰动不会和电弧炉的台数成正比，而是要小一定数值，一台 30t 的电弧炉的电能扰动影响比 6 台 5t 电弧炉的影响要大得多。从闪变影响来讲，6 台 5t 的电弧炉尚不及一台 10t 炉的影响大。电弧炉的谐波影响也是主要取决于最大一台炉的容量，而较少信赖多台炉的总容量。国内外经验表明，"超高功率"电弧炉有时成为当地最重要谐波源和多种扰动源。但对于短路容量很小的电网，小电弧炉也能成为重要的谐波源。当电弧炉功率大于电网短路功率的 1/80 时，通常需要考虑对电网的影响问题。电弧炉产生的影响如图 1-35 所示。

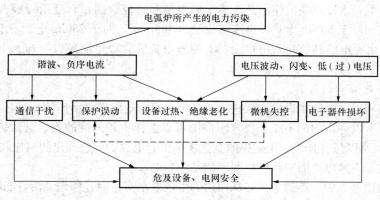

图 1-35 电弧炉产生的影响

电弧炉对于电能的浪费主要表现在两个方面，一是功率因素较低，二是在熔化期间产生大量的闪变和谐波。概括性地说，闪变会使用户用电设备、线路的使用成本、维护费用及耗电量增加；同时，闪变会破坏设备的安全运行。

抑制或还原电弧炉在冶炼熔化期产生的闪变的数量和闪变尖峰值，将这部分无效功率转变为有效功率，既可以提高电弧炉的电能效率，节省电能，也可以消除其对电网的冲击和污染，同时对敏感电气设备起到保护作用。

（三）中频炉

1. 中频炉的作用和工作原理

中频炉广泛用于有色金属的熔炼（主要用在熔炼钢、合金钢、特种钢、铸铁等黑色金属材料以及不锈钢、锌等有色金属材料的熔炼，也可用于铜、铝等有色金属的熔炼和升温，保温，并能和高炉进行双联运行），锻造加热（用于棒料、圆钢、方钢、钢板的透热，补温，兰淬下料在线加热，局部加热，金属材料在线锻造、挤压、热轧、剪切前的加热、喷涂加热、热装配以及金属材料整体的调质、退火、回火等），热处理调质生产线（主要供轴类，齿轮类，套、圈、盘类，机床丝杠，导轨，平面，球头，五金工具等多种机械零件的表面热处理及金属材料整体的调质、退火、回火）等。

中频电源的工作原理为：采用三相桥式全控整流电路将工频 50Hz 交流电整流为直流电，整流后变成直流电，再把直流电变为可调节的中频电流（300Hz 以上至 1000Hz），供给由电容和感应线圈里流过的中频交变电流，在感应线圈中产生高密度的磁力线，并切割感应线圈里盛放的金属材料，在金属材料中产生很大的涡流。

2. 中频炉的结构

中频炉的主要组成部分如下。

（1）整流器：整流器采用三相全控桥式整流电路，它包括六个快速熔断器、六个晶闸管、六个脉冲变压器和一个续流二极管。在快速熔断器上有一个红色的指示器，正常时指示器缩在外壳里边，当快熔烧断后它将弹出。

（2）逆变器：逆变器包括四只快速晶闸管和四只脉冲变压器。

（3）变压器。

（4）电容器：电容器一般分组安装在电容器架上，每台电热电容器由四个芯子组成，外壳

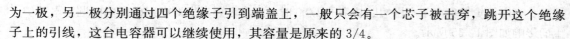

为一极，另一极分别通过四个绝缘子引到端盖上，一般只会有一个芯子被击穿，跳开这个绝缘子上的引线，这台电容器可以继续使用，其容量是原来的 3/4。

（5）水冷电缆：水冷电缆的作用是连接中频电源和感应线圈，它是用每根直径 $\phi 0.6 \sim \phi 0.8$ 紫铜线绞合而成。对于 500kg 电炉，电缆截面积为 480mm^2，对于 250kg 电炉，电缆截面积采用 300～400mm^2。水冷电缆外胶管采用耐压 5kg 的压力橡胶管，里面通以冷却水，它是负载回路的一部分。

3. 中频炉与电弧炉的区别

中频炉炼钢相对电弧炉来说成本低些，适合中小型企业使用（小作坊），但是炼出的钢杂质多、含碳量高，所以炼出的钢不纯，要求不高的可以选择中频炉炼的钢，电弧炉体积大，一般都是 3t 以上的，所以只有具备一定规模的企业才用得起电弧炉，它炼出的钢比较纯。

电弧炉用的是工频电，而中频电炉采用的是中频电。

中频电炉相比电弧炉，热效率高，从而达到生产效率高，而且操作灵活，能耗低。

（四）变频器

1. 变频器的作用和工作原理

变频器用于给异步电动机提供调压调频电源。变频器的主电路大体上可分为两类：电压型是将电压源的直流变换为交流的变频器，直流回路的滤波是电容。电流型是将电流源的直流变换为交流的变频器，其直流回路的滤波是电感。

2. 变频器的结构

变频器通常分为 4 部分：整流单元、高容量电容、逆变器和控制器。整流单元将工作频率固定的交流电转换为直流电。高容量电容存储转换后的电能。逆变器由大功率开关晶体管阵列组成电子开关，将直流电转化成不同频率、宽度、幅度的方波。控制器按设定的程序工作，控制输出方波的幅度与脉宽，使叠加为近似正弦波的交流电驱动交流电动机。

（1）变流器。最近大量使用的是二极管的变流器，它把工频电源变换为直流电源。也可用两组晶体管变流器构成可逆变流器，由于其功率方向可逆，可以进行再生运转。

（2）平波回路。在整流器整流后的直流电压中，含有电源 6 倍频率的脉动电压，此外逆变器产生的脉动电流也使直流电压变动。为了抑制电压波动，采用电感和电容吸收脉动电压（电流）。装置容量小时，如果电源和主电路构成器件有余量，可以省去电感采用简单的平波回路。

（3）逆变器。同整流器相反，逆变器是将直流功率变换为所要求频率的交流功率，以所确定的时间使 6 个开关器件导通、关断就可以得到 3 相交流输出。

（4）控制电路是给异步电动机供电（电压、频率可调）的主电路提供控制信号的回路，包括频率、电压的"运算电路"，将外部的速度、转矩等指令同检测电路的电流、电压信号进行比较运算，决定逆变器的输出电压、频率；主电路的"电压、电流检测电路"，与主回路电位隔离检测电压、电流等；电动机的"速度检测电路"，以装在异步电动机轴机上的速度检测器（tg、plg 等）的信号为速度信号，送入运算回路，根据指令和运算可使电动机按指令速度运转；将运算电路的控制信号进行放大的"驱动电路"，它是驱动主电路器件的电路，与控制电路隔离使主电路器件导通、关断；逆变器和电动机的"保护电路"，它能检测主电路的电压、电流等，当发生过载或过电压等异常时，为了防止逆变器和异步电动机损坏，使逆变器停止工作或抑制电压、电流值。

（五）整流器

1. 整流器的作用

整流器是一个整流装置，简单地说就是将交流（AC）转化为直流（DC）的装置。它有两个主要功能：第一，将交流电（AC）变成直流电（DC），经滤波后供给负载，或者供给逆变器；第二，给蓄电池提供充电电压。因此，它同时又起到一个充电器的作用。

2. 整流器的结构

在以大功率二极管或晶闸管为基础的两种基本类型的整流器中，电网的高压交流功率通过整流器变换为直流功率。

（1）二极管整流器。所有整流器类别中最简单的是二极管整流器。在最简单的型式中，二极管整流器不提供任何一种控制输出电流和电压数值的手段。为了适用于工业过程，输出值必须在一定范围内可以控制。通过应用机械的所谓有载抽头变换器可以完成这种控制。作为典型情况，有载抽头变换器在变压器的一次侧控制输入的交流电压，因此也就能够在一定范围内控制输出的直流值。通常有载抽头变换器与串联在整流器输出电路中的饱和电抗器结合使用。通过在电抗器中引入直流电流，使线路中产生一个可变的阻抗。因此，通过控制电抗器两端的电压降，输出值可以在比较窄的范围内控制。

（2）晶闸管整流器。在设计上非常接近二极管整流器的是晶闸管整流器。因为晶闸管整流器的电参数是可控的，所以不需要有载抽头变换器和饱和电抗器。因为晶闸管整流器不包含运动部件，所以晶闸管整流器系统的维修减少了。注意到的一个优点是晶闸管整流器的调节速度较二极管整流器快。在过程特性的阶跃期间，晶闸管整流器常常调节很快，以致能够避免过电流。其结果是晶闸管系统的过载能力能够设计得比二极管系统小。

（六）电解槽

1. 电解槽的作用和基本原理

电解槽，是进行电解反应的装置。当直流电通过电解槽时，在阳极与溶液界面处发生氧化反应，在阴极与溶液界面处发生还原反应，以制取所需产品。

2. 电解槽的分类和结构

电解槽由槽体、阳极和阴极组成，多数用隔膜将阳极室和阴极室隔开。按电解液的不同分为水溶液电解槽、熔融盐电解槽和非水溶液电解槽三类。电解所用主体设备电解槽的形式，可分为隔膜电解槽和无隔膜电解槽两类。隔膜电解槽又可分为均向膜（石棉绒）、离子膜及固体电解质膜（如 β-Al_2O_3）等形式；无隔膜电解槽又分为水银电解槽和氧化电解槽等。电解槽材料可以是钢材、水泥、陶瓷等。钢材耐碱，是应用最广的。对于腐蚀性强的电解液，钢槽内部用铅、合成树脂或橡胶等衬里。

（1）水溶液电解槽。

水溶液电解槽分有隔膜和无隔膜两类。一般多用隔膜电解槽。在氯酸盐生产和水银法生产氯气和烧碱时，采用无隔膜电解槽。尽量增大单位体积内的电极表面积，可以提高电解槽的生产强度。因此，现代隔膜电解槽中的电极多为直立式。电解槽因内部部件材质、结构、安装等的不同，表现出不同的性能与特点。

（2）熔融盐电解槽。

熔融盐电解槽多用于制取低熔点金属，其特点是在高温下运转，并应尽量防止水分进入，避免氢离子在阴极上还原。例如制取金属钠时，由于钠离子的阴极还原电位很负，还原很困难，必须用不含氢离子的无水熔融盐或熔融的氢氧化物，以免阴极析出氢。为此电解过程需在高温下进行，例如电解熔融氢氧化钠时为310℃，如其中含有氯化钠成为混合电解质时，电解温度为650℃左右。

电解槽的高温可以通过改变电极间距，将欧姆电压降所消耗的电能转变为热能来达到。电解熔融氢氧化钠时，槽体可用铁或镍，电解含有氯化物的熔融电解质时常由于原料中不可避免地带入少量水分，会使阳极生成潮湿的氯气，对电解槽的腐蚀作用很强，因此电解熔融氯化物的电解槽，一般用陶瓷或磷酸盐材料，而不受氯气作用的部位可用铁。熔融盐电解槽中的阴、阳极产物，同样要求妥善隔开，而且应尽快由槽中引出，以免阴极产物金属钠长时间飘浮在电解液表面，会进一步与阳极产物或空气中的氧起作用。

(3) 非水溶液电解槽。

由于非水溶液电解槽在制取有机产品或电解有机物时，常伴随有各种复杂的化学反应，使其应用受到限制，工业化的不多。一般采用的有机电解液，电导率低，反应速度也小。因此，必须采用较低的电流密度，极间距尽量缩小。采用固定床或流化床的电极结构有较大的电极表面积，可提高电解槽生产能力。

电解槽按电极的连接方式，可分为单极式和复极式两类电解槽。单极式电解槽中同极性的电极与直流电源并联连接，电极两面的极性相同，即同时为阳极或同时为阴极。复极式电解槽两端的电极分别与直流电源的正负极相连，成为阳极或阴极。电流通过串联的电极流过电解槽时，中间各电极的一面为阳极，另一面为阴极，因此具有双极性。当电极总面积相同时，复极式电解槽的电流较小，电压较高，所需直流电源的投资比单极式者省。复极式一般采用压滤机结构形式，比较紧凑。但易漏电和短路，槽结构和操作管理比单极式复杂。单极式电解槽截面一般为长方形或方形，圆筒形占地大，空间利用率低，采用较少。

3. 电解槽结构

(1) 阳极。

阳极和阴极的作用不同，对材质要求也各异。在精炼铜用的电解槽中，阳极材料为可溶性的待精炼的粗铜。它在电解过程中溶入溶液，以补充在阴极上从溶液中析出的铜。在电解水溶液（如食盐水溶液）用的电解槽中，阳极为不溶性的，它们在电解过程基本不发生变化，但对在电极表面上所进行的阳极反应常具有催化作用。在化学工业中，大多采用不溶性阳极。

阳极材料除需满足一般电极材料的基本需求（如导电性、催化活性强度、加工、来源、价格）外，还需能在强阳极极化和较高温度的阳极液中不溶解、不钝化，具有很高的稳定性。长期以来，石墨是使用最广泛的阳极材料。但石墨多孔，机械强度差，且容易氧化成二氧化碳，在电解过程中不断地被腐蚀剥落，使电极间距逐渐增大，槽电压升高。用于电解食盐水溶液时，石墨电极上的析氯过电位也较高。

在熔融盐电解槽中，因电解温度比水溶液电解槽中高得多，对阳极材料要求更严，电解熔融氢氧化钠，一般可用钢铁、镍及其合金。电解熔融氯化物，只能用石墨。

(2) 阴极。

以金属或合金作为阴极时，由于在比较负的电位下工作，往往可以起到阴极保护作用，腐蚀性小，所以阴极材料比较容易选择。在水溶液电解槽中，阴极一般产生析氢反应，过电位较高。因此阴极材料的主要改进方向是降低析氢过电位。除用硫酸作为电解液时必须采用铅或石墨作阴极外，低碳钢是常用的阴极材料。为降低电耗，目前采用各种方法制备高比表面积，并具有催化活性的阴极，如多孔镍镀层阴极。

为了提高产品质量，也可采用特殊的阴极材料，如用水银法电解食盐水溶液制取烧碱的汞阴极中，利用汞析氢过电位高的特点，使钠离子放电，生成钠汞齐，然后在专用的设备中，用水分解钠汞齐制取高纯度、高浓度碱液。另外，为了节约电能也可采用耗氧阴极，使氧在阴极还原，以代替析氢反应，按理论计算可降低槽电压 1.23V。

(3) 隔膜。

为防止阴、阳两极产物混合，避免可能发生的有害反应，在电解槽中，基本上都用隔膜将阴、阳极室隔开。隔膜需有一定的孔隙率，能使离子通过，而不使分子或气泡通过，当有电流流过时，隔膜的欧姆电压降要低。这些性能要求在使用过程中基本不变，并且要求在阴、阳极室电解液的作用下，有良好的化学稳定性和机械强度。电解水时，阴、阳极室的电解液相同，电解槽的隔膜只需将阴、阳极室隔开，以保证氢、氧纯度，并防止氢氧混合发生爆炸。更多见的比较复杂的情况是电解槽中阴、阳极室的电解液组成不同。这时隔膜还需要阻止阴、阳极室电解液中电解产物的相互扩散和作用，如氯碱生产中隔膜法电解槽中的隔膜，可以增大阴极室氢氧离子向阳极室扩散和迁移的阻力。

隔膜由惰性材料制作，如氯碱工业中长期使用的石棉隔膜。但石棉隔膜性能不稳定，当盐水中含有钙、镁杂质时，容易在隔膜中生成氢氧化物沉淀，降低透过率；在比较高的温度和在电解液作用下，还会发生膨胀、松脱。为此可以在石棉中加入树脂作为增强材料，或以树脂为主体做成微孔隔膜，在稳定性和机械强度方面都有很大改进。近年来氯碱生产开发的阳离子交换膜是新型的隔膜材料。它具有对离子透过的选择性，可使氯离子基本上不进入阴极室，从而可以制得氯化钠含量极低的碱液。

目前电解槽正朝大容量、低能耗方向发展。复极式电解槽适于大型生产，先后为电解水和氯碱工业所采用。

三、应急电源

（一）自备发电机组

1. 自备发电机的作用

自备发电机在系统电源消失时，可以作为应急电源，供给重要负荷，以保证人身和设备的安全。

自备发电机一般指的是以内燃机作为动力，驱动同步交流发电机发电。大多客户使用的自备发电机分为两类：一类是汽油发电机，以汽油为燃料，输出功率较小，以单相为主；另一类是柴油发电机，以柴油为燃料，输出功率大，可以单相输出，也可以三相输出，应用广泛。通过柴油机驱动发电机运转，将柴油的能量转化为电能。在柴油机汽缸内，经过空气滤清器过滤后的洁净空气与喷油嘴喷射出的高压雾化柴油充分混合，在活塞上行的挤压下，体积缩小，温度迅速升高，达到柴油的燃点。柴油被点燃，混合气体剧烈燃烧，体积迅速膨胀，推动活塞下行，称为"做功"。各汽缸按一定顺序依次做功，作用在活塞上的推力经过连杆变成了推动曲轴转动的力量，从而带动曲轴旋转。带动发电机的转子旋转，做切割磁力线的运动，从而产生感应电动势，通过接线端子引出，接在回路中，便产生了电流。

2. 柴油发电机结构

柴油发电机由柴油机、同步发电机、配套电气控制设备和各种辅助部件组成。

发电机通常由定子、转子、端盖及轴承等部件构成。定子由定子铁芯、线包绕组、机座以及固定这些部分的其他结构件组成。转子由转子铁芯（或磁极、磁轭）绕组、护环、中心环、滑环、风扇及转轴等部件组成。

柴油发电机的优点有：燃油经济、工作可靠耐久、使用范围广、有害物排放低、防火安全性好。柴油发电机组示意图如图1-36所示。

（二）交流不间断电源

1. 不间断电源 UPS

（1）不间断电源 UPS 的作用。

所谓不间断电源，就是当交流电网输入发生异常或中断时，它可以不间断地向负荷供电，并能够保证供电质量，使负载供电不受影响。这种供电装置称为不间断电源装置，或者称为不

图 1 - 36　柴油发电机组示意图

间断供电系统，简称 UPS（Uninterruptible Power System）。不间断供电系统依据其向负荷提供的是交流还是直流可分成两大类型，即直流不间断供电系统和交流不间断供电系统，但习惯上人们总是将交流不间断供电系统简称为 UPS。

（2）不间断电源的结构。

不间断电源的结构示意图如图 1 - 37 所示，由于可靠性要求的不同，不间断电源接线方式很多，但一般都包括以下组成部分。

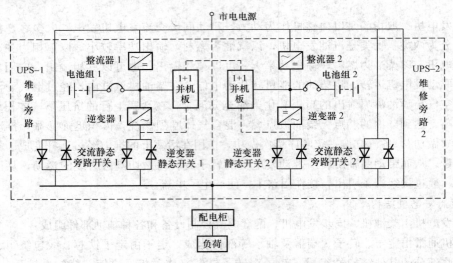

图 1 - 37　"1＋1" 型直接并机不间断电源的结构示意图

1）整流充电器。整流充电器可以把市电或油机的交流电能变为直流电能，为逆变器和蓄电池提供能量，其性能的优劣直接影响 UPS 的输入指标。

2）逆变器。逆变器用以把市电经整流后的直流电能或蓄电池的直流电能转换为电压和频率都比较稳定的交流电能，其性能的优劣直接影响 UPS 的输出性能指标。IGBT 逆变器工作频率高（20kHz），滤波器体积小、噪声低、可靠性高。

3）旁路开关。旁路开关是为提高 UPS 系统工作的可靠性而设置的，能承受负载的瞬时过负荷或短路电流。因 UPS 的逆变器采用电子器件，如 IGBT 管的过负荷能力仅为 125％，当

UPS供电系统出现过负荷或短路故障时，UPS将自动切换到旁路，以保护UPS的逆变器不会因过负荷而损坏。UPS供电系统转入旁路供电后，是由市电直接供给负荷的，因市电的系统容量大可提供足够的时间使过负荷或短路回路的断路器跳闸，待系统切除过负荷或短路回路后，旁路开关将自动转换回来，由UPS继续向其他负荷供电。

4）蓄电池。蓄电池用于为UPS提供一定后备时间的电能输出。在市电正常时，由充电器为其提供电能并转换为化学能；在市电中断时，再将化学能转换为电能，为逆变器提供能量。

（二）EPS电源

EPS电源又称EPS、EPS应急电源、消防应急电源，全称Emergency Power Supply（紧急电力供给），国家新标准为FEPS。它是当今重要建筑物中为了电力保障和消防安全而采用的一种应急电源。广泛应用于节能供电、大楼照明、道路交通照明、隧道照明、电力、工矿企业、消防电梯等。EPS外形如图1-38所示。

图1-38 EPS外形图

如图1-39所示，在市电正常时，由市电经过输出切换装置给重要负荷供电，同时充电器为蓄电池进行充电或浮充；当市电断电后或电压超出供电范围，控制器启动逆变器，同时输出切换装置将市电供电状态立即切换到逆变器供电，为负荷设备提供应急供电；当市电恢复时，应急电源将恢复为市电供电。

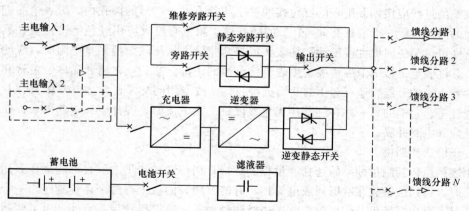

图1-39 FEPS电源工作原理

EPS 用来解决照明用电或只有一路市电缺少第二路电源，或代替发电机组构成第二电源，或作为需要第三电源的场合使用。

它主要由输入输出单元、充电模块、电池组、逆变器、监控器、输出切换装置等部分组成。

3. EPS 与 UPS 的区别

（1）应用领域不同。

在国内，EPS 电源主要用于消防行业用电设备，强调能够持续供电这一功能。而 UPS 电源一般用于精密仪器负荷（如电脑、服务器等 IT 行业设备），要求供电质量较高，强调逆变切换时间、输出电压、频率稳定性、输出波形的纯正性等要求。

（2）功能不同。

EPS 电源与 UPS 电源两者都具有市电旁路及逆变电路，在功能上的区别是：EPS 电源具有持续供电功能，一般对逆变切换时间要求不高，特殊场合的应用具有一定要求，有多路输出且对各路输出及单个蓄电池具有监控检测功能。日常着重旁路供电，市电停电时才转为逆变供电，电能利用率高。UPS 电源如在线式仅有一路总输出，一般强调其三大功能：稳压稳频；对切换时间要求极高的不间断供电；可净化市电。日常着重整流/逆变的双变换电路供电，逆变器故障或超负荷时才转为旁路供电，电能利用率不高（一般为 80%～90%）。

（3）结构不同。

EPS 电源逆变器冗余量大，进线柜和出线柜都在 EPS 内部，电动机负荷有变频起动。机壳和导线有阻燃措施，有多路互投功能，可与消防联动。UPS 电源的逆变器冗余相对来说较小，与消防无关，无须阻燃，无互投功能。EPS 电源负荷一般是感性和阻性的，能够带电动机、照明、风机、水泵等设备，为应急消防产品，是集中应急供电的专用应急消防照明电源。UPS 电源负荷属于容性负荷，主带设备一般是计算机，主要用于大型机房，确保不间断供电和稳压。

四、常用工具仪表

（一）万用表

万用表是一种具有多种用途和多个量程的携带式直读式仪表。一般的万用表可以用来测量电阻、直流电流、直流电压、交流电压，并可用来检验电路的通断情况，对半导体器件进行简单的测试，有的还可以测量电容、电感等。由于万用表具有用途广、量程多和使用方便等优点，得到广泛应用。

1. 万用表使用方法

（1）正确使用接线柱（或插孔）。

红表笔的进线应接到万用表的红色接线柱上或标有"＋"号的插孔内，黑表笔的进线应接到万用表的黑色接线柱上或标有"－"号的插孔内。测量直流时应用红色笔接正极、黑色笔接负极，这样可以避免因极性接反而烧坏表头或打弯指针。使用欧姆挡测量电阻时，应使用表内的电池，其红表笔是接电池的负极、黑表笔接电池的正极。这一点在测试晶体二极管和三极管时更要注意。有的万能表还有专用的欧姆挡接线柱，或专用的交、直流 2500V 的接线柱，或大电流接线柱等。它们的另一共有柱都用黑色接线柱。测电流时，表计应和电路串联；而测电压时，表计应和电路并联。

（2）正确选择挡位。

万用表挡位包括测量种类的选择和量程的选择，挡位选择错了，就有可能烧坏万用表，例如测电压时，将挡位错放在欧姆挡或电流挡。有的万用表面板上有两个挡位旋钮，一个选择测量种类，另一个选择量程，使用时，应先选择测量种类，后选择量程。另外，为了使测量结果准确，量程的选择应使读数在标度尺的一定刻度范围之内。例如，在测量电流和电压时，应使指针的偏转在满刻度偏转的 1/2 以上；测量电阻时，应使被测电阻尽量接近标度尺的中心等。

若用万用表欧姆挡测试晶体管参数时：不要用×R1挡，此时电流过大；或×R10k挡，此挡电压过高，易损坏晶体管。

万能表在使用完毕后，应把转换开关旋至"OFF"挡或交流电压的最高挡，这样，可以防止下次测量时，由于粗心而发生烧表事故。

（3）测量之前要调零。

为了测量准确，在测量之前要看万能表的指针是否指在零位上，如不指零，应调整表盖上的机械零位调节器，使之指零。在测量电阻之前，还要进行欧姆调零。欧姆调零是将转换开关旋至相应的电阻挡上，将两表笔短接，然后调节欧姆调零旋钮，使指针指向零欧姆。每次换欧姆挡都要重复这一步骤。欧姆调零时间要短，以减小电流的消耗。如果调不到欧姆零位，则说明电池电压已经太低，不能再用了，应更换新电池。

（4）正确读数。

万用表的标度盘上有多条标度尺，它们分别在测量不同对象时使用。例如，标有"DC"或"—"的标度尺是测量直流时用；标有"AC"或"～"的标度尺是测量交流时用；标有"Ω"的标度尺是测量电阻用；等等。读数时，表要放平，目光应与表面垂直。有的万用表在表面的刻度线下还有一条弧形镜子，读数时，表针应与镜中的影子重合，读数才准确。

（5）直流电压的测量。

将转换开关拨至直流电压的各挡范围内，若事先不知被测量的大致范围，应先选用最大的量程测量，测试后，再逐步换到适当的量程，尽可能使被测值达到量程的 1/2 或 2/3 范围内。

测量直流电压前，应弄清正负极，以免指针倒转伤表，如预先不知正负极，应置于较高量程挡，用测试棒碰一下被测电路，根据指针的动向确定正负极性。

（6）直流电流的测量。

将转换开关拨至直流电流各挡范围内，测量时应将测试棒串接在被测电路之中，红棒接正端，黑棒接负端。量程的选择方法与测直流电压时相同。

（7）交流电压的测量。

将转换开关拨至交流电压各挡范围内，测量方法与测直流电压相似，但不必分极性。测量250V 及以上的电压时，应注意安全，最好养成一只手操作的习惯，另一只手不要摸被测设备。有的表能测 1000V 以上的高压，测量高电压时应使用专测高压的测试棒，并使用绝缘手套、绝缘垫等安全保护工具，确保人身安全。

（8）电阻的测量。

将转换开关拨至电阻各挡范围内，并将两根测试棒短接，调整 Ω 旋钮，使指针指在电阻刻度的零位，然后进行测量。改变量程时，应重新调整零点。调不到零时应更换电池。

MF30 型万用表内的 1.5V 五号电池一节，是供 Ω×1～Ω×1K 四个量程使用的；另有一个15V 的层迭电池，是专供 Ω×10K 一挡使用的。

测量电路中的电阻时，应先切断电源，切勿带电测量电阻。选择倍率时，应尽量使指针位于刻度中间位置附近。表头上的读数乘以所用电阻挡的倍率，才是所测的电阻值。

2. 使用万用表注意事项

（1）测试时不要用手触及表笔的金属部分，以保证安全和测量的准确度。

（2）测试高电压或大电流时，不能在测试时旋动转换开关，避免转换开关的触点产生电弧而损坏开关。

（3）使用×Ω1挡时，调整零欧姆调整器的时间尽量要短，以延长电池寿命，因这时表内电池的电流很大，可达 100mA 左右。

（4）万用表测量完毕，应将转换开关拨到空挡或交流电压的最大量程挡，以防测电压时忘记拨转换开关，用电阻挡去测电压，将万用表烧坏。不用时不要把转换开关置于电阻各挡，以防测试棒短接时使电池放电。

3. 万用表的维护与保养

（1）保持清洁、干燥，不要放在高温和有强磁场的地方，以免永久磁钢退磁，降低测量精度。

（2）携带、使用时要轻拿轻放，避免振动，以免造成测量机构机械部分的损坏和退磁。

（3）转换开关易发生接触不良，印刷电路板制成的转换开关使用日久，易被磨下的金属屑短路，发现接触有问题时，可用脱脂棉蘸无水酒精清洗。

（二）绝缘电阻表

绝缘电阻表是测量线路和电气设备绝缘电阻，判别其绝缘状况好坏的一种携带式仪表，测量读取的数据以 MΩ 为单位。绝缘电阻表又俗称摇表、兆欧表。

1. 绝缘电阻表的使用

（1）绝缘电阻表的选择。

绝缘电阻表的额定电压，应根据被测电气设备的额定电压来选择。绝缘电阻表选择不当，如电压选得过低，则测得结果不准确；电压选得过高，有可能损坏设备的绝缘。此外，选择绝缘电阻表时，还应注意它的测量范围与被测的绝缘电阻数值相适应，以免引起过大的读数误差。绝缘电阻表电压的选择见表 1-9。

表 1-9　　　　　　　　　　　　绝缘电阻表电压的选择

被测绝缘电阻的设备	被测设备的额定电压（V）	选用绝缘电阻表的电压（V）
各种线圈	500V 及以下	500
	500V 以上	1000
电动机、变压器绕组	380V 及以下	1000
	500V 以上	1000～2500
电气设备绝缘	500V 及以下	500～1000
	500V 以上	2500
绝缘子、母线、开关		2500～5000

（2）使用前的检查。

在摇测绝缘电阻前，对绝缘电阻表先做一次开路和短路检查试验。先将 E 和 L 端钮两根连线开路。摇动手柄达到发电机的额定转速（120r/min），观察指针是否指到"∞"处，再将两根连线短路，慢慢加速绝缘电阻表，观察指针是否指"0"处，如两次试验指针指示不对，则说明绝缘电阻表本体内有故障需调修后再使用。

（3）接线方法。

绝缘电阻表有三个接线柱：线路（L）、接地（E）、屏蔽（或称保护环）（G）。根据不同的测量对象，应做相应的接线。

测量设备对地绝缘电阻时，E 端接于地线上，L 端接被测的线路上。

测量电动机或电气设备外壳绝缘电阻时，E 端接在被测设备的外壳上，L 端接在被测导线或绕组的一端。如果泄漏电流过大，则应将 G 端接于导线与外壳之间的绝缘介质上，以消除漏电流。

测量电动机、变压器及其他设备的绕组相间绝缘电阻时，将 E 端与 L 端分别接于被测两相的导线或绕组上。

测量电缆芯线时，将 E 端接在电缆的外表皮（铅套）上，L 端接芯线，G 端接在芯线最外层的绝缘包扎层上，以消除表面泄漏电流而引起的读数误差。测量绝缘电阻接线方法如图 1-40 所示。

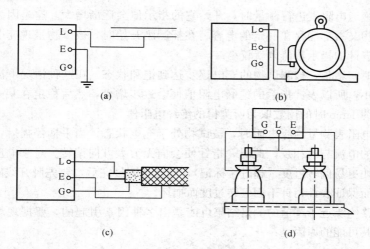

图 1-40　测量绝缘电阻接线

（a）测量线路对地绝缘电阻；（b）测量电动机绝缘电阻；
（c）测量电缆的绝缘电阻；（d）测量变压器的绝缘电阻

2. 测量绝缘电阻时的注意事项

（1）应根据被测量对象选用不同电压的绝缘电阻表。

（2）测量时绝缘电阻表要放置平稳，与表计端钮相连接的导线不能用双股绝缘线或绞线，应当用单股线分开单独连接，以免双股线或绞线绝缘不良引起误差。

（3）摇柄的转速应由慢到快，至 120r/min 左右时发电机输出额定电压。此时摇转速度应均匀稳定，不要时快时慢。待指针稳定后，表针的指示就是所测得的绝缘电阻值。

（4）测量前应对绝缘电阻表进行必要的检查。先使表计端钮处于开路状态，转动摇柄观察指针是否在 ∞ 位，再将 E 端和 L 端连接起来，慢慢转动摇柄，观察指针是否在 0 位。

（5）为保证安全，测量之前应断开设备电源。对容性负载要进行放电，测量完后，也应当进行放电。放电时间一般不应少于 2～3min。对于高电压，大电容的电缆线路，放电时间还应适当延长。

（6）测量过程中，如果指针指向 0 位，表明被测物绝缘已经失效，应停止转动摇柄，以免损坏绝缘电阻表。

（7）测量要尽可能在被测设备刚停电时进行，目的是为了使测量时的温度尽可能接近于实际运行温度。

3. 绝缘电阻表使用中的常见问题

（1）使用绝缘电阻表测量高压设备绝缘，应由两人担任。测量用导线，应选用绝缘导线，其端部还应有绝缘套；测量绝缘时，必须将被测设备从各方面断开，验明无电并确认设备上无人工作后方可进行。测量中禁止其他任何人接近设备。

　　在测量绝缘后，必须将被试设备对地放电。在有感应电压的线路上（同杆架设的双回线路或单回线路与另一线路有平行段）测量绝缘时，必须将另一线路同时停电方可进行；雷电时严禁测量线路绝缘。

　　在带电设备附近测量绝缘电阻时，测量人员和绝缘电阻表安放位置必须选择适当，保持安全距离，以免绝缘电阻表引线或引线支持物触碰带电部分；移动引线时，必须注意监护，防止工作人员触电。

　　（2）当使用绝缘电阻表进行测量时，开始它的指示值会逐渐增大。这是因为表计内为直流电源，而被测试物又大都均存在一定的电容。在摇测刚开始时，被试物呈现充电状态。此时充电电流较大，故表计的指示数值也就较小。

　　随着摇测的时间增长，被测试物的充电逐步达到饱和状态。在这种情况下流过表计内的充电电流便不断减小，所以表针指示的绝缘电阻值便会逐步增大，然后稳定在某一数值。一般规定，以摇测时间约 1min 时的读数取为所测得的绝缘电阻值。

　　（3）用绝缘电阻表测量绝缘电阻时，被试物处于充电状态。当手柄停摇后，被试物即行放电，使通过表计的电流与前相反。此时，指针便会向无穷大方向偏转。对于电压越高、容量越大的设备，指针便更易偏转过度（超过∞标记）。因此在测量完后，要先脱开线路端线头，再停止手柄转动，从而保证表计指针不因偏转过度而损坏。

　　（4）摇测线路绝缘近于零值的测量结果可能是由多种因素引起的，要据现场实际情况做具体分析、判断。其可能的原因是：

　　1）线路接地。

　　2）供电线路在雷雨天气里，由于绝缘子潮湿而导致漏电严重。

　　3）供电线路过长，绝缘子很多，因多个绝缘子污秽而引起泄漏电流值很大。

　　4）供电线路相当长，线路对地电容大，测量时充电电流便较大，易使测得读数近于零。

　　5）绝缘电阻表使用方法不当，如采用较长的绞合线作为与测量端子相接的引线等，使测得的绝缘值下降很多或近于零。

　　（三）接地电阻仪

　　1. 接地电阻的概念

　　为了保证电气设备的正常工作和安全，按照规定，电气设备的某些部分必须接地。例如变压器的中性点接地，仪用互感器的二次侧接地，避雷装置的接地等。实现接地的方法，是用接地线将电气设备需要接地的部分和埋在土壤中的接地体连接起来。接地线和接地体都用金属导体制成，统称为接地装置。因此，接地装置的接地电阻包括接地线电阻、接地体电阻、接地体和土壤的接触电阻以及接地散流电流途径的土壤电阻等。在这些电阻中，接地线和接地体的电阻很小，常可略去不计。

　　当接地体上有电压时，就有电流流入地中。接地电流 I 是从接地体向四周散射的，见图 1-41，因此，离开接地体越远，电流通过的截面就越大，电流密度就越小，到达一定的距离时，电流密度实际上可以认为等于零。由于

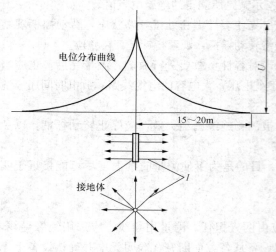

图 1-41　接地电流和电位分布

地中电流通过的截面的变化，在电流途经单位长度上的电阻是不同的，在接地体附近电阻最大，离接地体越远则电阻越小。因此，电流途经单位长度上的电压降也是不同的，离接地体越远，单位长度上的电压降也越小。在距离接地体 15～20m 处，电压降已极小，实际上可认为电位为零，如图 1-42 所示。

接地电阻主要是土壤对所通过的电流的散流电阻，也就是从接地体到零电位之间的土壤电阻，即接地电阻

$$R = \frac{U}{I} \tag{1-13}$$

式中 U——接地体和零电位点之间的电压；

I——接地电流。在进行接地电阻的实际测量时，考虑到距离接地体 15～20m 处的电位为零，所以，只要测量从接地体起到 20m 远范围内的土壤电阻即可。

2. 用补偿法测接地电阻原理

图 1-42 的上方为用补偿法测接地电阻的原理电路。电位辅助电极 P′ 和电流辅助电极 C′ 分设在距离接地体 E′ 不小于 20m 和 40m 处。交流电源 U 经电流互感器 TA 的一次绕组接到接地体 E′ 和电流辅助极 C′ 上，并经地构成闭合回路。接地电流在地中散流的结果，形成了如图 1-42 所示的电位分布。电位辅助电极 P′ 的电位为零，因此 E′ 和 P′ 之间的电压为 IR_x。

电流互感器的二次侧经电位器 W 构成闭合回路，其电流为 KI（K 为电流互感器 TA 的变比）。电位器的滑动触点经检流计 G 和电位辅助极 P′ 相连。调节电位器使检流计指零，则 $IR_x = KIR_s$。

$$R_x = KR_s \tag{1-14}$$

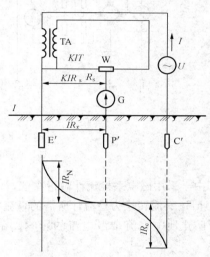

图 1-42 用补偿法测接地电阻原理
电路和电位分布图
E′—接地体；P′—电位辅助电极；
C′—电流辅助电极

可见被测的接地电阻值，可通过变比 K 和电位器的电阻 R_s 来确定，而和辅助电极 C′ 的接地电阻 R_c 无关。

需要指出，第二个辅助电极 C′ 用来构成接地电流的通路是完全必要的。如果只有一个辅助电极，则测量结果将不可避免地将辅助电极的接地电阻包括在内，这显然是不正确的。还要指出，接地电阻的测量一般都采用交流进行。这是因为，土壤的导电主要依靠地下电解质的作用，如果采用直流就会引起化学极化作用，以致严重地歪曲测量的结果。

3. 常用接地电阻测量仪

(1) ZC-B 型接地电阻测量仪。

ZC-B 型接地电阻测量仪是按补偿法的原理制作的，内附手摇交流发电机作为电源，其原理电路和外形如图 1-43 所示。由于它的外形和摇表（绝缘电阻表）相似，所以又称为接地摇表。这种测量仪的端钮有三个和四个两种。有四个端钮时，应将"P2"和"C2"短接后再接至被测的接地体。三端钮式测量仪的"P2"和"C2"已在内部短接，故只引出一个端钮"E"，测量时直接将"E"接至被测接地体即可。端钮"P1"和"C1"分别接上电位辅助探针和电流辅助探针，探针应按规定的距离插入地中，以构成电位和电流辅助电极。为了扩大仪表的量限，电路中接有三组不同的分流电阻 $R_1 \sim R_3$ 以及 $R_5 \sim R_8$，用以实现对电流互感器的二次侧电流以及检

流计支路的分流。分流电阻的切换利用联动的转换开关 S 同时进行。对应于转换开关的三个挡位，可以得到 $0\sim1\Omega$、$0\sim10\Omega$ 和 $0\sim100\Omega$ 三个量限；当转换开关置于"1"挡时，相当于 $I_2=I_1$（即 $K=1$）；置于"2"挡时，$I_2=\dfrac{I_1}{10}$（即 $K=\dfrac{1}{10}$）；置于"3"挡时，$I_2=\dfrac{I_1}{100}$（即 $K=\dfrac{1}{100}$）。

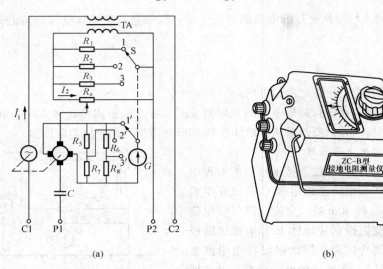

(a)　　　　　　　　　　　　　　(b)

图 1-43　ZC-B 型接地电阻测量仪

(a) 原理电路图；(b) 外形（三端钮式）

由于采用磁电系检流计做指零仪，仪表备有机械整流器或相敏整流器，以便将交流发电机的 115Hz 交流转换为检流计所需的直流电流，并可消除地中工频杂散电流对测量的影响。此外，为了防止地中直流杂散电流的影响，在电位探针 P1 的回路中还串联了一个电容 C，以隔断直流。

ZC-B 型接地电阻测量仪的准确度：在额定值的 30% 以下时，为额定值的 $\pm1.5\%$；在额定值的 30% 至额定值时，为额定值的 $\pm5\%$。

（2）数字接地电阻测试仪。

数字接地电阻测试仪摒弃了传统的人工手摇发电工作方式，采用先进的中大规模集成电路，应用 DC/AC 变换技术将三端钮、四端钮测量方式合并为一种机型的新型接地电阻测量仪，其外形如图 1-44 所示。

工作原理为由机内 DC/AC 变换器将直流变为交流的低频恒流，经过辅助接地极 C 和被测物 E 组成回路，被测物上产生交流压降，经辅助接地极 P 送入交流放大器放大，再经过检波送入表头显示。借助倍率开关，可得到三个不同的量限：$0\sim2\Omega$，$0\sim20\Omega$，$0\sim200\Omega$。

4. 接地电阻测量仪的使用

（1）接地电阻测量（见图 1-45）。

沿被测接地极 E（C2、P2）和电位探针 P1 及电流探针 C1，依直线彼此相距 20m，使电位探针处于 E、C 中间位置，按要求将探针插入大地。

用专用导线将接地电阻测量仪端子 E（C2、P2）、P1、C1 与探针所在位置对应连接。

开启接地电阻测量仪电源开关"ON"，选择合适挡位轻按一下键该挡指标灯亮，表头 LCD 显示的数值即为被测得的地电阻。

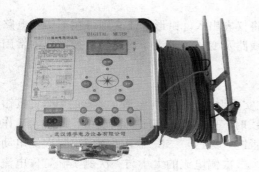

图 1-44 数字接地电阻测试仪

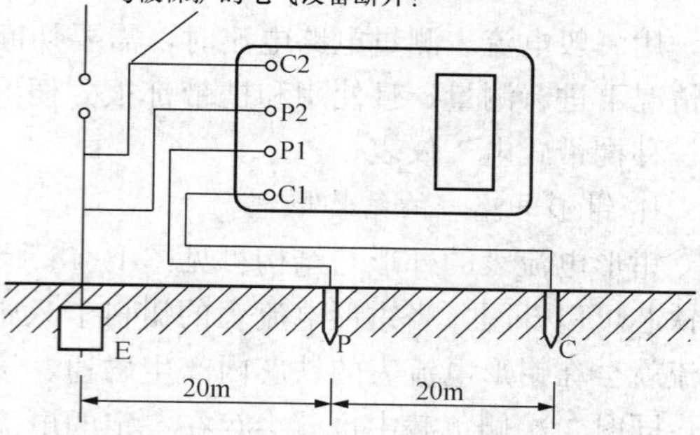

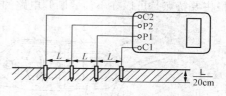

图 1-45 接地电阻测量

（2）土壤电阻率测量。

如图 1-46 所示，测量时在被测的土壤中沿直线插入四根探针，并使各探针间距相等，各间距的距离为 L，要求探针入地深度为 $L/20$cm，用导线分别从 C1、P1、P2、C2 各端子与四根探针相连接。若地阻仪测出电阻值为 R，则土壤电阻率计算式为

图 1-46 土壤电阻率测量

$$\Phi = 2\pi RL \tag{1-15}$$

式中 Φ——土壤电阻率，$\Omega \cdot$ cm；

L——探针与探针之间的距离，cm；

R——地阻仪的读数，Ω。

用此法测得的土壤电阻率可近似认为是被埋入探针之间区域内的平均土壤电阻率。

测地电阻、土壤电阻率所用的探针一般用直径为 25mm、长 0.5~1m 的铝合金管或圆钢。

（3）地电压测量。

其测量接线如图 1-45 所示，拔掉 C1 插头，E、P1 间的插头保留，启动地电压（EV）挡，指示灯亮，读取表头数值即为 E、P1 间的交流地电压值。

5. 注意事项

（1）存放保管时，应注意环境温度湿度，应放在干燥通风的地方为宜，避免受潮，应防止酸碱及腐蚀气体。

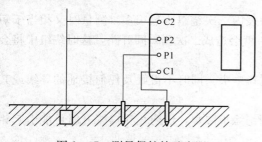

图 1-47 测量保护接地电阻

（2）测量保护接地电阻时，一定要断开电气设备与电源连接点。在测量小于 1Ω 的接地电阻时，应分别用专用导线连在接地体上，C2 在外侧，P2 在内侧，如图 1-47 所示。

（3）测量大型接地网接地电阻时，不能按一般接线方法测量，可参照电流表、电压表测量法中的规定选定埋插点。

（4）测量地电阻时最好反复在不同的方向测量 3~4 次，取其平均值。

（5）当表头左上角显示"←"时表示电池电压不足，应更换新电池。仪表长期不用时，应将电池全部取出，以免锈蚀仪表。

（四）钳形电流表

用一般电流表测量电路电流时，需要切断电路将仪表串入。钳形电流表则可在不切断电路的情况下进行测量，且使用和携带都很方便。它是线路及变压器等设备检修、运行监视中常用的一种携带式电工仪表。

1. 钳形电流表的结构原理

钳形电流表的外形与结构可见图1-48所示。它实质上是电流表与电流互感器的组合，其钳形铁芯可以开闭，当钳形电流表的钳口卡入带电导线时，就相当于有了一次绕组。此时，工作电流就会在钳形电流表的铁芯内产生磁通，该磁通匝链（穿透）二次绕组便感应出二次侧电动势，同时二次侧负载中也就会存在一定的电流。这个二次侧电流的大小与一次侧实际工作电流成正比例，这样表头指示的数值便可间接地反映出一次工作电流的大小。所以，钳形电流表的最主要特点是可以在不需要断开电路的情况下测出交流电流的大小。

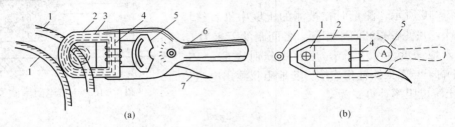

图1-48　钳形表的外形与结构

（a）外形及使用图；（b）结构原理图

1—电线；2—铁芯；3—磁通；4—二次线圈；5—电流表；6—量程旋钮；7—开钳口手柄

2. 使用时的注意事项

（1）用钳形表测量交流电流时，应事先将表计柄擦干净。电工手部要干燥或戴绝缘手套。钳口接合要保持良好。

（2）低压钳形电流表只应该用来测量低电压交流电流，而不能用于高压带电测量。

（3）测量时要选择合适的量程挡，以防止误用小量程挡测量大电流而损坏表计。具体可估计被测电流大小，将量程转换开关置于合适挡，或先置于最高挡，根据读数大小逐次向低挡切换。并尽可能使指针在全刻度的一半左右，以得到较准确的读数（测量前要先把电流零位调好）。

（4）测量过程中决不能切换电流量程挡。因为表内二次绕组匝数很多，测量时又相当于短路状态（忽略表头内阻），一旦在测量中切换量程，就会造成二次侧瞬间开路，这时绕组中将会感应出高电压，导致绕组绝缘击穿。

（5）测量时应逐相进行，要尽量将导体置于钳口中央，同时不得触及任何接地的导线或其他带电导体，以防引起接地或短路。

（6）测量低压母线电流时，应先将邻近各相用绝缘板隔离，以防止钳口张开时可能引起相间短路。

（7）有些型号的钳形电流表还附有交流电压测量挡，测量电流与电压时应分别进行，切不能同时进行测量。

（8）在读取表计读数时要注意安全，切勿触及其他带电部分。测量后最好把转换开关放在最大电流量程位置，以免下次使用时未经选择量程而造成仪表损坏。

3. 测量结果的一般规律

（1）钳形电流表钳口夹入任何一相导线时，表计将指示该相电流的大小。

（2）夹入三相平衡负载的三根导线（相线）时，钳形电流表指示为零（因三相电流的相量和等于零）。

（3）夹入其中任意两根相线时，钳形电流表指示的电流值与未夹入一相中电流的绝对值相等（如 $\dot{I}_U + \dot{I}_V = -\dot{I}_W$），即它指示为未夹入一相的电流。

（4）三相平衡负载，钳口夹入一相正向导线和另一相反向导线时，钳形电流表指示值将为一相电流的 1.732 倍。

此外，使用中有时夹入钳口后即发出振动声或杂声，这时可适当活动连接钳口的手把或将钳口重新开合 1～2 次。若声响未消除，可检查钳口接合面是否有污垢，如有则用汽油擦净；测量小电流时，若电流值小于 5A 或在表计电流最小量程的 1/2 以下，为了得到较准确的读数，在条件许可时，可将被测导线多绕几圈再放进钳口进行测量，但实际电流数值应为读数除以放进钳口内的导线根数（圈数）。

由于钳形电流表测量时不串入线路，故其准确度不高，误差较大，实际工作中可作为一般性监测用。

（五）数字双钳相位伏安表

数字双钳相位伏安表是一种具有多种电量测量功能的便携式仪表。如图 1-49 所示，除了能够直接测量交流电压值、交流电流值外，该表最大特点是可以测量两路电压之间、两路电流之间及电压与电流之间的相位，并具有其他测量判断功能。

1. 使用方法

（1）测量交流电压。

将旋转开关拨至参数 U_1 对应的 500V 量限，将被测电压从 U_1 插孔输入即可进行测量。若测量值小于200V，可直接旋转开关至 U_1 对应的 200V 量限测量，以提高测量准确性。

两通道具有完全相同的电压测试特性，故亦可将开关拨至参数 U_2 对应的量限，将被测电压从 U_2 插孔输入进行测量。

图 1-49　数字双钳相位伏安表

（2）测量交流电流。

将旋转开关拨至参数 I_1 对应的 10A 量限，将标号为 1 号的钳形电流互感器二次侧引出线插头插入 I_1 插孔，钳口卡在被测线路上即可进行测量。同样，若测量值小于 2A，可选用 2A 量限测量，提高测量准确性。

测量电流时，亦可将旋转开关拨至参数 I_2 对应的量限，将标号为 2 号的测量钳接入 I_2 插孔，其钳口卡在被测线路上进行测量。

（3）测量两电压之间的相位角。

测 U_2 滞后 U_1 的相位角时，将开关拨至参数 U_1、U_2 对应的位置。测量过程中可随时顺时针旋转开关至参数 U_1 各量限，测量 U_1 输入电压，或逆时针旋转开关至参数 U_2 各量限，测量 U_2 输入电压。

> **注 意**
>
> 　　测相位时电压输入插孔旁边符号 U_1、U_2 及钳形电流互感器红色"＊"符号为相位同名端。

（4）测量两电流之间的相位角。

测 I_2 滞后 I_1 的相位角时，将开关拨至参数 I_1、I_2。

（5）测量电压与电流之间的相位角。

将电压从 U_1 输入，用 2 号测量钳将电流从 I_2 输入，开关旋转至参数 U_1、I_2 位置，测量电流滞后电压的角度。

也可将电压从 U_2 输入，用 1 号测量钳将电流从 I_1 输入，开关旋转至参数 I_1、U_2 位置，测量电压滞后电流的角度。

（6）三相三线配电系统相序判别。

旋转开关至 U_1、U_2 位置，将三相三线系统的 A 相接入 U_1 插孔，B 相同时接入与 U_1 对应的土插孔及与 U_2 对应的土插孔，C 相接入 U_2 插孔。若此时测得相位值为 300°左右，则被测系统为正相序；若测得相位为 60°左右，则被测系统为负相序。

换一种测量方式，将 A 相接入 U_1 插孔，B 相同时接入与 U_1 对应的土插孔及 U_2 插孔，C 相接入与 U_2 对应的土插孔。这时若测得的相位值为 120°，则为正相序；若测得的相位值为 240°，则为负相序。

（7）三相四线系统相序判别。

旋转开关置 U_1、U_2 位置，将 A 相接 U_1 插孔，B 相接 U_2 插孔，零线同时接入两输入回路的土插孔。若相位显示为 120°左右，则为正相序；若相位显示为 240°左右，则为负相序。

（8）感性、容性负载判别。

旋转开关置 U_1、I_2 位置，将负载电压接入 U_1 输入端，负载电流经测量钳接入 I_2 插孔。若相位显示在 0°～90°范围，则被测负载为感性；若相位显示在 270°～360°范围，则被测负载为容性。

2. 使用相位伏安表应注意的问题

（1）不得在输入被测电压时在表壳上拔插电压、电流测试线。

图 1-50 变压器容量测试仪

（2）不得在测量电流的情况下切换量程开关。

（六）变压器容量测试仪

变压器容量测试仪（见图 1-50）是专门用于在低电压、小电流情况下测试标准配电电力变压器容量的仪器。主要用于配电变压器的容量检测，在不外接电压、电流互感器的情况下，单机可直接完成 1000kVA 以下的配电变压器在全电压、全电流条件下容量试验。

1. 有源变压器容量、负载损耗测量

（1）基本概念。

有源变压器容量试验：通过一些必要的数据来确定某个变压器的实际容量值，从而检查出被试变压器铭牌容量是否真实。

（2）测试方法。

容量测试仪配有三把测试钳（黄、绿、红），每只钳子分别引出两根测试线，一根粗线、一根细线，粗线接到仪器面板上容量测试端子对应颜色的电流端子（I_a、I_b、I_c），细线接到仪器面板上容量测试端子对应颜色的电压端子（U_a、U_b、U_c），将钳头按颜色分别夹在被试变压器的高压侧各相接线柱上，变压器的低压侧要用专用短接线良好短接，如图 1-51 所示。

有源负载试验的接线方法与容量测试完全相同，操作也同样简单。

2. 无源变压器损耗测量部分

（1）基本概念。

空载试验：从变压器的某一绕组（一般从低压侧）施加正弦波（额定频率的额定电压），其余绕

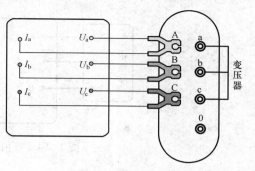

图 1-51　有源变压器容量、负载损耗测量图

组开路，测量空载电流和空载损耗。如果试验条件有限，电源电压达不到额定电压，可在非额定电压条件下试验。这种试验方法误差较大，一般只用于检查变压器有无故障，只有试验电压达到额定电压的 80% 以上才可用来测试空载损耗。

短路试验：将变压器低压大电流侧人工短路连接，从电压高的一侧绕组的额定分接头处通入额定频率的试验电压，使绕组中电流达到额定值，然后测量输入功率和施加的电压（即短路损耗和短路电压）以及电流值。

（2）测试方法。

根据不同的测试项目以下分别进行介绍。

1）单相电源分相对三相变压器空载损耗的测量：当现场试验条件无法满足用三相电源来做空载试验时，可用单相电源（交流 220V）来进行三相变压器的空载试验。分别对变压器的每相加压试验，将试验结果折算到三相电源试验的情况。

2）三相电源测量变压器的空载损耗：将变压器的非测试端开路，试验接线如图 1-52 所示。

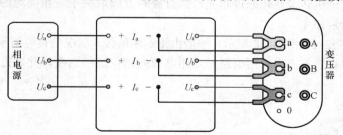

图 1-52　三相电源测量变压器空载损耗

3）测量单相变压器短路损耗，试验接线如图 1-53 所示。

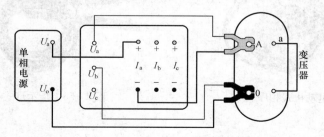

图 1-53　单相变压器短路损耗测量

4）三相三线电源测量变压器短路损耗：从变压器高压侧施加三相测试电源，低压侧用专用短接线良好短接，试验接线如图 1-54 所示。

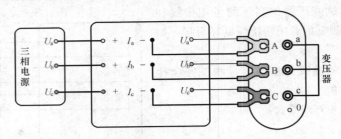

图 1-54　三相电源测量变压器短路损耗

注 意

　　这里采用方法相当于以往的两功率表法，电压测量 U_{AB}、U_{CA} 和 U_{CB} 三相相间电压值，结果为三相的平均值；功率损耗只测量 P_{AB} 和 P_{CB} 两功率即可，总损耗为两功率表示出的功率之和。

（七）相序表

相序表是用来判别三相交流电源电压相序的一种电工工具仪表。

1. 基本工作原理和结构

相序测量的方法有阻容式相序指示器测量法、电阻电感式相序指示器测量法、相序表测量法。相序表主要分为电动机式和指示灯式。电动机式（如图 1-55 所示）有一个可旋转铝盘，其工作原理与异步电动机转子旋转原理相同，铝盘旋转方向取决于三相电源的相序，因此可通过铝盘转动方向来指示相序。

指示灯式相序表（如图 1-56 所示）一般由指示来电接入状况的接电指示灯，以及显示来电相序的相序指示灯，通过表内专用电路对三相电源间相位进行判断，并通过相序指示灯来指示相序。

图 1-55　电动机式相序表

图 1-56　指示灯式相序表

2. 使用方法

（1）测试前，检查测试线绝缘是否良好。

（2）将三色测试线夹按顺序夹住三相电源的三个线头。

（3）用电动机式相序表时，按接电按钮，当相序表铝盘顺时针转动时，为正相序，反之为逆相序。用指示灯式相序表时，当接电指示灯全亮，此时点亮的相序指示灯即为相序的测试结果。

（4）测试完毕，拆除测试线。

3. 注意事项

（1）当任一测试线已经与三相电路接通时，应避免用手触及其他测试线的金属端，防止发生触电。

（2）测量时，L_1、L_2、L_3 三支表笔顺序不能错，否则会影响测试结果。

（3）应在允许电压范围内进行测量，否则可能损坏相序表或使测试结果不准确。

（4）对于有接电按钮的相序表，不宜长时间按住按钮不放，以防烧坏触点。

（5）如果接线良好，相序表铝盘不转动或接电指示灯未全亮，表示其中一相断相。

（八）漏电测试仪

漏电测试仪用于低压及低电流检测电器安全的测试仪，适用于需要检测电器绝缘及电源线是否接地良好，也可以使用在确认需要维修的有问题存在的电器上。它可检测设备接地线与电器接地外壳之间的接地电阻。

使用时，把被测电器的电源插头插入仪器，然后用带有保护配线的探针接触电器的外壳，按动测试钮，根据指示灯显示来判断电器电源线是否良好，接地外壳是否漏电或绝缘不良，从而达到及时发现触电或跳闸的隐患。图1-57所示是电饭煲和计算机的漏电测试演示图，同样也可测量洗衣机、电熨斗、洗碗机、烤炉、微波炉、电热水器等其他电气设备。

图 1-57 用漏电测试仪测电饭煲和计算机漏电测试图

随着测量技术和电子技术的发展，近年来涌现出了许多新型的仪器仪表，如用电检查仪、谐波测试仪、红外测温仪等。鉴于不同厂家的设备原理及使用方法有所不同，在此不再一一赘述。

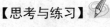【思考与练习】

1. 行使不安抗辩权有哪些基本条件？

2. 防止人身触电的技术措施有哪些？

3. 带电灭火要注意哪些问题？

4. 我国电能质量的标准有哪些？

5. 断路器的主要技术参数有哪些？

6. 简述真空断路器的结构。
7. 简述 UPS、EPS 的区别。
8. 使用万用表时应注意哪些问题？
9. 绝缘电阻表时应注意哪些问题？

第二章

基 本 业 务

第一节 业扩与变更用电

新装增容与变更用电合称业务扩充，也叫"业扩报装"，简称"业扩"，是从受理客户用电申请到向客户正式供电为止的全过程。

业扩报装坚持"一口对外、便捷高效、三不指定、办事公开"的原则，树立"优质、方便、规范、真诚"的服务理念，遵守职业道德规范，执行相关规定。通过集约化、精细化管理，实现业扩报装工作程序标准化、业务流程规范化，简化用电手续，缩短业扩报装周期，提高服务质量和服务效率。

新装增容与变更用电的整体结构图如图 2-1 所示。

以高压新装为例，高压新装流程图如图 2-2 所示。

一、现场查勘

（一）现场查勘前的准备

现场查勘人员接受工作任务后，首先应核查客户资料的完整性，预先审查、了解待勘查地点的现场供电条件、配电网结构等。客户资料一般应包括以下内容。

（1）申请报告，主要内容包括：申请报装单位名称、申请报装项目名称、用电地点、项目性质、申请容量、要求供电的时间、联系人和电话等。

（2）产权证明及其复印件。

（3）对高耗能等特殊行业客户，须提供环境评估报告、生产许可证等。

（4）有效的营业执照复印件或组织机构代码证。

（5）有效的税务证登记证复印件。

（6）经办人的身份证及复印件，法定代表人出具的授权委托书。

（7）政府职能部门有关本项目立项的批复文件。

（8）建筑总平面图、用电设备明细表、变配电设施设计资料、近期及远期用电容量。

（9）需开具增值税发票的客户还应提供一般纳税人资格证书复印件。

现场作业人员应根据对客户资料初步审查的结果，根据相关规定，采用内部联系的方式，通知会同现场勘查的部门及人员，并告知其需要配合工作内容及事项。现场作业人员与客户沟通确认现场勘查时间，并根据事先的安排，协调、组织相关人员在约定的勘查时间至客户现场

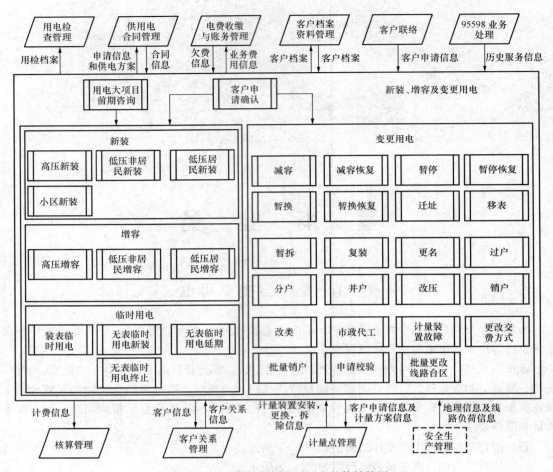

图 2-1　新装增容与变更用电整体结构图

开展勘查工作。

(二) 现场查勘

1. 客户基本情况调查

通过调查、核对，了解客户名称、用电地址、法定代表人、电气负责人、联系电话等是否与客户提供的申请资料对应。

通过调查、核对，对照相关法律、法规，确认客户申请用电项目的合法性，内容包括：核对用电地址的国有资源使用、法人资格有效性及项目的审批及用电设备使用是否符合国家相关法律、法规的规定，等等。

通过询问，了解该项目的投资情况，资金来源、发展前景及计划完工时间。

通过询问并结合客户提供的《用电设备明细表》，调查、核对客户有无冲击负荷、非对称负荷及谐波源设备；了解客户用电设备对电能质量及供电可靠性的要求；了解客户是否有多种性质的负荷存在。

通过询问，了解客户生产工艺、用电负荷特性、特殊设备对供电的要求等。

通过询问，了解客户有无热泵、蓄能锅炉、冰蓄冷技术等设备的应用计划。

通过询问，了解资金运作及信用情况，拟订客户电费支付保证措施实施的方式及可行性。

对高危及重要客户，应调查、了解高危及重要客户的重要负荷组成情况。

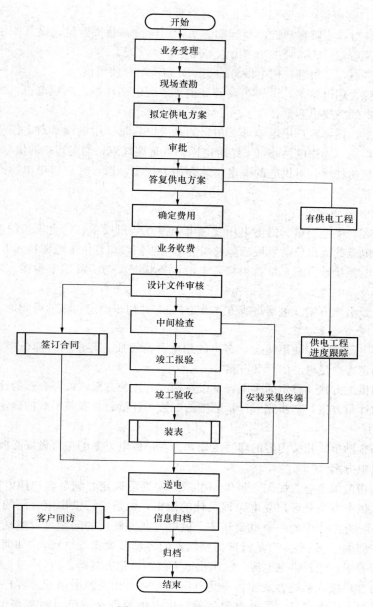

图 2-2 高压新装流程图

2. 客户受电点情况调查

现场了解、核查客户用电地址待建（已建）建（构）筑物对系统网架及电网规划等是否造成影响。

现场核查、确认客户的用电负荷中心；通过查看建筑总平面图、变配电设施设计资料等方式，初步确定变（配）电站的位置。

通过询问及查看变配电设施设计资料，了解变（配）电站或主设备附近有无影响设备运行或安全生产的设施（物品）。

确认初步确定的变（配）电站与周边建筑的距离是否符合规定要求。

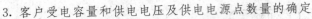

3. 客户受电容量和供电电压及供电电源点数量的确定

通过调查、核对，了解客户近期及远期的实际用电设备装机容量、设备使用的同时率、单机设备最大容量及启动方式、自然功率因素等用电设备状况。

通过调查、核对，了解客户用电设备的实际分布及综合使用情况。

根据客户的综合用电状况，了解主设备（主要指配电变压器、高压电机）的数量、分布状况，初步确定客户的总受电容量。

对照相关标准，根据客户用电地址、初定的总受电容量、用电设备对电能质量的要求、用电设备对电网的影响、周边电网布局，结合电网的近远期规划，初定客户的供电电压。

根据客户的负荷特性，对供电的要求，结合相关规定，拟订客户供电电源点的数量及电源点之间的关联关系。

4. 电源接入方案的确定

根据初定的客户受电容量、供电电压及供电电源点数量要求，结合周边的电网布局、电网的供电能力，供电点的周边负荷发展趋势及局部电网规划，拟订供电电源接入方案。

根据拟订的电源接入方案，结合被接入电源设备状况，初步确定电源接入点的位置（接电间隔、接户杆）及接电方案。

初步确定电源引入方案（包括进线方式及走向），并初步确定实施的可能性。

5. 计费、计量方案的确定

根据客户用电设备实际使用情况，客户的用电负荷性质、客户的行业分类，对照国家的电价政策，初步确定客户受电点的计费方案。

根据初定的供电方式、核定的供电容量以及初定的计费方案，拟订合理的计量方案。

根据拟定的计量方案，初步完成计量装置的配置和计量装置安装形式的确定工作。

6. 信息归档

完成《现场查勘单》相关内容的填写工作，为客户供电方案的拟订做好必要的准备工作。

二、制定供电方案

供电方案是指由供电企业提出，经供用电双方协商后确定，满足客户用电需求的电力供应具体实施计划。供电方案是客户受电工程设计的依据，也是签订供用电合同的重要依据。制定供电方案是业务扩充工作中的一个重要环节。供电方案要解决的问题可以概括为两个：第一为供多少；第二如何供。"供多少"是指选择变压器的容量多少比较适宜，"如何供"的主要内容是确定供电电压等级，选择供电电源，明确供电方式与计量方式等。

供电方案由客户接入系统方案和客户受电系统方案及相关说明组成。客户接入系统方案包括：供电电压等级、供电容量、供电电源位置、供电电源数量（单电源或多电源）、供电回路数、路径、出线方式、供电线路敷设等。客户受电系统方案包括：进线方式、受电装置容量、主接线、运行方式、继电保护方式、调度通信、保安措施、电能计量装置及接线方式、安装位置、产权维护及责任分界点、主要电气设备技术参数等。

供电方案正确与否将直接影响电网结构与运行是否安全合理、灵活，用户必需的供电可靠性是否能得到满足，电压质量能否保证，用户变电站的一次投资与年运行费用是否经济等，因此制定供电方案是保证安全、经济、合理地供用电的重要环节。

（一）确定供电方案的基本原则

（1）应能满足供用电安全、可靠、经济、运行灵活、管理方便的要求，并留有发展余度。

（2）符合电网建设、改造和发展规划要求；满足客户近期、远期对电力的需求，具有最佳的综合经济效益。

（3）具有满足客户需求的供电可靠性及合格的电能质量。

（4）符合相关国家标准、电力行业技术标准和规程，以及技术装备先进要求，并应对多种供电方案进行技术经济比较，确定最佳方案。

（二）确定供电方案的基本要求

（1）根据电网条件以及客户的用电容量、用电性质、用电时间、用电负荷重要程度等因素，确定供电方式和受电方式。

（2）根据重要客户的分级确定供电电源及数量、自备应急电源及非电性质的保安措施配置要求。

（3）根据确定的供电方式及国家电价政策确定电能计量方式、用电信息采集终端安装方案。

（4）根据客户的用电性质和国家电价政策确定计费方案。

（5）客户自备应急电源及非电性质保安措施的配置、谐波负序治理的措施应与受电工程同步设计、同步建设、同步验收、同步投运。

（6）对有受电工程的，应按照产权分界划分的原则，确定双方工程建设出资界面。

（三）供电方案的基本内容

1. 高压供电客户

（1）客户基本用电信息：户名、用电地址、行业、用电性质、负荷分级，核定的用电容量，拟定的客户分级。

（2）供电电源及每路进线的供电容量。

（3）供电电压等级，供电线路及敷设方式要求。

（4）客户电气主接线及运行方式，主要受电装置的容量及电气参数配置要求。

（5）计量点的设置，计量方式，计费方案，用电信息采集终端安装方案。

（6）无功补偿标准、应急电源及保安措施配置，谐波治理、继电保护、调度通信要求。

（7）受电工程建设投资界面。

（8）供电方案的有效期。

（9）其他需说明的事宜。

2. 低压供电客户

（1）客户基本用电信息：户名、用电地址、行业、用电性质、负荷分级，核定的用电容量。

（2）供电电压、公用配变名称、供电线路、供电容量、出线方式。

（3）进线方式，受电装置位置，计量点的设置，计量方式，计费方案，用电信息采集终端安装方案。

（4）无功补偿标准、应急电源及保安措施配置、继电保护要求。

（5）受电工程建设投资界面。

（6）供电方案的有效期。

（7）其他需说明的事宜。

3. 居民客户

（1）客户基本用电信息：户名、用电地址、行业、用电性质，核定的用电容量。

（2）供电电压、供电线路、公用配变名称、供电容量、出线方式。

（3）进线方式、受电装置位置、计量点的设置，计量方式，计费方案，用电信息采集终端安装方案。

（4）供电方案的有效期。

（四）用电容量的确定及负荷计算的方法

用电容量确定的原则是综合考虑客户申请容量、用电设备总容量，并结合生产特性兼顾主要用电设备同时率、同时系数等因素后确定。

确定高压供电客户的用电容量时，应在满足近期生产需要的前提下，使客户受电变压器保留合理的备用容量，为发展生产留有余地；在保证受电变压器不超载和安全运行的前提下，应同时考虑减少电网的无功损耗。一般客户的计算负荷宜等于变压器额定容量的70%～75%。对于用电季节性较强、负荷分散性大的客户，可通过增加受电变压器台数、降低单台容量来提高运行的灵活性，解决淡季和低谷负荷期间因变压器轻负载导致损耗过大的问题。在选择变压器型号时，应尽可能选择节能型的变压器。

低压供电客户根据客户主要用电设备额定容量确定。

为了计算一个客户的总用电容量，正确合理地选择客户变、配电站的电气设备和导线、电缆，首先必须确定客户总的计算负荷。

"计算负荷"是按发热条件选择电气设备的一个假定负荷，"计算负荷"产生的热效应须和实际负荷（在不断变动的情况下）产生的最大热效应相等。所以根据"计算负荷"选择导体及电器时，在实际运行中，导体及电器的最高温升就不会超过容许值。"计算负荷"的物理意义可理解为：设有一电阻为 R 的导体，其负荷在某一时间内是变动的，最高温升达到 λ 值，如果此导体在相同时间内，其负荷为另一不变负荷，其最高温升也达到 λ 值，则此不变负荷即称为该变动负荷的"计算负荷"，也就是说"计算负荷"和实际负荷造成的最高温升是等值的。

通常将以半小时平均负荷为依据所绘制的负荷曲线上的"最大负荷"称为计算负荷，并把它作为按发热条件选择电气设备的依据，之所以选择半小时平均负荷是因为一般中小截面导体的发热时间常数 T 为 10min 以上，经验表明，中小截面导线达到稳定温升所需时间约为 $3T＝30min$，如果导线所载为短暂尖峰负荷，显然不可能使导线温升达到最高值，只有持续时间在 30min 以上的负荷，才有可能使导线达到最高温升，因此，在确定计算负荷时，可以不考虑短时间出现的尖峰负荷，如电动机的起动电流等，但持续时间超过半个小时的最大负荷必须考虑在内。为了使计算方法一致，对其他供电元件（如大截面导线、变压器、开关电器等）均采用半小时平均负荷的最大值作为计算负荷。

计算负荷确定的是否合理，直接关系到配电网中各组成元件的选择是否合理。若计算负荷确定过大，将造成投资和有色金属的浪费；而确定过小，又将使供电设备和导线在运行中发生过热问题，引起绝缘老化，甚至发生烧毁事故。因此，计算负荷的确定是一项重要的工作。

1. 用电设备分类

用电设备按其工作性质分为以下三类。

第一类为长时工作制用电设备，指使用时间较长或连续工作的用电设备，如泵类、通风机、压缩机、输送带、电弧炉、电阻炉和某些照明装置等。

第二类为短时工作制设备，指工作时间短而停歇时间相当长的用电设备，如起闭水闸的电动机等。

第三类为反复短时工作制用电设备，指时而工作、时而停歇，如此反复运行的用电设备，如吊车用电动机、电焊机等。

对于第三类反复短时工作制用电设备，为表征其反复短时的特点，通常用暂载率来描述。其计算公式为

$$\varepsilon = \frac{工作时间}{工作周期} = \frac{t_g}{t_g + t_t} \times 100\% \qquad (2-1)$$

式中　ε——暂载率；

t_g——每周期的工作时间，min；

t_t——每周期的停歇时间，min。

2. 设备容量的确定

设备容量一般是指用电设备的额定输出功率，用 P_N 表示。对一般电动机来说，P_N 是指铭牌容量。其确定方法如下。

（1）一般用电设备容量：它包括长时、短时工作制用电设备及照明设备。其设备容量是指该设备上标明的额定输出功率。

（2）反复短时工作制用电设备容量：它包括反复短时工作制电动机和电焊机变压器两种。反复短时工作制用电设备的工作周期以 10min 为计算依据，吊车电动机标准暂载率分为 15%、25%、40%、60%四种；电焊设备标准暂载率分为 20%、40%、50%、100%四种。这类设备在确定计算负荷时，首先进行换算。

1）反复短时工作制电动机容量的确定。其设备容量 P_N 是指暂载率 $\varepsilon_{25}=25\%$ 时的额定容量。如 ε 值不为 25%，则可按下式进行换算，使其变为 25% 时的额定容量，其计算公式为

$$P_N = \sqrt{\frac{\varepsilon_N}{\varepsilon_{25}}} \cdot P'_N = 2\sqrt{\varepsilon_N} \cdot P'_N \qquad (2-2)$$

式中　ε_N——给定的设备暂载率（换算前的）；

P'_N——暂载率 $\varepsilon=\varepsilon_N$ 时的额定设备容量，kW。

【例 2-1】　有一台 10t 桥式吊车，额定功率为 40kW（$\varepsilon_N=40\%$），试求该设备的设备容量 P_N。

解：$P_N = \sqrt{\frac{\varepsilon_N}{\varepsilon_{25}}} \cdot P'_N = 2\sqrt{\varepsilon_N} \cdot P'_N = 2 \times \sqrt{0.4} \times 40 = 50(\text{kW})$

2）电焊变压器容量的确定。其设备容量是指 $\varepsilon=100\%$ 时的额定容量。当 $\varepsilon \neq 100\%$ 时应进行换算，换算公式为

$$S_N = \sqrt{\frac{\varepsilon_N}{\varepsilon_{100}}} \cdot S'_N = \sqrt{\varepsilon_N} \cdot S'_N \qquad (2-3)$$

或

$$P_N = \sqrt{\frac{\varepsilon_N}{\varepsilon_{100}}} \cdot S'_N \cos\varphi = \sqrt{\varepsilon_N} \cdot S'_N \cos\varphi \qquad (2-4)$$

式中　S'_N——换算前的铭牌额定容量；

$\cos\varphi$——与 S'_N 相对应时的功率因数。

【例 2-2】　有一台电焊变压器 $S'_N=42$（kVA），$\varepsilon=60\%$，$\cos\varphi=0.66$，求该设备容量 P_N。

解：$P_N = \sqrt{\varepsilon_N} \cdot S'_N \cdot \cos\varphi = \sqrt{0.6} \times 42 \times 0.66 = 21.47(\text{kW})$

单个用电设备的计算负荷，对一台电动机来说，铭牌额定功率即为计算负荷；对单个白炽灯、电热器、电炉等，设备标称容量即为计算负荷；对单台反复短时工作制的用电设备，若吊车电动机的暂载率不是 25%，电焊变压器的暂载率不是 100%，则应按照式（2-2）～式（2-4）换算，换算后得到的设备容量（也称额定持续功率），即为计算负荷。

3. 确定用电设备组计算负荷的方法

负荷计算的步骤应从计算用电设备开始，然后进行车间变电站（变压器）、高压供电线路及总降压变电站（或配电站）等的负荷计算。确定用电设备组计算负荷的常用方法有需要系数法、二项式系数法和负荷密度法三种。

（1）按需要系数法确定计算负荷。

在进行电力负荷预测、计算时，常用的系数有负荷系数、同时系数及需用系数等，下面对这几个系数的概念作一介绍。

1）负荷系数 k_L。负荷系数是反映负荷从电网中获取功率多少的一个参数。它是指用电设备实际从电网中取用的功率与该设备额定容量的比值，即为该设备的负荷系数，即

$$k_L = \frac{P}{P_N} \tag{2-5}$$

式中　P——用电设备实际从电网中取用的功率。

2）同时系数 k_{sim}。用户在用电时，各种用电设备如照明灯、电动机等不可能同时工作，一些用电设备的功率达到最大值时，另一些用电设备的负荷功率不一定达到最大值，换言之，各种用电设备从电网中获得的功率不可能同时达到最大值。这种用电设备及负荷参差不齐、相互错开的情况，可用同时系数表示，其公式为

$$k_{sim} = \frac{P_{tmax}}{\sum P_{max}} \tag{2-6}$$

式中　P_{tmax}——用电单位综合最大负荷；

$\sum P_{max}$——各类用电设备最大负荷之和。

3）需用系数 k_d。工作性质相同的一组用电设备有很多台，其中有的设备满载运行，有的设备轻载或空载运行，还有的设备处于备用或检修状态，该组用电设备的计算负荷 P_{ca} 总是比该组设备额定容量的总和 $\sum P_N$ 要小得多，因此在确定计算负荷时，需要将该组设备总容量（或称总功率）进行换算，计算公式为

$$P_{ca} = \frac{k_{sim} k_L}{\eta_N \eta_X} \times \sum P_N \tag{2-7}$$

式中　η_N——用电设备效率；

η_X——线路效率；

$\sum P_N$——该用电设备组的所有设备额定容量之和。

式（2-7）考虑了影响计算负荷的主要因素，但并不是全部因素。有些因素如工人操作的熟练程度、材料的供应情况、工具质量等均未考虑在内，事实上也无法考虑。所以通常是通过实测，将所有影响计算负荷的许多因素归并成一个系数，也就是我们所说的"需要系数"。

同类用户的计算负荷与其设备额定容量之和的比值，称为需用系数。用公式表示为

$$k_d = \frac{P_{ca}}{\sum P_N} \tag{2-8}$$

式中　P_{ca}——用电设备组的有功计算负荷；

$\sum P_N$——该用电设备组的所有设备额定容量之和。

一般由经验资料确定需要系数，在求得需要系数（表2-1～表2-4）和所有装置的设备容量后，按式（2-8）即可求得计算负荷。

用需要系数法确定计算负荷比较简单，对于工厂而言，是目前确定客户车间变电站和全厂变电站负荷的主要方法。

按需要系数法确定的计算负荷中，四个物理量之间的关系为

$$Q_{js} = P_{js} \tan\varphi \tag{2-9}$$

$$S_{js} = \sqrt{P_{js}^2 + Q_{js}^2} \tag{2-10}$$

或

$$S_{js} = \frac{P_{js}}{\cos\varphi} \tag{2-11}$$

$$I_{js} = \frac{S_{js}}{\sqrt{3}U_N} \qquad (2-12)$$

或

$$I_{js} = \frac{P_{js}}{\sqrt{3}U_N \cos\varphi} \qquad (2-13)$$

式中　$\cos\varphi$——功率因数；

　　　P_{js}——有功计算负荷，kW；

　　　Q_{js}——无功计算负荷，kvar；

　　　S_{js}——视在计算负荷，kVA；

　　　I_{js}——计算电流，A；

　　　U_N——三相用电设备的额定电压。

通过对各类用户的负荷曲线进行观察发现，同一类型的用电设备组、车间或企业，其负荷曲线是大致相同的。也就是说同一用电设备组，其需用系数 k_d 的值很接近，可以用一个典型的值来代表。我国的设计部门经过长期的实践和调查研究，并参考一些国外的资料，已经统计出一些用电设备组的典型的需用系数 k_d 值，供用户电力负荷计算时参考。表 2-1～表 2-4 所示为几种常见用电设备组的需用系数 k_d 和功率因数。

表 2-1　　　各用电设备组需用系数 k_d 及功率因数

用电设备组名称	k_d	$\cos\varphi$	$\tan\varphi$
单独传动的金属加工机床			
1. 冷加工车间	0.14～0.16	0.50	1.73
2. 热加工车间	0.20～0.25	0.55～0.60	1.52～1.33
压床、锻锤、剪床及其他锻工机械	0.25	0.60	1.33
连续运输机械			
1. 连锁的	0.65	0.75	0.88
2. 非连锁的	0.60	0.75	0.88
轧钢车间反复短时工作制的机械	0.30～0.40	0.50～0.60	1.73～1.33
通风机			
1. 生产用	0.75～0.85	0.80～0.85	0.75～0.62
2. 卫生用	0.65～0.70	0.80	0.75
泵、活塞式压缩机、鼓风机、电动发电机组、排风机等	0.75～0.85	0.80	0.75
透平压缩机和透平鼓风机	0.85	0.85	0.62
破碎机、筛选机、碾砂机等	0.75～0.80	0.80	0.75
磨碎机	0.80～0.85	0.80～0.85	0.75～0.62
铸铁车间造型机	0.70	0.75	0.88
搅拌器、凝结器、分级器等	0.75	0.75	0.88
水银整流机组（在变压器一次侧）			
1. 电解车间用	0.90～0.95	0.82～0.90	0.70～0.48
2. 起重负荷用	0.30～0.50	0.87～0.90	0.57～0.48
3. 电气牵引用	0.40～0.50	0.92～0.94	0.43～0.36

续表

用电设备组名称	k_d	$\cos\varphi$	$\tan\varphi$
感应电炉（不带无功补偿装置）			
1. 高频	0.80	0.10	10.05
2. 低频	0.80	0.35	2.67
电阻炉			
1. 自动装料	0.70～0.80	0.98	0.20
2. 非自动装料	0.60～0.70	0.98	0.20
小容量实验设备和试验台			
1. 带电动发电机组	0.15～0.40	0.70	1.02
2. 带试验变压器	0.10～0.25	0.20	4.91
起重机			
1. 锅炉房、修理、金工、装配车间	0.05～0.15	0.50	1.73
2. 铸铁车间、平炉车间	0.15～0.30	0.50	1.73
3. 轧钢车间、脱锭工部等	0.25～0.35	0.50	1.73
电焊机			
1. 点焊与缝焊用	0.35	0.60	1.33
2. 对焊用	0.35	0.70	1.02
电焊变压器			
1. 自动焊接用	0.50	0.40	2.29
2. 单头手动焊接用	0.35	0.35	2.68
3. 多头手动焊接用	0.40	0.35	2.68
焊接用电动发电机			
1. 单头焊接用	0.35	0.60	1.33
2. 多头焊接用	0.70	0.75	0.80
电弧炼钢炉变压器	0.90	0.87	0.57
煤气电气滤清机组	0.80	0.78	0.80

表 2-2　　　　　3～6～10kV 高压用电设备需要系数及功率因数表

高压用电设备组名称	k_d	$\cos\varphi$	$\tan\varphi$
电弧炉变压器	0.92	0.87	0.57
锅炉	0.90	0.87	0.57
转炉鼓风机	0.70	0.80	0.75
水压机	0.50	0.75	0.88
煤气站、排风机	0.70	0.80	0.75
空压站压缩机	0.70	0.80	0.75
氧气压缩机	0.80	0.80	0.75
轧钢设备	0.80	0.80	0.75
试验电动机组	0.50	0.75	0.88

高压用电设备组名称	k_d	$\cos\varphi$	$\tan\varphi$
高压给水泵（感应电动机）	0.50	0.80	0.75
高压输水泵（同步电动机）	0.80	0.92	0.43
引风机、送风机	0.80～0.90	0.85	0.62
有色金属轧机	0.15～0.20	0.70	1.02

表 2-3　　　　　各种车间的低压负荷需要系数及功率因数

车间名称	k_d	$\cos\varphi$	$\tan\varphi$
铸钢车间（不包括电炉）	0.30～0.40	0.65	1.17
铸铁车间	0.35～0.40	0.7	1.02
锻压车间（不包括高压水泵）	0.20～0.30	0.55～0.65	1.52～1.17
热处理车间	0.40～0.60	0.65～0.70	1.17～1.02
焊接车间	0.25～0.30	0.45～0.50	1.98～1.73
金工车间	0.20～0.30	0.55～0.65	1.52～1.17
木工车间	0.28～0.35	0.60	1.33
工具车间	0.30	0.65	1.17
修理车间	0.20～0.25	0.65	1.17
落锤车间	0.20	0.60	1.33
废钢铁处理车间	0.45	0.68	1.08
电镀车间	0.40～0.62	0.85	0.62
中央实验室	0.40～0.60	0.60～0.80	1.33～0.75
充电站	0.60～0.70	0.80	0.75
煤气站	0.50～0.70	0.65	1.17
氧气站	0.75～0.85	0.80	0.75
冷冻站	0.70	0.75	0.88
水泵站	0.50～0.65	0.80	0.75
锅炉房	0.65～0.75	0.80	0.75
压缩空气站	0.70～0.85	0.75	0.88
乙炔站	0.70	0.90	0.48
试验站	0.40～0.50	0.80	0.75
发电机车间	0.29	0.65	1.32
变压器车间	0.35	0.65	1.17
电容器车间（机械化运输）	0.41	0.98	0.19
高压开关车间	0.30	0.70	1.02
绝缘材料车间	0.41～0.50	0.80	0.75
漆包线车间	0.80	0.91	0.48
电磁线车间	0.68	0.80	0.75
线圈车间	0.55	0.87	0.51

续表

车间名称	k_d	$\cos\varphi$	$\tan\varphi$
扁线车间	0.47	0.75～0.73	0.88～0.80
圆线车间	0.43	0.65～0.70	1.17～1.02
压延车间	0.45	0.78	0.80
辅助性车间	0.30～0.35	0.65～0.70	1.17～1.02
电线厂主厂房	0.44	0.75	0.88
电瓷厂主厂房（机械化运输）	0.47	0.75	0.88
电表厂主厂房	0.40～0.50	0.80	0.75
电刷厂主厂房	0.50	0.80	0.75

表 2-4   **各种工厂的全厂负荷需要系数及功率因数**

工厂类型	需要系数 k_d		最大负荷时功率因数 $\cos\varphi$	
	变动范围	建议采用	变动范围	建议采用
汽轮机制造厂	0.38～0.49	0.38	—	0.88
锅炉制造厂	0.26～0.33	0.27	0.73～0.75	0.73
柴油机制造厂	0.32～0.34	0.32	0.74～0.84	0.74
重型机械制造厂	0.25～0.47	0.35		0.79
机床制造厂	0.13～0.30	0.20		—
重型机床制造厂	0.32	0.32		0.71
工具制造厂	0.34～0.35	0.34		—
仪器仪表制造厂	0.31～0.42	0.37	0.80～0.82	0.81
滚珠轴承制造厂	0.24～0.34	0.28		
量具刃具制造厂	0.26～0.35	0.26		
电机制造厂	0.25～0.38	0.33		
石油机械制造厂	0.45～0.5	0.45		0.78
电线电缆制造厂	0.35～0.36	0.35	0.65～0.8	0.73
电气开关制造厂	0.30～0.60	0.35		0.75
阀门制造厂	0.38	0.38		—
铸管厂	—	0.50		0.78
橡胶厂	0.50	0.50	0.72	0.72
通用机器厂	0.34～0.43	0.40		—
小型造船厂	0.32～0.50	0.33	0.60～0.80	0.70
中型造船厂	0.35～0.45	有电炉时取高值	0.70～0.80	有电炉时取高值
大型造船厂	0.35～0.40	有电炉时取高值	0.70～0.80	有电炉时取高值
有色冶金企业	0.60～0.70	0.65		—
化学工厂	0.17～0.38	0.28		
纺织工厂	0.32～0.60	0.50		
水泥工厂	0.50～0.84	0.71		—

续表

工厂类型	需要系数 k_d		最大负荷时功率因数 $\cos\varphi$	
	变动范围	建议采用	变动范围	建议采用
锯木工厂	0.14～0.30	0.19	—	—
各种金属加工工厂	0.19～0.27	0.21	—	—
钢结构桥梁厂	0.35～0.40	—	—	0.60
混凝土桥梁厂	0.30～0.45	—	—	0.55
混凝土轧枕厂	0.35～0.45	—	—	—

【例 2-3】 已知小批量生产的冷加工机床组，有电压为 380V、功率为 7kW 的三相交流电动机 3 台，4.5kW 的 8 台，2.8kW 的 17 台和 1.7kW 的 10 台。试求该机床组的计算负荷。

解： 由表 2-1 查得 $k_d=0.14\sim0.16$，取 $k_d=0.15$，$\cos\varphi=0.5$，$\tan\varphi=1.73$，则

$$\sum P_N = 7\times3 + 4.5\times8 + 2.8\times17 + 1.7\times10 = 121.6 \text{(kW)}$$

由式（2-8）求得其有功计算负荷为 $P_{ca} = k_d \cdot \sum P_N = 0.15\times121.6 = 18.24 \text{(kW)}$

由式（2-9）求得其无功计算负荷为 $Q_{js} = P_{js}\tan\varphi = 18.24\times1.73 = 31.56 \text{(kvar)}$

由式（2-10）或式（2-11）求得其视在计算负荷为 $S_{js} = \dfrac{P_{js}}{\cos\varphi} = \dfrac{18.24}{0.5} = 36.48 \text{(kVA)}$

由式（2-12）或式（2-13）求得其计算电流为

$$I_{js} = \frac{P_{js}}{\sqrt{3}U_N\cos\varphi} = \frac{18.24}{\sqrt{3}\times0.38\times0.5} = 55.44 \text{(A)}$$

（2）二项式系数法确定计算负荷。

在确定连接设备台数不太多的车间干线或支干线的计算负荷时，由于其中 n 台大功率设备对电力负荷变化影响很大，为了反映这种变化，可采用二项式系数法来确定计算负荷。二项式系数法的基本公式为

$$P_n = bP_e + cP_x \qquad (2-14)$$

式中　bP_e——用电设备组的平均负荷；

　　　cP_x——用电设备组中 x 台容量最大的设备投入运行时增加的附加负荷；

　　　P_x——x 台最大容量设备的设备容量；

　　　b、c——二项式系数。

常用的二项式系数 b、c 和最大容量设备台数 x 及 $\cos\varphi$、$\tan\varphi$ 等见表 2-5。

表 2-5　　　　　　　　　　　　　二项式系数法计算系数

用电设备类别	x	b	c	$\cos\varphi$	$\tan\varphi$
大批生产和流水作业的热加工车间的机床电动机	5	0.26	0.5	0.65	1.17
大批生产的金属冷加工车间机床电动机	5	0.14	0.5	0.50	1.73
大批生产的金属冷加工车间机床电动机但为小批和单件生产	5	0.14	0.4	0.50	1.73
通风机、水泵、空压机及电动发电机	5	0.65	0.25	0.80	0.75
连续运输和翻砂车间造砂用机械非联动的	5	0.4	0.4	0.75	0.88

续表

用电设备类别	x	b	c	$\cos\varphi$	$\tan\varphi$
锅炉房、修理车间、装配车间和机房内的吊车（$\varepsilon=25\%$）	3	0.06	0.2	0.5	1.73
翻砂、铸造车间的吊车（$\varepsilon=25\%$）	3	0.09	0.3	0.5	1.73
自动连续装料的电阻炉设备	2	0.7	0.3	0.95	0.33
非自动连续装料的电阻炉设备	1	0.5	0.5	0.95	0.33

但是必须注意：按二项式系数法确定计算负荷时，如果设备总台数 $n<2x$ 时，则 x 宜相应取小一些，建议取为 $x=n/2$，且按"四舍五入"的修约规则取为整数。例如某机床电动机组的电动机只有 7 台，而表 2-5 规定 $x=5$，但是这里 $n=7<2x=10$，因此，可取 $x=7/2\approx4$ 来计算。

如果用电设备组只有 1～2 台设备时，就可认为 $P_n=P_e$，即 b=1、c=0。对于单台电动机，则 $P_n=P_e/\eta$。在设备台数较少时，$\cos\varphi$ 也宜相应地适当取大。

二项式系数法较需要系数法更适于确定设备台数较少而容量差别较大的干线和分支线的计算负荷。

（3）负荷密度法确定计算负荷。

负荷密度法是根据建筑物的总建筑面积以及不同类型的建筑物每单位面积的负荷来确定计算负荷的一种计算方法，即有功计算负荷为

$$P_C = \omega A \tag{2-15}$$

式中　ω——负荷密度，即每单位面积所需的负荷量，kW/m^2；

　　　A——建筑面积，m^2。

负荷密度法常用于供配电系统的初步设计阶段，其特点是简便快速，但结果通常较为粗略。表 2-6 为某地区负荷密度和需要系数的推荐值。

表 2-6　　　　　　　　　　负荷密度和需要系数的推荐值

序号	项目	负荷密度 ω（kW/m^2）	需要系数	序号	项目	负荷密度 ω（kW/m^2）	需要系数
1	酒店客房	1.2	0.4	7	办公室	0.06	0.8
2	餐厅	0.12	0.7	8	展览厅	0.06	0.7
3	咖啡室	0.12	0.7	9	公共场所	0.01	0.8
4	酒吧	0.07	0.6	10	多功能厅	0.03	0.8
5	商店	0.12	0.8	11	厨房（燃气）	0.12	0.7
6	会议室	0.05	0.7	12	空调	0.20	0.7

（4）配电干线或变电站的计算负荷。

用电设备按类型分组后的多个用电设备组均连接在配电干线或变电站的低压母线上，考虑到各个用电设备组并不同时都以最大负荷运行，配电干线或变电站的计算负荷应等于各个用电设备组的计算负荷求和以后，再乘以一个同时系数，即配电干线或变电站低压母线上的计算负荷为

有功计算负荷　　　　　　　　　$P_{\Sigma p} = K_{\Sigma p} \cdot \sum P_C$ 　　　　　　　（2-16）

无功计算负荷 $\qquad Q_{\Sigma q} = K_{\Sigma q1} \cdot \sum Q_c$ （2-17）

视在计算负荷 $\qquad S_{\Sigma C} = \sqrt{P_{\Sigma p}^2 + Q_{\Sigma q}^2}$ （2-18）

计算电流 $\qquad I_{\Sigma C} = \dfrac{S_{\Sigma C} \times 10^3}{\sqrt{3}U}$ （2-19）

式中 $\quad K_{\Sigma p}, K_{\Sigma q}$——有功功率和无功功率的同时系数，一般取 0.8～0.9 和 0.93～0.97；

$\qquad \sum P_c$——各用电设备组有功计算负荷之和，kW；

$\qquad \sum Q_c$——各用电设备组无功计算负荷之和，kvar；

$\qquad U$——用电设备额定线电压，V。

应该注意，因为各用电设备组类型不同，其功率因数也不尽相同。所以，一般情况下，总的视在计算负荷不能按 $S_{\Sigma C} = P_{\Sigma p}/\cos\varphi$ 来计算，总的视在计算负荷或计算电流也不能取为各组用电设备的现在计算负荷之和或计算电流之和。

（五）供电电压等级的确定

（1）确定供电电压等级的一般原则。

客户的供电电压等级应根据当地电网条件、客户分级、用电最大需量或受电设备总容量，经过技术经济比较后确定。除有特殊需要，供电电压等级一般可参照表 2-7 确定。

表 2-7 客户供电电压等级的确定

供电电压等级	用电设备容量	受电变压器总容量
220V	10kW 及以下单相设备	—
380V	100kW 及以下	50kVA 及以下
10kV	—	50kVA～10MVA
35kV	—	5MVA～40MVA
66kV	—	15MVA～40MVA
110kV	—	20MVA～100MVA
220kV	—	100MVA 及以上

注 1. 无 35kV 电压等级的，10kV 电压等级受电变压器总容量为 50kVA～15MVA。

2. 供电半径超过本级电压规定时，可按高一级电压供电。

具有冲击负荷、波动负荷、非对称负荷的客户，宜采用由系统变电站新建线路或提高电压等级供电的供电方式。

（2）低压供电。

客户单相用电设备总容量在 10kW 及以下时可采用低压 220V 供电，在经济发达地区用电设备容量可扩大到 16kW。客户用电设备总容量在 100kW 及以下或受电变压器容量在 50kVA 及以下者，可采用低压 380V 供电。在用电负荷密度较高的地区，经过技术经济比较，采用低压供电的技术经济性明显优于高压供电时，低压供电的容量可适当提高。农村地区低压供电容量，应根据当地农村电网综合配电小容量、多布点的配置特点确定。

（3）高压供电。

客户受电变压器总容量在 50kVA～10MVA 时（含 10MVA），宜采用 10kV 供电。无 35kV 电压等级的地区，10kV 电压等级的供电容量可扩大到 15MVA。客户受电变压器总容量在 5MVA～40MVA 时，宜采用 35kV 供电。有 66kV 电压等级的电网，客户受电变压器总容量在

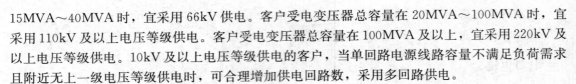

15MVA～40MVA 时，宜采用 66kV 供电。客户受电变压器总容量在 20MVA～100MVA 时，宜采用 110kV 及以上电压等级供电。客户受电变压器总容量在 100MVA 及以上，宜采用 220kV 及以上电压等级供电。10kV 及以上电压等级供电的客户，当单回路电源线路容量不满足负荷需求且附近无上一级电压等级供电时，可合理增加供电回路数，采用多回路供电。

（4）临时供电。

基建施工、市政建设、抗旱打井、防汛排涝、抢险救灾、集会演出等非永久性用电，可实施临时供电。具体供电电压等级取决于用电容量和当地的供电条件。

（5）居住区住宅用电容量配置。

居住区住宅以及公共服务设施用电容量的确定应综合考虑所在城市的性质、社会经济、气候、民族、习俗及家庭能源使用的种类，同时满足应急照明和消防设施要求。建筑面积在 50m² 及以下的住宅用电每户容量宜不小于 4kW；大于 50m² 的住宅用电每户容量宜不小于 8kW。配电变压器容量的配置系数，应根据住宅面积和各地区用电水平确定。

（六）供电电源的配置

供电电源应依据客户分级、用电性质、用电容量、生产特性以及当地供电条件等因素，经过技术经济比较与客户协商后确定。

（1）电力客户分级。

1）重要电力客户的界定。

重要电力客户是指在国家或者一个地区（城市）的社会、政治、经济生活中占有重要地位，对其中断供电将可能造成人身伤亡、较大环境污染、较大政治影响、较大经济损失、社会公共秩序严重混乱的用电单位或对供电可靠性有特殊要求的用电场所。

重要电力客户认定一般由各级供电企业或电力客户提出，经当地政府有关部门批准。

2）重要电力客户的分级。

根据对供电可靠性的要求以及中断供电危害程度，重要电力客户可以分为特级、一级、二级重要电力客户和临时性重要电力客户。

特级重要电力客户，是指在管理国家事务中具有特别重要作用，中断供电将可能危害国家安全的电力客户。

一级重要电力客户，是指中断供电将可能产生下列后果之一的电力客户：①直接引发人身伤亡的；②造成严重环境污染的；③发生中毒、爆炸或火灾的；④造成重大政治影响的；⑤造成重大经济损失的；⑥造成较大范围社会公共秩序严重混乱的。

二级重要电力客户，是指中断供电将可能产生下列后果之一的电力客户：①造成较大环境污染的；②造成较大政治影响的；③造成较大经济损失的；④造成一定范围社会公共秩序严重混乱的。

临时性重要电力客户，是指需要临时特殊供电保障的电力客户。

3）普通电力客户的界定。

除重要电力客户以外的其他客户，统称为普通电力客户。

（2）供电电源的配置原则。

特级重要电力客户应具备三路及以上电源供电条件，其中的两路电源应来自两个不同的变电站，当任何两路电源发生故障时，第三路电源能保证独立正常供电。

一级重要电力客户应采用双电源供电，二级重要电力客户应采用双电源或双回路供电。因地区大电力网在主网电压上部是并网的，用电部门无论从电网取几回电源进线，也无法得到严格意义上的两个独立电源。所以这里指的双重电源可以是分别来自不同电网的电源；或者来自同一电网但在运行时电路互相之间联系很弱；或者来自同一个电网但其间的电气距离较远，一个电源系统任意一处出现异常运行时或发生短路故障时，另一个电源仍能不中断供电；或者是来自两个不同方向的变电站或来自具有两回及以上进线的同一变电站内两段不同母线分别提供的电源，这样的电源都可视为双重电源。

临时性重要电力客户按照用电负荷重要性，在条件允许情况下，可以通过临时架线等方式满足双电源或多电源供电要求。对普通电力客户可采用单电源供电。

双电源、多电源供电时宜采用同一电压等级电源供电，供电电源的切换时间和切换方式要满足重要电力客户允许中断供电时间的要求。线路的敷设方式应根据客户分级和城乡发展规划，选择采用架空线路、电缆线路或架空—电缆线路供电。

（3）供电电源点确定的一般原则。

电源点应具备足够的供电能力，能提供合格的电能质量，满足客户的用电需求，保证接电后电网安全运行和客户用电安全。对多个可选的电源点，应进行技术经济比较后确定。根据客户分级和用电需求，确定电源点的回路数和种类。根据城市地形、地貌和城市道路规划要求，就近选择电源点。路径应短捷顺直，减少与道路交叉，避免近电远供、迂回供电。

（4）自备应急电源配置的一般原则。

重要电力客户应配备自备应急电源及非电性质的保安措施，满足保安负荷应急供电需要。对临时性重要电力客户可以租用应急发电车（机）满足保安负荷供电要求。自备应急电源配置容量应至少满足全部保安负荷正常供电的需要。有条件的可设置专用应急母线。

自备应急电源的切换时间、切换方式、允许停电持续时间和电能质量应满足客户安全要求。自备应急电源与电网电源之间应装设可靠的电气或机械闭锁装置，防止倒送电。对于环保、防火、防爆等有特殊要求的用电场所，应选用满足相应要求的自备应急电源。

自备应急电源的类型主要有以下几种：

1）独立于正常电源的发电机组：包括应急燃气轮机发电机组、应急柴油发电机组。快速自启动发电机组适用于允许中断供电时间为15s以上的较大负荷，这是考虑快速启动的发电机组一般启动时间在10s以内。

2）供电网络中独立于正常电源的专用馈电线路：带有自投装置的专用馈电线路适用于允许中断时间为1.5s或0.6s以上的负荷。

3）UPS不间断电源、EPS应急电源等其他新型电源：UPS不间断电源适用于允许中断供电时间为毫秒级的负荷；EPS应急电源是一种将蓄电池的直流电能逆变为交流电源的应急电源，适用于允许中断供电时间为0.25s以上的负荷。

4）蓄电池：适用于有可能采用直流电源者且容量不大的特别重要负荷供电。

（5）非电性质保安措施配置的一般原则。

非电性质保安措施应符合客户的生产特点、负荷特性，满足无电情况下保证客户安全的需要。

（七）供电线路的确定

一般根据用户的性质、负荷大小、用电地点和线路走向等选择供电线路及其架设方式。根据目前的情况，农村以架空线为主。对于城市电网主要考虑电缆方式，这样既能美化城市环境，又能减少道路占用。

供电线路的导线截面的选择可按允许电压降选择或按经济电流密度选择。

在供电线路走向方面，应选择在正常运行方式下，具有最短的电气供电距离，以防止发生近电远供或迂回供电的问题。

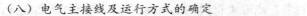

（八）电气主接线及运行方式的确定

1. 电气主接线

确定电气主接线的一般原则应根据进出线回路数、设备特点及负荷性质等条件确定。满足供电可靠、运行灵活、操作检修方便、节约投资和便于扩建等要求。在满足可靠性要求的条件下，宜减少电压等级和简化接线等。

常用的客户电气主接线的主要型式有桥形接线、单母线、单母线分段、双母线、线路变压器组。

具有两回线路供电的一级负荷客户，其电气主接线的确定应符合下列要求：①35kV 及以上电压等级应采用单母线分段接线或双母线接线，装设两台及以上主变压器，6～10kV 侧应采用单母线分段接线；②10kV 电压等级应采用单母线分段接线。装设两台及以上变压器。0.4kV 侧应采用单母线分段接线。

具有两回线路供电的二级负荷客户，其电气主接线的确定应符合下列要求：①35kV 及以上电压等级宜采用桥形、单母线分段、线路变压器组接线。装设两台及以上主变压器。中压侧应采用单母线分段接线。②10kV 电压等级宜采用单母线分段、线路变压器组接线。装设两台及以上变压器。0.4kV 侧应采用单母线分段接线。

单回线路供电的三级负荷客户，其电气主接线采用单母线或线路变压器组接线。

2. 重要客户的运行方式

特级重要客户可采用两路运行、一路热备用运行方式。一级客户可采用以下运行方式：两回及以上进线同时运行互为备用；一回进线主供、另一回路热备用。二级客户可采用以下运行方式：两回及以上进线同时运行；一回进线主供、另一回路冷备用。不允许出现高压侧合环运行的方式。

（九）电能计量方案的确定

电能计量方案的确定主要包括计量点的确定、计量方式的选择、电能计量装置的选配、电能计量装置的接线方式等内容。

1. 电能计量点的确定

电能计量点即装设电能计量装置测量电能量的关键点。

《供电营业规则》第七十四条规定：用电计量装置原则上应装在供电设施的产权分界处。如产权分界处不适宜装表的，对专线供电的高压用户，可在供电变压器出口装表计量；对公用线路供电的高压用户，可在用户受电装置的低压侧计量。当用电计量装置不安装在产权分界处时，线路与变压器损耗的有功与无功电量均须由产权所有者负担。在计算用户基本电费（按最大需时计收时）、电度电费及功率因数调整电费时，应将上述损耗电量计算在内。

一般情况下，低压用户的计量点，选择在低压电源进户点附近。高压供电用户的计量点，原则上应选在产权分界点处。专线供电用户，其计量点选在专线的始端，即供电企业变电站用户专线间隔，但是当有其他技术上的原因，其计量点不能选在专线的始端时，可征得用户的同意后，安装在专线末端，即用户变电站的进线间隔，但在计算用户的有、无功电量及最大需量时应加上专线的线损电量及需量。多电源高压供电用户，在每一电源的产权分界点上设置计量点。

2. 电能计量装置的安装原则

《供电营业规则》规定，供电企业应在用户每一个受电点内按不同电价类别，分别安装用电计量装置，每个受电点作为用户的一个计费单位。在用户受电点内难以按电价类别分别安装用电计量装置时，可装设总表，按不同电价类别进行定量定比分算。城乡居民用电实行一户一表。

有两条及以上线路分别来自不同电源点或有多个受电点的客户，应分别装设电能计量装置。有送、受电量的地方电网和有自备电厂的客户，应在并网点上装设送、受电电能计量装置。

临时用户，一般应装设电能计量装置用电。对于用电时间较短而且又不具备装表条件的，也可以不装表，按其用电容量、使用时间、规定的电价计收电费。

特殊无表用户，可以在其多个用电点中选取其中某一用电点安装参照表，以该表的用电量乘以用电点数计算该户的用电量。

3. 电能计量方式的确定

（1）高供高计。

电能计量装置设置点的电压与供电电压一致且在 10（6）kV 及以上的计量方式称为高供高计。高压供电的客户，宜在高压侧计量。

（2）高供低计。

采用高压供电的用户，但其电能计量装置设置点的电压低于用户供电电压的计量方式称为高供低计。对 10kV 供电且容量在 315kVA 及以下、35kV 供电且容量在 500kVA 及以下的，高压侧计量确有困难时，可在低压侧计量，即采用高供低计方式。但高供低计不适用于有以下情况之一的高压供电用户：①有两台及以上台数变压器变电的用户；②主变压器为三线圈变压器变电的用户；③供电电压为 110kV 及以上的用户。

（3）低供低计。

用户的供电电压和电能计量装置设置点均为 $3×380/220V$ 或单相 220V 的低压计量方式。低压供电的客户，负荷电流为 60A 及以下时，电能计量装置接线宜采用直接接入式；负荷电流为 60A 以上时，宜采用经电流互感器接入式。

4. 电能计量装置的接线方式

接入中性点绝缘系统的电能计量装置，宜采用三相三线接线方式；接入中性点非绝缘系统的电能计量装置，应采用三相四线接线方式。

（十）计费方案的确定

根据客户用电设备实际使用情况，客户的用电负荷性质、客户的行业分类，对照国家的电价政策，初步确定客户受电点的计费方案。

（十一）电能质量及无功补偿的技术要求

1. 电能质量

若用户有非线性负荷设备接入电网时，客户应委托有资质的专业机构出具非线性负荷设备接入电网的电能质量评估报告。按照"谁污染、谁治理"，"同步设计、同步施工、同步投运、同步达标"的原则，在供电方案中，明确客户治理电能质量污染的责任及技术方案要求。

客户负荷注入公共电网连接点的谐波电压限值及谐波电流允许值应符合《电能质量公用电网谐波》（GB/T 14549—1993）国家标准的限值。电压波动和闪变的允许值客户的冲击性负荷产生的电压波动允许值，应符合《电能质量电压波动和闪变》（GB/T 12326—2008）国家标准的限值。

2. 无功补偿装置

（1）无功补偿装置的配置原则。

无功电力应分层分区、就地平衡。客户应在提高自然功率因数的基础上，按有关标准设计并安装无功补偿设备。为提高客户电容器的投运率，并防止无功倒送，宜采用自动投切方式。

（2）功率因数要求。

100kVA 及以上高压供电的电力客户，在高峰负荷时的功率因数不宜低于 0.95；其他电力

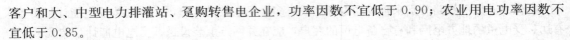

客户和大、中型电力排灌站、趸购转售电企业，功率因数不宜低于 0.90；农业用电功率因数不宜低于 0.85。

（3）无功补偿容量的计算。

电容器的安装容量，应根据客户的自然功率因数计算后确定。当不具备设计计算条件时，电容器安装容量的确定应符合下列规定：35kV 及以上变电站可按变压器容量的 10%～30% 确定；10kV 变电站可按变压器容量的 20%～30% 确定。

（十二）继电保护及调度通信自动化技术要求

1. 继电保护设置的基本原则

客户变电站中的电力设备和线路，应装设反应短路故障和异常运行的继电保护和安全自动装置，满足可靠性、选择性、灵敏性和速动性的要求。客户变电站中的电力设备和线路的继电保护应有主保护、后备保护和异常运行保护，必要时可增设辅助保护。10kV 及以上变电站宜采用数字式继电保护装置。

2. 备用电源自动投入装置要求

备用电源自动投入装置，应具有保护动作闭锁的功能。

3. 需要实行电力调度管理的客户范围

下列用户应接受电力调度部门的管理：

（1）受电电压在 10kV 及以上的专线供电客户。

（2）有多电源供电、受电装置的容量较大且内部接线复杂的客户。

（3）有两回路及以上线路供电，并有并路倒闸操作的客户。

（4）有自备电厂并网的客户。

（5）重要电力客户或对供电质量有特殊要求的客户等。

4. 通信和自动化要求

35kV 及以下供电、用电容量不足 8000kVA 且有调度关系的客户，可利用用电信息采集系统采集客户端的电流、电压及负荷等相关信息，配置专用通信市话与调度部门进行联络。

35kV 供电、用电容量在 8000kVA 及以上或 110kV 及以上的客户宜采用专用光纤通道或其他通信方式，通过远动设备上传客户端的遥测、遥信信息，同时应配置专用通信市话或系统调度电话与调度部门进行联络。其他客户应配置专用通信市话与当地供电公司进行联络。

（十三）供电方案制定案例

某化工企业申请新装用电，用电设备合计容量为 3500kW（其中一级负荷为 1500kW），该行业生产负荷同时率为 0.7，功率因数为 0.85。根据客户申请，供电公司进行现场查勘。查勘结果如下：

（1）距客户厂区配电房东北侧 500m 处，有座电源来自 110kV 杭电变 Ⅰ、Ⅱ 母线的 10kV 培训开关站。培训开关站 Ⅰ、Ⅱ 段母线各有 1 个备用出线柜（分别是备用 1A5 线和备用 1A6 线），Ⅰ 母线可开放容量 600kVA、Ⅱ 母线可开放容量 2000kVA。

（2）距客户东南方向 8 公里处有座 110kV 杭电变，Ⅰ、Ⅱ 母线各有 1 个 10kV 的备用出线柜（分别是备用 113 线和备用 114 线），杭电变可开放容量为 20 000kVA。

（3）距客户西北方向 5 公里处有座 110kV 湖电变，Ⅰ、Ⅱ 母线各有 2 个 10kV 的备用出线柜（分别是备用 231 线、备用 233 线和备用 232 线、备用 234 线），可开放容量为 30 000kVA。

请根据以上提供的信息出具浙冠化工有限公司的供电方案。（电力负荷管理终端费用为 2500元/台，高可靠性供电费用为：自建 160 元/kVA，公建 220 元/kVA）

该用户供电方案如下：

高压供电方案答复单

客户基本信息				
户　　号	××××××	流程编号	××××××	（档案标识二维码）
户　　名	××化工有限公司			
用电地址	杭州市舟山路×号			
用电类别	大工业	行业分类	日用化学产品制造	
拟定客户分级	一级重要用户	供电容量	4000kVA	
联系人	张三	联系电话	13866666666	
业务类型	高压新装			

营　业　费　用				
费用名称	单价	数量（容量）	应收金额（元）	收费依据
电力负荷管理终端费用	2500	2	5000.00	浙价商［2009］××号
高可靠性供电费用	220	2000	440 000.00	发改价格［2003］××号

告　知　事　项

依据国家有关政策和规定、电网的规划、用电需求以及当地供电条件等因素，贵户＿＿＿＿年＿＿＿＿月
＿＿＿日递交的用电申请经技术经济比较，并经供用双方协商一致后，答复如下：

□受电工程具备供电条件，供电方案详见正文。

□受电工程不具备供电条件，主要原因是＿＿＿＿＿＿＿＿＿＿＿＿＿＿＿＿＿＿＿＿＿＿＿＿＿＿＿，
待具备供电条件时另行答复。

本供电方案有效期自客户签收之日起＿＿1＿＿年内有效。如遇有特殊情况，需延长供电方案有效期的，客户应
在有效期到期前十天向供电企业提出申请，供电企业视情况予以办理延长手续。

贵户接到本通知后，即可委托有资质的电气设计、承装单位进行设计和施工。

客户签名（单位盖章）：　　　　　　供电企业（盖章）：

　　年　月　日　　　　　　　　　　　年　月　日

1. 客户接入系统方案

（1）供电电源情况。

供电企业向客户提供＿＿双电源＿＿三相交流50Hz电源。

1）第一路电源。

电源性质：＿＿主供电源＿＿　　　　　　电源类型：＿＿专线＿＿

供电电压：＿交流10＿kV　　　　　　　供电容量：＿4000＿kVA

供电电源接电点：＿＿110kV湖电变10kV备用231线出线柜＿＿

产权分界点：＿＿110kV湖电变10kV备用231线出线柜开关下桩头电缆搭接处＿＿，分界点电
源侧产权属供电企业，分界点负荷侧产权属客户。

进出线路敷设方式及路径：初步建议　110kV 湖电变 10kV 备用 231 线以电缆出 110kV 湖电变电所往东南方向沿建成道路电缆敷设至配电房，电缆截面建议采用 185mm²，长度大约 5500m　。具体路径和敷设方式以设计勘察结果以及政府规划部门最终批复为准。

　　2）第二路电源。

电源性质：　备用电源　　　　　　　　电源类型：　专变　

供电电压：　10　kV　　　　　　　　　供电容量：　2000kVA　

供电电源接电点：　10kV 培训开关站备用 1A6 线出线柜　

产权分界点：　10kV 培训开关站备用 1A6 线出线柜开关下桩头电缆搭接处　，分界点电源侧产权属供电企业，分界点负荷侧产权属客户。

　　进出线路敷设方式及路径：建议　10kV 培训开关站备用 1A6 线以电缆出 10kV 培训开关站往西南方向沿建成道路电缆敷设至配电房，电缆截面建议采用 70mm²，长度大约 600m　。具体路径和敷设方式以设计勘察结果以及政府规划部门最终批复为准。

　　（2）供电系统情况。

　　第一路电源接入点系统短路容量为　238MVA　；

　　系统采用的接地方式为　经消弧线圈接地　。

　　第二路电源接入点系统短路容量为　228MVA　；

　　系统采用的接地方式为　经消弧线圈接地　。

　　2. 客户受电系统方案

　　（1）受电点建设类型：采用　配电房　方式。

　　（2）受电容量：合计　4000kVA　。

　　（3）电气主接线：采用　10kV 单母线分段接线、0.4kV 单母线分段接线　方式。

　　（4）运行方式：电源采用　一回进线主供、另一回路热备用　方式，电源联锁采用　电源 1、电源 2 互为闭锁，备用进线柜和高压母联柜采用电气机械闭锁　方式。

　　（5）无功补偿：按无功电力就地平衡的原则，按照国家标准、电力行业标准等规定设计并合理装设无功补偿设备。补偿设备宜采用自动投切方式，防止无功倒送，在高峰负荷时的功率因数不宜低于　0.95　。

　　（6）继电保护：宜采用数字式继电保护装置，　进线采用定时限速断和过流；主变采用速断和过流、瓦斯、温度　保护。

　　（7）调度、通信及的自动化：与　电力调控中心　建立调度关系；配置相应的通信自动化装置进行联络，通信方案建议　无数据上传要求，配专通讯市话（录音传真电话）　。

　　（8）自备应急电源及非电保安措施：客户对重要保安负荷配备足额容量的自备应急电源及非电性质保安措施，自备应急电源容量应不少于保安负荷的 120%，建议配置　柴油发电机　类型自备应急电源，自备应急电源与电网电源之间应设可靠的电气或机械闭锁装置，防止倒送电；非电性质保安措施应符合生产特点，负荷性质，满足无电情况下保证客户安全的需求。

　　（9）电能质量要求：

　　①存在非线性负荷设备　无　接入电网，应委托有资质的机构出具电能质量评估报告，并提交初步治理技术方案。

　　②用电负荷注入公用电网连接点的谐波电压限值及谐波电流允许值应符合《电能质量　公用电网谐波》（GB/T 14549）国家标准的限值。

　　③冲击性负荷产生的电压波动允许值，应符合《电能质量　电压波动和闪变》（GB/T 12326）国家标准的限值。

3. 计量方案

(1) 计量点设置及计量方式：

计量点1：计量装置装设在 110kV 湖电变 10kV 备用 231 线出线柜 处，计量方式为 高供高计 ，接线方式为 三相三线 ，量电电压 10kV 。

电压互感器变比为 10000/100 、准确度等级为 0.2 ；

电流互感器变比为 300/5 、准确度等级为 0.2S 。

计量点2：计量装置装设在 10kV 培训开关站备用 1A6 线用户进线高压计量柜 处，计量方式为 高供高计 ，接线方式为 三相三线 ，量电电压 10kV 。

电压互感器变比为 10000/100 、准确度等级为 0.2 ；

电流互感器变比为 150/5 、准确度等级为 0.2S 。

(2) 用电信息采集终端安装方案：配装 负控设备 终端 2 台，终端装设于 110kV 湖电变 10kV 备用 231 线出线柜和 10kV 培训开关站备用 1A6 线进线高压计量柜 处，用于远程监控及电量数据采集。

4. 计费方案

(1) 电价为： 大工业 1～10kV：三费率：两部制 。

(2) 功率因数考核标准：根据国家《功率因数调整电费办法》的规定，功率因数调整电费的考核标准为 0.9 。

根据政府主管部门批准的电价（包括国家规定的随电价征收的有关费用）执行，如发生电价和其他收费项目费率调整，按政府有关电价调整文件执行。

5. 其他事项

6. 接线简图

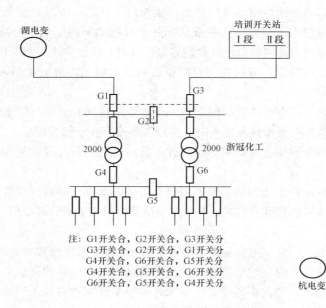

注：G1开关合，G2开关合，G3开关分
G3开关合，G2开关分，G1开关分
G4开关合，G6开关合，G5开关分
G4开关合，G5开关合，G6开关分
G6开关合，G5开关合，G4开关分

三、变更用电

（一）变更用电的内容

客户在正式使用电力后，供、用双方因故需改变原订立的供用电合同约定的相关内容而开展的工作，统称变更用电。在实际工作中，绝大多数的变更用电，均因客户要求所产生，受理客户提交的变更用电申请，也就成了供电企业营业部门的日常工作之一。

客户需要变更用电时，应事先提出申请，并携带有关证明文件，到供电企业用电营业场所办理手续。根据《供电营业规则》规定，目前供电企业受理的变更用电申请主要包括：

（1）减少合同约定的用电容量（简称减容）。

（2）暂时停止全部或部分受电设备的用电（简称暂停）。

（3）临时更换大容量变压器（简称暂换）。

（4）迁移受电装置用电地址（简称迁址）。

（5）移动用电计量装置安装位置（简称移表）。

（6）暂时停止用电并拆表（简称暂拆）。

（7）改变用户的名称（简称更名或过户）。

（8）一户分列为两户及以上的用户（简称分户）。

（9）两户及以上用户合并为一户（简称并户）。

（10）合同到期终止用电（简称销户）。

（11）改变供电电压等级（简称改压）。

（12）改变用电类别（简称改类）。

（二）变更用电的相关政策规定

下面对几种常见变更用电的相关政策规定进行介绍。

1. 减容

用户减容，须在五天前向供电企业提出申请。供电企业应按下规定办理。

（1）减容必须是整台或整组变压器的停止更换小容量变压器用电。供电企业在受理之日起后，根据用户申请减容的日期对设备进行加封。从加封之日起，按原计费方式减收其相应容量的基本电费。但用户申明为永久性减容的或从加封之日起期满两年又不办理恢复用电手续的，其减容后的容量已达不到实施两部制电价规定容量标准时，应改为单一制电价计费。

（2）减少用电容量的期限，应根据用户所提出的申请确定，但最短期限不得少于六个月，最长期限不得超过两年。

（3）在减容期限内，供电企业应保留用户减少容量的使用权。用户要求恢复用电，不再交付供电贴费；超过减容期限要求恢复用电时，应按新装或增容手续办理。

（4）在减容期限内要求恢复用电时，应当五天前向供电企业办理恢复用电手续，基本电费从启封之日起计收。

（5）减容期满后的用户以及新装、增容用户，两年内不得申办减容或暂停。如确需继续办理减容或暂停的，减少或暂停部分容量的基本电费应按百分之五十计算收取。

2. 暂停

用户暂停，须在五天前向供电企业提出申请。供电企业应按下列规定办理。

（1）用户在每一日历年内，可申请全部（含不通过受电变压器的高压电动机）或部分用电容量的暂时停止用电两次，每次不得少于十五天，一年累计暂停时间不得超过六个月。季节性用电或国家另有规定的用户，累计暂停时间可以另议。

（2）按变压器容量计收基本电费的用户，暂停用电必须是整台或整组变压器停止运行。供电企业在受理暂停申请后，根据用户申请暂停的日期对暂停设备加封。从加封之日起，按原计费方式减收其相应容量的基本电费。

（3）暂停期满或每一日历年内累计暂停用电时间超过六个月者，不论用户是否申请恢复用电，供电企业须从期满之日起，按合同的容量计收其基本电费。

（4）在暂停期限内，用户申请恢复暂停用电容量用电时，须在预定恢复日前五天向供电企业提出申请。暂停时间少于十五天者，暂停期间基本电费照收。

（5）按最大需量计收基本电费的用户，申请暂停用电必须是全部容量（含不通过受电变压器的高压电动机）的暂停，并遵守本条（1）～（4）项的有关规定。

3. 暂换

用户暂换（因受电变压器故障而无相同容量变压器替代，需要临时更换大容量变压器），须在更换前向供电企业提出申请。供电企业应按下列规定办理。

（1）必须在原受电地点内整台的暂换受电变压器。

（2）暂换变压器的使用时间，10千伏及以下的不得超过两个月，35千伏以上的不得超过三个月，逾期不办理手续的，供电企业可中止供电。

（3）暂换的变压器经检验合格后才能投入运行。

（4）暂换变压器增加的容量，对两部制电价用户须在暂换之日起，按替换后的变压器容量计收基本电费。

4. 迁址

用户迁址，须在五天前向供电企业提出申请。供电企业应按下列规定办理。

（1）原址按终止用电办理，供电企业予以销户。新址用电优先受理。

（2）迁移后的新址不在原供电点供电的，新址用电按新装用电办理。

（3）新址用电引起的工程费用由用户负担。

（4）迁移后的新址仍在原供电点，但新址用电容量超过原址用电容量的，超过部分按增容办理。

（5）私自迁移用电地址而用电者，除按违约用电处理外，自迁新址不论是否引起供电点变动，一律按新装用电办理。

5. 移表

用户移表（因修缮房屋或其他原因需要移动用电计量装置安装位置）须向供电企业提出申请。供电企业应按下列规定办理。

（1）在用电地址、用电容量、用电类别、供电点等不变情况下，可办理移表手续。

（2）移表所需的费用由用户负担。

（3）用户不论何种原因，不得自行移动表位，否则，可按违约用电处理。

6. 暂拆

用户暂拆（因修缮房屋等原因需要暂时停止用电并拆表），应持有关证明向供电企业提出申请。供电企业应按下列规定办理。

（1）用户办理暂拆手续后，供电企业应在五天内执行暂拆。

（2）暂拆时间最长不得超过六个月。暂拆期间，供电企业保留该用户原容量的使用权。

（3）暂拆原因消除，用户要求复装接电时，须向供电企业办理复装接电手续并按规定交付费用。上述手续完成后，供电企业应在五天内为该用户复装接电。

（4）超过暂拆规定时间要求复装接电者，按新装手续办理。

7. 用户更名或过户

用户更名或过户（依法变更用户名称或居民用户房屋变更户主），应持有关证明向供电企业提出申请。供电企业应按下列规定办理。

（1）在用电地址、用电容量、用电类别不变条件下，允许办理更名或过户。

（2）原用户应与供电企业结清债务，才能解除原供用电关系。

（3）不申请办理过户手续而私自过户者，新用户应承担原用户所负债务。经供电企业检查发现用户私自过户时，供电企业应通知该户补办手续，必要时可中止供电。

8. 销户

用户销户，须向供电企业提出申请。供电企业应按下列规定办理。

（1）销户必须停止全部用电容量的使用。

（2）用户已向供电企业结清电费。

（3）查验用电计量装置完好性后，拆除接户结线和用电计量装置。

（4）用户持供电企业出具的凭证，领还电能表保证金与电费保证金。

办完上述事宜，即解除供用电关系。

9. 改类

在同一受电装置内，电力用途发生变化而引起用电电价类别改变时，用户须向供电企业提出申请，供电企业应允许办理改类手续；擅自改变用电类别，应按违约用电处理。

第二节 电 费 电 价

一、世界各国所采用的电价制度

电价制度是根据不同用电情况下的电能成本采取的不同的计费方式和方法。目前，世界各国所采用的电价制度大致有以下几种。

（一）定额制电价

定额制电价是一种早期的收费制度，俗称"包灯制"。这种电价是按电气设备容量制定价格，按负荷容量收取电费。定额制电价一般以市民照明和民用电气设备为实施对象。这种收费制度具有计算简单，不需要安装计量装置，不需进行抄表、核算和表计校验等工作，管理比较简单；其缺点是，不能反映用户实际电能使用情况，计费方式不合理，容易造成电能浪费和违约窃电现象。因此，随着电力工业的发展，这种收费制已逐步消失。

（二）单一制电价

单一制电价制度以用户安装的电能表每月实际用电量为计费依据，以作为补偿电力企业的电能成本的电度电价和用户结算电费的一种电价制度。

执行单一制电价制度的用户，计算电费时不需考虑用电设备的容量大小，除计量方式为高供低计的用户在计算变压器铁损时需要考虑变压器的使用时间外，其他情况也不需考虑用电设备的使用时间。

单一制电价单纯按照用电量的多少计费，可促使用户节约用电。执行这种电价抄表、计费都相当方便；其缺点是，不能合理体现电力成本，对客户造成不公平的负担。

（三）阶梯制电价

所谓阶梯制电价，就是把用户每月的用电量分成两个或多个级别，各级别之间的电价不同。对电力资源相对宽裕的电网，为鼓励客户多使用电力，可采用分级电价制，按实际使用用电量多少来确定电价，即用电量越多，电价越低。相反，在电力资源相对紧张的电网，可以利用阶梯电价来限制用户过多使用电能，即用电量越多，电价越高。

阶梯制电价较单一制电价优越，使电价初步起到了经济杠杆的作用，在国外被普遍采用。但它的缺点是没有考虑用户用电时间，没有考虑在电力系统高峰时间以外用电的差别待遇，同时，对于电力企业的容量成本没有能够合理分担。

（四）峰谷分时电价

峰谷分时电价制度是对每日不同时段使用的电能实行不同的电价，是一种调节电网高峰负荷，充分发挥电网发供电设备利用率和节约用户电费开支的电价。在用电低谷时段，适当降低电价，以鼓励企业在这些时段多用电；在用电高峰时段，适当提高电价，以达到调整负荷，改善电网负荷率的目的。从供电方来说，既可以减少新增装机容量，又可以拉平负荷曲线，降低发供电煤耗，保护发电机组和电网的安全，起到了调节的作用；从用电方来说，由于低谷时段电价比较低，虽然增加了谷段的用电量，但是电费总支出却没有增加，有的甚至还可以减少，用户在用电时得到了实惠。

（五）可中断负荷电价

可中断负荷电价制度是指通过合理的补偿机制，在高峰电力供应不足时，电力部门按照预先与用户签订的协议减少或中断对该用户的电力供应，从而削减或转移该用户在系统高峰时的用电负荷的用户所执行的电价，又称避峰电价。可中断负荷电价一般是由大型电力客户自愿选择参与的一种计价方式，参与的客户可得到一定比例的电价优惠，其电价比正常电价略低。

可中断负荷电价主要面向大工业用户，尤其是针对冶金、水泥、塑料、纤维、纺织和造纸工业。通过实行可中断负荷电价，可以改变电力系统负荷曲线，实现移峰填谷，缓解高峰时期供电的压力，保证电网的安全；通过电网和发电机组的优化运行，减少电网备用机组容量，降低系统的运行成本。电力生产是能源消费的重要组成部分，并且是 CO_2 和 SO_2 的最大排放源，可中断负荷电价转移的负荷可以减少或推迟发电机组的建设，在节约能源、减少环境污染方面具有重大的社会效益。

（六）两部制电价

两部制电价制度是将电价分成两部分考虑：一部分是基本电价，用来补偿电力企业成本中的容量成本（固定成本），对应的电费为基本电费，在计算基本电费时可以以用户受电变压器（包括不通过受电变压器的高压电动机的容量）或最大需量作为计费单位进行计算。另一部分是电度电价，用来补偿电力企业成本中的电能成本，这部分电费是以用户结算有功电量来计算的。

两部制电价是当今世界较普遍采用的一种先进的电价制度，两部制电价的结构也完全符合电力企业的生产特点。它对提高供、用双方的设备利用率，提升综合效能具有深远的影响。所以，在条件许可的前提下，我们应积极考虑扩大执行二部制电价的范围（如降低容量限制，将目前的 315kVA 及以上工业客户可执行二部制电价的容量放宽至 100kVA 及以上）。为什么要推行或扩大二部制电价的执行范围呢？这是因为执行二部制电价具有一定的优越性：

（1）可发挥价格经济杠杆作用，促进客户提高设备利用率，改变"大马拉小车"的状况，节约电能损耗，压低最大负荷，提高负荷率和改善功率因数，从而减少了电费开支，降低了生产成本。

（2）由于客户采取了以上措施，必然使电网的负荷率随之提高，无功负荷减少，线损降低，提高了电网供电能力；同时，也可降低电力企业生产成本。

（3）使客户合理负担电力生产成本费用。由于发、供、用电一致性的特点，不论客户用电量多少或用电与否，电力企业为了满足客户随时用电的需要，必须经常准备着一定的发、供电设备容量，每月必须支付一定容量成本费用。因此，这部分固定费用理应由客户分担。

（七）季节性电价

季节性电价制度是针对不同的季节采用不同的电价。最开始主要是水力发电为主的国家采用，全年分为丰水、枯水季节，根据不同季节实行不同的电价。当丰水季节来临时，为了充分利用水资源，适当地降低电价，鼓励用户多用电，可以节省能源、增加发电机利用小时数，减少电力企业的年运行费用。在目前电力供应相对紧张的情况下，许多以火力发电为主的国家也制定了季节性电价，不同的季节执行不同的电价，有利于形成"削峰填谷"的长效机制。

（八）临时用电电价

因客户的工作需要，在一定时间内（一般最长不得超过六个月）使用电力时可实行临时用电电价。这种电价一般不安装表计，按用户用电容量及用电时间计算电能，其电能单价均应较同类别的电价高，有的可高达一倍，以促进其尽量减少用电时间。

（九）分类电价

分类电价制度，是指对不同的用电属性，按照不同的电价收费。按销售电价分类是实行分类电价制的基础。如照明用电按照明电价收费，工业用电按照工业电价收费，等等。而其电价标准是根据各类用电的负荷率和分散因数来确定的。

分类电价制度是世界各国都采用的电价制度，也是我国长期以来实行的电价制度。工业产品一般都是以不同产品、不同质量和不同规格分别定价的，不同的消费者如购买同样的商品，其价格基本是一样的。但对于电力产品来说，对不同的消费者，会因其使用电力的用途不同而实施分类电价。主要原因是：

（1）不同用电性质、用电时间、用电容量的客户，占用电力企业成本比例不同，要分别定价。

（2）电价制定不但要以成本为基础，还要充分发挥价格的经济杠杆作用，根据不同类型客户制定不同的电价，有利于促进客户合理用电，如实施两部制电价、分时电价、季节性电价等。

（3）为合理调整国家的产业结构，发挥电价的政策调整职能，对农业生产以及其他某些工业产品（如中、小化肥等），在用电上给予价格优待，以促进国民经济协调发展。

（十）综合电价

这种电价的特点是照明用电和动力用电实行一种电价。这种电价制度优点在于不仅可以减少计量装置的安装数量，便于日常运行维护和抄表收费，还可为用户减少内部线路投资、节省有色金属，便于管理。因为用户的用电负荷是随着生产或生活的需要经常变化的，如果要将用户内部的照明用电与动力用电严格分开，分别计费，则其内部的电气线路有时很难立即满足需要，有时为了少量用电必须另行架设线路，否则计费不准。

综合电价已为各国广泛采用，我国过去也曾实行过综合电价制度，但在20世纪50年代后期即被取消。

二、我国实行的电价制度

我国现行的电价制度是建国以来一直沿用的，基本上没有较大的变动。近年来，随着用电负荷密度迅速加大，电力供应形势紧张，为了充分利用现有电能资源，部分地区利用电价的杠杆作用，调整用电负荷曲线，对电价制度作了部分改变，以适应国民经济发展对电力的需求。

目前我国实行的电价制度主要有单一制电价、两部制电价、峰谷分时电价、季节性电价、阶梯制电价、临时用电电价、功率因数调整电费和趸售电价等电价制度。

（一）单一制电价

以客户侧安装的计量装置所计的电量为依据进行电费结算，而不计算其基本电费。除315kVA及以上的大工业客户外，其他所有用电均执行单一制电价制度。其中容量在100kVA

（或 kW）及以上的客户还应执行功率因数调整电费办法。

（二）两部制电价

根据现行电价政策，我国对受电变压器容量（含不通过受电变压器的高压电动机的容量）为 315kVA 及以上的大工业用户、符合条件的其他用户实行两部制电价制度。两部制电价中基本电费的计费方式有两种，一种是按变压器容量计算；另一种是按最大需量计算。按最大需量计算时，对有两路及以上进线的客户，各路进线应分别计量其最大需量。

对实行两部制电价的客户，一般还实行功率因数调整电费的办法。所以实行两部制电价的客户，其总的电费包括基本电费、电度电费和功率因数调整电费。

（三）峰谷分时电价

根据电力系统的负荷情况，将每日 24h 分成不同的时段，有执行高峰、低谷两费率计费的，也有执行高峰、平段、低谷（或是尖峰、高峰、低谷）三费率计费的。各省结合当地的具体情况对峰谷分时电价的时段都有明确的规定，如某省的三费率六时段分时电价将时段划分为：尖峰时段（19：00～21：00）、高峰时段（8：00～11：00、13：00～19：00、21：00～22：00）、低谷时段（11：00～13：00、22：00～次日 8：00）。

（四）季节性电价

我国现行的季节性电价主要是丰枯季节电价，是为了合理利用水资源。1985 年国务院批转国家经贸委等部门《关于鼓励集资办电和实行多种电价的暂行规定》的通知中规定：丰水期的电价可比现行电价低 30%～50%，枯水期电价可比现行电价高 30%～50%。

我国对除居民生活用电和农业排灌用电以外的所有用电实行丰枯电价制度。

（五）阶梯制电价

为了充分发挥价格杠杆作用，促进资源节约，逐步减少电价交叉补贴，引导居民合理用电、节约用电，国家发展改革委于 2011 年开始试行阶梯电价，主要实施对象为居民客户。

阶梯电价和峰谷分时电价都是重要的需求侧电价管理制度，只是侧重点有所不同。居民阶梯电价主要是鼓励电力用户节约用电；峰谷分时电价主要是鼓励电力用户在高峰时少用电，在低谷时多用电，削峰填谷，提升电力系统运行效率。在实行居民阶梯电价的同时，执行居民峰谷分时电价制度，效果较好。在实行阶梯电价的同时是否执行峰谷分时电价，可由居民自行选择。

（六）临时用电电价

我国对影视拍摄、基建工地、农田水利、市政建设、抢险救灾、举行大型展览等临时用电实行临时用电电价制度，其电费收取可装表计量电量，也可按其用电设备容量或用电时间收取。对于临时用电用户未装用电计量装置的，供电企业应根据其用电容量，按双方约定的每日使用时数和使用期限预收全部电费。用电终止时，如实际使用时间不足约定期限二分之一的，可退还预收电费的二分之一；超过约定期限二分之一的，预收电费不退；到约定期限时，终止供电。

（七）功率因数调整电费

《供电营业规则》第四十一条规定："无功电力应就地平衡。用户应在提高用电自然功率因数的基础上，按有关标准设计和安装无功补偿设备，……功率因数调整电费的办法按国家规定执行。"这是功率因数调整电费收取的依据。

1. 考核客户用电功率因数的目的和作用

改善功率因数能充分发挥现有装机的最大发电能力，充分发挥现有设备潜力，从而大大提高电力系统设备利用率。如果客户功率因数过低，不但发、供电设备利用率下降，同时容易造成电力系统电压波动、下降，使电力系统运行稳定性下降，系统损耗增大。

功率因数的提高，也降低了电力在传输过程中的能量损耗。电力系统根据系统运行要求设置合理的无功电源集中补偿的同时，要求广大电力用户在用电端进行无功电力补偿，根据用电负荷的变化自动投切无功补偿，以求得到无功就地平衡，这样可以做到按电压等级逐级补偿，从而减少各电压等级输电线路上的大量无功传送引起的功率损耗，达到降损节能的目的。

因此，为鼓励电力用户自行进行无功就地补偿改善功率因数，促使供用电双方和社会都能取得最佳的经济效益。在《供电营业规则》中，对客户用电功率因数规定了一定的标准，同时采用功率因数调整电费办法来考核客户的用电功率因数。当客户月考核加权平均功率因数高于要求标准时，能从供电企业得到一定的电费奖励，以补偿无功设备的投资增加；当低于标准时，则相应会增加电费支出，以补偿电力企业由此增加的开支。

2. 功率因数考核的标准值及实施范围

我国现行的功率因数考核，执行1983年出台的《功率因数调整电费办法》的。它根据用户不同的用电性质及功率因数可能达到的程度，分别规定其功率因数标准值及不同的考核办法。

（1）按月考核加权平均功率因数，分为以下三个不同级别。级别划分一般按用户用电性质、供电方式、电价类别及用电设备容量等因素来完成。

①功率因数考核标准值为0.90的，适用于以高压供电，其受电变压器容量与不经过变压器接用的高压电动机容量总和在160kVA（kW）以上的工业客户；3200kVA（kW）及以上的电力排灌站；以及装有带负荷调整电压装置的电力客户。

②功率因数考核标准值为0.85，适用于100kVA（kW）及以上的其他工业客户和100kVA（kW）及以上的非工业客户和电力排灌站，以及大工业客户未划归电力企业经营部门直接管理的趸售客户。

③功率因数考核标准值为0.8，适用于100kVA及以上的农业客户和大工业客户划归电力企业经营部门直接管理的趸售客户。

（2）对于个别情况可以降低考核标准或不予考核。对于不需要增设无功补偿设备，而功率因数仍能达到规定标准的客户，或离电源较近，电能质量较好，无需进一步提高功率因数的客户，都可以适当降低功率因数标准值，也可以经省、自治区、直辖市级电力经营企业批准，报上一级电力经营企业备案后，不执行功率因数调整电费办法。

对于已批准同意降低功率因数标准的客户，如果实际功率因数高于降低后的标准时，不予减收电费。但低于降低后的标准时，则按增收电费的百分数办理增收电费。

（八）趸售电价

趸售电价制度是电力趸售单位与符合国家有关法规规定以县级行政区域为供电范围的趸购转售单位之间的结算电价。

趸售电价的确定主要以售电量为主要因素，采取分段累进制的方法，同时考虑该地区的用电结构、供电成本及线损等因素进行微调。其价格由各省物价部门会同省电力部门综合当地趸售差价、峰谷用电比等因素核定。

三、电价分类

根据不同的划分标准，我们可以对电价进行不同的分类。目前主要的分类方法，包括以下几种。

（一）根据生产流通环节的不同进行分类

按照流通环节来分，现行电价主要有三类：上网电价、网间互供电价、销售电价。

（1）上网电价，是指独立核算的发电企业向电网经营企业提供上网电量时与电网经营企业之间的结算价格。

《电力法》规定："上网电价是实行同网、同质、同价。"即：要按照电能质量分等定价，优质优价，同质同价。具体的实施电价根据电压等级、频率稳定、出力稳定情况、调峰能力、供电可靠性等重要因素进行综合测定。

（2）网间互供电价，是指电网与电网间通过联络线相互提供电力电量的结算价格。

网间互供电价是指售电方和购电方为两个不同核算单位的电网（包括跨省、自治区、直辖市电网与独立电网之间，省级电网与独立电网之间的互供电价，独立电网与独立电网之间）相互交换电力电量的结算价格。

（3）销售电价，是指终端用户使用电力的结算价格。

现行的销售电价是根据电力综合成本，按照不同的用电性质进行个别成本分摊形成的。

（二）根据销售时的用电属性不同进行分类

为了健全和完善销售电价体系，促进电力用户公平负担，合理配置电力资源，我国的销售电价一直处在不断的变革和调整过程中。当前确定总的调整思路为：①将销售电价由现行主要依据行业、用途分类，逐步调整为以用电负荷特性为主分类，逐步建立结构清晰、比价合理、简繁适当的销售电价分类结构体系；②将现行销售电价逐步归并为居民生活用电、农业生产用电和工商业及其他用电价格三个类别；③销售电价分类结构调整，要考虑用户和电网企业承受能力，分步实施，平稳过渡。

在调整的过渡期间主要采取以下措施：

（1）暂列大工业电价类别。将现行大工业用电中的电解铝、电炉铁合金、电解烧碱、黄磷、电石、中小化肥等用电逐步归并于大工业用电类别。

（2）将现行非居民照明、非工业及普通工业、商业三类用电归并为一般工商业及其他用电类别。

（3）一般工商业及其他用电与大工业用电，逐步归并为工商业及其他用电类别。

（4）将目前单列的农业排灌用电、贫困县农业排灌用电和深井高扬程用电，逐步归并为农业生产用电类别。

（5）在用电类别归并过程中，按电压等级进行分档定价。具备条件的，可同时按电压等级、用电容量或单位容量用电量（利用小时）进行分档定价。

（6）一般工商业及其他用电中，受电变压器容量（含不通过变压器接用的高压电动机容量）在 315 千伏安（千瓦）及以上的，可先行与大工业用电实行同价并执行两部制电价。具备条件的地区，可扩大到 100 千伏安（千瓦）及以上用电。

（三）根据电压等级不同进行分类

按电压等级不同对电价分类，主要也是针对销售电价而言的，目前主要分以下几种：①不满 1kV 的电价；②1～10kV 的电价；③35～110kV（不含 110kV）的电价；④110～220kV（不含 220kV）的电价；⑤220kV 及以上的电价。

按电压等级对电价进行分类，一般将电压低的电价定得略高，中压电价稍高，高压供电电价定的最低，这主要是考虑到供电成本的不同、客户的投资和用电量的多少、用电性质以及线路损耗等因素。

四、销售电价分类适用范围

由于各地的情况不同，销售电价的分类标准和执行范围也不完全相同，为了健全和完善销售电价体系，国家发展和改革委员会于 2013 年 5 月下发了《国家发展改革委关于调整销售电价分类结构有关问题的通知》（发改价格［2013］973 号），规范了各类电价的适用范围。

（一）居民生活用电

（1）城乡居民住宅用电：城乡居民住宅用电是指城乡居民家庭住宅，以及机关、部队、学校、企事业单位集体宿舍的生活用电价格。

（2）城乡居民住宅小区公用附属设施用电（不包括从事生产、经营活动用电）执行居民生活用电价格。城乡居民住宅小区公用附属设施用电是指城乡居民家庭住宅小区内的公共场所照明、电梯、电子防盗门、电子门铃、消防、绿地、门卫、车库等非经营性用电。

（3）学校教学和学生生活用电、社会福利场所生活用电、宗教场所生活用电、城乡社区居民委员会服务设施用电及监狱监房生活用电，执行居民生活用电价格。

学校教学和学生生活用电是指学校的教室、图书馆、实验室、体育用房、校系行政用房等教学设施，以及学生食堂、澡堂、宿舍等学生生活设施用电等。

执行居民用电价格的学校，是指经国家有关部门批准，由政府及其有关部门、社会组织和公民个人举办的公办、民办学校，包括①普通高等学校（包括大学、独立设置的学院和高等专科学校）；②普通高中、成人高中和中等职业学校（包括普通中专、成人中专、职业高中、技工学校）；③普通初中、职业初中、成人初中；④普通小学、成人小学；⑤幼儿园（托儿所）；⑥特殊教育学校（对残障儿童、少年实施义务教育的机构）。不含各种经营性培训机构，如驾校、烹饪、美容美发、语言、电脑培训等。

社会福利场所生活用电是指经县级及以上人民政府民政部门批准，由国家、社会组织和公民个人举办的，为老年人、残疾人、孤儿、弃婴提供养护、康复、托管等服务场所的生活用电。

宗教场所生活用电是指经县级及以上人民政府宗教事务部门登记的寺院、宫观、清真寺、教堂等宗教活动场所常住人员和外来暂住人员的生活用电。

城乡社区居民委员会服务设施用电是指城乡社区居民委员会工作场所及非经营公益服务设施的用电。

（二）农业生产用电价格

农业生产用电价格，是指农业、林木培育和种植、畜牧业、渔业生产用电，农业灌溉用电，以及农业服务业中的农产品初加工用电的价格。其他农、林、牧、渔服务业用电和农副食品加工业用电等不执行农业生产用电价格。

（1）农业用电是指各种农作物的种植活动用电。包括谷物、豆类、薯类、棉花、油料、糖料、麻类、烟草、蔬菜、食用菌、园艺作物、水果、坚果、含油果、饮料和香料作物、中药材及其他农作物种植用电。

（2）林木培育和种植用电是指林木育种和育苗、造林和更新、森林经营和管护等活动用电。其中森林经营和管护用电是指在林木生长的不同时期进行的促进林木生长发育的活动用电。

（3）畜牧业用电是指为了获得各种禽畜产品而从事的动物饲养活动用电。不包括专门供体育活动和休闲等活动相关的禽畜饲养用电。

（4）渔业用电是指在内陆水域对各种水生动物进行养殖、捕捞，以及在海水中对各种水生动植物进行养殖、捕捞活动用电。不包括专门供体育活动和休闲钓鱼等活动用电以及水产品的加工用电。

（5）农业灌溉用电指为农业生产服务的灌溉及排涝用电。

（6）农产品初加工用电是指对各种农产品（包括天然橡胶、纺织纤维原料）进行脱水、凝固、去籽、净化、分类、晒干、剥皮、初烤、沤软或大批包装以提供初级市场的用电。

（三）工商业及其他用电价格

工商业及其他用电价格，是指除居民生活及农业生产用电以外的用电价格。

农村饮水安全工程供水用电，执行居民生活用电或农业生产用电价格，具体由各省（区、市）价格主管部门根据实际情况确定。

（1）大工业用电是指受电变压器（含不通过受电变压器的高压电动机）容量在315kVA及以上的下列用电：①以电为原动力，或以电冶炼、烘焙、熔焊、电解、电化、电热的工业生产用电；②铁路（包括地下铁路、城铁）、航运、电车及石油（天然气、热力）加压站生产用电；③自来水、工业实验、电子计算中心、垃圾处理、污水处理生产用电。

（2）中小化肥用电是指年生产能力为30万吨以下（不含30万吨）的单系列合成氨、磷肥、钾肥、复合肥料生产企业中化肥生产用电。其中复合肥料是指含有氮磷钾两种以上（含两种）元素的矿物质，经过化学方法制成的肥料。

（3）农副食品加工用电是指直接以农、林、牧、渔产品为原料进行的谷物磨制、饲料加工、植物油和制糖加工、屠宰及肉类加工、水产品加工，以及蔬菜、水果、坚果等食品的加工用电。

五、代收（征）费用

代收（征）费用是指随电费向客户征收的其他各项基金、附加费等。代收（征）费用的收取，应严格按照国家规定的审批权限进行审批。

目前国家规定允许向电力客户代收（征）的费用包括以下3项。

1. 电力建设资金（农网还贷资金）

电力建设资金是电力企业为缓解电力建设资金紧张，而在电价以外，按售电量征收的一种专项资金。价格为每千瓦时2分。中央1分，用于中央所属电力基本建设；地方1分，用于地方电力基本建设。该资金在不同时期，免征范围有所不同，视宏观经济政策由国家或国家指定部门指定。

2. 三峡工程建设基金

该资金是为解决我国最大的水利水电项目——三峡水电工程建设资金不足的问题而专项征收的，根据各地经济发达程度的不同，实行不同的征收标准，如华东电网执行每千瓦时1.5分的标准。

3. 城市公用事业附加费

为了解决城镇的电网维护管理和公益性事业（如，道路路灯等）的维护管理费用，由当地电力部门代征收，所收费用统交所在地财政部门或城建部门，资金专项用于城镇各方面的公共设施的维护管理。

六、电费计算

电费计算就是根据客户的抄见电量及其他相关参数，参照国家规定的计算方法及国家相关部门核准的电价，完成客户应收电费计算的整个过程。电费计算的流程如图2-3所示。

（一）相关电量的含义

1. 抄见电量

抄见电量是指在结算周期内，供电企业在客户处安装的计费电能表实际记录的用电量。它的计算方法如下

$$抄见电量 =（本期抄数 - 上期抄数）\times 电压互感器倍率 \times 电流互感器倍率 \quad (2-20)$$

2. 损耗电量

损耗电量是指因电能计量装置未能装设在产权分界处，按规定应增加（或减少）的除抄见电量以外的部分额外电量。

《供电营业规则》第七十四条规定："用电计量装置原则上应装在供电设施的产权分界处。如产权分界处不适宜装表的，对专线供电的高压用户，可在供电变压器出口装表计量；对公用

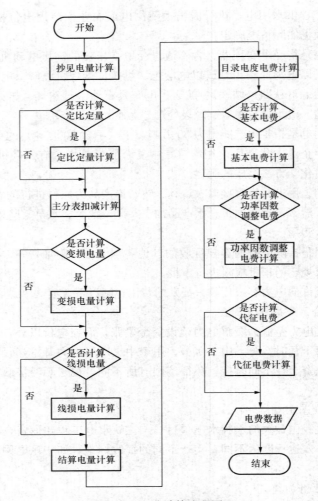

图 2-3　电费计算流程图

线路供电的高压用户，可在用户受电装置的低压侧计量。当用电计量装置不安装在产权分界处时，线路与变压器损耗的有功和无功电量均须有产权所有者负担。……"这是损耗电量收取的依据。

根据上述规定，与电费计算相关的损耗电量可能存在两个部分：专线客户因计量装置安装在供电变压器出口引起的损耗电量（简称"线损电量"）；公用线路供电的高压用户在低压侧计量引起的损耗电量（简称"变损电量"）。

（1）线损电量。

用电计量装置应装设在产权分界点，产权分界点至客户受电装置的连接线路属于客户的资产，应由客户自行维护、运行，其线路的损耗电量也理应由客户承担。

在实际营业过程中，因受安装条件等的限制，经常会出现如"产权分界点不具备装设计量装置的条件"或"在产权分界点装设计量装置将使供、用双方的投入大大的增加"等情况，经供、用双方协商同意（一般要求在《供用电合同》中明确），将用电计量装置安装在供、用双方连接线路的适当位置（俗称"计量点"）。

当计量点与产权分界点不一致时，它们之间连接线路的损耗电量就应该在结算电费时额外计收。以正常潮流方向为基准，当计量点在产权分界点前的，在结算电量中应减收线损电量；当计量点在产权分界点后的，在结算电量中，应加收线损电量。

线损电量一般包含有功线损和无功线损两部分，计算方法可分以下几种。

1）利用电流计算有功线损：

$$\Delta P = 3I^2Rt = 3I^2R_0Lt \times 10^{-3} \tag{2-21}$$

式中　ΔP——线路的损耗电量，kWh；

　　　　I——线路的电流值，在实际中，流过电路的实际电流为变动值，一般取平均电流 $I = P_e/(\sqrt{3}U_e\cos\varphi)$，A；

　　　　R——线路的总电阻值，Ω；

　　　　R_0——单位长度线路的电阻值，Ω/km；

　　　　L——线路长度，km；

　　　　t——用电时间，h。

2）利用抄见电量计算有功线损：

$$\Delta P = (P^2 + Q^2)/U^2t \times (R_0L \times 10^{-3}) \tag{2-22}$$

式中　P——抄见的有功电量，kWh；

　　　　Q——抄见的无功电量，kvarh。

3）按线损系数计算有功线损。

为简便实际电费计算，不少供电企业都采用理论线损值（根据线路的长度、导线截面及可能出现的负荷，计算线损率）与客户协商确定线损系数（即线损率）来计算线损电量。

有功线损：

$$\Delta P = PK \tag{2-23}$$

式中　ΔP——线路的损耗电量，kWh；

　　　　P——抄见的有功电量，kWh；

　　　　K——线损率，%。

这种方法大大减轻线损电量计算的工作量，建议能借鉴采用。只是按此法计算线损电量，其线损率收取标准一般要求在双方签订的供用电合同中加以明确。

（2）变损电量。

变损电量是变压器损耗电量的简称，它包括变压器的铜损与铁损两部分。

变压器是根据电磁感应原理工作的。当一次侧加有交变电压时，铁芯中将会产生交变磁通，同时产生磁滞与涡流损耗，这就是铁损，它包括有功铁损和无功铁损两部分。当电源电压一定时，铁损基本是个恒定值，而与负载电流大小和性质无关。

由于变压器一、二次绕组都有一定的电阻，当电流流过时，也将会产生一定的功率和电能损耗，这就是铜损。它包括有功铜损和无功铜损两部分。变压器的铜损与负载的大小和性质有关。

变损电量的计算，同样有好几种方法。

1）按抄见电量直接计算变损。

利用抄见有功电量和无功电量可以计算出变压器的功率损耗，其公式如下：

$$\Delta P = P_0T + P_k/S_e^2t \times (P^2 + Q^2) \tag{2-24}$$

$$\Delta Q = S_eI_0T + U_k/S_et \times (P^2 + Q^2) \tag{2-25}$$

式中　ΔP——变压器有功损耗，kWh；

　　　　P_0——变压器空载损耗，kW；

T——变压器运行时间，h；

P_k——变压器额定容量时的短路损耗，kW；

S_e——变压器额定容量，kVA；

t——用电时间，h；

P——抄见的有功电量，kWh；

Q——抄见的无功电量，kvarh；

I_0——变压器空载电流的百分比，%；

U_k——变压器短路电压的百分比，%。

2）利用技术测试数据计算线损。

用上述公式计算变压器的损耗电量颇为繁琐。在实际使用中经常使用简便方法分别计算变压器的铜、铁损电量，后相加计算变压器的损耗电量。

变压器的铁损电量为

$$\Delta P_{tie} = P_{t0} T \tag{2-26}$$
$$\Delta Q_{tie} = Q_{t0} T \tag{2-27}$$

变压器的铜损电量为

$$\Delta P_{tong} = PL \tag{2-28}$$
$$\Delta Q_{tong} = \Delta P_{tong} K \tag{2-29}$$

变压器损耗电量为

$$\Delta P = \Delta P_{tie} + \Delta P_{tong} \tag{2-30}$$
$$\Delta Q = \Delta Q_{tie} + \Delta Q_{tong} \tag{2-31}$$

式中　ΔP_{tie}——变压器有功铁损，kWh；

ΔQ_{tie}——变压器无功铁损，kvarh；

P_{t0}——变压器单位时间里的有功铁损，kW；

Q_{t0}——变压器单位时间里的无功铁损，kvar；

T——变压器的运行时间，h；

ΔP_{tong}——变压器有功铁损，kWh；

ΔQ_{tong}——变压器无功铁损，kvarh；

P——抄见有功电量，kWh；

L——变压器的铜损率；

K——变压器的无功铜损系数。

其中 P_{t0}、Q_{t0}、L、K 均只跟变压器的特性有关，为便于计算，可由权限部门将权威部门测试的不同系列、不同容量的变压器的相关参数列表公布，供使用部门在计算时引用。

3. 退补电量

退补电量是指在用电营业过程中发生的，按规（约）定需参与电费计算的其他电量的总称。

产生退补电量的原因很多，概括主要有以下几类：

（1）客户计量装置故障或接线错误造成的退补电量。

（2）营业工作中执行电价政策改变（包括正常改变和错误修改两种情况）或因营业工作差错引起的退补。

（3）用户违约用电和窃电，进行的退补。

（4）调整抄表时间，对部分客户产生退补。

退补电量为非常规结算电量，无论因何种原因产生，均应在确定前与客户取得联系，协商

一致后才可正式参与电费计算，以避免影响正常电费的回收。

4. 结算电量

结算电量，就是供电企业对电力客户最终结算电费的电量值。综合上述因素，结算电量值应包含：

$$结算电量 = 抄见电量 \pm 线损电量 + 变损电量 \pm 退补电量 \qquad (2-32)$$

（二）执行单一制电价的用户电费计算

目前各地电价分类不同，实行单一制电价的用户分类也不完全一样，主要有居民生活用户、普通工业用户、商业用户、非工业用户、农业生产用户等。

该类用户的电费主要为电度电费，若符合功率因数考核范围的用户则还包含功率因数调整电费。

1. 不实行功率因数考核的用户

$$电度电费 = 销售电价 \times 对应有功结算电量 \qquad (2-33)$$

若是执行分时电价考核，则电度电费分为尖峰电费（或是平段电费）、高峰电费、低谷电费。执行分时电价的居民用户一般包含高峰电费、低谷电费。

2. 实行功率因数考核的用户

（1）电度电费。

$$电度电费 = 销售电价 \times 对应有功结算电量 \qquad (2-34)$$

若是执行分时电价考核，则电度电费分为尖峰电费（或是平段电费）、高峰电费、低谷电费。

（2）功率因数调整电费。

根据抄表人员到现场抄录的电能表读数的信息计算得到抄见有功电量、无功电量，并考虑是否需要计入变压器的铜铁损、线损等各种情况后，得到结算有功电量、无功电量，利用公式计算用户该抄表周期的平均功率因数，为用户计算功率因数调整电费作好准备。计算实际功率因数时按规定"四舍五入"保留两位小数。

根据《供电营业规则》第四十一条规定：100kVA 及以上高压供电的用户功率因数为 0.90以上；其他电力用户和大、中型电力排灌站、定购转售电企业，功率因数为 0.85 以上；农业用电，功率因数为 0.80。

根据计算出的实际功率因数，结合用户的功率因数考核标准，查功率因数调整电费表（表2-8）可以得到用户的功率因数调整率。根据功率因数调整率计算功率因数调整电费（实际工作中也称为调电费）。按照电价政策，销售电价内包含的国家规定的各项代收（征）电价不列入功率因数调整电费计算。

各标准对应的电费调整率见表2-8～表2-10。

表 2-8　　　　　　　　　　0.90 为标准值的功率因数调整电费表

减收电费	实际功率因数	0.90	0.91	0.92	0.93	0.94	0.95～1.00							
	月电费减少%	0.00	0.15	0.30	0.45	0.60	0.75							
增收电费	实际功率因数	0.89	0.88	0.87	0.86	0.85	0.84	0.83	0.82	0.81	0.80	0.79	0.78	0.77	功率因数自 0.64 及以下，每降低 0.01 电费增加2%
		0.76	0.75	0.74	0.73	0.72	0.71	0.70	0.69	0.68	0.67	0.66	0.65		
	月电费增加%	0.50	1.00	1.50	2.00	2.50	3.00	3.50	4.00	4.50	5.00	5.50	6.00	6.50	
		7.0	7.5	8.0	8.5	9.0	9.5	10.1	11.0	12.0	13.0	14.0	15.0		

表 2 - 9   0.85 为标准值的功率因数调整电费表

减收电费	实际功率因数	0.85	0.86	0.87	0.88	0.89	0.90	0.91	0.92	0.93	0.94～1.00				
	月电费减少%	0.00	0.10	0.20	0.30	0.40	0.50	0.65	0.80	0.95	1.10				
增收电费	实际功率因数	0.84	0.83	0.82	0.81	0.80	0.79	0.78	0.77	0.76	0.75	0.74	0.73	0.72	功率因数自 0.59 及以下, 每降低 0.01 电费增加 2%
		0.71	0.70	0.69	0.68	0.67	0.66	0.65	0.64	0.63	0.62	0.61	0.60		
	月电费增加%	0.5	1.0	1.5	2.0	2.5	3.0	3.5	4.0	4.5	5.0	5.5	6.0	6.5	
		7.0	7.5	8.0	8.5	9.0	9.5	10.0	11.0	12.0	13.0	14.0	15.0		

表 2 - 10   0.80 为标准值的功率因数调整电费表

减收电费	实际功率因数	0.80	0.81	0.82	0.83	0.84	0.85	0.86	0.87	0.88	0.89	0.90	0.91	0.92～1.00	
	月电费减少%	0.00	0.10	0.20	0.30	0.40	0.50	0.60	0.70	0.80	0.90	1.00	1.15	1.30	
增收电费	实际功率因数	0.79	0.78	0.77	0.76	0.75	0.74	0.73	0.72	0.71	0.70	0.69	0.68	0.67	功率因数自 0.54 及以下, 每降低 0.01 电费增加 2%
		0.66	0.65	0.64	0.63	0.62	0.61	0.60	0.59	0.58	0.57	0.56	0.55		
	月电费增加%	0.5	1.0	1.5	2.0	2.5	3.0	3.5	4.0	4.5	5.0	5.5	6.0	6.5	
		7.0	7.5	8.0	8.5	9.0	9.5	10.0	11.0	12.0	13.0	14.0	15.0		

功率因数调整电费的计算公式为:

1) 不执行分时电价的用户

功率因数调整电费＝±调整率%×[有功结算电量×(电度电价－∑代征电价单价)]

2) 执行分时电价的用户

功率因数调整电费＝±调整率%×[尖峰结算电量×(尖峰电价－∑代征电价单价)＋高峰结算电量×(高峰电价－∑代征电价单价)＋低谷结算电量×(低谷电价－∑代征电价单价)]

上式中具体的代收(征)电价的种类及金额应根据各地的规定执行。

【例 2 - 4】 某实行功率因数考核的非工业用户,计量方式为高供低计,供电电压 10kV。变压器损耗相关参数为:有功空载损耗 0.66kW;无功空载损耗 5.46kvar;有功损耗系数 0.015;K 值 2.1。代征电价的类型及金额分别为:农网还贷资金 0.02 元/kWh;城市公用事业附加费 0.005 元/kWh;三峡工程建设基金 0.01436 元/kWh;大中型水库移民后期扶持资金 0.0083 元/kWh;可再生能源电价附加 0.004 元/kWh;地方水库移民后期扶持资金 0.0005 元/kWh。电费年月 2011 年 12 月正常抄表时对应的信息见表 2-11,请计算该用户应缴纳的电费。

表 2 - 11   2011 年 12 月电费信息

电量类型	本次示数	上次示数	综合倍率	电度电价单价 (元/kWh)	∑代征电价单价 (元/kWh)
正向有功总	48	41	80	0.881	0.052 16
正向无功总	17	15	80	—	—

解: 有功总抄见电量＝(48－41)×80＝560(kWh)

无功抄见电量＝(17－15)×80＝160(kvarh)

有功铜损＝560×0.015＝8.4(kWh)

无功铜损＝560×0.015×2.1＝17(kvarh)

有功铁损＝0.66×24×30＝475(kWh)

无功铁损＝5.46×24×30＝3931(kvarh)

结算有功电量＝560＋8＋475＝1043(kWh)

结算无功电量＝160＋17＋3931＝4108(kvarh)

电度电费＝1043×0.881＝918.88(元)

实际功率因数＝$\cos\left(\text{arctg}\dfrac{4108}{1043}\right)$＝0.25，该用户的标准功率因数为0.85，查功率因数调整电费表得功率因数调整率为85%，功率因数调整电费为

功率因数调整电费＝85%×1043×(0.881－0.05216)＝734.81(元)

该用户本月应交纳的电费＝918.88＋734.81＝1653.69(元)

【例2-5】 某普通工业用户，供电容量为200kVA，供电电压为10kV，计量方式为高供低计。已知该用户变压器对应的损耗参数分别为：有功损耗系数0.015；无功K值2.91；有功空载损耗0.48kW；无功空载损耗2.555kvar。2011年7月的电费信息见表2-12，请计算该用户应交纳的电费。

表2-12 2009年7月的电费信息

电量类型	上次示数	本次示数	综合倍率	目录电度电价单价 （元/kWh）	Σ代征电价单价 （元/kWh）
正向有功总	29 347	30 710	60	—	0.050 16
高峰	2672	2787	60	1.090 84	0.050 16
平段	13 082	13 641	60	0.792 84	0.050 16
低谷	13 592	14 282	60	0.480 84	0.050 16
正向无功总	12 716	13 384	60	—	—

解：（1）抄见电量。

抄见有功总电量＝(30 710－29 347)×60＝81 780(kWh)

抄见有功高峰电量＝(2787－2672)×60＝6900(kWh)

抄见有功平段电量＝(13 641－13 082)×60＝33 540(kWh)

抄见有功低谷电量＝(14 282－13 592)×60＝41 400(kWh)

由于该分时表的抄见峰、平、谷电量之和与总有功抄见电量不相等，按照国网营销系统标设的相关规定：平电量等于总有功抄见电量与抄见峰、谷电量之差。则

抄见有功平段电量＝81 780－6900－41 400＝33 480(kWh)

抄见无功总电量＝(13 384－12 716)×60＝40 080(kvarh)

（2）变压器损耗电量。

有功损耗电量＝0.48×24×30＋81 780×0.015＝1572(kWh)

有功高峰损耗电量＝$\dfrac{6900}{81\ 780}$×1572＝133(kWh)

有功低谷损耗电量＝$\dfrac{41\ 400}{81\ 780}$×1572＝796(kWh)

有功平段损耗电量＝1572 － 133 － 796＝643(kWh)

无功损耗电量＝2.555×24×30＋81 780×0.015×2.91＝5409(kvarh)

（3）结算电量。

结算有功总电量＝81 780＋1572＝83 352(kWh)

结算有功高峰电量＝6900＋133＝7033（kWh）

结算有功平段电量＝33 480＋643＝34 123（kWh）

结算有功低谷电量＝41 400＋796＝42 196（kWh）

结算无功总电量＝40 080＋5409＝45 489（kvarh）

（4）目录电度电费。

目录高峰电度电费＝7033×1.090 84＝7671.88（元）

目录平段电度电费＝34 123×0.792 84＝27 054.08（元）

目录低谷电度电费＝42 196×0.480 84＝20 289.52（元）

（5）代征电费。

$\sum$代征电费＝83 352×0.050 16＝4180.94（元）

（6）功率因数调整电费。

实际功率因数$=\cos\left(\arctan\dfrac{45\ 489}{83\ 352}\right)=0.88$，该用户的功率因数标准为0.9，查功率因数调整电费表得到功率因数调整率为1%。

功率因数调整电费＝1%×（7671.88＋27 054.08＋20 289.52）＝550.15（元）

（7）该用户本月交的电费为。

7671.88＋27 054.08＋20 289.52＋4180.94＋550.15＝59 746.57（元）

（三）执行两部制电价用户的电费计算

执行两部制电价用户的电费组成主要有基本电费、电度电费、功率因数调整电费。

若执行两部制电价的用户是执行分时电价的，则该用户的电度电费分为尖峰（平段）、高峰、低谷电费。

1. 基本电费的计算

基本电费的计费容量按受电变压器容量和不通过该变压器的高压电动机容量总和核定。基本电价按变压器容量或按最大需量计费方式，在不影响电网和受电变压器安全经济运行的前提下，由用户提前申请，经供用双方充分协商后确定，在一年之内应保持不变。

（1）按变压器容量收取。

按变压器容量收取基本电费时，其计算公式为

$$基本电费＝变压器容量×容量基本电价 \tag{2-35}$$

《供电营业规则》规定：以变压器容量计算基本电费的用户，其备用的变压器（含高压电动机），属冷备用状态并经供电企业加封的，不收基本电费；属热备用状态的或未经加封的，不论使用与否都计收基本电费。用户专门为调整用电功率因数的设备，如电容器、调相机等，不计收基本电费。在受电装置一次侧装有联锁装置互为备用的变压器（含高压电动机），按可能同时使用的变压器（含高压电动机）容量之和的最大值计算其基本电费。

如转供户为按容量计算基本电费，应按合同约定的方式进行扣减。

同一受电点有多路电源同时供电的客户，按变压器容量计收基本电费的，其变压器容量按主、备变压器（含高压电动机）容量之和计算。

（2）按最大需量收取。

按最大需量收取基本电费时，其计算公式为

$$基本电费＝最大需量×需量基本电价 \tag{2-36}$$

式中　最大需量——在本结算周期内，客户使用电力15min平均功率的最大值，kW。

基本电费计算的政策性较强，《供电营业规则》及其他相关物价管理权限部门对基本电费的

计算有一些严格的规定，在实际工作中必须认真执行。

《销售电价管理暂行办法》相关条款规定："基本电价按最大需量计费的用户应和电网企业签订合同，按合同确定值计收基本电费，如果用户实际最大需量超过核定值5%，超过5%部分的基本电费加一倍收取。用户可根据用电需求情况，提前半个月申请变更下一个月的合同最大需量，电网企业不得拒绝变更，但用户申请变更合同最大需量的时间间隔不得少于六个月。"若用户没有申请变更最大需量，则按该用户上一次申请的需量进行计算，直至用户申请变更为止。

《电热价格》相关条款的规定：用户申请最大需量，包括不通过变压器接用的高压电动机容量，低于按变压器容量（千伏安视同千瓦）和高压电动机容量总和的40%时，则按容量总和的40%核定最大需量。由于电网负荷紧张，电力部门限制用户的最大需量低于容量的40%时，可以按低于40%数核定最大需量。

《供电营业规则》规定：在计算转供户用电量、最大需量及功率因数调整电费时，应扣除被转供户、公用线路与变压器消耗的有功、无功电量。但是被转供户如果不执行功率因数调整电费时，其有功无功电量都不扣除。

最大需量按下列规定折算：

照明及一班制：每月用电量180kWh，折合为1kW；

二班制：每月用电量360kWh，折合为1kW；

三班制：每月用电量540kWh，折合为1kW；

农业用电：每月用电量270kWh，折合为1kW。

（3）变更用电时的基本电费。

《供电营业规则》第八十四条规定：基本电费以月计算，但新装、增容（增装）、变更与终止用电当月的基本电费，可按实用天数（日用电不足24小时的，按一天计算）每日按全月基本电费三十分之一计算。事故停电、检修停电、计划限电不减基本电费。

2. 电度电费计算

按规定计算出的结算电量与对应电价的乘积即为电度电费。若执行分时电价的用户，则要按尖峰（平段）、高峰、低谷电量分别计算电度电费。

3. 功率因数调整电费计算

与执行单一制电价用户功率因数调整电费计算方法相同，但值得注意的是执行两部制电价的用户在计算功率因数调整电费时要考虑基本电费。

执行分时电价的计算公式为

$$功率因数调整电费 = \pm 调整率\% \times [基本电费 + 尖峰结算电量 \times (尖峰电价 - \Sigma 代征电价单价)$$
$$+ 高峰结算电量 \times (高峰电价 - \Sigma 代征电价单价) + 低谷结算电量$$
$$\times (低谷电价 - \Sigma 代征电价单价)] \tag{2-37}$$

不执行分时电价的计算公式为

$$功率因数调整电费 = \pm 调整率\% \times [基本电费 + 有功结算电量 \times (电度电价 - \Sigma 代征电价单价)]$$

【例2-6】 10kV供电的某工业用户，合同容量为315kVA，高供低计，实行尖峰、高峰、低谷三费率考核，时间分别为2、10、12h，高峰为基准时段。配有600/5A的电流互感器。按需量计算基本电费，需量核定值为126kW，基本电价为40元/kW/月。每月20日抄表。12月份该用户提出暂停申请，12月11日完成加封工作，并抄表。变压器损耗相关参数：有功空载损耗0.75kW；无功空载损耗6.25kvar；有功损耗系数0.015；K值2.43。代征电价的类型及金额分别为：农网还贷资金0.02元/kWh；城市公用事业附加费0.005元/kWh；三峡工程建设基金0.014 36元/kWh；大中型水库移民后期扶持资金0.0083元/kWh；可再生能源电价附加0.004

元/kWh；地方水库移民后期扶持资金 0.0005 元/kWh。2012 年 12 月的电费信息见表 2 - 13，请计算该用户应交纳的电费。

表 2 - 13　　　　　　　　　　2012 年 12 月对应的表计信息

计度器类型	12 月 11 日抄见数	11 月 20 日抄见数	电度电价
有功总	2751.31	2615.47	
尖峰	138.13	127.08	1.081
高峰	754.82	696.22	0.899
低谷	1858.36	1792.17	0.415
无功总	731.3	706.9	
需量	0.6556	0.6325	

解： 计算综合倍率：600/5＝120

有功总抄见电量＝(2751.31－2615.47)×120＝16 301(kWh)

尖峰抄见电量＝(138.13－127.08)×120＝1326(kWh)

高峰抄见电量＝(754.82－696.22)×120＝7032(kWh)

低谷抄见电量＝(1858.36－1792.17)×120＝7943(kWh)

无功抄见电量＝(731.3－706.9)×120＝2928(kvarh)

有功铜损＝16 301×0.015＝245(kWh)

尖峰有功铜损＝(1326/16 301)×16 301×0.015＝20(kWh)

低谷有功铜损＝(7943/16 301)×16 301×0.015＝119(kWh)

高峰有功铜损＝245 － 20 － 119＝106(kWh)

无功铜损＝16 301×0.015×2.43＝594(kvarh)

有功铁损＝0.75×24×21＝378(kWh)

尖峰有功铁损＝378×2÷24＝32(kWh)

低谷有功铁损＝378×12÷24＝189(kWh)

高峰有功铁损＝378 － 32 － 189＝157(kWh)

无功铁损＝6.25×24×21＝3150(kvarh)

结算有功电量＝16 301＋245＋378＝16 924(kWh)

结算有功尖峰电量＝1326＋20＋32＝1378(kWh)

结算有功高峰电量＝7032＋106＋157＝7295(kWh)

结算有功低谷电量＝7943＋119＋189＝8251(kWh)

结算无功电量＝2928＋594＋3150＝6672(kvarh)

基本电费计算：

需量抄见电量＝0.6556×120＝79(kW)

因实际需量值未达到变压器容量的 40%，按变压器容量的 40% 计算：315×40%＝126。

基本电费＝126×(21/30)×40＝3528(元/月)

电度电费计算：

尖峰电费＝1378×1.081＝1489.62(元)

高峰电费＝7295×0.899＝6558.21(元)

低谷电费＝8251×0.415＝3424.17(元)

尖峰代征电费计算：

$1378 \times 0.01436 = 19.79$（元）

$1378 \times 0.005 = 6.89$（元）

$1378 \times 0.02 = 27.56$（元）

$1378 \times 0.0083 = 11.44$（元）

$1378 \times 0.0005 = 0.69$（元）

$1378 \times 0.004 = 5.51$（元）

合计 = 71.88 元

高峰代征电费计算：

$7295 \times 0.01436 = 104.76$（元）

$7295 \times 0.005 = 36.48$（元）

$7295 \times 0.02 = 145.90$（元）

$7295 \times 0.0083 = 60.55$（元）

$7295 \times 0.0005 = 3.65$（元）

$7295 \times 0.004 = 29.18$（元）

合计 = 380.52 元

低谷代征电费计算：

$8251 \times 0.01436 = 118.48$（元）

$8251 \times 0.005 = 41.26$（元）

$8251 \times 0.02 = 165.02$（元）

$8251 \times 0.0083 = 68.48$（元）

$8251 \times 0.0005 = 4.13$（元）

$8251 \times 0.004 = 33.00$（元）

合计 = 430.37 元

尖峰目录电度电费 = 1489.62 − 71.88 = 1417.74（元）

高峰目录电度电费 = 6558.21 − 380.52 = 6177.69（元）

低谷目录电度电费 = 3424.17 − 430.37 = 2993.80（元）

功率因数调整电费计算：

实际功率因数 = $\cos\left(\arctan\dfrac{6672}{16924}\right) = 0.93$，该用户的标准功率因数为 0.9，查功率因数调整电费表（表 2-9～表 2-11）得调整率为 −0.45%。

功率因数调整电费 = $-0.45\% \times (3528 + 1417.74 + 6177.69 + 2993.80) = -63.53$（元）

该用户本月交的电费 = 3528 + 1489.62 + 6558.21 + 3424.17 − 63.53 = 14936.47（元）

【例 2-7】 某工业用户，采用 35kV 专线供电，主供容量为 8000kVA，计量方式为高供高计，线损率为 0.1%，不考虑无功线损；备用供电容量为 1000kVA，供电电压为 10kV，计量方式为高供高计。实行尖峰、高峰、低谷三费率考核。按需量计算基本电费，需量核定值为 4000kW，基本电价为 38 元/kW·月。期间无其他变更情况。代征电价的类型及金额分别为：农网还贷资金 0.02 元/kWh；城市公用事业附加费 0.005 元/kWh；重大水利基金 0.01436 元/kWh；大中型水库移民后期扶持资金 0.0083 元/kWh；可再生能源电价附加 0.002 元/kWh；地方水库移民后期扶持资金 0.0005 元/kWh。2011 年 10 月的电费信息见表 2-14，请计算该用户应交纳的电费。

表 2 - 14　　　　　　　　　2011 年 10 月对应的表计信息

计度器类型	本次抄见数	上次抄见数	倍率	电度电价	Σ代征电价单价 （元/kWh）
有功总（主供）	4526.22	4462.55	14 000		
尖峰	386.54	381.26	14 000	1.031	0.5216
高峰	2557.79	2524.73	14 000	0.852	0.5216
低谷	1581.89	1556.56	14 000	0.379	0.5216
无功总	1242.64	1224.63	14 000		
需量	0.256	0	14 000		
有功总（备用）	164.82	149.68	1000		
尖峰	6.34	5.05	1000	1.054	0.5216
高峰	107.41	100.04	1000	0.872	0.5216
低谷	51.07	44.59	1000	0.388	0.5216
无功总	108.42	104.63	1000		
需量	0.328	0	1000		

解：（1）主供电源：

有功总抄见电量＝（4526.22－4462.55）×14 000＝891 380（kWh）

尖峰抄见电量＝（386.54－381.26）×14 000＝73 920（kWh）

高峰抄见电量＝（2557.79－2524.73）×14 000＝462 840（kWh）

低谷抄见电量＝（1581.89－1556.56）×14 000＝354 620（kWh）

无功抄见电量＝（1242.64－1224.63）×14 000＝252 140（kvarh）

需量抄见电量＝0.256×14 000＝3584（kW）

有功线损电量＝891 380×0.001＝891（kWh）

尖峰线损电量＝$\frac{73\ 920}{891\ 380}$×891＝74（kWh）

低谷线损电量＝$\frac{354\ 620}{891\ 380}$×891＝354（kWh）

高峰线损电量＝891－74－354＝463（kWh）

结算有功电量＝891 380＋891＝892 271（kWh）

结算有功尖峰电量＝73 920＋74＝73 994（kWh）

结算有功高峰电量＝462 840＋463＝463 303（kWh）

结算有功低谷电量＝354 620＋354＝354 974（kWh）

结算无功电量＝252 140kvarh

尖峰电度电费＝73 994×1.031＝76 287.81（元）

高峰电度电费＝463 303×0.852＝394 734.16（元）

低谷电度电费＝354 974×0.379＝134 535.15（元）

尖峰代征电费计算：

73 994×0.014 36＝1062.55（元）

73 994×0.005＝369.97（元）

73 994×0.02＝1479.88（元）

73 994×0.0083＝614.15(元)

73 994×0.0005＝37.00(元)

73 994×0.002＝147.99(元)

合计＝3711.54 元

高峰代征电费计算：

463 303×0.014 36＝6653.03(元)

463 303×0.005＝2316.52(元)

463 303×0.02＝9266.06(元)

463 303×0.0083＝3845.41(元)

463 303×0.0005＝231.65(元)

463 303×0.002＝926.61(元)

合计＝23 239.28 元

低谷代征电费计算：

354 974×0.014 36＝5097.43(元)

354 974×0.005＝1774.87(元)

354 974×0.02＝7099.48(元)

354 974×0.0083＝2946.28(元)

354 974×0.0005＝177.49(元)

354 974×0.002＝709.95(元)

合计＝17 805.5 元

尖峰目录电度电费＝76 287.81－3711.54＝72 576.27(元)

高峰目录电度电费＝394 734.16－23 239.28＝371 494.88(元)

低谷目录电度电费＝134 535.15－17 805.5＝116 729.65(元)

(2) 备用电源：

有功抄见电量＝(164.82－149.68)×1000＝15 140(kWh)

尖峰抄见电量＝(6.34－5.05)×1000＝1290(kWh)

高峰抄见电量＝(107.41－100.04)×1000＝7370(kWh)

低谷抄见电量＝(51.07－44.59)×1000＝6480(kWh)

无功抄见电量＝(108.42－104.63)×1000＝3790(kvarh)

需量抄见电量＝0.328×1000＝328(kW)

尖峰电度电费＝1290×1.054＝1359.66(元)

高峰电度电费＝7370×0.872＝6426.64(元)

低谷电度电费＝6480×0.388＝2514.24(元)

各代征电费计算与主供电源的代征电费计算方法相同。

尖峰代征电费＝64.71 元

高峰代征电费＝369.68 元

低谷代征电费＝325.03 元

尖峰目录电度电费＝1359.66－64.71＝1294.95(元)

高峰目录电度电费＝6426.64－369.68＝6056.96(元)

低谷目录电度电费＝2514.24－325.03＝2189.21(元)

按规定，双路电源情况下，若是一路常用一路备用电源，计算基本电费的需量值取大的计

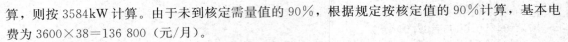

算，则按 3584kW 计算。由于未到核定需量值的 90%，根据规定按核定值的 90% 计算，基本电费为 3600×38＝136 800（元/月）。

实际功率因数 $=\cos\left(\arctan\dfrac{892\ 271+15\ 140}{252\ 140+3790}\right)=0.96$，该用户的标准功率因数为 0.9，查功率因数调整电费表（表 2-9）得调整率为 -0.75%。

功率因数调整电费 $=-0.75\%\times$（136 800＋72 576.27＋371 494.88＋116 729.65＋1294.95＋6056.96＋2189.21）$=-5303.56$（元）

总电费＝136 800＋76 287.81＋394 734.16＋134 535.15＋1359.66＋6426.64＋2514.24－5303.56＝747 354.10（元）

第三节　电力需求侧管理

一、电力需求侧管理的概念

需求侧管理（Demand Side Management，DSM）是指在政府法规和政策的支持下，采取有效的激励和引导措施以及适宜的运作方式，通过发电公司、电网公司、能源服务公司、社会中介组织、产品供应商、电力用户等共同协力，提高终端用电效率和改变用电方式，在满足同样用电功能的同时减少电量消耗和电力需求，达到节约资源和保护环境，实现社会效益最好、各方受益、最低成本能源服务所进行的管理活动。

我国电力需求侧管理经历了引入传播、初步应用、起步实施三个发展阶段。

20 世纪 90 年代，随着我国经济的快速发展，电力消费增长速度加快，人们逐渐认识到从电力需求侧挖掘节电、节能潜力的重要性，电力需求侧管理这一崭新的理念被引入我国。

进入 21 世纪后，电力需求侧管理得到了党中央、国务院领导的高度重视，并进一步得到了社会各界的广泛关注。《节约用电管理办法》、《加强电力需求侧管理工作的指导意见》等政策、法规的出台，使其进一步规范化，一批较大的试点示范项目开始实施。

2005 年以来，在国家发展改革委的主导下，我国相继出台、发布了电力需求侧管理的办法、方案，同时明确了各级政府是开展电力需求侧管理工作的主导，电网经营企业是电力需求侧管理重要实施主体，电力用户是电力需求侧管理的参与者和实施对象。

二、需求侧管理目标

需求侧管理的目标主要集中在电力和电量的改变上，一方面采取措施降低电网的峰荷时段的电力需求或增加电网的低谷时段的电力需求，以较少的新增装机容量达到系统的电力供需平衡；另一方面，采取措施节省或增加电力系统的发电量，在满足同样的能源服务的同时节约了社会总资源的耗费。从经济学的角度看，需求侧管理目标的目标就是将有限的电力资源最有效地加以利用，使社会效益最大化。在电力需求侧管理的规划实施过程中，不同地区的电网公司还有一些具体目标。如供电总成本最小、购电费用最小等目标。

三、需求侧管理对象

电力需求侧管理的对象主要指电力用户的终端用能设备，以及与用电环境条件有关的设施。包括以下 6 方面：①用户终端的主要用电设备，如照明系统、空调系统、电动机系统、电热、电化学、冷藏、热水器等；②可与电能相互替代的用能设备，如以燃气、燃油、燃煤、太阳能、沼气等作为动力的替代设备；③与电能利用有关的余热回收，如热泵、热管、余热和余压发电等；④与用电有关的蓄能设备，如蒸汽蓄热器、热水蓄热器、电动汽车蓄电瓶等；⑤自备发电厂，如自备背压式、抽气式热电厂，以及燃气轮机电厂、柴油机电厂等；⑥与用电有关的环境设施，如建筑物的保温、自然采光和自然采暖及遮阴等。

用电领域极为广阔，用电工艺多种多样，在确定具体的管理对象时一定要精心选择。尤其是节能项目一般要求投产快，要逐年连续实施，一定要有可采用的先进技术和设备作为实施需求侧管理措施必要的技术条件。

四、需求侧管理的资源

需求侧管理的资源主要指终端用电设备节约的电量和节约的高峰电力需求。主要包括：①提高照明、空调、电动机及系统、电热、冷藏、电化学等设备用电效率所节约的电力和电量；②蓄冷、蓄热、蓄电等改变用电方式所转移的电力；③能源替代、余能回收所减少和节约的电力和电量；④合同约定可中断负荷所转移或节约的电力和电量；⑤建筑物保温等改善用电环境所节约的电力和电量；⑥用户改变消费行为减少或转移用电所节约的电力和电量；⑦自备电厂参与调度后电网减供的电力和电量。

用户通过改造现有设备或改变用电习惯所获得的资源可称为"可改造的资源"。而用户新购买的设备如果仍然使用低效或普通效率的设备，这样新增加的可改造的资源可称为"可能丧失的资源"。需求侧管理要注重"可改造的资源"的挖掘，更要重视"可能丧失的资源"的流失。

五、需求侧管理特点

（1）DSM 适合市场经济运作机制，主要应用于终端用电领域。它遵守法制原则，鼓励资源竞争，讲求成本效益，提倡经济、优质、高效的能源服务，它的最终目的是建立一个以市场驱动为主的能效市场。

（2）节能节电具有量大面广和极度分散的特点。只有采取多方参与的社会行动，才能聚沙成塔、汇流成川；它的个案效益有限，而规模效益显著，且一方节能便可多方受益。节能节电是一种具有公益性的社会行为，需要发挥政府的主导作用，创造一个有利于 DSM 的实施环境。

（3）DSM 立足于长效和长远社会可持续发展的目标。要高度重视能效管理体制和节电运作机制的建设以及制定支持它们可操作的法规和政策，适度地干预能效市场，克服市场障碍，切实把节能落实到终端，转化为节电资源，才能起到需求侧资源替代供应侧资源的作用。

（4）用户是节能节电的主要贡献者。要采取约束机制和激励机制相结合、以鼓励为主的节能节电政策，在节电又省钱的基础上引导用户自愿参与 DSM。让用户明白：DSM 与传统的节能管理不同，提高用电效率不等于抑制用电需求，节电不等于限电，能源服务不等于能源管制，克服用户参与 DSM 的心理障碍，激发电力用户参与 DSM 活动的主动性和积极性，才能使节能节电走向日常运作的轨道。

六、需求侧管理内容

需求侧管理主要内容可概括为以下几个方面：

（1）提高能效。通过一系列措施鼓励用户使用高效用电设备替代低效用电设备及改变用电习惯，在获得同样用电效果的情况下减少电力需求和电量消耗。

（2）负荷管理。负荷管理又可称为负荷整形。通过技术和经济措施激励用户调整其负荷曲线形状，有效地降低电力峰荷需求或增加电力低谷需求，提高了电力系统的供电负荷率，从而提高了供电企业的生产效益和供电可靠性。

（3）能源替代及余能回收。在成本效益分析的基础上，如果用户的设备采取其他的能源形式比使用电能效益更好，则更换或新购使用其他能源形式的设备，这样减少使用的电力和电能也可看作需求侧管理的重要内容。用户通过余能回收来发电就可以减少从电力系统取用的电力和电量。

（4）新能源发电。用户出于可靠、经济和因地制宜考虑，装有各种自备电源，如：电池储

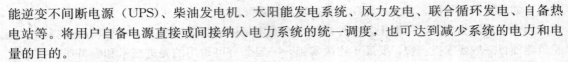

能逆变不间断电源（UPS）、柴油发电机、太阳能发电系统、风力发电、联合循环发电、自备热电站等。将用户自备电源直接或间接纳入电力系统的统一调度，也可达到减少系统的电力和电量的目的。

七、需求侧管理的实施手段

为了完成综合资源规划，实施需求侧管理，必须采取多种手段。这些手段以先进的技术设备为基础，以经济效益为中心，以法制为保障，以政策为先导，采用市场经济运作方式，讲究贡献和效益。概括起来主要有技术手段、经济手段、引导手段、行政手段等四种。

（一）技术手段

技术手段指的是针对具体的管理对象，以及生产工艺和生活习惯的用电特点，采用当前技术成熟的先进节电技术和管理技术及其相适应的设备来提高终端用电效率或改变用电方式。改变用户用电方式和提高终端用电效率所采取的技术手段各不相同。

1. 改变用户的用电方式

改变用户用电方式的技术手段主要包括以下几种。

（1）直接负荷控制。

直接负荷控制是在电网峰荷时段，系统调度人员通过负荷控制装置控制用户终端用电的一种方法。直接负荷控制多用于工业的用电控制，以停电损失最小为原则进行排序控制。

（2）时间控制器和需求限制器。

利用时间控制器和需求限制器等自控装置实现负荷的间歇和循环控制，是对电网错峰比较理想的控制方式。

（3）低谷和季节性用电设备。

增添低谷用电设备。在夏季尖峰的电网可适当增加冬季用电设备，在冬季尖峰的电网可适当增加夏季用电设备。在日负荷低谷时段，投入电气锅炉或蓄热装置采用电气保温，在冬季后夜可投入电暖气或电气采暖空调等进行填谷。

（4）蓄能装置。

在电网日负荷低谷时段投入电气蓄能装置进行填谷，如电气蓄热器、电动汽车蓄电瓶和各种可随机安排的充电装置等。

（5）蓄冷蓄热装置。

采用蓄冷蓄热技术是移峰填谷最为有效的手段，在电网负荷低谷时段通过蓄冷蓄热将能量储存起来，在负荷高峰时段释放出来转换利用，达到移峰填谷的目的。

2. 提高终端用电效率

提高终端用电效率是用户通过采用先进的节能技术和高效设备来实现。主要包括以下方面。

（1）高效照明系统。

选择高效节能照明器具替代传统低效的照明器具，使用先进的控制技术以提高照明用电效率和照明质量。双量方面以电价缺、大量外购峰荷电力的电网。

（2）电动机系统。

电动机系统包括调速（或调压）控制传动装置—电动机—被拖动机械（泵，风机和空压机等机械）三大部分。电动机与被驱动设备很好的匹配，使其运行在负载的高效区域；采用高效拖动机械；应用各种调速技术等都可实现电动机系统的节电运行。

（3）高效变压器及其配电系统。

S11 系列油浸变压器，SC10 系列干式变压器，以及非晶合金配电变压器是目前推广的高效变压器。

（4）高效电加热技术。

远红外加热，微波加热，中、高频感应加热等技术。

（5）高效节能家用电器。

包括高效家用空调器、变频空调器、节能型电冰箱、节能型电热水器、热泵热水器、节能型洗衣机、高效电炊具等。

（二）经济手段

需求侧管理的经济手段是指各种电价、直接经济激励和需求侧竞价等措施，通过这些措施刺激和鼓励用户改变消费行为和用电方式，安装并使用高效设备，减少电量消耗和电力需求。电价是由供应侧制订的，属于控制性经济手段，用户被动响应；直接经济激励和需求侧竞价属于激励性经济手段，需求侧竞价加入了竞争，用户主动响应，积极利用这些措施的用户在为社会作出增益贡献的同时也降低了自己的生产成本，甚至获得了一些效益。对不参与节电的用户不予经济激励，但也不应损害其经济利益。

1. 各种电价结构

电价是影响面大和敏感性强的一种很有效而且便于操作的经济激励手段，但它的制定程序比较复杂，调整难度较大。主要是制定一个适合市场机制的合理的电价制度，使它既能激发电网公司实施需求侧管理的积极性，又能激励用户主动参与需求侧管理活动。

国内外实施通行的电价结构有容量电价、峰谷电价、分时电价、季节性电价、可中断负荷电价等。

2. 直接激励措施

（1）折让鼓励。

折让鼓励给予购置特定高效节电产品的用户、推销商或生产商适当比例的折让，注重发挥推销商参与节电活动的特殊作用，以吸引更多的用户参与需求侧管理活动，并促使制造厂家推出更好的新型节电产品。

（2）借贷优惠鼓励。

借贷优惠鼓励是非常通行的一个市场工具。它是向购置高效节电设备的用户，尤其是初始投资较高的那些用户提供低息或零息贷款，以减少他们参加需求侧管理项目在资金短缺方面存在的障碍。

（3）节电设备租赁鼓励。

节电设备租赁鼓励是把节电设备租借给用户，以节电效益逐步偿还租金的办法来鼓励用户节电。

（4）节电奖励。

节电奖励是对第二、三产业用户提出准备实施或已经实施且行之有效的优秀节电方案给予"用户节电奖励"，借以树立节电榜样以激发更多用户提高效率的热情。节电奖励是在对多个节电竞选方案进行可行性和实施效果的审计和评估后确定的。

3. 需求侧竞价

需求侧竞价是在电力市场环境下出现的一种竞争性更强的激励性措施。用户采取措施获得的可减电力和电量在电力交易所采用招标、拍卖、期货等市场交易手段卖出"负瓦数"，获得一定的经济回报，并保证了电力市场运营的高效性和电力系统运行的稳定性。

（三）引导手段

引导是对用户进行消费引导的一种有效的、不可缺少的市场手段。相同的经济激励和同样的收益，用户可能出现不同的反应，关键在于引导。通过引导使用户愿意接受需求侧管理的措施，知道如何用最少的资金获得最大的节能效果，更重要的是在使用电能的全过程中自觉挖掘节能的潜力。

主要的引导手段有：节能知识宣传、信息发布、免费能源审计、技术推广示范、政府示范等。主要的方式有两种：一种是利用各种媒介把信息传递给用户，如电视、广播、报刊、展览、广告、画册、读物、信箱等；另一种是与用户直接接触提供各种能源服务，如培训、研讨、诊断、审计等。经验证明：引导手段的时效长、成本低、活力强，关键是选准引导方向和建立起引导信誉。

（四）行政手段

需求侧管理的行政手段是指政府及其有关职能部门，通过法律、标准、政策、制度等规范电力消费和市场行为，推动节能增效、避免浪费、保护环境的管理活动。

政府运用行政手段宏观调控，保障市场健康运转，具有权威性、指导性和强制性。如将综合资源规划和需求侧管理纳入国家能源战略，出台行政法规、制定经济政策，推行能效标准标识及合同能源管理、清洁发展机制，激励、扶持节能技术、建立有效的能效管理组织体系等均是有效的行政手段。调整企业作息时间和休息日是一种简单有效的调节用电高峰的办法，应在不牺牲人们生活舒适度的情况下谨慎、优化地使用这一手段。

八、需求侧管理的实施体系

根据国外经验及我国的实际情况，需求侧管理要能顺利实施并取得明显效益，除了各方积极参与外，关键还要有一个比较完善的实施体系。

1. 政府

在实施需求侧管理过程中占主导地位，是社会效益的维护者，估计各方利益。出于对社会效益的更多考虑，政府在法规、标准、体制、金融、财税、物价等方面建立和完善宏观调控体系，推进、协调和监督实施需求侧管理，督促电力公司建立有利于实施需求侧管理的机制。

2. 电力公司

电力公司是实施需求侧管理的主体，必须建立实施需求侧管理的有效机制。要明确实施需求侧管理是电力公司的职能范围，并协助编制需求侧管理的长远规划和年度计划。运用经济、技术和宣传等手段，组织实施政府下达的需求侧管理计划，并将实施情况报告政府有关部门。

3. 电力用户

电力用户是需求侧管理项目的执行者，在法律法规、政策、标准的规范约束和推动下，按成本效益原则选择实施需求侧管理项目，并加以实施。

4. 节能服务公司

节能服务公司是实施需求侧管理的重要中介机构。向用户提供节电信息、能源审计、节能项目设计、原材料和设备采购、施工、培训、运行维护、节能监测等一条龙综合服务，并通过与客户分享需求侧管理项目实施后产生的节能效益来取得盈利与发展。

九、实施需求侧管理的意义

1. 对社会和全人类有利

在目前全球能源紧缺的环境下，实施需求侧管理可以节约能源，提高能源利用效率，减少能源消耗的同时还可以减少污染物的排放，有利于改善环境，遏制人类生存环境的恶化，因此，实施需求侧管理具有重要的战略意义。

2. 对电力企业有利

实施需求侧管理，可以减少或延缓电厂和输配电设施的建设，减少电力投资，降低电网运营支出。

3. 对用户有利

实施需求侧管理，使用户用电方式更加合理。由于电能利用率的提高，节约了电量的使用，从而使用户的电费支出减少，降低了产品成本，提高了效益。

另外，由于需求侧管理是供电侧和需求侧共同协力完成的，也融洽了供用电双方的关系，提高了为用电客户服务的质量。

十、有序用电

有序用电，是指在电力供应不足、突发事件等情况下，通过行政措施、经济手段、技术方法，依法控制部分用电需求，维护供用电秩序平稳的管理工作。有序用电工作遵循安全稳定、有保有限、注重预防的原则。

国家发展和改革委员会负责全国有序用电管理工作，国务院其他有关部门在各自职责范围内负责相关工作。县级以上人民政府电力运行主管部门负责本行政区域内的有序用电管理工作，县级以上地方人民政府其他有关部门在各自职责范围内负责相关工作。

电网企业是有序用电工作的重要实施主体；电力用户应支持配合实施有序用电。

1. 有序用电方案编制

各省级电力运行主管部门应组织指导省级电网企业等相关单位，根据年度电力供需平衡预测和国家有关政策，确定年度有序用电调控指标，并分解下达各地市电力运行主管部门。各地市电力运行主管部门应组织指导电网企业，根据调控指标编制本地区年度有序用电方案。地市级有序用电方案应定用户、定负荷、定线路。各省级电力运行主管部门应汇总各地市有序用电方案，编制本地区年度有序用电方案，并报本级人民政府、国家发展和改革委员会备案。

编制年度有序用电方案原则上应按照先错峰、后避峰、再限电、最后拉闸的顺序安排电力电量平衡。各级电力运行主管部门不得在有序用电方案中滥用限电、拉闸措施，影响正常的社会生产生活秩序。

编制有序用电方案原则上优先保障以下用电：

(1) 应急指挥和处置部门，主要党政军机关，广播、电视、电信、交通、监狱等关系国家安全和社会秩序的用户。

(2) 危险化学品生产、矿井等停电将导致重大人身伤害或设备严重损坏企业的保安负荷。

(3) 重大社会活动场所、医院、金融机构、学校等关系群众生命财产安全的用户。

(4) 供水、供热、供能等基础设施用户。

(5) 居民生活，排灌、化肥生产等农业生产用电。

(6) 国家重点工程、军工企业。

同时，编制有序用电方案应贯彻国家产业政策和节能环保政策，原则上重点限制以下用电：

(1) 违规建成或在建项目。

(2) 产业结构调整目录中淘汰类、限制类企业。

(3) 单位产品能耗高于国家或地方强制性能耗限额标准的企业。

(4) 景观照明、亮化工程。

(5) 其他高耗能、高排放企业。

各级电力运行主管部门和电网企业应及时向社会和相关电力用户公布有序用电方案，加强宣传并组织演练。有序用电方案涉及的电力用户应加强电能管理，编制具有可操作性的内部负荷控制方案。电网企业应充分利用电力负荷管理系统等技术手段给予帮助指导。重要用户应按照国家有关规定配置应急保安电源。本地区电力供需平衡发生重大变化时，省级电力运行主管部门应及时调整年度有序用电方案。

　　各级电力运行主管部门应定期向社会发布电力供需平衡预测、有序用电方案、相关政策措施等供用电信息，并可委托电网企业披露月度及短期供用电信息。各省级电网企业应密切跟踪电力供需变化，预计因各种原因导致电力供应出现缺口的，应及时报告相关省级电力运行主管部门。

　　各级电力运行主管部门和电网公司应及时向社会发布预警信息。原则上按照电力或电量缺口占当期最大用电需求比例的不同，预警信号分为四个等级：

　　Ⅰ级：特别严重（红色、20%以上）；

　　Ⅱ级：严重（橙色、10%～20%）；

　　Ⅲ级：较重（黄色、5%～10%）；

　　Ⅳ级：一般（蓝色、5%以下）。

　　2. 有序用电方案实施

　　各省级电力运行主管部门应根据电力供需情况，及时启动有序用电方案，并报告本级人民政府、国家发展和改革委员会。有序用电方案实施期间，电网企业应在电力运行主管部门指导下加强网省间余缺调剂和相互支援。发电企业应加强设备运行维护和燃料储运。电力用户应加强节电管理，有序用电方案涉及的用户应按要求采取相应措施。电网企业应依据有序用电方案，结合实际电力供应能力和用电负荷情况，合理做好日用电平衡工作。在保证有序用电方案整体执行效果的前提下，电网企业应优化有序用电措施，在电力电量缺口缩小时及时有序释放用电负荷，尽量满足用户合理需求，减少限电损失。紧急状态下，电网企业应执行事故限电序位表、处置电网大面积停电事件应急预案和黑启动预案等。除此之外，在对用户实施、变更、取消有序用电措施前，电网企业应通过公告、电话、传真、短信等方式履行告知义务。有序用电方案实施期间，电网企业应开展有序用电影响用电负荷、用电量等相关统计工作，并及时报电力运行主管部门。

　　各地可利用电力需求侧管理等方面的资金，对除产业结构调整目录中淘汰类、限制类企业外实施有序用电的用户给予适当补贴。鼓励有条件的地区建立可中断负荷电价和高可靠性电价机制。省级价格主管部门会同电力运行主管部门，可按照收支平衡的原则，确定可中断负荷电价和高可靠性电价标准，按规定报批后执行。电网企业可与除产业结构调整目录中淘汰类、限制类企业外的电力用户协商签订可中断负荷协议、高可靠性负荷协议，在有序用电方案实施期间，执行可中断负荷电价、高可靠性电价。电网企业因执行上述电价政策造成的收支差额，纳入当地销售电价调整统筹平衡。对积极采取电力需求侧管理措施并取得明显效果的电力用户，可适度放宽对其用电的限制。

　　有序用电方案实施期间，各地电力运行主管部门应对方案执行情况组织监督检查。

　　（1）对执行方案不力、擅自超限额用电的电力用户，要责令改正；情节严重的，可按照国家规定程序停止供电。

　　（2）对违反有序用电方案和相关政策的电网企业，要责令改正；情节严重的，可通报批评。

　　（3）对非计划停机或出力受阻的发电企业，省级电力运行主管部门应加大考核力度，可相应调减其年度发电量。

【思考与练习】

　　1. 现场勘查的主要内容有哪些？

　　2. 高压供电客户供电方案的内容有哪些？

　　3. 什么是计算负荷？确定计算负荷的方法有哪些？

4. 确定供电电压的原则有哪些？

5. 重要电力用户供电电源的配置有哪些要求？

6. 自备应急电源配置的原则有哪些？

7. 重要电力用户的运行方式有哪些？

8. 如何确定无功补偿装置的容量？

9. 办理减容业务应遵循哪些规定？

10. 我国现行的电价制度主要有哪些？

11. 实施需求侧管理的手段有哪些？

12. 编制有序用电方案时，应优先保证哪些负荷用电？

第三章

供用电合同

第一节 供用电合同的管理

一、供用电合同的分类

供用电合同是供电方（供电企业）根据客户的需要和电网的可供能力，在遵守国家法律、行政法规，符合国家供用电政策的基础上，与用电方（客户）签订的明确供用电双方权利和义务关系的协议。

供用电合同分为高压供用电合同、低压供用电合同、临时供用电合同、趸购电合同、委托转供电协议、居民供用电合同六种。

（1）高压供用电合同：适用于供电电压为 10（6）kV 及以上的高压电力用户。

（2）低压供用电合同：适用于供电电压为 380/220V 低压普通电力用户。

（3）临时供用电合同：适用于短时、非永久性用电的用户。按《供电营业规则》第十二条规定的，即农田水利、基建工地、市政建设、抢险救灾等临时用电。

（4）趸购电合同：适用于以向供电企业趸购电力，再转售给用户购电的情况。

（5）委托转供电协议：适用于公用供电设施未到达地区，供电方委托有供电能力的用户（转供电方）向第三方（被转供方）供电的情况。这是在供电方分别与转供电方和被转供电方签订供用电合同的基础上，三方共同就转供电有关事宜签订的协议。

（6）居民供用电合同：适用于居民用户。城乡单一居民生活用电性质的用电人，其数量众多，执行电价单一，一般采用背书合同，在用电人申请用电时即与申请人签订。

供用电合同分为格式合同和非格式合同两种，居民供用电合同为格式合同，采用省级工商局备案的统一格式合同，其余五种合同为非格式合同，采用国家电网公司制定的统一《供用电合同》示范文本。

供用电双方签订的电力调度协议、产权分界协议、并网协议、电费结算协议等作为供用电合同的附件是供用电合同的重要组成部分，与供用电合同具有同等法律效力。经双方同意的有关修改合同的文书、电报、信件等也可作为供用电合同的组成部分。

在使用供用电合同示范文本时，实际使用单位可结合实际情况，可适当增、减条款或派生相应的合同文本。为有效降低风险，增加的条款要符合有关法律、法规的规定，减少的条款仅限于此类用户没有的供、受电设备，而无需在合同中出现该条款的情况。要特别注意增、减或派生合同的条款对供、用电双方必须公平、合理。

供用电合同编号统一采用户号加两位流水号方式确定。

二、供用电合同管理工作内容

供用电合同管理是指供用电合同起草、会审（会签）、签约、履行、变更、终止全过程的管理，包括资信调查、合同谈判、签订、履行、变更、解除、纠纷处理以及合同文本的建档、保存等。

供电企业的供用电合同宜采用"集中管理、分级办理"的原则开展管理工作。

（一）供用电合同档案管理

（1）供用电合同及有关资料，应在供电企业营销部门分级建档管理，妥善保管，并实行计算机管理，所有非居民供用电合同文本应录入营销系统，实现供用电合同管理的规范化和信息化，满足查询和管理的需要。

（2）《供用电合同》正本、副本各一式二份，供用电双方各分别执一份，合同正本应保存在客户营业档案内，副本应保存在客户用电检查档案内。持有供用电合同的部门应设专人保管，不得遗失。

（3）供用电合同附件以及其他证明供用电合同关系和供用电状况的记录材料应与供用电合同一并长期保存。

（4）应制定供用电合同文本借阅管理制度，供用电合同正本不得外借。

（5）供用电合同签订、变更后，合同承办人应及时将合同文本归档；合同履行中，合同承办人应将履行过程中产生的与合同相关的文件材料及时归档。

（6）供用电合同废止，应加盖"供用电合同废止章"，注明废止日期，已废止的供用电合同应至少保存 5 年以上方可销毁。销毁供用电合同应建立销毁供用电合同台账。

（7）各级供电企业应按照月、季、年对供用电合的签订、履行和管理进行统计分析，并及时将统计结果报上级供用电合同管理部门。

（二）供用电合同的签订

供电企业与申请用电的电力客户应在送电前，本着平等自愿、协商一致的原则，根据客户的用电需求和供电企业的供电能力，依法签订供用电合同。凡拒绝签订合同的，视为客户不认可与供电企业之间的供用电关系，供电企业不承担供电责任和义务。

供用电合同的签订实行分级负责的原则，按各自供电营业范围与客户签订。供用电合同签约率应达到100％。

用电方每一个受电点作为一个计费单位，原则上签订一份供用电合同。客户的一个受电点引入两个或两个以上不同供电营业区电源供电的，可分别签订供用电合同，或经报上级单位批准后，由指定的供电企业与客户签订供用电合同。

签订供用电合同一般应县备下列条件：

（1）客户的用电申请报告或用电申请书。

（2）供电企业批复的供电方案。

（3）客户受电装置竣工检验报告。

（4）客户按规定交纳了有关费用。

（5）双方约定的其他文件。

供用电合同必须由供用电双方法定代表人或其授权委托人签订。授权委托人必须持有有效的《法定代表人授权委托书》。《授权委托代理书》应作为合同附件存档。

供电企业的供用电合同签约人必须持有有效的《法定代表人授权委托书》，方可在授权期限内按照授权范围与客户签订供用电合同。法定代表人授权书的管理，应严格执行合同管理的相关规定。供电企业法定代表人（负责人）只能向已取得《授权委托代理人资格证书》的人员签发《授权委托代理书》，委托其签订供用电合同，授权委托方式可采用定期限一次性委托或单项委托。

供用电合同用章统一规格、统一编号，由各级供电企业刻制，并指定专人保管。签订供用电合同时，须在供电企业签约人签字（或盖章）后加盖"供用电合同专用章"；供用电合同废止时，应在合同文本封面右上方加盖"供用电合同废止章"；所有供用电合同应加盖合同骑缝章。

供用电合同印章管理应遵循公司的印章管理办法，严格按照供用电合同专用章使用范围和审批程序使用供用电合同专用章，杜绝违规使用。市、县供电企业应制定供用电合同专用章的具体管理办法。

签订供用电合同前必须对对方进行严格的资质审查，防止无效合同和产生合同风险。资质审查材料包括：法定代表人身份证明书、法定代表人授权委托书、营业执照等。

1. 受电电压为10kV专线和35kV及以上电压等级的客户供用电合同的签订程序

（1）由各供电企业供用电合同承办部门负责拟定供用电合同初稿，并与客户洽谈确认。

（2）经本单位发策、生产、调度、法律等相关部门会审。

（3）报本单位分管领导审查批准。

（4）与客户签订供用电合同。

2. 受电电压10kV的客户（不含专线）和低压电力客户供用电合同的签订程序

（1）由各供电企业供用电合同承办部门负责拟定供用电合同初稿，并与客户洽谈确认。

（2）经承办部门专责人会签，负责人审查批准。

（3）与客户签订供用电合同。

3. 趸售供用电合同的签订程序

（1）由市级供电企业供用电合同承办部门负责拟定供用电合同初稿。

（2）由市级供电企业与县级供电企业、县级供电企业与自供区洽谈。

（3）报省电力公司审批。

（4）双方签订供用电合同。

4. 居民供用电合同的签订程序

由居民在申请用电时，在《居民生活用电开户登记表》背面的居民供用电格式合同上签字完成。

5. 特殊用户的供用电合同的签订程序

（1）由各供电企业供用电合同承办部门负责拟定供用电合同初稿，并与客户洽谈确认。

（2）经本单位发策、生产、调度、法律等相关部门会审。

（3）报市级供电企业分管领导审查。

（4）报省电力公司审批。

（5）与客户签订供用电合同。

需要上报省公司的特殊用户包括：

（1）受电电压在110kV及以上用户。

（2）跨地区供电的高压电力用户。

（3）非正弦负荷、冲击性负荷、三相不平衡负荷等总容量在10 000kVA及以上的用户。

（4）省电力公司认为重要的其他用户。

（三）供用电合同的履行、变更和解除

供用电合同有效期限一般不超过5年。合同有效期届满，双方均未对合同履行提出书面异议，合同效力按本合同有效期重复继续维持，若其中一方提出书面异议需对原合同主要条款进行修订的，则原合同废止，重新签订合同。上述事项应在双方所签的供用电合同中作出明确约定。

供用电合同生效后要依法履行合同，不得无故中止履行。

供用电合用的变更或解除应当依照有关法律、法规的规定，当情况发生变化时，供用电双方应及时协商，修改合同有关内容。

合同的变更和解除必须符合下列条件之一：

（1）当事人双方经过协商同意，并且不因此损害国家利益和扰乱供用电秩序。

（2）由于供电能力的变化或国家对电力供应与使用政策调整修改，使订立供用电合同的依据被修改或取消。

（3）用户供电电压、产权分界点发生变化。

（4）当事人一方依照法律程序确定确实无法履行合同。

（5）由于不可抗力或一方当事人虽无过失但无法防止的外因，致使合同无法履行。

供用电双方在合同履行期间要求变更和解除合同时应以书面形式通知对方；对方应在法定或约定的期限内答复。在未达成变更或解除合同书面协议之前，原合同继续履行。

符合供用电合同变更或解除条件的，双方应签订变更或解除协议，变更或解除合同的程序与合同签订程序相同。供用电合同变更或解除后，其台账、档案等资料应相应更改。

与客户依法解除供用电合同时，必须与客户结清全部电费和其他债务，同时，终止对该客户的供电。

（四）供用电合同的纠纷处理

（1）供用电合同在履行过程中发生争议的，应当在法定期限内，通过以下步骤和方式解决：

1）双方自行协商解决。

2）提请电力管理部门调解。

3）供用电合同有明确的仲裁条款的，向约定的仲裁机构申请仲裁。

4）供用电合同未约定仲裁或约定不明的，依法向人民法院提起诉讼。

（2）各级供电企业应按法定的纠纷处理程序，依法处理供用电合同纠纷。

（3）供用电合同争议经裁决后，对方拒不执行的，应及时申请法院强制执行。

（4）各供电企业应当建立供用电合同争议及处理的报告、备案制度。合同争议发生后7日内、结案后15日内应将书面材料报省公司备案。

（5）各供电企业重大供用电合同争议的调解、仲裁及诉讼，应及时上报省公司。

（五）检查与监督

（1）各供电企业用电检查人员负责对所辖电力用户履行供用电合同的行为进行检查。若发现电力用户违反供用电合同的行为，应查明原因，按合同约定的条款及法律法规的规定依法追究其违约责任。

（2）各级法律部门和营销部门负责定期对供电企业内部供用电合同签订和履行情况进行监督、检查，发现问题及时处理，对于合同本身存在问题的，应责令重签。

第二节 供用电合同签订

一、签订供用电合同的目的意义

供用电合同的签订，对保护供用电双方的合法权益、维护正常的供用电秩序，明确双方的权利义务和经济、法律责任，促进经济发展有着重要的作用。正式供电前供电企业应与客户签订供用电合同，是国家法律和行政法规的规定和要求。签订供用电合同，不仅是社会主义市场经济体制的需要，也是改变依靠行政手段管理供用电工作，运用法律手段进行供用电管理的一项重要措施。它在电力经营经济中的作用表现在：

（1）保证有关用电政策的落实。过去只用行政手段推动计划用电工作，一些不按计划用电的现象得不到有效控制，给电力经营企业带来经济损失。签订供用电合同后，供用双方都按合同的规定供电与用电，谁违约，谁就要承担经济责任。

（2）维护正常的供用电秩序。签订供用电合同后，双方都需按合同约定供应电力、使用电力，减少任意超负荷用电的现象和由此引起的无计划的停电、限电次数，电网的安全、稳定、经济运行得到保证，供用电的秩序得到明显保障。

（3）促进双方改善经营管理。供用电合同是一种用法律手段管理经济的方法。合同的履行直接关系到供用双方的经济利益和法律责任。为此，供用双方都必须明确各自责任，在各自的生产经营活动中，对电力的供应和使用，进行严格的控制和考核，做到合理地使用电力，自觉遵守合同规定的要求。

（4）维护供用电双方的合法权益。供用电合同一经订立，双方的合法权益就受到国家法律的保护，用电方按合同的规定有权按时按质得到电力供应；供电方按合同规定有权收取相应的费用。按合同规定，如供电方没有依法连续向用电方供电，或用电方窃电，各自都要按合同规定承担经济责任。

（5）加强安全管理，推动安全用电工作。供用电合同明确界定供用电产权范围及管理维护责任，促进双方加强对所属设备及人员的安全管理，努力做好自身有关的用电安全管理工作，避免因电气事故的发生而承担相应的经济和法律责任。

综上所述，与客户签订供用电合同是为了保护合同的当事者的合法权益，明确双方的责任，维护正常的供用电秩序，提高电能使用的经济效果。

供用电合同签订工作的主要内容包括：根据合同范本与用户协商拟定供用电合同文本、送交各专业部门审核，审批通过后的合同由供电企业签章、送交客户审核、客户签章、供电企业核对；收集资料、检查资料、存放、录入信息系统。

二、供用电合同签订的基本要求

《供电营业规则》第九十二条明确规定，"供电企业和用户应当在正式供电前根据用户用电需求和供电企业的供电能力以及办理用电申请时双方已认可或协商一致的下列文件，签订供用电合同：1. 用户的用电申请报告或用电申请书；2. 新建项目立项前双方签订的供电意向性协议；3. 供电企业批复的供电方案；4. 用户受电装置施工竣工检验报告；5. 用电计量装置安装完工报告；6. 供电设施运行维护管理协议；7. 其他双方事先约定的有关文件。"

1. 签订供用电合同必须遵守的法律

《中华人民共和国合同法》（中华人民共和国主席令第 15 号）

《中华人民共和国电力法》（中华人民共和国主席令第 60 号）

《电力供应与使用条例》（国务院令第 196 号）

《供电监管办法》（国家电力监督委员会令第 27 号）

《供电营业规则》（中华人民共和国电力工业部令第 8 号）

2. 供用电合同签订工作的基本要求

合同管理人员应根据合同范本与用户协商拟定供用电合同文本、送交各专业部门审核、审批通过后的合同由供电部门签章、送交客户审核、客户签章、供电部门核对、录入营销业务系统。

双方应本着平等自愿、协商一致和诚信的原则依法签订供用电合同。供用电合同的条款与内容应符合相关法律、法规、条例及政策的规定。

《供用电合同》必须由供用电双方法定代表人（或负责人）或其授权委托人签订，应对授权委托人的信息进行登记管理。

《供用电合同》经双方法定代表人或授权委托人签章后，加盖"供用电合同专用章"和客户的"合同专用章"或公章后生效，系统应记录合同的生效日期、有效期。

供电企业和客户应当在供电前根据需要和供电企业签订供用电合同。

三、供用电合同签订工作内容

供用电合同的签订必须按照规定的程序进行，做好充分的准备工作，坚持双方协商一致的原则，充分体现供用双方的法律平等关系。

1. 签订前准备

供用电合同正式签订前，作业人员应核查有关资料是否齐备。检查的主要资料一般包括：①用电申请人的书面用电申请及用电申请人的身份证明材料；②经双方协商确认的供电方案；③用电报装协议（设计、施工单位的资质证明）；④用电人受电工程竣工检验（中间检查）报告；⑤电能计量装置安装完工报告；⑥供电设施运行维护管理协议；⑦电费结算协议；⑧电力调度协议；⑨并网经济协议、并网调度协议；⑩双方事先约定的其他文件资料。

签订供用电合同前必须对对方进行严格的资质审查，防止无效合同和产生合同风险。

2. 拟定合同

作业人员在检查资料，并取得完整的资料后，开始合同的拟定工作。根据客户申请的用电业务、电压等级、用电类别的不同，选择供用电合同范本的类型。

（1）供电电压为 220/380V 的低压非居民客户选用《低压供用电合同》。

（2）供电电压为 10kV（含 6kV）及以上的高压电力客户选用《高压供用电合同》。

（3）临时用电选用《临时供用电合同》。

（4）趸购转售电适宜选用《趸购电合同》。

（5）当公用供电设施未到达地区，供电方委托有供电能力的（转供电方）向第三方（被转供电方）供电时，供电方与转供电方签订《委托转供电协议》，与被转供电方应签订《供用电合同》。

将所选合同范本的条文交用户仔细阅读，并与用户协商确定合同初稿及其附件。

3. 录入信息营销系统

在信息系统内录入合同文本及其附件等信息。合同起草人员在收集齐全需要的资料后，将所需要的信息录入信息系统。

（1）属于高压供用电合同的，需填入以下信息：

①合同编号、供电人、用电人、签订日期、签订地点；②用电地址；③用电性质，主要包括：行业分类、用电分类、负荷性质、负荷时间特性；④用电容量，主要包括：受电点个数，受电点变压器（高压电动机）容量、数量、运行方式和状态；⑤供电方式，主要包括：电源回

路数、供电点、供电电压、供电线路、电源联络和闭锁方式；⑥自备应急电源及非电保安措施，主要包括：用电人自备电源类型和容量、非电保安措施描述；⑦无功补偿及功率因数，主要包括：用电人无功补偿装置总容量、功率因数在电网负荷最高时段应当达到的最低值；⑧产权责任点及划分；⑨用电计量，主要包括：计量点、计量方式、计量设备、综合倍率、变损计算方式、线损计算方式、定量定比情况；⑩电量的抄录和计算，主要包括：抄表周期、抄表例日；⑪电价电费，主要包括：基本电费计算方式、计费容量的核定、功率因数考核标准；⑫电费支付及结算，主要包括：电费支付和结算方式、违约金起算日；合同有效期；⑬双方调度通信方式；⑭争议解决的方式，主要包括：仲裁机构、诉讼地；⑮附则，主要包括：合同正副本数量和供用电双方持有情况、合同附件情况；⑯特别约定；⑰供电接线及产权分界示意图。

（2）属于低压供用电合同的，需填入以下信息：

①合同编号、供电人、用电人、签订日期、签订地点；②用电地址；③用电性质，主要包括：行业分类、用电分类；合同约定容量；④供电方式，主要包括：供电电压、供电变压器、用电人自备发电机容量及闭锁方式、UPS容量；⑤产权分界点及责任划分；⑥用电计量，主要包括：计量点、计量方式、计量设备、综合倍率、变损计算方式、线损计算方式、定量定比情况；⑦电价及电费结算，主要包括：功率因数考核标准、抄表周期、抄表例日、抄表方式、支付方式、违约金起算日；⑧合同有效期；⑨争议解决的方式，主要包括：仲裁机构、诉讼地；⑩附则，主要包括：合同正副本数量和供用电双方持有情况、合同附件情况；⑪特别约定；⑫供电接线及产权分界示意图。

（3）属于临时供用电合同的，需填入以下信息：

①合同编号、供电人、用电人、签订日期、签订地点；②临时用电地址；③用电性质，主要包括：行业分类、用电分类、用途；④临时接电费用及用电期限，主要包括：用电期限、临时接电费用、超期扣减退费的百分比；⑤用电容量，主要包括：受电变压器的数量和容量、最大用电容量；⑥供电方式，主要包括：供电电压、供电点、供电线路、用电人自备发电机容量及闭锁方式、用电人采取的非电保安措施；⑦无功补偿及功率因数，主要包括：用电人无功补偿装置总容量、功率因数在电网负荷最高时段应当达到的最低值；⑧产权分界点及责任划分；⑨计量点及计量方式；⑩用电计量装置，主要包括：计量点、计量设备、综合倍率；⑪损耗负担，主要包括：变损计算方式、线损计算方式；⑫电量的抄录和结算，主要包括：抄表周期、抄表例日、抄表方式；⑬功率因数考核标准；⑭电费支付及结算，包括：支付方式、违约金起算日；⑮合同有效期；⑯双方通信联系方式；⑰争议解决的方式，主要包括：仲裁机构、诉讼地；⑱文本和附件，主要包括：合同正副本数量和供用电双方持有情况、合同附件情况；⑲特别约定；⑳供电接线及产权分界示意图；㉑用电设备清单。

（4）属于趸购电合同的，需填入以下信息：

①合同编号、供电人、购电人、签订日期、签订地点；②供电方式，主要包括：供电电源、供电电压、供电变电站、供电线路、出口开关编号、供电线路性质、受电变电站、受电变压器容量和数量、一次站用变容量、容量小计；③购电人的其他电源，主要包括：水电厂、火电厂、自备电厂的数量和容量、其他相接的电源；④产权分界点及责任划分；⑤无功补偿装置的配置；⑥用电计量装置，主要包括：计量装置装设处、计量设备名称、计算倍率；⑦负担损耗，主要包括：线损电量计算方式；⑧抄表计算，主要包括：抄表周期、抄表例日、抄表方式；⑨功率因数考核标准；⑩对分类用电的约定；⑪电费支付方式；⑫需供电人直接供电的新增的容量；⑬合同有效期；⑭双方通信方式；⑮争议解决的方式，主要包括：仲裁机构、诉讼地；⑯文本和附件，主要包括：合同正副本数量和供购电双方持有情况、合同附件情况；⑰特别约定

⑱供电接线及产权分界示意图。

（5）属于转供电合同的，需填入以下信息：

①合同编号、供电人、转供电人、用电人、签订日期、签订地点；②转供电方式；③转供电容量；④产权分界点及责任划分；⑤转供电费用；⑥转供电的计量和计费；⑦转供电人的违约责任；⑧合同有效期；⑨三方通信联系方式；⑩争议解决的方式，主要包括：仲裁机构、诉讼地；⑪文本和附件，主要包括：合同正副本数量和三方持有情况、合同附件情况；⑫特别约定；⑬供电接线及产权分界示意图。

4. 合同的审核

审核人员应该审核合同文本内容是否正确、合理。审核合同的刚性条款内容是否存在变动的情况。合同的约定条款内容是否正确、合法。根据专业的特点和要求，提出增、删合同相关的约定条款。审核所有合同附件的内容是否正确、合法，并提出审核意见。做到合同内容与实际情况相符合。

作业人员认为需要对合同条款进行修改的，应提出修改意见，并将合同退回起草人。对审核通过的供用电合同，签注好审核意见，将合同退回合同起草人送其他专业岗位审核或审批人审批。

5. 提交审批

审批人员应审核合同审核程序是否符合要求；合同起草人是否具备相应的资格；合同会签、审核人是否齐全，签署的意见是否正确、合理，合理的意见是否在合同文本中得到采纳。审核合同附件是否齐全，内容是否符合要求。

合同的附件一般可以包括：①供电设施运行维护管理协议；②电费结算协议；③电力调度协议；④并网经济协议、并网调度协议。

审核合同的内容是否正确、合理；合同的刚性条款是否存在变动的情况；审核合同的约定条款的内容是否合理、正确。对不符合审批条件的合同，应在审批意见中注明原因，退回合同起草人重新起草合同。

审批人员应签署审批意见。对于审批同意的，在信息系统录入审批时间、审批意见、审批结果，发送至合同签订环节。对审批不同意的，需退回，重新修订合同并复审。

6. 合同的签订

供电企业将《供用电合同》签字盖章并加盖"骑缝章"后，文本送交客户，记录客户接收供用电合同的日期，约定合同的签约时间。

核实客户方签约人资格。当签约方为委托代理人时，应确认委托代理人身份，并收录委托代理文书。

客户在合同文本上指定位置签章、加盖"骑缝章"，并填写签约日期及签约地点。按合同约定的文本数量，双方收执合同。

单方签订后，如果有修改（二次修改），对错别字内容可直接在文本上修改，双方盖章确认；对重要条款的修改，仍需重制文本。合同签订顺序，宜由供电企业先签。

在营销业务系统中录入客户签收人、签收日期、答复日期、答复方式、客户意见、委托授权代理人资质、供用电双方签约人、合同签署时间、签约地点，并发送至合同归档环节。

7. 合同归档

接收已生效的供用电合同文本、附件等资料及签订人的相关资料。

检查供用电合同相关资料、签章是否齐全，签署后的文本内容是否与电子文本内容一致。若有问题，则按要求重新签订。

资料无问题，履行交接手续，签收交接单。

若原供用电合同失效，则需调出原档案中的原供用电合同，在原供用电合同上加盖"供用电合同废止章"；若原供用电合同继续有效，则将签订的补充协议作为原供用电合同的附件，合并存放。

将正式签署的有效供用电合同文本、附件等资料及签订人的相关资料入盒上架。

在营销业务系统合同归档界面中录入档案号、档案盒号、档案架号，保存并发送。

8. 签订流程

供用电合同签订流程图如图 3-1 所示。

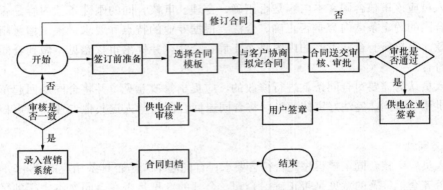

图 3-1　供用电合同签订流程图

四、注意事项

在签订供用电合同时，供电企业首先应注意履行《电力法》第二十六条规定的强制缔约义务，对本营业区内的客户有按照国家规定供电的义务，非有正当的法定理由，不得拒绝客户用电合理之请求，还应真实地向用电方陈述与合同有关的情况。

其次，避免合同条款无效情况出现，即不能以欺诈、胁迫的手段订立合同，损害国家利益；不得恶意串通，损害国家、集体或者第三人利益；不得以合法形式掩盖非法目的；不得损害社会公共利益，违反法律、行政法规的强制性规定；同时还要避免出现造成对方人身伤害及因故意或者重大过失给对方造成财产损失的免责条款，避免出现违法免除供电方责任，加重用电方责任，排除用电方主要权利的条款。

再者，要确保合同每一条款的含义的明确肯定，避免出现对格式条款存在两种以上解释，否则，对条款的理解发生争议时，供电方将处于不利地位。另外，在签订合同时，应注意审核用电方主体资格，其必须具备签约的民事权利能力和民事行为能力，如当一个企业和公司处于筹建阶段，则只能以筹建主体为合同当事人，在企业和公司办理工商注册登记后，可由筹建主体将原合同所有权利和义务转让给注册成立的法人，也可终止原合同，重新签订新合同。对于一些租赁场地和设备经营的企业用电，为防止出现租赁人与承租人互相推诿交纳电费责任的情况发生，要注重审核用电方的履约能力，对有确切证据证明用电方商业信誉和履约能力存在问题的，可要求其提供担保。

对于非独立法人客户，需确认其签约资格及授权委托的有效性。营销业务系统内录入的合同及其附件信息必须与机外合同文本中的内容保持一致。合同签订有时限控制。如果有法律法规和公司规定的时限，必须按规定的时限办理。

第三节　供用电合同的变更、续签与终止

一、供用电合同变更

（一）供用电合同变更的目的意义

客户变更用电，或者因供电企业原因，涉及供用电合同条款发生变化时，应及时变更供用电合同。供用电合同的变更是为了供电企业与用电客户继续保持原有的供用电关系，保证供用电合同约定的内容与实际情况相符合，保持其有效性和合法性，以确保证供用电双方合同关系的延续。

合同变更有两种方式：一种是个别条款变更，双方在确认原合同主要内容继续有效的基础上，就需要变更的条款签订补充协议，与原合同有效条款同时生效执行；另一种是合同的多项条款需要变更，原合同难以执行，需重新修订合同。

客户申请办理增容、减容、减容恢复、暂换、暂换恢复、迁址、移表、更名、过户、分户、并户、改压、改类、更改缴费方式等业务时，需要变更合同。

变更合同的流程：确定合同变更方式、选择供用电合同范本、协商起草供用电合同文本、打印文本等工作。

（二）供用电合同变更工作要点

供用电合同的条款与内容应符合《中华人民共和国合同法》、《中华人民共和国电力法》、《电力供应与使用条例》、《供电营业规则》等法律、法规及有关政策的规定。合同签约人员应具有签约资格并持有有效的供电企业法人的供用电合同专项授权委托书。

合同变更的内容来自客户申请的业扩或变更业务进行中对客户档案信息的修改内容。

供用电合同应采取书面形式，经双方协商同意的有关修改合同的文书、电报、电传和图表也是合同的组成部分。（依据《供电营业规则》第九十三条）

合同变更时，应保留原合同记录，并且应体现变更的合同与原合同的关联关系。

接受客户业扩或变更申请后开始起草供用电合同变更文本。低压居民合同可采用背书形式，其他合同范本使用统一的合同示范文本，合同文本的起草应与客户协商进行。

（三）合同变更工作内容

1. 确定合同变更方式

合同变更时，从客户档案中调阅原有有效供用电合同及其附件，根据客户申请的用电业务信息核对原供用电合同及其附件中的约定事项是否需要增加、保留或删除。

个别条款变更，双方在确认原合同主要内容继续有效的基础上，就需要变更的条款签订补充协议，与原合同有效条款同时生效执行。

合同的多项条款需要变更，原合同难以执行，需重新修订合同。

2. 选择供用电合同范本

需重新修订合同时，根据客户申请的用电业务、电压等级、用电类别的不同，确定供用电合同的类型。

低压居民客户的供用电合同在受理后即采用背书《居民生活用电供用电合同》形式。

非居民电力客户的供用电合同，在用电变更申请流程进入供电方案答复环节后，可以开始合同起草工作，在工程竣工验收后形成合同终稿。

1）供电电压为 220/380V 的低压普通电力客户应用《低压供用电合同》。

2）供电电压为 10kV（含 6kV）及以上的高压电力客户应用《高压供用电合同》。

3）短时、非永久性用电应用《临时供用电合同》。

4）趸购转售电适宜选用《趸购电合同》。

5）当公用供电设施未到达地区，供电方委托有供电能力的（转供电方）向第三方（被转供电方）供电时，供电方、转供电方和被转供电方应签订《转供电合同》。

3. 起草供用电合同文本

以增加合同附件的形式进行变更合同时，根据客户申请的用电业务信息及原签订的供用电合同条款，确定合同附件编号，根据需要起草供用电合同附件条款。

需重新修订合同时，确定新的供用电合同编号；根据客户变更用电信息及客户档案信息，编制供用电合同正文。

低压居民客户只需在背书格式合同中填入供电容量、接线方式、额定电压和其他约定事项即可。

非居民电力在营销系统合同拟稿界面中填入合同起草人员、起草时间、选择合同类别、合同范本名称、填入合同有效期时长，以月为单位。

在营销信息系统中点击合同编辑，在生成的合同范本的文本中进行修改。

4. 供用电合同附件

（1）属于高压供用电合同的，需填入以下信息：

合同编号、供电人、用电人、签订日期、签订地点；用电地址；用电性质，主要包括：行业分类、用电分类、负荷性质、负荷时间特性；用电容量，主要包括：受电点个数，受电点变压器（高压电动机）容量、数量、运行方式和状态；供电方式，主要包括：电源回路数、供电点、供电电压、供电线路、电源联络和闭锁方式；自备应急电源及非电保安措施，主要包括：用电人自备电源类型和容量、非电保安措施描述；无功补偿及功率因数，主要包括：用电人无功补偿装置总容量、功率因数在电网负荷最高时段应当达到的最低值；产权责任点及划分；用电计量，主要包括：计量点、计量方式、计量设备、综合倍率、变损计算方式、线损计算方式、定量定比情况；电量的抄录和计算，主要包括：抄表周期、抄表例日；电价电费，主要包括：基本电费计算方式、计费容量的核定、功率因数考核标准；电费支付及结算，主要包括：电费支付和结算方式、违约金起算日；合同有效期；双方调度通讯方式；争议解决的方式，主要包括：仲裁机构、诉讼地；附则，主要包括：合同正副本数量和供用电双方持有情况、合同附件情况；特别约定；供电接线及产权分界示意图。

（2）属于低压供用电合同的，需填入以下信息：

合同编号、供电人、用电人、签订日期、签订地点；用电地址；用电性质，主要包括：行业分类、用电分类；合同约定容量；供电方式，主要包括：供电电压、供电变压器、用电人自备发电机容量及闭锁方式、UPS容量；产权分界点及责任划分；用电计量，主要包括：计量点、计量方式、计量设备、综合倍率、变损计算方式、线损计算方式、定量定比情况；电价及电费结算，主要包括：功率因数考核标准、抄表周期、抄表例日、抄表方式、支付方式、违约金起算日；合同有效期；争议解决的方式，主要包括：仲裁机构、诉讼地；附则，主要包括：合同正副本数量和供用电双方持有情况、合同附件情况；特别约定；供电接线及产权分界示意图。

（3）属于临时供用电合同的，需填入以下信息：

合同编号、供电人、用电人、签订日期、签订地点；临时用电地址；用电性质，主要包括：行业分类、用电分类、用途；临时接电费用及用电期限，主要包括：用电期限、临时接电费用、超期扣减退费的百分比；用电容量，主要包括：受电变压器的数量和容量、最大用电容量；供电方式，主要包括：供电电压、供电点、供电线路、用电人自备发电机容量及闭锁方式、用电人采取的非电保安措施；无功补偿及功率因数，主要包括：用电人无功补偿装置总容量、功率因数在电网负荷最高时段应当达到的最低值；产权分界点及责任划分；计量点及计量方式；用电计量装置，主要包括：计量点、计量设备、综合倍率；损耗负担，主要包括：变损计算方式、线损计算方式；电量的抄录和结算，主要包括：抄表周期、抄表例日、抄表方式；功率因数考核标准；电费支付及结算，包括：支付方式、违约金起算日；合同有效期；双方通讯联系方式；争议解决的方式，主要包括：仲裁机构、诉讼地；文本和附件，主要包括：合同正副本数量和供用电双方持有情况、合同附件情况；特别约定；供电接线及产权分界示意图；用电设备清单。

（4）属于趸购电合同的，需填入以下信息：

合同编号、供电人、购电人、签订日期、签订地点；供电方式，主要包括：供电电源、供电电压、供电变电站、供电线路、出口开关编号、供电线路性质、受电变电站、受电变压器容量和数量、一次站用变容量、容量小计；购电人的其他电源，主要包括：水电厂、火电厂、自备电厂的数量和容量、其他相接的电源；产权分界点及责任划分；无功补偿装置的配置；用电计量装置，主要包括：计量装置装设处、计量设备名称、计算倍率；负担损耗，主要包括：线损电量计算方式；抄表计算，主要包括：抄表周期、抄表例日、抄表方式；功率因数考核标准；对分类用电的约定；电费支付方式；需供电人直接供电的新增的容量；合同有效期；双方通讯方式；争议解决的方式，主要包括：仲裁机构、诉讼地；文本和附件，主要包括：合同正副本数量和供购电双方持有情况、合同附件情况；特别约定；供电接线及产权分界示意图。

（5）属于转供电合同的，需填入以下信息：

合同编号、供电人、转供电人、用电人、签订日期、签订地点；转供电方式；转供电容量；产权分界点及责任划分；转供电费用；转供电的计量和计费；转供电人的违约责任；合同有效期；三方通讯联系方式；争议解决的方式，主要包括：仲裁机构、诉讼地；文本和附件，主要包括：合同正副本数量和三方持有情况、合同附件情况；特别约定；供电接线及产权分界示意图。

根据供用电的实际需求，可起草不同的供用电合同附件。

1）对于存在电费风险的，需起草《最高额抵押合同》。

2）对于用电量较大的，需起草《电费分次结算协议》。

3）对于（共用）专线，需起草《电力调度协议》。

4）对于有自备电源的，需起草《自备电源协议》。

5）对于有自备电厂的，需起草《并网调度协议》。

6）对于小区等办理供用电设备移交的，需签订《供用电设施维护协议》。

将新产生的供用电合同文本及其附件打印出来，并提交相应的部门进行审核。

5. 审核作业要求

审核作业应完成合同中涉及自己相关岗位的所有条款内容的审定工作。审核作业对不属于自己相关岗位的条款内容发生疑问时，应及时向合同起草人或疑问条款的审核责任人提出疑问，并阐述自己的意见。审核人员签署的审核意见应清晰、完整。合同审核应在规定的时限内完成。

6. 审批作业要求

合同最终审批人应对合同起草过程中的所有内容进行最终的确定；审批人员签署的意见必须清晰、完整。合同审批应在规定的时限内完成。

7. 合同签订作业要求

《供用电合同》必须由供用电双方法定代表人（或负责人）或其授权委托人签订，应对授权委托人的信息进行登记管理。

《供用电合同》经双方法定代表人或授权委托人签章后，加盖"供用电合同专用章"和客户的"合同专用章"或公章后生效，系统应记录合同的生效日期、有效期。合同签订应在规定的时限内完成。

8. 作业框图

供用电合同变更流程图如图 3-2 所示。

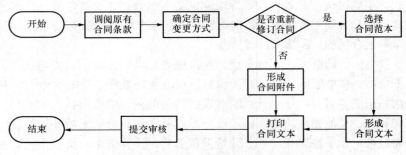

图 3-2　供用电合同变更流程图

9. 注意事项

（1）供用电合同的范本必须经过审核、审批的过程，其内容的审核必须通过生产、营销、调度、法律等相关专业部门。

（2）合同编号的编码规则按照《国家电网公司信息分类与代码标准——营销管理代码类集》规定。

（3）为避免因供用电合同有效期过短导致重签工作量大，供用电合同有效期以五年为宜。

（4）对统一合同文本的任何修改或补充，均应在合同特别约定中约定。如需修改时，应明确被修改的具体条款，示例："将第三十二条修改为：……"；如需补充时，应订立补充条款，示例："增加以下条款：……"

（5）信息系统内录入的合同文档及其附件信息必须与机外合同文本中的内容保持一致。

（6）合同起草环节有时限控制。如果有法律法规和公司规定的时限，必须按规定的时限办理。

二、供用电合同续签

1. 合同续签的重要性

供用电合同到期前，用电客户无异议或继续使用电力的，供电企业与用电客户为了继续保持原有的供用电关系，双方在原合同条款内容的基础上，继续签订新合同期内的供用电合同，以延长供用电合同有效期，保持其有效性和合法性，以确保证供用电双方合同关系的延续。

如果合同中约定了明确的履行期限，期限届满用户拒绝续签的，供电企业可通过必要的告知程序后予以终止供电——原供用电合同履行期限既然已经届满，供电企业与用户之间已不存在供用电法律关系。若要继续用电的，用电人应及时办理合同续签事宜。

2. 续签作业内容

主要内容包括：查找续签客户、沿用原有合同范本、调阅原有合同、起草供用电合同文本、打印文本与协商等工作；提交审核、审核；提交审批、审批；打印供用电合同、送交客户审核、客户签章、供电企业核对、供电企业签章、录入信息系统；收集资料、检查资料、原合同废止或增加附件、合并存放、录入营销业务系统。

3. 续签作业基本要求

（1）起草作业要求。

供用电合同的条款与内容应符合《中华人民共和国合同法》、《中华人民共和国电力法》、《电力供应与使用条例》、《供电营业规则》等法律、法规及有关政策的规定。

合同签约人员应具有签约资格并持有有效的供电企业法人的供用电合同专项授权委托书。

营销业务系统内供用电合同有效期应作可配置管理，供用电合同的有效期即将到期时系统应提醒续签合同，系统的提醒时间应可配置。

续签供用电合同时，可将原供用电合同废止，并以原有的供用电合同为基础，沿用原有的供用电合同范本，在此范本的基础上编制新的供用电合同文本；也可对原供用电合同部分条款进行修改、补充，经双方签订，使供用电合同继续有效。

营销业务系统内应建立续签的供用电合同与原合同的关联关系。合同文本的起草应与客户协商进行。使用供用电合同范本。

（2）审核作业要求。

审核作业应完成合同中涉及自己相关岗位的所有条款内容的审定工作。审核作业对不属于自己相关岗位的条款内容发生疑问时，应及时向合同起草人或疑问条款的审核责任人提出疑问，并阐述自己的意见。审核人员签署的审核意见应清晰、完整。合同审核应在规定的时限内完成。

（3）审批作业要求。

合同最终审批人应对合同起草过程中的所有内容进行最终的确定；审批人员签署的意见必须清晰、完整。合同审批应在规定的时限内完成。

（4）合同签订作业要求。

《供用电合同》必须由供用电双方法定代表人（或负责人）或其授权委托人签订，应对授权委托人的信息进行登记管理。

《供用电合同》经双方法定代表人或授权委托人签章后，加盖"供用电合同专用章"和客户的"合同专用章"或公章后生效，系统应记录合同的生效日期、有效期。合同签订应在规定的时限内完成。

（5）合同归档作业要求。

归档的供用电合同应包括合同主体及所有附件，合同所有资料必须齐全。

供用电合同归档应包括书面材料归档和电子合同归档两项工作内容。归档的供用电合同的签章需齐全。

4. 合同续签作业步骤

（1）查找续签客户。作业人员在信息系统的合同有效期监测界面中选择合同状态和合同类别，输入合同终止日期，查找供用电合同即将到期的客户，一般提前一个月查找并通知客户，并与客户联系续签合同事宜。

沿用原有合同范本。需重新签订合同时，以原有的供用电合同为基础，沿用与原供用电合同相匹配的统一合同文本。调阅原有合同，重新签订合同时，从客户档案中调阅原有有效供用电合同及其附件，核对原供用电合同及其附件中的约定事项是否需要保留。

（2）审核合同文本内容是否正确、合理。审核合同的刚性条款内容是否存在变动的情况。合同的约定条款内容是否正确、合法。根据专业的特点和要求，提出增、删合同相关的约定条款。审核所有合同附件的内容是否正确、合法，并提出审核意见。做到合同内容与实际情况相符合。

作业人员认为需要对合同条款进行修改的，应提出修改意见，并将合同退回起草人。对审核通过的供用电合同，签注好审核意见，将合同退回合同起草人送其他专业岗位审核或审批人审批。

（3）提交审批。审批人员应审核合同审核程序是否符合要求；合同起草人是否具备相应的资格；合同会签、审核人是否齐全，签署的意见是否正确、合理，合理的意见是否在合同文本中得到采纳。审核合同附件是否齐全，内容是否符合要求。合同的附件一般可以包括：①供电设施运行维护管理协议；②电费结算协议；③电力调度协议；④并网经济协议、并网调度协议。

审核合同的内容是否正确、合理；合同的刚性条款是否存在变动的情况；审核合同的约定条款的内容是否合理、正确。对不符合审批条件的合同，应在审批意见中注明原因，退回合同起草人重新起草合同。

审批人员应签署审批意见。对于审批同意的，在信息系统录入审批时间、审批意见、审批结果，发送至合同签订环节。对审批不同意的，需退回，重新修订合同并复审。

（4）合同的签订。供用电合同正式签约前，作业人员应核查有关附件资料是否齐备。主要附件一般可以包括：①供电设施运行维护管理协议；②电费结算协议；③电力调度协议；④并网经济协议、并网调度协议。

签约人员在打印《供用电合同》前，与审批同意的合同进行校核，确认无误后按照合同约定的文本数量打印并装订合同。

供电企业签约人员将《供用电合同》签字盖章并加盖"骑缝章"后，文本送交客户，记录客户接收供用电合同的日期，约定合同的签约时间。

签约双方人员应核实对方签约人资格。当签约方为委托代理人时，应确认委托代理人身份，并收录委托代理文书。

客户在合同文本上注定位置签章、加盖"骑缝章"，并填写签约日期及签约地点。

单方签订后，如果有修改（二次修改），对错别字内容，可直接在文本上修改，双方盖章确认；对重要条款的修改，仍需重制文本。合同签订顺序，宜由供电企业先签。按合同约定的文本数量，双方收执合同。

签约完成后，在信息系统中录入客户签收人、签收日期、答复日期、答复方式、客户意见、委托授权代理人资质、供用电双方签约人、合同签署时间、签约地点，并发送至合同归档环节。

（5）合同归档。归档人员接收已生效的供用电合同文本、附件等资料及签订人的相关资料。检查供用电合同相关资料、签章是否齐全，签署后的文本内容是否与电子文本内容一致。若有问题，则按要求重新签订。资料无问题，履行交接手续，签收交接单。

若原供用电合同失效，则需调出原档案中的原供用电合同，在原供用电合同上加盖"供用电合同废止章"；若原供用电合同继续有效，则将签订的补充协议作为原供用电合同的附件，合并存放。

将正式签署的有效供用电合同文本、附件等资料及签订人的相关资料入盒上架。在信息系统合同归档界面中录入档案号、档案盒号、档案架号，保存并发送。

5. 注意事项

（1）居民生活用电供用电合同因采用背书格式合同，无需审核。

（2）不同容量或电压等级客户供用电合同的审核部门和审核权限按合同管理办法执行。

（3）合同的审批应根据规定的权限进行，审批人可以审批本岗位设定审批权限以下的所有合同。

（4）营销业务系统内录入的审批时间、审批意见、审批结果须和实际保持一致。

（5）对于非独立法人客户，需确认其签约资格及授权委托的有效性。

（6）营销业务系统内供用电合同的电子文本内容必须与签署后的文本内容一致。

三、供用电合同的终止

当用电人无法履行合同或者客户不需要继续用电时，应及时终止供用电合同，解除双方的合同关系。

1. 合同终止作业内容

供用电合同终止的主要内容包括：受理终止供用电合同的申请、记录供用电合同终止信息、确认终止合同信息、加盖合同废止章、资料合并存放、录入信息系统。

2. 合同终止作业要求

（1）供用电合同的变更或者解除，必须依法进行。

（2）需确认终止的合同主体与申请销户的客户是否一致。

（3）供用电合同关系终止后销户流程方可归档。

（4）营销业务系统应详细记录供电企业与客户之间供用电合同关系从新签、变更、续签到终止的整个过程，并能清晰标识每个阶段情况。

3. 合同终止工作内容

（1）受理终止供用电合同的申请。

受理人员要确认申请人与供电人之间的费用已经全部结清，并且已经完成以下工作：勘查结果审批完成，符合终止供电条件；客户所欠费用已经收取；合同终止已经审批同意。

（2）记录供用电合同终止原因、终止日期等信息，并发送流程至合同终止归档。

（3）核对需终止的合同主体与申请销户的客户是否一致，确认客户供用电合同终止原因、终止的日期。

（4）确认后，在需终止的合同上加盖"供用电合同废止章"。

（5）将终止的客户供用电合同会同相关业务资料按照档案的存放规定进行归档。

（6）录入营销信息系统，发送流程结束。

4. 作业框图

合同终止作业流程图如图 3-3 所示。

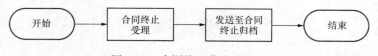

图 3-3　合同终止作业流程图

5. 注意事项

只有在下列情况下，才能申请供用电合同终止：用电人依法破产、被工商注销；在交清电费及其他欠缴费用后，申请销户；供电人依法销户。

用电人依法破产终止供用电合同，这里的用电人只能是企业法人。企业法人破产须以人民法院正式宣判的法律文书为准。

【思考与练习】

1. 合同分为哪几种？

2. 合同的法律特征是什么？

3. 供用电合同的特点有哪些?

4. 供用电合同中用电人的主要权利和义务有哪些?

5. 如何开展供用电合同签订工作?

6. 供用电合同执行过程中发生纠纷该如何处理?

第四章

用户受电装置工程质量检查

第一节 客户受电工程设计文件审查

一、设计文件审查的目的和意义

设计文件审查（俗称"审图"），是指供电企业依据国家法律、法规、技术标准对用户受（送）电工程设计文件的审核的简称。其目的是为了保障电力系统和用户安全可靠经济供用电。

目前用户工程项目特别是像石油、化工、大型楼宇等，逐渐向大型化、专业化、复杂化、自动化方向发展，而受电工程又是一个工程项目的重要组成部分。受电工程与其他专业工程紧密联系，电气工程质量的好坏直接影响整个工程质量的好坏，甚至影响工程投产后生产的正常运行。故对目前普遍要求工期短、质量高、成本低的工程项目来说，做好受电工程图纸的审核工作尤为重要。

受电工程不仅是用户工程中的重要组成部分，同时也是电力系统的重要组成部分。用户受电工程处于电力系统的最末端，是整个电力系统最终服务的对象。电力系统是由发电、输电、变电、配电和用电等环节组成的电能生产与消费系统。电能生产、供应、使用是在瞬间完成的，并需保持平衡。所以受电工程质量的好坏不仅对用户工程而且对整个电力系统有着重要作用。审图质量的高低直接影响受电工程质量、造价以及受电设备及电网安全运行。

客户受电工程电气图纸，只有在经过供电企业审核后，客户方可以依据此进行施工，否则供电企业不予以检验和接电。

二、设计文件审查的依据和要点

1. 设计文件审查的依据

受电工程设计的审查，应按照供电企业确定的供电方案，依据国家、电力行业的有关设计标准、规程进行，特殊行业或场所还应符合相关的国家标准。

审图中如果确实需要修改供电方案的，必须经过供电方案批复部门的同意。审查时应倡导采用节能环保的先进技术和产品，禁止使用国家明令淘汰的设备和工艺。

2. 设计文件审查的要点

受电工程的设计一般分为初步设计和施工设计两个阶段。首先，设计单位根据工程的具体需要和供电方案答复单内容进行初步设计，初步设计完成后由供电企业对设计进行审核。设计部门根据审查意见，对设计图纸进行修改，完成后送审，并根据初步设计完成施工设计。对于简单的受电工程，可不进行施工设计。在初步设计审查意见出具后，图纸审查人员对于受电工程的施工设计应进行过程跟踪，确保审图意见在设计中的实施和落实。用户受电工程设计图纸主要包括：电气施工图和配电房土建施工图。

设计文件审查的要点主要包括以下内容：

（1）运行方式与供电方案是否一致，主要指接线方式、变压器配置、自备电源配置等。

（2）是否符合设计规范。

（3）主要电气设备的选择，如断路器、高低压母线、隔离闸刀、电流互感器、电压互感器、电缆等的选择是否符合正常运行及短路时的要求。

（4）土建图。

（5）接地网布置图。

（6）其他必要的图纸。

三、设计文件审查的内容

（一）受电工程设计资质的审查

资质是一种资格认证，企业施工的资格证明，办理某方面资质合格后才有资格做此方面的施工。一般分为设计类、施工类两大类。根据中华人民共和国建设部 2007 年修订的《工程设计资质标准》规定，设计资质分为四个序列：工程设计综合资质、工程设计行业资质、工程设计专业资质、工程设计专项资质。

工程设计综合资质是指涵盖通用行业的设计资质；工程设计行业资质是指涵盖某个行业资质标准中的全部设计类型的设计资质；工程设计专业资质是指某个行业资质标准中某一个专业的设计资质；工程设计专项资质是指为适应和满足行业发展的需要，对已形成产业的专项技术独立进行设计以及设计、施工一体化而设立的资质。

受电工程设计单位必须取得相应的设计资质。根据中华人民共和国建设部 2007 年修订的《工程设计资质标准》规定，110kV 及以下客户受电工程（包括低压用户受电工程）的设计单位必须取得工程设计综合资质、电力行业工程设计丙级（变电工程、送电工程）以上资质、电力专业工程设计丙级（变电工程、送电工程）以上资质；220kV 受电工程的设计单位必须取得工程设计综合资质、电力行业工程设计乙级（变电工程、送电工程）以上资质、电力专业工程设计乙级（变电工程、送电工程）以上资质；330kV 及以上受电工程的设计单位必须取得工程设计综合资质、电力行业工程设计甲级（变电工程、送电工程）资质、电力专业工程设计甲级（变电工程、送电工程）以上资质。

国家电监会对设计单位的资质有明确规定：设计单位应取得国家发改委颁发的相应级别的电力行业设计资质，或国家建设部门颁发的相应级别的电力工程总承包资质。

（二）核查送审设计文件的完整性

完整的设计文件是整个受电工程设计文件审核的基础和前提，并且对于后期工程的施工有着重要的意义。而且通过严格的管理手段，实现工程项目的施工进度、质量、成本、安全、环境整治等综合指标的完成，更重要的是充分展示施工企业的形象和驾驭工程项目的能力，充分体现施工企业综合素质和管理水平，必须予以高度的重视。不完整的设计文件可能会影响图纸审查意见的正确出具，还可能造成工程返工。

低压供电的客户，报送的资料包括负荷组成和用电设备清单；高压供电的客户，受电工程设计审查报送的完整的设计文件一般应包括：

（1）客户受电工程设计及说明书。

（2）用电负荷分布图。

（3）负荷组成、性质及保安负荷。

（4）影响电能质量的用电设备清单。

（5）主要电气设备一览表。

（6）节能篇及主要生产设备。

（7）生产工艺耗电以及允许中断供电时间。

（8）高压受电装置一、二次接线图与平面布置图。

（9）用电功率因数计算及无功补偿方式。

（10）继电保护、过电压保护及电能计量装置的方式。

（11）隐蔽工程设计资料。

（12）配电网络布置图。

（13）自备电源及接线方式。

（14）设计单位资质审查材料。

（15）供电企业认为必须提供的其他资料。

上述资料应提供一式两份，供电企业审查人员对不完整的设计文件可以不予接收，对部分缺少而需要进一步补充的设计文件，应列举好清单，一次性书面进行告知用户。用户应根据告知书提供完整。

（三）建构筑物总平面图的审核

总平面图主要表示整个建筑基地的总体布局，具体表达新建房屋的位置、朝向以及周围环境（原有建筑、交通道路、绿化、地形）基本情况的图样。总平面图作为新建房屋定位、施工放线、布置施工现场的依据。

建构筑物总平面图布置首先要满足电气主接线的要求，力求导线、电缆和交通运输线路短捷、通顺，避免迂回，尽可能减少交叉。

应根据供电方案和设计说明，审查变、配电站站址的选择、电气设备的平面布置等是否符合国家相关规定，特殊场所还应该满足相关的特殊行业的设计规范。应根据下列要求并经技术、经济分析比较确定：

（1）接近负荷中心。以减少配电距离，降低配电系统的电能损耗、电压损耗和有色金属消耗量。

（2）进出线方便。变电站位置的选择应充分考虑变电站电源进线和出线的布局，充分保证架空线路和电缆线路的安全、可靠、经济、检修方便。

（3）接近电源侧。用户变电站的选址应综合考虑与系统电源的距离和主要用电设备的距离，合理的布局，无论在保证电能质量还是节约成本上都有积极的作用。

（4）设备吊装、运输方便。无论在前期的设备进场安装、试验调试设备进出还是在后期设备的检修维护，都需要考虑大型机械和车辆的进出。

（5）不应设在有剧烈振动的场所。变配电设备处于剧烈振动的场所，可能会导致保护装置拒动，甚至误动作；开关设备误动作，从而造成全站失电的事故。

（6）不应设在污染源的下风侧。污染源的下风侧会造成污染物沉降，沉降物附着在变、配电设备上会造成设备绝缘水平下降，造成污闪，严重的产生短路，造成设备爆炸。

（7）不应设在厕所、浴室或其他经常积水场所的正下方或贴邻。长期处于空气相对湿度超过75%环境的变、配电设备，除了会造成设备锈蚀，严重的还会引起闪络，设备放电，产生臭氧，引起爆炸。

（8）不应设在爆炸危险场所以内，不宜设在有火灾危险场所的正上方或正下方，如布置在爆炸危险场所范围以内或与火灾危险场所的建筑物毗连时，应符合 GB 50058—1992《爆炸和火灾危险环境电力装置设计规范》的规定。

（9）变、配电站为独立建筑物时，不宜设在地势低洼和可能积水的场所。

除应满足上述规定外，在特定场所，还应符合以下要求：

（1）高层建筑地下层变、配电站的位置宜选择在通风、散热条件较好的场所。建筑地下层的变、配电室通风不良，地势低，极容易造成室内环境温度、湿度高，设备散热不良，影响设备使用寿命。

（2）变、配电站位于高层建筑（或其他地下建筑）的地下室时，不宜设在最底层。当地下仅有一层时，应当采取适当抬高该站地面等防水措施，并应避免洪水或积水从其他渠道流入变、配电站的可能性。

（3）装有可燃性油浸电力变压器的变电站，不应设在耐火等级为三、四级的建筑中，在无特殊防火要求的多层建筑中，装有可燃性油的电气设备的变、配电站可设置在底层靠外墙部位，但不应设在人员密集场所的上方、下方、贴邻或疏散出口的两旁。

（4）大、中城市居住小区、人群密集处等民用建筑中不宜采用露天或半露天的变电站。如确因需要设置时，宜选用带防护外壳的户外成套组合变电站。

（5）总布置设计还应重视控制噪声，在满足工艺要求的前提下，宜使主要工作和生活场所避开噪声源，以减轻噪声危害。

（四）电气图纸的审核

对于受电工程来说，电气图纸是整个设计的核心部分，设计的合理关系着设备和电网的安全运行。应根据供电企业答复的供电方案，对照设计说明，对整个设计的可靠性、合理性、经济性进行审查，并且不应与供电方案答复单的内容有冲突。并根据目录清点图纸是否齐全，设计是否全面。电气图纸审核先一次后二次，先高压后低压，先电气后土建。

1. 电气一次主接线的审查

（1）电气主接线型式和运行方式。

电气主接线是受电工程设计的首要部分，也是构成电力系统的重要环节。主接线的确定对电力系统及客户受电工程运行的可靠性、灵活性和经济性密切相关，并且对电气设备的选择、配电装置的布置、继电保护和控制方式的拟定有较大影响。

常用的主接线方式有：线路—变压器组，单母线接线，双母线接线桥式接线等。

电气主接线基础知识在第二章第一节有详细的介绍。这里对常用的几种接线方式的应用进行分析。首先应根据用户的重要等级和负荷的分类确定用户的一次主接线是否满足，基本原则如下：

1）具有两回线路供电的一级负荷客户，其电气主接线的确定应符合下列要求：

35kV 及以上电压等级应采用单母线分段接线或双母线接线。装设两台及以上主变压器。6～10kV 侧应采用单母线分段接线。10kV 电压等级应采用单母线分段接线。装设两台及以上变压器。0.4kV 侧应采用单母线分段接线。

如图 4-1 所示，该图为 10kV 高供高计用户的一次主接线图，采用双电源供电，一路常供，一路备用。10kV 采用单母分段接线，设 10kV 母分开关，两台主变压器，在 0.4kV 侧进行低压联络，设低压母分开关。

2）具有两回线路供电的二级负荷客户，其电气主接线的确定应符合下列要求：

35kV 及以上电压等级宜采用桥形、单母线分段、线路变压器组接线。装设两台及以上主变

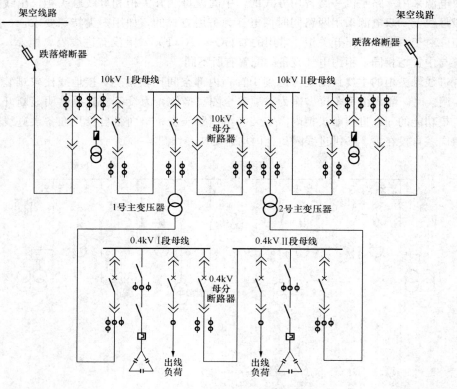

图 4-1 10kV 单母分段接线

压器。中压侧应采用单母线分段接线。10kV 电压等级宜采用单母线分段、线路变压器组接线。装设两台及以上变压器。0.4kV 侧应采用单母线分段接线。

3）线路供电的一般负荷客户，其电气主接线，采用单母线或线路变压器组接线，如图 4-2 所示。

（2）进线方式和配电设备的布置方式。

从进线方式来讲，一般可分为架空线路进线和电缆进线。尽管电缆线路存在投一次性投资大、成本高、故障点较难发现等缺点，但相对于架空线路进线，电缆进线有着占地面积少、施工方便、故障率少等优点。近年来，随着土地资源的紧张和变电站日趋集成化，进线方式大多选择电缆进线，尤其是在 20kV 及以下配电工程中。架空线路进线，多采用穿墙套管方式进线，在 35kV 级以上配电工程中部分采用。

开关柜的布置应根据设计图纸，综合考虑便于进线，并保证安全距离的需要。以常用的手车柜为例，高压单电源供电的高压柜排列顺序为：进线触头柜、计量柜、进线柜、压变避雷器柜、出线柜（数量根据供电方案中确认的方案核对）。高压双电源供电的高压柜排列顺序为：进线触头柜 2 柜、计量柜 2 柜、进线柜 2 柜、压变避雷器柜 2 柜、出线柜若干（数量根据供电方案中确认的方案核对），除出线柜，其余高压柜同类型的均按轴对称

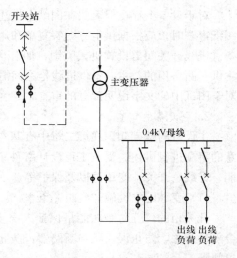

图 4-2 线路、开关站—变压器单元接线

布置。双电源采用一路主供一路备用方式的，中间设母线开关柜和母线触头柜，出线柜均匀分布在两段母线上。双电源采用两路同时供电互为备用方式的，如用户无特殊要求，一般不设高压母分柜。对于固定式高压开关柜［常用的如 GG—1A（F）］，除没有进线隔离柜外，其余柜的排列设置与中置柜相同，柜内电气设备的配置有所不同。

设置进线触头柜的主要目的是考虑到中置柜内部空间比较紧凑，接地线比较难装设，另外计量 TA 调换时，隔离柜手车拉出作为一项安全隔离措施，为设备检修提供明显断开点。如果设计备自投功能的，在进线触头柜内需安装一组线路压变，单向备自投只在备供进线隔离柜内安装，双向备自投在主、备供进线隔离柜内均需安装，如图 4-3 所示。

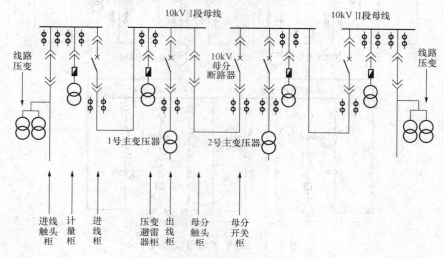

图 4-3   开关柜布置图（带备自投）

（3）其他注意事项。

对于设备上存在但无法在图纸上描述的设备以及设备间的关系，图纸上必须有必要的说明。图纸审查时，应根据供电方案答复单和用户的实际需求进行审查。例如，双电源供电用户，主、备供进线开关间需设置机械闭锁，如有自备电源，还应包括自备电源投切装置。对于采用一路主供一路备用的，主、备供进线柜之间需安装电气机械闭锁，但采用备自投的不安装机械闭锁。对于图纸中的文字说明部分的审查，是客户受电工程设计文件审查的重要内容。

2. 主设备的审查

主设备的基础知识在第二章中有基本的描述，本节中主要对常用的电气设备在审图中应注意的事项进行讲述。受电工程设计文件审核中，需要重点关注的设备包括：设备的防误操作功能、母线、开关、变压器以及保护等。

（1）变、配电设施"五防"审查。

开关柜的"五防"功能是保证人身安全和防止误操作的重要措施，包括：防止带负荷拉、合隔离开关，防止误、跳和断路器，防止带电挂接地线，防止带接地合隔离开关，防止误入带电间隔。

电气图纸的设计应考虑"五防"功能在开关柜的实现方式。以 KYN 柜型（见图 4-3）为例，Ⅰ段进线隔离柜与Ⅰ段进线柜开关之间应加装电气、机械连锁，防止带负荷操作进线隔离手车，从而造成"防止带负荷拉、合隔离开关"，造成拉弧，以免损伤设备，造成线路越级跳闸。这种电气联锁应在二次图纸上体现出来。

（2）母排、进出线电缆的审查。

应根据工作电流、经济电流密度、电晕、热稳定等技术条件，结合环境温度、日照等使用环境进行校验。

高、低压母线一般选用铜质或铝质矩形硬母线。母线设三根相排，一根零排，零排的截面规格一般是相排的一半，但若考虑到三相不平衡电流较大的情况，则零排选相排同样截面。低压一次系统图中，尚应标明接地线的接线（一般用虚线表示）。五线制中，N 线一点接地，PE 线可两点或多点接地。

以常用的工作电流为验算条件，对矩形导体进行校验。首先应验算高、低压配电系统中持续工作的电流大小，然后根据回路持续工作电流进行选择：

$$I_{xu} \geq I_g \tag{4-1}$$

式中　I_g——导体回路持续工作，按表 4-1 确定，A；

　　　I_{xu}——相当于导体在某一运行温度、环境条件及安装方式下长期允许的载流量，常用的矩形导体长期允许载流量见表 4-2，A。

表 4-1　　　　　　　　　　回 路 持 续 工 作 电 流

	回路名称	计划工作电流	说　　明
出线	带电抗器出线	电抗器额定电流	
	单回路	线路最大负荷电流	包括线路损耗与事故时转移过来的负荷
	双回路	（1.2～2）倍一回线的最大负荷电流	包括线路损耗与事故时转移过来的负荷
	环形与一台半断路器接线回路	两个相邻回路正常负荷电流	考虑断路器事故或检修时，一个回路加另一最大回路负荷电流的可能
	桥型接线	最大元件负荷电流	桥回路尚需考虑系统穿越功率
变压器回路		1.05 倍变压器额定电流	1. 根据在 0.95 额定电压以上时其容量不变；2. 带负荷调压变压器应按变压器的最大工作电流
		（1.3～2.0）倍变压器额定电流	
母线联络回路		1 个最大电源元件的计算电流	
母线分段回路		分段电抗器额定电流	1. 考虑电源元件事故跳闸后仍能保证该段母线负荷；2. 分段电抗器一般发电厂为最大一台发动机额定电流的 8%～50%，变电站应满足用户的一级负荷和大部分二级负荷
旁路回路		需旁路的回路最大额定电流	
发电机回路		1.05 倍发电机额定电流	当发电机冷却气体温度低于额定值时，允许提高电流为每低 1℃加 0.5%，必要时可按此计算
电动机回路		电动机的额定电流	

表 4 - 2　　　　　　　　　　　　　　　　　矩形铝导体长期允许载流量

导体尺寸	单条		双条		三条		四条	
$h \times b$ (mm×mm)	平放	竖放	平放	竖放	平放	竖放	平放	竖放
40×4	480	503						
40×5	542	562						
50×4	586	613						
40×5	661	962						
63×6.3	910	952	1409	1547	1866	3111		
63×8	1038	1085	1623	1777	2113	2379		
80×6.3	1168	1221	1825	1994	2381	2665		
80×8	1128	1178	1724	1892	2211	2505	2558	3411
80×10	1174	1330	1946	2131	2491	2809	2863	3817
100×6.3	1427	1490	2175	2373	2774	3114	3167	4222
100×8	1371	1430	2054	2253	2633	2985	3032	4043
100×10	1542	1609	2298	2516	2933	3311	3359	4479
125×6.3	1728	1803	2558	2796	3181	3578	3622	4829
125×6.3	1674	1744	2446	2680	2079	3490	3525	4700
125×8	1876	1955	2725	2982	3375	3813	3847	5129
125×10	2089	2177	3005	3282	3725	4194	4225	5633

　　注　1. 表中当导体为四条时，平放、竖放第 2、3 片间距离皆为 50mm。
　　　　　2. 同截面铜导体载流量为表中铝导体载流量的 1.27 倍。

　　设计选用电缆的额定电压应等于或大于所在网络的额定电压，最高工作电压不得超过其额定电压的 15%。三相动力回路电缆，一般选用三芯或四芯（当为四线制时）电缆。电缆截面的核定，应保证电缆截面能满足持续允许电流、短路稳定、允许电压降等要求，当最大负荷利用小时数 $T_m > 5000h$ 且长度超过 20m 时，还应该核算电流经济密度。

　　敷设在空气中和土壤中的电缆允许载流量按如下核定：

$$KI_{xu} \geqslant I_g \qquad\qquad (4 - 2)$$

式中　I_g——计算工作电流，A；

　　　　I_{xu}——电缆在标准敷设条件下额定载流量；

　　　　K——不同敷设条件下的综合校正系数。

　　常用的交联聚乙烯绝缘（铝）电力电缆长期允许载流量见表 4 - 3。

表 4 - 3　　　　　　　　　　　常用电力电缆允许持久载流量

导线截面	空气中敷设			直埋敷设（$\rho_t = 80℃·cm/W$）（$3.53m·K/W$）		
（mm²）	6kV	10kV	20～35kV	6kV	10kV	20～35kV
6	48					
10	60	60		70		
16	85	80		95	90	
25	100	95	85	110	105	90
35	125	120	110	135	130	115

导线截面 (mm²)	空气中敷设			直埋敷设（$\rho_t = 80℃ \cdot cm/W$）（$3.53m \cdot K/W$）		
	6kV	10kV	20～35kV	6kV	10kV	20～35kV
50	155	145	135	165	150	135
70	190	180	165	205	185	165
95	220	205	180	230	215	185
120	255	235	200	260	245	210
150	295	270	230	295	275	230
185	345	320		345	325	250
240				395	375	

注　1. 缆芯最高工作温度，6～10kV 为＋90℃，20～35kV 为＋80℃，周围环境温度为＋25℃。

　　2. 铜芯电缆的允许持续载流量为表中铝锌电缆的 1.27 倍。

（3）隔离开关、负荷开关、断路器、接地闸刀的审核。

隔离开关主要用来断开无负荷电流的电路、隔离高压电源，在分闸状态时有明显断开点，以保证其他电气设备安全检修。常用的隔离开关设备有两种形式，即闸刀式和手车式。手车式以手车拉出开关柜本体作为隔离方式。闸刀、触头的额定电流与断路器相匹配。常见闸刀型号有 GN19—10C/630。由于隔离开关没有专门灭弧装置，不允许用来开断负荷电流和短路电流。

设计图纸如采用负荷开关，还应注意负荷开关是用来在不超过额定电流下接通和切断高压电路的专用电器。具有灭弧机构，相当于隔离开关和简单灭弧装置的结合，但灭弧能力较小，只能切断和接通正常负荷电流，不能用来切断短路电流，这是和断路器的主要区别。负荷开关与高压熔断器配合使用，由负荷开关开断负荷电流，用高压熔断器作为过负荷和短路保护。应当注意的是，如果采用负荷开关加高压熔断器的模式，无法配置继电保护，可靠性不如断路器。一旦熔丝故障没有断开，可能引起越级跳闸。熔体的额定电流可按下式进行核定：

$$I_{rr} = KI_{gmax} \tag{4-3}$$

式中　I_{rr}——熔体的额定电流，A；

　　K——系数，当不考虑电动机自起动时，可取 1.1～1.3，当考虑电动机自起动时，可取 1.5～2.0；

　　I_{gmax}——电力变压器回路最大工作电流，A。

断路器用来断开或接通电路，以及电路在发生故障时，通过继电保护装置的作用，将电路断开。断路器的审查应根据供电方案核对工作电压、工作电流选择的断路器的额定电压（10kV或 35kV）、额定电流。

常用的有 630A、1250A，根据短路电流选择断路器短路开断电流，常用的有 20kA、25kA、31.5kA，一般情况下，对于 10kV 配电系统，选 630A 额定电流、20kA 短路开断电流已能满足要求。实际审图时，对容量较大的项目，其进线柜断路器一般会选 1250A/31.5kA。断路器的动热稳定的校核应先计算短路电流，按公式校核，以一个例子讲述断路器短路电流的计算：

某户为新建 10kV 变电站，10kV 主供电源为 110kV 丁墟变电站Ⅰ段丁斗 462 线，架空线路采用 JKLY-185 300m，电缆采用 YJV22—8.7/15 3×120 400m；10kV 备供电源为 110kV 兴塘变电站Ⅱ段越英 987 线，架空线路采用 JKLY—185 400m，电缆采用 YJV22—8.7/15 3×120 300m。根据已知供电方案，可以在发布的电网系统等值阻抗及最大容量表内查询所接电变电站的最大方式、最小方式的母线的等值阻抗和最大短路容量。

以该供电方案为例，查表后数据如表 4 - 4 所示。

表 4 - 4　　　　　　　　　　　　相 关 变 电 站 参 数

名　　称	正常方式短路阻抗		最大短路容量（MVA）
	最大方式	最小方式	
110kV 丁墟变电站 10kV 母线	0.3617	0.4289	276.5
110kV 兴塘变电站 10kV 母线	0.4384	0.5039	228.1

设基准容量 $S_j=100\text{MVA}$，基准电压 $U_j=10.5\text{kV}$。查表 4 - 5，可知 10kV 三芯电缆电抗平均值 $X_1=X_2=0.08\Omega/\text{km}$，单导线 $X_1=X_2=0.4\Omega/\text{km}$。

表 4 - 5　　　　　　　　　　　常 用 元 件 的 电 抗 平 均 值

序号	元件名称		电 抗 平 均 值			备注
			X_j 或 X_1（%）	X_2（%）	X_0（%）	
1	6~10kV 三芯电缆		$X_1=X_2=0.08\Omega/\text{km}$		$X_0=0.35X_1$	
2	20kV 三芯电缆		$X_1=X_2=0.11\Omega/\text{km}$		$X_0=0.35X_1$	
3	35kV 三芯电缆		$X_1=X_2=0.12\Omega/\text{km}$		$X_0=3.5X_1$	
4	110kV 和 220kV 单芯电缆		$X_1=X_2=0.18\Omega/\text{km}$		$X_0=(0.8\sim1.0)X_1$	
5	无避雷线的架空输电线路	单回路	单导线：$X_1=X_2=0.4\Omega/\text{km}$；双分裂导线：$X_1=X_2=0.31\Omega/\text{km}$；双分裂导线：$X_1=X_2=0.29\Omega/\text{km}$		$X_0=0.35X_1$	
6		双回路			$X_0=0.35X_1$	系每回路值
7	有钢质避雷线的架空输电线路	单回路			$X_0=3X_1$	
8		双回路			$X_0=4.7X_1$	系每回路值
9	有良导体避雷线的架空输电线路	单回路			$X_0=2X_1$	
10		双回路			$X_0=3X_1$	系每回路值

注　X_1—正序电抗；X_2—负序电抗；X_0—零序电抗。

先对主供电源丁斗 462 线供电时进行短路电流的计算。

电缆：$X'_L=0.08\Omega/\text{km}\times0.4\text{km}=0.032\Omega$

线路：$X''_L=0.4\Omega/\text{km}\times0.3\text{km}=0.12\Omega$

总电抗：$X_L=X'_L+X''_L=0.032\Omega+0.12\Omega=0.152\Omega$

电抗标幺值：$X_L^*=0.152\times\dfrac{100}{10.5^2}=0.1379$

系统电抗：$X_\Sigma^*=0.1379+0.3617=0.4996$

短路电流：$I=\dfrac{S_j}{\sqrt{3}U_j}\times\dfrac{1}{X_\Sigma^*}=\dfrac{100}{\sqrt{3}\times10.5}\times\dfrac{1}{0.4996}=11.01(\text{kA})$

对备供电源越英 987 线供电时进行短路电流的计算。

电缆：$X'_L=0.08\Omega/\text{km}\times0.3\text{km}=0.024\Omega$

线路：$X''_L=0.4\Omega/\text{km}\times0.4\text{km}=0.16\Omega$

总电抗：$X_L=X'_L+X''_L=0.024+0.16=0.184(\Omega)$

电抗标幺值：$X_L^*=0.184\times\dfrac{100}{10.5^2}=0.1669$

系统电抗：$X_{\Sigma}^* = 0.1669 + 0.4384 = 0.6053$

短路电流：$I = \dfrac{S_j}{\sqrt{3}U_j} \times \dfrac{1}{X_{\Sigma}^*} = \dfrac{100}{\sqrt{3} \times 10.5} \times \dfrac{1}{0.6053} = 9.08$ （kA）

主、备供进线断路器短路电流容量的选择应大于对应电源核定的短路电流值。所以，该设计选用 630A 额定电流、20kA 短路开断电流的断路器可以满足要求。

母分断路器额定电流按两段母线所接容量较大者的变压器总容量来选择，选择方法以及触头的选择方法与高压进线柜相同。低压断路器审查与高压断路器一致，应按变压器二次额定电流进行核对，简便方法按容量的 2 倍进行校核，如 1000kVA 的变压器低压断路器选 2000A。低压出线柜一般安装隔离闸刀（低压触头）、出线断路器等设备。断路器容量按各回路计算负荷确定。

另外，应该注意的是真空断路器应配置避雷器以防操作过电压。

常见的 10kV 断路器型号如 ZN28A—10/1250—20，手车开关型号如 VS1—12/1250—31.5。

为保证电气设备和母线的检修安全，故设置接地闸刀。审图过程中应充分考虑接地闸刀的设置是否合理，会不会引起误操作。

接地闸刀用于设备检修时隔离开关和联装的接地开关之间，应设置机械连锁，根据用户的要求也可以设置电气联锁，封闭式组合电器可采用电气联锁。

为了防止在对侧（电源侧）没有拉闸的情况下误合进线接地闸刀，进线柜不安装接地闸刀。

（4）主变压器。

对主变压器的设计的审查，应考虑变压器容量是否按供电方案配置，并综合考虑客户申请容量、用电设备总容量，并结合生产特性兼顾主要用电设备同时率、同时系数等因素后进行审核。在满足近期生产需要的前提下，客户受电变压器应保留合理的备用容量，为发展生产留有余地。在保证受电变压器不超载和安全运行的前提下，应同时考虑减少电网的无功损耗。一般客户的计算负荷宜等于变压器额定容量的 70%～75%。

对变压器的选型的审查，还应充分考虑用户生产环境，详见表 4-6。

表 4-6　　　　　　　　　　各类变压器的适用范围及参考型号

变压器型式	适用范围	参 考 型 号
普通油浸式密闭油浸式	一般正常环境的变电站	应优先选用 S9～S11、S15、S9～M 型配电变压器
干式	用于防火要求较高或潮湿、多尘环境的变电站	SC（B）9～SC（B）11 等系列树环氧树脂浇铸变压器；SG10 型非包封线圈干式变压器
密封式	用于具有化学腐蚀性气体、蒸汽或具有导电及可燃粉尘、纤维会严重影响变压器安全运行的场所	S9—M$_a^b$、S11—M.R 型油浸变压器
防雷式	用于多雷区及土壤电阻率较高的山区	SZ 等系列防雷变压器，具有良好的防雷性，能承受单相负荷能力也较强。变压器绕组连接方法一般为 Dyn11，及 Yzn0

当用户生产用电设备存在着较大的谐波源，例如充放电设备、变频炉等，$3n$ 次谐波电流比较突出时，变压器接线组别尽量选择 Dyn11，目的是控制谐波对电源侧的影响（谐波在三角形接线的高压侧可闭环掉一部分含量）。

变压器的电压调整是用分接开关切换变压器的分接头，从而改变变压器的变比来实现。切换方式有两种：切换，称为无激励调压，调整的范围在 5% 以内；另一种是带负载切换，称为有载调压，调整的范围可达 30%。一般情况下应采用无载手动调压的变压器。在电压偏差不能满足要求时，35kV 降压变电站的主变压器应采用有载调压变压器。但在当地 10(6)kV 电源电压偏差不能满足要求时，且用电单位对电压要求严格的设备，单独设置调压装置在技术经济上不合理时，也可采用 10(6)kV 有载调压变压器。

审图中还应注意节能环保，倡导变压器选用低损耗型，降低变压器的自身损耗，如 S11、S11-M、SC11、SCB11、SH11 等。

变压器的台数应根据负荷特点和经济运行进行核定，当符合下列条件之一时，宜装设两台及以上的变压器：①大量一级或二级负荷；②季节性负荷变化较大；③集中负荷较大。

当有两台及以上变压器需并列运行时，必须符合变压器并列运行的要求。

1）接线组别相同：接线组别不同，将在二次绕组中产生大的电压差，会产生几倍于额定电流的循环电流，致使变压器烧毁。

2）变比差值不得超过 ±0.5%：变比差值过大，则其二次电压大小不等，二次绕组回路中产生环流，它不仅占有变压器容量，也会增加变压器损耗。

3）短路电压值不得超过 10%；其负荷的分配与短路电压成反比，短路电压小的变压器将超载运行，另一台变压器只有很小的负荷。

4）两台并列变压器容量比不宜超过 3∶1。

（5）避雷器。

为了防止雷击过电压和操作过电压，保护电气设备不因过电压受损，在配电装置的每组母线上应安装避雷器（进出线都装设避雷器时除外）。

如图 4-4 所示，在进线触头柜中进线电缆搭接处，需安装进线避雷器以实现过电压保护（如进线触头柜中进线电缆搭接处不安装避雷器，应充分考虑电源侧避雷器的安装情况和进线电缆或线路的长度等因素）。10kV Ⅰ、Ⅱ 段进线开关，两只主变开关、Ⅰ、Ⅱ 段母分开关安装进线避雷器防止操作过电压（由于进线柜中断路器安装在手车内，因进线触头柜已安装避雷器，故该柜也可不安装避雷器）。母线压变与避雷器共用一组触头，一般情况下，避雷器装设在压变熔丝母线侧。图 4-5 描述的是 10kV 单母线 GG1-A 柜型避雷器的配置，原理与手车柜相同。

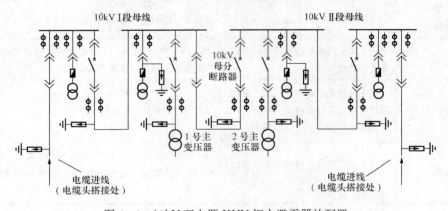

图 4-4　10kV 双电源 KYN 柜中避雷器的配置

（6）无功补偿装置审核。

为了尽量减少线损和电压损失，变配电系统中一般采用并联电力电容器作为无功补偿装置。

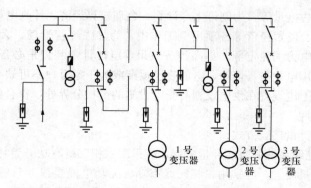

图 4 - 5　10kV 单母线 GG1-A 柜型避雷器的配置

补偿一般采用就地平衡补偿，即低压部分的无功功率宜由低压电容器补偿，高压部分的无功功率宜由高低压电容器补偿。对于容量较大，负荷平稳且经常使用的用电设备的无功功率，宜单独就地补偿。补偿基本无功功率的电容器组宜在配、变电站内集中补偿，在环境正常的车间内低压电容器宜分散补偿；高压电容器组在配、变电站内集中装设。

补偿电容器组的投切方式分为手动和自动两种。对于补偿低压基本无功功率的电容器组以及常年稳定的无功功率和投切次数较小的高压电容器组，宜采用手动投切。为避免过补偿或在轻载时电压过高，造成某些用电设备损坏等，宜采用自动投切。在采用高、低压自动补偿装置效果相同时，宜采用低压自动补偿装置。

电容器分组时，应与配套设备的技术参数相适应，满足电压偏差的允许范围，适当减少分组组数和加大分组容量。分组电容器投切时，不应产生谐振。

补偿容量的计算公式为

$$Q_\mathrm{c} = P(\tan\varphi_1 - \tan\varphi_2) \tag{4-4}$$

式中　P——用电设备的计算负荷，kW；

$\quad$ $\tan\varphi_1$——补偿前用电设备自然功率因数的正切值；

$\quad$ $\tan\varphi_2$——补偿后用电设备功率因数的正切值，一般情况下补偿后用电设备功率因数按不小于

$\qquad\qquad$ 0.9 考虑。

当不具备设计计算条件时，电容器安装容量的确定应符合下列规定：35kV 及以上变电站可按变压器容量的 10%～30%确定；10kV 变电站可按变压器容量的 20%～30%确定。

（7）其他设备的审核。

设计图纸审查中还应注意一些辅助设备的设计。例如带电显示器、加热器、接地故障指示仪等。

如高压柜配置带电显示器和加热器等元件应该在相应的图纸上有体现。带电显示器在一次系统图中表示，加热器应该在二次系统图中表示。

3. 计量装置

电力的生产和其他产品的生产不一样，其特点是发、供、用这三个部门连成一个系统，不能间断的同时完成，而且是互相紧密联系缺一不可，它们互相如何销售，如何经济计算，就需要一个计量器具在三个部门之间进行测量计算出电能的数量，这个装置就是电能计量装置，没有它，在发、供、用电三个方面就无法进行销售、买卖，所以电能计量装置在发、供、用电的地位是十分重要的。

在电力系统发、供、用电的各个环节中，装设了大量的电能计量装置，用来测量发电量、

厂用电量、供电量、售电量等，为制订生产计划、合理核算经济、计收电量提供依据。

在工、农业生产、商贸经营等各项用电工作中，为加强经营管理，大力节约能源，考核单位产品耗电量，制订电力消耗定额，提高经济效果，电能计量装置是必备的计量器具。随着人民生活的不断提高，用电量与日俱增，电能表已逐渐成为千家万户不可缺少的电器仪表。

电能计量点原则上应设置在供电设施与受电设施的产权分界处，符合国家相关法规和标准，并能保证计量的正确性。

（1）计量装置的计量接线方式。

1）接入中性点绝缘系统的电能计量装置，应采用三相三线有功、无功电能表。接入非中性点绝缘系统的电能计量装置，应采用三相四线有功、无功电能表或 3 只感应式无止逆单相电能表。例如，10kV 系统采用的是中性点绝缘系统，接线方式采用的是三相三线接线；采用小电阻接地的 20kV 系统的计量方式为三相四线接线。

2）接入中性点绝缘系统的 3 台电压互感器，35kV 及以上的宜采用 Y/y 方式接线；35kV 以下的宜采用 V/V 方式接线。接入非中性点绝缘系统的 3 台电压互感器，宜采用 Y0/Y0 方式接线。其一次侧接地方式和系统接地方式相一致。

3）低压供电，负荷电流为 50A 及以下时，宜采用直接接入式电能表；负荷电流为 50A 以上时，宜采用经电流互感器接入式的接线方式。

4）对三相三线制接线的电能计量装置，其 2 台电流互感器二次绕组与电能表之间宜采用四线连接。

5）对三相四线制连接的电能计量装置，其 3 台电流互感器二次绕组与电能表之间宜采用六线连接。

（2）计量用电能表、互感器选型和注意事项。

1）电能表。

在图纸中，应根据用户的性质和用电容量确定该户的计量类别，并根据设计采用的计量表计的型号、精度、量程等核对与供电方案答复的计量方式是否匹配，所采用表计的安装尺寸与所选柜型是否冲突。

2）电流互感器和电压互感器。

计量柜内计量 TA 为固定安装。计量 TA 变比二次采用 5A 制，额定一次电流根据《电能计量装置管理规程》的规定，应保证其在正常运行中的实际负荷电流达到额定值的 60% 左右，至少应不小于 30%。审图时，实际负荷电流按变压器总装接容量计算。计量 TA 准确级应选用带"S"级的电流互感器，以提高小负荷时的计量准确度。容量在 2000kVA 及以上的，计量电流互感器准确级选 0.2S 级，2000kVA 以下的，选 0.5S 级。如高压计量表采用三相三线制接线时，计量 TA 采用两台互感器。低压计量采用互感器接入时，采用三相四线，TA 采用 3 台电流互感器。

计量电压互感器根据柜型不同安装在计量柜内或手车内，审图时应分辨清楚，如常见的 GG1-A 柜型，计量 TV 安装在计量柜内；KYN 柜型，计量 TV 安装在计量手车内。计量 TV 的变比为 10/0.1kV，准确级与计量 TA 相对应，即 2000kVA 及以上的选用 0.2 级，2000kVA 以下的，选 0.5 级。10kV 计量 TV 的变比为 10/0.1kV，准确级与计量 TA 相对应，即 2000kVA 及以上的选用 0.2 级，2000kVA 以下的，选 0.5 级。10kV 系统为中性点不接地系统，故采用两台电压互感器，且按 V/V 接线。

各类电能计量装置应配置的电能表、互感器的准确度等级不应低于表 4-7 所示值。

表 4-7 准 确 度 等 级 表

电能计量装置类别	准 确 度 等 级			
	有功电能表	无功电能表	电压互感器	电流互感器
Ⅰ	0.2S 或 0.5S	2.0	0.2	0.2S 或 0.2*
Ⅱ	0.5S 或 0.5	2.0	0.2	0.2S 或 0.2*
Ⅲ	1.0	2.0	0.5	0.5S
Ⅳ	2.0	3.0	0.5	0.5S
Ⅴ	2.0	—	—	0.5S

* 0.2级电流互感器仅指发电机出口电能计量装置中配用。

如××化纤厂申请容量为 1600kVA，采用 10kV 高压计量，三相三线接线，对计量 TA、TV 进行选择。先计算额定容量下的工作电流为 88A（电压取 10.5kA），如果选 100/5 的互感器，则工作电流与互感器一次侧额定电流的比为 88%，超过 60%，故应选 150/5，两只，类别 Ⅲ 级，常用的型号如 LZZBJ18-12。电压互感器采用 10/0.1，即变比为 10 000/100，采用 V/v 方式接线，数量两只，类别 Ⅲ 级，精度 0.5，常用的型号如 JDZ-10。

（3）其他注意事项。

计量 TA、TV 的型号应考虑安装孔与柜型匹配。如业扩为增容、减容类变更，应充分考虑新设计的 TA、TV 型号与原有 TA、TV 型号在尺寸、安装孔等方面与原有开关柜的匹配，避免出现无法安装的情况。

装设在计量用（包括母线压变）电压互感器的高压熔断器，只需按额定电压和断流容量进行核对，熔体的选择只限能承受电压互感器的励磁冲击电流，不必校验额定电流。保护电压互感器的高压熔断器，由于熔体特别细，对电晕作用敏感，尤其是 10kV 及以上电压等级的电压互感器，在审图时应注意使熔断器底座远离接地的金属框架，更避免在熔断器底座附近使用套管。计量熔断器采用 0.5A 或 1A。常用型号有 XRNP1-12/0.5。

35kV 以上贸易结算用电能计量装置中电压互感器二次回路，应不装设隔离开关辅助接点，但可装设熔断器；35kV 及以下贸易结算用电能计量装置中电压互感器二次回路，应不装设隔离开关辅助接点和熔断器。

计量 TA、TV 二次回路的连接导线应采用铜质单芯绝缘线（硬线），并相色分开。二次回路连接导线的截面，连接导线截面积应按电流互感器的额定二次负荷计算确定，至少应不小于 4mm²；电压二次回路，连接导线截面积应按允许的电压降计算确定，至少应不小于 2.5mm²。

4. 继电保护及二次回路

继电保护和自动装置的设计应以合理的运行方式和可能的故障类型为依据，并满足可靠性、选择性、灵敏性和速动性四项基本要求。

（1）继电保护类型。

在配电设备中根据保护设备的不同，常见类型的有电磁式和微机式继电保护。根据保护整定原则不同分为速断电流保护、过电流保护、反时限电流保护、瓦斯保护等。10kV 及以上变电站宜采用数字式继电保护装置。微机保护相对电磁式继电保护有着可靠性高、动作正确率高、保护性能易得到改善、易于获得各种附加功能、使用方便灵活、维护调试方便等一系列明显优势。审图中应提倡微机保护的使用。

（2）继电保护配置。

上下级保护装置的动作应相互配合，以保证保护装置具有选择性。其动作配合有以下两种情况：

1）按动作电流配合。在所选定的故障形式下，上下级保护装置的动作电流之比不应小于1:1。装设在不同电压等级上的保护装置进行配合时，配合电流应归算到同一电压等级。通常用保护装置较多的那一级作为基准电压级。

2）按动作时限配和。上下级保护装置的动作时限应有一差值（时限阶段）Δt。定时限保护之间的 Δt 一般为 0.5s，反时限保护之间、定时限保护与反时限保护之间的 Δt 一般为 0.5～0.7s。当上下级保护装置的动作时限阶段不能满足选择性要求时，可采用自动重合闸或备用电源自动投入装置来补救。

对于常见的用户配电变电站主变压器保护，详见表 4-8。

表 4-8　　　　　　　　　常见用户变电站继电保护配置表

变压器容量（kVA）	带时限的过电流保护	保护装置名称						备注
		电流速段保护	纵联差动保护	低压侧单相接地保护	过负荷保护	瓦斯保护	温度保护	
<400	—	—	—	—	—	≥315kVA的车间内油浸变压器装设	—	一般用高压熔断器保护
400～630	高压侧采用断路器时装设	高压侧采用断路器且过电流保护时限>0.5s时装设		装设	并联运行的变压器装设，作为其他备用电源的变压器根据过负荷的可能性装设	车间内变压器装设	—	一般采用GL型继电器兼作过电流及电流速断保护
800						装设	装设	
1000～1600	装设	过电流保护时限>0.5s时装设	当电流速断保护不能满足灵敏性要求时装设					
2000～5000				—				
6300～8000		单独运行的变压器或负荷不太重要的变压器装设	并列运行的变压器或重要变压器或当电流速断保护不能满足灵敏性要求时装设					≥5000kVA的单向变压器宜装设远距离测温装置 ≥8000kVA的变压器宜装设远距离测温装置
≥10 000	装设	装设			装设	装设	装设	

注　1. 当带时限的过电流保护不能满足灵敏性要求时，应采用低电压闭锁的带时限过电流保护。

2. 当利用高压侧过电流保护及低压侧出线断路器保护不能满足灵敏性要求时，应装设变压器中性线上的零序过电流保护。

3. 低压电压为 230/400V 的变压器，当低压侧出线断路器带有过负荷保护时，可不装设专用的过负荷保护。

4. 密闭油浸变压器装设压力保护。

5. 干式变压器均应装设温度保护。

继电保护配置除应满足上述要求外，对于零序保护还有如下要求：根据《电力装置的继电保护和自动装置设计规范》（GB 50062—1992）第 4.0.10 条规定，"高压侧为单电源，低压侧无电源的降压变压器，不宜装设专门的零序保护"和第 4.0.13 条"0.4MVA 及以上，一次电压为 10kV 及以下线圈为三角形—星形联结，低压侧中性点直接接地的变压器，对低压侧单相短路，当灵敏度符合要求时，可利用高压侧的过电流保护。"在实际审图中，要求变压器出线不安装零序电流互感器。

（3）变、配电二次回路及工作电源。

变、配电站的控制、信号、保护及自动装置以及其他二次回路的工作电源，称为操作电源。操作电源系统分为直流操作电源系统和交流操作电源系统。审图中应根据设计文件对二次回路工作电源的合理性、可靠性进行审查。

在设计文件审查中，对于二次回路的审核，主要是主接线方面，一次接线反应到二次系统图元件的位置、连接方式、回路等是否相符。涉及计量方面，如计量回路是否直接接入表计（联合接线盒），不准经过熔丝；表计、电流互感器、电压互感器精度、变比、类型等问题；计量回路图纸上的文字说明等。保护方面主要是审核保护定值，主要的保护类型涉及的保护回路是否有缺少，选用的保护类型和设备是否匹配（如干式变压器没有瓦斯，不应设置瓦斯保护）等。

操作电源的选择应根据变、配电站的容量及断路器操作方式确定：供给特别重要的负荷或变压器总容量超过 5000kVA 的变电站，选用直流操作电源；小型配电所宜采用弹簧储能合闸和分闸的全交流的操作方式，或 UPS 电源供电的交流操作方式，因此操作电源宜选用交流电源。

用户变电站直流操作系统一般采用 110V 电压等级，接线方式采用单母接线，对于重要电力用户可以采用单母分段接线。直流负荷按负荷性质分为经常性负荷（如信号装置、直流照明灯）和事故性负荷（如应急照明、不停电电源、信号和继电保护装置）。应对直流负荷进行统计，并对设计采用的直流系统设备（如蓄电池）进行核对。

继电保护作为交流操作时，保护跳闸通常采用去分流方式，即靠断路器弹簧操作机构中的过电流脱扣器直接跳闸，能源来自电流互感器而不需要另外的电源。因此，直流操作电源主要是供给控制、合闸和分励信号等回路使用。

交流操作的电源为 220V，有两种形式：常用交流操作电源（由电压互感器经 100/220V 的变压器供给或所用变压器、其他低压线路经 220/220V 变压器供给）和带 UPS 的交流操作电源。

（4）保护、测量用互感器的配置。

保护用电流互感器采用两相不完全星形接线，即 U、V 相各安装一只电流互感器。进线柜 TA 变比二次侧选 5A，一次侧额定电流按实际工作电流选，校核动热稳定，并考虑速断过流保护的计算要求，如过流整定时允许按一定过载系数计算，一般定时限过流整定过载系数取 1.3。当操作电源采用交流电源时，需考虑整定值需大于 5A，因为断路器交流电流脱扣器额定电流为 5A，小于 5A 时，脱扣器拒动。保护 TA 的简便算法是：变压器容量（总装接容量）除以 10，即为电流互感器一次侧额定电流。如 630kVA 选 50/5，3400 选 300/5 等。

1）保护用电流互感器除应满足一次回路的额定电压，额定电流和短路时的动、热稳定要求外，还应按照电流互感器的限值系数曲线进行校验，使在保护装置动作时，其误差不超过允许值。

目前厂家给出的电流互感器限值系数曲线，实质是比误差的 10% 误差曲线，实际使用时仍然按照电流互感器的 10% 误差曲线进行校验，使在保护装置动作时，比误差不超过 10%。按照 10% 误差曲线校验电流互感器的步骤：

①按照保护装置类型计算流过电流互感器的一次电流倍数。

②根据电流互感器的型号、变比和一次电流倍数，在10％误差曲线上确定电流互感器的允许二次负荷。

③按照对电流互感器二次负荷最严重的短路类型计算电流互感器的实际二次负荷。

④比较实际二次负荷与允许二次负荷。如实际二次负荷小于允许二次负荷，表示电流互感器的误差不超过10％；如实际二次负荷大于允许二次负荷，则应采取下述措施，使其满足10％误差。

2）保护装置和测量表计一般分别由单独的电流互感器绕组供电。

3）差动保护装置应采用5P级的电流互感器。过电流保护装置可采用准确级为5P或10P级的电流互感器。

4）在同一准确等级下，电流互感器的允许二次负荷，在电流互感器两个二次绕组串联时比单个绕组时加大一倍，并联时减少一半。

为了减少差动保护装置的不平衡电流，可采用下述方法尽量降低电流互感器的二次负荷阻抗：

1）电流互感器二次回路内应尽量不接其他继电器和仪表。

2）连接导线应尽量缩短。

3）两组电流互感器的型号尽可能相同（或伏安特性相近似），并且负荷应对称。

低压进线柜内TA安装4只，3只用于电流测量，1只用于电容补偿的采样。

母线压变为2只，采用V/V接线。35kV系统中需要绝缘监视的，压变选用Y/Y/开口三角形。母线压变的作用：一是作为测量，二是作为交流操作的电源。

（5）其他注意事项。

1）高压电动机出线柜。

高压电动机出线柜断路器、电流互感器配置与变压器柜相似，但应考虑电动机起动方式和起动电流倍数。一般设电流速断保护（作用于跳闸）、过负荷保护（作用于信号）和低电压电流闭锁保护，条件允许考虑加装软起动装置。

2）发电机切换。

发电机切换柜可以是ATS柜，也可以是安装双投的闸刀简单配置。双投闸刀的额定电流按较大电流侧电流选择。双投闸刀应选用四极闸刀，保证零排与相排同步切换。

ATS柜本身具有电气、机械闭锁功能。

发电机侧断路器与高压进线断路器进行电气闭锁。

高压为双电源，低压两段母线有母分，需特别注意三选二开关闭锁的配置。

5. 应急电源图纸的审查

（1）应急电源常见的种类。

1）独立于正常电源的发电机组：包括应急燃气轮机发电机组、应急柴油发电机组。快速自起动的发电机组适用于允许中断供电时间为15s以上的供电。

2）UPS不间断电源：适用于允许中断供电时间为毫秒级的负荷。

3）EPS应急电源：一种把蓄电池的直流电能逆变成交流电能的应急电源。适用于允许中断供电时间为0.25s以上的负荷。

4）有自动投入装置的有效地独立于正常电源的专用馈电线路：适用于允许中断供电时间1.5s或0.6s以上的负荷。

5）蓄电池：适用于容量不大的特别重要负荷，有可能采用直流电源者。

（2）图纸审查中应注意事项。

1）对于提供的特别重要的负荷清单，应仔细研究，并尽可能减少特别重要负荷的负荷量，但需要双重措施者除外。

2）为确保对特别重要负荷的供电，严禁将其他负荷接入应急供电系统。

3）应急电源与正常电源之间必须采取可靠措施防止其并列运行。目的在保证应急电源的专用性，更重要的是防止向系统反送电。

4）防灾或类似的重要用电设备的两回电源线路应在最末一级配电箱处自动切换。

6. 电能质量防护

电能的质量，通常以供电电压的频率、偏移、波动、闪变、间断、塌陷、尖峰、谐波畸变、三相不平衡度和高频干扰等指标来表征。电能的质量，不仅取决于发电、输电和供电系统本身，现代工业化的迅速发展，接入公用电网的半导体换流器和非线性负荷，也会明显地干扰或降低配电网中的电能质量。要保证公用电网中电能的质量，必须由电力生产部门和接入电网中的广大电力用户来共同努力。为了保障供用电双方的合法权益，保证电网的安全运行，维护电气安全使用环境，必须加强电能质量的监测管理。

主要审核：

（1）对于注入电网谐波超标的客户，应核查相关的消谐装置的设计。

（2）对于带有冲击负荷、波动负荷、非对称负荷超标的客户，应核查相应的消除装置的设计。

（3）对于采用有载调压装置的客户，应核查相关设计。

（4）核查其他改善电能质量的设计。

对重要客户还应重点审核以下内容：

（1）核对一、二类重要负荷的分布情况、核对各类负荷的容量。

（2）核查接线方式的设计能否满足一、二类重要负荷的要求。

（3）核查多台变压器配置，保证重要负荷的设计措施。

（4）对于双电源的情况，核查双电源的切换方式和联锁装置；核查主供进线柜、备供进线柜、联络柜之间的闭锁装置的正确性。

（5）对于不并网自备电源客户，应核查电源切换方式、联锁装置，主要核查发电机切换柜的闸刀（开关）型号、核查客户的重要负荷是否同步切换、核查发电机与主供电源（备供电源）之间的机械闭锁、电气连锁的设计等。核查自备发电机的电气装置是否满足国家标准和电力行业标准、设计规程的要求，主要核查自备电源是否设置独立接地网、零线能否同步切换，核查切换点的设置是否符合规程要求等。核查高危、重要客户的其他设计。

（6）对其他具备一、二类负荷的用户，可以参照对高危及重要客户需重点审核的内容进行审核。

（五）设备平面布置图、土建图的审核

1. 变电站平面布置图

配电室土建图的审核主要内容是审核各平面间距、垂直间距、门的设计等是否符合规范要求，柜体、变压器布置是否合理，预埋件布置等隐蔽工程设计是否到位等。

（1）平面布置图。

电气平面布置图主要审核：

柜体布局的合理性，如布局导致高低压进出线多处交叉等。高低压柜屏前操作通道、屏后维护通道应符合《10kV 及以下变电站设计规范》（GB 50053—1994）表 4 - 9～表 4 - 12 的要求，并且高、低压配电柜排列顺序是否与系统图相一致。

表 4-9　　　　　　　　室内、外配电装置的最小电气安全净距　　　　　mm

符号	适用范围	场所	额定电压（kV）			
			<0.5	3	6	10
—	无遮拦裸带电部分至地（楼）面之间	室内	屏前 2500 屏后 2300	2500	2500	2500
		室外	2500	2700	2700	2700
—	有 IP2X 防护等级遮拦的通道净高	室内	1900	1900	1900	1900
A	裸带电部分至接地部分和不同相的裸带电部分之间	室内	20	75	100	125
		室外	75	200	200	200
B	距地（楼）面 2500mm 以下裸带电部分的遮拦防护等级为 IPX2 时，裸带电部分与遮护物间水平净距	室内	100	175	200	225
		室外	175	300	300	300
—	不同时停电检修的无遮拦裸导体之间的水平距离	室内	1875	1875	1900	1925
		室外	2000	2200	2200	2200
—	裸带电部分至无孔固定遮拦	室内	50	105	130	155
C	裸带电部分至钥匙或工具才能打开或拆卸的栅栏	室内	800	825	850	875
		室外	825	950	950	950
—	低压母排引出线或高压引出线的套管至屋外人行通道地面	室外	3650	4000	4000	4000

表 4-10　　　　可燃油油浸变压器外廓与变压器室墙壁和门的最小净距　　　mm

变压器容量（kVA）	100～1000	1250 及以上
变压器外廓与后壁、侧壁净距	600	800
变压器外廓与门净距	800	1000

表 4-11　　　　　高压配电室内各种通道最小宽度　　　mm

开关柜布置方式	柜后维护通道	柜前操作通道	
		固定式	手车式
单排布置	800	1500	单车长度+1200
双排面对面布置	800	2000	双车长度+900
双排背对背布置	1000	1500	单车长度+1200

表 4-12　　　　　　配电屏前、后通道最小宽度　　　mm

型式	布置方式	屏道通道	屏后通道
固定式	单排布置	1500	1000
	双排面对面布置	2000	1000
	双排背对背布置	1500	1500

续表

型　式	布置方式	屏道通道	屏后通道
抽屉式	单排布置	1800	1000
	双排面对面布置	2300	1000
	双排背对背布置	1800	1000

配电室通向其外通道的门设计是否充足。配电装置的长度超过6m或配电室长度超过7m时，屏后通道应设两个出口，且宜布置在配电室两端。低压配电装置两个出口间的距离超过15m时，应增加出口，高压配电室长度大于60m时应设三个出口。高压值班室应有一扇向外开启的门，通向高压配电室的门为双向开启式。高低压配电室内宜留有适当数量的备用位置。

油浸式变压器的变压器室的门的高度应考虑变压器运输要求，特别是容量较大的变压器，如1600、2000kVA的变压器室容易忽略。变压器宽面推进布置时，储油柜在左侧（人站门口，面向变压器），如果变压器室安装墙隔离闸刀的，闸刀及操作手柄宜安装在非储油柜侧墙上。变压器窄面推进布置时，储油柜在外侧。变压器与墙、与门的最小距离参见表4-8。干式变压器与低压配电柜保持600~800mm的间距，如果贴邻布置，则变压器防护等级需提高到IP4X级防护等级及以上。

配电房双层布置时，位于楼上的配电室有一扇门需通向楼梯平台，并设设备吊装平台。室内电缆沟的设计在满足使用功能的前提下应力求简单，高低压不同沟，一次、二次线不同沟，供给一级负荷的两回电缆不宜敷设在同一电缆沟内。

（2）剖面图。

剖面图主要审核竖向垂直距离是否符合相关要求：高压配电柜柜顶与屋顶距离不小于800mm，当有梁时，梁下与柜顶距离不小于600mm；设置在地下室的配电房不宜设在最底层，其地面应抬高，抬高部分可设计成电缆沟；电缆沟尺寸弯曲半径、两侧电缆支架、地下配电室电缆沟设集水井（沟底最好设计一定的坡度）；变压器基础应满足安装的需要和事故处理的需要；桥架与柜顶距离不小于600mm。

（3）预埋件布置图。

预埋件布置图重要审查以下内容：二次信号线通道需预留（设计容易疏忽），如变压器至高压柜、高压柜至信号箱等；高压出线柜至变压器一次电缆预埋管；油浸式变压器下油池有电缆经过，其通道与油池应有挡墙隔离；网接地电阻不大于4Ω；接地系统布置图中接地体的位置、间距，布置方式；接地每隔5m一桩，接地扁钢不小于40mm×4mm；图纸中注释的接地电阻值是否符合标准；发电机室是否有独立接地网。

（4）照明布置图。

应审查照明数量是否足够，考虑到检修的安全，灯的位置不宜装设在高、低压封闭配电柜的正上方。在配电室裸导体的正上方，不应布置灯具和明敷线路。当在配电室裸导体上方布置灯具时，灯具与裸导体的水平净距不应小于1.0m。

四、设计文件审查要求

（1）设计文件审核应依据国家及电力行业相关规范、规定的标准进行，相关标准可参见不同电压等级审图的依据。

（2）设计文件审核工作应依据有效的供电方案，并在规定时间内完成；根据《供电服务监管办法》的要求："对用户受电工程设计文件和有关资料审核的期限，自受理之日起，低压供电用户不超过8个工作日，高压供电用户不超过20个工作日。"

（3）设计文件审核应一次性出具书面的《受电工程设计文件审核结果通知单》，通知单应有专人审核。

（4）表格中客户信息部分填写完整、正确，不能漏项，审图意见应逐条填写，注意条理和次序，尽量根据图纸的前后顺序，并写清存在问题的图纸编号；尽量在逐条意见中标清楚条款的出处。

（5）审图意见审图人、主管、客户应分别签名并填写日期。

（6）对于缺少的资质、图纸应写清楚，并注明其他图纸的审图意见待图纸齐全后出具。

五、设计文件审查的注意事项

（1）设计文件审核所依据的国家标准和电力行业标准应使用（参照）最新的版本；审图人员必须遵守《供电服务规范》和上级有关部门的相关规定，充分尊重用电客户的选择权和知情权，不得对用户受电工程定设计单位、施工单位和设备材料供应单位。

（2）完成《受电工程设计文件审核结果通知单》相关内容的填写工作，并将设计文件及《受电工程设计文件审核结果通知单》送指定人员审核、签名。

（3）客户受电工程设计文件审查结束后，将通过审核的设计文件，加盖图纸审核章并将《受电工程设计文件审核结果通知单》的客户联，连同加盖了审核章的设计文件移交营业受理部门，返回客户依此进行施工。将《受电工程设计文件审核结果通知单》的存根联，连同客户提交的另一套设计文件一并移交客户档案管理部门归档。

六、举例

以一户 10kV 高供高计双电源用户为例，对部分典型图纸中的错误进行举例说明。图 4-6 为 10kV 配电装置配置图；图 4-7 和图 4-8 为 0.4kV 配电装置图；图 4-9 为 10kV 主（备）供计量原理接线；图 4-10 为 10kV 主变原理接线图；图 4-11 为变电站电气设备布置平面图。

首先对照图 4-6 和图 4-7 供电方案答复单内容对图纸的设计说明、目录以及完整性进行审查。

图 4-8 10kV 配电装置配置图中：

（1）主、备供进线电缆截面不符合要求，应采用 3×120。

（2）说明部分缺少"10kV 主供进线开关柜与 10kV 备供进线开关柜电气机械闭锁"的说明。

（3）计量熔丝配置偏大，可采用 0.5A 或 1A。

（4）电流互感器应采用 LZZBJ18-12 型，采用精度 0.2S，变比为 200/5；电压互感器应采用 0.2 级，10 000/100。

（5）Ⅰ、Ⅱ段母线压变柜中均未装设避雷器。

图 4-9 和图 4-10 0.4kV 配电装置图中：

（1）设计为两台主变低压可联络，两台主变接线组别错误，一台为 Dyn11，另一台为 Yn0。

（2）无功电容补偿容量不足，应为容量的 20%～30%。

图 4-11 10kV 主（备）供计量原理接线图中：

（1）计量用电流回路中不应装设熔断器。

（2）电能计量表计选型错误，应采用 3×100V 1.5(6) A 表计。

（3）说明部分，电流互感器至联合接线盒、联合接线盒至表计导线采用 4mm² 硬线，并相色分开；电压互感器至联合接线盒、联合接线盒至表计导线采用 2.5mm² 硬线，并相色分开。

图 4-12 10kV 主变原理接线图中：

设计采用的是干式变压器，没有轻、重瓦斯保护，应采用高温报警，超温跳闸保护。

供电方案答复单

申请编号	××××××	客户名称	××化工有限公司	客户编号	××××××
申请日期	××××-×××-××	用电地址	×××××省×××市××区××路×××号		
联系人	××	联系电话	××××××××	重要等级	Ⅱ级

一、供电方案

编号	供电电压(kV)	新增容量(kVA/kW)	总容量(kVA/kW)	电源类型	出线变电站/开关站	变压器名称及路杆(塔)号名	进出线路敷设方式建议	电源性质
1	交流10kV	2000	2000	公用线	丁斗462线	54号杆	电缆	主供
2	交流10kV	2000	2000	公用线	越英987线	36号杆	电缆	备供
/								

计量方式

计量点编号	电压(kV)	计量方式	电价类别	电能表类型	电能表精度	电流互感器变比	电流互感器精度	电压互感器变比	电压互感器精度	定量	定比
1	10	高供高计	大工业用电	智能表	1.0	200/5	0.2S	10 000/100	0.2	—	—
2	10	高供高计	大工业用电	智能表	1.0	200/5	0.2S	10 000/100	0.2	—	—
/	—	—								—	—

电气及机械联锁方式	电源联锁位置	高压进线	—
主接线方式 单母线分段	非线性负荷接入		100
功率因数标准 0.90	单台最大设备(kW)		480
无功补偿方式 集中补偿	补偿容量(kvar)		—
自备电源配置 —	自备电源容量		—
系统接地方式 中性点不接地系统	系统短路容量		267.5/228.1MVA
继电保护方式 过电流保护、速断保护			
调度通信方式 电话			
产权分界点 高压跌落式熔断器下桩头			

接线简图

10kV越英987线36号杆　10kV跌落式熔断器　10kV Ⅱ段母线　2号主变压器　10kV母分断路器　1号主变压器　10kV Ⅰ段母线　10kV跌落式熔断器　10kV丁斗462线54号杆

续表

二、应缴纳的营业费用

费用名称	单价	数量	应收金额（元）	备注
高可靠双电源新装	220	2000	440 000	—
—		—	—	—

三、备注事项

1. 同意双电源新装，主供容量2000kVA，备供容量2000kVA。
2. 供电电源为：主供接电于10kV丁斗462线54号杆；备供接电于10kV畈支987线36号杆。
3. 用户与供电企业产权分界点：主供接电于第一杆跌落式熔断器下桩头电缆搭接处，跌落式熔断器属供电企业，跌落式熔断器下桩头起负荷侧设备属用户；备供厂区外第一杆跌落式熔断器下桩头电缆搭接处，跌落式熔断器属供电企业，跌落式熔断器下桩头起负荷侧设备属用户；
4. 计量方式采用高供高计，电价执行大工业电价。

四、告知事项

1. 贵户接到本通知书后，即可委托有资质的电气设计、承装单位进行电气设计和安装施工。
2. 贵户受电工程设计文件和有关资料应一式两份抄送我司单位审核。
高压供电的用户应提供：
(1) 受电工程设计及说明书；(2) 用电负荷分布图；(3) 负荷组成、性质及保安负荷；(4) 影响电能质量的用电设备；(5) 主要电气设备一览表；(6) 节能篇及主要生产设备、生产工艺耗电以及允许中断供电时间；(7) 高压受电装置、二次接线图与平面布置图；(8) 用电功率因数计算及无功补偿方式；(9) 继电保护、过电压保护及电能计量装置的方式；(10) 隐蔽工程设计资料；(11) 配电网络布置图；(12) 自备电源及接线方式；(13) 其他相关资料。
低压用户只送交负荷组成和用电设备清单。
3. 贵户须将上述设计文件与用电设备清单应交前送交我表单位。否则，须重新办理用电申请手续。受电工程的设计文件未经我司审核同意，贵户不得据以施工。否则，将不予检验和接电。
4. 客户负荷注入公用电网连接点的谐波电压限值及谐波电流及许值应符合《电能质量公用电网谐波》(GB/T 14549) 国家标准的限值，具有谐波源的客户，应委托有资质的专业机构出具谐波测试报告，并按照"谁污染、谁治理"、"同步设计、同步施工、同步投运、同步达标"的原则，在投运前完成同步治理。
5. 本通知有效期自　　年　　月　　日起至　　年　　月　　日止。
如遇特殊情况，需延长供电方案有效期的，可在供电方案有效期到期前10天来单位办理延长手续。

签发单位：　　　　　　　　　签发人：
（加盖公章）

　　　　　　　　　　　　　　　年　　月　　日

客户签收：
（单位盖章）

　　　　　　　　　　　　　　　年　　月　　日

母线	TMY-80×8												
一次接线													

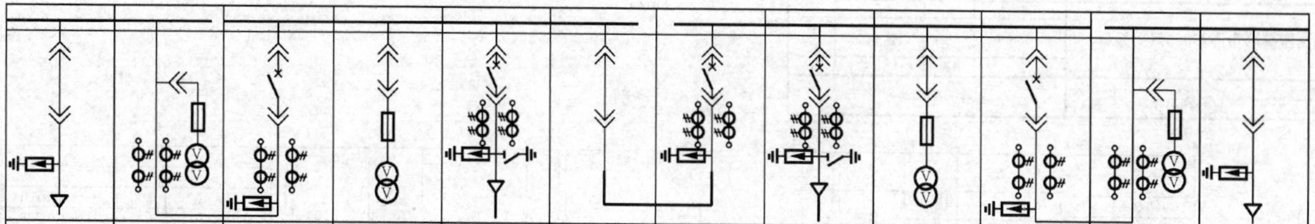

间隔编号		G1	G2	G3	G4	G5	G6	G7	G8	G9	G10	G11	G12
间隔名称		10kV 主供进线触头	10kV 主供进线计量	10kV 主供进线开关	I 段母设及避雷器	1号主变压器 1000kVA	母分触头	母分开关	2号主变压器 1000kVA	II 段母设及避雷器	10kV 备供进线开关	10kV 备供进线计量	10kV 备供进线触头
开关柜方案编号	KYN28A-12	-54(改)	-62	-09(改)	-40(改)	-03	-56	-09(改)	-03	-40(改)	-07(改)	-61	-54(改)
断路器	VS1-12/1250-31.5	630A 触头	630A1 台	1 台	630A1 台	1 台	630A 触头	1 台	1 台	630A1 台	1 台	630A1 台	630A 触头
接地开关	JN15-12/31.5-210					1 台			1 台				
避雷器	HY5WZ-17/45	3 台		3 台		3 台		3 台	3 台		3 台		3 台
电流互感器	LZZBJ9-12			200/52 只 0.5/10P15		200/52 只 0.5/10P15		200/52 只 0.5/10P15	100/52 只 0.5/10P15		200/52 只 0.5/10P15		
电流互感器	LZZBJ18-12		100/5 2 只 0.5S/10P15									100/5 2 只 0.5/10P15	
熔断器	XRNP1-12/10		3 只		3 只					3 只		3 只	
电压互感器	JDZ-10 10/0.1		2 只 0.5 级		2 只 0.5 级					2 只 0.5 级		2 只 0.5 级	
电压互感器	JDZJ-10 $\frac{10}{\sqrt{3}}/\frac{0.1}{\sqrt{3}}/\frac{0.1}{3}$												
消谐器	LXQI-10												
零序电流互感器	LBD-LCT-4												
引下线	TMY-		80×8	80×8		60×10			60×10		80×8	80×8	
出线电缆	YJV22-8.7/15-	3×35				3×95	3×120	3×120	3×95				3×35
规格	宽×深×高800mm×1500mm×2340mm												
备注		丁斗 462 线 54 号杆											越英 987 线 36 号杆

注：1. 断路器与操动机构一体布置，操动机构为弹簧储能式，操动和储能电动机电压为 DC110V。
2. 开关柜本体具有机械联锁。
3. 开关柜柜间或柜与外界的闭锁采用电气联锁。
10kV 主（备）进线触头柜和 10kV 主（备）进线开关柜电气闭锁。

××电力设计院			工程名称	××化纤有限公司 高配	电气 部分 施工 设计
审定		校对		10kV 配电装置配置图	
审核		设计			
复核		CAD 制图			
会签		Filename			
日期	年月	比例	图号	电施 -01	总号

图 4-6 10kV 配电装置配置图

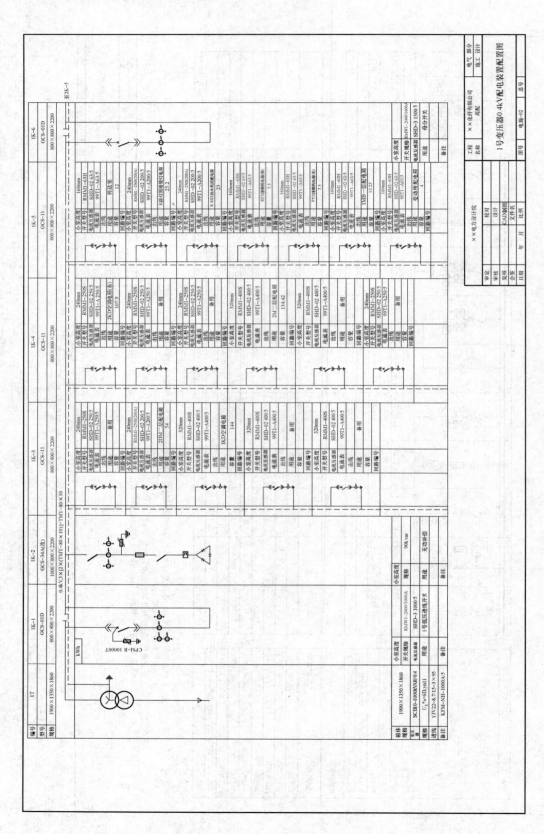

图 4-7　0.4kV配电装置图 (一)

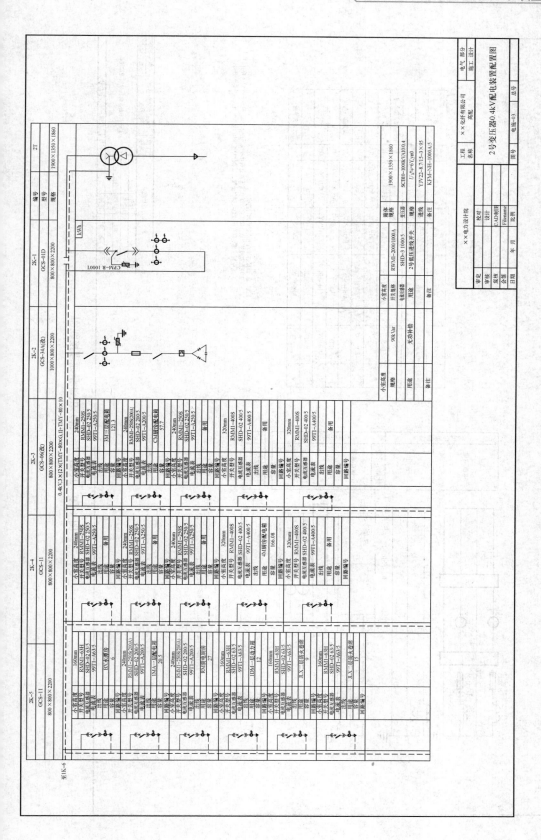

图 4-8 0.4kV配电装置图（二）

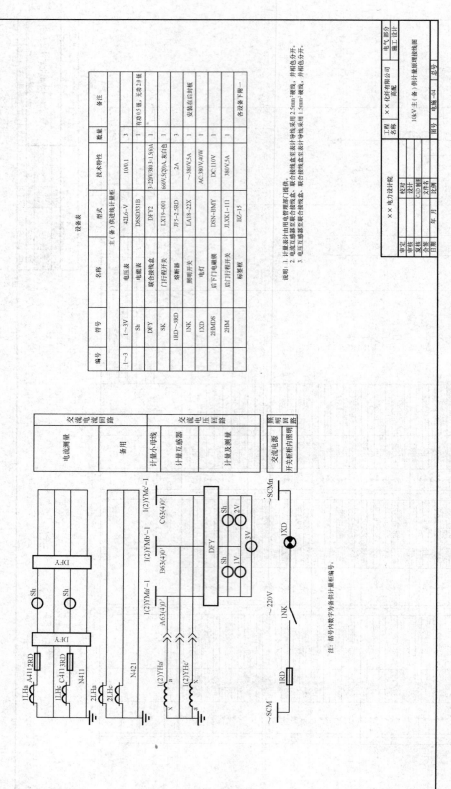

图 4 - 9　10kV 主（备）供计量原理接线图

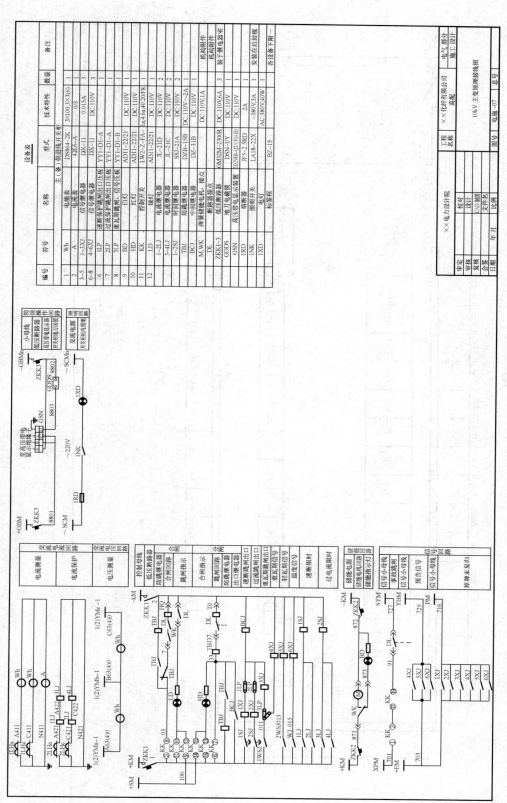

图 4 - 10　10kV 主变原理接线图

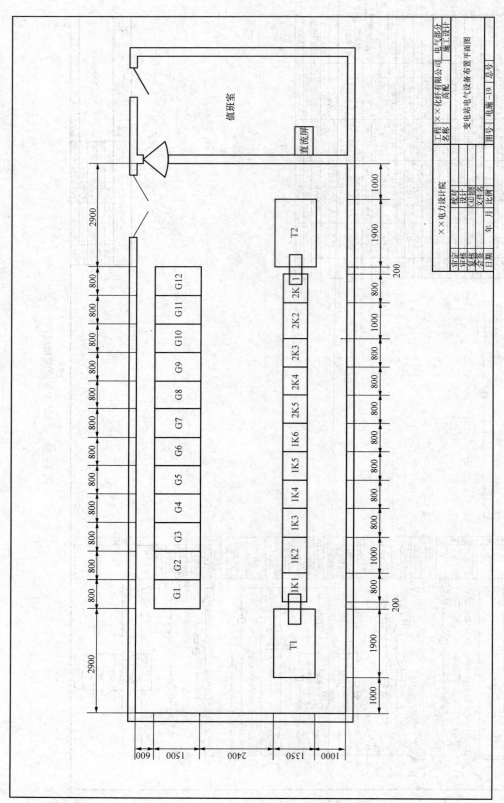

图 4-11 变电站电气设备布置平面图

图 4-13 变电站电气设备布置平面图中：

（1）高压柜柜后与墙体距离不足，根据 GB 50053—1994《10kV 及以下变电站设计规范》要求，柜后距离应不小于 800mm。

（2）配电室门应向外开启，因配电装置长度已经大于 6m，所以还应该加设向外开启的门。

第二节 中 间 检 查

一、中间检查的目的和依据

中间检查应依据国家相关法律法规和技术标准对用户受电设施土建工程建设过程中，受电工程的接地装置部分、暗敷管线等与电气安装质量密切相关，且影响电网系统和用户安全用电，并需要掩盖、覆盖的隐蔽工程进行检查。这也是对整个变电站工程的施工质量进行的一次初步而又全面的检查，以确定变电站土建、安装工艺是否符合国家相关标准和有关规程。

中间检查的目的是及时发现不符合设计要求与不符合施工工艺等问题，并提出整改意见，要求在规定期限内整改完毕，以避免工程完工后再进行大量返工。

中间检查主要项目有：与电气安装质量相关的电缆沟（井）、接地防雷装置、土建预留开孔、槽钢埋设、通风设施、安全距离和高度、隐蔽工程的施工工艺及材料选用等。

二、中间检查的内容

（一）线路架设

对于已经在架设或已经部分完工的架空线路，使用的线材，应进行外观检查，应符合下列规定：

（1）不应有松股、交叉、折叠、断裂及破损等缺陷。

（2）不应有严重腐蚀现象。

（3）钢绞线、镀锌铁线表面镀锌层应完好，无锈蚀。

（4）绝缘线表面应完整、光滑、色泽均匀，绝缘层厚度应符合规定。绝缘线的绝缘层应挤包紧密，且易剥离，绝缘线端部应有密封措施。

（5）瓷件与铁件组合无歪斜现象，且结合紧密，铁件镀锌良好。

（6）瓷釉光滑，无裂纹。缺釉、斑点、烧痕、气泡或瓷釉烧坏等缺陷。

电杆基础坑深度应符合设计规定。电杆基础坑深度的允许偏差应为 +100mm、-50mm。

（二）电缆敷设情况检查

在用户受电工程中，电缆被大量采用，应因地制宜，根据电气设备位置、出线方式等进行全面检查。近年来频繁发生的电缆火灾事故，直接损毁大量电缆和设备，造成大面积停电，所以对电缆敷设情况的现场中间检查至关重要。

1. 电缆支架的检查

电缆支架应平直，无扭曲变形，焊接牢固，层间允许最小距离，当设计无规定时，可采用表 4-13 的规定。但层间净距不应小于 2 倍电缆外径加 10mm，35kV 及以上高压电缆不应小于 2 倍电缆外径加 50mm。

表 4-13　　　　　电缆支架的层间允许最小距离值　　　　　　　　mm

电缆类型和敷设特征		支（吊）架	桥架
电力电缆明敷	控制电缆明敷	120	200
	10kV 及以下（除 6～10kV 交联聚乙烯绝缘外）	150～200	250

续表

电缆类型和敷设特征		支（吊）架	桥架
电力电缆明敷	6～10kV 交联聚乙烯绝缘	200～250	300
	35kV 单芯 66kV 及以上，每层 1 根	250	300
	35kV 单芯 66kV 及以上，每层多于 1 根	300	350
	电缆敷设子槽盒内	$h+80$	$h+100$

注　h 表示槽盒外壳高度。

2. 电缆敷设的检查

对于电缆敷设的中间检查应充分考虑敷设环境的影响。为确保电缆安全运行，电缆线路应尽量避开具有电腐蚀、化学腐蚀、机械振动或外力干扰的区域，并且电缆线路通道周围不应有热力管道和/或设施，以免降低电缆的额定载流量和寿命。检查时还应注意查看，电缆线路路径上不应有可能导致线路遭受虫害（蜂蚁、鼠害等）。电缆线路应采用尽可能短的路径，避开场地规划中的施工用地或建设用地。路径应尽量减少穿越管道、公路、铁路、桥梁及经济作物的次数，必须穿越时要求垂直穿过。

检查时还应根据敷设方式不同，核对选用电缆的正确性。直埋敷设应使用具有铠装和防腐层的电缆；易发生机械振动的区域必须使用铠装电缆。

电缆的弯曲半径与电缆外径的比值（最小值），不应小于表 4-14 的数值。并列敷设的电缆，其接头的位置宜相互错开；明敷时的接头，应用托板托置固定。电缆敷设应排列整齐，不宜交叉，加以固定，并装设标志牌。标志牌应注明线路编号、长度、型号、规格。

表 4-14　　　　　　　　　　　　电缆最小弯曲半径

电缆型式		多芯	单芯
控制电缆	非铠装型、屏蔽性软电缆	$6D$	—
	铠装型，铜屏蔽型	$12D$	
	其他	$10D$	
橡皮绝缘电力电缆	无铅包、铜铠护套	$10D$	
	裸铅包护套	$15D$	
	钢铠护套	$20D$	
塑料绝缘电缆	无铠装	$15D$	$22D$
	有铠装	$12D$	$15D$
	铝套	$30D$	
油浸纸绝缘电力电缆	铅套　有铠装	$15D$	$20D$
	铅套　无铠装	$20D$	—
自容式充油（铅包）电缆		—	$20D$

注　D 为电缆外径。

根据敷设环境不同，分为管道敷设、直埋敷设和其他敷设方式。

（1）管道敷设。

电缆管的内径不应小于电缆外径（包括保护层）的 1.5 倍并不应有穿孔、裂缝和显著的凹凸不平，内壁应光滑；金属电缆管不应有严重锈蚀，塑料电缆管应有满足电缆敷设条件所需保护性能的品质证明文件。在易受机械损伤的地方和在受力较大处直埋时，应采用足够强度的管材。电缆管管口应无毛刺和尖锐棱角；电缆管弯制后，不应有裂缝和显著的凹瘪现象，其弯扁程度不宜大于管子外径的 10%；电缆管的弯曲半径不应小于所穿入电缆的最小允许弯曲半径；无防腐措施的金属电缆管应在外表涂防腐剂，镀锌管锌层剥落处也应涂以防腐漆。电缆管的内径与电缆外径之比不得小于 1.5。每根电缆管的弯头不应超过 3 个，直角弯不应超过 2 个。电缆管直埋敷时，埋设深度不应小于 0.7m；在人行道下面敷设时，不应小于 0.5m。电缆管还应有不小于 0.1% 的排水坡度。

（2）直埋电缆。

电缆表面距地面的距离不应小于 0.7m，穿越农田或在车行道下敷设时不应小于 1m，在引入建筑物、与地下建筑物交叉及绕过地下建筑物处，可浅埋，但应采取保护措施。

电缆通过下列各地段应穿管保护，穿管的内径不应小于电缆外径的 1.5 倍。

1）电缆通过建筑物和构筑物的基础、三水坡、楼板和穿过墙体处。

2）电缆穿过铁路、道路和可能受到机械损伤地段。

3）电缆引出地面 2m 至地下 200mm 处的一段和人容易接触使电缆可能受到机械损伤的地方（电气专用房间除外）如电缆层，除穿管保护外，也可采用保护罩保护。

电缆之间，电缆与其他管道、道路、建筑物等之间平行和交叉时的最小净距，应符合表4-15的规定。禁止将电缆放在其他管道上面或下面平行敷设。

表 4-15　　电缆之间，电缆与管道、道路、建筑物之间平行和交叉时的最小净距　　　　　　m

项　目		最　小　净　距	
		平行	交叉
电力电缆间及其控制电缆间	10kV 及以下	0.10	0.50
	10kV 及以上	0.25	0.50
控制电缆间		—	0.50
不同使用部门的电缆间		0.50	0.50
热管道（管沟）及热力设备		2.00	0.50
油管道		1.00	0.50
可燃气体及易燃液体管道（沟）		1.00	0.50
其他管道（管沟）		1.00	0.50
铁路路轨		3.00	1.00
电气化铁路路轨	交流	3.00	1.00
	直流	10.0	1.00
公路		1.50	1.00
城市街道路面		1.00	0.70
杆基础（边线）		1.00	—
建筑物基础（边线）		0.60	—
排水沟		1.00	0.50

注　1. 电缆与公路平行的净距，当视情况特殊可酌减。

　　2. 当电缆穿管或者其他管道有保温层等保护设施时，表中净距应从管壁或防护设施的外壁算起。

　　3. 电缆穿管敷设时，与公路、街道路面、杆塔基础、建筑物基础、排水沟等的平行最小间距可按表中数据减半。

直埋电缆在直线段每隔 50～100m 处、电缆接头处、转弯处、进入建筑物等处，应设置明显的方位标志或标桩。

（3）其他敷设方式。

其他敷设方式如构筑物中敷设、桥架敷设、水底敷设、架空敷设等，应还满足特定的条件和安全措施。

（三）接地系统检查

根据接地的不同作用，分为保证设备（系统）可靠稳定、正常运行的功能性接地（工作接地）和保障人身、设备安全为目的的保护性接地。

1．接地装置的检查

接地装置的检查主要目的是为了保证接地电阻满足要求。检查时应注意除临时接地装置外，接地装置应采用热镀锌钢材，水平敷设的可以采用圆钢或扁钢，垂直敷设的可采用角钢或钢管。腐蚀比较严重的地区的接地装置，应适当加大截面，或采用阴极保护措施。

不得采用铝导体作为接地体或接地线。当采用扁铜带、铜绞线、铜棒、铜包钢、铜包钢绞线、铜镀钢、铅包铜等材料作接地装置时，其连接应符合 GB 50169—2006《电气装置安装工程接地装置施工及验收规范》的规定。

接地装置的人工接地体，导线截面应符合热稳定、均压和机械强度的要求，还应考虑腐蚀的影响，一般不小于表 4 - 16 和表 4 - 17 所列规格。

表 4 - 16　　　　　　　　　　钢接地体的最小规格

种类、规格及单位		地　　上		地　　下	
		室内	室外	交流电流回路	直流电流回路
圆钢直径（mm）		6	8	10	12
扁钢	截面（mm²）	60	100	100	100
	厚度（mm）	3	4	4	6
角钢厚度（mm）		2	2.5	4	6
钢管管壁厚度（mm）		2.5	2.5	3.5	4.5

注　电力线路杆塔的接地体引出线的截面不应小于 50mm²，引出线应热镀锌。

表 4 - 17　　　　　　　　　　铜接地体的最小规格

种类、规格及单位	地　　上	地　　下
铜棒直径（mm）	4	6
铜排截面（mm²）	10	30
钢管管壁厚度（mm）	2	3

注　裸铜绞线一般不作为小型接地装置的接地体用，当作为接地网的接地体时，截面应满足设计要求。

低压电气设备地面上外露的铜接地线的最小截面应符合表 4 - 18 的规定。

表 4 - 18　　　　　低压电气设备地面上外露的铜接地线的最小截面　　　　　mm²

名　　称	铜
明敷的裸导体	4
绝缘导体	1.5
电缆的接地芯或与相线包在同一保护外壳内的多芯导线的接地芯	1

对避雷针（线、带、网）的检查除满足上述要求外，还应注意：

（1）避雷针（带）与引下线之间的连接应采用焊接或热剂焊，引下线及接地装置使用的紧固件均应使用镀锌制品，非镀锌部件应做好防腐措施。

（2）建筑物上的防雷设施采用多根引下线时，在各引下线距地面 1.5～1.8m 处设置断接卡，断接卡应加保护措施。

（3）独立避雷针及其接地装置与道路或建筑物的出入口等的距离应大于 3m。当小于 3m 时，应采取均压措施或敷设卵石或沥青地面。

（4）独立避雷针的接地装置与接地网的地中距离不应小于 3m。

2. 接地装置敷设的检查

接地体顶面埋设深度应符合设计规定。当无规定时，不应小于 0.6m。角钢、钢管、铜棒、钢管等接地体应垂直配置。除接地体外，接地体引出线的垂直部分和接地装置连接（焊接）部位外侧 100mm 范围内应做防腐处理；在做防腐处理前，表面必须除锈并去掉焊接处残留的焊药。

垂直接地体的间距不宜小于其长度的 2 倍。水平接地体的间距应符合设计规定。当无设计规定时不宜小于 5m。

接地线应采取防止发生机械损伤和化学腐蚀的措施。在与公路、铁路或管道等交叉及其他可能使接地线遭受损伤处，均应用钢管或角钢等加以保护。接地线在穿过墙壁，楼板河地坪处应加装钢管或其他坚固的保护套，有化学腐蚀的部位还应采取防腐措施。热镀锌钢材焊接时将破坏热镀锌防腐，应在焊痕外 100mm 内做防腐处理。

接地干线应在不同的两点及以上与接地网相连接。自然接地体应在不同的两点及以上与接地干线或接地网相连接。

每个电气装置的接地应以单独的接地线与接地汇流排或接地干线相连接，严禁在一个接地线中串接几个需要接地的电气装置。重要设备和设备构架应有两根与主地网不同地点连接的接地引下线，且每根接地引下线均应符合热稳定及机械强度的要求，连接引线应偏于定期进行检查测试。

接地体敷设完后的土沟其回填土不应夹有石块和建筑垃圾等；外取的土壤不得有较强的腐蚀性；在回填土时应分层夯实。室外接地回填宜有 100～300mm 高度的防沉层。在山区石质地段或电阻率较高的土质区段应在土沟中至少回填 100mm 厚的净土垫层，再敷接地体，然后用净土分层夯实回填。

3. 接地装置连接的检查

接地装置的连接应牢固可靠，保证其电气连续性负荷要求，检查时接地装置的连接还符合下列要求：

（1）接地体（线）的连接应采用焊接，焊接必须牢固无虚焊。接至电气设备上的接地线，应用镀锌螺栓连接；有色金属接地线不能采用焊接时，可用螺栓连接、压接、热剂焊（放热焊接）方式连接。用螺栓连接时应设防螺栓帽或防松垫片，螺栓连接处的接触面应按国家标准《电气装置安装过程　母线装置施工及验收规范》（GBJ 149—1990）的规定处理。不同材料接地体间的连接应进行处理。如采用搭接焊，其搭接长度必须不小于扁钢宽度的 2 倍或圆钢直径的 6 倍。架空线路保护中性线（PEN）的连接，可采用与相线相同的连接方法。潮湿和有腐蚀性蒸汽或气体的房间内，接地系统的所有连接宜焊接。如不能焊接可采用螺栓连接，但应采取可靠的防腐措施。

（2）接地线与接地极的连接，宜采用焊接。用螺栓连接时应设防松螺帽或防松垫片。

（3）电气设备的每个接地部分应以单独的接地线与接地干线相连接，严禁在一条接地线上串接几个需要接地的部分。

（4）当利用钢筋混凝土体中的钢筋作为接地系统时，各钢筋混凝土体之间必须连接成电气通路，并保证其电气连续性符合要求。

（5）当利用串联的金属构件作为接地线时，金属构件之间应以截面不小于 $100mm^2$ 的钢材焊接。

（6）利用穿线船舷钢管作为接地线时，引向电气设备的钢管与电气设备之间，应有可靠的电气连接。

4. 接地装置的安装

接地装置的安装还应符合以下要求：

（1）接地极的型式、埋入深度及地接电阻值应符合设计要求。

（2）穿墙面、地面、楼板等处应有足够坚固的机械保护措施。

（3）接地装置的材质及结构应考虑腐蚀而引起的损伤。必要时采取措施，防止产生电腐蚀。

（四）变电站对土建、采暖、通风、给排水要求的验收

1. 基础槽钢的检查

开关柜等电气设备安装前，应对设备基础进行检查。检查项目包括：

（1）核对基础埋件及预留孔洞应符合设计要求。基础埋件应根据设备设计图纸，充分考虑设备大小尺寸，保证设备可以正常安装。预留孔洞应保证电缆或电缆保护管能够正常敷设。

（2）高、低压开关柜的基础槽钢应符合：基础槽钢的不直度应不大于1mm/m，全长不大于5mm；基础槽钢的水平度不应大于1mm/m，全长不大于5mm；基础槽钢的位置误差及不平行度全长应不大于5mm。

（3）每段基础槽钢的两端应有明显的接地。

（4）基础型钢应调直、除锈，刷防锈底漆。

2. 设备通风措施的检查

为保证电气设备的安全可靠运行，变配电室应预留通风措施位置，并保证不能引起风道短路，影响通风效果。

（1）变压器室宜采用自然通风，夏季的排风温度不宜高于45℃，进风和排风的温差不宜大于15℃。

（2）电容器室应有良好的自然通风，通风量应根据电容器允许温度，按夏季排风温度不超过电容器所允许的最高环境空气温度计算，当自然通风不能满足排热要求时，可增设机械排风；电容器室应设温度指示装置。

（3）变压器室、电容器室当采用机械通风或配变电站位于地下室时，其通风管道应采用非燃烧材料。当周围环境污秽时，宜加空气过滤器（进风口处）。

（4）配电室宜采用自然通风，高压配电室装有油断路器时，应装设事故排烟装置。

（5）在采暖地区、控制室和值班室应设采暖装置。在严寒地区，当配电室内温度影响电气设备元件和仪表正常运行时，应设采暖装置。

（6）高、低压配电室、变压器室、电容器室、控制室内，不应有与其无关的管道和线路通过。

（7）有人值班的独立变电站，宜设有厕所和给排水设施。

（8）变配电站各房间对建筑的要求见表 4-19。

表 4 - 19　　　　　　　　　　变配电站各房间对建筑的要求

房间名称	高压配电室（有充油设备）	高压电容器室	油浸变压器室	干式变压器室		低压配电室	控制室	值班室
				独立布置	与配电装置同室布置			
建筑物耐火等级	二级	二级（油浸式）	一级（非燃烧或难燃介质时为二级）	二级		三级	二级	
屋面	应有保温、隔热层及良好的防水和排水措施，平屋顶应有必要的坡度，一般不设女儿墙							
顶棚	刷白							
屋檐	防止屋面的雨水沿墙面流下							
内墙面	邻近带电部分的内墙面只刷白，其他部分抹灰刷白	勾缝并刷白，墙基应防止油侵蚀，与有爆炸危险场所相邻的墙壁内侧应抹灰并刷白		不必抹灰，但需勾缝	抹灰、勾缝刷白	抹灰并刷白		
地坪	高标号水泥抹面压光	高标号水泥抹面压光，采用抬高地坪方案通风效果较好	敞开式及封闭低式布置采用卵石或碎石铺设，厚度为250mm，变压器四周沿墙600mm需用混凝土抹平，高式布置采用水泥地坪，应向中间通风及排油孔作2%的坡度	水泥压光		水泥压光或水磨石	高标号水泥抹面压光	水磨石或水泥压光
采光和采光窗	宜设固定的自然采光窗，窗外应加铁丝网或采用夹丝玻璃，防止雨、雪和小动物进入，其窗台距室外地坪宜≥1.8m。在寒冷、污秽尘埃或风沙大的地区，宜设双层玻璃窗，临街一面不宜开窗	可设采光窗，其要求与高压配电室相同	不设采光窗	不设采光窗		自然采光，允许木窗，能开启的窗设，窗台高度≥1.8m	可设能开启的自然采光窗，并应设置纱窗，临街的一面不宜开窗	能开启的窗应设置纱窗，在寒冷或风沙大的地区采用双层玻璃窗

房间名称	高压配电室（有充油设备）	高压电容器室	油浸变压器室	干式变压器室		低压配电室	控制室	值班室
				独立布置	与配电装置同室布置			
通风窗	如果需要，应采用百叶窗内加铁丝网，防止雨、雪和小动物进入	采用百叶窗铁丝网，防止雨、雪和小动物进入	通风窗应采用非燃烧材料制作，应有防止雨、雪和小动物进入的措施；进出风窗都采用百叶窗，进风百叶窗内设网孔不大于10mm×10mm的铁丝，当进风有效面积不能满足要求时，可只装设网孔≤10mm×10mm的铁丝网	出风窗采用百叶窗	进出风窗采用百叶窗			
				门上进风窗采用百叶窗，内设网孔不大于10mm×10mm的铁丝网				
门	门应向外开，相邻配电室有门时，该门应能双向开启或向低压方向开启							
	应为向外开的防火门，应装弹簧锁，严禁用门闩	与高压配电室相同	采用铁门或木门内侧包铁皮，单扇门宽≥1.5m，应在大门上加开小门，小门上应装弹簧锁，锁的高度应考虑室外开启方便，大门及大门上的小门应向外开启，其开启角度≥120°，同时要尽量降低小门的门槛高度，使在室内外地坪标高不同时，出入方便	采用非防火门，单扇门宽≥1.5m时，在双扇门的一扇上应加开供维护人员出入的朝外开启的小门，小门应装弹簧锁，小门及大门的开启角度≥120°		允许用木制		允许用木制，在南方炎热地区经常开启的通向屋外的门内还宜设置纱门
电缆沟电缆室	水泥抹光并采取防水排水措施，宜采用花纹钢盖板					水泥抹光并采取防水排水措施，宜采用花纹钢盖板		

（9）变配电站各房间对采暖、通风、给排水的要求见表4-20。

表 4 - 20　　　　　　　变配电站各房间对采暖、通风、给排水的要求

项目	房　间　名　称				
	高压配电室 （有充油电气设备）	电容器室	油浸变压器室	低压配电室	控制室 值班室
通风	宜采用自然通风。当安装有较多油断路器时，应装设事故排烟装置，其控制开关宜安装在便于开启处	应有良好的自然通风，按夏季排风温度≤40℃计算； 室内应有反映室内温度的指示装置	宜采用自然通风，按夏季排风温度≤45℃计算，进风和排风的温差≤15℃	一般靠自然通风	
		当自然通风不能满足要求时，应设机械通风。当采用机械通风时，其通风管道应采用非燃性材料制作。如周围环境污秽时，宜加空气过滤器			
采暖	一般不采暖，但严寒地区，室内温度影响电气设备和仪表正常运行时，应有采暖措施				
	控制室和配电室内的采暖装置，宜采用钢管焊接，且不应有法兰、螺纹接头和阀门等				
给排水	有人值班的独立变配电站宜设厕所和给排水设施				

3. 其他检查注意事项

设备位置离墙或其他建筑物的安全距离在中间检查中应注意核对，确保设备根据基础安装完成后，设备与墙体间或其他电气设备的安全距离满足要求，可参见表 4-9～表 4-12。

（五）暗装箱、柜的检查

对于受电工程中的暗装箱、柜，尤其是低压供电用户，中间检查时还应注意：

（1）砌筑墙体时，应根据图纸要求标高及尺寸预留洞口；核对入箱管路选材、路径是否合理。

（2）金属框架及基础型钢必须接地或接零可靠，装有电器的可开门，门和框架的接地端子间应用编织铜线连接，且有标示。

（3）箱（盘）间线路绝缘电阻测试值，箱、盘间线路的线间和线对地间绝缘电阻值，馈电线路必须大于 0.5MΩ，二次回路必须大于 1MΩ。

三、中间检查要求

（1）中间检查由用户向供电企业提出申请，并递交相关的申请材料，供电企业应通过有效方式提醒用户申请中间检查。申请材料应包括：中间检查报验单、隐蔽工程施工记录、接地电阻测量记录等其他必要的资料或记录。

（2）中间检查报验单主要包括中间检查报验单位名称、申请报验项目名称、地点、承建单位名称及相关资质证明、联系人及其电话等。

（3）检查人员应严格审核用户申请材料的有效性和完整性。符合申请条件的，供电企业应在规定的时限内启动中间检查。不符合申请条件的，供电企业应一次性书面告知用户。对用户受电工程启动中间检查的时限，自接到用户申请之日起，低压供电用户不超过 3 个工作日，高压供电用户不超过 5 个工作日。

（4）供电企业应及时与用户预约中间检查到现场检查时间，告知现场检查的项目和应配合的工作，在规定的时限内组织相关技术人员开展中间检查。

（5）对于有隐蔽工程的项目，应在隐蔽工程完工前去现场检查，合格后方能封闭，再进行下道工序。对现场施工未实施中间检查的隐蔽工程，在需要的情况下可以对竣工的隐蔽工程提出返工暴露检查，并按要求督促整改。

四、中间检查的注意事项

（1）用电检查人员至客户现场检查，应遵守客户的保卫、保密制度；并不准对外泄露客户的商业秘密。

（2）用电检查人员在中间检查时应核对客户现场相关信息与批准的供电方案是否一致。现场验收记录应完整详实准确。

（3）用电检查人员在中间检查过程中必须遵守《供电服务规范》等相关规定。

（4）中间检查工作至少两人共同进行。要求客户方或施工方进行现场安全交底，做好相关安全技术措施，确认工作范围内的设备已停电、安全措施符合现场工作需要，明确设备带电与不带电部位、施工电源供电区域，不得随意触碰、操作现场设备，防止触电伤害用电检查人员，在中间检查时，应注意自身的安全，进入客户设备运行区域，必须穿工作服、戴安全帽，携带必要照明器材。需攀登杆塔或梯子时，要落实防坠落措施，并在有效的监护下进行。不得在高空落物区通行或逗留。对于扩建变电站，在中间检查时应重点注意原有带电设备，做好防护措施。

（5）中间检查的书面记录应完整、翔实，参与现场检查的人员和用户代表应签字确认。

第三节 竣 工 检 验

一、竣工检验的目的

为了保证电网和受电设备安全运行，在接电前，用户变配电设备安装竣工后，供电企业应按照国家和电力行业颁发的设计规程、运行规程、验收规范和各种防范措施等要求，根据客户提供的竣工报告和资料，组织相关部门对受电工程的工程质量进行全面检查、验收。

二、竣工检验要求和步骤

受电工程的竣工检验是一项系统工程，涉及许多方面。

（1）竣工检验前的准备。施工单位和客户应依据供电企业中间检查的整改意见逐项整改。工程竣工后，施工单位应先进行质量自查自改，在此基础上，再向供电企业提出竣工检验申请。用电检查人员应根据接受的验收任务，核查客户竣工资料的完整性，并预先审查所要验收地点的受电工程、配套外部工程的进展情况并核对竣工材料。

客户提交的工程竣工资料，一般应包括：①竣工报验单；②工程竣工图及说明；③电气试验及保护整定调试记录；④安全用具的试验报告；⑤隐蔽工程的施工及试验记录；⑥运行管理的有关规定和制度；⑦值班人员名单及资格；⑧供电企业认为必要的其他资料或记录。

客户提交的竣工报验单主要内容包括：竣工报验单位名称、申请报验项目名称、地点、施工单位名称及资质证书复印件，要求供电的时间、联系人和电话等。

对缺少或需要进一步补充的资料，应事先列好清单。作业人员应采用预先通知的形式，一次性书面告知客户联系人，要求其在规定时间内补齐。

（2）用电检查人员应根据对客户竣工资料的初步审查结果，采用内部联系的方式，确定（通知）配合验收的部门及人员，并告知其需要配合的工作内容及事项。35kV 及以上的宜组织调度、生产、检修等相关部门，并通知设计、施工单位到现场进行联合检验；20kV 及以下受电工程可根据工程的情况决定参与检验的部门。

（3）用电检查人员应及时与客户沟通确认现场检验时间，并根据事先的安排，协调、组织相关人员在约定的验收时间至客户现场完成验收工作。

（4）根据《供电服务监管办法》的要求，对用户受电工程启动竣工检验的期限，自接到用户受电装置竣工报告和检验申请之日起，低压供电用户不超过 5 个工作日，高压供电用户不超过 7 个工作日。

（5）用户受电装置检验合格后，用电检查人员还应协调调度、生产、装表接电等部门做好送电前的准备工作。并在送电当日到现场协调、组织各部门对受电装置进行送电。

三、竣工检验的内容

1. 35kV 及以上客户受电装置竣工检验主要项目和要求（见表 4 - 21）

表 4 - 21　　　　　35kV 及以上客户受电装置竣工检验主要项目和要求

项目	验收内容	验 收 标 准
运行准备	规章制度	规章制度应上墙（六种管理制度）
		值班电工人数应足够，应持有进网作业电工证
	模拟图板	应配置模拟图或自动化系统微机一次接线图，图上标注的设备命名应与现场设备一致
	资料记录	应有相关资料记录（值班记录，巡视记录，外来人员登记本，事故记录本，第一、二种工作票，缺陷登记本等）
		竣工资料应齐全（一、二次接线图，相关交接实验报告）
	设备命名	所有柜、屏上的压板、标示牌、光字牌、指示灯、万能转换开关、继电器等应规范命名
		所有高压柜、保护屏位的命名应规范。应采用双重命名、前后命名（双重命名为名称和编号，比如：10kV 1 号低压柜；35kV 织东 175 线）
		所有二次电缆应两侧采用电缆号牌命名，接线端应采用方向套命名
		一次设备应采用黄、绿、红色标
		一次熔丝（比如所用屏）、二次熔丝、二次空气断路器应采用吊牌命名
	防小动物措施	电缆洞孔应用防火堵料全部封堵
		通风口应设置铁网遮拦，窗应设置铁网遮拦
		配电室门槛应安装挡板
		高压室、变压器室门应向外开启，应采用阻燃或不燃材料，并可以上锁
	安全工器具、备品备件	高、低压熔丝若干
		应配置足够的安全帽、接地线、验电笔、绝缘手套、绝缘靴等安全工器具和常用测量仪表
		安全工器具应按规定进行定期检测，并试验合格（绝缘鞋、绝缘手套每半年一次，验电笔、绝缘胶垫、绝缘杆每年一次，携带型短路接地线每五年一次）
		安全帽、接地线、验电笔、绝缘手套、绝缘靴应编号并分类就位，并在使用期限内
		高压室内应配置绝缘垫

续表

项目	验收内容	验收标准
运行准备	消防设施	消防设施应配备，应足够和合格，应超期
		消防设施应有巡查记录卡
		消防通道应标通畅
	通风及防潮设施	控制室、高压室内通风应良好，除湿机配备应足够
		高压室应配备强排风装置
		控制室、高压室应配备温湿度计
	照明设施	高压室、控制室、电容器室内照明应充足，必要时应配备应急照明，并且需考虑更换维修的安全距离
试验报告	接地装置	测试数据应合格。 试验内容包括：变电站接地网接地电阻（≤4Ω）；独立避雷针接地电阻（≤10Ω）；接地引下线导通试验
	电缆	测试数据应合格。 试验内容包括：主绝缘电阻；电缆外护套绝缘电阻（不低于 0.5MΩ/km）；电缆内衬层绝缘电阻（不低于 0.5MΩ/km）；主绝缘交流耐压试验（见表 4-24）；核对电缆线路两端相位
	电流互感器	测试数据应合格。 试验内容包括：绕组及未屏的绝缘电阻（不低于 1000MΩ）；交流耐压
	电压互感器	测试数据应合格。 试验内容包括：变压比、绕组直流电阻、极性、伏安特性、绝缘电阻（不低于 1000MΩ）、交流耐压
	SF_6 断路器	测试数据应合格。 试验内容包括：导电回路电阻（采用电流不小于 100A 的直流压降法，结果符合产品技术条件的规定）；分、合闸电磁铁的动作电压；辅助回路和控制回路绝缘电阻（不低于 10MΩ）；开关动作时间；交流耐压试验；SF_6 气体密度继电器及其二次回路检验；检漏
	真空断路器	测试数据应合格。 试验内容包括：开关动作时间（合闸过程中触头接触后的弹跳时间，40.5kV 以下断路器不应大于 2ms，40.5kV 及以上断路器不应大于 3ms）；分、合闸电磁铁的动作电压；绝缘电阻（不应低于 10MΩ）；交流耐压试验（见表 4-25）；导电回路电阻；真空灭弧室真空度检查
	隔离开关	测试数据应合格。 试验内容包括：绝缘电阻（不低于表 4-26 值）；交流耐压（参照表 4-25）；导电回路电阻（采用电流不小于 100A 的直流压降法）
	金属氧化物避雷器	测试数据应合格。 试验内容包括：绝缘电阻（35kV 及以上不低于 2500MΩ）；直流 1mA 电压（U1mA）及 0.75U1mA 下的泄漏电流；放电计数器动作情况及交流全电流表的校验；底座绝缘电阻

续表

项目	验收内容	验 收 标 准
试验报告	封闭母线、敞开母线	测试数据应合格。 试验内容包括：相位核对；绝缘电阻；交流耐压试验；大电流柜导电回路电阻试验
	变压器	检查试验报告数据应合格。 试验内容包括：绕组直流电阻；绕组绝缘电阻；绝缘油简化试验；交流耐压（见表 4 - 27）；空载试验；负载试验；绕组所有分接的电压比；检查变压器三相接线组别；有载分接开关和瓦斯继电器的试验
	继电保护	检查试验报告数据应合格。继保图纸齐全
接地装置	色标	外露的接地排应采用 15~100mm 黄、绿相间的条纹色标，检修用临时接地点应采用白色底漆并标黑色记号
	接地设置	高压柜内应设置独立的接地排，接地排的两侧应单独与接地网连接
	接触面	接地排的截面选择应符合规程要求。搭接面应符合要求：扁铁为其宽度的 2 倍（至少 3 个棱边焊接）、圆钢为其直径的 6 倍、圆钢与扁铁连接时，其长度为圆钢直径的 6 倍
	钢接地体和接地线截面	圆钢直径（mm）：地上——室内 6，室外 8；地下——室内 10，室外 12
		扁铁截面厚度（mm^2×mm）：地上——室内 60×3，室外 100×4；地下——室内 100×4，室外 100×6
		角钢厚度和钢管管壁厚度（mm×mm）：地上——室内 2×2.5，室外 2.5×2.5；地下——室内 4×3.5，室外 6×4.5
	连接	接地体的连接必须采用焊接，焊接必须牢固无虚接。接地线和接地极的连接，宜用焊接。接地线和电气设备的连接，可用螺栓连接或焊接。用螺栓连接时应设防松螺帽或防松垫片
电缆部分	防雷	高压电缆长度在 50m 以内的一侧需加装避雷器，超过 50m 的两侧需加装避雷器
	搭接	电缆头搭界的接触面应符合要求，采用薄纸插入的方式
	命名	所有一次电缆两侧应采用电缆挂牌命名，标明走向
	接地	高压电缆的接地必须采用单独接地，不能采用过渡接地
	电缆沟	室内电缆沟应通道畅通，排水良好，盖板齐全
	敷设	电缆敷设时应排列整齐，不宜交叉，加以固定，并及时装设标志牌
		电力电缆和控制电缆不应配置在同一层支架上。高低压电力电缆，强电、弱电控制电缆应按顺序分层配置，一般情况宜由上而下配置；但在含有 10kV 以上高压电缆引入柜盘时，为满足弯曲半径要求，可由下而上配置
	电缆附件	电缆及其附件安装用的钢制紧固件，除地脚螺栓外，应用热镀锌制品。电缆支架应安装牢固并可靠接地
	电缆固定	电缆必须采用支架固定，杜绝电缆搭接处承受电缆重量。电缆支架的固定应合理

项目	验收内容	验　收　标　准
高压室 （高压设备区）	避雷器	线路避雷器应安装在线路侧、接地应可靠。接地应直接在接地排上，不采用过渡接地
		母线应设置避雷器，接地应可靠。接地应直接接在接地排上，不采用过渡接地
	安全距离	带电部位之间、带电部位对外壳的安全距离应符合要求：户内为 10kV 不小于 125mm，35kV 不小于 300mm，110kV 不小于 850mm（900mm 为中性点不接地系统）；户外为 10kV 相间距离不小于 200mm，35kV 相间距离不小于 400mm，110kV 不小于 900mm（1000mm 为中性点不接地系统）
		无遮拦裸导体对地距离应不小于下列数值：户外：110kV，3400mm；35kV，2900mm；户内：110kV，3150mm；35kV，2600mm
		外露于空气部分裸导体相间距离达不到规定，应采用复合绝缘措施，如采用流化工艺或加装绝缘套、SMC 隔板等
	柜体检查	柜体接地应良好，活门开启、闭合应灵活、严密
		防误装置措施应完善
		柜体各元器件接地应良好、连接应牢固，加热器布置应符合要求
		手车开关进出柜内应可靠
	断路器	做传动试验，应能可靠分、合，分、合闸指示应正常。传动试验可采用手动、自动（进线、主变断路器必查，其他可抽查）
		操作时断路器分、合闸指示应正确
		断路器动作计数器应正确动作
	隔离闸刀	各部件连接螺栓应紧固，连接应可靠
		检查闸刀触头应接触良好，有无卡阻现象，应涂复合电力脂做传动试验，应能可靠分、合，应同期
	电流互感器	互感器的型号应设计相符。变比应与保护整定相符
	电压互感器	互感器的型号应设计相符，铭牌、标志牌应完备齐全
	耦合电容器	耦合电容器的型号应设计相符，铭牌、标志牌应完备齐全
	相位	观察一次相位应正确，色标应正确
	双电源	闭锁装置应安全可靠，不允许出现高压合环现象（核相）
	直流电源	应满足装置可靠，运行稳定的要求
	无功补偿	无功补偿应足够
		电容器容量应配置足够，自动补偿装置应安装。电容器外壳应可靠接地
	其他	高压室门上应命名。应设置警示牌

续表

项目	验收内容	验 收 标 准
变压器	铭牌	变压器铭牌参数应与设计相符
	命名编号	变压器应编号命名
	接地	变压器外壳两侧应单独接地，接地应可靠，接地排应有黄、绿相间的条纹色标
		主变中性点接地应可靠
	安装质量验收	吸湿器与储油柜间的连接管的密封应良好；管道应畅通；吸湿剂应干燥；油封油位油面线上应满足产品的技术要求
		本体有无漏、渗油现象。散热器及所有附件有无漏、渗油现象
		变压器的一次、二次端子接线连接应良好可靠
		套管表面有无裂缝、伤痕
		测温装置应正常
		相色标志应正确
		变压器的相位及绕组的接线组别、容量检查核对。有无并列运行要求
		变压器蓄油池排油应畅通，卵石铺设应完好并符合要求。变压器周围设围栏，围栏高度不低于 1.7m，遮拦间的间距不大于 10cm，围栏上命名并悬挂警示牌；变压器室应有足够的通风；消防设施应配备足够
		进出油管标识应清晰、正确，压力释放装置的安装方向应正确，阀盖和升高座内部应清洁
		变压器各部位均无残余气体
低压部分	照明	室内照明应充足
	自备电源	电源切换装置应安全可靠，闭锁逻辑应正确。必须确保与网电明显断开，不能存在网电和自发电同时能用的可能
		发电机中性点应单独接地，且不得与借用电气装置接地网
		发电机外壳必须可靠接地
		发电机启动蓄电池连接可靠，且有充电措施
		发电机柴油储油罐应可靠接地，且不得与其他电气装置接地相连
计量装置	防窃电要求	检查计量柜（箱）、侧板、顶等应全封闭且不能拆除。加封后应达到全封闭无缝隙
		检查计量柜（箱）内部所有洞孔要求全部封堵
	封印扣	检查计量柜（箱）能够开启的前后门以及旁板等应安装了封印扣。2 台及以上的 35kV 变压器柜应有加封位置，在客户申请暂停或减容时便于加封
	导线截面	电流、电压线应按照规程选用。电流选用 4mm^2，电压选用 2.5mm^2
	电能表、终端安装	电能表安装位置应正对观察窗
	接线	表计、TA、接线应正确，联合接线盒电流端子应打开，电压端子应连接

项　目	验收内容	验　收　标　准
继电保护	定值	检查保护定值应和定值单数据一致
	传动试验	进线保护传动试验
		主变保护传动试验
		馈线出柜线传动试验（可抽查）
		其他保护传动试验

2. 10kV 及以下客户受电装置竣工检验主要项目和要求（见表 4 - 22）

表 4 - 22　　　　　　10kV 及以下客户受电装置竣工检验主要项目和要求

项　目	验收内容	验　收　标　准
运行准备	规章制度	规章制度应上墙
		值班电工人数应足够，应持有进网作业电工证
	模拟图板	应配置模拟图或自动化系统微机一次接线图，图上标注的设备命名应与现场设备一致
	资料记录	应有值班日志、巡视记录、调度命令记录、抄表记录、典型操作票等
		竣工资料应齐全
	设备命名	所有柜、屏上的连接片、标示牌、光字牌、指示灯、万能转换开关、继电器等应规范命名
		所有高压柜、保护屏位的命名应规范。应采用双重命名、前后命名（双重命名为名称和编号，比如：10kV 1 号主变柜；10kV 宏成 156 线）
		所有二次电缆应两侧采用电缆号牌命名，接线端应采用方向套命名
		一次设备应采用黄、绿、红色标
		一次熔丝（比如所用屏）、二次熔丝、二次空开应采用吊牌命名
	防小动物措施	电缆洞孔应用防火堵料全部封堵
		通风口应设置铁网遮拦。窗应设置铁网遮拦
		配电室门槛应安装挡板
		配电室门窗完整，并设置灭鼠器具
		高压室、低压室、变压器室门应向外开启，高、低压室之间的门应双向开启，门应采用阻燃或不燃材料，防火门应装弹簧锁
	安全工器具	应配置足够的安全帽、接地线、验电笔、绝缘手套、绝缘靴等安全工器具和常用测量仪表
		安全工器具应按规定进行定期检测，并试验合格（绝缘鞋、绝缘手套每半年一次，验电笔、绝缘胶垫、绝缘杆每年一次，携带型短路接地线每五年一次）
		安全帽、接地线、验电笔、绝缘手套、绝缘靴应编号并分类就位
		高、低压柜前后应铺设绝缘垫
	消防设施	消防设施应配备齐全，并合格
		消防设施应有巡查记录卡
		消防通道应通畅

续表

项目	验收内容	验 收 标 准
运行准备	通风及防潮设施	控制室、高压室内通风应良好
		地下式高、低压室应配备除湿机，高压室应配备事故排烟机
		配电室应配备温湿度计
	通信设施	装设程控电话机，通信设备良好。移动通信信号良好
	照明设施	高压室、控制室、电容器室内照明应充足，必要时应配备应急照明。并且需考虑更换维修的安全距离
试验报告	接地装置	测试数据应合格。 试验内容包括：变电站地网接地电阻；接地引下线导通试验
	电缆	测试数据应合格。 试验内容包括：主绝缘绝缘电阻；电缆外护套绝缘电阻；电缆内衬层绝缘电阻；主绝缘交流耐压试验；核对电缆线路两端相位
	电流互感器	测试数据应合格。 试验内容包括：绕组的绝缘电阻；交流耐压试验
	电压互感器	测试数据应合格。 试验内容包括：变压比、绕组直流电阻、极性、伏安特性、绝缘电阻、交流耐压试验
	SF_6 断路器	测试数据应合格。 试验内容包括：导电回路电阻；分、合闸电磁铁的动作电压；辅助回路和控制回路绝缘电阻；开关动作时间；交流耐压试验；SF_6 气体密度继电器及其二次回路检验；密封性试验
	真空断路器	测试数据应合格。 试验内容包括：开关动作时间；分、合闸电磁铁的动作电压；绝缘电阻；交流耐压试验；导电回路电阻；真空灭弧室真空度检查
	隔离开关	测试数据应合格。 试验内容包括：绝缘电阻；交流耐压试验；导电回路电阻
	金属氧化物避雷器	测试数据应合格。 试验内容包括：避雷器及基座绝缘电阻；直流 1mA 电压（U_{1mA}）及 $0.75U_{1mA}$ 下的泄漏电流；放电计数器动作情况及交流全电流表的校验；底座绝缘电阻
	封闭母线、敞开母线	测试数据应合格。 试验内容包括：相位核对；绝缘电阻；交流耐压试验；大电流柜导电回路电阻试验
	变压器	检查试验报告数据应合格。 试验内容包括：绕组连同套管的直流电阻；绕组连同套管绝缘电阻；绝缘油简化试验；交流耐压试验；空载试验；负载试验；绕组所有分接头的电压比；检查变压器三相接线组别；有载分接开关和瓦斯继电器的试验
	继电保护	检查试验报告数据应合格。继保图纸齐全

项目	验收内容	验 收 标 准
接地装置	色标	外露的接地排应采用15～100mm黄、绿相间的条纹色标，检修用临时接地点应采用白色底漆并标黑色记号
	接地设置	高压柜内应设置独立的接地排，接地排的两侧应单独与接地网连接
	接触面	接地排的截面选择应符合规程要求。搭接面应符合要求：扁铁为其宽度的2倍（至少3个棱边焊接）、圆钢为其直径的6倍、圆钢与扁铁连接时，其长度为圆钢直径的6倍
	钢接地体和接地线截面	圆钢直径（mm）：地上——室内6，室外8；地下——室内10，室外12
		扁铁截面厚度（$mm^2 \times mm$）：地上——室内60×3，室外100×4；地下——室内100×4，室外100×6
		角钢厚度和钢管管壁厚度（mm×mm）：地上——室内2×2.5，室外2.5×2.5；地下——室内4×3.5，室外6×4.5
	连接	接地体的连接必须采用焊接，焊接必须牢固无虚接。接地线和接地极的连接，宜用焊接。接地线和电气设备的连接，可用螺栓连接或焊接。用螺栓连接时应设防松螺帽或防松垫片。所焊接点做好防锈措施
电缆部分	防雷	高压电缆长度在50m以内的一侧需加装避雷器，超过50m的两侧需加装避雷器
	搭接	电缆头搭接的接触面应符合要求，采用薄纸插入的方式
	命名	所有一次电缆两侧应挂电缆命名牌（包括长度、截面、走向）
	接地	高压电缆的接地必须采用单独接地，不能采用过渡接地
	电缆沟	室内电缆沟应通道畅通，排水良好，盖板齐全
	敷设	电缆敷设时应排列整齐，不宜交叉，加以固定，并及时装设标志牌
		电力电缆和控制电缆不应配置在同一层支架上。高低压电力电缆，强电、弱电控制电缆应按顺序分层配置，一般情况宜由上而下配置
	电缆附件	电缆及其附件安装用的钢制紧固件，除地脚螺栓外，应用热镀锌制品。电缆支架应安装牢固并可靠接地
	电缆固定	电缆必须采用支架固定，杜绝电缆搭接处承受电缆重量。电缆支架的固定应合理
高压室	避雷器	线路避雷器应安装在线路侧、接地应可靠。接地应直接接在接地排上，不采用过渡接地
		母线应设置避雷器，接地应可靠。接地应直接接在接地排上，不采用过渡接地
	安全距离	带电部位之间、带电部位对外壳的安全距离应符合要求：户内为10kV不小于125mm，户外为10kV相间距离不小于200mm
		无遮拦裸导体对地距离应不小于下列数值：户外：10kV，2700mm；户内：10kV，2500mm
		外露于空气部分裸导体相间距离达不到规定，应采用复合绝缘措施，如采用流化工艺或加装绝缘套、SMC隔板等

续表

项目	验收内容	验 收 标 准
高压室	柜体检查	柜体接地应良好，活门开启、闭合应灵活、严密
		五防装置应完善
		柜体各元器件接地应良好、连接应牢固，加热器布置应符合要求
		开关手车进出柜内应可靠
	断路器	做传动试验，应能可靠分、合，分、合闸指示应正常。传动试验可采用手动、自动（进线、主变开关必查，其他可抽查）
		断路器动作计数器应正确动作
	隔离闸刀	各部件连接螺栓应紧固，连接应可靠
		检查闸刀触头应接触良好，有无卡阻现象，应涂有导电膏。做传动试验，应能可靠分、合，应同期
	电流互感器	互感器的型号应设计相符，铭牌、标志牌应完备齐全。变比应与保护整定相符
	电压互感器	互感器的型号应设计相符，铭牌、标志牌应完备齐全
	相位	观察一次相位应正确，色标应正确
	双电源	应装设机械和电气闭锁，闭锁装置应安全可靠，不允许出现高压合环现象（核相）
	直流电源	应满足装置可靠，运行稳定的要求
	无功补偿	无功补偿应足够
		电容器容量应配置足够，自动补偿装置应安装。电容器外壳应可靠接地
	其他	高压室门上应内贴命名牌，警示牌
变压器室	铭牌	变压器铭牌参数应与设计相符
	命名编号	变压器应编号命名
	接地	变压器外壳两侧应单独接地，接地应可靠，接地排应有黄、绿相间的条纹色标
		主变压器中性点接地应可靠，接地电阻应符合要求
	安装质量验收	吸湿器与储油柜间的连接管的密封应良好；管道应畅通；吸湿剂应干燥；油封油位油面线上应满足产品的技术要求
		本体有无漏、渗油现象。散热器及所有附件有无漏、渗油现象
		变压器顶盖上应无遗留杂物，一次、二次端子接线连接应良好可靠
		套管表面有无裂缝、伤痕
		测温装置应正常
		变压器连接母排油漆应完整，相色标志应正确
		变压器的相位及绕组的接线组别等参数应符合并列运行要求
		变压器与四周墙体或门的最小净距应符合要求
		室内照明灯应对角装设，并且需考虑更换维修的安全距离；消防设施应备齐

续表

项目	验收内容	验 收 标 准
变压器室	安装质量验收	变压器蓄油池事故排油应畅通，卵石铺设应完毕并符合要求。变压器靠近门侧装设护栏，护栏上悬挂警示牌；变压器室应有足够的通风；消防设施应配备足够
		户内墙隔离闸刀安装应牢固，闸刀触头应接触良好，应涂导电膏。做好防误操作措施
		进出油管标识应清晰、正确，压力释放装置的安装方向应正确，阀盖和升高座内部应清洁
		瓦斯继电器的轻瓦斯放气螺丝应旋松放过气（0.8MVA 及以上油浸式变压器应装设）
低压室	相位	观察一次相位是否正确，色标是否正确
	闸刀	检查闸刀触头是否接触良好，有无卡阻现象，是否涂有导电膏。做传动试验，是否能可靠分、合
	开关	做传动试验，是否能可靠分、合，分、合闸指示是否正常。传动试验可采用手动、自动（抽查）
	通风	室内通风是否良好。地下式低压室是否装有除湿机
	相位	观察一次相位是否正确，色标是否正确
	照明	室内照明是否充足，并且需考虑更换维修的安全距离
	母排	母排连接是否可靠，接触是否良好。用万用表测量检查低压母排绝缘
	电缆	低压电缆头搭接是否可靠，接触是否良好
	防雷	避雷保护装置是否完善（按照消防、气象要求）
	消防设施	消防设施是否按要求配备齐
	不并网自备发电机	电源切换装置是否安全可靠，闭锁逻辑是否正确。必须确保与网电明显断开，不能存在网电和自发电同时能用的可能
		发电机中性点应单独接地，且不得借用电气装置接地网，接地电阻应符合要求
		发电机外壳必须可靠接地
		发电机启动蓄电池连接可靠，且有充电措施
		储油罐应可靠接地，且不得与其他电气装置接地相连
	无功补偿	电容器容量是否配置足够，自动补偿装置是否安装。电容器外壳应可靠接地
	接地	低压柜接地母排是否安装，是否两侧与接地网单独连接
计量装置	防窃电要求	计量柜（箱）、侧板、顶等是否全封闭且不能拆除。加封后应达到全封闭无缝隙
		计量柜（箱）内部所有洞孔要求全部封堵。计量柜表仓内不得有与计量无关的其他二次线经过
	封印扣	检查计量柜（箱）能够开启的前后门以及旁板等应安装封印扣。2 台及以上的 10kV 变压器柜应有加封位置（在客户申请暂停或减容时便于加封）

续表

项目	验收内容	验 收 标 准
计量装置	二次导线截面	电流、电压线应按照规程选用。电流选用 4mm^2，电压选用 2.5mm^2
	电能表、终端安装	电能表安装位置应正对观察窗
	接线	表计、终端及互感器接线应正确
继电保护	定值	检查保护定值应和定值单数据一致
	传动试验	进线保护传动试验
		主变保护传动试验
		馈线出柜线传动试验（可抽查）
		其他保护传动试验

3. 10kV 高供低计客户受电装置竣工检验项目和要求（见表 4-23）

表 4-23　　　　　　**10kV 高供低计客户受电装置竣工检验项目和要求**

项目	验收内容	验 收 标 准
运行准备	规章制度	规章制度应上墙
		值班电工人数应足够，应持有进网作业电工证
	模拟图板	应配置模拟图或自动化系统微机一次接线图，图上标注的设备命名应与现场设备一致
	设备命名	所有柜标示牌、控制按钮、指示灯等应规范命名
		所有低压柜的命名是否规范。是否采用双重命名、前后命名（比如：0.4kV 计量柜）
		所有二次电缆应两侧采用电缆号牌命名，接线端应采用方向套命名
		一次设备应采用黄、绿、红色标
	防小动物措施	电缆洞孔应用防火堵料全部封堵
		通风口应设置铁网遮拦。窗应设置铁网遮拦
		配电室门槛应安装挡板
		配电室窗完整，并设置灭鼠器具
		低压室、变压器室门应向外开启，门应采用阻燃或不燃材料，防火门应装弹簧锁
	安全工器具	应配置足够的安全帽、接地线、验电笔、绝缘手套、绝缘靴等安全工器具和常用测量仪表
		安全工器具应按规定进行定期检测，并试验合格
		低压柜前后铺设绝缘垫
试验报告	接地装置	测试数据应合格。 试验内容包括：变电站地网接地电阻；接地引下线导通试验
	电缆	测试数据应合格。 试验内容包括：主绝缘绝缘电阻；电缆外护套绝缘电阻；电缆内衬层绝缘电阻；主绝缘交流耐压试验；核对电缆线路两端相位
	隔离开关	测试数据应合格。 试验内容包括：绝缘电阻；交流耐压试验；导电回路电阻

项目	验收内容	验 收 标 准
验收报告	金属氧化物避雷器	测试数据应合格。 试验内容包括：避雷器及基座绝缘电阻；直流 1mA 电压（U_{1mA}）及 $0.75U_{1mA}$ 下的泄漏电流；放电计数器动作情况及交流全电流表的校验；底座绝缘电阻
	封闭母线、敞开母线	测试数据应合格。 试验内容包括：相位核对；绝缘电阻；交流耐压试验；大电流柜导电回路电阻试验
	变压器	检查试验报告数据应合格。 试验内容包括：绕组连同套管的直流电阻；绕组连同套管绝缘电阻；绝缘油简化试验；交流耐压试验；空载试验；负载试验；绕组所有分接头的电压比；检查变压器三相接线组别；有载分接开关的试验
接地装置	色标	外露的接地排应采用 15～100mm 黄、绿相间的条纹色标，检修用临时接地点应采用白色底漆并标黑色记号
	接地设置	柜内应设置独立的接地排，接地排的两侧应单独与接地网连接
	接触面	接地排的截面选择应符合规程要求。搭接面应符合要求：扁铁为其宽度的 2 倍（至少 3 个棱边焊接）、圆钢为其直径的 6 倍、圆钢与扁铁连接时，其长度为圆钢直径的 6 倍
	钢接地体和接地线截面	圆钢直径（mm）：地上——室内 6，室外 8；地下——室内 10，室外 12
		扁铁截面厚度（mm² × mm）：地上——室内 60×3，室外 100×4；地下——室内 100×4，室外 100×6
		角钢厚度和钢管管壁厚度（mm × mm）：地上——室内 2×2.5，室外 2.5×2.5；地下——室内 4×3.5，室外 6×4.5
	连接	接地体的连接必须采用焊接，焊接必须牢固无虚接。接地线和接地极的连接，宜用焊接。接地线和电气设备的连接，可用螺栓连接或焊接。用螺栓连接时应设防松螺帽或防松垫片。所焊接点做好防锈措施
电缆部分	防雷	高压电缆长度在 50m 以内的一侧需加装避雷器，超过 50m 的两侧需加装避雷器
	搭接	电缆头搭接的接触面应符合要求，采用薄纸插入的方式
	命名	所有一次电缆两侧应挂电缆命名牌（包括长度、截面、走向）
	接地	高压电缆的接地必须采用单独接地，不能采用过渡接地
	电缆沟	室内电缆沟应通道畅通，排水良好，盖板齐全
	敷设	电缆敷设时应排列整齐，不宜交叉，加以固定，并及时装设标志牌
		电力电缆和控制电缆不应配置在同一层支架上。高、低压电力电缆，强电、弱电控制电缆应按顺序分层配置，一般情况宜由上而下配置
	电缆附件	电缆及其附件安装用的钢制紧固件，除地脚螺栓外，应用热镀锌制品。电缆支架应安装牢固并可靠接地
	电缆固定	电缆必须采用支架固定，杜绝电缆搭接处承受电缆重量。电缆支架的固定应合理

续表

项目	验收内容	验 收 标 准
变压器室	铭牌	变压器铭牌参数应与设计相符
	命名编号	变压器应编号命名
	接地	变压器外壳两侧应单独接地，接地应可靠，接地排应有黄、绿相间的条纹色标
		主变压器中性点接地应可靠，接地电阻应符合要求
	安装质量验收	吸湿器与储油柜间的连接管的密封应良好；管道应畅通；吸湿剂应干燥；油封油位油面线上应满足产品的技术要求
		本体有无漏、渗油现象。散热器及所有附件有无漏、渗油现象
		变压器顶盖上应无遗留杂物，一次、二次端子接线连接应良好可靠
		套管表面有无裂缝、伤痕
		变压器连接母排油漆应完整，相色标志应正确
		变压器与四周墙体或门的最小净距应符合要求
		室内照明灯应对角装设，并且需考虑更换维修的安全距离；消防设施应备齐
		变压器蓄油池事故排油应畅通，卵石铺设应完毕并符合要求。变压器靠近门侧装设护栏，护栏上悬挂警示牌；变压器室应有足够的通风；消防设施应配备足够
		户内墙隔离闸刀安装应牢固，闸刀触头应接触良好，应涂导电膏。做好防误操作措施
		进出油管标识应清晰、正确，压力释放装置的安装方向应正确，阀盖和升高座内部应清洁
低压室	相位	观察一次相位是否正确，色标是否正确
	闸刀	检查闸刀触头是否接触良好，有无卡阻现象，是否涂有导电膏。做传动试验，是否能可靠分、合
	开关	做传动试验，是否能可靠分、合，分、合闸指示是否正常。传动试验可采用手动、自动（抽查）
	通风	室内通风是否良好。地下式低压室是否装有除湿机
	相位	观察一次相位是否正确，色标是否正确
	照明	室内照明是否充足，并且需考虑更换维修的安全距离
	母排	母排连接是否可靠，接触是否良好。用万用表测量检查低压母排绝缘
	电缆	低压电缆头搭接是否可靠，接触是否良好
	防雷	避雷保护装置是否完善（按照消防、气象要求）
	消防设施	消防设施是否按要求配备齐
	不并网自备发电机	电源切换装置是否安全可靠，闭锁逻辑是否正确。必须确保与网电明显断开，不能存在网电和自发电同时能用的可能
		发电机中性点应单独接地，且不得借用电气装置接地网，接地电阻应符合要求

续表

项目	验收内容	验收标准
低压室	不并网自备发电机	发电机外壳必须可靠接地
		发电机启动蓄电池连接可靠，且有充电措施
		储油罐应可靠接地，且不得与其他电气装置接地相连。并不与发电机、配电柜同处一室
	无功补偿	电容器容量是否配置足够，自动补偿装置是否安装。电容器外壳应可靠接地
	接地	低压柜（箱）接地母排是否安装，是否两侧与接地网单独连接
计量装置	防窃电要求	计量柜（箱）、侧板、顶等是否全封闭且不能拆除。加封后应达到全封闭无缝隙
		计量柜（箱）内部所有洞孔要求全部封堵。计量柜表仓内不得有与计量无关的其他二次线经过
	封印扣	检查计量柜（箱）能够开启的前后门以及旁板等应安装封印扣
	二次导线截面	电流、电压线应按照规程选用（电流线选用 $4mm^2$ 硬线，电压选用 $2.5mm^2$ 硬线）
	电能表、终端安装	电能表安装位置应正对观察窗（观察窗不应能从外部打开）
	接线	表计、终端及互感器接线应正确

表 4-24　橡塑电缆交流耐压试验和电压时间

额定电压 U_0/U（kV）	试验电压	时间（min）
18/30 及以下	$2.5U_0$（或 $2U_0$）	5（或 60）
21/35～64/110	$2U_0$	60
127/220	1.7（或 $1.4U_0$）	60

表 4-25　断路器交流耐压试验标准

额定电压（kV）	最高工作电压（kV）	1min 工频耐受电压（kV）峰值			
		相对地	相间	断路器出口	隔离断口
3	3.6	25	25	25	27
6	7.2	32	32	32	36
10	12	42	42	43	49
35	40.5	95	95	95	118
66	72.5	155	155	155	197
110	126	200	200	200	225
		230	230	230	265
220	252	360	360	360	415
		395	395	395	460

表 4-26　隔离开关绝缘电阻标准

额定电压（kV）	3～15	20～35	63～220
绝缘电阻值（MΩ）	1200	3000	6000

表 4 - 27 电力变压器和电抗器交流耐受电压标准

系统标称电压（kV）	设备最高电压（kV）	交流耐受电压（kV）	
		油浸式电力变压器和电抗器	干式电力变压器和电抗器
3	3.6	14	8.5
6	7.2	20	17
10	12	28	24
20	24	44	43
35	40.5	68	60
66	72.5	112	—
110	126	160	—
220	252	(288) 316	—

四、竣工检验要求

（1）用电检查人员到客户处进行竣工检验，应遵守客户的进（出）入制度、遵守客户的保卫保密规定，并不准对外泄露客户的商业秘密。

（2）现场验收应核对客户现场相关信息与批准的供电方案是否一致；现场验收记录应完整详实准确。

（3）作业人员必须遵守《供电服务规范》等相关规定。

（4）作业人员应严格遵守"三不指定"的相关规定。

（5）验收时应核实客户的资金运作及信用情况，拟订客户电费支付保证措施实施的方式及可行性。

（6）经多次验收的受电工程，客户须按相关政策交纳重复检验费用。

第四节 客户工程启动投运

客户受电工程竣工检验合格，且现场运行准备工作完毕，办理了相关手续后，供电企业应根据客户用电需求及相关情况，及时组织并完成对客户受电工程的启动送电工作。

一、启动投运工作的目的和意义

为了对未经过带电的设备进行带电冲击，保证在今后的运行中能够承受运行压力，符合运行条件，保证安全运行，根据设备特性进行冲击试验。如果发现设备或安装质量存在缺陷的，可以及时进行处理。

供电企业高压客户送电的具体工作内容应包括：送电前准备、送电的实施及送电后的检查等。客户工程的启动投运是送电工作的一部分，主要是完成现场设备的带电运行。地方电厂及大用户工程接入系统，其接入方案、电气接线、设备选择、保护配置、通信自动化系统等均应满足电网各项技术标准及规范，并适应电网实际。

1. 启动方案的含义

启动方案是指客户受电工程在建设完成后送电启动计划与措施、操作内容与程序以及相关说明的总称。

客户受电工程安装完成，经检验合格，在办理了相关手续后，正式投运前，需要编制送电

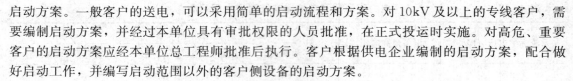

启动方案。一般客户的送电，可以采用简单的启动流程和方案。对 10kV 及以上的专线客户，需要编制启动方案，并经过本单位具有审批权限的人员批准，在正式投运时实施。对高危、重要客户的启动方案应经本单位总工程师批准后执行。客户根据供电企业编制的启动方案，配合做好启动工作，并编写启动范围以外的客户侧设备的启动方案。

2. 编制原则

满足供用电安全可靠性的要求；启动操作内容与程序应正确、规范；符合国家相关标准、电力行业技术标准及规程，进行经济技术比较后，确定最佳启动方案。

3. 编写流程

调度部门根据新设备加入系统运行申请书及系统实际情况，编制新设备投产启动方案，并于投产日前 5 天以书面形式发送有关单位，以便有关单位做好生产准备。

启动方案由运方科专职编写，继保科配合编写相关保护要求，运方科长审核，调度所主管领导审定，局总工程师或分管副局长批准。

调度部门有权拒绝一次接线、保护、自动化、通信不全或缺少重要信息，对电网安全构成潜在威胁的新设备启动投产。

二、启动方案的编写

启动方案由供电企业调度部门负责编写，应有编写人员、审核人员和批准人员。并经过相关技术主管部门和单位领导批准，在受电变电站送电前分送到供电企业及客户的相关人员，必要时应召开协调会议，确定启动方案，明确各方准备工作、操作任务及相互配合的工作。

1. 启动方案编写的主要内容

对客户工程概况进行说明并附上客户受电变电站的一次接线图。说明工程建设情况及实际完成情况，供电线路及供电变电站情况，一、二次设备使用情况以及工程检验情况，符合投运要求。各项准备工作都已经确定到位。

2. 确定启动投运时间

尽量选择天气较好的时间段，方便操作。对遇到特殊天气的，应该顺延。对启动时间要充分考虑各种因素，留有相对的余度。

3. 明确启动范围

启动范围指本次需启动的一次、二次设备及自动装置、自动化设备等，以主管部门提供的范围为参考，以新设备申请内容为最终依据。大型设备的启动，新设备申请中必需附加启动设备清单。明确启动的供电间隔、线路、客户变电站、变压器以及客户出线间隔。

4. 明确启动条件

所有要启动的设备命名完毕，设备的各项试验全部完成且合格。所有设备（一次、二次、自动化设备等）均已安装结束，整定调试完成，目测相位正确，验收合格，具备投入运行条件。线路安装施工工作全部结束，线路上的障碍物与临时接地线已全部拆除，线路试验（线路绝缘电阻测定。相位核定、线路参数和高频特性测定）已完成。验收合格，具备投入运行条件。与新设备启动相关的其他设备的配合工作全部完成。（自动化）调度端 CRT 已更改，与现场相符。

5. 明确启动前的准备工作和技术措施

客户站内施工现场已经清理好，场内无杂物，符合安全文明生产条件，启动设备相色已标志清楚、正确，各设备绝缘合格，并均按调度命名的双重编号已标志清楚正确，经核对无误，防鼠和消防工作已完成，通向室外电缆沟均已堵塞。

客户站内所有一、二次图纸，资料和新设备的铭牌规范齐备，新设备运行规程、典型操作票已编写好，并经供电企业审定批准，站内主控室模拟图板符合现场实际情况，高压场地应有安全遮拦和悬挂标示牌，变电站内通信畅通，通信手段达到投产试运行要求，综合自动化系统运行正常，远动信息传送地调正确。

运行部门已向调度部门提出新设备加入电网运行的申请书，并得到批准。

启动前一天，由安装人员向值班人员将设备安装情况和使用方法交底，操作人员按启动方案填写好操作票，并经监护人审核，投运前由启动组会同安装人员和值班人员，对所有启动设备进行一次全面检查，重点检查如下项目。

（1）各种充油设备油面是否正常，有无漏油、渗油，气体设备有无漏气，气压指示是否正常，各种设备金属外壳接地良好，电瓷部件表面清洁无裂痕，摇测启动范围内的设备绝缘电阻合格。

（2）检查主变压器的瓦斯继电器有无气体，连接油门是否打开，散热管阀门应放在开启位置，冷却风扇起动正常，试验有载调压良好，主变压器抽头放在正确位置。

（3）核对继电保护定值与整定值通知单应符合，启动范围内设备的所有保护装置调试完毕，验收合格并具备投入条件，各保护连接片（压板）已按要求投入齐全。

（4）启动范围内的所有断路器、刀闸，接地刀闸均在断开位置，绝缘良好，各班组的工作票全部收回，并完善有关安全标示牌，站内的接地线均已拆除。

抄录主变压器低压侧开关的电能表底度数，并将数据报地调备案。

（5）记录有载调压开关，手车柜动作计数器底数。

（6）现场值员与调度员核对继电保护定值单，并检查已按定值单要求投入保护。

（7）保留施工电源接在站内380kV母线上，待投入站用变前拆除。

（8）摇测准备送电的线路及变电站所有一次设备的绝缘，确认合格，具备充电条件。

6. 明确启动前重点检查的内容

客户变电站所有间隔开关、刀闸和接地刀闸均在断开位置。客户站检查主变压器保护已按继保定值通知单和压板投退通知单要求投入，差动保护和瓦斯保护都已投入跳闸位置。客户站试投入主变冷却系统，正常后停下。检查主变的有载开关滤油系统工作正常。客户站检查有关远动信息已传送至地调，信号正确无误。

以上所有条件具备并经启动委员会主任批准方可启动。

7. 启动前运行方式的调整

为了满足启动时的系统运行状况，对系统在冲击时的运行方式有特定的要求，以免对电网造成影响。按照启动所需要的条件，调整系统运行方式。待受电后再视情况进行调整。

8. 明确启动送电操作步骤及操作注意事项

严格按照调度命令进行操作，注意现场安全。

9. 明确启动工作步骤

启动前所有要启动的一次设备均处冷备用状态，保护及自动装置在停用状态，同时说明相关配合设备的运行状态。启动程序如下：

（1）冲击及核相。明确一次、二次设备及自动装置等的冲击方式。明确冲击路径及分断点。明确相关保护的投、停方式及定值要求。明确核相方式及核相点。两个断面（方式）之间的转换过渡过程不需编写。

（2）带负荷试验。明确保护带负荷试验的运行方式、保护的投停要求以及对负荷的要求。明确相关调度的配合内容及要求。明确对自动化设备的要求（遥测、遥信、遥控的正确）。

（3）系统试验。明确系统试验所需的一次、二次设备及自动装置等的运行方式。明确系统试验所需操作的开关。

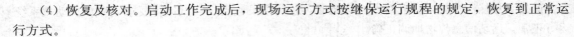

（4）恢复及核对。启动工作完成后，现场运行方式按继保运行规程的规定，恢复到正常运行方式。

10. 其他工作要求

启动方案中对启动相关的工作要求如下：

送电当前受电变电站一、二次设备的巡视检查内容及向调度汇报人；送电前供电设施需要进行的巡视检查、电气试验、缺陷处理及时限责任人；电网需要进行的操作；受电变电站内的送电范围及相应的操作票（包括检查相序、多电源相位核对）；送电过程中可能发生的异常、缺陷及故障处理的预想；参加启动的人员、客户负责人、变电站操作人、监护人。

三、客户受电工程的现场启动投运工作内容

（一）启动投运前的准备工作

1. 启动前客户应向供电企业提供相关资料，办理完成相关手续

主管部门应在新、扩（改）建设备投产前两个月向调度部门提供新设备命名书面建议。调度部门接到图纸资料后进行新设备统一命名、编号、划分调度管辖范围、继电保护整定计算、自动化、通信系统接入等工作。调度部门在一个月内完成新设备统一命名、编号并划分调度管辖范围。调度部门在规定时限内提供调试整定单。

调度部门在线路光缆架通后一周内开通通信通道，在通信通道开通后一～两周内（220kV变电站两周、110kV变电站一周）完成相关新设备与自动化系统（各级调度自动化系统及集控站监控系统）的信息对点工作。

客户项目主管部门应至少在新、扩（改）建设备投产前一个月向调度部门提报新设备加入系统运行申请书，申请的主要内容包括：申请投运单位；投运设备名称以及申请投运日期；主要设备（机组、主变、开关、闸刀、线路等）型号及参数；一次接线图，负荷及无功补偿装置投运试验项目（包括冲击、核相和带负荷试验等）及注意事项。

新、扩（改）建工程中，未投产设备的安全措施由施工人员在现场值班员监护下实施，不必向调度申请。涉及上级调度配合操作的启动，应同时向上级调度报送启动方案。

项目主管部门应视情况于工程启动前至少 10 天召集有关单位召开工程协调会，对工程建设中存在的问题及投产前相关工作进行协调，对启动方案、操作方案提出具体要求。

2. 客户受电工程启动投运前的相关要求

高压客户受电工程的启动试运行和工程的竣工检验必须以批准的文件、设计图纸、设备合同、国家及行业主管部门颁发的有关送变电工程建设的现行标准、规范、规程和法规为依据。

凡是新（扩、改）建的客户工程项目的质量必须达到国家标准，否则严禁启动试运行和并入电网运行。

客户运行管理单位应在工程建设过程中提前介入，以便熟悉设备特性，参与编写或修订运行规程和典型操作票。通过竣工验收检查和启动试运行，客户电气负责人应进一步熟悉操作，摸清设备特性，检查原订运行规程是否符合实际情况，必要时修订运行规程。

启动投运工作和工程竣工移交完成以前，全部工程和整套设备由施工单位负责保管和维护，试运行完成后，即交由产权单位代为运行管理。待条件具备时，经启动投运委员会审查和决定，办理工程移交手续后正式移交产权单位负责。

工程的验收和启动投运工作必须由启动投运委员会进行审议、决策。

3. 启动投运前总体应具备的条件

新设备经验收、质检合格，具备投运条件，并符合接入系统有关技术规范要求。供电间隔由生产部门负责验收，客户设备由营销部门负责组织竣工检验。新、扩（改）建工程的保护装

置、自动化通信系统应同一次设备同步投运。

参数测量及计算工作已经完成，并以书面方式提供有关单位（如需要在启动过程中测量参数者，应在投入系统运行的申请书中说明）。

生产准备工作已经就绪。客户变电站配备足够的取得进网作业许可证的值班电工，值班人员经过相关技术培训并经过调度部门考试合格，具有当值资格，名单传至调度台并已经获得批准。

已经签订调度协议，管辖范围的划分明确，现场设备按照设备命名正确标示；调度运行规定的制定或修改已经完成；现场规程、制度、图纸及有关的典型操作票等均已齐全；现场运行人员已经熟悉有关规定。

竣工图完整，图实相符。调度部门所需的专业技术资料齐全。客户受电工程启动投运方案编制完成并已批准。客户安全运行管理制度、运行维护规程已经建立。

客户变电站内的设备在冷备用状态，变压器室、开关室门关闭上锁，临时接地线拆除，防误装置投入运行。

客户变电站内的操作票填写完毕，并经过审查合格。系统变电站操作票由调度填写，审查合格，属于客户侧的操作任务，将操作任务提前 2 天下发给客户变电站值班电工，值班电工应根据调度部门的要求，将设备状态摆在对应的位置。新、扩（改）建工程启动所需临时所（厂）用电得到保证。

供用电合同等协议已经签订，业务费用结清，电能计量装置安装、检验已合格；安全工器具配备齐全，并定置摆放，消防器材到位；主设备厂家技术人员到位。

4. 启动投运前应移交的技术资料

（1）客户项目主管部门应及时向调度部门提供资料，调度部门可以掌握客户侧设备情况，及时编写启动方案、提供保护整定清单等。

项目主管部门应在新、扩（改）建设备投产前三个月向相关调度部门提供有关施工设计图纸、设备参数等书面资料，具体内容如下：

1）新、扩（改）建项目批复书、接入系统批复意见、初步设计审查意见。

2）新、扩（改）建主要变电设备（如主变、消弧线圈、流变、压变、电抗器、电容器、断路器、闸刀等）的规范、设计参数、制造参数资料两份。

3）新、扩（改）建输电线路的规范、理论参数和实测参数资料两份（需要启动过程中测量的参数可在启动结束后一周内补报，但若实测参数与理论参数差异较大，应及时联系有关部门）。

4）新、扩（改）建主变（包括所变）的出厂试验报告及说明书。

5）电网新使用保护装置的说明书，所有保护的型号、软件版本号、校验码列表，各套保护所接 TA、TV 级别、实际变比列表以及保护整定需要的其他资料（特殊情况下，可在投产前两个月提供）。

6）VQC 技术功能说明书及相关的技术资料、VQC 整定值清单、VQC 闭锁功能清单、VQC 现场调试大纲（特殊情况下，可在投产前两个月提供）。

7）电气一次接线、继电保护和安全自动装置、自动化、通信设备原理接线图、施工图等电气、线路全套设计施工图纸。

8）新、扩（改）建工程监控系统信息表（或由项目管理部门提供变电站原始监控信息列表，地调自动化科在半个月内提供监控系统信息表）。

（2）施工单位需向客户移交的资料。

施工单位应根据客户运行管理单位的需要提前移交工程资料，作为原始资料保存，同时也是办理相关手续的依据。工程需移交的资料主要包括：全套设计图纸及技术资料；设计变更图纸、施工变更图纸、变更通知单、竣工图纸、电缆清册。由施工单位负责办理的全部协议文件。生产制造部门出具的说明书、合格证明、工厂试验检验记录单、材料及半成品出厂质量证明及检验记录。高压设备形式试验报告，低压设备 3C 证书。工程质量检查及缺陷处理记录，隐蔽工程检查记录。工程各种参数测试记录、调试报告和交接试验报告。自验合格的报告。

监理单位应移交的资料包括监理单位应按规定提交全套监理记录和证明文件，监理单位应移交全部监理认可文件。

（二）启动投运的组织

为了把握工程质量，协调工程启动工作，保证启动工作顺利进行，对大型客户工程（一般110kV）需要成立启动委员会来协调处理相关事宜。

启动投运委员会一般由投资方、建设项目法人、监理、施工、调试、运行、设计、电网调度、质量监督等有关单位代表组成，必要时可邀请制造厂参加。启动投运委员会设主任委员一名、副主任委员和委员若干名，由建设项目法人与有关部门协调，确定组成人员名单。

启动投运委员会必须在客户工程投运前根据工作需要尽早成立并开始工作，直到办理完移交手续为止。

启动投运委员会在启动试运前审核批准主要启动调试方案，审查启动调试准备工作；审查工程验收检查组的报告，工程是否已按设计完成，质量是否符合验收规范的要求，交接验收试验是否全面、合格，安全卫生设施是否同时完成；协调工程启动外部条件，决定工程启动试运时间和其他有关事宜。在启动试运后审核有关启动调试、试运及交接验收报告，主持移交生产的事宜、办理工程竣工交接手续、决定工程质量评级、签署工程交接验收鉴定书，并附上未完工程或需要处理的遗留问题清单（包括内容、要求、负责完成单位和应完成的日期），部署工程总结、系统调试总结等工作。

建设项目法人应做好启动投运委员会成立之前的准备工作，全面协助启动投运委员会做好工程启动试运全过程的组织管理，检查、协调启动试运和竣工验收的日常工作；协调解决合同执行中的问题和外部关系等。

各施工单位应按设计图纸、施工工艺、制造厂的安装要求完成参加启动试运的建筑、安装工程；在启动投运前期间做好设备操作监护、配合、巡视检查、事故处理、试验配合和现场安全、消防、治安保卫、消除缺陷和文明环境等工作；提供工程设备安装调试等有关文件、资料、备品备件和专用机具等。

调试单位应按合同负责编制调试大纲、启动试运措施，报启动投运委员会审查批准，在启动前全面检查启动试运系统的完整性、合理性和保证安全的措施；组织人员并配备测试手段，协调并完成启动试运中的调试、测试工作；提出调试报告和调试总结。

客户运行管理单位应在工程启动试运前完成各项生产准备工作：生产运行人员定岗定编、上岗培训，编写运行规程，建立设备资料档案、运行记录表格，配备各种安全工器具、备品备件和保证安全运行的各种设施。参与编制调试方案和验收大纲。负责接受调度命令并进行各项运行操作，与其他有关方面共同处理事故。

电网调度部门应按时间要求提供归其管辖的各种继电保护装置的整定值；组织编制并审定启动方案和系统运行方式，核查工程启动试运的通信、远动、保护、安全自动装置的情况；审批工程启动试运申请和可能影响电网安全运行的调整方案，发布操作命令；负责在整个启动调试和试运行期间的系统安全。

（三）启动方案交底

投产前五天调度部门进行启动方案的交底，主要介绍启动的方式、步骤和有关要求（包括设备冲击范围、阶段、操作步骤、核相、继电保护配置、带负荷试验项目和方式）及方案中特别注意点。

经批准接入系统运行的设备，须由启动负责人向值班调度员（或现场调度）提出新设备可加入系统的决定性意见，然后由值班调度员（或现场调度）发布命令。

新设备未经申请批准，或虽经申请批准但未得到调度员的命令前，绝对禁止自行将新设备投入系统运行。

新设备投入运行前，有关调度应做好下列准备工作：修改调度模拟盘、一次系统接线图；修改二次回路和继电保护定值单和参数资料；修改短路容量；修改继电保护整定方案和运行规程；修改自动化系统相关内容。

新设备加入运行前，各级调度有关人员应熟悉现场设备、现场运行规程和运行方式，并进行事故预想，必要时地调可派现场调度。

四、10kV 及以下客户受电工程的启动投运

（一）10kV 及以下非专线客户受电工程启动投运

1. 10kV 及以下非专线客户启动投运必须具备的条件

设备验收工作已结束，质量符合安全运行要求，客户向供电企业已提出新设备投运申请；所需资料已齐全，参数测量工作已结束，并以书面形式提供有关单位（如需要在启动过程中测量参数者，应在投运申请书中说明）。

如有调度许可设备的，与调度部门已签订调度协议，有关设备及配电室具备启动条件；调度通信、自动化设备准备就绪，通道畅通；启动方案和相应调度方案已批准。

生产准备工作已就绪（包括运行人员的培训、调度管辖范围的划分、设备命名、规程和制度等均已完备）。

2. 10kV 及以下非专线客户工程启动

该类客户的接入系统与启动一般在同一天完成。接入电源时（搭火）尽可能采用带电作业，减少停电时间和次数。

用电检查人员负责组织相关专业人员，实施客户工程启动、送电工作。对低压客户工程，在完成接入电源后，作业人员级送出电源，在确认计量表计正常运行，客户设备正常运转后，送电工作结束。对高压进线采用熔丝具保护（无高压开关柜）的客户工程，在变压器带电无异常，低压侧电源送出，计量装置正常运行，客户设备正常运转后，启动、送电工作结束。

现场作业必须严格执行保证作业人员安全的组织措施、安全措施和技术措施。工作票由作业人员所在单位有权签发工作票人员签发。签发工作票前，工作票签发人应到现场检查核对现场设备和接线正确无误。

工作负责人在工作前应会同工作许可人对客户所做的安全措施进行全面检查，检查工作票所列的安全措施是否正确完备，是否符合现场实际，有无突然来电的危险。在工作许可人交代完安全措施的布置，并验明停电设备确无电压并签字后，方可开始工作。对增容、改造的工程，对带电设备应隔离，并做好防止误碰措施。

如客户确因人员技术水平限制，不能满足规程要求时，工作负责人应帮助客户按照票面要求，共同完成各项安全技术措施，保证作业安全。工作负责人在协助客户做好安全措施过程中，必须严格执行《电业安全工作规程》，做好验电和接地措施，防止触电伤害。

新设备启动送电时，操作票由设备运行维护单位根据现场运行规程和送电方案填写，施工单位负责操作，设备运行维护单位负责监护。

在中性点直接接地电网中，为防止高压开关三相不同期时可能引起过电压，变压器停送电操作前，必须先将变压器中性点直接接地后，才可进行操作。

（二）10kV 专线客户启动投运

1. 10kV 专线客户启动投运必须具备的条件

客户值班电工已进行了生产运行培训和安全规程学习并经考试合格，熟悉本工程所投运设备的型号及性能；启动投运委员会已将启动方案向参加操作人员交底；操作票已经填写完成并经过审核无误；现场安全措施已经到位；设备状态已经按照启动方案的要求摆放。

线路的杆塔号、相位标志和设计规定的有关防护设施等已经验收检查，影响安全运行的问题已处理完毕；线路上的障碍物与临时接地线（包括两端变电站）已全部拆除；已确认线路上无人登杆作业，且安全距离内的一切作业均已停止，已向沿线发出带电运行通告，并已做好试运前的一切检查维护工作；按照设计规定的线路保护（包括通道）和自动装置已具备投入条件；送电线路带电前的试验（线路绝缘电阻测定、相位核对、线路参数和高频特性测定）已完成。

客户内所属继电保护及安全自动装置已整定计算（客户内属调度管辖的继电保护及安全自动装置整定值由电力调度机构下达，其他继电保护及安全自动装置整定值由客户自行计算整定后送电力调度机构备案）。

各种图纸、资料、试验报告等齐全、合格。运行所需的规程、制度、档案、记录以及各种工器具、备品备件准备齐全，需投入的设备已命名和编号完成。

启动试运中发现的问题由建设单位（项目法人）全面负责处理，按启动投运委员会的决定组织有关单位消缺完善。

2. 10kV 专线客户工程启动运行

（1）向线路充电前，应先将充电开关的重合闸停用，充电开关保护改为临时冲击定值，待需投运设备冲击及相关保护做带负荷试验全部完成后，充电开关保护方可改回正常运行定值及投入重合闸装置。

（2）对电缆线路具备条件的用户在启动投运前需进行高压耐压试验，不具备条件的用户在本工程正式启动前需进行全电压 24h 充电耐压试验，试验正常后方可进行其他设备的启动投运。

（3）对电源联络线或环网线路，应在并列或合环前，需进行线路核相试验，试验正确后方可进行解、并列或解、合环操作。

（4）线路冲击试验完成后，变压器冲击仍需上一级线路保护作变压器后备保护时，仍需停用该线路重合闸。

（5）双回线路同时送电时，应先将一回线送电，另一回线再由受端侧反充电，也可在受端侧将两回线并列后，由送端侧一回线进行同时冲击。双回线若要合环，在两回线核相正确前提下，由送端侧充电，受端侧合环。

（6）向长距离线路充电时，一般不要带空载变压器，但对长线路上的中间变电站，可以先受电配出负荷，以降低末端电压的升高幅度。但严禁线路带主变及负荷一起送电，因为这样可能由于开关不同，引起零序保护动作，延误送电。

（7）线路送电操作原则如下：

1）一般双电源线路送电时应先由小电源侧充电，大电源侧并列，以减小电压差和万一故障时对系统的影响。

2）线路变压器单元接线，送电时应由线路电源侧充电，若无变压器开关的，可带变压器一起充电，若带变压器开关接线的，一般应分别进行冲击。

3）长距离单回联络线一般应由大电源侧充电，当需要由电源小的一侧充电时，须考虑线路充电容量对发电机自励磁的影响、线路保护灵敏度的要求等。

五、35kV 及以上客户受电工程的启动投运

（一）35kV 及以上客户工程启动投运应具备的条件

1. 变电站启动试运必须具备的条件

（1）变电站生产运行（包括远动和通信）及检修人员均已配齐，进行了生产培训和安全规程学习并经考试合格，启动投运委员会已将启动试运方案向参加试运人员交底。对无人值班站，负责运行管理的操作人员应完成生产、安全培训，并经考试合格。

（2）客户运行管理单位已将所需的规程、制度、系统图表、记录表格、安全用具等准备好，将投入的设备等命名和编号。

（3）投入系统的建筑工程和生产区域的全部设备和设施，变电站的内外道路，上下水、防火、防洪工程等均已按设计完成并经验收检查合格。生产区域的场地平整，道路畅通，平台栏杆和沟道盖板齐全，脚手架、障碍物、易燃物、建筑垃圾等已经清除。

（4）变压器等大型电力设备的各项试验全部完成且合格，有关记录齐全完整。带电部位的接地线已全部拆除，施工临时设施不满足带电要求的经检查已全部拆除，带电区域已有明显标志。

（5）按工程设计所有设备及其保护（包括通道）、远动及其安全自动装置、微机检测、监控装置以及相应的辅助设施均已安装齐全，调试整定合格且调试记录齐全（客户内属调度管辖的继电保护及安全自动装置整定值由电力调度机构下达，其他继电保护及安全自动装置整定值由客户自行计算整定后送电力调度机构备案）。验收检查发现的缺陷已经消除，具备投入运行条件。

（6）各种测量、计量装置、仪表齐全，符合设计要求并经校验合格。

（7）所用电源、照明、通信、采暖、通风等设施按设计要求安装试验完毕，能正常使用。

（8）必须的备品备件及工具已备齐。

（9）运行维护人员必须的生活福利设施已经具备。

（10）消防工程和消防设施齐全，并经消防主管部门验收合格，能投入使用。

2. 送电线路启动投运应具备的条件

（1）承担线路试运行及维护的人员已进行了生产运行培训和安全规程学习并经考试合格，启动投用。

（2）线路的杆塔号、相位标志和设计规定的有关防护设施等已经验收检查，影响安全运行的问题已处理完毕。

（3）线路上的障碍物与临时接地线（包括两端变电站）已全部拆除。

（4）已确认线路上无人登杆作业，且安全距离内的一切作业均已停止，已向沿线发出带电运行通告，并已做好试运前的一切检查维护工作。

（5）按照设计规定的线路保护（包括通道）和自动装置已具备投入条件。

（6）送电线路带电前的试验（线路绝缘电阻测定、相位核对、线路参数和高频特性测定）已完成。

（7）已安排在带电启动期间线路巡视人员，并已准备好抢修的手段。

（8）新建线路的各种图纸、资料、试验报告等齐全、合格。运行所需的规程、制度、档案、记录及各种工器具、备品备件准备齐全。

（二）35kV 及以上客户工程的启动运行

启动试运行按照启动试运方案和系统调试大纲进行，系统调试完成后所有设备带电试运行时间不应少于 24h。

启动试运中发现的问题由建设单位（项目法人）全面负责处理，按启动投运委员会的决定组织有关单位消缺完善。

1. 变电站的启动试运行

（1）新启动投产的所有二次设备及自动装置，均需做试验正确后方可投入正常运行。

（2）主变压器的启动投运，一般由高压侧以额定电压进行 5 次空载冲击试验，冲击时主变压器的保护均投入，冲击侧的保护改为临时冲击定值，主变压器中性点接地，上一级保护作为主变压器的后备保护。

（3）两台主变压器同时启动，应分别进行冲击，主变压器冲击试验后，必须进行相位核对，确保两台主变压器之间相位一致并确保与系统相位一致。

（4）主变压器试运行时间不少于 24h，试运行期间若有两台主变压器同时运行，其重瓦斯保护不改信号，单台主变压器运行，其重瓦斯保护改投信号，试运行结束后检查瓦斯气体情况决定是否改投跳闸。

（5）母线及母线上的所有设备的启动投运，必须由上一级已运行开关以额定电压冲击一次，冲击时冲击开关保护改临时冲击定值，停用重合闸装置。

（6）母线压变可与母线同时进行冲击，冲击后必须检查相位的正确性。

（7）母线设备中如果安装有并联电容器组，则电容器组和母线压变必须分别冲击。

（8）带负荷试验完成后，应对各项设备作一次全面检查，处理发现的缺陷和异常情况。对暂时不具备处理条件而又不影响安全运行的项目，由启动投运委员会决定负责处理的单位和完工时间。

（9）由于设备制造质量缺陷，不能达到规定要求，由建设单位（项目法人）或总承包商通知制造厂负责消除设备缺陷，施工单位应积极配合处理，并做记录。

（10）试运行过程中，应对设备的各项运行数据作详细记录。

（11）国外引进设备的启动试运行，按合同规定执行，合同无明确规定时执行本规程。

2. 送电线路加压试验和试运行

（1）将电压由零值逐渐升高至额定电压（系统调试大纲有规定时）。

（2）送电线路及两侧变电站内设备，必须由已运行设备以额定电压单独冲击三次，冲击时冲击开关保护改临时冲击定值，停用重合闸装置。如需增加试验项目和内容，由启动投运委员会根据具体条件做出决定。

（3）线路冲击后必须进行核相试验，确证线路相位的正确。

（4）对电缆线路具备条件的用户在启动投运前需进行高压耐压试验，不具备条件的用户在本工程正式启动前需进行全电压 24h 充电耐压试验，试验正常后方可进行其他设备的启动投运。

（5）如线路试验结果符合要求，即以线路额定电压带负荷试运行，如在 24h 内正常运行未曾中断，试运行即告完成。

六、送电

高压客户启动后，根据需要及启动情况，确定是否正式送电。启动与送电可以同时完成，也可以先启动后送电，也可启动后部分设备送电。工作人员根据营销工作要求，做好相关后续工作。

1. 送电工作基本要求

现场送电事先应与客户协商，并经本工种负责人的指派后，方可组织实施。送电前应首先确认客户现场已经具备送电条件；送电前必须确认与客户之间的供用电合同已经签订；送电后应检查客户侧设备（包括计量装置等）运行情况，当发现疑问应再次中断电源，通知原安装（试验单位）排除疑问后，重新安排送电作业。

2. 送电工作的内容

送电工作作业流程如图 4-12 所示。

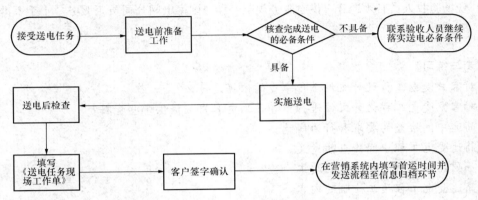

图 4-12 送电工作作业流程图

送电前工作人员应该做好准备工作。现场送电人员应根据接受的送电任务，预先审查、了解所要送电地点的现场工程进度情况、受电点电源情况和受电点外部配网结构等。联系落实送电现场的客户方送电负责人及值班电工。告知客户在送电前应预先完成的准备工作、注意事项及安全措施。

应检查实施送电的必备条件是否全部具备，如不具备则需继续落实，直至全部到位。必备条件包括：①新建的供电工程已验收合格；②启动送电方案已审定；③客户受电工程已竣工验收合格；④供用电合同及有关协议均已签订；⑤业务相关费用已结清；⑥电能计量装置已安装检验合格；⑦客户电气工作人员具备相关资质；⑧客户安全措施已齐备。

送电人员应根据对客户工程的审查结果，采用内部联系的方式，确定好配合送电的部门或人员，并告知其需要配合的工作内容、时间及事项。现场验收人员应在确定的送电时间前，在信息系统中打印填写《送电任务现场工作单》。

作业人员到达现场实施送电时，首先应确定送电作业涉及供、用双方相关人员是否全部到场，人员的精神状态是否满足送电的要求，涉及送电作业的各种器具、通信设备是否齐全等。

作业人员应完成对现场设备进行最后的检查，以确保送电的顺利进行。检查的内容一般需包括：①核查电能计量装置的封印等是否齐全；②检查一次设备是否正确连接，送电现场是否工完、料尽、场清；③检查所有保护设备是否投入正常运行，直流系统运行是否正常；④检查现场送电前的安全措施是否完全到位，所有接地线已拆除，所有无关人员已离开作业现场；协调相关工作人员，对照启动方案实施现场的送电操作。

实施送电后，作业人员应全面检查一次设备的运行状况；核对一次相位、相序。检查电能计量装置、现场服务终端，运行、通信是否正常，相序是否正确。

按照《送电任务现场工作单》格式记录送电人员、送电时间、变压器启用时间及相关情况。将填写好的《送电任务现场工作单》交与客户签字确认，并存档以供查阅。根据实际的送电时间，在信息系统内填写好变压器的实际投运时间，并将流程下发。

3. 注意事项

（1）送电过程必须确保安全，送电前应明确本地及对侧的安全措施情况。送电过程发现疑问时，应停止送电，查明原因后方可继续送电，严禁带疑问送电。

（2）送电人员到客户处验收，应遵守客户的进（出）入制度、遵守客户的保卫保密规定，并不准对外泄露客户的商业秘密。

（3）无特殊原因，受电装置检验合格并办结相关手续后，应在 7 个工作日内安排送电作业。

（4）现场验收人员必须遵守《供电服务规范》和《国家电网公司员工服务"十个不准"》等规定。

【思考与练习】

1. 对客户受电工程设计文件进行审查的依据是什么？

2. 对客户受电工程设计文件进行审查，用电客户应提供哪些资料？

3. 简述中间检查的要求和行为规范。

4. 简述受电工程中间检查的意义。

5. 如何组织客户受电工程的竣工检验？

6. 简述受电工程竣工检验的内容。

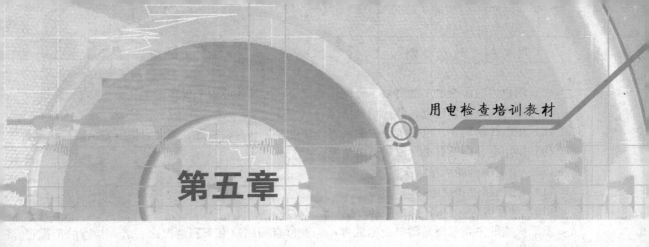

第五章

用户电气设备安全运行检查

第一节 定 期 检 查

一、定期检查的目的和任务

用电安全与业务检查既是供电企业的权力，也是供电企业的义务。在使用电力的过程中，供电企业需要通过定期检查掌握电力用户安全生产、合同履行情况，帮助电力用户解决电力问题，及时发现与制止违约窃电行为。同时供电企业也需要通过定期检查，了解电力用户的生产运行情况，为电力用户的生产经营服务。

定期检查就是供电企业用电检查人员，依法针对不同类型的用户，根据规定的检查周期，对用户执行有关电力法律法规政策、履行供用电合同、电气运行管理、设备安全状况及电工作业行为等多方面内容，制订检查计划，并按照计划开展的检查工作。

用户电气设备的检修试验具有一定的周期，用户的生产运行也具有相应的周期，为了及时熟悉和了解客户设备的运行和生产情况，同时掌握用户的用电周期规律，通过检查，及时发现和处理存在的安全隐患，防止因设备故障或运行事故给用户及供电线路造成不必要的损失，因此，需要对下厂检查制订合理的周期；电压等级、用电性质等不同，对用电检查周期要求也不同。定期检查的周期一般按下列原则确定：

（1）35kV 及以上电压等级的用户，每 6 个月至少检查 1 次。

（2）高压（高供高计）用户，每 12 个月至少检查 1 次。

（3）100kW（kVA）及以上的用户（不含高供高计）每 24 个月检查 1 次。低压动力用户，每两年至少检查一次。

（4）对高危及重要电力用户每 3 个月检查 1 次。

根据《用电检查管理办法》供电企业用电检查人员开展定期检查工作，为用户安全用电提供业务指导和技术服务，履行用电检查职责。其内容如下：

（1）用户执行国家有关电力供应与使用的法规、方针、政策、标准、规章制度情况。

（2）用户受（送）电装置工程施工质量检验。

（3）用户受（送）电装置中电气设备运行安全状况。

（4）用户保安电源和非电性质的保安措施。

（5）用户反事故措施。

（6）用户进网作业电工的资格、进网作业安全状况及作业安全保障措施。

（7）用户执行计划用电、节约用电情况。

（8）用电计量装置、电力负荷控制装置、继电保护和自动装置、调度通信等安全运行状况。

（9）供用电合同及有关协议履行的情况。

（10）受电端电能质量状况。

（11）违约用电和窃电行为。

（12）并网电源、自备电源并网安全状况。

下厂检查的主要范围是用户受电装置，但被检查的用户有下列情况之一者，检查的范围可延伸至相应目标所在处：

（1）有多类电价的。

（2）有自备电源设备（包括自备发电机）的。

（3）有二次变压配电的。

（4）有违章现象需延伸检查的。

（5）有影响电能质量的用电设备的。

（6）发生影响电力系统事故需作调查的。

（7）用户要求帮助检查的。

（8）法律规定的其他用电检查。

二、定期检查的工作程序

定期检查要按照一定的程序进行，包括制订用电检查计划、履行下厂检查前的审批手续、执行现场检查以及资料归档等。现场检查的程序既是供电企业依法经营的需要，也是供电企业合理安排人力资源，达到预期目标的需要。在供电企业败诉的许多案例中，有很大部分是由于工作程序不合法造成的，特别是在进行用户违约用电和窃电行为查处的过程中，用电检查的工作程序和问题的处理程序更是显得尤为重要；用电检查的程序图如图 5-1 所示。

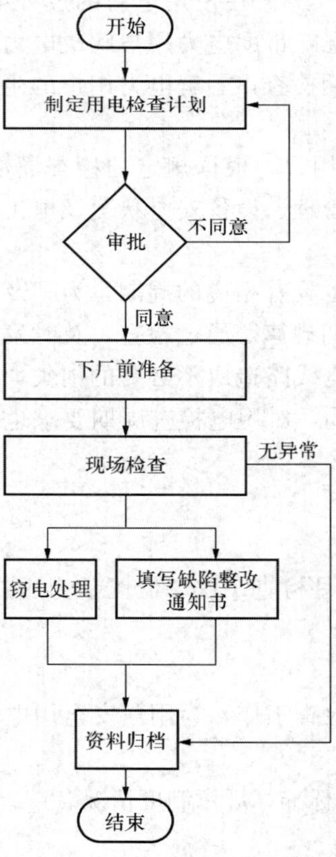

1. 定期检查计划的制订

用电检查人员应严格按照规定的周期，结合本单位用电检查人员的配置，合理编制定期检查计划。定期检查计划包括年计划、月计划等，其中，年计划是针对所辖用户，对全年用电检查工作的制订与平衡，月计划是以年计划为依据，按月进行任务分解。编制的下厂定期检查计划，必须经本单位权限人员审批后方可正式实施。定期检查计划制订后，应严格按计划开展用电检查工作，不得超周期进行检查。

（1）定期检查年计划制定和审批。

按照确定的用户定期检查服务周期及用户分类、计划工作时间等，确定年检查计划。定期检查年度计划审批人员，根据服务范围内用户的检查周期和上次检查日期对年计划进行审批。目前大多数供电企业均应用营销信息系统，定期检查年度计划的制订和审批一般在营销信息系统内完成。

图 5-1　用电检查程序图

（流程图：开始 → 制定用电检查计划 → 审批 → 不同意（返回制定用电检查计划）/同意 → 下厂前准备 → 现场检查 → 无异常/窃电处理、填写缺陷整改通知书 → 资料归档 → 结束）

（2）定期检查月计划制定和审批。

以定期检查年计划为依据，结合实际工作，可以按月制订定期检查计划。如对春节、国庆等假期较多的月份可以适当少安排定期检查工作。在制定月定期检查计划时，还可根据用户的服务要求及具体情况酌情缩短检查周期。在确保全年用电检查计划完成的前提下，根据用电检查人员的人数和工作量可以对检查月计划进行调整，为避免用电检查超周期，调整一般只能向前而不能向后调整。审批人员可以根据本单位用电检查人员的人数和工作量对月计划进行审批。定期检查月计划的制订和审批一般也在营销信息系统内完成。

2. 现场检查准备

充分准备是保障现场检查顺利开展的基础。为了提高工作效率，保质保量地完成现场检查工作，避免因准备不足而造成返工，用电检查人员接受下厂检查工作任务后，需要根据检查计划中用户的情况，做好相关的准备工作。准备工作包括用户信息的了解、工器具的准备以及现场处理表单的准备。

用电检查人员在正式下厂检查前，事先对检查用户的基本信息、负荷情况、电费档案等进行初步了解。提前完成被检查单位用电检查档案的查阅工作。档案查阅的重点应包括：用户的《供用电合同》，并审查其有效性；用户受电装置一次主接线图和相关的保护配置情况；用电检查人员对用户历次用电检查后的事件记录，缺陷记录（《缺陷通知单》留底）及用户上报的缺陷整改情况；用户变电站主设备最近的电气试验的试验报告；安全工器具的试验报告；当用户存在"定比（或定量）等特殊属性"时，还应查看该用户的定比（或定量）执行依据及说明；当用户存在"不并网自备电源"时，应重点查看用户《不并网自备电源安全使用协议书》，并审查其有效性；当用户存在"非电保安措施"时，应查阅其非电保安措施的设计方案及适用期限；对高危用户和重要电力用户，还应查阅用户提供的停电应急预案的合理性和有效性。

尽管用电检查人员在现场不能代替用户操作相应设备，但根据现场工作情况，用电检查人员在正式下厂检查前，应准备好相应的工器具。准备好封印钳、封印扣、封印丝，以便在打开封印时能及时补上；准备手电筒，以便在黑暗环境或对柜内设备进行检查；准备照相机、用电检查仪等，对发现的用电异常能及时获取证据及进一步检查。

用电检查人员对现场发现的问题，应开具相应的单据，因此，事先应有所准备。《用电检查结果通知书》是针对正常用电检查结束后出具的结论意见；《用户电气装置及运行管理缺陷通知单》是对发现用户存在设备隐患或缺陷时采用的；《用户窃电（违约用电）处理单》是发现用户存在违约、窃电等行为后开具的。对常用的工器具以及表单，用电检查人员可以使用固定的工具袋，避免遗漏。

3. 现场检查

现场检查主要是依据供电企业与用电户所签订的供用电合同，对用户的受送电设备运行及电力使用情况进行检查。检查的主要内容有：用户概况，包括用户的联系人、身份证明、企业营业证明等；用户的受电装置，包括变压器、断路器、互感器、隔离开关、避雷器、架空线、电缆、操作电源及配电柜等；用户的运行管理资料，包括用户电气人员配置、运行管理资料、图纸及相关试验报告等；对特殊用户，还须扩大用电检查的范围，如对重要电力用户要重点检查隐患治理情况以及电源配置情况、对电费风险用户应做好信用评估。

现场检查方式也应多种方式灵活运用，通过询问用户值班人员、生产负责人等，了解生产运行情况；通过查阅运行记录，了解规章制度执行和运行参数；通过现场检查设备运行，了解设备安全状况。表5-1列出了用电检查的相关检查内容与检查方式。

表 5 - 1　　　　　　　　　　　　　　用 电 检 查 分 类 表

分类	检查内容	检 查 方 式
用户概况	用户的基本情况，受电电源等	①通过询问，核对用户户名、地址、法定代表人、联系人、电气负责人、联系电话、邮编； ②通过现场查勘，核对用户的受电电源、主要设备参数等； ③通过查阅，核对用户在供电企业登记的信息与实际用户信息是否相符
	用户的负荷特性	①通过询问，了解用户的实际负荷分类等情况； ②通过询问，了解用户的生产工艺、用电特性、特殊设备对供电的要求
电费风险评估	评估用户的电费回收风险	①对照用户最近电费交费情况，通过询问了解用户的资金流转状态； ②通过交谈，了解用户的资金流转状况； ③通过交谈，了解用户的实际资产盈利状况； ④通过调查、询问，了解用户银行信用状况； ⑤对照用户近期电量增减情况，通过询问和现场查看了解用户的生产经营、产品销售状况； ⑥通过交谈、调查，了解用户是否存在其他可能影响电费支付的事件发生
供用电合同履行	合同的有效性	①通过询问、查阅，核对用户有关法人资格与供用电合同主体是否相符； ②通过现场检查，核对用户有否变更电力用途； ③通过询问，了解用户有否能继续按约履行电费交付义务，了解用户的综合信用状况和电费支付风险程度； ④通过查询及现场检查，核对合同中所列双方责任是否明确； ⑤通过询问、查询，核对合同的签订是否有效（签章是否正确）； ⑥通过询问及现场检查，核对用户有否其他违反合同中约定条款的行为； ⑦通过检查，了解合同中所列防范安全风险措施是否到位
	是否存在窃电、违约用电行为	①现场检查用户有无窃电嫌疑； ②现场检查用户有否存在违约用电的现象
	核对合同容量与现场的一致性	①对高压用户，通过检查核对变压器、不通过受电变压器的高压电动机的数量和铭牌参数； ②对低压用户，通过检查核对用户设备的总容量
	检查有无私自供出（引入）电源的行为	①通过询问及现场检查，核对用户变电站的进出线情况； ②通过询问及现场检查，了解用户有无私自供出（引入）电源的行为
	节能减排的落实情况	①通过询问及现场核查，了解用户对国家明令淘汰的设备和小于电网短路容量要求的设备进行更新改造的情况； ②通过询问及现场核查，了解用户是否有国家明令的限制类、淘汰设备的设备存在
	保安电源的使用和管理	①通过询问及现场检查，了解用户是否存在（或新增）一、二类用电负荷； ②通过询问及现场检查，了解用户对一、二类负荷的供电是否符合安全要求； ③通过询问及现场检查，了解用户对重要负荷有否有自备保安电源； ④检查用户保安电源有否防倒送电措施； ⑤通过询问，了解用户对重要负荷有否采取必要的非电保安措施，检查用户配置的非电保安措施是否满足安全需要

续表

分类	检查内容	检查方式
设备运行管理	多电源供电管理	①现场检查用户的多电源间联锁、自备电源联锁、防误联锁等是否与竣工图或相关的约定条款相符，联锁装置是否有效； ②现场检查备用电源自动投切装置运行情况与动作记录
	用户受电装置	①现场检查高（低）压开关柜、主变压器、进出线路（电缆）、母线等主设备的运行情况； ②现场检查设备五防要求［防止带负荷拉合隔离开关、防止带接地线（接地闸刀）合闸、防止人员误入带电间隔、防止误分合短路器、防止带电挂接地线（合接地闸刀）］是否完备； ③现场查看用户受电装置的设备健康状况； ④通过查阅负荷记录，了解用户各主设备的负荷情况，有无超负荷运行； ⑤现场检查电气设备运行是否存在严重缺陷、一般缺陷等情况
	继电保护和自动装置	①现场检查继电保护和自动装置的运行情况； ②通过查阅及现场检查，核对用户继电保护动作值是否按定值单要求进行整定并投入运行； ③通过查阅及现场检查，核对继电保护和自动装置有无异常动作记录； ④通过询问及现场查阅，了解用户继电保护的周期性校验与传动试验情况
	防雷、防过电压保护	①现场检查用户变电站室内防雷装置情况，各防雷设备的运行情况； ②现场查阅用户避雷器动作记录； ③现场查阅避雷器的试验记录
	接地装置	①现场检查变电站接地网情况，必要时进行开挖检查； ②现场查阅用户主接地网历年测试记录； ③现场检查各电气设备的工作接地与保护接地情况
	预防性试验	①现场查阅设备的预防性试验记录； ②通过询问及现场查阅，了解用户设备是否按规定周期进行试验； ③通过询问及现场查阅，了解用户对预防性试验中发现问题的落实和处理结果
	变电站建筑与环境情况	①现场检查变电站或主设备附近有无影响设备运行或安全生产的设施（物品）； ②现场检查变电站建筑与周边建筑物的距离是否符合规定要求
	计量装置	①现场抄录在装电能计量装置参数（电能表局号、互感器倍率等）； ②现场抄录在用电能表止度； ③现场核对电能计量装置显示的负荷与其他监测仪表是否相符； ④现场检查计量装置的防窃措施是否可靠； ⑤现场检查计量设备的封印是否完整； ⑥现场检查计量装置运行状态是否良好，负荷是否在合理的量程范围内
	电能质量	①通过询问、核查，了解用户有无冲击负荷、非线性负荷、非对称负荷； ②通过询问、核查，了解用户对上述负荷的治理措施落实情况及治理效果； ③查看用户端电压监视仪及有关电能质量记录装置的运行情况与记录数据

续表

分类	检查内容	检查方式
安全运行管理	反事故措施的落实	通过询问及查阅相关记录，了解用户有否制订反事故措施、应急预案，以及各类应急措施的预演情况
	电气作业人员管理	①通过询问，核查用户电工的资格证持证情况； ②通过询问，核查用户进网电工是否按规定要求参加电工复审； ③通过询问，核查用户电工数量是否能满足工作要求； ④通过询问和查阅，了解用户有否每年对电气工作人员进行安规考试； ⑤通过询问和查阅，了解用户有否按期开展电气安全活动
	无功管理	①通过查阅和现场检查，了解用户的实际功率因数； ②现场检查用户的无功补偿设备的配置是否满足需求； ③现场检查用户的无功补偿设备的运行情况； ④现场检查用户有否自动补偿、就地补偿等措施； ⑤通过询问和现场核查，了解用户是否存在无功倒送情况
	变电站（所）安全防护措施	①现场检查用户变电站门、窗、电缆进出孔、户外配电箱等处的防小动物措施是否完备； ②现场检查变电站设备防雨雪、防误碰措施情况； ③现场检查用户变电站绝缘工器具、验电笔、接地线等安全用具配置是否到位，核查上述器具有否按规定进行试验并合格； ④现场检查用户变电站消防器具配备是否符合电气设备防火要求，消防用具是否在有效期内
	缺陷整改情况	现场核对上次检查结果通知书上的缺陷与改进措施的落实情况
	变电站（所）资料管理	①现场抽查各类技术资料； ②现场核对设备台账中各类记录有否更新； ③现场检查设备命名是否与实际相符，是否实行双重命名，并符合相关规定； ④现场检查应具备的规程是否齐全，这些规程包括：电气安全工作规程、现场运行规程、事故处理规程、调度规程、电气设备交接和预防性试验规程等
	变电站（所）制度建设	①现场检查变电站各项制度是否建立完善，变电站制度应包括：交接班制度、巡回检查制度、设备缺陷管理制度、质量验收制度、岗位责任制度等； ②现场检查相关的记录簿与设备现状的实际对应情况
	工作票、操作票的管理和执行情况	①现场检查典型操作票是否符合安规规定； ②现场抽查操作票的填写与执行是否规范； ③现场抽查工作票所列工作内容与安全措施是否相符，工作票签发、许可、间断、终结制度执行是否规范； ④现场抽查工作票与操作票是否编号统计，并归档
	调度协议的执行情况	①现场检查调度有关设备命名是否符合要求； ②现场检查调度通信设备是否完好、通信是否畅通； ③现场检查用户执行调度命令的记录

分类	检查内容	检查方式
综合管理	需求侧管理	①检查用户有序用电执行记录； ②检查用户节约用电的措施落实情况； ③了解用户有无热泵、蓄能锅炉、冰蓄冷技术等设备的实际应用与实施计划
	现场管理装置和调度通信设备	①检查现场客户管理系统的装置运行情况； ②检查现场客户管理系统跳闸回路的接入情况； ③检查现场客户管理系统装置动作记录
重要、高危用户安全隐患排查	供电电源隐患	①检查重要、高危用户有否配置双电源、供电是否非专线； ②检查双电源能否可靠切换等
	自备应急电源隐患	检查有否配置自备应急电源，配置容量是否足够，有否配置非电保安措施等
	受电设施隐患	检查受电设施是否存在缺陷、故障，继电保护及自动装置整定值是否匹配等
	运行管理隐患	检查年检预试、电工配置、安全制度、配电室环境等是否符合规程规定等
	应急措施隐患	检查有否制定反事故措施和处置预案，或者制定的反事故措施和应急处置预案是否具有可操作性等
	安全责任隐患	检查是否签订供用电安全责任协议，或者供用电安全责任是否清晰等

4. 现场检查情况的处理

用电检查人员根据检查要求完成后，应对被检查用户作综合评估，经现场检查确认用户的设备情况、运行管理、规范用电等方面均符合规定的，由用户电气值班人员或电气负责人在检查记录中签字，将相关资料归档。经现场检查确认用户的设备情况、运行管理、规范用电等方面有不符合安全规定的，或者在电力使用上有明显违反国家有关规定的，检查人员应现场开具相关表单，督促用户完成整改。

供电企业承担着维护供电网安全的责任，当发现用户受电装置存在安全隐患时，供电企业应当及时告知用户，并指导其制定有效的解决方案消除安全隐患；用电设施存在严重威胁电力系统安全运行和人身安全的隐患且用户拒不治理的，供电企业可依法中止供电。供电企业应向电力用户提供必要的专业技术服务，以提高电力用户的用电安全管理水平，指导用户排查、治理用电安全隐患和影响电能质量的隐患，从而提高整个输、配、用电各环节的安全稳定运行。对用户电气装置、运行管理中存在隐患，影响供用电安全的，用电检查人员应现场开具《用户受电装置缺陷通知单》一式两份，一份送达用户并由用户代表签收，一份存档备查。《用户受电装置缺陷通知单》应明确提出用户存在缺陷的内容及整改要求，督促用户完成任务整改。对重要电力用户检查中发现的问题，将根据高危及重要电力用户管理相关规定，按"一患一档"的具体要求，开具《用户受电装置缺陷通知单》请用户代表签收；对重大缺陷还应该正式行文通报政府相关部门，并限期整改。《用户电气装置及运行管理缺陷通知单》如下。

用户电气装置及运行管理缺陷通知单

No：××××

　　　___×××___用户　　　　　　　　　　　　　　　地址：___×××___

　　经对贵方进行用电检查，发现贵方电气装置及运行管理中有下列缺陷，不符合有关标准、规程、规定要求。为确保安全供电，请贵方在××年××月××日前完成整改。整改完毕后将本单送我单位，以便派员复验。

　　缺陷内容：

　　1. 配电室内填放杂物，影响操作与运行，存在引发火灾的隐患，请予以清除。

　　2. 高压配电设备预防性试验已超过规定周期。

（单位盖章）

　　　　　　　　　　　　用电检查：

年　　月　　日

　　整改情况说明（此栏由用户填写）：

　　　　　　　　　　　　用户签章：　　　　　　　　　　年　　月　　日

　　现场检查确认有危害供用电安全或扰乱供用电秩序行为的，检查人员应按《用电检查管理办法》的规定，采用拍照、摄像等措施详细记录现场情况，同时通知公安部门人员到达现场共同取证，并在现场予以制止。拒绝接受供电企业按规定处理的，可按规定的程序停止供电，并请求电力管理部门依法处理，或向司法机关起诉，依法追究其法律责任。

　　现场检查确认有窃电行为的，检查人员应采用拍照、摄像等措施详细记录现场情况，同时通知公安部门人员到达现场共同取证；现场填写《用户窃电（违约用电）处理通知单》，并由当事人、旁证人进行签字确认；窃电行为应立刻予以制止并按重要程度汇报领导后中止供电。并按规定的程序进行后续处理，拒绝接受供电企业按规定处理的，应请求电力管理部门依法处理，或向司法机关起诉，依法追究其法律责任。

　　检查人员将检查结果及违约用电、窃电情况，计量异常情况，电价执行错误情况（包括定量定比情况）和设备缺陷等情况在按照不同流程进行处理。

　　5. 定期检查资料归档

　　定期检查资料既是用电检查人员现场检查工作完成情况的记录，更是不断完善用户资料、规范用户用电管理的手段，保证了用户现场管理的连续性。检查人员在完成下厂检查工作后，应对检查过程中发现的问题及时做好协调、跟踪处理工作，并完成相关资料的归档工作。归档资料包括：《高压用户用电检查工作单》、《低压用户用电检查工作单》、《用户窃电（违约用电）处理通知单》、《用户受电装置缺陷通知单》等。

三、定期检查的工作要求

（1）依法履行用电检查职责。执行下厂检查任务前，用电检查人员应履行审批程序。填写《用电检查工作单》，经审核批准后，方能赴用户执行检查任务。用电检查人员到用户处开展定期检查工作，应不少于 2 人，现场检查时向用户出示《用电检查证》，遵守用户的进（出）入制度、遵守用户的保卫保密规定，并不准对外泄露用户的商业秘密。用电检查人员在查电时应由用户电气负责人（或其委托人）陪同进行。

（2）用电检查人员必须具备相应的用电检查资格。用电检查工作的涉及面广，工作内容多，政策性强，技术业务复杂，因此，对用电检查人员自身素质的要求也很高，除了要具备丰富的专业知识外，还应具备良好的思想道德品质，并且熟悉国家有关用电工作的法规、政策、方针，具备良好的政策理解水平。根据《用电检查管理办法》的规定，对用电检查分为一级用电检查员、二级用电检查员、三级用电检查员。三级用电检查员仅能担任 0.4kV 及以下电压受电的用户的用电检查工作。二级用电检查员能担任 10kV 及以下电压供电用户的用电检查工作。一级用电检查员能担任 220kV 及以下电压供电用户的用电检查工作。下厂检查不得超越其《用电检查证》的等级范围。

（3）用电检查人员必须遵守国家和本单位供电服务相关制度、规范。现场检查必须遵纪守法，廉洁奉公，不徇私舞弊，不以电谋私。下厂处理窃电、违约用电行为应避免引起肢体冲突，注意加强自我保护。

（4）用户对其设备的安全负责。用电检查人员不承担因被检查设备不安全引起的任何直接损坏或损害的赔偿责任。下厂检查必须遵守《用电检查管理办法》、《电业安全工作规程》及用户有关现场安全工作规定，不得操作用户的电气装置及电气设备。

第二节　专　项　检　查

一、专项检查的目的和意义

由于用户侧生产运行的连续性，电力运行环境及设备状况随时会出现变化，部分违约、窃电行为较为隐蔽，违约及窃电者可以在极短的时间内从窃电状态恢复到正常用电状态。因此，用电检查人员在定期检查的基础上，还应结合实际开展专项检查。

专项检查是指每年的春季、秋季安全检查以及根据工作需要安排的专业性检查，检查重点是用户受电装置的防雷情况、设备电气试验情况、继电保护和安全自动装置等情况。对 10kV 及以上电压等级的用户，每年必须开展春、秋季安全专项检查。

专项检查还包括保电检查（包括大型政治活动等）、季节性检查、营业普查、事故检查、经营性检查等专项检查工作。

（1）保电检查：各级政府组织的大型政治活动、大型集会、庆祝、娱乐活动及其他大型专项工作安排的活动，须确保供电的，应对相应范围用户进行专项检查。

（2）季节性检查：按每年季节性的变化，对用户设备进行安全检查。防污检查：检查重污秽区用户反污措施的落实，推广防污新技术，督促用户改善电气设备绝缘质量，防止污闪事故发生。防雷检查：在雷雨季节到来之前，检查用户设备系统的接地系统、避雷针、避雷器等设施的安全完好性。防汛检查：汛期到来之前，检查所辖区域用户防洪电气设备的检修、预试工作是否落实，电源是否可靠，防汛的组织及技术措施是否完善。防冻检查：冬季到来之前，检查电气设备、消防设施防冻等情况。

（3）营业普查：是供电企业通过采取集中检查力量和时间，在较大范围内对用户基本用电情况进行复核的一种手段。

（4）事故检查：用户发生电气事故后，除进行事故调查和分析，汇报有关部门外，还要对用户设备进行一次全面、系统的检查。

（5）经营性检查：当电费均价、线损、功率因数、分类用电比例及电费等出现大的波动或异常时，进行现场检查。

（6）定比定量核查：根据用户的负荷性质、电气设备容量等重新核定定比定量值。

（7）高危及重要电力用户隐患整改专项督导：高危及重要电力用户缺陷整改情况督导。

（8）其他专项检查。

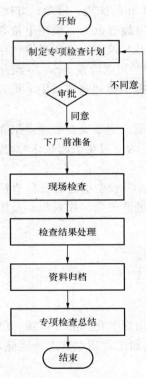

图 5-2　专项检查程序图

二、专项检查的工作程序

大多数专项检查工作需要到用户现场进行检查，与定期检查一样，专项检查也应履行相应的工作程序。专项检查的工作程序包括专项检查计划的制订、现场检查、检查情况处理、资料归档等，由于专项检查工作是对一定用户对象存在的共性问题开展的检查工作，在检查后还应提出对共性问题的解决方案及预防措施。专项检查程序图如图 5-2 所示。

1. 专项检查计划的制订

专项检查是与定期检查并行的一项工作，对已完成定期检查的用户对象，仍需开展专项检查工作，当用户对象恰好列入定期检查计划时，可结合专项检查一并完成，因此，为提高现场检查的工作效率，在专项检查计划制订时，尽量将用户对象与定期检查计划相结合。专项检查计划应根据不同的专项检查任务确定相应的专项检查对象范围和检查内容。由于专项检查任务具有特殊性和时效性，制定专项检查计划应及时、有效。根据任务来源和专项检查计划类型分类，确定检查日期、检查内容和检查对象，提交权限人员进行审批，对专项检查计划审批不通过的，由制定人员重新制定后审批。专项检查计划的制订和审批一般在营销信息系统内完成。

2. 专项检查的准备

与定期检查一样，为了提高工作效率，保质保量地完成现场检查工作，避免因准备不足而造成返工，用电检查人员接受专项检查工作任务后，应根据专项检查的工作要求，做好相关的准备工作。准备工作包括专项检查时间的确定、用户信息的了解、工器具的准备以及现场处理表单的准备。

根据专项任务的特殊性，合理安排专项检查时间非常重要。在安排专项检查时间时，要兼顾用电检查人员自身的安全与工作任务的完成。对防汛、防雨、防暑检查时，要避免恶劣的自然气候，避免对用电检查人员带来伤害。对反窃电、反违章检查时，要通过相关分析，确定用户窃电违章的时机，保证专项检查取得实效。

用电检查人员在正式下厂检查前，事先对检查用户的基本信息、负荷情况、电费档案等进行初步了解。提前完成被检查单位用电检查档案的查阅工作，档案查阅的重点应包括：用户的《供用电合同》，并审查其有效性；用户受电装置一次主接线图和相关的保护配置情况；用电检查人员对用户历次用电检查后的事件记录、缺陷记录（《缺陷通知单》留底）及用户上报的缺陷整改情况；用户变电所主设备近次电气试验的试验报告；安全工器具的试验报告；当用户存在"定比（或定量）等特殊属性"时，还应查看该用户的定比（或定量）执行依据及说明；当用户存在"不并网自备电源"时，应重点查看用户《不并网自备电源安全使用协议书》，并审查其有效性；当用户存在"非电保安措施"时，应查阅其非电保安措施的设计方案及适用期限；对高危用户和重要电力用户，还应查阅用户提供的停电应急预案的合理性和有效性。

尽管用电检查人员在现场不能代替用户操作相应设备，但根据现场工作情况，用电检查人员在正式下厂检查前，应准备好相应的工器具。准备好封印钳、封印扣、封印丝，以便在打开封印时能及时补上；准备手电筒，以便在黑暗环境或对柜内设备进行检查；准备照相机、用电检查仪等，对发现的用电异常能及时保证证据及进一步检查；对雨雪天气，要准备相应的防护用具，保护自身的安全。

用电检查人员对现场发现的问题，应开具相应的单据，因此，事先应有所准备。《用电检查结果通知书》是针对正常用电检查结束后出具的结论意见；《用户电气装置及运行管理缺陷通知单》是对发现用户存在设备隐患或缺陷时采用的；《用户窃电（违约用电）处理单》是发现用户存在违约、窃电等行为后开具的。对常用的工器具以及表单，用电检查人员可以使用固定的工具袋，避免遗漏。

3. 专项检查的重点

（1）防汛检查。

用电检查人员在气候进入汛期季节前要检查供电营业区域内重要电力用户的重要活动场所变电站（或配电室）室外排水设施，检查排水渠、排水沟完整无损并保证其畅通完好；检查电缆沟兽板配置齐全，密封严实防止水淹电缆沟等地下设施；检查屋顶不能出现裂痕，防止雷雨天气雨水漏入造成设备短路；输（配）电线路杆塔基础地处山口、河道两侧易受洪水冲刷地段应加固；变电站（或配电室）室外基础下陷应加固。

（2）防雨检查。

用电检查人员在气候进入雷雨季节到来前要检查供电营业区域内重要电力用户的重要活动场所变电站（或配电室）室外排水设施；检查重要用户变电站室内外一、二次设备及开关箱和疯子箱密封情况；检查变电站和其他建筑物及设备架构基础下陷、下沉、漏雨情况。

（3）防雷检查。

检查重要电力用户电气设备的防雷设施，督促用户限期完成变电站接地网以及线路接地电阻的测试工作；检查接地网引下线与接地网连接情况、避雷器制动情况、避雷针接地线的连接情况，并将检查结果做记录。

（4）防暑检查。

检查重要电力用户充油设备油位适中，无溢油、无渗漏现象；督促用户电气负责人检查变电站、电容器室、蓄电池室通风情况；检查保护装置安装处湿度符合设计环境温度，硅整流等发热设备散热良好，无过热现象。

（5）防小动物检查。

检查用户电气设备架构、开关防雨帽内鸟巢情况；检查用户变电站室外电缆疯子箱入口低压电缆通道，以及穿电缆管道应封堵，防止小动物进入变电站室内，窜入电气设备，造成损失。

4. 营业普查的组织

从检查的形式和要求分类，营业普查应纳入专项检查工作。但与一般的专项检查不同，营业普查的目的是加强供电企业营销管理，堵塞营业工作中的跑冒滴漏，提高电力营销工作质量，杜绝供电企业经营成果不致流失，而不定期开展的专项检查工作。营业普查的内容目的性更明确，每一次营业普查的内容与侧重点不同，检查方法也不一致。营业普查工作做得扎实，就能不断强化营销基础工作，堵塞漏洞，提高效益。如果营业普查工作流于形式，营销工作中存在的一些漏洞就难以发现，就会导致企业效益的不断流失。营业普查的组织主要包括：

（1）成立组织机构。为确保营业普查工作有序开展、保质保量完成，应成立相应的组织。一般需成立以为单位分管领导为组长的领导小组，全面协调营业普查相关工作；以及由主管部门负责人为组长的工作小组，承担具体的营业普查任务。

（2）制订实施方案，明确工作目标。通过营业普查，找出供电企业在经营管理方面存在的问题和薄弱环节，按照"查、改、防"、以"防"为主的工作要求，从源头上建立营业风险预防机制，及时落实针对性的整改措施，严肃查处违约用电和窃电行为，有效规避经营风险，进一步提升营销精益化管理水平，切实维护企业和客户的利益。

（3）明确普查对象与工作内容。根据营业普查重点的不同，营业普查的主要内容包括以下几个方面。

1）在电价执行方面：普查用户电价执行标准是否准确，是否存在高价低接现象；用户功率因数考核标准是否准确；特殊优待电价（中小化肥、农业农头企业等）有无扩大范围等。

2）在基本电费收取方面：普查基本电费计算容量是否与用户现场实际变压器容量、运行方式一致，有没有超容量用电；暂停、减容办理是否规范，暂停、减容变压器是否进行了加封并退出运行等。

3）在定比定量管理方面：普查定比定量的核定值与现场实际用电状况是否一致，是否按规定定期确认；重点检查包含居民电价、农业生产电价等定比定量用户；执行定比定量部分是否确实无法装表计量等。

4）在供用电合同方面：普查供用电合同是否超期，合同文本是否依法、有效，安全责任条款是否完备，安全责任是否明确；供用电合同内容与用户现场情况、营销系统的一致性；是否在供用电合同相关条款中明确规定专线用户的线损率，线损率确定是否合理。

5）在用户计量装置方面：普查用户电能计量方案的合理性和正确性，电能计量点选择是否合理；TA、TV、表计倍率是否与现场一致等。

6）在客户不并网自备电源管理方面：普查客户自备发电机是否严格按照申请、审批、验收等手续完成并网，有无未经批准擅自建设的情况；自备发电机的切换、连锁装置以及运行管理进行重点检查，对发现的问题均应开出设备缺陷单，督促用户及时整改；是否签订《不并网自备发电机安全使用协议》，是否明确客户不并网自备发电机的安全管理责任；自备发电机的管理是否符合相关管理要求。

（4）明确营业普查工作要求。参与营业普查的单位应根据本次普查的对象和内容，制定普查计划，据此开展普查工作，确保准时完成，普查工作一般要结合普查要求，制作《营业普查表》，见表5-2；要精心部署，责任到人，明确职责，扎扎实实开展好营业普查工作，查必查好，确保本次普查工作决不流于形式，把好普查关和审核关，决不走过场；在普查前应加强普查人员的安全教育，做好现场工作的安全防范，不得随意操作用户设备；要做好优质服务工作，耐心向客户做好宣传解释工作，切实防止各类安全事故和行风事件的发生；要及时落实普查中发现问题的整改。对个性问题要立即逐户进行整改，暂时解决不了的要记录在案，明确限期解决；对共性问题要在研究分析的基础上，提出切实可行的措施，实现闭环管理、持续提高的目标。

表 5 - 2　　　　　　　　　　　　　营 业 普 查 表

户　　号		户　　名					联系人	
用电地址							联系电话	
以下部分由普查人员在现场填写								
行业		供电方式		总变压器容量（kVA）				
主供电源	供电电压（kV）		量电电压（kV）			上级电源		
	供电线路			；专线□　　公用□				
备供电源	供电电压（kV）		量电电压（kV）			上级电源		
	供电线路			；专线□　　公用□				
保安电源	供电线路				供电电压（kV）			
变压器 （含高压 电动机）	主变号	型号	额定容量 （kVA）		接线组别	接入电源 （填主供、备供、保安）		是否暂停
合同管理	合同号		签约日期			合同有效期		
	存放位置		专线用户线损率条款是否存在：是□　否□					
	安全责任条款是否完备：是□　　否□							
电能计量	电能计量 装置位置		装置是否完好			是□　否□		
	TA 变比		TV 变比			表计倍率		
违约用电 及窃电	违约用电：有□　无□　　　窃电：有□　无□							
	有否填写《客户窃电（违约用电）处理通知单》：有□　无□							
以下部分由审核人员在核对后填写								

1. 电价执行是否准确：是□　否□；　修改意见（选择否时填写）：＿＿＿＿＿＿＿＿

2. 功率因数考核标准是否准确：是□　否□；修改意见（选择否时填写）：＿＿＿＿＿＿＿

3. 报装容量是否与实际变压器容量一致：是□　否□；修改意见（选择否时填写）：＿＿＿＿

4. 暂停、减容办理是否规范：是□　否□；修改意见（选择否时填写）：＿＿＿＿＿＿＿

5. 供用电合同是否超期：是□　否□

6. 电能计量点选择是否合理：是□　否□；修改意见（选择否时填写）：＿＿＿＿＿＿＿

7. TA 变比现场与系统是否一致：是□　否□；修改意见（选择否时填写）：＿＿＿＿＿＿

8. TV 变比现场与系统是否一致：是□　否□；修改意见（选择否时填写）：＿＿＿＿＿＿

9. 表计倍率现场与系统是否一致：是□　否□；修改意见（选择否时填写）：＿＿＿＿＿＿

10. 综合倍率等于 TA 倍率×TV 倍率×表计倍率：是□　否□；修改意见（选择否时填写）：＿＿＿

用户签名：	检查意见：	普查审核意见：
	检查人员：	审核人员：
年　月　日	年　月　日	年　月　日

5. 专项检查的处理

针对专项检查中用户的设备情况、运行管理、规范用电等方面存在不符合安全规定的，或者在电力使用上有明显违反国家有关规定的问题，用电检查人员应针对用户设备运行缺陷情况、现场窃电事实或其实违约用电情况，当场开具《用户电气装置及运行管理缺陷通知单》、《用户窃电（违约用电）处理通知单》等，一式两份，一份由用户代表签收，一份存档备查。并对存在违约用电、窃电情况，计量异常情况，电价执行错误情况，定量定比错误情况和设备缺陷等情况按照不同流程进行分别处理。

6. 专项检查资料归档

专项检查资料既是用电检查人员现场检查工作完成情况的记录，更是不断完善用户资料，规范用户用电管理的手段，保证了用户现场管理的连续性。检查人员在完成下厂检查工作后，应对检查过程中发现的问题及时做好协调、跟踪处理工作，并完成相关资料的归档工作。归档资料包括：《营业普查表》、《用户窃电（违约用电）处理通知单》、《用户受电装置缺陷通知单》等。

7. 专项检查的总结

为了及时总结专项检查的成果，分析专项检查中发现的问题，提出长效管理要求，堵塞营业漏洞，切实提高供电企业的管理水平，在专项检查工作完成后，应根据专项检查任务、检查对象和检查情况撰写专项检查工作报告。专项检查工作报告应包括：专项检查的任务和目的；专项检查的对象和内容；专项检查的情况和结果；针对本次专项检查的意见和建议。

三、专项检查的工作要求

（1）专项检查应根据上级下达的专项检查任务如保电检查、季节性检查、事故检查、经营性检查、营业普查、定比定量核查等检查任务制定的专项检查计划，确定专项检查人员、检查对象范围、检查内容，安排检查日期，开展专项检查工作。

（2）现场检查应依法履行程序。执行下厂检查任务前，用电检查人员应履行审批程序。填写《用电检查工作单》，经审核批准后，方能赴用户执行检查任务。用电检查人员到用户处开展定期检查工作，应不少于 2 人，现场检查时向用户出示《用电检查证》，遵守用户的进（出）入制度、遵守用户的保卫保密规定，并不准对外泄露用户的商业秘密。用电检查人员在查电时应由用户电气负责人（或其委托人）陪同进行。

（3）用电检查人员必须具备相应的用电检查资格。用电检查工作的涉及面广，工作内容多，政策性强，技术业务复杂，因此，对用电检查人员自身素质的要求也很高，除了要具备丰富的专业知识外，还应具备良好的思想道德品质，并且熟悉国家有关用电工作的法规、政策、方针，具备良好的政策理解水平。根据《用电检查管理办法》的规定，对用电检查分为一级用电检查员、二级用电检查员、三级用电检查员。三级用电检查员仅能担任 0.4kV 及以下电压受电的用户的用电检查工作。二级用电检查员能担任 10kV 及以下电压供电用户的用电检查工作。一级用电检查员能担任 220kV 及以下电压供电用户的用电检查工作。下厂检不得超越其《用电检查证》的等级范围。

（4）用电检查人员必须遵守《供电服务规范》和《国家电网公司员工服务"十个不准"》等规定。现场检查必须遵纪守法，廉洁奉公，不徇私舞弊，不以电谋私。下厂处理窃电、违约用电行为应避免引起肢体冲突，注意加强自我保护。

第三节　违约用电及窃电处理

一、违约用电及窃电处理的目的和任务

电力是实现经济现代化和提高人民生活水平的物质基础，电力工业是关系国计民生的基础产业。但长期以来，人们对电是商品的概念模糊，一些单位或个人将盗窃电能作为获利手段，采取各种方法不计量、少计量或者少计价用电，以达到不交或者少交电费的目的，造成国家电能或电费大量流失。据不完全统计，全国每年因窃电损失达 200 亿元。窃电造成了国有资产严重损失，严重威胁着电网安全稳定运行，直接危及电力企业正常的生产经营；严重扰乱了供用电秩序，影响供用电安全，损害了电力投资者、供电企业和用户的合法权益。许多窃电者采取隐蔽的、高科技的、分时段的窃电无法查处，由于缺乏操作性强的法律规范，对窃电行为打击不力，使之逐渐蔓延，已成为严重的社会问题。

违约用电是指违反供用电合同的规定和有关安全规程、规则，危害供电、用电安全，扰乱正常供用电秩序的行为。

（1）在电价低的供电线路上，擅自接用电价高的用电设备或私自改变用电类别。即用户未按国家规定的程序办理手续，未经供电企业同意或允许而自行进行的违反电价分类属性用电的行为。例如把属于较高电价类别的用电，私自按较低电价类别用电，以达到少交电费的目的，就是改变了用电类别。

（2）私自超过合同约定的容量用电。合同约定容量供电企业依据供电可能性认可的用户用电容量，是供用电双方协商一致，以合同方式确认的容量。擅自超过合同约定的容量，不但侵占他人用电容量，危害用电安全，同时少交了按容量收取基本电费的用户，使国家和供电企业受到经济损失。

（3）擅自超过计划分配的用电指标。用电指标分配部门，依照国家发、供、用总计划，分配到各用电户允许使用的电力量指标，包括日、月、季、年用电指标。在用电紧张时，政府会出台有序用电方案，对用户用电指标进行综合分配，用户擅自超用，将影响电力电量的平衡，严重时会影响电力系统运行稳定性。

（4）擅自使用已在供电企业办理暂停手续的电力设备或启用供电企业封存的电力设备。用户为减少用电负荷已办理了暂时停止全部或部分用电设备，或用户因违反国家规定用电、违约用电、窃电、超计划用电或者不安全用电，供电企业依法封存或不允许用户继续使用的电力设备。

（5）私自迁移、更动和擅自操作供电企业的用电计量装置、电力负荷管理装置、供电设施以及约定由供电企业调度的用户受电设备。迁移是指用户把用电计量装置移动，使其离开原来的位置而另换地点的行为。尽管迁移、更动、擅自操作供电企业的计量装置，没有损坏封印、接线、计量装置本体，但可能引起计量装置产生误差使电力负荷控制装置失灵，所以被禁止。

（6）未经供电企业同意，擅自引入（供出）电源或将备用电源和其他电源私自并网。用户把第三者的电源引入，供本用户使用，或者私自送出，将电供给其他用户。用户不经电网企业允许，也未签订并网协议而私自把自备电源接到电网中运行的行为。

窃电，是指在电力供应与使用中，用户采用秘密窃取的方式非法占用电能，以达到不交或少交电费用电的违法行为。由于电能是无形物，不能储存，在其被窃得的同时即被消耗，因此窃电无法以所窃电能来证明，只能以行为来认定。根据《电力供应与使用条例》，窃电行为包括以下几方面：

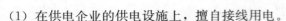

（1）在供电企业的供电设施上，擅自接线用电。

（2）绕越供电企业用电计量装置用电。

（3）伪造或者开启供电企业加封的用电计量装置封印用电。

（4）故意损坏供电企业用电计量装置。

（5）故意使供电企业用电计量装置不准或者失效。

（6）采用其他方法窃电。

用户违约用电与窃电行为违反了供用电双方签订的供用电合同，特别是窃电行为，违反了行政法规的规定，扰乱了正常的供用电秩序，所造成的影响与后果比违约用电行为造成的行为与后果更为恶劣，对窃电行为的处理与违约用电行为处理也更为严重。为了维护良好的供用电秩序，加大预防，并对违约用电、窃电的宣传处罚力度，确保供、用电双方的合法权益，必须坚持：对电力法规大力宣传；做到违章必究、窃电必罚；查清事实，严肃处理；严格依法办事。

二、窃电行为的认定

（一）窃电行为的构成条件

窃电是盗窃社会公共财物的非法行为，应具备以下四个要件：

（1）主体要件，用户，包括个人和单位。目前，单位窃电日趋严重，但由于立法上的疏漏，致使对单位窃电的非法行为打击不力。

（2）主观方面要件，故意。其具体表现为窃电行为人以非法占用为目的。

（3）客体要件，供用电正常秩序，电在社会生产和生活中占据重要地位，窃电破坏了正常的供用电秩序，对社会造成严重危害。

（4）客观方面要件，窃电行为，其特征是采用秘密窃取的方式。

（二）窃电行为的形式

用户窃电的形式及手法多种多样，层出不穷。从窃电手段来讲，有普通型窃电、技术型窃电与高科技窃电。从计量的角度讲，可分为与计量装置有关和与计量装置无关两种。从时间上又可划分为连续式和间断式。窃电的手法虽然五花八门，但万变不离其宗，最常见是从电能计量的基本原理入手，由于电能表计量电量的多少，主要决定于电压、电流、功率因数三要素和时间的乘积，改变三要素中的任何一个要素都可以使电能表慢转、停转甚至反转，从而达到窃电的目的。另外，通过采用改变电能表本身的结构性能的手法，使电能表慢转，也可以达到窃电的目的，各种私拉乱接、无表用电的行为则属于更加直接的窃电行为。窃电手法主要有以下几种类型。

1. 欠压法窃电

窃电者采用各种手法故意改变电能计量电压回路的正常接线，或故意造成计量电压回路故障，致使电能表的电压线圈失压或所受电压减少，从而导致电量少计，这种窃电方法就叫欠压法窃电。常见手法如下。

（1）使电压回路开路。例如：松开电压互感器的熔断器；弄断熔丝管内的熔丝；松开电压回路的接线端子；弄断电压回路导线的线芯；松开电能表的电压连片等。

（2）造成电压回路接触不良故障。例如：拧松电压互感器的低压熔丝或人为制造接触面的氧化层；拧松电压回路的接线端子或人为制造接触面的氧化层；③拧松电能表的电压连片或人为制造接触面的氧化层等。

（3）串入电阻降压。例如：在电压互感器的二次回路串入电阻降压；弄断单相电能表进线侧的中性线而在出线至地（或另一个用户的中性线）之间串入电阻降压等。

（4）改变电路接法。例如：将三个单相电压互感器组成 Y/Y 接线的 V 相二次反接；将三相四线三元件电能表或用三只单相电能表计量三相四线负荷时的中线取消，同时在某相再并入一只单相电能表；将三相四线三元件电表的表尾中性线接到某相的相线上等。

2. 欠流法窃电

窃电者采用各种手法故意改变计量电流回路的正常接线或故意造成计量电流回路故障，致使电能表的电流线圈无电流通过或只通过部分电流，从而导致电量少计，这种窃电方法就叫做欠流法窃电。常见手法如下。

（1）使电流回路开路。例如：松开电流互感器二次出线端子、电能表电流端子或中间端子排的接线端子；弄断电流回路导线的线芯；人为制造电流互感器二次回路中接线端子的接触不良故障，使之形成虚接而近乎开路。

（2）短接电流回路。例如：短接电能表的电流端子；短接电流互感器一次或二次侧；短接电流回路中的端子排等。

（3）改变电流互感器的变比。例如：更换不同变比的电流互感器；改变抽头式电流互感器的二次抽头；改变穿芯式电流互感器一次侧匝数；将一次侧有串、并联组合的接线方式改变等。

（4）改变电路接法。例如：单相电能表相线和中性线互换，同时利用地线作中性线或接邻户线；加接旁路线使部分负荷电流绕越电能表；在低压三相三线两元件电表计量的 V 相接入单相负荷等。

3. 移相法窃电

窃电者采用各种手法故意改变电能表的正常接线，或接入与电能表线圈无电联系的电压、电流，还有的利用电感或电容特定接法，从而改变电能表线圈中电压、电流间的正常相位关系，致使电能表慢转甚至倒转，这种窃电手法就叫做移相法窃电。常见手法如下。

（1）改变电流回路的接法。例如：调换电流互感器一次侧的进出线；调换电流互感器二次侧的同名端；调换电能表电流端子的进出线；调换电流互感器至电能表连线的相别等。

（2）改变电压回路的接线。例如：调换单相电压互感器一次或二次的极性；调换电压互感器至电能表连线的相别等。

（3）用变流器或变压器附加电流。例如，用一台一、二次侧没有电联系的变流器或二次侧匝数较少的电焊变压器的二次侧倒接入电能表的电流线圈等。

（4）用外部电源使电能表倒转。例如：用一台具有电压输出和电流输出的手摇发电机接入电能表；用一台带蓄电池的设备改装成具有电压输出和电流输出的逆变电源接入电能表。

（5）用一台一、二次侧没有电联系的升压变压器将某相电压升高后反相加入表尾中性线。

（6）用电感或电容移相。例如：在三相三线两元件电能表负荷侧 U 相接入电感或 W 相接入电容。

4. 扩差法窃电

窃电者采用短电流、断电压、动齿、强磁干扰等方法，改变电能表内部结构性能，使本身的误差扩大，这种窃电手法就叫做扩差法窃电。常见手法如下。

（1）私拆电能表，改变电能表内部的结构性能。例如：减少电流线圈匝数或短接电流线圈；增大电压线圈的串联电阻或断开电压线圈；更换传动齿轮或减少齿数；增大机械阻力；调节电气特性；改变表内其他零件的参数、接法或制造其他各种故障等。

（2）用大电流或机械力损坏电能表。例如：用过负荷电流烧坏电流线圈；用短路电流的电动力冲击电能表；用机械外力损坏电能表等。

（3）改变电能表的安装条件。例如：改变电能表的安装角度；用机械振动干扰电能表；用永久磁铁产生的强磁场干扰电能表等。

5. 无表法窃电

未经报装入户就私自在供电企业的线路上接线用电，或有表用户私自甩表用电，这种窃电手法就叫做无表法窃电。

（1）直接从配变的低压母线或低压架空线挂钩用电。

（2）短接计量箱进出线。短接进入计量箱和引出计量箱的同相位的导线，多发生在进线管与出线管在墙内的相交处。

6. 其他窃电

除了以上窃电手法，目前还不断出现一些新的窃电手法，有别于传统的窃电手法。常见的有使用 IC 卡式电能表的用户伪造 IC 卡、修改 IC 卡的电量值、破坏读卡装置等。针对多功能全电子型电能表，破解密码后修改其内部参数设置，从而达到少计量的目的。一般意义上的窃电行为是窃电供自己使用，达到少缴费或不缴费的目的。目前在实践中又遇到了一些新的窃电动向，如一些不法分子窃电再转卖电以达到获得的目的。极个别发电厂通过技术手段，改动上网电能计量装置，达到多卖电的目的，其实质也是一种窃电行为。

三、违约用电及窃电的查处程序

1. 违约用电及窃电的组织

供电企业通过组织定期检查、专项检查，或通过相关线索，组织用电检查人员依法对用户用电情况进行检查。用电检查人员在执行检查时，不得少于 2 个，并主动向被动检查的用户出示《用电检查证》。违约用电和窃电查处应按程序进行。在查处违约用电及窃电行为过程中，供电企业应取得当地政府有关部门的支持，加大对违约用电及窃电行为的打击力度。对于有重大窃电嫌疑的用户可会同当地公安部门联合查处。违约用电及窃电查处的程序图如图 5-3 所示。

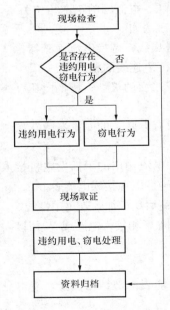

图 5-3　违约用电及窃电查处的程序图

2. 违约用电及窃电的检查

违约用电及窃电行为的查明，是供电企业用电检查人员的重要任务之一，是指供电企业的用电检查人员在执行用电检查任务时，发现用户违约用电及窃电行为并查获证据的行为。以下介绍几种主要的窃电检查方法。

（1）直观检查法。即通过人的感官，采用口问、眼看、鼻闻、耳听、手摸等手段，检查计量装置，从中发现窃电的蛛丝马迹。直观检查电能表外壳是否完好；安装是否正确与牢固；运转是否正常；铅封是否完好；检查有无改接、错接或绕越电能表接线；检查连接线有无开路、短路或接触不良；检查互感器的变比是否与用户档案一致。

（2）电量检查法。即根据用户用电设备及其构成，根据实际情况对照片检查计量装置的实际电能数发现问题。通过核实用户用电设备的实际容量、运行工况、使用时间等对照容量查电量；通过实测用户负荷情况，计量用电量，然后与电能表的计量电能数对照检查；将用户当月电量与上电量或前几个电量对照检查，分析用电量增加或减小的原因。

（3）仪表检查法。通过采用普通的电流表、电压表、相位表、电能表以及其他专用仪器等进行现场定量检测。用电流表检查电能计量装置电流回路是否正常，检查电流互感器有无开路、短路或极性接错等；用电压表检查电能计量装置电压回路是否正常，检查电压互感器有无开路或接触不良造成的失压或电压偏低及极性接错造成的电压异常；用相位表检测电能表接线的相位，根据测量各元件相位数据画出相量图，然后导出功率表达式判断接线正确性；用标准电能表与被测电能表同时接入被测电路，在同一时间段共同计量电能，比较检查；近年来，国内市场上已出现许多多功能智能查窃电仪器，查电效果较好。

（4）经济分析法。即通过线损分析、单耗分析及功率因数分析等查窃电。通过管理线损异常分析，通过线损率的差异，发现窃电目标；通过了解掌握用户单位产品耗电量，对用户产量用电量进行分析检查，发现窃电情况；对装有无功能表的用户，分析其功率因数值与历史数据相对比较检查，发现窃电目标。

3. 窃电行为的取证

证据是能够证明案件真实情况的事实，是行为人在一定的时空里，通过一定的行为，遗留在现场的痕迹、印象。同其他证据一样，用来定案的窃电证据，必须同时具备合法性、客观性和关联性，缺一不可。窃电证据具有证据的一般特征，即客观性与关联性，此外，由于电能的特殊属性所决定，窃电证据表现出不同于其他证据的独立特征，即窃电证据的不完整性和推定性。

窃电证据的客观性，是指证明窃电案件存在和发生的证据是客观存在的事实，而非主观猜测和臆想的虚假的东西。

窃电证据的关联性，是指证据事实与窃电案件有客观联系，两者之间不是牵强附会或者毫不相关。

窃电证据的不完整性，是指由于电能的特殊属性所致，只能获得窃电行为的证据，而无法直接获取窃得财物——电能的证据，即窃电案件无法人赃俱获。

窃电证据的推定性，是指窃电量无法通过用电计量装置直接记录，只能依赖间接证据推定窃电时间进行计算。

窃电取证的手段和方法很多，证据的取得必须合法，只有通过合法途径取得的证据才能作为定案的依据。收集、提取证据要主动及时。主要包括以下几方面：拍照、摄像、录音（需征得当事人同意），损坏的用电计量装置的提取，伪造或者开启加封的用电计量装置封印收集，使用电计量装置不准或者失效的窃电装置、窃电工具的收缴，在用电计量装置上遗留的窃电痕迹的提取及保全，制作用电检查的现场勘验笔录，经当事人签名的询问笔录，用户用电量显著异常变化的电费清单的收集，当事人、知情人、举报人的书面陈述材料的收集，专业试验、专项技术鉴定结论材料的收集，违约用电、窃电通知书，供电企业的线损资料，值班记录，用户产品、产量、产值统计表，该产品平均耗电量数据表等。

4. 违约用电及窃电金额的计算

（1）违约用电的违约责任。

根据《供电营业规则》第一百条规定，对用户违约用电行为，应承担其相应的违约责任：

1）在电价低的供电线路上，擅自接用电价高的用电设备或私自改变用电类别的，应按实际使用日期补交其差额电费，并承担二倍差额电费的违约使用电费。使用起迄日期难以确定的，实际使用时间按三个月计算。

2）私自超过合同约定的容量用电的，除应拆除私增容设备外，属于两部制电价的用户，应补交私增设备容量使用月数的基本电费，并承担三倍私增容量基本电费的违约使用电费；其他用户应承担私增容量每千瓦（千伏安）50元的违约使用电费。如用户要求继续使用者，按新装增容办理手续。

3）擅自超过计划分配的用电指标的，应承担高峰超用电力每次每千瓦1元和超用电量与现行电价电费五倍的违约使用电费。

4）擅自使用已在供电企业办理暂停手续的电力设备或启用供电企业封存的电力设备的，应停用违约使用的设备。属于两部制电价的用户，应补交擅自使用或启用封存设备容量和使用月数的基本电费，并承担二倍补交基本电费的违约使用电费；其他用户应承担擅自使用或启用封存设备容量每次每千瓦（千伏安）30元的违约使用电费，启用属于私增容被封存的设备的，违约使用者还应承担本条第2项规定的违约责任。

　　5）私自迁移、更动和擅自操作供电企业的用电计量装置、电力负荷管理装置、供电设施以及约定由供电企业调度的用户受电设备者，属于居民用户的，应承担每次500元的违约使用电费；属于其他用户的应承担每次5000元的违约使用电费。

　　6）未经供电企业同意，擅自引入（供出）电源或将备用电源和其他电源私自并网的，除当即拆除接线外，应承担其引入（供出）或并网电源容量每千瓦（千伏安）500元的违约使用电费。

　　（2）窃电量及金额的计算。

　　根据《供电营业规则》第一百零二条规定：供电企业对查获的窃电者，应予制止，并可当场中止供电。窃电者应按所窃电量补交电费，并承担补交电费3倍的违约使用电费。拒绝承担窃电责任的，供电企业应报请电力管理部门依法处理。窃电数额较大的，供电企业应提请司法机关依法追究刑事责任。据此，窃电量可按以下方法确定：

　　1）在供电企业的供电设施上，擅自接线用电的，所窃电量按私接设备额定容量（kVA视同kW）乘以实际使用时间计算确定。

　　2）以其他行为窃电的，所窃电量按计费电能表标定电流值（对装有限流器的，按限流器整定电流值）所指的容量（kVA视同kW）乘以实际用电的时间计算确定。窃电时间无法查明时，窃电日数至少以180天计算，每日窃电时间：电力用户按12h计算；照明用户按6h计算。

　　对现场能收集到相关证据的窃电行为，还可以按以下原则进行计算：

　　1）采用单耗法计算。窃电量＝选取同类型单位正常用电的产品单耗（或实测单耗）×窃电期间的产品产量＋其他辅助电量－已抄见电量。

　　2）在总表上窃电的。窃电量＝分表电量总和－总表的已抄见电量。

　　3）有关计算数据难以确定的：窃电量＝历史上正常的相应月份的用电量×用电增长系数－窃电期间的抄见电量。

　　4）致使表计失准的。窃电量＝抄见电量×（更正系数－1）。

　　5）执行峰谷电价的，窃电量按峰谷比分开计算。

　　6）窃电金额＝窃电量×窃电期间的电力销售价格＋国家、省物价部门规定按电量收取的其他合法费用。

　　5. 违约用电及窃电行为的处理

　　违约用电及窃电行为的处理是指供电企业对有充分证据证明的违约用电及窃电行为人，依法自行处理或提请电力管理部门或司法机关处理的过程。供电企业用电检查人员在赴用户现场进行日常检查工作时，应收集用户与用电量相关的资料，对有窃电嫌疑的可以同同类型单位进行产品单耗、用电量、产品销售价格及生产情况进行多方面的比对，从相关数据来综合判断该户是否有窃电行为。

　　用电检查人员发现用户有窃电行为时，应注意保护现场。查获窃电后，应及时收集好与计算窃电量有关的证据资料，对现场要采用拍照、录像等方面保留证据，并要有窃电户电工和负责人的签名。必要时，应通知公安部门赴现场提取证据。根据调查取证的结果，按照窃电处理的有关规定和不同的窃电行为，确定处理方案。按照拟定的处理意见填写《用户窃电（违约用电）处理通知单》，详细描述窃电事实、处理依据及意见，复述告知用户，听取用户的陈述意见，实行全过程录音。填写的《窃电通知书》一式两份，交给窃电用户本人或法定代理人签章。完成签章后，将《用户窃电（违约用电）处理通知单》一份交用户签收，一份由作业人员带回存档备查。对确认窃电行为的用户，应立即中止供电或通知相关部门中止供电，并向本单位领导汇报。《用户窃电（违约用电）处理通知单》如下。

用户窃电（违约用电）处理通知单

No：××××

＿＿××＿＿用户	地址：＿＿＿＿＿＿××××＿＿＿＿＿＿

现查获你户有下列窃电（违约用电）行为：

××××××

根据《供电营业规则》有关条例规定，应追补电量＿＿××＿＿千瓦时，补收电费＿＿××＿＿元，并加收违约费＿＿××＿＿元，请在＿＿××＿＿月＿＿××＿＿日前缴付。

追补电量及违约费计算如下：

×××××××

（单位盖章）

用电检查：

年　月　日

备注	电费汇款账号：	开户银行：	账户：
	交款地点：		

现场检查（提取证据）确认有窃电行为的，在现场予以制止，并可当场中止供电，并依法追补电费和收取补交电费3倍的违约使用电费。用户拒绝接受处理的，供电企业及时报请电力管理部门处理。电力管理部门根据供电企业的报请受理，符合立案条件的，予以立案并及时指派承办人调查。对违法事实清楚、证据确凿的，应责令停止违法行为，并处以应交电费5倍以下罚款，制发《违反电力法规行政处罚通知书》并送达当事人。妨碍、阻碍、抗拒查处窃电的行为，违反治安管理规定，情节严重的，报请公安机关予以治安处罚。对构成犯罪的，供电企业提请司法机关依法追究刑事责任。供电企业根据查获的证据材料，认定构成犯罪的，可向管辖地的公安机关报案。公安机关对供电企业报案应予接受、立案，已立案的刑事案件应当进行侦查，收集证据。侦查终结，移送人民检察院审查决定。人民检察院审查决定提起公诉的案件，移送人民法院审理，并作出判决。

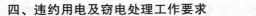

四、违约用电及窃电处理工作要求

1. 建立多方参与的组织保障体系

要充分认识反窃电是供电企业的一项重要工作，是电力营销工作的重要组成部分。要真正把反窃电工作提上日程并落到实处，要尽最大可能地争取得到政府的支持，成立以地方政府领导挂帅，公、检、法及电力企业负责人参加的"反窃电专项斗争领导小组"。同时供电企业还要成立专门的用电检查机构，负责具体的用电检查工作。通过全员参与，落实责任，充分调动各级人员的积极性和主观能动性，并在人力、物力以及政策上给予大力支持。

2. 培养一支过硬的反窃电队伍

反窃电工作是一项原则性和政策性较强、技术水平要求高的工作，既要有全体职工共同参与，更要有一支思想作风好、技术过硬的专业反窃电队伍，而电力营销一线人员是反窃电工作的主要力量。用电检查人员必须认真学习理解电力法律法规，提高业务能力。要充分利用企业内部改革的机遇，把思想品质好、业务水平高、工作责任心强的年轻同志充实到电力营销工作一线中来。通过建立健全各项规章制度，制定切实可行的考核奖惩办法，明确任务，落实责任。还要加大奖惩的力度，以充分调动营销一线人员的积极性。用电检查人员要加强对窃电案件的窃电手法的研究，窃电分子的窃电手段已经从过去的最初级的方法发展到了利用高科技手段进行窃电，而且方法多种多样，从过去的单干发展到今天的团伙和专业窃电户，而且是有组织有预谋的进行，所以，在查获窃电案件的同时，要积极地进行研究，提出防范措施，防止案件的发生。

3. 增加技术改造资金的投入

反窃电能力强、技术先进的设备是开展反窃电工作的基本技术保障。针对当前窃电者利用遥控、光感等高科技、高智能的窃电手段，各地必须配备先进的现场检查、校验仪器，以便用电检查人员在现场及时发现计量装置的异常情况。要提高计量装置的科技含量，推广使用具有防窃电功能的电能表和互感器。同时加强对用户的负荷管理，加快实施远方抄表、电表在线监测、用户电压监测管理等电力营销现代化管理的步伐，减少人为因素的影响，确保现场数据的实时性，以便及时发现问题。

4. 依法开展反窃电工作

用电检查人员在检查工作过程中要出示个人证件，在现场查出用户违章或窃电行为时，注意保护现场，收集有关证据，要在确凿的事实面前让用户心服口服，并按规定要用户在调查报告上签字，同时调查报告上简要介绍违约用电或窃电所触犯的条款及处罚项目。对查出的违约用电或窃电者坚持打击窃电者，教育违章者，依法处理，不徇私情、增加处罚透明度，在现场计算处罚款时，要认真、准确，接受社会各界的监督，杜绝自定罚则，随便"要价"的做法。在查处窃电过程中要注意信息保密工作，一方面是参加查电人员要对查窃电排摸工作中的线路安排、检查的用户等进行保密，以免打草惊蛇。另外要对查获案件的窃电方式、手段等注意保密，防止扩散，被不法分子所利用。

5. 加强与公安、法院等部门的协作，加大打击的力度

窃电现象屡打不止的一个重要原因是打击力度不够。一是供电企业出于多方面的原因考虑，对抓到的窃电者多数只是追补电量或罚款处理，这种简单的处理方法不能使窃电者伤筋动骨，达不到教育本人和警示他人的作用；二是现行的电力法规作为行政法规不具有实际执行的强制性，执法力度不够，用电检查人员现场取证难，第三者旁证材料收集更难，窃电者经常阻挠查电人员的正常工作，甚至发生殴打查电人员的现象，而且用电检查人员取得的有关证据、证明，法律效应也比较差。所以，为了加大打击的力度，对于那些窃电性质恶劣、影响较大的窃电者要紧紧依靠当地公安机关和法院等部门，依法追究其刑事责任，做到依法查处、依法严打、打防结合，只有这样才会使反窃电工作更全面、合法、有效地展开，也才能使窃电者受到震慑，彻底遏制其发展的势头。

6. 通过舆论宣传，营造良好的法制氛围

要积极运用多种宣传工具，大力宣传《刑法》及电力法律法规，对一些重大或具有典型性的窃电案例进行公开曝光，公开审理，还可通过报纸、电视、广播等形式广为宣传，努力营造深厚的斗争氛围，扭转某些人错误地认为电是国家的，不偷白不偷，窃电是小事，窃电不算偷的错误认识。树立并强化人们电力是商品，窃电与偷盗其他公共财物的性质一样都是一种违法犯罪行为的观念，从而增强依法用电的自觉性、责任感。

【思考与练习】

1. 什么是周期检查？什么是专项检查？
2. 周期检查对用户的检查周期是如何规定的？
3. 对周期检查时发现问题应如何处理？
4. 试述违约用电与窃电的定义。
5. 简述对窃电的检查方法。

第六章

电能计量装置安全运行检查

第一节　电能计量装置简介

一、电能计量装置的作用

1. 电能计量装置的概念

电能计量装置是指记录客户在一定时间内使用电力电量多少的专用度量衡器。电能计量装置包括计费电能表、计量用电压互感器和电流互感器及其二次回路、电能计量柜（箱）。

2. 电能计量装置的作用

电能计量装置的作用主要有以下几点：

(1) 电能计量装置为供用电双方进行贸易结算提供依据。

(2) 电能计量是电力企业生产经营管理中的重要环节，是电力企业重要技术经济指标和统计、核算的基础。电力企业只有凭借准确、可靠、安全的计量数据，才能保证电力系统安全、经济、可靠的运行，才能保证电网规范有序的调度，才能有优质、诚信的服务和良好的企业形象。

(3) 用电部门可以通过对电能计量装置加强管理，考核单位产品能耗，开展节约用电，提高经济效益。

二、电能计量装置的分类

为了便于对计量装置进行管理，根据 DL/T 448—2000《电能计量装置技术管理规定》，用于贸易结算和电力企业内部经济技术指标考核用的电能计量装置按其所计量电量的多少和计量对象的重要程序分为五类（Ⅰ、Ⅱ、Ⅲ、Ⅳ、Ⅴ），分类进行管理。

1. Ⅰ类电能计量装置

月平均用电量为 500 万 kWh 及以上或变压器容量为 10000kVA 及以上的高压计费用户、200MW 及以上发电机、发电企业上网电量、电网经营企业之间的电量交换点、省级电网经营企业与其供电企业的供电关口计量点的电能计量装置。

2. Ⅱ类电能计量装置

月平均用电量为 100 万 kWh 及以上或变压器容量为 2000kVA 及以上的高压计费用户、100MW 及以上发电机、供电企业之间的电量交换点的电能计量装置。

3. Ⅲ类电能计量装置

月平均用电量 10 万 kWh 及以上或变压器容量为 315kVA 及以上的计费用户、100MW 以下发电机、发电企业厂（站）用电量、供电企业内部用于承包考核的计量点、考核有功电量平衡的 110kV 及以上的送电线路电能计量装置。

4. Ⅳ类电能计量装置

负荷容量为 315kVA 以下的计费用户、发供电企业内部经济技术指标考核用的电能计量装置。

5. Ⅴ类电能计量装置

单相供电的电力用户计费用电计量装置。

三、电能表

（一）电能表的分类

电能表按其使用的电路可分为直流电能表和交流电能表，交流电能表按其相线又可分为单相电能表、三相三线电能表和三相四线电能表。

电能表按其工作原理可分为机械式（感应式）电能表和电子式电能表（又称静止式电能表）。电子式电能表又可分为全电子式电能表和机电脉冲式电能表。

电能表按其功能和用途又可分为有功电能表、无功电能表、最大需量电能表、标准电能表、复费率分时电能表、预付费电能表、多功能电能表和智能电能表。

按电能表的安装接线方式分为直接接入式和间接接入式（经互感器接入）。

（二）电能表的铭牌标志

（1）电能表的型号。

国产电能表型号的表示方式如下：

①类别代号＋②组别代号＋③设计序号＋④派生号

①类别代号：D——电能表。

②组别代号：

表示相线：D—单相；S—三相三线有功；T—三相四线有功。

表示用途：A—安培小时计；B—标准；D—多功能；F—复费率；H—总耗；J—直流；L—长寿命；M—脉冲；S—全电子式；Y—预付费；X—无功；Z—最大需量等。

③设计序号：用阿拉伯数字表示。如 862、864、95、98 等。

④派生号：T—湿热、干燥两用；TA—湿热带用；TH—干热带用；F—化工防腐用；G—高原用；H—船用。

最常用的型号有以下几种：

DS（三相三线有功电能表），如 DS8、DS862；

DSF（三相三线复费率分时电能表），如 DSF1；

DT（三相四线有功电能表），如 DT8、DT862；

DX（无功电能表），如 DX1、DX8；

DZ（最大需量电能表），如 DZ1；

DB（单相标准电能表），如 DB2、DB3。

（2）额定电压。又称"参比电压"，是电能表长期承受的电压额定值。直接接入式三相三线电能表以相数乘以线电压表示，如 3×380V，额定线电压为 380V；直接接入式三相四线电能表以相数乘以相电压/线电压表示，如 3×220/380V，额定相电压为 220V，额定线电压为 380V；对于单相电能表，则以电压线路接线端上的电压表示，如 220V 单相表。经电压互感器接入的三相三线电能表的额定电压为 $3\times100V$；经电压互感器接入的三相四线电能表的额定电压为 $3\times57.7V$。

（3）基本电流和最大额定电流。基本电流又称标定电流，它是标明在电能表上作为计算负载的基数电流，是电能表设计的基本依据，用 I_b 表示。最大额定电流是指电能表长期通过此电流工作，而误差与温升完全满足要求的最大电流值，用 I_{max} 表示。例如 10(40)A，表示该电能表的基本电流为 10A，最大电流为 40A。对于三相电能表还应在前面乘以相数，如 3×5(20)A。

（4）参比频率。表示确定电能表有关特性的频率值，以赫兹作为单位。我国电能表的参比频率为 50Hz。

（5）电能表常数。表示电能表每计量 1kWh 的电量，转盘应转的圈数（感应式电能表）或发出的脉冲数（电子式电能表）。有功电能表以 r（imp）/kWh 表示；无功电能表以 r（imp）/kvarh 表示。

（6）准确度等级。以计入圆圈中的等级数字表示。如①，表示准确度为 1.0 级。

（7）计量许可证：用 CMC 表示。

（8）条形码。它是将电能表铭牌上的所有信息经处理后形成的，用于计算机自动识别建立电能表资产的档案。如常用的"三九"条形码

A099992953

（9）耐受环境条件的能力级别：P、S、A、B 四组。

（10）制造标准。

（11）绝缘标志：采用Ⅱ级防护绝缘封的仪表□。

（三）常用电能表介绍

1. 多功能电能表

多功能电能表是指由测量单元和数据处理单元等组成，除计量有功（无功）电能外，还具有分时、测量需量等两种以上功能，并能显示、储存和输出数据的电能表。其主要功能如下：

（1）电能计量功能：计量正、反向有功（总、分时）电能，四象限无功（总、分时）电能，并储存其数据。

四象限（或二象限）多功能电能表，能完全实现对感性无功和容性无功分别计量。四象限电子式电能表一般可用于既用电、又发电的双方向用户的计量；二象限电子式电能表一般就用于普通的用户（即三相电流单方向用户）的计量。

对无功电能测量四象限的定义：根据电力行业标准，对无功电能测量四象限的定义如图 6-1 所示。

测量平面的竖轴表示电压相量 $\dot{U}$（固定在纵轴），瞬时的电流相量用来表示当前电能的输送，并相对于电压相量 $\dot{U}$ 具有相位角 φ。顺时针方向 φ 角为正。四象限划分如图 6-1 所示，右上角为Ⅰ

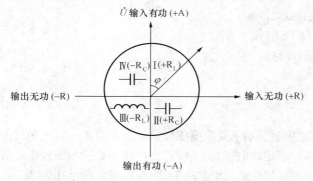

图 6-1　电能量四象限测量示意图

象限，右下角为Ⅱ象限，依次按顺时针方向为Ⅲ、Ⅳ象限。纵轴向上表示输入有功（＋A），纵轴向下表示输出有功（－A），横轴向左表示输入无功（＋R），横轴向右表示输出无功（－R）。

Ⅰ象限	输入有功功率（＋A）	输入无功功率（＋R_L）
Ⅱ象限	输出有功功率（－A）	输入无功功率（＋R_C）
Ⅲ象限	输出有功功率（－A）	输出无功功率（－R_L）
Ⅳ象限	输入有功功率（＋A）	输出无功功率（－R_C）

（2）最大需量测量功能：测量在指定的时间区间内（一个抄表周期），用户的最大需量值及其出现的日期和时间，并储存其数据。

关于最大需量，有下面几个概念需要理解：

1）需量，是指在给定时间间隔内的平均功率。我们把给定时间间隔叫做窗口时间，我国规定窗口时间为 15min，所以也可以说需量就是 15min 的平均率。

2）需量周期，是指连续测量平均功率相等的时间间隔，也叫窗口时间。

3）最大需量，是指在指定的时间区内需量的最大值。

4）滑差式需量，是指从任意时刻起，按小于需量周期的时间依次递推测量需量的方法，递推时间叫滑差时间。

5）区间式需量从任意时刻起，按给定的需量周期依次递推测量需量的方法。

区间式计算最大需量周期可在 15、30min 中选择，滑差式积算的最大需量周期可在 5、15、30、60min 中选择，滑差式需量周期的滑差时间可在 1、2、3、5min 中选择，需量周期应为滑差时间的 5 及以上整数倍。

我国一般将需量周期规定为 15min，滑差时间 1、3、5、15min 任选。滑差时间为 15min，称为区间式需量。

电力部门所要求计量的是需量的最大值，即最大需量。捕捉最大需量的方法很多，滑差式需量的计算方法是从每个滑差步进时间到时，计算截止到当前时刻的一个需量周期的平均功率，并且与最大值进行比较，如果大于最大值，将其记录为最大需量。我们可以从 1～15min 计算一次需量，再 2～16min 计算一次需量，用每推迟 1min 计算需量的办法捕捉最大值，把向后滑动推迟的时间称为滑差时间。目前一般在贸易结算的电能计量表机除特别要求外，设置滑差时间为 1min。

（3）费率和时段：具有日历、计时和闰年自动切换等功能。24h 内具有可以任意编程的 4 种费率、12 个时段。

（4）监控记录功能。

失压判别功能——在三相（或单相）供电系统中，某相负荷电流大于启动电流，但电压线路的电压低于电能表正常工作电压的 78%，且持续时间大于 1min，此种工况称为失压。

我们把电能表能够启动工作的最低电压称为临界电压，临界电压值一般为参比电压下限的 60%。若三相电压（单相表为单相电压）均低于电能表的临界电压，且负荷电流大于 5% 额定（基本）电流，此时的工况称为全失压。

断相判别功能——在三相供电系统中，某相出现电压低于电能表的临界电压，同时负荷电流小于启动电流的状态，称为断相。

失流判别功能——在三相供电系统中，三相电压大于电能表的临界电压，三相电流中任一相或两相小于启动电流，且其他相线负荷电流大于 5% 额定（基本）电流的状态称为失流。

（5）瞬时量测量：测量当前各分相电流、电压有效值及当前电网频率。测量各分相及总的瞬时有功功率、无功功率和功率因数。并可通过 RS-485 和红外通信口读取。

（6）多通信接口功能：具有 RS-485 通信接口、近红外和远红外通信口，可同时通过 RS-485 接口、近红外接口和红外接口进行通信，真正实现两方同时通信而互不干扰。

（7）电能冻结功能：具有数据冻结功能，可实现点电能冻结和即时电能冻结，并通过通信口抄录冻结数据。

（8）数据显示功能：可实现数据轮显、键显和停显，数据显示的顺序和格式可任意设置，显示方式可以设置为轮显、键显和停显。

轮显显示功能：电能表在上电后，在不按按键的情况下表计自动轮流显示预先设置的轮显编码及内容，并且每个显示项在屏显示时间按已设置的时间间隔进行显示，当一个循环显示完了后再经过定时显示间隔时间后，又重新开始显示。

按键显示功能：通过按动面板上的显示按钮，电能表按预先设置的键显编码内容显示数据项的功能。

停电显示功能：当表计在没有外供电源时，用按键或红外可以唤醒，唤醒后备用电源供电，即表可以显示内容和进行通信等操作。

（9）在保证基本功能的同时，电能表还可扩展许多功能，如负荷记录功能，停电唤醒功能、双继电器输出信号、多功能输出信号（秒脉冲、需量等检测信号）等。

2. 单相分时电能表

单相分时电能表是在普通电子表的基础上增加了微处理器、时钟芯片、通信接口电路等构成。

单相分时电能表的主要功能包括：

（1）计量功能：双向有功电能计量。

（2）分时处理：分时计量功能，三费率、八时段设置。

（3）液晶显示：液晶屏可顺序显示当前电量、当前时间、表号、常数和抄表日、上月电量。

（4）红外通信：通过远红外口和电表进行通信。抄设时段、时间、电量等数据。

（5）存储功能：可根据结算日进行数据转存，并储存本月、上月的总电量、谷电量等数据。

（6）广播对时：允许每天进行一次广播对时，时钟校准最大偏差为：$\Delta=1\min+5s\times$ 天数。

（7）脉冲输出：输出光耦隔离无源脉冲电量信号。脉冲指示灯闪一次代表用户用了一个脉冲当量的电量。

（8）时钟信号：具有秒脉冲输出信号。

（9）可扩展：①RS-485 通信接口；②时钟温度补偿；③液晶背光。

四、计量用互感器

在电能计量中，经常会遇到电路中的电压或电流较大，超过电能表规定的量程，此时电能表就不能直接接入电路，而是经过测量用互感器间接接入，用电能表积算出二次侧的电能后，乘上电流和电压互感器的变比，求得一次侧的电能数值。测量用互感器的作用主要有以下几点：

（1）将大电流变为小电流，高电压变为低电压，与测量仪表配合，对线路的电压、电流、电能进行测量。

（2）将人员或仪表与高电压、大电流相隔离，以保证安全。

（3）能够使测量仪表实现标准化和小型化，以便于仪表的生产和使用。

测量用互感器根据测量对象的不同分为电流互感器和电压互感器。

（一）电流互感器

1. 电流互感器分类

按外形（低压 TA）分为羊角式和穿心式。

按电压等级分为低压式和高压式。

按一次线圈的匝数分为单匝式和多匝式。当一次电流超过 150A 时，往往用一次电流导体代替一次电流绕组，这种结构的电流互感器称为母线型电流互感器。额定一次电流小于 150A 的电流互感器一般为复匝，以便提高安匝数减小误差。

按安装方法分为支持式和穿墙式。

按安装地点分为户内式和户外式。

按绝缘方式分为干式（用空气绝缘并冷却）、油浸式、瓷绝缘、环氧树脂浇注绝缘。

按用途分为测量用和保护用。

按工作原理分为电磁式、光电式、电子式电流互感器。

2. 电流互感器的铭牌标志与技术参数

（1）电流互感器的型号。

电流互感器的型号组成方法如下：

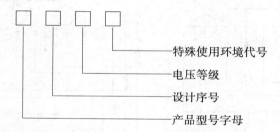

我国规定用不同字母分别表示电流互感器的用途、主要结构型式和绝缘类别，字母的代表意义排列次序见表 6-1。

表 6-1　　　　　　　　　　　　　　　电流互感器型号字母含义

第一个字母		第二个字母		第三个字母		第四个字母		第五个字母	
字母	含义	字母	含义	字母	含义	字母	含义	字母	含义
L	电流互感器	A	穿墙式	C	瓷绝缘	B	保护级	D	差动保护
		B	支持式	G	改进的	D	差别保护		
		C	瓷箱式	J	树脂浇注	J	加大容量		
		D	单匝式	K	塑料外壳	Q	加"强"式		
		F	多匝式	L	电容式绝缘	Z	浇注绝缘		
		J	接地保护	M	母线式				
		M	母线式	P	中频				
		Q	线圈式	S	速饱和				
		R	装入式	W	户外式				
		Y	低压的	Z	浇注绝缘				
		Z	支柱式						

（2）电流互感器的技术参数。

额定电流变比：一次额定电流与二次额定电流之比，用不约分的形式表示。

额定容量：额定二次电流通过二次额定负载时所消耗的视在功率。

额定电压：一次绕组长期能够承受的最大电压。表征电流互感器的绝缘强度。

准确度等级：准确度分为 0.001、0.002、0.005、0.01、0.02、0.05、0.1、0.2、0.5、1 级。

（3）电流互感器的误差。

1）比差：额定电流比 K_{Ie} 与实际电流比 K_I 之差对实际电流比 K_I 的百分比。用公式表示为

$$f_i\% = \frac{K_{Ie} - K_I}{K_I} \times 100\% = \frac{K_{Ie}I_2 - I_1}{I_1} \times 100\% \qquad (6-1)$$

2）相位差（角差）：一次电流相量与二次电流相量反向后相量的夹角，单位为 rad。当反向后的二次电流相量超前于一次电流相量时，角差为正值；反之，角差为负值。

3. 电流互感器的接线方式

《电能计量装置技术管理规程》中要求，"对三相三线制接线的电能计量装置，其 2 台电流互感器二次绕组与电能表之间宜采用四线连接。对三相四线制连接的电能计量装置，其 3 台电流互感器二次绕组与电能表之间宜采用六线连接。"图 6-2 所示为电流互感器的接线方式。

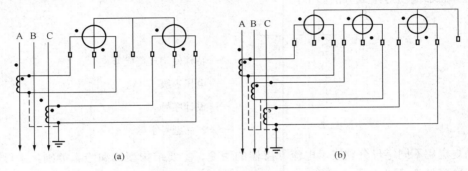

图 6-2　电流互感器的接线方式
(a) 两相四线连接；(b) 三相六线连接

4. 电流互感器的使用注意事项

（1）运行中的电流互感器二次绕组不允许开路。

（2）电流互感器绕组应按减极性连接。

（3）电流互感器二次侧应有一点可靠接地，防止一次侧的高压窜入二次侧。

（二）电压互感器

1. 电压互感器分类

根据用途分类可分为测量用电压互感器和保护用电压互感器。这两种电压互感器又可分为单相电压互感器和三相电压互感器；单相电压互感器可制成任何电压等级的，三相电压互感器只能限于 10kV 及以下电压等级。

根据安装地点的不同可分为户内式和户外式。户外式互感器的表面都带有伞裙，用以防雨和增加绝缘性能；通常 35kV 以下制成户内式，35kV 以上制成户外式。

根据绝缘方式的不同可分为干式、浇注式、油浸式、瓷箱式。

根据结构不同分为单级式和串级式。单级式电压互感器的一次绕组和二次绕组均绕在同一个铁芯上；串级式电压互感器的一次绕组分成匝数不同的几段，各段串联起来，一端子接高压电路，另一端子接地。

根据电压变换原理的不同可分为电磁式、电容式、光电式。

2．电压互感器的铭牌标志与技术参数

（1）电压互感器的型号。

电压互感器的型号组成方法如下：

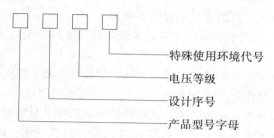

特殊使用环境代号

电压等级

设计序号

产品型号字母

我国规定用不同的字母分别表示电压互感器的用途、主要结构型式和绝缘类别，字母的代表意义排列次序见表 6-2。

表 6-2　　　　　　　　　　电压互感器型号字母含义

第一个字母		第二个字母		第三个字母		第四个字母		数字	
字母	含义	字母	含义	字母	含义	字母	含义	数字	含义
J	电压互感器	D	单相	J	油浸式	F	胶封型	10	额定一次电压为 10kV
		S	三相	G	干式	J	接地保护		
HJ	仪用电压互感器	C	串级结构	C	瓷箱式	W	三相五柱式		
				Z	浇注式	B	三柱带补偿绕组		

（2）电压互感器的技术参数。

1）额定一次电压。电压互感器输入一次回路的额定电压即为额定一次电压。电力系统常用互感器的额定一次电压有 10、$10/\sqrt{3}$、35、$35/\sqrt{3}$、$110/\sqrt{3}$、$220/\sqrt{3}$、$500/\sqrt{3}$kV 等。其中 $1/\sqrt{3}$ 的额定电压值用于三相四线制中性点接地系统的单相互感器。

2）额定二次电压。电压互感器二次回路输出的额定电压即为额定二次电压。电力系统常用的二次电压有 100、$100/\sqrt{3}$V。接于三相三线制中性点不接地系统的单相互感器，其二次电压额定电压应为 100V。接于三相四线制中性点接地系统的单相互感器，其二次电压额定电压应为 $100/\sqrt{3}$V。

3）额定电压比。额定一次电压与额定二次电压的比值即为额定电压比，用 K_{Ue} 表示。理想情况下，额定变比等于匝数比，即 $K_{Ue}=U_{1e}/U_{2e}$。

4）额定二次负荷。互感器在额定电压和额定负荷下运行时二次侧所输出的视在功率叫做额定二次负荷。二次负荷标准值有 10、15、25、30、50、75、100、150、200、250、300、400、500VA。

5）准确等级。根据 JJG 314—1994《测量用电压互感器检定规程》规定，电压互感器的准确度等级可分为 0.001、0.002、0.005、0.01、0.02、0.05、0.1、0.2、0.5、1 级。

（3）电压互感器的误差。

1）比差：额定电压比 K_{Ue} 与实际电压比 K_U 之差对实际电压比 K_U 的百分比。用公式表示为

$$f_u\% = \frac{K_{Ue}-K_U}{K_U}\times100\% = \frac{K_{Ue}U_2-U_1}{U_1}\times100\%$$

2）相位差（角差）。相位差为一次电压相量与二次电压相量反向后相量的夹角，单位为 rad。当反向后的二次电压相量超前于一次电压相量时，角差为正值；反之，角差为负值。

3. 电压互感器的接线方式

电压互感器的接线方式，目前常用的有以下两种。

（1）V/V 接线方式。适用于中性点不接地系统，如图 6-3 所示。电压互感器 V/V 接线时要特别注意两点：

一是同名端要连接正确。否则将产生错误接线，使表计变慢，损失电量少计电费。

二是电压互感器一次绕组接上高压熔丝，防止二次侧短路烧毁电压互感器铁心。而二次绕组不接入熔丝，防止熔丝熔断，使接入表计的电压缺相而影响计量准确性。

（2）三相星形（或 Y 形）接线方式。如图 6-4 所示，高压三相三线电路中也常采用三台单相电压互感器或一台三相电压互感器，一次和二次均接成 YN/yn 接线，它适用于高压侧中性点直接接地的系统。

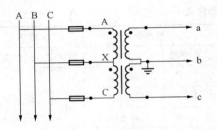

图 6-3   电压互感器的 V/V 接线图

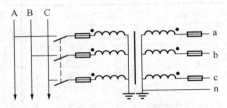

图 6-4   电压互感器的 YN/yn 接线图

4. 使用电压互感器时应注意的事项

（1）运行中的电压互感器二次侧严禁短路。

（2）电压互感器绕组应按减极性连接。

（3）电压互感器二次侧应有一点可靠接地。防止一次侧的高压窜入二次侧。

第二节   电能计量装置的安装

一、电能计量装置的接线

1. 电能计量装置的基本配置

电能计量装置的接线方式是由供电系统中性点的接地方式决定的，根据根据 DL/T 448—2000《电能计量装置技术管理规程》规定，接入中性点绝缘系统的电能计量装置，应采用三相三线有功、无功电能表。接入非中性点绝缘系统的电能计量装置，应采用三相四线有功、无功电能表或 3 只感应式无止逆单相电能表。接入中性点绝缘系统的 3 台电压互感器，35kV 及以上的宜采用 Y/y 方式接线；35kV 以下的宜采用 V/V 方式接线。接入非中性点绝缘系统的 3 台电压互感器，宜采用 Y_0/Y_0 方式接线。其一次侧接地方式和系统接地方式相一致。

低压供电，负荷电流为 50A 及以下时，宜采用直接接入式电能表；负荷电流为 50A 以上时，宜采用经电流互感器接入式的接线方式。对三相三线制接线的电能计量装置，其 2 台电流互感器二次绕组与电能表之间宜采用四线连接。对三相四线制连接的电能计量装置，其 3 台电流互感器二次绕组与电能表之间宜采用六线连接。

2. 电能计量装置的接线

以下是几种常用的电能表和互感器的联合接线。

（1）高供低计，三相四线制，有功+无功表组合或多功能表+采集终端组合，如图 6-5 所示。

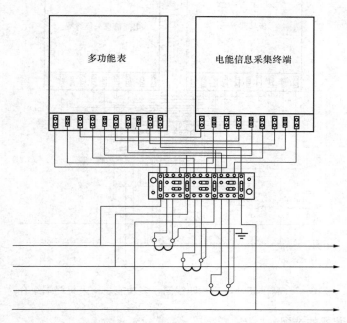

图 6-5 高供低计，三相四线制，多功能表+采集终端组合

（2）高供高计，三相三线制，有功+无功表组合或多功能表+采集终端组合，如图 6-6 所示。

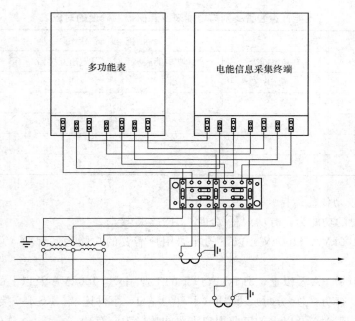

图 6-6 高供高计，三相三线制，多功能表+采集终端组合

（3）高供高计，三相四线制，有功+无功表组合或多功能表+采集终端组合，如图 6-7 所示。

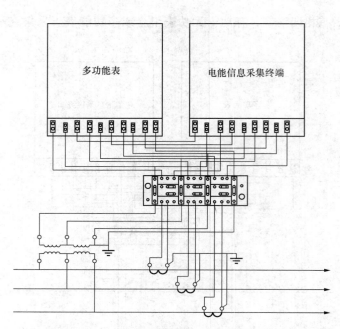

图 6-7　高供高计，三相四线制，多功能表+采集终端组合

二、电能计量装置的选配

（一）电能表的选择

1. 电能表与互感器准确度的选择

各类电能计量装置应配置的电能表、互感器的准确度等级根据要求见表 6-3。

表 6-3　　　　　　　　　　电能计量装置类别与电能表及互感器准确度的对应表

电能计量装置类别	准 确 度 等 级			
	有功电能表	无功电能表	电压互感器	电流互感器
Ⅰ	0.2S	2.0	0.2	0.2S
Ⅱ	0.5S	2.0	0.2	0.2S
Ⅲ	1.0	2.0	0.5	0.5S
Ⅳ	2.0	3.0	0.5	0.5S
Ⅴ	2.0	—	—	0.5S

2. 常用电能表功能的选择

居民用户需要的功能为：有功（总/分时）、RS-485 接口。

受电容量在 100kVA（100kW）以下的非居用户需要的功能为：有功（总/分时）、RS-485 接口。

受电容量在 100kVA 及以上、315kVA 以下的工业用户，100kVA 及以上的非工、非居用户需要的功能分为：有功（总/分时）、无功（Ⅰ/Ⅳ象限）、事件记录、RS-485 接口。

受电容量在 315kVA 及以上的工业用户需要的功能为：有功（+总/−总/分时）、需量、无功（Ⅰ/Ⅱ/Ⅲ/Ⅳ象限）、事件记录、RS-485 接口。

临时用电：有功。

趸售：有功（+总/−总/分时）、无功（Ⅰ/Ⅱ/Ⅲ/Ⅳ象限）、事件记录。

3. 电能表额定电压的选择

（1）高供高计方式的电能表额定电压按以下各款选择：供电电压为 10、35kV 的电能表额定电压选择 3×100V。供电电压为 110kV 及以上的电能表额定电压选择 $3\times57.7/100$V。

（2）高供低计方式的电能表额定电压选择 $3\times380/220$V。

（3）低供低计方式可分以下几种情况：三相供电的电能表额定电压选择 $3\times380/220$V。单相供电的电能表额定电压选择 220V。

4. 电能表额定电流的选择

（1）低供低计方式按下列条件选择：负荷电流在 60A 及以下时可选用直接接入式电能表，电能表的额定电流应根据客户的实际负荷电流选取。负荷电流动态值应在电能表额定电流的 $10\%\sim100\%$ 之间。选用宽量程电能表。

（2）负荷电流在 60A 以上的应选用电流互感器扩大量程，电能表额定电流可选择 $1.5(6)$A。实际处理时需要注意与相关计量标准规定的区别。

5. 电能表连接导线的选择

直接接入式电能表应采用绝缘铜芯导线，导线截面积应根据额定的正常负荷电流表选择，同时所选导线截面积必须小于端钮盒接线孔，不允许采用绝缘铜芯软导线。

（二）电压互感器的选择

1. 额定电压的选择

电压互感器的额定电压与计量点的电压相一致。

2. 电流互感器的二次额定电流与容量的选择

一般选用 5A/10VA，但是当电流互感器二次阻抗大于 0.4Ω 时应选用 5A/15VA。如果电流互感器至电能表的距离较长、二次阻抗较大时，宜选用二次额定电流为 1A，容量一般为 10VA 或 15VA。如果二次阻抗特别大应选用更大的二次容量以满足要求。

3. 电流互感器变比的选择

电流互感器二次额定电流确定以后，变比的选择就是对一次侧额定电流的选择。根据 DL/T 448—2000《电能计量装置技术管理规程》规定，电流互感器额定一次电流的确定，应保证其在正常运行中的实际负荷电流达到额定值的 60% 左右，至少应不小于 30%。如果选择一次电流后，校验动、热稳定没有通过，可选用高动热稳定电流互感器，或将计量点选在短路电流较小的处所，如专线的末端，或装设电抗器。

4. 准确度等级的选择

电流互感器准确度等级的选择详见表 6-3。

5. 二次连接导线的选择

用于贸易的计费电能表的电流互感器应独立，二次回路不得串入与电能计量无关的设备。电流互感器二次回路的连接导线应采用铜芯线。对电流二次回路，连接导线截面积应按电流互感器的额定二次负荷计算确定，但至少应不小于 $4mm^2$。

（三）电压互感器的选择

1. 额定电压的选择

一次额定电压与计量点的电压一致。同时根据计量点所在的电力系统的中性点是否接地确定电压互感器的接线方式。35kV 及以下的采用 V/V 或 Y/y 方式接线。110kV 及以上采用 Y_0/y_0 方式连接。

2. 额定容量的选择

为确保计量的准确性，一般要求电压互感器的二次负荷必须在电压互感器额定容量的

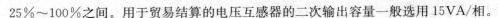

25%～100%之间。用于贸易结算的电压互感器的二次输出容量一般选用 15VA/相。

3. 准确度等级的选择

电压互感器准确度等级的选择详见表 6-3。

4. 二次连接导线的选择

电压互感器二次回路的连接导线应采用 BV 型铜芯线。对电压二次回路，连接导线截面积应按允许的电压降计算确定，至少应不小于 $2.5mm^2$。

Ⅰ、Ⅱ类用于贸易结算的电能计量装置中电压互感器二次回路电压降应不大于其额定二次电压的 0.2%；其他电能计量装置中电压互感器二次回路电压降应不大于其额定二次电压的 0.5%。

第三节　电能计量装置的使用

一、电能计量装置的运行管理

1. 运行档案管理

（1）电能计量技术机构应应用计算机对投运的电能计量装置建立运行档案，实施对运行电能计量装置的管理并实现与相关专业的信息共享。

（2）运行档案应有可靠的备份和用于长期保存的措施，并能方便地进行分用户类别、分计量方式和按计量器具分类的查询统计。

（3）电能计量装置运行档案的内容包括用户基本信息及其电能计量装置的原始资料等。主要有：

1）互感器的型号、规格、厂家、安装日期；二次回路连接导线或电缆的型号、规格、长度；电能表型号、规格、等级及套数；电能计量柜（箱）的型号、厂家、安装地点等。

2）Ⅰ、Ⅱ类电能计量装置的原理接线图和工程竣工图。

3）Ⅱ、Ⅲ类电能计量装置投运的时间及历次改造的内容、时间。

4）安装、轮换的电能计量器具型号、规格等内容及轮换时间。

5）历次现场检验误差数据。

6）故障情况记录等。

2. 运行维护及故障处理

（1）安装在发、供电企业生产运行场所的电能计量装置，运行人员应负责监护，保证其封印完好，不受人为损坏。安装在用户处的电能计量装置，由用户负责保护封印完好，装置本身不受损坏或丢失。

（2）当发现电能计量装置故障时，应及时通知电能计量技术机构进行处理。贸易结算用电能计量装置故障，应由供电企业的电能计量技术机构依照《中华人民共和国电力法》及其配套法规的有关规定进行处理。

（3）电能计量技术机构对发生的计量故障应及时处理，对造成的电量差错应认真调查，认定、分清责任，提出防范措施。并根据有关规定进行差错电量的计算。

（4）对于窃电行为造成的计量装置故障或电量差错，用电管理人员应注意对窃电事实的依法取证，应当场对窃电事实写出书面认定材料，由窃电方责任人签字认可。

（5）对造成电能计量差错超过 10 万 kWh 及以上者，应及时上报省级电网经营企业用电管理部门。

3. 现场检验

(1) 电能计量技术机构应制订电能计量装置的现场检验管理制度。编制并实施年、季、月度现场检验计划。现场检验应执行 SD109 和本标准的有关规定。现场检验应严格遵守《电业安全工作规程》。

(2) 现场检验用标准器准确度等级至少应比被检品高两个准确度等级，其他指示仪表的准确度等级应不低于 0.5 级，量限应配置合理。电能表现场检验标准应至少每三个月在试验室对比一次。

(3) 现场检验电能表应采用标准电能表法，利用光电采样控制或被试表所发电信号控制开展检验。宜使用可测量电压、电流、相位和带有错接线判别功能的电能表现场检验仪。现场检验仪应有数据存储和通信功能。

(4) 现场检验时不允许打开电能表罩壳和现场调整电能表误差。当现场检验电能表误差超过电能表准确度等级值时应在 3 个工作日内更换。

(5) 新投运或改造后的 Ⅰ、Ⅱ、Ⅲ、Ⅳ 类高压电能计量装置应在一个月内进行首次现场检验。

(6) Ⅰ 类电能表至少每 3 个月现场检验一次；Ⅱ 类电能表至少每 6 个月现场检验一次；Ⅲ 类电能表至少每年现场检验一次。

(7) 高压互感器每 10 年现场检验一次，当现场检验互感器误差超差时，应查明原因，制订更换或改造计划，尽快解决，时间不得超过下一次主设备检修完成日期。

(8) 运行中的电压互感器二次回路电压降应定期进行检验。对 35kV 及以上电压互感器二次回路电压降，至少每两年检验一次。当二次回路负荷超过互感器额定二次负荷或二次回路电压降超差时应及时查明原因，并在一个月内处理。

(9) 运行中的低压电流互感器宜在电能表轮换时进行变比、二次回路及其负载检查。

(10) 现场检验数据应及时存入计算机管理档案，并应用计算机对电能表历次现场检验数据进行分析，以考核其变化趋势。

4. 周期检定（轮换）与抽检

(1) 电能计量技术机构应根据电能表运行档案、本规程规定的轮换周期、抽样方案和地理区域、工作量情况等，应用计算机，制定出每年（月）电能表的轮换和抽检计划。

(2) 运行中的 Ⅰ、Ⅱ、Ⅲ 类电能表的轮换周期一般为 3～4 年。运行中的 Ⅳ 类电能表的轮换周期为 4～6 年。但对同一厂家、型号的静止式电能表可按上述轮换周期，到周期抽检 10%，做修调前检验，若满足要求，则其他运行表计允许延长一年使用，待第二年再抽检，直到不满足的要求全部轮换。Ⅴ 类双宝石电能表的轮换周期为 10 年。

(3) 对所有轮换拆回的 Ⅰ～Ⅳ 类电能表应抽取其总量的 5%～10%（不少于 50 只）进行修调前检验，且每年统计合格率。

(4) Ⅰ、Ⅱ 类电能表的修调前检验合格率为 100%，Ⅲ 类电能表的修调前检验合格率应不低于 98%。Ⅳ 类电能表的修调前检验合格率应不低于 95%。

(5) 运行中的 Ⅴ 类电能表，从装出第六年起，每年应进行分批抽样，做修调前检验，以确定整批表是否继续运行。

1) 抽样程序应参照 GB/T 15239—1994《孤立批计数抽样检验程序及抽样表》进行，采用二次抽样方案。抽样时应先选定批量，然后抽取样本。批量已经确定，不允许随意扩大或缩小。

2) 选定批量时，应将同一厂家、型号、生产批次的电能表划分成批量为 501～3200 只的若干批，按方案 A 进行抽样和判定。若同一厂家型号生产批次的电能表数量不足 500 只时，仍按

一批处理，但应按方案 B 进行抽样和判定。具体方案如下：

$$n1；A1，R1 ＝ 32；1，4$$
$$n2；A2，R2 ＝ 32；4，5$$

方案 A：批量为 501～3200 只时

$$n1；A1，R1 ＝ 20；0，2$$
$$n2；A2，R2 ＝ 32；4，5$$

方案 B：批量为 500 只及以下时

式中　$n1$——第一次抽样样本量；

$n2$——第二次抽样样本量；

$A1$——第一次抽样合格判定数；

$A2$——第二次抽样合格判定数；

$R1$——第一次抽样不合格判定数；

$R2$——第二次抽样不合格判定数。

3）根据对样本进行修调前检验的结果，若在第一样本中发现的不合格品数小于或等于第一次抽样合格判定数，则判定该批为合格批。若在第一样本中发现的不合格品数大于或等于第一次抽样不合格判定数，则判定该批为不合格批。若在第一样本中发现的不合格品次，大于第一合格判定数同时又小于第一不合格判定数，则抽第二样本进行检定。若在第一和第二样本中发现的不合格品数总和小于或等于第二合格判定数，则判该批为合格批。若在第一和第二样本中发现的不合格品总数大于或等于第二不合格判定数，则判定该批为不合格批。

4）判定为合格批的，该批表可以继续运行；判定为不合格批的，应将该批表全部拆回。

5）电能计量管理机构专责人应根据电能表运行档案确定批量，并用随机方式确定样品，监督抽样检验结果。

6）低压电流互感器从运行的第 20 年起，每年应抽取 10％进行轮换和检定，统计合格率应不低于 98％，否则应加倍抽取、检定、统计合格率，直至全部轮换。

7）对安装了主副电能表的电能计量装置，主副电能表应有明确标志，运行中主副电能表不得随意调换，对主副表的现场检验和周期检定要求相同。两只表记录的应同时抄录。当主副电能表所计电量之差与主表所计电量的相对误差小于电能表准确度等级值的 1.5 倍时，以主电能表所计电量作为贸易结算的电量；否则应对主副电能表进行现场检验，只要主电能表不超差，仍以其所计电量为准；主电能表超差而副表不超差时才以副电能表所计电量为准；两者都超差时，以主电能表的误差计算退补电量，并及时更换超差表计。

5. 运输

（1）待装电能表和现场检验用的计量标准器、试验用仪器仪表在运输中应有可靠有效的防震、防尘、防雨措施。经过剧烈震动或撞击后，应重新对其进行检定。

（2）电能计量技术机构应配置进行高、低压电能计量装置安装、轮换和现场检验所必需的具有良好减震性能的专用电力计量车。专用电力计量车不准挪作他用。

二、电能计量装置故障及电量退补

如发生电能计量装置故障，除需及时处理外，还应对电量电费进行退补。营业中经常涉及的电量退补包括以下几种：

1. 误差超差

根据《电力供应与使用条例》和《供电营业规则》的规定，当贸易结算用电能计量装置的电能表、互感器超差，电能计量装置二次回路压降超出允许范围，或其他非人为因素造成计量不准时，供电企业应按下列规定计算退补电量。

（1）电能表或互感器误差超过允许值时，以"0"误差为基准，对高压用户或低压三相供电的用户，一般应按实际用电负荷确定电能表的误差，实际负荷难以确定时，应以正常月份的平均负荷确定误差，即

$$平均负荷 = 正常月份用电量(kWh)/正常月份用电小时数(h) \qquad (6-2)$$

对照明用户，一般应按平均负荷确定电能表误差，即

$$平均负荷 = 上次抄表期内的月平均用电量(kWh)/30 \times 5(h) \qquad (6-3)$$

照明用户的平均负荷难以确定时，可按下列方法确定电能表误差，即

$$误差 = (I_{max}时的误差 + 3I_b时的误差 + 0.2I_b时的误差)/5 \qquad (6-4)$$

式中　　I_{max}——电能表的额定最大电流；

I_b——电能表的标定电流。

 注　意

各种负荷电流时的误差，按负荷功率因素为 1.0 时的测定值计算。

（2）对互感器还应根据比差、角差计算综合误差。然后以"0"误差为基准，按验证后的误差值计算退补电量。退补时间从上次检定换装投入运行之日起至误差超差被发现之日止的 1/2 时间计算。

$$应退补用电量 = 抄见用电量 \times 实际误差/(1 \pm 实际误差)$$

2. 电子式电能表飞走

当月总用电量按最近正常 6 个月用电量的平均值估算。上月已实行峰谷电价的客户，峰谷电量比按上月估算；上月未实行峰谷电价的客户，峰谷电量比协商确定。

3. 表计潜动（空走）

应检测潜动一转或输出一个脉冲所需时间，按以下情况分别计算退补。

（1）对高压用户和低压三相用户，按下式计算退补。难以确定时，以用户正常月份用电量为基准，按正常月份与故障月的差额退补电量。退补时间按抄表记录确定。

（2）对照明用户，规定用电时间一天按五小时计算，再根据检测的潜动时间，按下式计算退补电量，退补时间从上次校验或换装后投入之日起止误差更正之日止的 1/2 时间计算。

$$\Delta W_h = (3600 \times 24 \times T)/(C_n \times t) \qquad (6-5)$$

式中　　ΔW_h——退电量数；

T——退补天数；

C_n——电能表脉冲常数，P/kWh；

t——电表空载状态（断开电能表输出回路）下，发出一个脉冲或潜动一转所需要的时间，s。

4. 电能表起动试验不合格

退补电量以用户正常月份用电量为基准，按正常月份与故障月的差额退补电量，补收时间按抄表记录确定。

5. 电子式电能表计度器故障

主要有液晶显示器缺笔划、无显示、机械计度器卡字等，退补电量应以红外通信口抄表数据为结算依据。

6. 电子式电能表主芯片故障

主要包括 CPU 死机、程序混乱、数据丢失等，退补方法如下：

（1）总电量正常、谷电量不正常，峰谷电量比按上月估算，如运行时间不满一个月，峰谷电量比协商确定；

（2）总电量、谷电量都不正常，当月总用电量按最近正常 6 个月用电量的平均值估算。上月已实行峰谷电价的客户，峰谷电量比按上月估算；上月未实行峰谷电价的客户，峰谷电量比协商确定。

7. 二次回路压降超差

以允许的电压降为基准，按检验的实际值和基准值之差计算追补电量。

8. 计量接线故障

电能计量装置因接线错误、熔断器熔断、电流回路短路、倍率不符等造成电能计量装置故障时，应通过计算方式先求出更正系数，然后再计算退补电量。

$$更正系数＝正确用电量/错误用电量 \tag{6-6}$$

$$更正率＝（正确用电量/错误用电量－1）×100\% \tag{6-7}$$

$$退补用电量＝更正率×抄见用电量 \tag{6-8}$$

9. 其他非人为原因

其他非人为原因致使电能计量不准时，应以用户正常月份的用电量为基准，与用户协商确定退补电量。

第四节　用电信息采集

一、用电信息采集简介

用电信息采集与管理系统是集现代数字通信技术、计算机技术、电能计量技术、电力负荷管理技术和电力营销技术为一体的综合实时信息采集与分析处理系统。它以公共的移动通信网络为主要通信载体，以无线、公用电话网、光纤网为辅助通信载体，通过多种通信方式实现系统主站和现场终端之间的数据通信，具有用电信息的自动采集、用电异常信息报警、电能质量监测、用电分析和管理、电网信息发布、分布式能源的监控、智能用电设备的信息交互等功能。

（一）用电信息采集系统的组成

电力用户用电信息采集系统从物理部署上可分为主站、通信信道、采集设备三部分。典型的电能信息采集与管理系统系统的整体构架如图 6-8 所示。

1. 主站

主站软件集成在营销业务应用系统中，数据交互由营销业务应用系统统一与其他业务应用系统（如生产管理系统等）进行交互，充分满足各业务应用的需求，并为其他专业信息系统提供数据支持。系统主站部分单独组网，与其他应用系统以及公网信道采用防火墙进行安全隔离。主站硬件架构由业务应用服务器、数据库服务器和前置机组成。

2. 通信信道

通信信道是主站和采集设备的纽带，提供对各种可用的有线和无线通信信道的支持，为主站和终端的信息交互提供链路基础。主站支持所有主要的通信信道包括 230MHz 无线专网、GPRS 无线公网和光纤专网等。远程通信信道建设以光纤信道为主，在光纤信道暂未到达的地区利用 GPRS 无线公网信道辅助通信，现有 230MHz 无线专网信道、GPRS 无线公网信道继续保持，在光纤信道建成后转换成光纤通信。

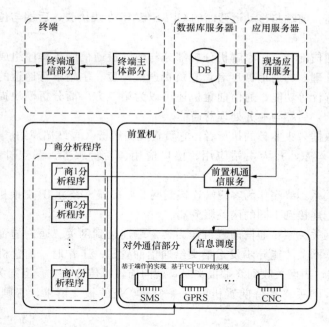

图 6-8　电能信息采集与管理系统构架图

3. 采集终端

采集终端是用电信息采集系统的信息底层，负责收集和提供整个系统的原始用电信息，终端设备按应用场合分为厂站采集终端、专变采集终端、公变采集终端、低压集中抄表终端。按功能又分为有控制功能和无控制功能两大类。

（二）用电信息采集系统的工作过程

用电信息采集系统工作过程中，通信服务是整个系统的核心模块，它由统一通信网关、通信前置机、业务处理器组成，如图 6-9 所示。

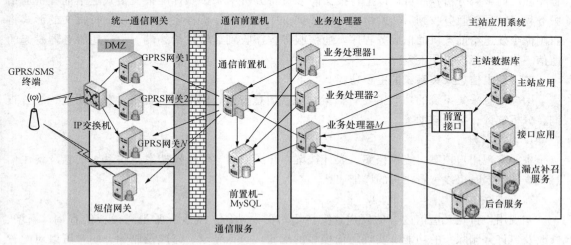

图 6-9　通信服务总体逻辑架构

统一通信网关由 GPRS 网关、短信网关组成，主要用于把外网的数据安全地接入到电力公司内网中，为终端和主站提供物理通信链路（GPRS/CDMA/SMS）。统一通信网关与电力信息网络通过防火墙隔离，前端与移动运营商的 GPRS/SMS 专线接驳，后端与位于电力信息网内的通信前置机接驳。

前置机由对外通信部分、厂家解析分析部分与前置机通信服务程序组成。通信前置机是统一通信网关与业务处理器的通信调度者，它负责通信调度、主站下行通道的链路管理、保存原始报文、通信流量统计等功能，通信前置机还可以为第三方厂商分析模块提供透明通道。前端与统一通信网关通信，后端与业务处理器通信。

业务处理器是数据采集业务的执行者，它负责规约解析（含终端规约、表计规约等的组帧/解帧）、采集数据的入库，并为主站应用、接口应用、后台服务、漏点补召服务等提供通信接口。

终端与网关的关系：终端作为客户端连接到网关服务器。经过 IP 交换机的转换，终端每次建立通信连接，可能连接到不同的网关服务器。

通信前置机与网关关系：通信前置机作为客户端连接到网关。通信前置机需要主动向网关发送数据请求报文，网关才能异步发送报文给通信前置机。工作时，前置机先向网关发送一批报文（500 条）请求，当网关收到终端报文时，就向前置机传输报文，当网关向前置机发送报文数量达到 500 条时，网关将等待前置机的下一个 500 条的报文请求，否则不再向前置机输送报文。

业务处理器与通信前置机的关系：业务处理器为客户端连接到通信前置机，并主动向通信前置机发送数据请求报文，通信前置机异步把报文推送给业务处理器。工作时，业务处理器先向前置机发送一批报文请求（500 条报文），当前置机收到终端报文时，就向业务处理器传输报文，当前置机向业务处理器发送报文数量达到 500 条时，前置机将等待业务处理器的下一个 500 条的报文请求，否则不再向业务处理器输送报文。

对于上行信息，通过前置机的对外通信部分接收后，进行通信层的解码，得到协议的应用层报文，然后根据应用层报文的类型作如下处理：标准报文交给主站现场应用服务程序进行解释处理，同时传送给厂商解码分析程序；非标准报文按照不同的厂商提交相应的厂商解码分析程序。厂商解码分析程序可以以上行报文的形式将分析结果按照标准报文格式送给前置机通信服务程序，通信服务收到后转发给应用服务器；厂商解码分析程序也可以以下行报文的形式将召测命令发送给前置机通信服务程序，通信服务程序收到后转发给终端。由应用服务器发起的通信一律通过标准报文下发。

二、用电信息采集系统的主要功能

用电信息采集系统的功能主要有档案管理、消息发布、用电异常告警、有序用电、综合查询、分析统计、报表辅助等。

1. 档案管理

主要实现用户档案、终端档案、表计档案、开关档案、变压器档案、联系人信息及备注信息的查询，同时可以查看用户的详细信息。

2. 消息发布

实现用户自定义短信内容的发送，支持短信群发功能。实现异常消息模板的查询、新增、修改及退订（删除）的功能。实现短信模板的配置，包括新增、修改及删除。同时可以对配置好的短信模板进行即时发送操作。实现通过各种方法往终端用户下发短信的查询。

3. 用电异常告警

用户现场发生用电异常时，终端具有智能判断异常的功能，并会向主站发送告警信息。但是由于在现场运行环境下，终端存在误报现象，使主站运行人员很难判断哪些是正确的告警，哪些是误报信息。基于这种现状，要求系统能够利用历史数据分析用户的用电情况，提高判断用户用电异常的准确性。常用的异常有以下几种情况。

（1）电压缺相（失压）、电压断相。

为了分析电压异常跌落的情况，系统具备电压缺相（失压）、电压断相异常判断功能。

缺相的优先级要高于断相，所以首先判缺相，不满足条件再判为断相。缺相的判断除了满足下面的条件外，还要加电流判断（同相二次电流大于阈值，缺省 0.1A）；对于额定电压的规定如下：三相三线为 100V、三相四线为 220V、对于供电电压（一次侧）为 110kV 的额定电压为 57.7V。

三相三线需满足以下条件之一：①A 或者 C 相电压低于 80％的额定电压，同时 A、B 相电压之和小于 180V；②A 或者 C 相电压低于 80％的额定电压，同时 A、B、C 相电压都大于 0。

三相四线（含 57.7V）需满足以下条件之一：①A 相电压低于 80％的额定电压；②B 相电压低于 80％的额定电压；③C 相电压低于 80％的额定电压。

判断依据为满足上述条件且累计超过 3 个点判为一次。

（2）电压不平衡。

满足下列条件且累计超过 3 个点判为一次（只判断三相三线）：①先排除电压断缺相用户；②两相电压差值的绝对值大于额定电压的 10％。

异常摘要：显示电压最不平衡时的两相电压值，例如"Ua＝100、Uc＝90"。

（3）电流缺相。

电流缺相判断功能主要是对于某相电流为 0 且其他相不为 0 的情况进行分析。

三相三线需满足以下条件之一：①A 相电流与 B 相电流在 0～0.05A 范围内且 C 相电流大于 0.5A；②B 相电流与 C 相电流在 0～0.05A 范围内且 A 相电流大于 0.5A。

三相四线需满足以下条件之一：

①A 相电流在 0～0.05A 范围内，同时 B 相电流加 C 相电流大于 2A。

②B 相电流在 0～0.05A 范围内，同时 A 相电流加 C 相电流大于 2A。

③C 相电流在 0～0.05A 范围内，同时 A 相电流加 B 相电流大于 2A。

④A 相电流与 B 相电流，同时在 0～0.05A 范围内且 C 相电流大于 1A。

⑤A 相电流与 C 相电流，同时在 0～0.05A 范围内且 B 相电流大于 1A。

⑥B 相电流与 C 相电流，同时在 0～0.05A 范围内且 A 相电流大于 1A。

判断依据：满足上述条件且功率因数大于 0.75，连续 24h 且未恢复判为一次。

异常摘要：显示任意符合电流缺相的一个异常点，例如"Ia＝1、Ib＝0、Ic＝0.02"。

（4）电流不平衡（只判断三相三线）。

同时满足下列条件且累计超过 3 个点判为一次：①先排除电流缺相用户；②两相电流差值的绝对值大于阈值，缺省 0.3A。

异常摘要：显示电流最不平衡时的两相电流值，例如"Ia＝1.3、Ic＝1"。

（5）功率异常。

功率异常判断功能主要是对 P、Q、U、I 不一致的情况进行分析，主要判断电能计量装置错接线情况（原理：在错接线情况下，表计计量的电量和功率存在不对应情况）。

三相三线需满足以下条件：①取电压电流的平均值算出功率与其视在功率比值在 0.7～1.3 以外的；②A、C 相电流都大于 0.5A。

三相四线需满足以下条件：①三相电压分别乘以各自对应的三相电流的和与其视在功率比值在 0.7～1.3 以外的；②A、B、C 三相电流至少有一相大于 0.5A。

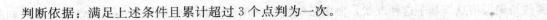

判断依据：满足上述条件且累计超过 3 个点判为一次。

（6）电表停走。

电表停走功能主要是对电表的计量情况进行分析，满足下列条件且累计超过 1 个点判为一次：①当前正向有功总数值与 48h 前的值差值小于等于 0 且这段时间内有功功率大于 0；②平均有功值大于电表精度。

（7）TA 二次侧短路可信度分析。

该功能主要是对 TA 二次侧进行监控，结合终端上报的短路告警与电流数据进行比对得出最可疑的异常。满足下列条件且累计超过 1 个点判为一次：

①计算告警及告警恢复发生前 1h 一次侧电流平均值。

②计算告警及告警恢复发生后 1h 一次侧电流平均值。

③月平均可信度大于阈值，缺省 60%。

（8）抄表数据异常。

统计每天抄表数据有异常的情况，主要检查表计是否正常。

正向有功总示度减去（尖＋峰＋平＋谷）示度的差值绝对值大于 0.3kWh；

反向有功总示度减去（尖＋峰＋平＋谷）示度的差值绝对值大于 0.3kWh。

（9）用户日电量突变。

统计每天日电量超大的情况，主要检查有无计度器飞走情况。

①正（反）向有功总示度和前（与）一天示度相减，三相三线的大于 42kWh、三相四线的大于 160kWh。

②一、四象限总示度和（与）前一天示度相减，三相三线的大于 42kWh、三相四线的大于 160kWh。

说明：三相四线 160kWh＝3×0.220×5×24×2，即考虑用户计量的电量为 24h 满负荷运行的 2 倍。

三相三线的大于 42＝1.732×0.1×5×24×2，即考虑用户计量的电量为 24h 满负荷运行的 2 倍。

（10）电压超上限。

监控电压异常偏大的情况。满足下列条件判定为电压超上限：①三相三线需满足以下条件：A 或者 B 或者 C 三相电压都大于 120V；②三相四线需满足以下条件：A 或者 B 或者 C 三相电压都大于 265V。

4．有序用电

（1）保电命令。

通过终端远程下发（投入、解除）保电命令，如果保电状态有效，则终端持续有电。在临时限电、远程遥控、功率控制进行有序用电时，要使终端跳闸，则必须解除终端保电状态。

（2）远程遥控。

远程遥控功能主要实现对现场终端进行拉闸、合闸、遥信及召测的功能，同时可以查看某终端的一次接线图、负荷曲线等信息。

对于需要临时限制用户用电负荷的情况可以通过远程遥控跳闸来实现，远程遥控优先级要高于功率控制方案，即终端无条件优先执行遥控命令。

（3）功率控制。

通过控制用户用电开关，使得终端用户在给定的功率控制时段和功率定值下限定用电负荷的控制方式，称为时段功率控制。

（4）临时限电。

对于临时需要降低用户负荷百分比的限电情况，可以通过临时限电功能实现。临时限电能在指定的时间内，有效的控制用户用电负荷。

（5）有序用电统计。

有序用电统计包括错峰实时管理、负荷控制查询、错峰历史记录分析等。

5. 其他功能

除上述主要功能外，用电信息采集系统还提供了多种形式的查询和统计功能。查询功能有单户数据查询、批量用户查询、终端工况查询、终端装用统计、抄表数据查询；分析统计功能有负荷分析、电量分析、需量分析、电压合格率分析等。

【思考与练习】

1. 什么是电能计量装置，它主要有哪些组成部分？
2. 什么是最大需量？电能表内的最大需量是怎样实现的？
3. 用电信息采集系统主要有哪些组成部分？
4. 简述四象限无功的基本含义。
5. 简述运行中的Ⅴ类电能表的抽检规则。

第七章

用户电气事故处理与调查分析

第一节 用户电气事故调查

一、用户电气事故

用户所辖产权的电气设备在运行中，发生因供电系统供电中断造成的用户停电事故，或因电气设备本身绝缘老化或因误操作、特殊气候条件使电气绝缘损坏发生短路、过电压等造成绝缘击穿、设备烧毁，使供电中断、人身电击伤亡、电气火灾等被称为用户电气事故。

发生用户电气事故，在弄清事故原因的基础上，应立即组织进行事故调查与处理。调查与处理事故必须实事求是，严肃认真，绝不能草率从事，更不能大事化小，小事化了，严禁隐瞒事故。要做到"三不放过"，即事故原因不清不放过，事故责任者和应受教育者没有受到教育不放过，没有订出防范措施不放过。

二、用户电气事故调查的目的和意义

用户电气事故属于企业安全事故范畴，安全事故的应急处置和调查处理，是安全生产工作的重要环节。在事故报告和调查处理方面，1989 年和 1991 年，国务院先后公布实施了《特别重大事故调查程序暂行规定》和《企业职工伤亡事故报告和调查处理规定》，作为国家关于事故报告和调查处理的主要依据。1994 年，原电力工业部颁布了《电业生产事故调查规程》。2005 年，根据电力体制改革的新形势，为加强电力安全监督管理工作，国家电力监管委员会颁布了《电力生产事故调查暂行规定》。这些规章的颁布实施，对电力行业规范事故调查工作，保证电力安全生产发挥了十分重要的作用。

一谈到电气设备事故，想当然地认为都是电力部门的责任，其实不然。根据电力事故的种类和表现形式，造成事故的原因很多，应当予以区别。根据电力事故发生的电力设备产权归属或管理归属关系划分，可以分为供电企业所属电力设备或供电企业负责维护管理的电力设备发生的电力事故和不属供电企业所属电力设备或供电企业负责维护管理的电力设备发生的电力事故两类。前者是供电企业应当避免的，或在事故发生后应积极采取措施，尽快修复故障设备，恢复送电，并采取措施杜绝类似事故重复发生；而对于后者，事故责任单位为相关设备产权单位，供电企业仅仅参与事故调查与处理。

事故调查处理是一项严肃、严谨而重要的工作，对于查明事故原因，严格事故责任追究，督促事故单位认真吸取事故教训，落实事故防范和整改措施，防止事故再次发生，具有十分重

要的意义。

根据国家《突发事件应对法》关于事故灾难类突发事件的分级规定和《电力安全生产事故应急处置和调查处理条例》的规定，将电力安全事故划分为特别重大事故、重大事故、较大事故和一般事故四级。用户电气事故指在用户电气设备上或因电气原因发生人身伤害或财产损失的事故，用户发生下列用电事故，供电企业协助用户进行事故处理。

（1）人身触电伤亡事故：是指用户电气设备或用电线路因绝缘破坏或其他原因造成的人身触电伤亡事故。

（2）导致电力系统跳闸事故：由于用户内部发生的电气事故引起了其他用户的停电或引起电力系统波动而造成大量减负荷的事故。

（3）专线跳闸或全厂停电事故：由于用户内部事故的原因，造成其专用线路跳闸和其全厂停电而使其生产停顿的事故。

（4）电气火灾事故：用户生产场所因电气设备或线路故障引起的火灾事故。

（5）重要或大型电气设备损坏事故：用户内部因使用、维护操作不当等原因造成一次受电电压的主要设备损坏（如主变压器、重要的高压电动机、一次变电站的高压变配电设备）的事故。

（6）用户向电力系统倒送电：因用户自备发电机或私拉电源向电力系统停电设备倒送电，引发触电或设备损坏事故。

由于用户电气事故会造成较大的经济损失，或威胁社会公共安全，进而在社会上产生较大影响，供电企业本身具有一定技术的优势，因此，从供电企业履行社会责任、维护公众利益的角度考虑，应积极参与政府部门组织的事故调查处理中，并提供必要的支援，包括技术指导、人员支持、提供电力设施设备等。

用户在发生电气事故后，应及时向当地的用电管理机构报告。供电企业在接到用户上述事故报告后，应及时派员赴现场调查，缩短停电时间，迅速恢复供电，同时协助用户开展事故调查分析，找出事故发生的原因，认定责任事故等级和类型，制定出防止事故的措施，在七天内协助用户提出事故调查报告。

第二节　用户电气事故的处理

一、用户电气事故处理的组织

电力应急处置工作具有专业性，涉及的部门和人员多，需要电力企业、电力用户以及其他有关单位在应急处置过程中的协同配合，将科学、专业的应急指挥与有效的部门联运有机结合，共同开展电力应急处置工作。国家有关法律法规明确规定了电力企业、电力用户以及其他有关单位和个人在保证电力安全方面的责任和义务。国务院电力监管机构、国务院能源主管部门等有关部门和各地方政府也先后制定颁布了一系列电力安全管理规定。电力企业、电力用户以及其他有关单位和个人都应遵守电力安全生产管理规定，因未遵守相关法律法规造成电力安全事故的，事故责任者应承担相应的法律责任。

二、用户电气事故处理的程序

用户电气事故的处理应遵循相关程序的要求，如图 7-1 所示。

1. 事故现场的保护

事故现场是追溯判断发生事故原因和事故责任人责任的客观物质基础。从事故发生到事故调查组完成事故现场勘察，往往需要一段时间，而在这段时间里，对事故的控制、应急处置会

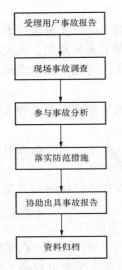

受理用户事故报告

↓

现场事故调查

↓

参与事故分析

↓

落实防范措施

↓

协助出具事故报告

↓

资料归档

图7-1　用户电气事
故处理流程图

使事故现场有不同程度的改变，有时甚至还有故意破坏事故现场的情况。保护现场是取得客观准确证据的前提，有利于准确查找事故原因和认定事故责任，保证事故调查工作的顺利开展。事故现场保护的行为主体是事故发生单位和事故发生现场有关工作人员，也包括在事故现场的其他参与事故救援和事故调查的工作人员。

除了事故现场物理环境、受损设备应保持事故发生后的原有状态和相对位置外，现场保护工作还包括妥善保护工作日志、工作票、操作票等相关材料，及时保存故障录波图、电力调度数据。这些材料和资料记录了事故发生前后电力系统或电力设施、设备运行的状况，是查明事故和事故责任认定的重要依据。

用户发生电气事故后，电力用户应及时向供电企业报告事故情况。供电企业用电检查人员应积极参与事故调查组，协助用户做好事故调查工作。首先要督促事故单位迅速抢救公务员并派人严格保护事故现场。未经调查和记录的事故现场，不得随意变动。发生国务院《生产安全事故报告和调查处理条例》所规定的事故，事故单位应立即通知当地政府和公安部门，并要求派人保护现场。事故发生后，应督促事故单位立即对事故现场和损坏的设备进行照相、录像、绘制草图、收集资料。

因出于抢救人员、防止事故扩大以及疏通交通等需要，需要移动事故现场电力设备或其他物品的，应当经过事故单位负责人、事故调查组组长或者组织事故调查的机关同意。移动电力设备或其他物件应当尽量减少对现场的破坏，并采取作出标志、绘制现场简图、拍摄现场照片或录制现场视频等手段保留事故现场原始资料。被移动物件应当贴上标签，并作出书面记录。

2. 原始资料的收集

用电检查人员要注意保存事故原始资料并及时将所有收集到的有关资料加以汇总整理，应立即组织当值值班人员、现场作业人员和其他人员在离开事故现场前分别如实提供现场情况，并写出事故的原始材料。根据事故情况查阅有关现场值班记录、运行、检修、试验、验收的记录文件和事故发生时的录音、故障录波图、计算机打印记录等，及时整理出说明事故情况的图表和分析事故所必需的各种资料和数据。

3. 事故情况的调查

电气事故调查工作应遵循实事求是、尊重科学、分级负责的原则进行，坚持"四不放过"的原则。即：事故原因不清楚不放过，事故责任者和应受教育者没有受到教育不放过，没有采取防范措施不放过，事故责任者没有受到处罚不放过。

（1）人身事故应查明伤亡人员和有关人员的单位、姓名、性别、年龄、文化程度、工种、技术等级、工龄、本工种工龄等。设备事故应查明发生的时间、地点、气象情况，查明事故发生前设备和系统的运行情况。

（2）查明设备事故发生经过、扩大及处理情况。人身事故应查明事故发生前工作内容、开始时间、许可情况、作业程序、作业时的行为及位置、事故发生的经过、现场救护情况。

（3）检查事故现场的保护动作指示情况，包括指示仪、保护装置、自动装置的动作情况。检查事故设备的损坏部位和损坏程度。查明与设备事故有关的仪表、自动装置、断路器、保护、故障录波器、调整装置、遥测、遥信、遥控、录音装置和动作情况。人身事故应查明事故发生前伤亡人员和相关人员的技术水平、安全教育记录、特殊工种持证情况和健康状况、过去的事故记录、违章违纪情况等。

（4）调查设备资料（包括订货合同、大小修记录等）情况以及规划、设计、制造、施工安装、调试、运行、检修等质量方面存在的问题。人身事故应查明事故场所周围的环境情况（包括照明、温度、湿度、通风、声响、色彩度、道路、工作面状况以及工作环境中有毒、有害物质和易燃易爆取样分析记录）、安全防护设施和个人防护用品的使用情况（了解其有效性、质量及使用时是否符合规定）。

（5）查明事故造成的损失，包括波及范围、减供负荷、损失电量、用户性质，查明事故造成的损坏程度、经济损失。

（6）了解现场规程制度是否健全，规程制度本身及其执行中暴露的问题，了解事故单位管理、安全生产责任制和技术培训等方面存在的问题，事故涉及两个及以上单位时，应了解相关合同或协议。

4. 事故原因的分析

供电企业应参与用户事故调查分析会，会同有关专业技术人员，及时准确地查清事故原因和性质，总结事故教训，提出整改措施。如果发生人身触电死亡事故和电气火灾事故，配合相关部门共同调查处理。

（1）分析并明确事故发生、扩大的直接原因和间接原因。必要时，可委托专业技术部门进行相关计算、试验、分析。

（2）分析人员是否违章、过失、违反劳动纪律、失职、渎职，安全措施是否得当，事故处理是否正确等。

（3）凡事故原因分析中存在下列与事故有关的问题，确定为领导责任：企业安全生产责任制不落实；规程制度不健全；对职工教育培训不力；现场安全防护装置、个人防护用品、安全工器具不全或不合格；反事故措施和安全技术劳动保护措施计划不落实；同类事故重复发生；违章指挥。

5. 防范措施的落实

用电检查人员应协助用户根据事故分析的结论判断事故发生、扩大原因并作出责任分析，针对分析的结果制定相关的防范措施，防止同类事故发生、扩大。根据事故调查结果制定防范措施，指导用户消除故障，并监督实施。在确认现场已消除安全隐患后，指导用户恢复用电。电气事故防范措施应从设备维护、运行管理、人员配备等方面加强落实。

（1）加强设备检查管理。当发现电气设备老化有缺陷，应根据严重程度进行整改和处理，保证安全运行。对污染严重易引起电气事故的单位，应建立严格的绝缘监测系统，监视设备的附盐密度、化学气体浓度及天气状态。特别是初春及晚秋时节应做好检修清扫。

（2）加强设备运行管理。在条件允许的情况下，要使用安全等级高的设备，尤其是 10kV 及以下设备及设备区应进行房屋及电缆孔洞的封堵。设备区门口应加装挡板，裸露的带电部分需加绝缘套。不在变、配电室内用餐，更不能存放杂物及食品。

（3）加强线路运行管理。电力线路由于供电距离较长，许多用户专线缺乏必要的运行管理，雷击、外力破坏等事故较多。要加强线路巡视，明确电力线路的走向，电缆的埋设位置、标志和警告，并依托各级政府及法律的力量做好《电力法》的普及和安全用电的宣传。同时要加强避雷、防雷等新技术的应用。

（4）加强电气人员配备。用户应配置足够数量的电气人员，其中 10kV 及以上高供高计的用户还应配置值班运行电工。从事电气作业的人员应持《电工进网作业许可证》。用户应进一步提高电气作业人员的素质，加强值班、运行、检修人员的责任心，避免因人为责任造成的事故。

6. 事故报告的内容

事故调查报告是事故调查工作成果的集中体现，是事故处理的直接依据。报告的内容应该根据实际情况来确定，但是应当以全面简洁为原则。所有事故均应填写事故报告，事故报告应由发生事故的单位电气负责人填写，经事故单位主管领导和安全部门审核后，上报政府相关主管部门。对性质比较严重或原因复杂的事故报告和事故调查报告书，应由事故调查小组提出。事故调查报告主要内容包括：

（1）事故发生的单位概况。主要包括单位的全称、所处地理位置、所有制形式和隶属关系、生产经营范围和规模、持有各类证照的情况、单位负责人的基本情况、事故发生单位的用工情况、一年内的生产经营状况及事故发生情况等。

（2）事故发生的经过。主要包括事故发生前的生产作业状况、电网运行方式、设备运行状态等；事故发生的具体时间、地点；事故造成人员伤亡情况；事故现场表征现象、事故发展过程、继电保护及安全自动装置等动作情况、设备状态变化情况；事故发生后相关人员采取的应急处置措施；事故抢险救援过程及效果；事故的善后处理情况等。

（3）事故发生的原因。分为直接原因、间接原因、其他原因。电气事故可能由多种原因造成，例如人员误操作、设备存在安全隐患、继电保护或安全自动装置误动作、外力损坏、安全生产管理不到位等，因此在分析事故时，应当对事故原因进行综合性分析，既要准确认定事故发生的直接原因，又要深入分析事故的间接原因，从而掌握事故的全部原因，并在事故报告中列清。

（4）事故种类。包括经济损失、人员伤亡、影响电网。经济损失包括人员伤亡后所支出的费用、事故造成的财产损失费用和事故善后处理费用等。

（5）事故类型。包括人身触电死亡、导致电力系统停电、专线跳闸或全厂停电、电气火灾、重要或大型电气设备损坏、生产设备损坏等。

（6）事故性质和责任认定。包括一般责任事故、较严重责任事故、严重责任事故、重大责任事故。2011年，国家颁布实施了《电力安全事故应急和调查处理条例》，明确了电力人身伤亡事故、电力生产运行过程中发生的输变电设备损坏造成直接经济损失的事故属于《生产安全事故条例》中规定的生产安全事故范畴。根据《生产安全事故条例》以及国务院 2005 年 1 月 26日印发的《国家突发公共事件总体应急预案》，按照事故造成的伤亡人数多少或者直接经济损失的大小，规定事故一般划分为四个等级，即特别重大事故、重大事故、较大事故和一般事故。特别重大事故，是指造成 30 人以上死亡，或者 100 人以上重伤，或者 1 亿元以上直接经济损失的事故；重大事故，是指造成 10 人以上 30 人以下死亡，或者 50 人以上 100 人以下重伤，或者5000 万元以上 1 亿元以下直接经济损失的事故；较大事故，是指造成 3 人以上 10 人以下死亡，或者 10 人以上 50 人以下重伤，或者 1000 万元以上 5000 万元以下直接经济损失的事故；一般事故，是指造成 3 人以下死亡，或者 10 人以下重伤，或者 1000 万元以下直接经济损失的事故。其中，事故造成的急性工业中毒的人数，也属于重伤的范围。

（7）事故防范和整改措施及处理建议。防范和整改措施是在事故调查分析的基础上针对事故发生单位在安全生产方面存在的薄弱环节、漏洞、隐患等提出的具体改进措施，这些措施应当具备针对性、可操作性和时效性。

为便于规范统一事故调查报告书的格式，对用户设备事故调查报告可按以下格式撰写。

用户设备事故调查报告书

1. 事故名称：_____

2. 事故单位名称：_____

3. 事故等级：_____；事故类别：_____

4. 事故起止时间：_____年____月____日_____时____分至

　　　　　　　　　_____年____月____日_____时____分

5. 主设备情况（主设备规范、制造厂、投产日期、最近一次大修日期等）：

6. 事故前工况：

7. 事故发生、扩大和处理情况：

8. 事故原因及扩大原因：

9. 事故损失情况（少发电量、少送电量、设备损坏情况、直接经济损失、损坏设备修复时间等）：

10. 事故暴露问题：

11. 防止事故重复发生的对策、执行人和完成期限：

12. 事故责任分析和对事故责任者的处理意见：

13. 参加事故调查组的单位及成员名单及签名：

14. 附件清单（包括图纸、资料、原始记录、笔录、试验和分析计算资料、事故照片录像）等：

　　　　　　　　　　　　　　事故调查组组长签名：_____

　　　　　　　　　　　　　　主持事故调查单位负责人：_____

　　　　　　　　　　　　　　主持事故调查单位盖章：_____

　　　　　　　　　　　　　　　　报告日期：_____年____月____日

对发生人身伤亡的事故，其调查报告书可按以下格式撰写。

人身伤亡事故调查报告书

1. 企业详细名称：_____ 地址电话：_____

2. 业别：_____ 分级隶属关系：（中央、省、专、市、县）_____

直接主管部门_____

3. 发生事故日期：_____年____月____日_____时____分_____车间（工地、工区、队）

4. 事故类别：_____ 主要原因分析：_____

5. 这次事故伤亡情况：死亡_____人　重伤_____人　轻伤_____人

姓名	伤害情况（死、重、轻）	工种及级别	性别	年龄	本工种工龄	受过何种安全教育	估计财物损失	附注

6. 事故的经过和原因：

7. 预防事故重复发生的措施，执行措施的负责人、完成期限，以及执行情况的检查人：

8. 对事故的责任分析和对责任者的处理意见：

9. 参加调查的单位和人员（注明职别）：

10. 附件清单（包括图纸、资料、原始记录、笔录、试验和分析计算资料、事故照片，录像等）：

企业负责人：＿＿＿＿＿＿ 制表人：＿＿＿＿＿＿＿

＿＿＿年＿＿月＿＿日

7. 调查资料的归档

用电检查人员应在用户电气事故调查工作办结后及时对相关资料进行归档登记。归档：事故调查报告书、事故处理报告书及批复文件；现场调查笔录、图纸、仪器表计打印记录、资料、照片、录像带等；技术鉴定和试验报告；物证、人证材料；直接和间接经济损失材料；事故责任者的自述材料；医疗部门对伤亡人员的诊断书；发生事故时的工艺条件、操作情况和设计资料；有关事故的通报简报及成立调查组的有关文件；事故调查组的人员名单，内容包括姓名、职务、职称、单位等；其他材料。

三、用户电气事故处理工作要求

（1）电气事故处理的原则是尽快消除事故点，限制事故的扩大，发生触事故应立即断开电源，抢救触电者，解除人身危险和使国家财产少受损失，尽快恢复送电。

（2）对用户电气事故的调查，供电企业是作业事故调查组成员，参与用户事故调查分析会，并配合相关部门共同调查处理。要做好事故调查中的安全措施：尽快限制事故的发展，同时尽快恢复正常供电；严禁情况不明就主观臆断和瞎指挥；严禁对情况不明的电气设备强送电；严禁移动或拆除带电设备的遮拦，更不允许进入遮拦以内；应与电力调度部门密切联系，及时反映情况。

（3）要加强对用户电气工作人员的技术、安全培训和管理工作。协助用户制订培训计划和安全工作规程、调度规程的学习和考核，通过培训不断提高电气工作人员的技术、操作水平。还应建立技术安全档案，记录工作人员安全用电技术等级和安全考核成绩。

（4）对导致电力系统对外停电或大量甩负荷的事故，双方应根据《供用电合同》相关条款协商处理，或参照《供电营业规则》要求，用户承担经济损失。即由用户的责任造成供电企业对外停电，用户应按供电企业对外停电时间少供电量，乘以上月份供电企业平均售电单价给予赔偿。因用户过错造成其他用户损害的，受害用户要求赔偿时，该用户应当依法承担赔偿责任。

（5）要建立与完善应急管理体系。许多企事业单位缺乏危机意识，缺少风险管理，事先没有充分的思想和物质准备，事故到来之后，缺少预案，有的束手无策，有的忙乱不堪，充分显露出对事故应急处理的严重缺失。因此，在企业安全生产管理中，应急处理预案已成为安全生产的一个重要组成部门，要紧紧依靠一线的员工，从安全生产技术管理、工艺流程、安装施工现场和各种安全设施的角度去帮助安全检查者、操作者、检修者和施工者构建一套完整可行的安全事故与事故应急处理预案。

四、用户电气事故处理案例

2012年10月25日，××用户110kV变电站发生了一起带接地线合闸事故，事故导致三名值班人员受伤、直接经济损失达数百万元。事故发生后，经调查，有关情况如下。

（一）用户概况

××用户为涤纶丝熔体直纺企业，因生产工艺要求连续生产，不能中断供电，是重要负荷。该公司变电站110kV星河变电站2003年9月建成投产，主变容量为2×50 000kVA。110kV星河变电站由双回路供电，正常运行方式为 220kV 滨海变电站、110kV 滨河 1043 线主供，220kV 桑港变电站、110kV 港星 1146 线热备用。

（二）事故经过

1. 事故发生简要经过

10 月 22 日，受业主委托，××电气承装公司为 110kV 星河变电站进行大修。根据工作票内容，10 月 23 日 7 时至 10 月 25 日 17 时，工作内容为 "2 号主变压器 10kV 断路器及 Ⅱ 段母线出线开关保护定检及传动、10kV Ⅱ 段母线清扫、耐压试验、10kV 2 号变压器小修予试"。

25 日 14 时，××电气承装公司完成预定内容，经业主验收后，结束工作票。

25 日 16：08，星河变电站值班人员××（女，23 岁，许可证号××）、××（女，35 岁，许可证号××）、××（女，35 岁，许可证号××）三人在对 10kV 母分隔离手车复役操作时，带接地线合闸，瞬间发生弧光短路。220kV 滨海变电站、110kV 滨河 1043 断路器跳闸。××集团全厂停电。

25 日 20：43，经××电气承装公司全力抢修，星河变电站 Ⅰ 段母线恢复了供电。

2. 事故造成的损失

（1）三名值班人员手部与面部部分烧伤，已住院治疗。

（2）10kV 母分隔离间隔、10kV 母分断路器间隔、10kV 聚酯 100 开关间隔和对侧 10kV 备用 221 开关间隔烧毁。

（3）××集团全厂停电 4.5h，损失电量 7.2 万 kWh。由于生产过程中原料报废，直接经济损失数百万元。

（4）由于瞬时低电压，导致 220kV 滨海变电站供区内××化工、××化纤等公司低压侧低电压保护动作，设备停产，造成不同程度的损失。

3. 事故状况

220kV 滨海变电站滨河 1043 线相间距离第三段保护动作（时间整定 3s），开关跳闸，经重合时间 2s 后，开关重合，3s 后相间距离第三段再次动作，开关跳闸。该线路保护型号为 RCS-941 型，保护动作记录：测距 79.9km，B、C 相故障，故障电流达 2385.6A。110kV 线路故障录波器记录同保护相似。

110kV 星河变电站 2 号主变压器 110kV 后备保护未动（时间整定 2.4s），10kV 后备保护未动（时间整定 2.1s），110kV "BZT" 未动作，110kV 故障录波器未记录。全站保护、自动装置未动，可能是星河变电站直流蓄电池内阻过大或直流回路短路原因。

（三）事故原因分析

经现场调查，星河变电站运行资料不全，事故发生前、后值班记录均无，25 日运行日志及操作票均无。检查到 10 月 23 日设备停役相关操作票，其中 10kV 母分断路器由热备用改冷备用（星河变电站调度）操作票中，最后一栏上手工增加了一项 "10kV 母分触头侧挂 8 号接地线一副"，与操作任务完全不符，导致复役中，该地线漏拆。

（1）星河变电站当值操作人员未认真执行 "两票三制"，未拆除接地线即操作开关合闸，是导致本次事故的直接原因。

（2）星河变电站管理制度不健全，操作人员有章不循（已执行的操作票中，多张未打勾、未签名、未填时间，并涂改、整项操作划掉较多），××集团相关管理人员应承担管理责任。

（四）改进措施

（1）星河变电站应结合本次变电站大修，对事故影响设备进行相应的检修和试验。

（2）星河变电站应加强内部管理，建立健全安全规章制度。

（3）星河变电站应加强运行人员的业务培训，运行人员应严格执行"两票三制"。

（4）所有安全用具都应按规定周期进行试验。

（5）××集团认真吸取本次事故的教训，并举一反三，杜绝类似情况发生。有关本次事故情况书面报安监部门。

（6）应对直流蓄电池组进行一次检查、维护，确认其容量充足。对直流回路的电缆线进行一次检查，防止其经短路后绝缘下降。

第三节　反事故措施

一、反事故措施的目的

对用户电气事故的调查与处理，已经是亡羊补牢式的事后补救措施，在实际工作中，做好用户特别是重要电力用户反事故措施显得更为重要。反事故措施一般是通过统计分析用户发生的电气事故，从中找出用户安全用电中存在的薄弱环节，吸取其他用电事故的教训，从而制订出行之有效的方法和制度。供电企业在日常用电检查中，帮助检查用户电气设备的定期检修、高压设备的定期试验是否有专人负责，是否定期进行以及效果等。发现电气设备的重大分析出现缺陷的原因，检查紧急缺陷是否已及时处理，一般缺陷是否已按计划消除。实践证明，通过加强日常运行和维护，可以有效降低事故的发生。

二、用户电气事故的防范措施

1. 防电气误操作事故

电气操作的主体是人，因此要重视安全用电监督管理工作，加强对电气工作人员的安全思想教育，严格贯彻执行《电业安全工作规程》和两票三制（工作票、操作票，交接班制度、巡回检查制度、定期试验和维修制度）的规定。有两路及以上电源的用户对电源切换的操作应制订典型的操作票。经常定期检查执行情况，及时统计两票合格率，发现问题及时纠正。

为了便于核对填写操作票、工作票、模拟操作及反映电气设备运行状况，确保倒闸操作的正确性及检修工作的安全性，高压用户首端变电站要有全厂高压及低压电力系统模拟图，要求图标正确，命名规范统一，两路及以上供电电源的用户，在各路电源（包括相同或不同电压）间必须加装联锁装置，防止误并及倒送电。对已加装联锁装置的用户，应加强检查，定期试验并合格。断路器或隔离开关闭锁回路应直接用断路器或隔离开关的辅助接点，操作时应以现场状态为准。建立健全管理制度，及时做好维护检修工作，确保联锁装置的正确可靠。防误闭锁装置不能随意退出运行，停用防误闭锁装置时，要按规定履行批准手续。

变电站应具备必要的安全用具，如绝缘手套、绝缘鞋、绝缘垫、高低压验电器、接带型接地线（接地线应编号）标示牌，临时遮拦、红白带等，并按周期检查，试验合格。为防止误登室外带电设备，应采用全封闭的检修临时围栏，局部停电检修时，围栏的出入口应设至站内主要通道处并设有出入口标志。

2. 防止高压开关事故

为了防止电网发生事故对高压开关造成损坏，需核对高压开关安装点的短路容量，要对不符合短路容量标准的开关，制订计划，限期调换或采取改进措施。高压开关柜必须安装"五防"装置，即防止带负荷拉合隔离闸刀、防止误分误合断路器、防止带电挂接地线、防止带接地线合闸、防止误入带电间隔等，无"五防"装置的开关柜必须立即安装，失灵的"五防"装置要立即修复，运行人员严禁擅自拆除"五防"装置强行操作。

新装开关要严格按照有关标准工艺施工，试验合格后才能送电不合格的开关不得投运。运行人员要加强对高压开关的定期巡视和检修，明确检查、检修项目和周期，符合各项有关标准后才能投运。

值班人员、操作人员应熟悉"五防"装置的特点，并正确使用"五防"装置。已投运的"五防"装置不得轻易解除，对有缺陷的"五防"装置应经电气负责人批准后才可解除，并限期修复。

开关室内应保持干燥清洁，对安全距离较小的手车式开关，要加强防短路措施，在梅雨、雷雨季节或阴雨天气设吸湿器，必要时在柜内装设加热器，加热器要保持完整性，平时应加强检查，确保该装置的正常运行。在选用该类开关时应慎重，尤其不宜使用在污秽严重和潮湿的地方。

3. 防止变压器损坏、互感器爆炸事故

日常的运行维护可以及时发现变压器的安全隐患。运行人员要加强对变压器的运行管理，经常对变压器进行清扫工作，按周期进行预防性试验。加强对有载调压变压器分接开关的运行检查、试验和维修工作，发现缺陷及时处理。

要做好户外流压变等的巡视工作。加强对变压器、互感器备品的管理，定期做好试验，以便故障调换。

变压器长期处于满载甚至超载的情况下，既不利于节能，也对变压器自身带来安全隐患，因此，运行中要严格控制变压器超时过负荷，对已处于满载或重载可能超载运行的变压器应及时增加变压器或更换大容量变压器。

4. 防止继电保护事故

继电保护事故的原因是多方面的，有设计不合理、原因不成熟、制造上的缺陷、定值问题、调试问题和维护不良等。在运行中，要注意继电保护装置的原理图、展开图及盘后接线图应完全正确，并符合现场实际接线。

健全继电保护整定值的管理，运行方式的改变，设备的调换，负荷的改变都应核对继保整定值。根据实际运行情况修正定值，并定期进行继电保护校验。要加强继电保护管理，防止发生误整定、误接线、误碰的"三误"事故。

按规定做好继电保护校验工作，每年应检查继电保护二次回路绝缘电路值是否符合要求，做好记录，有缺陷应立即查明原因加以消除。各类继电器应有备品，定期试验，以便例调及故障调换。

采用电容储能跳闸直流电源装置的用户应特别检查其交流电源的可靠性，定期检查电容器的容量是否足够，电容储能跳闸回路是否有寄生放电回路。在试验高压开关跳闸时，应将交流电源全部切断，如发现电容量不足、逆止阀击空、有寄生放电回路等问题要及时进行处理。

加强对运行中的镍镉电池屏的巡视维护工作，检查蓄电池的浮充电及液面情况。对运行中酸、碱性蓄电池应定期进行维护，必要时可短暂停用充电回路，进行带负载测量蓄电池端电压（内压降不得太大），以确保蓄电池在满容量情况下运行。

5. 防止电容器事故

当电容器因制造工艺、安装质量以及恶劣的运行条件等原因使绝缘电阻降低、箱壳膨胀、油面下降，极易造成元件击穿，进而引起爆炸或火灾事故。因此，为了防止电容器事故，电容器室内应有完好的通风，并做好防火安全措施。低压电容器应加装自动投切装置，并定期进行检查。无功补偿电容器在节假日里应切除。

6. 防止污闪事故

根据不同季节和区域，对防止污闪事故发生有着不同的防范措施。在梅雨、雷雨季节前

（或季节变化前）对户外绝缘子、套管，进行清揩，并做好记录，对污秽地区要增加清揩次数。对严重污秽、有大量粉尘或有害气体的地区，绝缘子套管上应涂硅脂，以提高防污性能，对少数难以清揩的绝缘子应根据具体情况给予轮换。在严重污秽地区，要保持开关室的通风，防止结露，特别要加强对安全距离较小的开关柜的巡视。

7. 防止雷击、过电压事故

有效的保护范围和合格的接地，是预防雷击、过电压事故的主要措施。因此，要复核防雷设备及其保护范围，避雷器应定期校验，及时复投，要检查避雷针引下线是否锈蚀，定期测试避雷针接地电阻，不符合标准的要查出原因，及时处理，加强巡视工作。

多雷地区配电变压器低压仍应加装氧化锌避雷器。氧化锌避雷器应按期测量保行电压下的泄露电流，发现问题及时处理。

8. 防止接地装置事故

接地装置长期处在地下或阴暗、潮湿的环境中，最容易发生腐蚀，由于接地装置的腐蚀会极大地影响装置的使用寿命，造成接地网局部断裂、接地线与接地网脱离，形成严重的接地隐患或构成事故，特别是一些主设备和防雷设备"失地"，会造成严重后果，会使防雷设备失去作用，会在接地短路故障发生时，使局部电位升高，高压向低压反击，使事故扩大。新建变电站接地网必须进行质量验收，必须符合接地装置的有关规定，接地网的图纸资料必须齐全备案。

应定期测量接地网的接地电阻值（包括接地引下线的测量），测量数据必须符合规程要求，测量数据报告要存档备案。对运行年久（12年以上）的户外铁质接地网要进行挖土检查，锈蚀严重的要重新敷设，并采用热镀锌扁铁，其截面要符合规定。

施工用电、临时用电要有可靠接地，并经常检查接地情况。低压架空线中性线应做好重复接地，并做好资料工作。

9. 防火灾事故

用户变电站、配电室内电缆沟、电缆夹层、电缆竖井，应无热力管道、燃气管道和其他易燃物品。控制室、开关室、计算机室等通往电缆夹层、隧道、穿越楼板、墙壁、柜、盘等处的所有电缆和之间缝隙必须采用合格的不燃或阴燃材料封堵。用户扩建工程电缆时，用电检查人员要加强对施工现场的检查，对贯穿在生产设备之间的电缆和损伤的阻火墙，应及时恢复封堵。

经常检查变配电站防火措施及消防设备，缺少的应补充。高压室及变压器室严禁堆放杂物，变电站及变压器室道路要保持畅通。对负荷较大的铝排接头及铜铝接头，穿墙套管接头除平常检查外，还应结合检修进行检查处理，防止频发性发热事故，有条件的可开展季节性测温工作。

10. 防雨、雪、小动物事故

为了预防事故，变配电站及蓄电池室的房屋建筑应做到"四防一通"（防雨雪、防汛、防火、防小动物，良好通风）。单斜百叶通风窗应改成曲折百叶通风窗或在百叶窗外加防雨挡板，同时要复核变配电站通风是否符合要求。变配电站和蓄电池室房屋、门、窗、电线沟的破洞、裂缝及电线进出线孔均应堵塞，铁丝护网的网眼不得大于10mm×10mm，以防止小动物进入。

11. 防止其他事故

为做好事故时的应急处置，变配电站、重要部门及公共场所还应具备节能高效的事故应急灯。加强对移动电具管理，应建立专人负责保管、定期检查和借用制度。临时线路必须符合安全要求，并有审批制度及规定使用期限，危及人身安全的临时线路应立即断电、停电并拆除，严禁使用一线一地制。

【思考与练习】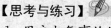

1. 用户电气事故的常见类型有哪些？
2. 简述事故现场保护的意义以及基本要求。
3. 试述用户电气事故的调查程序。
4. 用户电气事故调查中应注意的安全事项有哪些？
5. 简述用户电气事故防范措施的落实要求。

第八章

重 要 电 力 用 户 管 理

第一节 日 常 管 理

一、重要电力用户管理的目的和任务

重要电力用户是指在国家或者一个地区（城市）的社会、政治、经济生活中占有重要地位，对其中断供电将可能造成人身伤亡、较大环境污染、较大政治影响、较大经济损失、社会公共秩序严重混乱的用电单位或对供电可靠性有特殊要求的用电场所。

重要电力用户的用电安全直接影响社会稳定与人民生命财产安全尽管保障用电安全的责任主体是重要电力用户，但加强重要电力用户管理是供电企业自觉履行企业社会责任，提高社会应对电力突发事件的应急能力，有效防止次生灾害发生，维护社会公共安全的有效途径。

根据供电可靠性的要求以及中断供电危害程度，重要电力用户可以分为特级、一级、二级重要电力用户和临时性重要电力用户。

特级重要电力用户，是指在管理国家事务中具有特别重要作用，中断供电将可能危害国家安全的电力用户。

一级重要电力用户，是指中断供电将可能产生下列后果之一的：①发生中毒、爆炸或火灾的；②造成重大政治影响的；③造成重大经济损失的；④造成较大范围社会公共秩序严重混乱的。

二级重要电力用户，是指中断供电将可能产生下列后果之一的：①造成较大环境污染的；②造成较大政治影响的；③造成较大经济损失的；④造成一定范围社会公共秩序严重混乱的。

临时性重要电力用户，是指需要临时特殊供电保障的电力用户。

二、重要电力用户管理的工作内容

1. 重要电力用户的认定

重要电力用户一般在当地经济、社会、政治、军事领域中占有重要地位，中断供电将在一定程度上危害人身安全或公共安全，造成社会政治影响，对环境产生污染，带来经济损失等。为明确管理重点与目标，应结合当地实际，对重要电力用户按规定程序进行认定。按照目前的管理体制，对重要电力用户的管理以"属地为主"的原则，重要电力用户的名单由县级以上人民政府确定。电力监管机构会同地方人民政府共同实施对重要电力用户的监督管理。

根据电力用户生产工艺、负荷性质、供电可靠性要求以及中断供电的危害程度，属于重要

电力用户范围的，应向所在地供电企业进行重要电力用户等级申报，重要电力用户等级分类可参考表 8 - 1。

表 8 - 1　　　　　　　　　　　　重要电力用户等级分类表

序号	用 户	用 电 设 备 和 场 合
一级	省级及以上党、政、军、警首脑机关	主要办公室、会议室、总值班室、档案室及主要通道照明、消防用电、客梯、生活泵等负荷
	省级及以上应急指挥中心	应急指挥系统（含通信系统）
	省级及以上广播电台、电视台	计算机系统电源，直播的语音播音室、电视演播厅、控制室、录像室、中心机房、微波机房及其发射机房的用电
	省级及以上电力调度中心	电力调度指挥系统
	特级体育场馆	游泳馆的比赛场（厅）、主席台、贵宾室、接待室、新闻发布厅、广场及主要通道照明、计时记分装置和广播、新闻摄影及应急照明等用电
二级	地市级党、政、军、警首脑机关	主要办公室、会议室、总值班室、档案室及主要通道照明、消防用电、客梯、生活泵等负荷
	省级及以上气象局、地震局	主要业务用计算机系统电源
	银行、金融中心、证交中心	重要计算机数据中心
	民用机场	航空管制，导航，通信，气象，助航灯光系统设施和台站；边防、海关的安全检查设备；航班预报设备；三级以上油库，为飞机及旅客服务的办公用房；候机楼、外航驻机场办事处、站坪照明、站坪机务用电
	铁路客运枢纽站	最高聚集人数≥4000 人的旅客车站和国境站，包括旅客站房、站台、天桥及地道等的用电负荷；电气化铁路牵引站
	港口客运枢纽站	通信、导航设施用电负荷
	关系国计民生的水利设施	区域性水源的用电设备，跨区供水系统负荷
	重要通信枢纽	保证通信不中断的主要设备负荷
	县级及以上医院	急诊部的所有用房；监护病房、产房、婴儿室、血液病房的净化室、血液透析室；病理切片分析、磁共振、手术部、CT 扫描室、高压氧舱、加速器机房、治疗室、血库、配血室的电力照明，以及培养箱、冰箱、恒温箱和其他必须持续供电的精密医疗装备；走道照明；重要手术室空调
	地市级及以上中心大型血库	血液保存装置用电
	地市级及以上交通指挥中心	交通指挥计算机系统电源

2. 重要电力用户的业扩报装

由于重要电力用户管理的特殊性，对属于重要行业的用户在申请时除履行认定程序外，供电企业还须严格审核用户报装资料，执行国家安全生产管理规定和国家产业发展政策，根据政府批准文件和有关规程规范确定供电方案，严把业扩接电入网关，严格执行业扩工程验收标准。针对重要电力用户和高危用户负荷特性的需要，落实双电源、保安电源的供电电源配置，落实用户自备应急电源配置及可靠的非电保安措施，严把业扩接电安全入网关，确保不带用电安全隐患接入电网。

根据依法经营、规范管理的需要，供电企业与用户应签订《供用电合同》，《供用电合同》应根据平等自愿、协商一致的原则，合同条款应符合国家有关法律法规要求，确保合同合法有效。在《供用电合同》中应进一步明确供用电安全管理责任，隐患治理责任；明确因自备应急电源、非电保安措施配置不到位，用户内部继电保护及安全自动装置隐患消缺不落实、运行维护不符合安全规程管理和技术要求，应急预案及处置不到位等原因引起的供用电安全事故责任以及供电中断情况下的非电保安措施及免责性条款等内容。合同中约定的供电方式、产权分界等发生变更或合同到期，要及时修订或重新签订合同。

　　3. 重要电力用户电源及保安措施配置

　　当前，在实际工作中，许多重要电力用户的供电方式和可靠性达不到相应级别负荷的要求，部分重要电力用户为单电源供电，既无备用电源，也无保安电源，防突发性停电能力较低。部分重要电力用户的供电表面上是双电源供电或有保安电源，但由于电网结构等原因，并不是真正的双电源供电，其两路电源均来自同一个变电站，可靠性并不高。因此，规范重要电力用户供电电源及自备应急电源的配置与管理，是提高电力突发事件应急能力，维护社会公共安全的重要方面。

　　(1) 供电电源配置要求。

　　1) 特级重要电力用户具备三路电源供电条件，其中的两路电源应当来自两个不同的变电站，当任何两路电源发生故障时，第三路电源能保证独立正常供电。

　　2) 一级重要电力用户具备两路电源供电条件，两路电源应当来自两个不同的变电站，当一路电源发生故障时，另一路电源能保证独立正常供电。

　　3) 二级重要电力用户具备双回路供电条件，供电电源可以来自同一个变电站的不同母线段。

　　4) 临时性重要电力用户按照供电负荷重要性，在条件允许的情况下，可以通过临时架线等方式具备双回路或两路上电源供电条件。

　　(2) 自备电源配置要求。

　　由于重要电力用户在因供电中断而有可能引发重大人身伤亡、经济损失、环境污染、秩序混乱等情况下，需要保证对其连续供电的重要电力负荷。在重要用户供电中断时，重要电力用户应当迅速启动自备应急电源，防止发生次生灾害。由于电网企业专业技术人员和移动式应急电源储备有限，且在应急情况下必须服务应急指挥机构的统一调配，事故停电情况下，电网企业不足以为所有的重要电力用户提供广泛的支援。因此，电力用户应按有关技术规范配置足够的自备应急电源，并加强运行管理，确保其在电力供应中断情况下可靠投运。

　　重要电力用户自备应急电源配置容量标准应达到保安负荷的120%。保安负荷供电的电源应相对独立，自备应急电源与电网电源之间应装设可靠的电气或机械闭锁装置，防止倒送电。自备应急电源启动时间应满足安全要求。对临时性重要电力用户可以通过租用应急发电车方式，配置自备应急电源。

　　重要电力用户选用的自备应急电源设备要符合国家有关安全、消防、节能、环保等技术规范和标准要求。自备应急电源的建设、运行、维护和管理由重要电力用户自行负责。重要电力用户要按照国家和电力行业有关规程、规范和标准的要求，对自备应急电源定期进行安全检查、预防性试验、启机试验和切换装置的切换试验。供电企业要掌握重要电力用户自备应急电源的配置和使用情况，建立基础档案数据库，并指导重要电力用户排查治理安全用电隐患，安全使用自备应急电源。

　　重要电力用户的自备应急电源在使用过程中应杜绝和防止以下情况发生：自行变更自备应急电源接线方式；自行拆除自备应急电源的闭锁装置或者使其失效；自备应急电源发生故障后长期不能修复并影响正常运行；擅自将自备应急电源引入，转供其他用户；其他可能发生自备应急电源向电网倒送电的。

（3）非电保安措施。

电力运行的安全可靠性不仅受电网运行设备健康水平的影响，还与电网中用户的用电安全有关。就目前的电网运行水平，还远远达不到100％的供电可靠率。因此，重要电力用户不能仅仅依赖于对电网的供电。应急电源也存在故障可能，在某些事故状态下，更是不允许继续使用电力，重要电力用户应结合生产工艺特点做好相关的非电保安措施。非电保安措施是重要电力用户在紧急情况下为防止事故损失扩大而采取的无须依赖电力供应的措施。如污水处理企业的紧急排放口、电气化铁路中的内燃机车等。

4. 重要电力用户的安全管理

（1）严格遵守调度纪律，不得违反规定停电、无故拖延送电。严格执行停、送电联系制度，停电、恢复送电以及运行方式发生较大变化（如双回路电源供电的用户，其中一条线路停电检修等）之前必须按规定时间提前通知用户，并做好完整记录。

（2）规范停限电管理。按规定的程序和要求，实施催交电费、制止窃电、有序用电等停限电措施，做到手续齐全，程序规范。在制订电力平衡方案时，应当充分考虑重要电力用户的用电可靠性，保证重要电力用户的用电。严禁对保安负荷采取停限电措施，严格执行政府批准的限电序位表，规范限电序位管理，积极协助地方政府制定不同供电能力情况下的有序供电方案，按年度编制超计划限电序位表和事故限电序位表，严格履行政府审批程序，确保"两表"合法有效。不得将煤矿、非煤矿山等高危企业供电专线列入拉闸限电序位表，计划限电严格执行通知用户的有关规定。不得使用未经地方政府批准或过期的限电序位表。制定并完善应急预案，与调度及生产部门建立采取停限电措施协调机制，确保不因采取停限电措施引发生产运行及用电安全事故。

（3）规范隐患治理措施。对重要电力用户安全管理应做到"服务、通知、报告、督导"四到位。开展安全隐患排查整改各单位要对供电区域内高危企业和重要电力用户的供用电设施、自备应急电源配备以及生产能力等情况进行摸底调查，建立高危企业和重要电力用户档案资料库，掌握高危企业和重要电力用户供电安全状况。对电网不具备安全供电条件的合法高危企业和重要电力用户，要建立应急预案，采取措施防范事故风险，并做好向地方政府汇报备案工作，协调解决供电安全问题。重大政治活动或重要节假日保电期间，要积极配合地方政府，开展用电安全检查，督促用户整改安全隐患，落实安全措施。

（4）建立健全应急机制。加强安全应急工作，明确供电安全应急工作职责，完善各类供电事故应急预案，定期组织预案演练和评估。加强与社会各界沟通，建立报告制度，积极主动向各级政府汇报，建立与政府及社会各界沟通机制，促成地方政府公布确认高危用户名单，明确隐患治理要求，推进隐患治理工作深入。加强安全形势和安全用电知识宣传，增强广大群众依法用电和安全用电意识，营造诚信用电的良好氛围。坚决防止发生因供电原因造成的重大社会事件，及时化解供用电矛盾。建立用户安全事故报告制度，增强主动性和敏感性，切实做好供电安全事故和突发事件信息报告工作。

三、重要电力用户停电应急预案

1. 编制重要用户停电应急预案的意义

停电应急预案是及时有效开展应急处置的重要前提和基础保障。2007年颁布实施的《突发事件应对法》和2005年颁布实施的《电力监管条例》分别对突发事件和电力突发事件应急预案作出了明确规定。预案编制应明确应急组织指挥体系及职责，确定预警和预防机制，制定应急响应的各项措施，并详细对应急保障提出要求。

供电企业及用户应对应急预案不断地开展演练，以进一步检验应急机制和体系的合理性和有效性，不断提高供电企业与用户掌握事故应急处理要领，为一旦发生电网大面积停电事件时能快速有效处置和把灾害损失降到最低限度而积累经验。同时，查找应急体系管理中存在的薄弱环节，分析和查找重要电力用户本身在应急演练中存在的不足，指导用户进一步整改，确保重要电力用户服务安全生产。

2. 重要用户停电应急预案实例

××矿业有限公司停电应急预案

1.1　目的

由于灾害性的天气增多，我公司的供电线路又都在山区中架设，供电网突然出现供电中断事故增加，有可能危及我公司的安全生产。为提高我公司的供用电突发事件的应急保障能力，最大限度地减少供用电突发事件所造成的损失，确保生命财产安全，特制定失电保安应急预案。

1.2　适用范围

本预案适用于××矿业有限公司的矿业公司、选矿厂等，在供电网突然失电时所发生的突发事件的应急处理。

1.3　工作原则

1.3.1　以人为本，快速反应。在××矿业有限公司的矿业公司井下用电、选矿厂供用电发生突发事件的情况下，应在公司总经理的领导下，实行统一指挥，分级负责，并根据事件的性质和影响度，具体分级组织实施。

1.3.2　职责分明，分工合作。供用电的应急保障工作应在明确矿业公司井下、选矿厂、球团公司用电等职责的前提下，由公司用电管理领导小组按各单位的职责对工作进行分工布置和协调指挥。

2.1　组织体系及职责

2.1.1　组织体系

2.1.1.1　公司成立用电管理领导小组，由公司第一把手兼组长，公司副总经理兼副组长，工程科及相关人员为组员。

2.1.2　工作职责

2.1.2.1　用电领导小组组长、副组长主要职责：

(1) 指导二级单位的供用电应急状态时，确定各矿井、选矿的具体任务及工作分工。

(2) 督促二级单位对供用电安全基础知识的教育培训，提高职工用电安全意识。

(3) 督促小组成员完善和修订电气安全技术标准和规程。

(4) 督促二级单位和协作单位及时发放井下工人劳动保护用品，以及各矿井作业人员下井时必须携带手电筒，以防供用电不测。

(5) 发生供用电应急状态时，用电领导小组的领导负责对供用电部门发出求援信息，以最快的联络方式，求助外围上级部门的支持和救助。尽量减少因供用电造成的人员伤害和财产损失。下面是对外救助的电话。

1) 客服热线　　　　电话号码：×××××××

2) 电力调度区调　　电话号码：×××××××

3) 消防大队　　　　电话号码：×××××××

2.1.2.2　用电领导小组成员的主要职责：

（1）可靠供用电：由于我矿环境特殊。如果供用电不正常，将会产生一系列意想不到的后果，造成人员伤亡和财产损失等事故。所以矿山一般采用二个独立的电源，并实行双回路供用电，以保证井下供用电的连续性和可靠性。但是在没有双回路供用电的情况下，所以我们必须与电力部门调度及时取得联系，做到提早通知，预先采取供用电应急保障，保证可靠供用电，以防意外事故的发生。

（2）经济供用电：在供用电时力求做到投资省，电能损耗小，运行维护低的原则。

（3）质量供用电：供用电质量主要是衡量供用电的电压和频率是否在额定值和允许偏差范围内。供用电电压允许偏差为±5％。如果电压偏移增大，用电设备性能恶化，严重时会损坏。因此用电领导小组成员要积极和上级有关供用电部门经常联系，保证本公司供用电质量。

（4）安全供用电：矿山环境恶劣，必须按安全规程的有关规定进行供用电，确保安全生产。

3.1　停电状况

3.1.1　事先通知的停电

用电领导小组领导或成员在接到上级供电企业的停电通知后，必须立即通知到二级单位负责人，使各单位能及时通知相关人员安排好相应的各项工作。

3.1.2　未通知的突然失电

3.1.2.1　失电产生的后果

一、矿业公司

有发生以下情况的可能性：（1）人身伤亡事故：竖井提升时乘罐人员；斜井提升作业人员；井下点炮时点炮人员的危险；打吊罐天井作业人员的危险。（2）设备事故：运行中的设备的突然停车或其他情况。（3）淹井事故：抗洪时水泵外排水停止排水，随时有淹井的危险。

二、选矿厂

一般不会发生人身事故，但有发生：（1）输浆管路堵塞、爆管、浓缩机耙架变形等严重影响生产的设备事故；（2）浓缩池泥浆水外溢和零排污池内污水外溢污染环境的可能性；（3）用行车起吊检修的场地的人员将存在安全隐患；（4）在抗洪时地下泵站有被淹没的可能。

3.1.2.2　突然失电的保安应急预案

不管是在恶劣天气或供电内外电力网出现故障时，而出现的突发停电。用电领导小组必须马上弄清楚来龙去脉，将结果告诉二级单位，便于按要求进行操作。各单位根据情况适时启动相应的失电保安应急预案。

3.1.2.3　各单位的失电保安应急预案

在生产过程中，根据各单位的具体工况条件而制定相应的保安应急预案，具体如下：

矿业公司停电应急预案

矿业公司在井下全线停电的情况下，为了保证井下乘罐人员和作业人员的安全，并有序从井下撤离到地面。为避免或减少损失，特制定以下应急保障预案：

1. 宣传教育考核

强调下井必须带手电筒，并要求多备几颗电珠，必须确保电筒正确使用。

车间及安全管理人员在下井检查时，将下井人员是否带手电筒列入检查范围内，违者严肃处理并相关人员进行考核。

重申下井挂牌制度，必须保证制度严格执行。

2. 配备应急物资

手摇绞车 3 台、应急灯 10 只、5t 滑轮 2 只、保险带 5 副、白棕绳 100m。

3. 应急措施

（1）非乘罐人员的撤离。

在井下完全停电的情况下，应急处理小组立即派员随带应急灯赶到东矿老主井、西矿明井主井各层井口，各分层作业人员不要紧张和慌乱，通知各分层人行井到老主井、西矿明井井口集合，用应急洒照亮各层井口和井筒，并有序从老主井井筒内人行井梯子安全撤到＋65 水平平硐口。

（2）罐笼内人员的撤离。

1）老主井如果 1 号罐笼在上下人员进停电，罐内人员不要自行逃出，等救援人员接应，救援人员从人行梯子下去，帮助打开罐笼顶盖从梯子逃生。

2）如果 2 号罐笼在上下人员时停电，罐内人员不要自行现罐，等待救援，救援人员根据绞车深度指示器确认最近分层，并组织好人员，封好井口平台，采用手摇绞车、保险带等工具，把救援人员先下放到罐笼顶板，帮助下面人员系好保险带与用手摇绞车拉到分层马头门，然而再从人行梯子爬上。

（3）吊罐作业人员撤离。

在井下完全停电的情况下，吊罐内人员不要自行撤离，等待救援人员救援，救援人员分 2 路到作业现场，上下联系确认后，采用游动绞车松抱闸，利用自重向下滑行，松闸必须保证缓慢滑行，滑行 1m 左右停车，上下联系确认后，再松闸滑行，依次操作，直到人员安全撤离到分层，然后人行井、老主井梯子撤离到＋65 水平平硐口。

（4）斜井拉运作业人员的撤离。

在拉运时由于突然停电致使绞车突然停车，钢丝绳受到较大的冲击，有可能使拉运钢丝绳拉断，故拉运作业人员必须在每次连接完车辆后要撤离到安全地方，以避让断绳后急剧高速下滑或下滚的车辆，做到确认安全后再撤离井下。

选矿厂停电应急预案

选矿厂在停电情况下，可能产生输浆堵塞、爆管、浓缩机耙架变形等严重影响生产的设备事故和环境污染事故。为避免或减少损失，特制定以下失电保安应急预案。

1. 宣传教育考核

将失电后产生的后果通报给相关操作人员和应急小组人员。

作业人员必须带手电筒，作业场所须配有应急照明灯具。

车间及安全管理人员在下场检查时，将应急照明器具的设置完好情况列入检查范围内，并对相关人员进行考核。

2. 配备应急物资

应急明灯 10 只，黄泥若干袋。

3. 应急措施

（1）操作作业人员应关掉能关的所有设备的电源开关，然而撤离现场。

（2）检修作业，吊物悬挂时，周围人员必须马上撤离，并切断行车总电源。如重物下滑，应人工调紧抱闸，后用人工盘动大、小车使之至安全处，可视情况，微微开抱闸，慢慢放下吊物。

（3）应急小组人员组织人员对浓缩池和废水池用进行黄泥堆积筑坝，以防污水外溢。

（4）堵管现象只能等恢复送电后再作处理。

第二节　用户侧保供电

一、保供电的目的和任务

在国家社会重要活动、特殊时期的电力供应保障，以及处置国家和社会出现严重自然灾害、突发事件，政府要求供电企业在电力供应方面提供保障，为此，供电企业建立了相应的保供电制度，建立紧急情况下快速、有效的事故抢险、救援和应急处理机制，确保国家社会重要活动、特殊时期的电力供应，确保严重自然灾害、突发事件期间提供有效电力支援。

保供电工作依据"分级负责、反应及时、安全可靠、常态管理"的原则，按照重要程度作如下分类：

特级保供电：国家承办举办特别重大的政治、经济、文化、体育等活动，以及特别重大突发事件处置，需要协调解决电力供应保障或支援的保电事件。

一级保供电：省级以上政府承办举办重要政治、经济、文化、体育等活动，以及重大突发事件处置，需要协调解决电力供应保障或支援的保电事件。

二级保供电：举办市（州）、县两级重要政治、经济、文化、体育等活动，以及突发事件处置，需要协调解决电力供应保障或支援的保电事件。

保供电处置基本原则如下：

（1）保障供应，减少危害。把保障电力可靠供应作为首要任务，确保重要保电事件的电力供应或支援，最大程度减少停电造成的各类危害。

（2）居安思危，预防为主。贯彻预防为主的思想，树立常备不懈的观念，防患于未然。增强忧患意识，坚持电力供应保障与应急支援并重，常态与非常态相结合，做好重要保电事件的各项准备工作。

（3）统一领导，分级负责。落实党中央、国务院的部署，按照综合协调、分类管理、分级负责、属地为主的要求，开展重要保电事件处置工作。

（4）考虑全局，突出重点。采取一切必要手段，提供可靠电力供应。采取应急供电措施，保证国家重大活动、重大自然灾害救援、重大突发事件应急指挥部门的电力支援。

（5）快速响应，协同应对。充分发挥供电企业优势，建立健全"上下联动、区域协作"快速响应机制，加强与政府的沟通协作，整合内外部应急资源，协同开展重要保电事件处置工作。

（6）依靠科技，提高素质。加强重要保电事件处置科学技术研究和开发，采用先进的监测预警和应急处置技术，提高重要保电事件处置的能力。

二、保供电工作的开展

1. 保供电的流程

保供电工作应由主办单位向供电企业提出申请，由供电企业和用户共同在重大活动的特定时段或专项活动过程中，对万一发生停电可造成重大社会政治影响的供电任务实施特定电力保障工作。通过活动前进行综合预控，活动过程中实施安全强化，活动后进行总结提高的全过程管理，实现重大活动的安全稳定供电。因此，保供电的工作内容主要包括受理申请、现场检查、制订方案、组织实施等。保供电流程图如图8-1所示。

为确保保供电工作落实到位，在组织措施上要做到：建立保电工作领导小组及工作办公室，宣传保电工作的任务和意义，全面落实保电工作职责。部署保电工作的各项措施，并督促检查

图 8-1　保供电流程图

各部门的保电措施落实情况。要制定保电方案、事故处理预案和供用电应急预案。根据实际情况定期组织事故、抢修预案的演练。

在技术措施上要做到：对保电场所的电源、输配电线路、变配电设施及继电保护和自动装置等进行重点检查，督促用户进行限时整改；安排实施为保电用户供电的输、变电设施的特巡，确保设备无缺陷；对重点设备进行事故演练，落实重点变电站、重点线路和保电用户的责任制；合理配置发电车、不间断电源车等移动供电设施；保电期间所需备品备件准备齐全；与保电工作有关的变电站、开关站（配电室）不安排停电检修和例行工作；保证保电期间交通、通信信息畅通。

2. 保供电的申请

用户举办重要活动需要保供电时，应向供电企业提出书面申请。考虑到供电企业实施保供电工作需要相关准备工作，保供电申请应提前七天提出。用户在提交《重大活动保证安全供用电申请书》中应明确活动名称、活动起讫时间、联系人信息、保供电活动详细地址、保供电活动所属供电线路和配电设施。用户单位应做好保供电应急措施，并在申请书中进行说明。供电企业根据用户申请情况，确定相应的保供电级别，制定保供电方案，并认真实施。《重大活动保证安全供用电申请书》见表 8-2。

表 8-2　　　　　　　　　　　重大活动保证安全供用电申请书

主办单位（盖章）　　　　　　　　　　　　　　　　　申请日期：　　年　月　日

主办单位		主要负责人	
活动名称		活动起讫时间	
联系人		联系电话	
申请理由			
"保供"活动详细地点			
"保供"活动所属供电线路和配电设施			
主办单位应急方案			
供电部门审批意见			
备注	本申请书一式二份，主办单位需提前七天提出申请		

3. 保供电的现场检查

在保供电工作开始前，要对与保电工作相关的变电站、开关站及保电准备工作进行检查，确认用户基本情况，包括电气主管、值班人员等的联系方式。在供电系统方面，要安排实施为保电用户供电的输、变电设施的特巡，确保设备无缺陷；在用户方面，要对保电场所的电源、输配电线路、变配电设施及继电保护和自动装置等进行重点检查。在做好输配电系统检查的同时，还应检查保电准备的相关事项，检查发电车、不间断电源等移动供电设施的安全情况；检查保电所需备品备件是否齐全。

按表 8-3 检查用户一、二次设备情况及运行状况。

表 8-3 用户一、二次设备情况及运行状况检查表

设备名称	检查项目	检查结果	异常情况详述
变压器	总容量	××kVA	
变压器	总台数	××台	
1号变压器	型号		
1号变压器	容量	××kVA	
1号变压器	瓷质有无明显损坏	有□ 无□	
1号变压器	有无明显异常声响	有□ 无□	
1号变压器	温控冷却装置	正常□ 异常□	
1号变压器	试验是否超期	有□ 无□	
1号变压器	试验是否合格	有□ 无□	
1号变压器	绝缘油渗漏情况	正常□ 渗漏□	
1号变压器	硅胶应呈正常颜色	正常□ 异常□	
1号变压器	其他		
2号变压器	与上同		
信号盘	指示清晰	正常□ 异常□	
避雷器	型号		
避雷器	瓷质有无明显损坏	正常□ 异常□	
避雷器	计数器计数		
避雷器	接地引下线情况		
高压架空线路	有无树线建筑矛盾	有□ 无□	
高压架空线路	有无鸟窝	有□ 无□	
高压架空线路	瓷瓶瓷面有无明显损伤		
隔离开关			
熔断器			
低压设备	编号名称是否明晰	是□ 否□	
低压设备	指示灯是否正常	是□ 否□	
低压设备	是否存在过负荷现象	是□ 否□	
低压设备	重要负荷分布是否合理	是□ 否□	
无功补偿装置	总容量	××kvar	
无功补偿装置	型号		
无功补偿装置	是否正常投切	是□ 否□	
继电保护装置	类型		
继电保护装置	是否超期	是□ 否□	
继电保护装置	试验是否合格	是□ 否□	

设备名称	检查项目	检查结果	异常情况详述
直流和其他二次设备	电池电压是否正常	是□ 否□	
直流和其他二次设备	电池外观有无变形	是□ 否□	
直流和其他二次设备	电池外观有无漏液	是□ 否□	
事故照明	是否正常	是□ 否□	
中央信号装置	是否正常	是□ 否□	
自备应急电源	型号		
自备应急电源	容量	××kW	
自备应急电源	闭锁方式		
自备应急电源	是否预留与外部发电车的接口	是□ 否□	

除了设备安全运行状况检查外，还应检查用户变配电室运行管理，见表8-4。

表8-4 用户变配电室运行管理检查表

运行管理要求	检查结果	异常情况详述
变配电室门上应标明名称	有□ 无□	
变配电室应设置电话	号码为：××	
变压器应设置围栏	有□ 无□	
一、二次设备应标明调度命名	有□ 无□	
变配电室应配置绝缘垫	有□ 无□	
变配电室不应漏雨	有□ 无□	
模拟图板应与实际设备相符	有□ 无□	
应有设备测温记录，防止过负荷造成设备损坏	有□ 无□	
变配电室应配置防小动物措施	有□ 无□	
变配电室应配置消防器材	有□ 无□	
安全工器具应配备齐全、试验	有□ 无□	
值班电工应到岗到位	有□ 无□	

4. 保供电的实施

（1）特级保供电内容。

1）要成立专门保供电组织机构，根据保电场所和范围编制电力保障工作总体方案，并将方案、值班安排及通信联络方法报上级保电管理办公室。

2）保电期间主、配电网全接线、全出力、全保护运行。除必要情况下为改善电能质量进行的电容器自动投切、电抗器投切等操作外，停止对有关设备的检修操作，并加强值班巡视。确需停电检修的电气设备，要经上级主管部门专门审核，经审批同意后方可操作，同时要制订针对性的应急预案，以防突发情况影响保供电工作的正常进行。

3）按照定点、定时、定人、定岗、定责的"五定"原则明确保供电用户清单及各类保电人员、应急发电车配置。活动举办期间，对重要变电站恢复有人值班，对重要线路杆塔、开关站实行有人值守，保供电场所派专人实行不间断驻点保供电，并提供应急发电车现场值守，现场保电人员、设备要在活动正式开始前2h全部到位，并在活动全部结束2h后方可撤离。

4）调度部门要掌握保电期间的电网运行要求，安排好系统运行方式。对重要保电用户要确保"N−1"方式下的运行工况，特别重要的应考虑"N−2"情况的保电方案。要针对薄弱环节制定事故预想、预案，并让各级调度人员熟练掌握。要提前组织主网反事故演练，并选择重点保电地点进行同步停电应急演练。

5）生产部门要督促对涉及各有关保电用户的供电线路、变电设施等电力设备进行全面检查，及时做好电气设备的检修、试验、消缺工作，避免电力设备故障隐患引发停电事故。要向沿线施工单位宣传保电期间保护电力设施的重要性，并落实检查人员和防护措施。保电期间，要对临近重要电力设施的施工点派人每天特巡。对可能影响安全的施工单位要发出停止此期间施工的书面通知。对各发电车要进行安全检查，做到随时可调、可用。在保电期间发电车要服从统一指挥调度。

6）安监部门要监督各下属单位制订保供电期间各类应急预案和现场应急处置预案，负责组织对各类应急预案的评审，监督各类应急保障措施的落实。组织开展电力系统事故对重要保电用户造成影响的事故调查、分析工作，监督对重大停电事故调查分析及处理工作，组织协调重要保电用户的事故调查、分析工作。

7）营销部门要精心做好保电期间负荷预测工作，加强对用户受电装置的安全检查工作，指导、督促用户对用电设备进行全面检查及消缺工作。应向有关用户明确按照产权责任分界点划分各自的运行维护职责，对重要场所要检查到末端设备，对需要提供应急发电车备用的，需提前确定发电机接口具体位置。对于检查中发现的问题应以缺陷单形式通知用户，对影响安全、可靠供用电的严重缺陷需以正式文件形式函告用户，并督促其限期消除，必要时应同时抄报用户上级主管单位和政府相关部门。

8）宣传部门要做好全局活动期间新闻报道的策划、组织实施及对基层单位新闻宣传报道的帮助指导工作。加强与社会新闻媒体的沟通与协调，做好供用电突发事件的新闻应急报道。挖掘、总结、推广全局在保供电期间的先进事迹和成功经验，做好企业形象的正面宣传和负面新闻报道的防控。

9）办公室负责保供电所涉及各类资料的编印、发放及收集存档等工作。

10）保电期间各级供电企业要组织强有力的抢修队伍，准备充足的人员、车辆、抢修工器具、备品备件、夜间应急照明设施等。要做好应对保电期间发生特高温、暴雨、大潮汛等较大气象或自然灾难、各类突发外力破坏事件等的准备，制订并落实针对性的反事故措施。

（2）一级保供电工作内容。

1）要成立专门保供电组织机构，按照活动要求编制保供电方案，明确重要场所现场保供电用户清单及各类保电人员、应急发电车配置。重要场所活动举办期间，派专人现场实施保供电，配备必要的现场抢修力量。

2）调度部门应合理安排系统运行方式，及时将保电用户的运行方式、负荷情况报上级调度。

3）生产部门要在活动开始前进行特检，活动期间停止对涉及保电任务的220kV及以下供电线路、设备进行计划停电、检修及操作。特殊情况下确需停电检修或操作的电气设备，要经上级主管部门审核，经局长审批同意后方可执行。

4）营销部门要加强对保电用户受电装置的检查工作，对在检查中发现的问题应以书面方式通知用户整改，指导、督促用户对用电设备进行全面检查及相应的消缺工作。

5）活动举办期间，负责现场保供电的单位要加强应急值班抢修力量，对重要开关站实行有人值守，保供电场所派专人实行不间断驻点保供电，并提供应急发电车现场值守，现场保电人

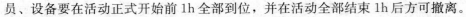

员、设备要在活动正式开始前 1h 全部到位，并在活动全部结束 1h 后方可撤离。

（3）二级保供电工作要求。

1）按照活动要求，明确保供电用户清单和保供电线路，不安排专门人员进行现场保供，但要做好所涉线路不安排计划检修、组织好应急值班抢修等保电措施。

2）调度部门应合理安排系统运行方式，及时将保电用户的运行方式、负荷情况报上级调度。

3）生产部门要在活动期间停止对涉及保电任务的 110kV 及以下供电线路、设备进行计划停电、检修及操作。

4）营销部门要加强对保电用户受电装置的检查工作，对在检查中发现的问题应以书面方式通知用户整改，指导、督促用户对用电设备进行全面检查及消缺工作。

5. 保供电的工作要求

（1）若在同一范围内或较大区域内在同一时段举行系列性重大活动时，按照保供电要求最高的活动确定整体保供电级别，同时依据前述原则实施分类、分级的梯度保供电方案。

（2）要做好保电任务的保密工作，严禁泄露、传播涉及保电活动的方案、任务等信息。

（3）现场保供电单位要加强现场保电人员的安全教育及工作纪律要求，确保现场操作安全，防止设备、工器具、资料等的遗失。各类保电人员要注意现场工作期间的礼仪、言行与行为规范，切实维护企业形象。

三、保供电方案举例

保电工作方案主要内容有：保电工作的目的和原则；保供电组织机构及职责；保电范围和应急抢修分类；保用电应急预案和事故处理预案；应急抢修工作具体要求。在制订方案时注意以下几个方面：

（1）明确保电工作任务、保电地点和保电范围。

（2）明确各部门保电工作职责。

（3）做好事故的预想和应急预案。

（4）与用户、政府相关部门、相关单位建立互动机制。

以××体育中心游泳馆保供电方案举例如下。

××体育中心游泳馆保供电方案

一、保电任务

1. 保供电任务来源：

2. 保供电对象：××体育中心游泳馆

3. 赛事活动：游泳比赛项目

4. 保供电时间：

5. 保供电级别：一级

二、供电电源

1. 供电方式

10kV 双电源供电，一路主供一路备用（冷备）。

2. 供电电源

主供电源：220kV 九里变、渡东变（110kV 九渡 1404、九东 1405）→110kV 姜梁变 10kV Ⅰ段→10kV 游泳 1808 线→10kV 电信环网柜→10kV 游泳 1808 线游泳支线。

备供电源：220kV 渡东变（110kV 渡延 1424、东延 1425）→110kV 延安变 10kVⅡ段→10kV 环东 724 线→10kV 环东开关站→10kV 体育开关站Ⅰ段→10kV 体中 261 线。

3. 供电电源联络示意图

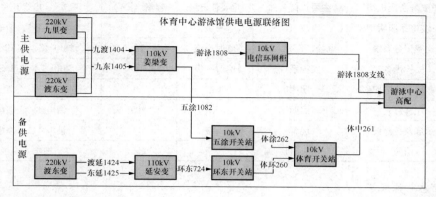

三、用户用电信息

1. 用电基本信息

用户基本状况					
户号	××	用户名称	××		
用电地址	××				
合同容量	2850kVA（2×800kVA+1×1250kVA）	用电类别	非工业	行业分类	体育场馆

2. 正常运行方式

10kV 双电源供电，游泳 1808 支线运行，体中 261 线冷备用；10kV 母分开关（1GP7）运行，低压联络闸刀（DP-17）冷备用。

3. 主要电气设备及参数

设备		型号	规格	备注
1号变压器		SGB9	800kVA	干式变
2号变压器		SGB9	800kVA	干式变
3号变压器		SGB9	1250kVA	干式变
高压开关柜		AMS-12		13 只
低压配电柜	总柜	GCS		3 只
	出线柜	GCS		9 只
	电容柜	GCJ		160kvar×6
低压出线电缆	比赛灯光	NH-YJV-1		4×120+1×70
	显示屏及扩声设备	NH-YJV-1		4×70+1×35
	变电站照明	YJV-1		5×6

4. 保电重要负荷（序位表）

保电重要负荷基本信息（序位表）				
序位	重要场所及机构	主要负荷名称	重要性定级	容量（kW）	出线开关
1	变电站照明	事故照明	一级	11	馈电 413、馈电 424
2	比赛记分系统	电脑、记分系统	临时一级	10	馈电 424（UIPS 备用）
3	安检设备	安检系统	临时一级	10	馈电 424（UIPS 备用）
4	比赛场地疏散照明	照明	一级	10	分散多处（应急照明灯备用）
5	比赛灯光	照明	一级	120	馈电 412、馈电 423
6	显示屏及扩声设备	屏幕	一级	80	馈电 412、馈电 423
7	消防	消控、风机、泵	一级	255	馈电 411 柜等

四、应急电源配置

应急电源配置信息					
用户自备应急 电源现状	用户自备 60kVA 的 UPS 电源				
	接口位置（体育中心游泳馆北门口南侧）				
供电企业应急 发电车基本信息	车辆配置	容量	停放位置	驾驶员	操作人员	用户操作人员
	××	308kW	详见"发电车 停放位置示意图"	××	×× ××	××

五、电源侧应急预案

为防止体育中心游泳馆残运会期间发生停电事故，完善供电故障应急管理机制，迅速有效地控制和处置可能发生的事故，保障残运会期间游泳中心正常供电，特制定本预案。

1. 应急保障

为确保残运会游泳比赛期间的保供电工作万无一失，各职能部门和各级保供电人员应严格按照《××市重大活动保供电工作管理办法》中"一级保供电工作要求"做好各项前期工作，并按照"定人、定岗、定点、定时、定责"的五定原则，积极落实现场保供电各项措施，在比赛举办期间，用户所在单位应派专人现场实施保供电，配备必要的现场抢修力量。具体工作要求如下：

（1）根据保供电用户信息，对保供电用户涉及的主网、配网设备的开展全面隐患排查和消缺，确保输变配电设备稳定运行。

（2）设备运行管理单位应提前两天对保供电用户所涉及线路、设备廊道进行专项巡视，对电缆路径道路、输电线路走廊周边开挖、吊车、塔吊等大型机械施工作业情况进行排查，将相关情况上报生产部门。

（3）现场保供电人员应对保供电用户受电装置进行一次特检。督促保供用户在保供电期间落实专人负责内部电气运行相关工作，严格值班制度，不断加强受电装置和用电设备的安全运行和维护。对检查中发现的问题，现场保供电人员应及时提出整改意见并督促整改，确保安全可靠用电。

（4）调度部门应提前合理安排系统运行方式，及时将保电用户的运行方式、负荷情况报告上级调度。活动期间生技部门原则上应停止对涉及保电任务的变电站、供电线路、设备进行计划停电、检修及操作。

（5）现场保供电负责人根据重要负荷保障要求，与用户确定应急发电车接入位置，报组委会体育中心游泳馆负责人批准，并将配合工作纳入××市体育中心供用电安全承诺书中。进驻前完成发电车出力试验和电缆准备，进驻当天完成发电车就位及试车、核相等工作，保供电期间应开展发电车日常保养工作。

（6）各相关部门和保供电用户应积极开展事故应急演练，熟练掌握各类预案和相关操作，并实现各类预案的衔接与协调，确保启动迅速、处置得当。

（7）保供电期间，保供电实施单位应加强应急值班抢修力量，对重要开关站实行有人值守，保供电场所派专人实行不间断驻点保供电，并提供应急发电车现场值守，现场保电人员、设备要在活动正式开始前2h全部到位，项目开始前1h全部准备就绪，并在活动全部结束1h后方可撤离。

2. 应急处置预案

当外部电源故障时，用户现场电气负责人××和现场保供电负责人××应密切配合，按照"安全第一，快速反应、统一指挥，协同配合、先期处置，保证重点"的原则启动相应的应急预案，组织人员按照产权归属和职责分工完成相关应急处置。以下相关处置均由现场保供电负责人组织落实。

（1）备供电源故障。

1）联系用户现场电气负责人告知备供电源故障，由用户启动**"备供电源失电预案"**，并迅速完成处置。

2）组织现场保供电人员将应急发电车热备用，发布单线运行预警信息，做好单线运行情况下用户现场全停应急准备。

3）将现场情况汇报供电局保供电指挥中心。

4）向场馆负责人发布预警信息，通知用户做好应急准备。

信息发布：备供电源异常，仅单线运行，系统薄弱，请做好相关应急准备。

（2）主供电源故障。

1）联系用户现场电气负责人××告知主供电源故障，由用户启动**"主供电源失电预案"**，用户现场电气负责人××确认主供电源失电，按照**"主、备供电源切换操作票"**迅速完成主备供电源的切换。

2）组织现场保供电人员将应急发电车热备用，发布单线运行预警信息，做好单线运行情况下用户现场全停应急准备。

3）将现场情况汇报××供电局保供电指挥中心。

4）向场馆负责人发布预警信息，通知其做好应急准备。

期间，当外部主供电源恢复时，仍然保持备供电源运行，不做切换。当至无比赛时段或者比赛告一段落，经调度确认后，方可恢复正常运行方式。

信息发布：目前主供电源异常，已切换至备供电源，现为单线运行，系统薄弱，请做好相关应急准备。

（3）主、备供电源均故障（包括主备供线路上级电源全停）。

1）现场保供电负责人××联系调度部门确认外部电源均无法送电，并告知用户现场电气负责人××，由用户启动**"主、备供电源同时失电预案"**，并按照**"发电机投入操作卡"**顺序完成操作。

2）现场保供电负责人××启动**"发电车应急投入预案"**，按照**"发电机投入操作卡"**投入应急发电电源并带上重要负荷，检查正常后汇报××供电局保供电指挥中心。

3）发电车操作人员监视发电机的负载情况，现场保供电负责人××通知用户做好发电机按照重要负荷序位表做好限荷准备。

4）现场保供电负责人××了解系统抢修信息及所需时间，向场馆负责人××通报应急抢修信息。

当外部电源可以送电时，按照"发电机切除，改由主（备）供电源供电操作卡"进行操作，改由外部电源供电并切除发电机。

信息发布：外部电源异常，已启用发电机保障重要负荷供电，为防止发电车过载，请严格按照重要负荷序位表做好限荷工作。

3. 发电车应急投入预案

当保供电现场单电源运行时，应按照应急发电车操作规程启动应急发电车（旋转备用），并遵循以下预案实施。

（1）发电车就位。

根据事先确定的发电车车位，由用户安保部负责发电车位的清障及发电车就位后的安全保障工作。发电车就位后，由值班电工配合完成发电电缆用户侧的连接工作（接在1号变发电车接入专用开关）和发电车、电缆廊道的安全围栏装设工作，由现场保供电发电车操作人员完成发电电缆发电车侧的连接工作，并进行试发、核对相序，完成后发电车冷备用状态。

（2）发电车投入。

当一路外部电源失电时（仅单电源供电），应及时启动发电车应急保障机制（旋转备用）；当外部电源全部失电时，启动发电车作为应急供电电源，保证重要负荷供电。

1）用户值班电工拉开所有负荷开关，用户现场电气负责人××确认状态就绪。

2）现场保供电负责人发令用户值班电工合上发电机双投闸刀。

3）用户值班电工报告现场保供电负责人××；现场保供电负责人××确认状态正确后投入发电机开关。

4）带上负荷并检查正常后，汇报调度部门"目前用户现场主备供均失电，已投入应急发电机保证重要负荷用电"。

特别注意：整个投入过程用电检查人员应全程监护并确认状态，杜绝倒送电。

用户内部应急处置预案

1. 目的

根据残运会保供电总体方案要求，为确保游泳馆安全正常运行，有效控制突发性停电事故，将停电时间和范围最小化，将失电时可能造成的危害及损失降到最低程度，特制定以下应急预案。

2. 组织机构

为切实做好系统失电时的各项协调和处理实施工作，确定成立失电应急处理领导小组，下设失电应急处理协调组和实施组。

（1）失电应急处理领导小组。

组长：××

副组长：××

成员：××

（2）失电应急处理协调组。

组长：××

成员：××

职责：负责游泳馆内外失电处理过程中的各项协调工作，以及人员、设备、器具、物资调配工作。

（3）失电应急处理实施组。

组长：××

成员：高配值班员、设备维护人员

职责：负责游泳馆内外失电处理过程中的各项具体工作，根据游泳馆失电应急处理工作要求和失电原因，及时确定故障类型，迅速启动相应预案并准确实施，同时将处理过程和结论及时汇报失电应急处理领导小组和现场保供电负责人××以及相应调度。

3. 应急保障

（1）做好设备及各种绝缘工具的预防性试验工作，及时修复存在安全隐患的配电设备和设施，并将测试数据、试验报告及时归档。

（2）在保供电任务执行前，如期完成供电企业特检中发现的安全隐患和缺陷的整改和消缺。

（3）强化预案和操作培训，积极开展应急演练和事故预想，相关人员熟练掌握各类操作。

（4）做好应急照明设施的检查维护，保证需要时能正常使用。

（5）严格值班制度，确保24h内都要有2人值班；赛事活动举办期间加强值班和人员配置。

（6）检查安全工器具合格齐备，在有效期范围之内；检查备品、备件齐全，及时补足需要的备品、备件。

（7）完善、确认内部突发停电时的应急通信电话和与电力部门的通信电话。

（8）所有设备就位后，组织进行全负荷实测，并记录负荷情况，尤其是新增计时、计分以及安检设备和重要负荷情况。

（9）全面停止供电走廊区域内的土建、吊运、装饰等施工作业。

（10）增强反恐防暴意识，严格执行门禁制度，限制非运行值班人员进入配电值班室。

4. 失电应急处置方案

（1）信息报告和处理。

游泳馆配电系统发生失电事故后，现场人员要立即将现场失电具体情况报告游泳部经理××和总经理××，必要时由总经理××根据失电影响程度通知广播系统告知馆内观众注意事项。

（2）外部失电处置。

1）备用电源（10kV体中261线）失电：游泳馆单回路供电，高配值班员接到电力部门通知后，必须根据电力部门现场保供电负责人的指令做好发电电源的热备用配合操作，并及时做好电话接转时间、人员、内容的各项记录，以便分析备查。

2）主供电源（10kV游泳1808线游泳支线）失电：高配全所失电（或接电力部门通知），高配值班员确认10kV游泳1808线游泳支线开关在分断状态，同时确认10kV体中261线电源正常且在冷备用状态后，将10kV体中261开关由冷备用改运行，带上负荷，并根据电力部门现场保供电负责人的指令做好发电电源的热备用操作，并及时做好电话接转时间、人员、内容的各项记录，以便分析备查。

由高配值班人员操作：

①游泳1808线游泳支线进线开关由运行改为冷备用。

②体中261线进线开关由冷备用改为运行，恢复送电。

③检查1号变发电车接入专用开关确在断开位置。

④汇报用管所调度，人员加强值班。

3）游泳1808线游泳支线、体中261线同时失电：高配值班员接电力部门通知（或经检查全所失电），两条线路均无法送电时。高配值班员根据发电机投入操作卡的操作步骤完成发电机投入配合操作，且必须时刻注意设备运行情况以防再有设备损坏导致失电事故发生，并及时做好电话接转时间、人员、内容的各项记录，以便分析备查。

由高配值班人员操作：

①检查游泳1808线游泳支线进线开关确在冷备用状态。

②将体中261线进线开关由运行改为冷备用。

③1～2号变低压进线柜总开关由运行改为冷备用，并拉开1～2号变所有低压出线开关。

④通知发电车值班人员合上发电车低压开关。

⑤由高配值班人员合上发电车接入专用开关。

⑥对重要负荷逐一恢复送电。

（3）内部失电处置。

1）配电房高压设备故障（含变压器故障）。

高配值班电工检查高配，汇报电气负责人××。首先判断是高压母线故障还是主变故障，根据情况进行一段母线或一台主变的切除工作，并进行相应的调电操作。其次应判断单台主变或开关故障时是否需要进行限荷操作恢复供电。最后考虑是否投入应急发电机。根据上述判断情况，及时完成相应操作，汇报电气负责人××。

2）配电房低压设备故障。

①低压总开关（母排）故障。高配电工现场检查高配，汇报电气负责人××。首先根据故障点切除一台低压总开关或一段低压母线。其次应判断单台主变或开关故障时，是否需要进行限荷操作恢复供电。最后考虑是否投入应急发电机。根据上述判断情况，及时完成相应操作，汇报电气负责人××。

②出线开关故障。应判断负荷重要性，若为单回路供电的较重要负荷且能切换的，切换至其他备用开关供电；不能切换的，应立即组织进行修复，故障修复后暂不进行复电操作，待非比赛时间再复电。

3）低压出线电缆故障。

值班电工应及时检查故障低压出线电缆供电设备，汇报电气负责人××。停电负荷属于重要负荷时，应及时通知现场保供电负责人，并做好抢修准备，及时组织抢修。

4）配电箱及以下末端负荷故障。

应做好日常的备品备件维护和检查，确保失电情况能及时切换、更换。值班电工现场检查是否引起配电房内低压开关跳闸，汇报电气负责人××并作相应隔离故障和调电操作。当末端负荷故障时，应及时安排内线维修人员进行故障排查工作和抢修工作，及时更换，迅速处理。

5. 发电车停车位置及接线示意图

发电车停车位置及接线示意如图8-2所示。发电车投入由发电车值班人员操作，用户侧切换由用户值班电工操作。

6. 用户供电电源联络及内部重要负荷接线示意图（见图8-3）

7. 备品备件、安全工器具清单及存放位置（见表8-5）

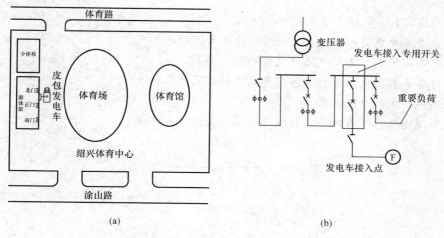

图 8-2　发电车停车位置及接线示意图

（a）发电车停车位置；（b）发电车接线示意图

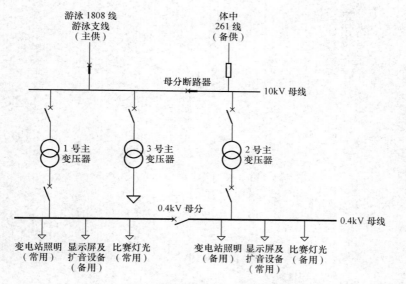

图 8-3　用户供电电源联络及内部重要负荷接线示意图

表 8-5　　　　　　　　备品备件、安全工器具清单及存放位置

序号	备品名称	数量	存放位置	备注
1	高压熔丝	3	高配值班室内	0.5A
2	低压熔丝	10	高配值班室内	6A、4A
3	绝缘手套	3	高配值班室内	
4	绝缘靴	2	高配值班室内	
5	验电笔	1	高配值班室内	
6	接地棒	3	高配值班室内	

【思考与练习】

1. 什么是重要电力用户？重要电力用户是如何分类的？
2. 简述各类重要电力用户供电电源的配置要求。
3. 简述各类重要电力用户自备应急电源的配置要求。
4. 简述保供电的分级要求。
5. 某剧院要举办一台晚会，请就此起草一份保供电方案。

第九章

优 化 用 电

第一节 优化用电服务概述

一、优化用电的意义

实施优化用电服务是认真贯彻落实科学发展观，积极倡导客户安全用电、合理用电，健全客户优化用电服务工作机制，树立供电企业服务形象和创建供电企业服务品牌的有效途径。实施优化用电，能降低生产用电成本，提高电力资源利用效率，达到发电、供电、用电企业多赢的目的。实施优化用电是深化电力需求侧管理的有效途径和方法。推广社会用电优化模式，优化企业用电方案，可以有效引导用电企业改变落后的用电方式，在降低企业生产用电成本的同时，可以提高企业竞争力，优化电力资源配置，提高终端用电效率，促进节能减排。

实施优化用电方案可以有效引导用电企业采用科学合理的用电方式，提高终端用电效率，优化电力资源配置，促进节能减排，改善和保护环境，有着深远的社会意义，同时也是促进供电企业履行社会责任的具体表现。

实施优化用电可以促进需求侧管理水平提高。目前用电企业用电管理水平还参差不齐，造成企业安全用电隐患和产生不合理的生产成本支出，因此提高安全用电管理水平和实现节能降耗，成为企业对用电优质服务的一种新需求。通过对执行大工业电价的企业用电情况进行调研、分析后发现，一些企业对节约能源和减少不必要电费的工作缺乏分析解决能力，电力资源不能得到有效合理的利用，企业电费成本支出过高，用电企业侧安全用电存在隐患。这些现象的存在，需要通过推行社会用电模式优化去进行解决，从而可以满足用电企业对服务的需求和降低企业用电成本的需要。

实施优化用电可以创建供电企业服务品牌，建立优质服务常态机制，是供电企业自身发展的需要。实施优化用电可以满足用户侧的用电服务和管理需求，促进供电服务工作的范围延伸和服务增值，是供电企业优质服务工作研究与实践的重点。对于用电情况的优化涉及比较专业的电气化知识，目前用电企业缺乏具备专业电气管理知识的人员，供电企业利用自己在这方面的优势，为企业开展优化用电分析，帮助企业实现节约用电、科学用电，有利于提升供电企业整体的服务水平和企业形象，完善企业的供电服务体系，创建供电企业服务品牌，建立优质服务常态机制，提高供电企业在电力客户群中的满意率和美誉度，为用电企业提供优化。用电服务也犹如一支杠杆，通过优化用电这个支点，可以撬动整个供电服务水平的提高。

二、优化用电服务目标

实施优化用电服务，目的是提高高危客户、重要客户安全用电认识和安全用电水平，帮助高危客户、重要客户完善停电应急预案、自备应急电源和其他非电保安措施，帮助客户提高防范发生用电事故的能力。避免客户发生人员触电死亡、导致电力系统停电、专线掉闸或全厂停电、电气火灾、重要或大型电气设备损坏、停电期间向电力系统倒送电事故。积极推行需求侧管理，向客户推广节约用电新工艺、新产品、新技术，提高客户用电负荷率，实现节能减排。

三、优化用电服务实施对象

所有在供电企业立户的电力客户和具有用电需求的潜在客户都是优化用电服务实施对象。潜在客户指已提交用电申请（用电征询）尚未立户的客户。在实施优化用电服务时，应突出重点，开展个性服务，实现服务效益的最大化，主要体现在以下几点：

（1）为客户提供安全用电服务，重点是高危客户及重要客户。

（2）为客户提供节能减排服务，重点是高耗能企业。

（3）对一般用电客户，根据不同的用电特点，为客户提供相应有特色的优化用电服务。

（4）对居民客户，重点是通过峰谷用电来优化用电服务。

第二节　优化用电服务的实施方法

一、优化用电服务实施的根本

由于电价种类繁多，很多用电企业对电价的组成了解不多，对于用电企业而言，他们往往关注的是每月的平均电价。如何通过对影响平均电价的因素进行分析，寻求降低平均电价的办法，是优化用电研究的重点。

平均电价，即用电企业在一个计算周期内，总电费金额与总用电量的比值。通过对实际用电情况的分析，我们发现，一些用电企业，特别是执行大工业电价的用电企业，即使是用电性质相同，平均电价往往相差很大。即便是同一个用电企业，在不同月份，其平均电价也存在较大的波动。为此，我们应重点分析影响大工业用户平均电价的因素。

以用户的用电信息为基础，通过分析企业电价构成，对影响平均电价的几大要素进行分析，并通过"四要素"分析法和"五个一"工作法，帮助企业降低生产用电成本，提高电力资源利用效率。

二、"四要素"分析法

在总用电量确定的前提下，影响大工业用电平均电价的因素主要有：基本电费的计算方式；基本电费在总电费中的比重；尖、峰、谷电量比例；功率因数调整情况等。

经过综合分析研究，可以采用"四要素"分析法，不用关注详细的电费计算过程，通过载容比、负荷率、峰谷比、功率因数等四个量化指标的分析，直接判断企业用电中存在的问题，继而提出有针对性的优化用电方案。

（1）载容（容载）比分析。对用电单位最大需量与报装容量的比值分析。

设载容比为 K_z，用电企业最大需量为 Q_x，报装容量为 Q_b，则有

$$K_z = Q_x / Q_b \tag{9-1}$$

目前，基本电费的结算方式有两种，一是按变压器容量（30 元/kVA）结算，二是按照最大需量（40 元/kW）结算。执行两部制电价的用户，其基本电费的结算方式可自由选择，通过计算不难得出，当载容比大于 0.75 时，用电企业应该选择变压器容量计算基本电费，反之，当载容比小于 0.75 时，按照最大需量计算基本电费较为经济。因此，由于载容比的不同，可以帮

用电企业科学选择基本电费方式。载容比还有一个重要的功能，当载容比大于1时，表明用电企业变压器已经超载，应及时办理增容手续。当载容比小于0.5时，表明用电企业变压器利用不足，存在"大马拉小车"的现象，在配电系统中，变压器的损耗一般占配电网总损耗的30%左右，大量没有被充分利用的配电变压器容量，不仅导致了资源的浪费，而且导致电网损耗的大大增加，也导致企业基本电费的无谓消耗。针对这类情况，供电企业应视不同的用户，给予不同的解决方案。如果生产具有明显季节性特点的，建议企业采取暂停变压器容量或申报需量的办法；如果生产较为稳定，近期变化不大的，建议企业采取减容的方式。

以某机床厂为例，2007年该单位第二季度的最大需量为480kW，报装容量为1200kW，则该单位的载容比仅为40%，说明该单位存在大马拉小车现象，应改变基本电费的付费方式。

（2）负荷率分析。对用电单位平均负荷与最大负荷的比值分析。

设负荷率为K_f，用电企业平均负荷为L_p，最大负荷为L_z，则有

$$K_f = \frac{L_p}{L_z} \tag{9-2}$$

通过对用电企业平均负荷与最大负荷的比值分析。负荷率数值越高，表明用电企业用电设备利用较为平衡。当负荷率小于50%时，说明用电企业有冲击性负荷的存在，或在安排生产班次时不尽合理。通过用电企业内部接线的调整和变压器所带负荷的合理分配，可以提高负荷率。

（3）峰谷比分析。对用电单位低谷时段电量占总电量的比值分析。

设峰谷比为K_g，用电企业低谷时段电量为Q_d，总用电量为Q_z，则有

$$K_g = \frac{Q_d}{Q_z} \tag{9-3}$$

以浙江省为例，目前大工业用户执行的是三费率六时段电价，其中尖峰时段为2h，高峰时段为10h，低谷时段为12h。尖峰时段和低谷时段的电价差较大，如果企业将生产用电大量放在尖峰、高峰电费时段，其电费生产成本将大幅度增加，导致平均电价上升。同时也会出现在用电高峰期，企业与居民争电的现象，导致用电高峰时段的用电负荷的畸高，为了满足高峰时段的电力需求，电源和电网要增加投资，提高发电和输电能力，而增加的发、输电能力，在低谷时段又被闲置，造成资源浪费。针对这类情况，应建议企业将大功率负载的用电时间安排到用电低谷时段，不让负荷曲线形成过高的"峰顶"和过低的"谷底"，使变压器尽可能在接近最佳负载率的状况下运行，以提高效率。

（4）功率因数分析。功率因数（$\cos\varphi$）是指有功功率与视在功率的比值。

功率因数过低会造成用电企业功率因数调整电费的大量支出，使平均电价过高，单位产品的成本增加。同时，功率因数过低会使供、用电设备容量得不到充分利用，增加线路损耗，降低电压质量。因此，供电企业应指导这类用电企业合理配置无功补偿装置，保证无功补偿装置科学合理的运行，以降低变配电系统的无功损耗，以提高功率因数。

根据"四要素"分析法对不同的企业进行详细分析，可得出针对该企业具体的用电模式优化方案和企业获得的相应收益。设某企业在改进载容比、负荷率、峰谷比和功率因数后获得的收益分别为：$f(K_z)$、$f(K_f)$、$f(K_g)$和$f(\cos\varphi)$，则该企业在进行用电模式优化后获得的总收益为

$$f(K) = f(K_z) + f(K_f) + f(K_g) + f(\cos\varphi) \tag{9-4}$$

对具体的企业，根据"四要素"分析法得出的四项收益未必都有价值，供电企业可根据得出的结果对用电企业提供相应的方案，实现发电、供电、用电企业多赢。

三、"五个一"工作法

分析了影响用电企业平均电价的主要因素之后，需要通过相应的技术手段为其用电进行优

化，在实际应用中主要内容为向用电企业提供"五个一"工作法。

（1）组织一次会诊。供电企业通过组织专家团队，依据"四要素"分析法，对客户用电情况进行全面会诊。实现前期沟通—现场服务—专家会诊—跟踪服务的闭环管理。前期沟通阶段，以调阅营销系统客户档案和现场管理系统客户信息为基础，通过电话问询、上门服务等方式访问客户，充分了解客户用电需求，找准客户优化用电服务的切入点；现场服务阶段，在充分了解客户生产流程、用电特点的基础上，进行现场检查，对用电企业运行参数进行收集、核实，获取第一手现场资料；专家会诊阶段，专家团队依照现场资料、现场管理系统、营销系统三种渠道获得的数据，进行优化用电评估，提出诊断意见；跟踪服务阶段，供电企业在用电企业按照诊断意见进行整改后的用电情况进行再评估，跟踪了解诊断意见在客户实际生产、经营中所产生的实效以及存在的不足，提出进一步改进完善的措施。

（2）提交一份建议。供电企业在用电企业现场诊断的基础上，以《客户优化用电建议书》的形式向客户提供书面建议。《客户优化用电建议书》的内容包括：企业概况、主要电气设备清单、历史用电情况以及峰谷比、基本电费、功率因数等主要指标等。通过对用电企业用电状况的分析，提出优化建议。

（3）提供一份标准。为便于用电企业对照标准进行自检，供电企业将相关电价电费政策以及节能降耗措施以宣传资料的形式赠送给用电企业。用电企业可以根据本单位管理现状，量力而行，有针对性地制订管理措施，并逐步向专业化、标准化的方向迈进。

（4）解决一项难题。这是针对具有特定问题的企业而定制的一种服务模式。由于用电企业用电设备与用电状况的不同，许多用电企业往往面临电价无法下降而一筹莫展。供电企业利用自身技术优势，协助用电企业解决实际问题。

（5）培训一批人员。节能降耗归根到底需要"人"来管理。因此，提高企业电工及相关人员节能意识和水平至关重要。供电企业一方面通过组织用电企业电气工作人员集中培训的形式，提高客户专业电气人员的技能水平，另一方面通过组织其他企业到节能典型企业参观学习、定期举办免费讲座的形式，让尽可能多的人员参与到节能知识的学习中来，提高全社会节能水平。

第三节　优化用电服务的实施程序

优化用电服务要贯穿客户服务的全过程，优化用电服务的流程如图 9 - 1 所示。

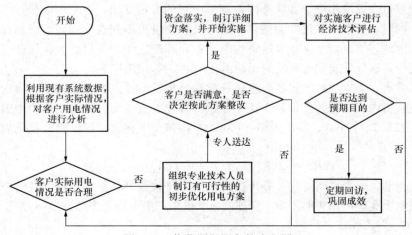

图 9 - 1　优化用电服务的流程图

利用自行开发的计算机分析软件，在每月抄表结束后自动导出用电企业月用电数据，按照设定条件生成月不合理用电提示清单，针对不同用电企业，根据其生产经营特点和用电设备性质，通过对普查资料和营销系统内企业的历史数据的整理分析，重点对用电企业功率因数、容量利用率、峰谷比例、谐波污染四大问题进行分析。针对用电企业存在的问题相应地制定优化方案。在优化用电方案中我们将用电企业近期的有功电量、无功电量、力率、总电费、平均电价；功率因数调整电费对平均电价的影响；尖、峰、谷电量比例；存在的主要问题，初步的解决方案，投资和收益预期效果一一列出，为企业提出书面用电建议，让它们了解自己的用电成本账，以便选择最佳用电方案。经用电企业审核同意后，由其完成项目立项和资金落实，同时组织技术人员制订施工方案并安排实施。未能整改的，由供电企业继续长期跟踪，分析用电企业用电情况，在合适的时候再次向他们提供新的优化用电方案。

实施优化用电服务主要分为以下四个阶段。

（1）前期沟通。以调阅营销系统客户档案和现场管理系统客户信息为基础，通过电话访问客户等方式，充分了解客户用电需求，找准客户优化用电服务的切入点。

（2）现场服务。在充分了解客户生产流程、用电特点的基础上，结合国家有关安全规定、标准和节能方针政策，上门对客户变配电站的供配电设施、电气设备、安全运行管理进行现场检查，对各类受电装置运行参数、负荷特点、无功补偿等进行收集、核实，获取第一手现场资料。

（3）专家会诊。各专业技术人员依照现场资料、现场管理系统、营销系统三种渠道获得的信息，进行优化用电评估，提出诊断意见。从人员配备、设备状况、运行管理、峰谷用电、无功优化、用电特点等几方面进行综合分析，提出专业建议与意见，形成《客户安全用电与节能减排建议书》初稿，征求客户意见后，经主管领导审定，形成正式稿送达客户。

（4）跟踪服务。对《客户安全用电与节能减排建议书》提出的诊断建议，派出专业人员指导客户进行专项改进。同时，跟踪了解《客户安全用电与节能减排建议书》在客户实际生产、经营中所产生的实效。通过对客户优化用电进行全面评估，实现客户优化用电服务的闭环管理。

应当注意，客户优化用电服务以及《客户安全用电与节能减排建议书》不能代替日常用电检查及缺陷管理工作。对客户现场服务过程中发现的问题，如违约窃电、电气事故、计量异常、设备缺陷等，按不同性质，转入相关流程进行处理。

第四节　优化用电服务的实施内容

一、潜在客户的优化用电

对于潜在的用电客户，客户经理应及时收集客户相关用电信息资料，加强与客户沟通，保证客户与供电企业之间的良好联系，为客户提供全过程的优化用电服务。

（1）根据客户的用电需求，结合供电企业网架结构实际情况，为客户提供安全可靠、经济合理的供电方案。

【案例】某大工业用户申请用电容量 5000kVA，考虑前期投资，用户申请 10kV 供电，业务人员在制订供电方案时进行了比较，10kV 配电设备前期投资需要 100 万元，35kV 配电设备前期投资大约为 200 万元，该用户距离 10kV 电源点为 2km，距离 35kV 电源点为 1km，10kV 线路负荷较重，35kV 线路负荷较轻，综合考虑之后，建议用户从 35kV 电源点接电，经计算，前期多投入的成本 25 个月可收回。

（2）依照国家、行业标准和要求，进行客户受电工程设计的审核，以有关设计、安装、试验、运行的标准和规程为依据，积极推行典型设计，倡导采用降低能耗的先进技术和设备。

（3）做好与电网相连接的客户进线继电保护和安全自动装置（包括备自投电源、同期并列、低周减载等）的定值计算。审核客户内部继电保护方式与其进线保护方式的相互配合，防止因保护定值配合不当、客户内部保护不正确动作而引发影响系统的越级跳闸事故。

（4）认真做好客户工程中间检查、竣工检验工作。指导高危客户、重要客户落实自备应急电源及非电性质保安措施。

（5）对供电方案复杂客户、高危客户及重要客户，要组织供用电合同评估，完善和明确供用电合同中有关安全责任条款。包括：

1）自备应急电源配置、非电保安措施建立等安全责任条款是否明确。

2）双方产权分界点、供用电设施运行维护责任是否清晰。

3）用电方法人资质，委托人有无委托书。

4）对有自备应急电源的客户应签订《不并网自备发电机使用安全协议》。

二、已投运客户的优化用电

1. 问题分析

通过对某供电区内占总用电量89％以上、配电变压器容量315kVA及以上的近400家客户的分析发现，由于种种原因导致一些企业尤其是民营企业，因企业用电管理水平比较低，在用电生产方面存在如下共性问题。

（1）大马拉小车的现象。一些企业的合同变压器容量，其容量利用率在40％以下，根据现行电价政策，若大工业客户的基本电费按照用户合同容量来计算，将导致用户基本电费居高不下。而在配电系统中，变压器的损耗一般占配电网总损耗的30％左右，大量没有被充分利用的配电变压器容量，不仅导致了电网资源的浪费，而且还会使电网损耗大大增加。

（2）功率因数低于考核标准。功率因数过低，对用电企业最直接的影响是力率考核电费的大量支出，企业的功率因数越低，力率考核电费就越多。同时，功率因数过低，会影响变压器的效率，功率因数降低，变压器效率也相应降低，企业产品的单位能耗增加。而对电网造成的危害是使发供电设备容量受到限制，增加线路损耗，降低电压质量。

（3）高峰低谷用电安排不合理。高峰低谷用电安排不合理会造成用户平均电价过高，电力成本支出增加。另外，在低谷时段，还会造成电力资源的浪费。

（4）谐波污染问题。在对某些企业进行功率因数分析时，还发现一些企业功率因数低的原因是由于用电设备造成谐波污染。这些企业的生产线应用大型可控硅整流装置和变频调速装置，会产生危害较大的高次谐波，造成电气设备产生附加损耗而发热，效率、使用寿命大大降低，甚至会直接烧毁，并引起谐振，使电容器无法投入运行。对电子控制、继电保护等系统造成误触发、误动作现象，甚至烧损电子设备。使感应式电气测量仪表指示不准，影响仪表精度和可靠性。生产线控制系统经常发生故障，即发生"碰辊"现象，造成停机维修，原料浪费，产量减少。而对整个电力系统来说，谐波源所产生的高次谐波会对与此相连的所有线路上的发、供、用电设备的电压和电流都会产生畸变，污染供电质量，成为导致局部电网瓦解的极大安全隐患。对于这类企业，根据谐波治理的原则：谁污染，谁治理，应要求用户安装消谐滤波装置，并联系专业单位进行测试，给出科学的分析数据。

2. 优化措施

对于已经用电的客户，应加强客户日常优化用电服务，主要包括以下内容：

（1）建立、完善和细化高危客户、重要客户档案资料。对高危客户、重要客户要做到"一患一挡"，并纳入营销系统管理，重要隐患应上报政府有关部门备案。

（2）主动提供安全用电专业指导，帮助客户加强安全隐患整改工作。在消除受电装置缺陷等不安全因素方面，应给予热情的技术指导、咨询和帮助，及时提示并督促客户做好电气设备预防性试验，提高客户安全用电水平。

（3）指导高危客户、重要客户落实供电中断应急预案，完善自备应急电源的配置，提高用电安全可靠性。

（4）对无功欠（过）补偿的客户，应及时提示客户就地进行无功补偿，提高功率因数，减少压降损失和线路损耗，最大程度地发挥供配电设备的利用率。

【案例】　10kV 高压供电的某机械制造厂，变压器容量为 315kVA，客户反映平均电价过高，2011 年 3 月用电情况如下：

月份	有功电量	尖/峰/谷比例	总电费（元）	平均电价（元）
3	3454	7.8/47.5/44.7	13 423.80	3.89

根据上述用电情况及该户负荷管理终端采集的数据，该客户用电主要集中在 8 点到 18 点之间，18 点以后用电负荷仅为几千瓦，平均电价偏高的主要原因是尖、峰、谷用电比例不合理和变压器负荷率过低。同时功率因数仅为 0.56，远远低于 0.9 的考核要求，故当月支出力调电费为 3296.44 元。

优化方案：按照三费率六时段考核的峰谷电价，合理安排用电设备的用电时间，使尖、峰、谷用电比例达到一个合理水平，同时，合理投入无功补偿设备，提高功率因素，客户日最大负荷多在 20kW 以下，考虑客户行业特点，如近期无生产状况变化可以适当考虑减容至 100kVA，执行普通工业电价，无基本电费支出。以该客户 2011 年 3 月用电情况进行测算，结果如下：

月份	尖/峰/谷应达到比例	可降低平均电价	基本电费	可减少电费支出（元）	可降低平均电价	合计降低平均电价
3	8.3/41.7/50	−0.139	0	8000	2.316	2.177

峰谷用电达到合理比例的方法：减少在 8：00～11：00、13：00～22：00 投入使用的用电设备，将部分没有严格用电时间要求的设备放在 22：00～8：00 之间使用。

100kVA 变压器市场价为 20 000 元左右，更换后短期可收回投资。

（5）对峰谷用电比例不合理的客户，应引导客户充分挖掘低谷用电潜力，减少电费支出，实现电力负荷的削峰填谷。

【案例】　10kV 高压供电的某食品加工企业，客户反映平均电价过高，2011 年 10 月用电情况如下：

月份	有功电量	尖/峰/谷比例	总电费	平均电价
10	27 800	4.7/61.2/34.1	30 537.20	1.098

按照上述用电情况，又根据该户负荷管理终端采集的数据，该客户用电主要集中在 8 点到 18 点之间，18 点以后用电负荷仅为 20～50kW，日最高负荷不足 200kW，平均电价偏高的主要原因是尖、峰、谷用电比例不合理和变压器利用率不高。

优化方案：按照三费率六时段考核的峰谷电价，合理安排用电设备的用电时间，使尖、峰、谷用电比例达到一个合理水平，同时，可以适当考虑申请减容更换 200kVA 变压器，总容量小于 315kW 客户，执行普通工业电价，无基本电费支出，以该客户 2011 年 10 月用电情况进行测算：

月份	尖/峰/谷应达到比例	可降低平均电价	基本电费	可减少电费支出	可降低平均电价	合计降低平均电价
10	8.3/41.7/50	−0.107	0	12 600	0.453	0.346

峰谷用电达到合理比例的方法：减少在 8：00～11：00、13：00～22：00 投入使用的用电设备，将部分没有严格用电时间要求的设备放在 22：00～8：00 之间使用。200kVA 变压器（当时价）市场价为 30 000 元左右，更换后短期便可收回投资，经济效益显著。

（6）对受电变压器存在长期轻载运行现象的客户，应引导客户合理使用设备容量，提高变压器的效率，减少不必要的电费支出。

（7）对受电变压器长期过载的客户，应及时通知客户办理增容手续，选择合理容量的变压器，以利于节能并避免变压器烧毁。

（8）对有谐波源的客户，应通知客户进行谐波测试治理，并达到国家标准。

【案例】 某蓄电池生产企业，企业用电容量 4600kVA，由于产品的特点决定，厂区内存在一个蓄电池充电车间，蓄电池充电负荷又是产生谐波源重要的因素，由于谐波的影响，使 10kV 断路器频繁不规律跳闸，最多的一个夜里跳闸达 20 余次，严重影响生产。据值班人员介绍，10kV 断路器跳闸是在电容器投入情况下发生的，为了避免夜间高压断路器频繁跳闸再次发生，值班人员在夜间只能将电容器全部切除。由于原本无功容量配置不够，夜间电容器又全部切除，加上厂区内电能质量严重污染，无功电容补偿器无法正常工作，并且经常烧毁，使得该公司的月平均功率因数很低，力调电费金额巨大，2011 年 5 月达到 8 万元之多，此外，电压还不能达到规定要求，造成企业生产经营混乱，产品质量下降，出口产品经常因质量问题被索赔，外贸出口受阻，经济损失巨大。正在企业一筹莫展的时候，供电企业开展优化用电服务，及时为企业把脉，进行了谐波测试。测试结果显示：

1）配电变压器在正常负荷下运行时主导谐波是 5、7、11、13 次等六相充电机的特征谐波，其中 5、7 次为大。

2）造成该企业低压 0.4kV 侧电压畸变率超标原因是充电机产生的谐波。充电机是一个谐波源，在切除并联补偿电容器的情况下，仅 3、4 号配电变压器超标，但投入并联补偿电容器后各配电变压器总电压畸变率、5 次谐波电压均超标。

3）1、2、3 号高压断路器在后半夜频繁跳闸的原因是由于并联补偿电容器投入，使其谐波严重放大，造成流过高压断路器电流超过允许值，使断路器保护跳闸动作。

根据测试结果，供电企业为该用户提出了优化用电建议，并对投资改造的费用和收回投资的时间都做了具体的测算：

1）1、2、3 号配电变压器的连接组标号均为 Dyn11，而 4、5 号配电变压器均为 Yyn0，这样选型可利用 Yyn0 与 Dyn11 两者相差 30° 的移相角，在 10kV 系统可抵消部分 5、7 次谐波，减少对上级电网造成的危害，有利于谐波治理。

2）建议该公司调换现有的并联无功补偿装置，改用滤波装置，使平均功率因数大于或等于 0.9，避免每月电费加价，并消除谐波对电网的危害，防止谐波放大，避免高压断路器频繁保护跳闸动作。

2011 年 7 月，该用户的谐波整治工作基本结束，通过整治，无功补偿装置投切正常，电压稳定，电气设备不再烧毁，产品次品率得到明显下降，产品合格率提升了约 3 个百分点，出口产品的质量得到稳定。在 2011 年 9 月的电费清单中，功率因数调整电费由 2011 年 7 月的罚 82 728 元变成了奖励 4524 元，全厂仅这一项，每年可以实现 100 万元以上的直接经济效益，同时由于产品质量的稳定，直接提高了企业在国内、国际市场的竞争力。项目技改资金，实现了当年收回，本项改造的示范作用，惠及了全省整个蓄电池生产行业，产生了巨大的经济效益。

（9）对于专线用户，限于当时的电网条件，目前的供电方式不一定是最优的，应根据目前的电网条件，综合分析测算，提出优化用电方案。

【案例】 某用户是一家以高档面料印染为主营业务的印染企业，生产连续，用电量大。原来该企业是由一条 2.6km 左右的架空线路与电缆混合专用线路进行供电，不但线路长，跨越道路多，经常受到雷击和外力破坏的影响，造成停电，而且线损电量较大。

随着所在工业区的电网规划发展，新的 110kV 变电站投运，供电企业主动派人上门服务，对企业用电情况及线路问题进行分析，建议该企业改接到新建投运的 110V 变电站，线路距离缩短到 590m，穿越道路由 6 处减少至 1 处，改用全电缆线路并采用管道保护。通过线路优化，线损率由 1.9％降低到 0.26％，按照 2010 年用电情况测算一年可节省电费 24 万余元，节省线损电量 32 万 kWh，相当于 300 户左右普通家庭一年的居民用电需求。根据详细测算，仅仅月节省线损电费就可以收回新建线路的投资。客户也摆脱了因供电可靠性不高造成的生产性损失，提高了产品质量，增强了企业竞争力。不仅如此，这一方案还为位于新区中心位置的原接电变电站挤出了宝贵的接电间隔，为新建供电线路，缓解目前中心城区用电紧张起到了积极作用，真正实现让电于民，实现了用户、供电企业和社会效益共赢。

（10）加强客户安全用电与节能减排知识的培训，提高客户优化用电理念。客户进网作业人员应持有合格、有效的进网作业许可证，积极开展三类人员（工作负责人、工作票签发人、停役申请主管人）的专项安全培训。

（11）对于居民客户，应通过对家用电器节能与峰谷用电知识的宣传，提高家庭节约用电与安全用电意识。

随着城乡居民生活水平的提高，居民家中空调、电磁炉、电冰箱等大功率用电设备不断增加，用电量节节攀升，如何合理有效使用家用电器，节省电费支出，是广大居民用户普遍关注的问题。某供电营业所把贯彻落实国家节能减排政策与关注民声、服务民意有机结合起来，利用自身的技术优势，将优化用电方案的实施对象扩大到居民用户，努力为广大居民当好"电保姆"。该供电营业所通过对辖区内居民的月用电量、峰谷用电比例、电费交纳方式等各种信息进行综合分析后，从电量电费、节能降耗、安全用电、业扩申请四个方面为用户一一制订了适合不同用电情况的居民家庭优化用电方案建议书，收到了较好的效果，实现了用户和电力企业双赢的目标。家住某小区的陈先生去年虽然申请开通了峰谷电，但由于没有科学安排家庭用电，低谷用电量非常低，供电营业所专门为其开出了"贵户低谷用电在 8.89％，建议您应尽量在低谷时段用电。贵户低谷时段用电量如能调整到 40％及以上，则能节省电费支出 11.76 元。如果您确实无法调整低谷用电的，则建议您暂时终止居民峰谷电价，减少电费支出"的优化用电方案建议书。而家住世纪广场的王先生每月用电量比较大，家中的电热水器等大功率用电设施 24h 长期开着，对此电力部门又在其方案中提出了"请注意关闭家庭中不常用的电器设备，合理安排使用空调、电热设备等耗电量大的电器"的优化用电方案建议书。居民优化用电方案与企业客户用电优化方案服务模式一起，形成一个面向所有客户、具有针对性、贴近百姓生活的全方位的优化用电服务网络。

三、居民生活优化用电

近几年，我国居民年用电量都在以 10％～15％的速度增长。其年耗电量约占全国共用电量的 10％以上，而居民用电的负荷特性很差，其最高负荷可达当地最高负荷的 30％～40％。居民用电中，空调用电量居于首位，每年超过 700 亿 kWh，其次是电冰箱，年用电量约为 500 亿 kWh。

家用电器节能的主要途径是提高其使用效率。即使用那些能够获得相同功率而耗电处于先进水平的节能型家用电器。此外，改善家用电器使用环境和使用方式，也可达到节约电能的目的。

（一）绿色照明

绿色照明是指在满足照明质量和视觉要求的前提下，通过科学的照明设计，采用高效、节能、实用的新光源（如紧凑型荧光灯、高压钠灯、金属卤化物等）、高效节能的灯用电器附件（如电子镇流器、环形电感镇流器等）、高效优质的照明灯具（如高效优质反射灯罩等）、先进的节能控制器（如调光装置、声控、光控、时空及智能照明节电器等）、科学的维护管理（如定期清洗照明灯具、定期更换老旧灯管、养成随手关灯的习惯等）等照明节电措施，以达到节约照明用电的目的。

目前我国照明用电占全国用电量的 12％左右。如采用高效节能灯替代普通白炽灯可节电 60％～80％。绿色照明工程的应用场合除了居民生活照明外，还包括宾馆、写字楼、商场、工厂、学校等需要大量长时间照明的单位。

节能灯每瓦流明数（衡量电光源效率的单位）远远高于普通白炽灯，也就是说，在亮度相同的情况下，普通节能灯消耗的电能远少于白炽灯。一个 11W 节能灯的亮度可达 600lx，而 60W 白炽灯的亮度只有 500lx 左右。合格的节能灯产品的使用寿命超过 3000h，而白炽灯最多用 1500h 左右。常见的节能灯有以下几种。

（1）金属卤化物灯。金属卤化物灯是一种新光源，显色指数达 80 以上，光效 75lm/W 以上，色温 6000K。优点是寿命长，光效高，显色性好，节电效果明显。

（2）高压钠灯。高压钠灯光效达 90～100lm/W，比汞灯和白炽灯的光效分别高 2 倍和 7 倍。显色指数 60，紫外线成分少，不锈蚀，被照物体不褪色，色温只有 2100K。

（3）自镇流荧光灯。自镇流荧光灯光效在 60lm/W 以上，比普通白炽灯光效高 4 倍，寿命达 8000h 以上。

（4）双端荧光灯（细管径）。细管径的双端荧光灯与粗管径的相比，寿命延长 20％，光效增加 22％，节能 10％，寿命可达 10 000h 以上。

（5）电子镇流器。40、20W 电子镇流器和电感镇流器相比，从功耗上分别节约 5、3W，家庭用一只 20W 电子镇流器年节电 20kWh，一只 40W 电子镇流器年节电 60kWh，此外，电压低至 130V 也能启动。

（6）半导体灯（LED 灯）。发光二极管是继白炽灯、荧光灯和钠灯、金卤灯之后的第四代新光源。LED 灯的优点是：省电；寿命长，可达 10 万 h；工作电压低、抗震耐冲击、免维护、易控制、光响应速度快。LED 灯在同样的亮度下，所消耗的电能仅为白炽灯的 1/10、节能灯的 1/4，而寿命则是白炽灯的 100 倍。

选购节能灯具时，最好选用知名品牌的节能灯，确认包装完好、标志齐全，尤其是能效标准，包括平均寿命（通常为 8000h 以上）和镇流器的能效限定值、节能评价值等参数。其次，大部分产品都会列出自身功率以及对照光度相近的白炽灯功率，如"15W→75W"标志。另外，照明灯具在使用过程中安装高度要合适，如 20W 的日光灯，若装 1m 高，照度是 60lx；若装 0.8m 高，照度是 93.75lx。高度适当放低，可减少灯具的瓦数。此外，要充分利用反射与反光，如灯具配上合适的反射器可提高照度，利用室内墙壁的反光可提高照度 20％左右。

（二）电冰箱节能

如果不注意节电，一台电冰箱一般每月会多消耗约 5kWh 电。使用同样的家用电冰箱存放食品，耗电量的多少可能会大不相同。日常生活中使用冰箱时可以考虑从以下几个方面进行节电。

（1）应根据实际需要选购冰箱，不要规格过大的冰箱。根据我国居民的饮食习惯，家用电冰箱以每人平均容积 50L 左右为宜。因此，三口或四口之家可考虑选购 150～220L 的电冰箱。

（2）正确选购节能型电冰箱。以 200L 的家用电冰箱为例，普通电冰箱每天的耗电近 1kWh，但如果使用变频式或高效节能电冰箱，每天耗电仅为 0.4～0.5kWh，节电率 50％～60％。电冰箱使用寿命一般为 10～15 年，在寿命期内节能型电冰箱比非节能型电冰箱节电约 2000kWh。

（3）应将冰箱摆放在环境温度低，而且通风良好的位置，要远离热源，避免阳光直射。摆放冰箱时左右两侧及背部都要留有适当的空间，以利于散热。

（4）电冰箱的冷凝器要经常打扫，以保证冷凝效果。不要把热的东西直接放入到冰箱中，应当自然冷却后再放入冰箱内。热的食品放入会提高箱内温度，增加耗电量，而且食物的热气还会在冰箱内结霜沉积，影响制冷效果。

（5）尽量减少电冰箱的开门次数，放入或取出物品时动作要快，开门期间冷气溢出，热气进入，会增加耗电。每开门 1min，箱内温度恢复原状，压缩机就要工作约 5min，耗电约 0.008kWh。在室温为 20℃ 的情况下，每天若增加 10 次开门次数，则可能增加 3％ 的耗电量；在周围温度 30℃ 的情况下，每延长 10s 的开门时间，则可能增加 3％～4％ 的耗电量。

（6）合理调整冷藏室温度。调节温控器是电冰箱省电的关键，装有温控开关的电冰箱，其温控开关应随季节变化随时调节，夏天时，调温旋钮一般调到"4"或者最高挡。冬天，转到"1"就可以了，这样可以减少压缩机的启动次数，达到省电的目的。另外，放在冰箱冷冻室内的食品，在食用前可先转移到冰箱冷藏室内逐渐融化，以便使冷量转入冷藏室，节省电能。

（7）保持冰室内的清洁，及时除去霜层。冷冻室内挂霜太厚时，制冷效果会减弱。化霜宜在放食品时进行，以减少开门次数。完成除霜工作后，应先使其干燥，否则又会立即结霜。冰箱霜厚度超过 6mm 时，应及时除霜。

（8）控制食物的储存量。电冰箱内储存的食物不宜超过总容积的 80％，以保持内部有足够的冷空气循环空间。食物存放过多将增加耗电量 4％～5％。

（9）保持密封条性能良好。电冰箱门上的橡胶条应保持闭合严密，磁性良好。电冰箱门上的缝隙将增加 5％～15％ 的耗电量。

（三）空调节能

空调是所有家用电器中耗电量最大的一种，其年耗电量约占整个家庭年耗电量的 30％ 左右，因此空调节电在家庭节电中有举足轻重的作用。空调节电可以从选购、安装、使用多个方面入手。

1. 空调的选购

依据家庭实际使用情况正确选购空调是节电的首要环节。在选购空调时应该考虑以下几个因素。

（1）根据房间的大小选择适当的机型和适当功率的空调器。一般家用空调包括窗式、分体式和柜式三种。在选购时应首先考虑使用房间面积的大小确定采用何种机型和多大功率。如果空调功率过小，则房间温度难以调节到舒适程度；如果空调功率过大，则会很快达到设定温度而使压缩机频繁起停，一方面房间温度忽冷忽热，人体不能获得舒适感；另一方面也浪费了大量电力且影响压缩机使用寿命。一般情况下，空调制冷/热量与房间面积有如下关系：制冷量＝

（140～180）W×房间面积；制热量＝（180～240）W×房间面积。如果房屋层高大于2.5m或为顶层或西晒，则应适当加大功率。如一个20m²的房间所需要的制冷量为2800～3600W，制热量为3600～4800W，可选择我们通常所说的大约1.5P的空调。此外，房间的朝向、冷墙面积、窗墙比、是否顶层等也是需要考虑的因素，综合这些因素，选择相应功率的上限或下限。

（2）选择高能效比的空调。能效比是空调制冷量与制冷功率的比值。能效比越高，说明该空调能效水平越高，制热时也相同。能效比值是衡量空调器效率最重要的指标，同一功率的空调，其能效比越高，则空调器效率越高，也越省电。据测算，能效比每提高0.1，即可省电约4％。因此应尽可能选择能效等级为国家标准中2级以上的节能型空调。

（3）选择交流变频或直流变频空调。变频空调初起动时，压缩机电动机高速运转，使房间温度迅速达到设定温度，随后压缩机转速和风机转速逐步自动平稳下降，确保室温在设定温度±0.5℃范围内。当压缩机低速运转时，其耗电量大幅度下降，据有关资料显示，由于避免了压缩机的频繁起动，交流变频或直流变频空调可以比定速空调节省30％～45％的电能，且空调连续运行时间越长越省电。一般来说，每年使用期超过4个月，每天开机时间超过3h以上时，变频空调高出常规空调的购买费用可在1～2年内收回。

（4）选择带有定时和睡眠功能的空调。定时功能可以及时开关空调器，避免了在无人状态下运行，节省了电能消耗；睡眠功能使空调器在运行了一段时间后，逐渐提高设定温度，风扇低速运转，一方面使人体更舒适，另一方面更节电。

2. 空调器的安装

在家用空调的安装及使用过程中，从节能的目的出发，应注意以下问题。

（1）分体式空调的室外机应安装在通风良好的地方。其前后应无阻挡，室外机排风口50cm以内无障碍物，以利于风机工作时抽风，增加换热效果。室外机的四周应留有足够大的空间，其左端、后端、上端空间应大于10cm，右端空间大于25cm，前端空间应大于50cm。室外机尽量不要装设在受阳光直射的地方，装设高度宜在距离地面75cm以上，不应安装在有油污、污浊气体排出的地方，否则会污染空调器，降低传热效果，并破坏电器部件并使其性能下降，增加耗电量。室外机不宜装设遮阳篷，以利于热量散发。

（2）分体式空调室内机与室外机之间的连接管尽可能短，弯曲半径要大，并避免过多弯曲，连接管要做好隔热保温。连接管太长或弯曲过大过多，会影响制冷剂的热移动，使制冷效率降低，有实验表明，假设连接管长度为3m时的制冷效率为100％的话，那么5m时的效率降为97％，10m时降为95％。同时，连接管弯曲部分的曲率半径宜在10cm以上。

3. 空调器的使用和维护

（1）增加房间密封性。使用空调的房间宜增加密封条，尽量减少门窗的开关次数，以减少与室外热量的交换，避免压缩机因温度的变化而频繁起动，或变频空调始终处于高速运转状态而增加耗电量。

（2）温度设定适宜。夏季制冷时空调温度宜设定在26～27℃，冬季制热时空调温度宜设定在16～18℃。据测算，制冷时空调调高1℃，如每天开10h，那么1.5P空调机可节电0.5kWh左右。在日常使用中不宜将温度设置过低，以避免空调器长时间处于高速运转状态。

（3）增大室内空气流通速度。制冷时，配合电风扇一起使用，可以增加室内空气流通，加快降温速度，减少耗电量。调整叶片方向，制冷时叶片向上，制热时叶片应向下，以利于室内空气有效对流，提高制冷或制热效率，减少耗电量。

（4）定期清洗空调室内机滤网及室外机散热片上的灰尘。如果滤网上附着的灰尘过多，会阻碍空气在空调中的流通，增加耗电量。室外机散热片上灰尘过多时，会使散热效果变差，增加耗电，严重时会引起压缩机过热、保护跳闸。

（5）及时补充制冷剂。一般空调器在使用 3～5 年后，制冷剂即会有少量泄漏，如不及时补充，空调的制冷（制热）效果会变差，影响运行效率，增加耗电量。

（四）电热水器

电热水器具有安全方便、清洁卫生、热效率高、不受水压、气源限制等优点。市场上常见的电热水器有三种：储水式电热水器、即热式电热水器、热泵热水器。由于一般电热水器的功率都比较大，因此如何合理使用电热水器，对减少家庭用电量有着重要意义。

减少电热水器在家庭总耗电量中的比例，关键是选择合适的种类和容量。

如果电热水器在一年中的使用时间较长，可以优先选择热泵式电热水器。它与一般热水器相比，可以节能 70%。如果家庭用电容量允许，可以优先考虑即热式电热水器。其热损耗比储水式电热水器少，约能省电 30% 左右。

如果选择储水式电热水器，首先尽量选择能效指标高的产品，例如选购保温性好、防腐蚀、防结垢的产品。目前一些保温性能较好的产品可将水温下降速度控制在 1℃/h 之内（环境温度 20℃）。当然，冬季环境温度较低时，水温下降速度相对会快些。其次，选择容积要适当。根据家庭人口选择适当容积的储水式电热水器。如仅供厨房使用的热水器可选 10～15L 左右的；用于洗浴的，2～3 人可选用 80L 左右的，3～5 人则可选用 100L 以上的。另外，选择带有定时预约功能的电热水器，可以按使用时间适当提前加热储水罐中的热水，缩短保温时间，减少热损耗。

在执行峰谷分时电价的地区，在低谷时开启蓄热保温，高峰时关闭，可减少电费支出。淋浴器在使用时一般将温度设定在 50～60℃，夏天时可将温度控制器适当调低。不用热水时应及时关机，避免反复烧水。

（五）洗衣机

洗衣机的功率一般在 300W 以上，也是日常使用频率比较高的家用电器。洗衣机的节约用电可以从以下几个方面考虑。

（1）根据衣物的数量和脏污程度来确定洗衣时间，一般合成纤维和毛织品，洗涤时间为 2～4min，棉麻织物，洗涤时间为 5～8min，极脏的衣物洗涤 10～12min。洗涤后的漂洗时间约为 3～4min 即可。合理缩短洗衣时间不仅可以节电，而且还可以延长洗衣机和衣物的使用寿命。

（2）合理选择洗衣机的功能开关。洗衣机有强、中、弱三种洗涤功能，其耗电量也不一样。一般丝绸、毛料等高档衣料，适合用弱洗；棉布、混纺、化纤、涤纶等衣物，常用中洗。厚毛毯、沙发布和帆布等织物可用强洗。

（3）采用低泡沫洗衣粉可以省电，洗衣粉的出泡多少与洗净能力无必然联系。优质低泡洗衣粉有极高的去污能力，而漂洗时却十分容易，一般比高泡沫洗衣粉少 1～2 次漂洗时间。

（4）洗涤前，衣物提前浸泡 15min，可以提高洗净效果，同时省电。

（5）洗衣机使用时间为 3 年以上，发现洗涤无力，应更换或调整洗涤电动机皮带，需加油的地方应加入润滑油，使其运转良好，达到节电目的。

（六）电视机

电视机的节电窍门有以下几点。

（1）控制亮度。一般彩色电视机最亮与最暗时的功率相差 30～50W，室内开一盏低功率的日光灯，把电视机的亮度调小一点儿，收看效果好且不易使眼睛疲劳。白天看电视拉上窗帘可相应降低电视机亮度。

（2）控制音量。音量大，功耗高。每增加 1W 的音频功率，要增加 3～4W 的功耗。

（3）加防尘罩。加防尘罩可防止电视机吸进灰尘，灰尘多了就可能漏电，增加电耗。

（4）减少待机状态。看完电视后应及时关机或拔下电源插头，尽量不要使电视机处于待机状态。因为有些电视机在使用遥控器关机后，电视机仍处于整体待用状态，显像管仍有灯丝预热，还在用电。所以要关闭总电源。

（七）计算机

（1）关机。任何休眠模式都要耗电，所以，在长时间不用时，一定要将计算机关机。

（2）关掉不必要的进程。开机软件，尽量少开，诸如蓝牙、WiFi无线网络等进程不用时尽量关掉。

（3）合理设置显示器的对比度和亮度。

综上所述，实施优化用电服务时，应特别注意专业化、低成本、持续性、宣传与服务相结合的原则。第一，供电企业开展优化用电方案最大的优势就是其专业性技术力量和资源，因此必须用技术优势来设计出科学合理的方案，同时要让企业了解和接受在这一领域的技术权威性，从而促进方案的顺利开展。第二，对于用电企业而言，有些优化用电是需要有一定的前期投入的，因此，在实施优化用电方案时必须要充分考虑到企业对于投入的接受能力，一方面要尽量减少企业支出，优化方案的设计，另一方面努力为用电企业算好经济账，要做好解释工作，让用电企业理解优化用电的长远利益。第三，企业的用电情况是一个长期变化发展的过程，即使是同一家企业在不同的时期用电情况也不尽相同，特别是一些季节性生产的企业，变化就更大了。因此在优化用电实施时，要坚持优化方案的持久性，持续监控，结合企业生产经营的变化动态调整优化方案，确保方案的时效性。第四，优化方案的实施是国家节能降耗绿色工程的一部分，在实施过程中要充分考虑到优化用电模式对于企业节能降耗整体工作的影响，要通过实施方案宣传节能理念，用服务措施让用电企业切身体会节能带来的好处，从而提升整个电力资源利用率和节能降耗工作的整体水平。

第五节　优化用电效益分析

一、优化用电成本支出分析

供电企业利用专业技术优势，通过帮助用电企业提高用电管理水平，降低企业用电成本，提高电能利用效率和电网安全经济运行水平，使整个社会用电效益得到提高，实现了电力资源的优化配置，同时在全社会形成良好的节能降耗氛围，取得了巨大的经济效益和社会效益，实现了发电企业、供电企业、用电企业和社会"多赢"的局面。

1. 供电企业成本支出分析

一是设备投入成本。优化用电服务的开展主要通过在原有的供配电网络上加强管理，提高科学用电水平，不需新建网络。进行谐波测试等工作中使用的仪器是各地已有设备，此项成本不发生。二是数据采集成本。优化用电服务所需要的各种数据，主要来源于现有的电力营销业务应用系统和电能信息采集系统，特殊情况下，部分数据如个别用电企业的实际谐波等需进行现场测量，该项工作也是供电企业日常谐波监测要求，不额外增加成本。三是人力资源成本。制定优化用电方案人员为各供电企业现有客户服务专业人员，不新增人员。

2. 用电企业的成本支出分析

一是固定资产投入。部分用电企业因技改，更换、新增部分设备的投入，从目前统计情况看，投入资金的回收预期在一年以内，个别企业在2个月至半年内可全部收回。二是运行管理成本，用电企业主要通过调整企业生产设备投运时间、切换无功补偿方式等来实现用电模式的优化，不需新增运行管理成本。

二、优化用电效益分析

1. 社会效益

（1）节能减排效益分析。

以浙江省为例，截至 2010 年底，全省已经累计送出各类用户优化方案 7500 余份，在这些方案中，仅因功率因数提高一项，实现节电 7.41 亿 kWh，按每千瓦时发电消耗 0.35kg 标准煤计算，相当于减少标准煤消耗 25.94 万 t，减少烟尘排放 1259.7t，减少二氧化碳排放量 69.28 万 t，减少二氧化硫排放 4890.6t，减少氮氧化物排放 2741.7t。

（2）拉动经济增长效益分析。

以某工业区 2009 年以来的统计数据为例，实施优化用电服务后，电网用电负荷率从实施前的 76% 提高到实施后的 88% 左右，负荷率得到有效提高。2009 年工业区每千瓦时工业用电创造的工业企业产值为 28.95 元，2011 年为 36.32 元，同比上升 12.45%，基本上和负荷率上升成正比。在 2011 年夏季用电高峰期有效转移高峰负荷 5 万 kVA 左右，整个夏季没有因为电网问题出现拉闸限电。考虑每天用电最高峰的两个小时，单位 GDP 电耗按 2011 年全市平均水平 1305kWh/万元测算，2011 年可拉动全市 GDP 增长约 0.16%（2.76 亿元）。

2. 用电企业效益分析

实施优化用电，通过实现单位产品能耗下降带动了企业生产成本整体下降。在企业生产情况不变的情况下，如果用电企业平均 20% 的负荷由用电高峰时段转移到用电低谷时段，其用电生产成本相应可以降低 10% 左右。据统计，截至 2008 年底，浙江省优化用电方案的受益企业中，仅因功率因数提高一项，就可减少电费支出达 5.12 亿元。

3. 电力企业效益分析

（1）提高资产利用率。

通过实施优化用电，电网运行水平得到显著提升，社会电力资源配置得到优化。以某供电单位 2007 年的统计数据为例，在供求关系、电网基本情况不变的情况下，通过削峰填谷转移高峰负荷 5 万 kVA，相当于在不增加人力和资源投入的前提下，仅仅凭借管理手段可以减少一个主变压器容量为 100MVA 的 110kV 变电站的建设，仅变电站基础投入就节省了 3000 万元，如果考虑配套电网建设、维护费用，则直接经济效益更多。

（2）降低供电成本（损耗降低）。

实施优化用电后，在达到用电负荷率提升的同时，实现了无功的就地平衡，使线损大大降低，线路和变压器的输送能力等有明显提高，改善了电网的安全与经济运行水平，有效降低了供电成本。

以试点区内一条长 7.3km 的 LGJ—240 的输电线路为例，在外部环境不变的情况下输送 5 万 kW 有功负荷，当输送无功 25Mvar，线路损耗率为 4.94%；输送无功 1Mvar 时，其线路损耗率降为 3.95%，下降 0.99 个百分点，再以本条线路全年供电量为 2 亿 kWh 计，全年可降损电量为 198 万 kWh，同时也实现了节能降耗，可节约标煤 693t，减排二氧化碳 1851.3t，二氧化硫 3.366t。

（3）提升供电质量。

实施优化用电方案可以比较显著的提升供电可靠率。据统计，某工业区在优化用电实施后，城网供电可靠率达到 99.964%，农网供电可靠率达 99.867%，分别较实施前提高 0.0604% 和 0.1003%，综合电压合格率 99.639%，较实施前提高 1.021%。

第六节　企业优化用电案例

一、通过优化用电，达到节费目的

1. 企业基本情况

某光伏玻璃技术有限公司于 2010 年 7 月 17 日送电投产，是一家生产太阳能超白玻璃的大型企业，报装容量为 20 000kVA。由于近期太阳能行业不景气，导致生产线开工不足，用电量下降较快。

2. 企业用电及电费支出情况分析

该光伏玻璃技术有限公司 2011 年的月最大用电容量均在 10 000kW 以下，平均约 8000kW 左右，即用电容量不到报装容量的 50%。由于工业企业执行两部制电价，其电费支出由三部分组成，包括基本电费、电度电费和力调电费。

对 2011 年的用电情况进行分析后，发现其基本电费的计算方式不合理，电量尖峰谷比例不合理，电度电价还有下降空间。力调电费部分为奖励，功率因数控制得不错。

3. 优化用电建议

(1) 根据用电情况看，该光伏玻璃技术有限公司是两部制电价用户，其基本电费是按照变压器容量核算，最大负荷没有超过总容量的 75%，所以按照每月以最大需量（若近期负荷变化不大的话，可以考虑按 8000kW 申报最大需量）结算基本电费就能减少基本电费的支出，相应降低到户平均电价。

(2) 根据实际生产需要，适当调整用电时间，调整好电量尖、峰、谷比例。使峰谷用电达到合理比例方法是：减少在 8：00～11：00、13：00～22：00 投入使用的用电设备，将可避峰用电的用电设备放在 22：00～8：00 之间使用。六时段分为如下：尖峰时段 19：00～21：00；高峰时段 8：00～11：00，13：00～19：00，21：00～22：00；低谷时段：11：00～13：00，22：00～次日 8：00。

4. 采用优化用电建议后可产生的效益

根据优化用电建议，该光伏玻璃技术有限公司可以申请按最大需量结算基本电费，每月仅基本电费一项即可节省电费约 20 余万元。同时，根据实际生产需要，适当调整用电时间，调整好电量尖、峰、谷比例后，还可以在一定程度上减少电度电费支出。

二、实现余热利用，减少用电总量

1. 基本情况

某玻璃生产企业现有两条 600t/d 级浮法玻璃生产线，玻璃生产以重油为燃料，每天消耗重油约为 190t，生产过程中熔窑产生大量的烟气，两条生产线产生烟气总量为 200 000m³/h（标）左右，烟气温度可达 420℃以上，现只有少量的烟气经低压余热换热器换热后产生低压蒸汽供生产线使用，大量的烟气没有充分利用通过烟囱直接排放到大气中。这样既浪费了大量的热能，同时又对大气造成热污染。

该企业利用建材行业成熟的纯低温余热发电技术，对现有低压余热换热器进行技术改造，回收全部熔窑烟气产生过热蒸汽用于发电，达到减少大气热污染，为企业节约电费支出，减轻电力部门供电压力，形成可观的社会效益和经济效益。

该项目规模为装机容量为 4.5MW 的余热电站，包括两台余热锅炉及一套凝汽式发电机组，辅机设备包括一套循环冷却水系统、一套软化水制备和供水系统，以及电站电气控制系统、通信系统、电力接入系统、计算机管理系统等，总投资 4184.9 万元，年发电量为 3168×10⁴kWh，

年供电量为 2914×104kWh，年节约标准煤为 10 199t，年减排 CO_2 为 24 665t。

2. 效益评价

（1）经济效益。该项目于 2009 年 6 月 13 日并网发电投运，目前机组运行状况良好，基本达到设计要求，截至 2011 年 11 月 22 日，扣除检修时间外，累计并网有效时间为 19 800h，发电量为 57 756 293kWh，供电量为 52 558 227kWh，平均每小时发电量为 2920kWh，供电量为 2650kWh，电费按 0.65 元/kWh 计，可年增经济效益 1500 万元。

（2）社会效益。符合国家资源综合利用和节能减排，可享受电费优惠、政府财政补贴和奖励等优惠政策，并为企业的自身结构调整提供了良好的政策环境。该项目建成投运后，总体基本达到了减少大气热污染，为企业节约电费支出，减轻电网公司供电压力，形成可观的社会效益和经济效益的综合目的。

三、增加技术投入，提升用电效率

1. 技改背景

某化纤生产企业为将企业做强、做大和寻求企业新的突破，组织专业人员对用电设备进行全面会诊，发现许多设备长期未能实行技术革新，大量设备处于高能耗运行状态。为降低企业的生产成本，遵循国家节能减排的规划，共投入技改资金 7600 多万元，对高能耗的设备和不合理工艺设施作全面整改和淘汰。该企业作为用电大户，年耗电量 4.2 亿 kWh 左右，光电费支出就达近 3 亿元左右。节能减排、降低能耗对企业的发展尤为重要。2010 年，企业通过对冷冻机组、空压机组、照明节能灯具、PTA 链板输送和热媒锅炉项目等五大节能技改项目的实施，每年可为企业节约成本 9000 多万元，每年减少碳排放量 15.4 万 t。

2. 技改项目

（1）冷冻机节能改造。

技改前为 8 套吸附式溴化锂蒸汽制冷机系统设备，其中每台制冷量为 1160USRT，设计每小时每台消耗蒸汽为 4.6t。但由于该设备已连续使用 8 年，其实际制冷量只能达到额定制冷量的 75% 左右，实际消耗蒸汽增加到每小时 6t，大大增加能耗。同时，由于原有设计方案采用阀门截流方式控制冷却水和冷冻水流量，其调节阀开度全一般在 30%~60%，从而造成电动机输出功率白白浪费。

基于以上能耗大、电能浪费的状况，该企业不惜投资 2515.7 万元对冷冻机系统设备进行技术改造。一方面将普通水泵改为节能水泵，将制冷剂调整为采用环保型制冷剂 R-134a 的离心式制冷机；另一方面通过变频控制技术的运用，以调节水泵转速的节能方式替代原出口阀调节的截流耗能方式；再通过采用中央智能集控技术即通过实行冷却水变流量的智能控制技术，使冷却水的供应量随制冷主机负荷而变化负荷，从而实现冷冻水、冷却水系统的运行节能。

通过以上三项节能技术的综合运用，每年可节省运行成本约 1228.58 万元，投资回期约为 1.55 年。

（2）节能灯改造项目。

绿色照明是"十一五"规划的民生工程，化纤企业的照明灯工程也是一项高能耗项目。该企业本着节约用电的原则，在当前电力紧张的情况下，显得尤为重要。2010 年，该企业决定对其所有照明灯实施绿色节能灯的技术改造。据统计，全厂照明灯共有 25 000 只左右，车间内照明原有设计采用老式普通的 T8-40W（带电子镇流器）日光灯管。公司首期技改项目对主车间内的 12 000 只照明灯具进行淘汰更换，在同样照度条件下，均采用了 T5-21W 绿色节能灯。

此项绿色照明灯技改工程实施后，经检测节电效率达到 53.3%，年节约达到 139.8 万元。

（3）空压机节能改造项目。

空压机的大量使用是化纤企业第二大能耗设备，在当前电力供应紧张，化纤产品市场销售竞争激烈的形势下，追求低成本、低能耗、高效率是企业的战略目标。

经过电能消耗的综合测算，公司决定对原使用的 14 台螺杆空压机实施技术改造。由于螺杆空压机产气量小，电能消耗大，且设备维修费用高。通过采用大气量的离心空压机 9 台代替小气量螺杆空压机 14 台的技术改造项目后，其电能耗用从技改前 8395 万 kWh 降到技改后的 6215.8 万 kWh。年节电达 2169 万 kWh，直接节能效益为 1520 万元/年。

（4）其他技术改造项目。

除上述重点节电技术改造项目外，该企业在 2010 年还实施了热煤锅炉技改项目和 PTA 链板输送项目的技术改造，为减少对环境的污染，新增了除节尘脱硫系统设备。

该两项技术改造项目共投资 4150 万元，年可节能降耗达到 7500 万元。

3. 技改创效、节能减排成果

经测算，该企业总投资 7600 多万元的五个技改项目，每年将实现 9600 多万元的经济效益。"节能减排"作为企业的发展目标的同时也成了新的利润增长点，也为企业实现绿色环保生产走上低碳效益之路奠定了坚实的基础。

四、通过谐波治理，提高电能质量

1. 企业基本情况

某生产精密冷轧薄板的大型企业于 2011 年 1 月投产，其用电设备中有大量的变频设备和供大容量直流电动机用电的整流设备。这些设备在运行中会产生大量的高次谐波，引起供电电网电流和电压波形畸变，对电网安全供电及其他的用电企业生产带来严重的危害，必须采取有效的谐波治理措施。

2. 谐波治理方案

（1）两套 1450mm 单机架六辊可逆式冷轧机组的谐波治理和无功补偿方案。

在整流变压器的二次侧安装一套"晶闸管投切滤波器（TSFC）的动态滤波无功功率补偿装置"，每套机组需 5 套滤波装置。另一台动力变压器 5000kVA 在低压 0.4kV 侧需安装 5%串抗的电容器自动投切无功补偿滤波装置，容量为 30kvar 电容器 60 组。

（2）四套 1150mm 单机架六辊可逆式冷轧机组的谐波治理和无功补偿方案。

在每台整流变压器的二次侧各安装一套"晶闸管投切滤波器（TSFC）的动态滤波无功功率补偿装置"，每套机组需 3 套滤波装置。

（3）两套 60 万吨带钢推拉酸洗机组的谐波治理和无功补偿方案。

需安装 5%串抗的电容器组自动投切无功补偿滤波装置，容量为 30kvar 电容器 36 组。在大型可逆轧机装置的整流变压器低压侧 0.66kV 侧安装"晶闸管投切滤波器（TSFC）的动态滤波无功功率补偿装置"。

（4）厂家选用双绕组整流变压器，为有效压制 5、7 次谐波，建议二套 1450mm 单机架六辊可逆式冷轧机组中的专供卷取机、开卷机的整流变压器的联接组标号分别选用 Dy11 与 Dd0。四套 1150mm 单机架六辊可逆式冷轧机组中的专供卷取机、开卷机的整流变压器的联接组标号两台选用 Dy11，另两台选用 Dd0。

（5）为有效压制谐波，要求各晶闸管投切滤波器（TSFC）的动态滤波无功功率补偿装置的 5、7、11、13 次谐波吸收率大于 65%以上。

3. 进行谐波治理后的效果

该铁金属薄板生产企业报装容量为 28.5MVA，以 35kV 一回线接入 220kV 长征变电站，在有效采取上述滤波措施后，在 220kV 长征变电站的 35kV 母线处的电压总谐波含量和该企业注入 35kV 电网的谐波电流基本可以满足国家对电能质量标准要求。

五、某市输水泵站削峰填谷案例

某市输水工程中的输水泵站，安装四台立式离心水泵电动机组，装机容量 $4 \times 3500kW$，配套两回路 110kV 输变电系统，供水规模 70 万 t/日。泵站应用抽水蓄能原理，达到调节水库和蓄能作用，使用夜间（22：00～次日 8：00）低谷电能，将包括白天高峰电时段在内的全天所需供水量在夜间集中抽水至高位调节蓄能水库，再根据净水厂供水需求 24h 连续自流供水。该工程在国际上首次成功将抽水蓄能电站设计理论应用于城市供水工程，并提出了"抽水蓄能供水工程"的新概念，创新性地开拓了节能降耗新领域，是一个节能降耗的标志性工程。该输水泵站特有的工程模式和运行方式，是整个输水工程节能降耗作用的集中体现。经过多年的稳定运行证明，该工程不仅了保证了供水系统安全运行，而且节能降耗效果显著，并且取得了巨大的经济效益和社会效益。具体体现为以下四方面。

（1）优化了电力系统资源配置，节约了大量紧缺的峰电资源。

泵站主要利用夜间低谷电运行方式，对电力系统而言，一方面充分发挥对电网系统的削峰填谷作用，特别在电力负荷高峰限制时作用更加明显，可削减峰电限制负荷 14 000kW 以上；另一方面提高了电力系统容量利用率，根据电力系统单位容量投资约 1 万元/kW，按总装机 14 000kW 测算，相当于节约电力系统设备设施投资约 1.4 亿元。特别是对于当前由于区域经济快速发展带来的电力资源非常紧张，从季节性缺电变为常年性缺电严峻，泵站这种利用低谷电的运行方式，无疑对电网的安全、经济、有效运行起到了积极的作用。

（2）泵站用夜间低谷时段运行，相对于峰电时段，运行电费低廉，从而节约了大量的运行费用，产生了巨大经济效益。

从 2001 年建成投产，泵站累计抽水约 20.5 亿 t，累计用电约 19 600 万 kWh，累计支付电费约 9800 万元，其中谷电用电比例约 85%。经测算，已累计节约电费约 6200 万元，千吨水抽水电费从 118.82 元降低至 74.39 元，电费节约率达 37.3%。

（3）注重科学调度，使泵组高效运行，取得明显效益。

由于四台泵组存在三种不同的运行特性，这为泵站的调度运行工作提出了课题并提供了可优化的空间。为此，在确保泵组及整个输水线路安全运行的前提下，该泵站在泵组运行优化调度方面做透了文章，使泵组在组合运行时发挥出了最高效率，实现了最经济运行。

首先，该泵站通过对 4 号泵组进行技改，切削叶轮以降低设计扬程，使其与正常上、下游水库运行水位差相匹配，达到了提高水泵工作效率的目的，既提高了 4 号泵组运行安全性，又提升了 4 号泵组近 5% 的运行效率。

其次是优化运行调度方案，以实现泵组安全、规范、经济运行。事实证明，通过优化调度方案，泵组运行效率在原有基础上提高了近 4%，每年节约电费近 60 万元。泵站结合实际运行情况，系统考虑供水量、来水量、上下水库运行水位等参数，科学、经济、严格执行调度方案，取得了明显的经济效益。近几年来，泵站供水总量持续增长，而单位电耗出现持续降低良好局面。

（4）泵站集中利用低谷电时段运行，降低了泵站安全运行对电力连续、可靠供电的依赖程度。

对电网而言，夜间供电更为安全可靠，泵站大部分时间在夜间运行，提高了整个城市供水工程的安全性和可靠性，社会效益显著。

【思考与练习】

1. "四要素"分析法的内容是什么？
2. 实施优化用电服务可以分为哪几个阶段？
3. 实施优化用电可以带来哪些效益？

第十章

典型行业停电事故案例分析

第一节 医 院 篇

一、行业简介

医院是指以向人提供医疗护理服务为主要目的的医疗机构。其服务对象不仅包括患者和伤员，也包括处于特定生理状态的健康人（如孕妇、产妇、新生儿）以及完全健康的人（如来医院进行体格检查或口腔清洁的人）。最初设立时，旨在供人避难，还备有娱乐节目，使来者舒适，有招待意图。后来，才逐渐成为收容和治疗病人的专门机构。

二、负荷分级

(1)《民用建筑电气设计规范》(JGJ 16—2008)对县级以上医院的负荷分级作了如下规定。

1）急诊部、监护病房、手术部、分娩室、婴儿室、血液病房的净化室、血液透析室、病理切片分析、磁共振、介入治疗用 CT 及 X 光机扫描室、血库、高压氧舱、加速器机房、治疗室及配血室的电力照明，培养箱、冰箱、恒温箱的用电，走道照明用电，百级洁净度手术室空调系统用电，重症呼吸道感染区的通风系统用电属于一级负荷。

2）除一级负荷部分外的其他手术室空调系统用电，电子显微镜、一般诊断用 CT 及 X 光机用电，客梯用电，高级病房、肢体伤残康复病房照明等用电属于二级负荷。

3）非高层建筑室外消防用水量大于 25L/s 的其他公共建筑的消防用电属于二级负荷。

(2) 医院如果有高层建筑，用电负荷分级如下。

1）一类高层建筑❶消防控制室、消防泵、防排烟设施、消防电梯及其排水泵、火灾应急照明及疏散指示标志、电动防火卷帘等消防用电、走道照明、值班照明、警卫照明、航空障碍标志灯、排污泵、生活泵等用电属于一级负荷。

2）二类高层建筑❷消防控制室、消防泵、防排烟设施、消防电梯及其排水泵、火灾应急照明及疏散指示标志、电动防火卷帘等消防用电、走道照明、值班照明、警卫照明、航空障碍标志灯、客梯、排污泵、生活泵等用电属于二级负荷。

三、用电特点

医院的用电负荷特点主要有以下几方面。

---

❶ 一类高层是指 18 层以上的居住建筑（高度到 50m 以上的商业建筑）。
❷ 二类高层是指 18 层以下的居住建筑（高度到 50m 以下的商业建筑）。

（1）供电要求高。大型医院一级负荷多，随时可能有重要手术、实验的进行，要求电源连续性供电。连续运行的大型综合医院对供电的可靠性要求也非常高，仅几个周波的电力系统故障就可能造成医疗设备事故，甚至引起更为严重的后果。医院设备具有大量的精密检测仪器，其波形等对电能质量有特殊要求。

（2）用电负荷大。医院的负荷主要是以核磁、放射、放疗、CT、手术室、伽马刀、锅炉、动力设备、大型异步电动机的风机、压缩机以及异步电动机拖动的泵、中央空调、电梯、预防系统等为主，其功率大、耗能大，使医院成为用电负荷大户。

（3）负荷波动大。医院的运行负荷波动大，日曲线变化明显。白天往往随着核磁、放射、放疗、手术台、动力设备、电梯等大型设备的使用，使得电流急剧增加、负荷增加，夜间大型设备大量停止工作，负荷又急剧下降，晚上随着患者及陪护人员入睡，照明系统及医院后勤动力负荷也逐步减小，负荷持续下降。

（4）逐步扩容。用电负荷逐步扩容是现代化医院建设中新设备的增加及改造司空见惯的事情，因此在设计医院供电系统时一定要从长远考虑，留有足够的扩展余地。

四、停电后果

医院停电造成的危害主要集中部位有：急症部的所有用房；监护病房、产房、婴儿房、血液病房的净化室、血液透析室、血库、配血室的电力照明，以及培养箱、冰箱、恒温箱和其他必须持续供电的精密医疗装备，走道照明；重要手术室空调。在这些地方，停电可能会给医院带来无法挽回的负面影响，如正在进行中的手术、培养的各种细胞和实验用材料因供电问题可直接导致手术中断、培养细胞死亡，从而给医院和患者及其家庭带来重大损失和伤害，甚至影响医院的声誉和社会形象。

其次，对电子显微镜、X光机电源、高级病房、肢体残疾康复病房照明、一般手术室空调也可能由于断电造成一定损失。

医院如果出现大型事故，在救灾期间如果供电电源失去，可能会导致事故进一步扩大，局面如法控制。

五、电源配置

医院具有一级负荷、二级负荷。《供配电系统设计规范》（GB 50052—2009）和《民用建筑电气设计规范》（JGJ 16—2008）规定，应采用两个电源供电，且来自两个上级变电站的不同电源，当一个电源发生故障时，另一个电源不应同时受到损坏。医院一般采用高压两路常供，低压互为备用，重要负荷末端自动切换的方式，同时供电的两回路电源，其中一个回路中断供电时，其余线路应能满足全部一级负荷及全部或部分二级负荷的供电。

《供配电系统设计规范》（GB 50052—2009）和国家电力监管委员会《关于加强重要电力用户供电电源及自备应急电源配置监督管理的意见》（电监安全〔2008〕43号）明确规定，一级负荷中特别重要负荷应增设自备应急电源，并严禁将其他负荷接入应急供电。根据《供配电系统设计规范》（GB 50052—2009）规范的理解，有必要把医院的重要手术室、重症监护（ICU）等涉及患者生命安全的照明及呼吸机等设备用电作为重要负荷纳入自备应急电源供电范围。医院的自备应急电源可以选用蓄电池静止型不间断供电装置、蓄电池机械储能电机型不间断供电装置或柴油机不间断供电装置。

医疗设备电源的电压、频率允许波动范围和线路电阻应符合设备要求，否则应采取稳压滤波等措施。放射科的医疗装备电源，应由专用低压回路供电。医院的照明设备也应与其他负荷分开供电。手术室、重症监护室等不能中断供电的用电设备，应采用低压双回线路供电，同时剩余电流动作保护装置只能报警不得切断电源。对防护措施要求严格的手术室、急救室，宜采用局部 IT 系统供电（隔离变压器供电），IT 系统必须设置绝缘监视装置。省级及以上医院医技楼、医疗设备电力干线上应设置有源滤波装置。

六、某市中心医院停电案例

2008 年 10 月 14 日，某市中心医院内部低压设备故障，引起 10kV 总配电室和分配电室同时跳闸，造成医院全面停电，自备发电机启动失败、设备操作恢复失败，造成短时间电力无法恢复。

1. 基本情况

该市中心医院为当地政府部门认定的重要电力用户，有 2 个配电室，总、分变电站形式。10kV 医院变电站主接线图如图 10-1 所示。供电电压等级为 10kV，双电源供电，运行方式为一主一备，高压线路侧切换，机械闭锁。2 台 2000kVA 变压器，合计容量 4000kVA。医院内部配有 2 台柴油发电机，容量分别为 500kW 和 400kW，500kW 发电机切换地点在 1 号主变低压总柜闸刀侧，主要承担医院 ICU、手术室的应急供电。400kW 发电切换地点在 2 号主变低压总柜，主要承担医院 CT、X 光室的应急供电。

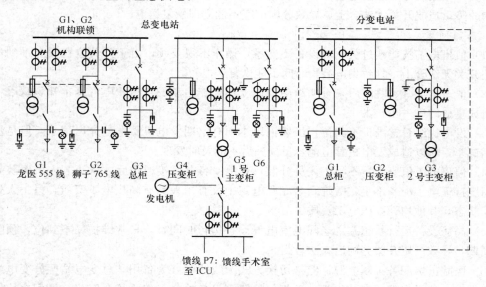

图 10-1 10kV 医院变电站主接线图

2. 事故经过

2008 年 10 月 14 日 18：03，中心医院突然停电，配电室值班人员张某在未仔细检查设备并查明故障前，立即启动总变电站低压侧 500kW 自备柴油发电机，但发现发电机无法起动。随后立即对配电室 10kV 电源进行切换，操作至 10kV 高压总柜（G3 柜）时发现无法合上。随后配电室值班人员张某向总务科进行汇报，当时医院手术室正在进行手术，情况非常危急，19：40，医院向供电企业 95598 报修求援。

19：44，供电局抢修值班人员接到 95598 报修信息："市中心医院全面失电"。抢修人员立即出发，于 20：03 时到达现场，马上对医院开关站进行检查，经查开关站两路 10kV 线路（主供：10kV 龙医 555 线；备用：10kV 狮子 765 线）各项指示均正常，同时经向调度部门确认，10kV 线路均正常运行。在进一步检查至客户配电室发现用户总配电室 10kV 进线高压总柜（G3 柜）处于分闸位置，总配电室低压母线上有局部放电痕迹。初步判断是由于客户总配电室低压母排短路引起 10kV 进线高压总柜跳闸。

供电局抢修人员配合医院值班人员在完成设备检查和故障点处理后，指导值班电工拉开总配电室主供线路闸刀开关和分变电站总柜闸刀开关以及下级的所有开关闸刀，对10kV高压总柜（G3柜）进行送电恢复，操作中由于电工对设备不熟悉导致10kV高压总柜（G3柜）无法合上，最后经抢修人员指导才投入运行，10kV总配电室恢复送电。在恢复10kV分配电室供电时，又发现分配电室高压进线开关机构故障无法合上。后经供电企业连夜更换高压开关后才恢复分配电室的供电。

3. 事故原因

（1）直接原因：总配电室低压母排短路，引起速断保护动作，高压开关跳闸。由于保护定值不匹配，故障直接引起总配电室10kV高压总柜和1号主变压器开关跳闸，造成事故扩大，使整个医院全面失电。

（2）间接原因：①500kW发电机启动蓄电池失效，造成发电机没有启动电源，致使柴油发电机无法启动，手术室无法立即恢复供电；②值班电工在电源切换操作时，由于没有把开关推到位，操作不正确导致总配电室10kV进线高压总柜无法投入；③分配电室10kV高压进线柜由于机构故障，造成开关无法合上，导致分配电室不能立即恢复送电。

4. 暴露问题

（1）值班电工技能不过关，对设备不熟悉，操作不得要领，由于开关位置没有推到位，引起高压开关无法合上，导致失电后长时间不能恢复送电。

（2）值班电工开关跳闸后未查明故障原因立即操作启动发电机，电气基本知识缺乏，很可能会造成事故的进一步扩大。

（3）发电机组日常维护不到位，虽然记录本中有定期发电机蓄电池充电记录，但是没有开展定期试车，所以造成发电机蓄电池容量损失后不能及时发现。

（4）值班电工值班力量不足，人员分散，其中一名电工接通知后才从第五人民医院赶来医院。高压持证电工配备不足，医院六名专职电工中仅有一人具有高压电工资质，另一人处于已考待发状态，其他均无高压电工资质。

（5）高压设备运行状态差。老配电室电气设备运行时间长，日常维护又不到位，预防性试验超周期，导致高压开关分闸后无法合闸。

（6）医院虽然配备了双电源，但是切换方式为线路侧互为备用，总变电站至分变电站又为单线路供电，如果出现总变计量柜、总柜、母线等设备检修，需要整个医院全停配合，接线方式可靠性较低。

（7）供电企业用电检查人员对重要电力用户检查不到位，对存在的问题没有及时发现，未尽到指导、督促用户对存在隐患进行整改的义务。

5. 防范措施

（1）加强值班电工的日常理论和技能培训，熟悉电气设备性能和操作原理，提高电气设备故障排查和处理能力，熟悉突发事件的应急方式。同时按照国家有关部门的规定专职电工应依法取证、按期复审。

（2）加强电气设备的日常维护和检查，进一步提高电气设备运行水平。加强发电机的日常维护和定期试车工作，一般每周试车一次，确保应急情况下能够可靠投入运行。

（3）结合今后增容、改造的机会，完善内部电气主接线方式。采用两路常供，低压末端自动切换的方式，进一步提高供电可靠性和操作的灵活性。

（4）供电企业应加强日常的用电检查，对发现的缺陷和隐患及时开具《设备缺陷通知单》，积极联合安全生产监督管理局、经信委等政府部门督促用户做好整改工作。

第二节　冶　金　篇

一、行业简介

冶金，是从矿石中提取金属或金属化合物，用各种加工方法制成具有一定性能的金属材料的过程和工艺。冶金工业是指对金属矿物的勘探、开采、精选、冶炼以及轧制成材的工业部门，包括黑色冶金工业和有色冶金工业两大类，是重要的原材料工业部门，为国民经济各部门提供金属材料，也是经济发展的物质基础。

黑色金属指铁、锰、铬及它们的合金。如生铁、铁合金、铸铁、钢、金属锰、金属铬等。

有色金属又称非铁金属，指除黑色金属外的金属和合金，如铜、锡、铅、锌、铝以及黄铜、青铜、铝合金和轴承合金等。另外在工业上还采用铬、镍、锰、钼、钴、钒、钨、钛等，这些金属主要用作合金附加物，以改善金属的性能，其中钨、钛、钼等多用以生产刀具用的硬质合金。以上这些有色金属都称为工业用金属，此外还有贵重金属：铂、金、银等和稀有金属，包括放射性的铀、镭等。

冶金企业包括焦化、烧结、球团、炼铁、炼钢、轧钢、铁合金以及与之配套的耐火、碳素、煤气、氧气及相关气体等生产企业。

二、负荷分级

冶金工业部《钢铁企业电力设计技术暂行条例》明确规定，冶金行业的用电负荷分级如下：

（1）高炉炉体冷却水泵、泥炮机，热风炉助燃风机、平炉的倾动装置电动机、装料机、转炉的吹氧管升降机构、烟罩升降机构、铸锭吊车、大型连轧机、加热炉助燃风机、均热炉钳式吊车等用电属于一级负荷。

（2）高炉装料系统、转炉上料装置、各种轧机的主传动及辅助传动、生产照明等用电属于二级负荷。

三、用电特点

冶金企业的用电负荷特点主要有以下几方面：

（1）规模大，耗电量多。电能在冶金工业生产中既作为电热，又作为动力。

（2）供电可靠性要求高。一级负荷较多，占企业最大计算负荷的 10% 左右。二级负荷占企业最大计算负荷的 16%～20%。

（3）用电设备连续运行工作制较多。空压机、制氧机、球磨机、通风机、水泵、浮选机、润滑油泵等，负荷较稳定，功率因数较高。有些设备选用同步电动机拖动，如空压机、水泵、通风机、球磨机等，对改善功率因数有利；有些设备选用直流电动机拖动，以便于调速；有些设备功率因数稍低，如烧结机、连续铸管机等；电炉虽有间歇，工作周期均超过 30min，所以也属于连续运行。

（4）由于连续生产的设备多，负荷比较集中，负荷率较高，同时率较高，无功负荷较大，对电能质量和供电可靠性要求较高。

（5）冲击性负荷及高次谐波对电力系统影响大。轧钢设备容量大，运行中冲击负荷很大（如咬钢或加大压下量）时，对电力系统稳定运行有较大影响。拖动轧机的直流电动机采用可控硅整流装置供电时，在轧辊咬住钢坯瞬间，电动机从电力系统立即汲取大量有功和无功功率，对电力系统形成冲击性负荷，又由于可控硅的调相调压非线性特性，引起电网电压波形畸变，还产生高次谐波分量，给电力系统带来不利影响。这些都需要采取措施加以解决。

四、停电后果

（1）突然断电将导致焦化低压风机跳闸，焦炉煤气无法顺利引入回收系统，导致煤气放散，可能造成大面积的环境污染，以及从业人员煤气中毒，甚至死亡事故的发生。由于停电，也将导致其他工序生产不能正常运行。

（2）突然断电将导致高炉风机停运，高炉紧急吹管、弯头灌渣，引发停车，造成停工损失。

（3）突然断电将导致炼钢浇钢的连铸机结晶器烧坏无法浇铸，钢水被迫临时引入渣锅，钢水报废，造成大的经济损失。

（4）突然断电将导致制氧空压机、氧气机低电压跳闸，可能使膨胀机等设备损坏，如果加紧修理，重新恢复出氧需要几十小时，影响其他工序生产，从而造成经济损失。

（5）突然断电将使轧钢系统压死车，将可能导致轧辊、辊环等重要设备损坏。

五、电源配置

冶金行业内具有一级负荷和二级负荷，应采用两个电源供电，且来自两个上级变电站的不同电源，当一个电源发生故障时，另一个电源不应同时受到损坏。同时供电的两回路电源，其中一个回路中断供电时，其余线路应能满足全部一级负荷及全部或部分二级负荷的供电。两个电源可采用一用一备的方式，也可采用两路常供各供一部分负荷的方式。

冶金行业的焦化低压风机和高炉风机等设备可以考虑配置自备柴油发电机作为应急保障供电。

电弧炉、轧机直流电动机可控硅整流装置等用电，会引起电网电压波形畸变，还产生高次谐波分量，需要单独采取谐波治理措施。

电弧炉用电和轧机用电应分开供电，拖动轧机的直流电动机可控硅整流装置对电压要求较高，电弧炉产生的冲击负荷会导致拖动轧机的正常运行。

六、某市炼铁厂停电案例

2005年底，某炼铁厂对配电室部分电气设备进行维护检修，工作终结后，高配室值班工在操作送电时，严重违反操作规程和电气安全规程，导致设备跳闸全厂失电，炼铁厂造成巨大经济损失。

1. 基本情况

该炼铁厂为某市重点企业，主要从事铁矿石提炼还原铁的生产，内部有炼铁高炉4座。其中有一个配电室。10kV炼铁变电站主接线图如图10-2所示。供电电压等级为10kV，双电源供电，运行方式为两路常供重要负荷高压双回路自动切换。变压器容量8000kVA。炼铁厂高炉炉体冷却水泵等为一级负荷。

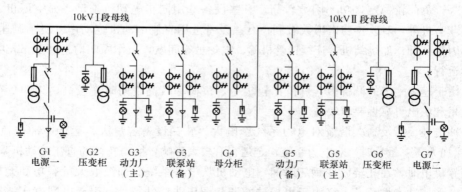

图10-2　10kV炼铁变电站主接线图

2. 事故经过

2005年，某炼铁厂对高配电室进行年度检修，检修内容为10kV I 段母线及以下的电气设备。10kV I 段母线相关电气设备为检修状态。设备检修工作票终结后，高配室值班电工高某就开始对10kV I 段母线送电，由于值班电工工作疏忽大意，在工作票终结前没有及时拆除接地线。合闸送电时，造成 I 段电源10kV进线小车柜母线侧三相短路，在事故未查出原因之前又擅自投入高压10kV母分开关，用 II 段10kV电源来带 I 段10kV母线，导致 II 段10kV电源也跳闸停电，造成炼铁厂高配电室 I、II 段10kV电源全部停电，使动力厂、联泵站两段电源全部停电，直接影响联合泵站向高炉连续供水。再次跳闸全厂停电后，高配值班电工高某已是六神无主慌了手脚，直至该厂动力科长赶到高配室，问清操作过程并查明了事故原因后，组织其他操作电工隔离了设备故障点，拉开10kV母分闸刀，才恢复了 II 段10kV母线的供电。

停电期间，值班电工没有及时将事故情况汇报厂内相关负责人，造成炼铁厂没有及时启动《内部突发停电应急预案》，没有及时采取非电性质保安措施来解决高炉断水的问题，造成炼铁高炉严重变形损坏，给公司带来了巨大的经济损失。

3. 停电原因

(1) 直接原因：高配值班工在设备停电检修终结时未严格执行安全技术操作规程，在没有确认接地线是否拆除的情况下就擅自合闸送电。

(2) 间接原因：①正值值班电工没有认真执行两票四制，未做好监护工作，一人操作错误，另人未及时发现错误，最终酿成错误操作；②发生停电事故后未查清事故原因就投入高压10kV母分开关，投入母分开关后发生了电源二高压10kV进线真空断路器跳闸，引起高配电室 I、II 段电源全部停电，造成事故进一步扩大，直接影响联合泵站给高炉连续供水。

4. 暴露问题

通过对事故的调查分析，发现其中存在很多问题。

(1) 值班电工平时不重视技术操作的演练，专业不精通，工作马虎，粗心大意，严格违反安全技术操作规程，最终导致因设备停产检修造成违章操作，在生产上酿成恶性事故。

(2) 值班电工对出现的故障后敏感程度不够，缺乏事故处理的基本知识，野蛮操作，导致事故进一步扩大。同时出现突发停电事故，值班电工没有按照相关规定及时进行汇报。

(3) 炼铁厂虽然编制了详细的《内部突发停电应急预案》，但是预案形同虚设，相关部门没有定期组织全厂人员进行实战演练。

(4) 高炉操作人员在发现联合泵站停电高炉供水中断后，安全意识淡漠，应急意识不强，没有立即按照高炉断水的应急方式采取非电保安措施启用事故供水系统，造成损失扩大。

5. 防范措施

(1) 不断完善内部应急预案，加强事故停电预演，加强现场事故停电各专业模拟配合，不断提高突发事件的应急能力。

(2) 加强值班电工日常技能培训，严格执行三规一制及两票四制，操作过程中认真履行操作监护制度，确保电气设备操作正确百分百。

(3) 加强企业日常的安全生产管理，每年落实培训计划和经费，不断提高各专业人员的技能水平，确保设备安全稳定运行。

(4) 加强事故调查和处理规程的培训，使每个员工对发生的事件能够冷静应对，仔细分析原因，迅速正确处理，减少企业损失。

(5) 供电企业在开展日常用电检查的同时，要不断向客户宣传安全用电理念，使客户建立较强的安全意识，提高日常管理水平。

第三节　学　校　篇

一、行业简介

学校是有计划、有组织地进行系统教育的组织机构。学校教育是由专职人员和专门机构承担的有目的、有系统、有组织的，以影响受教育学校教育者的身心发展为直接目标的社会活动。学校教育是与社会教育相对的概念，专指受教育者在各类学校内所接受的各种教育活动，是教育制度的重要组成部分。一般说来，学校教育包括初等教育、中等教育和高等教育。

二、负荷分级

(1)《民用建筑电气设计规范》（JGJ 16—2008）明确规定，高等院校的负荷分级如下。

1) 重要实验室电源（如生物制品、培养剂用电等）属于一级负荷。

2) 高层教学楼的客梯电力、主要通道照明属于二级负荷。

3) 非高层建筑室外消防用水量＞25L/s 的其他公共建筑的消防用电属于二级负荷。

(2) 学校如果有高层建筑，用电负荷分级如下。

1) 一类高层建筑消防控制室、消防泵、防排烟设施、消防电梯及其排水泵、火灾应急照明及疏散指示标志、电动防火卷帘等消防用电、走道照明、值班照明、警卫照明、航空障碍标志灯、排污泵、生活泵等用电属于一级负荷。

2) 二类高层建筑消防控制室、消防泵、防排烟设施、消防电梯及其排水泵、火灾应急照明及疏散指示标志、电动防火卷帘等消防用电、走道照明、值班照明、警卫照明、航空障碍标志灯、客梯、排污泵、生活泵等用电属于二级负荷。

三、用电特点

高校用电负荷特点主要有以下几方面。

(1) 用电负荷动态变化大。高等院校用电负荷存在时间分布不均的特点。即教学期用电负荷大，而寒、暑假用电负荷小。

(2) 用电负荷等级分布范围广。近年来，新高校建筑涵盖了民用建筑的各种类型，按照《民用建筑电气设计规范》（JGJ/T 16—2008）和《建筑设计防火规范》（GB 50016—2006）相关条文，根据分体建筑级别的不同，其供电负荷等级包括一、二、三级等各个级别。高校供电负荷等级与普通民用建筑相比，除校园内主要的标志性建筑、消防设施、计算机网络、安保设施、实验室外，其用电负荷等级大多为三级。实际年电费消耗中占绝大部分的也是三级负荷。

(3) 建筑总用电量大。新建高校总建筑面积、规模一般都比较大，高校的用电总容量也比较大，正常运行中的电能消耗与维护费用相当大。

四、停电后果

停电对学校会带来以下影响。

(1) 可能会造成学校研发的生物制品、培养剂的全部报废。

(2) 召开大型活动、大型会议时，停电会造成较大的政治和社会影响。

(3) 会造成部分课目停课、学生无法就餐等一系列问题。

(4) 晚上停电可能会引起学生情绪波动，造成学生恐慌而乱跑乱挤，引起拥挤、践踏等人身伤亡事件。

五、电源配置

学校具有一级负荷、二级负荷。《民用建筑电气设计规范》（JGJ 16—2008）明确规定，应采用两个电源供电，且来自两个上级变电站的不同电源，当一个电源发生故障时，另一个电源不应同时受到损坏。同时供电的两回路电源，其中一个回路中断供电时，其余线路应能满足全部一级负荷及全部或部分二级负荷的供电，两路电源应考虑高压两路电源同时供电，低压互为备用，重要负荷低压末端自动切换的方式。

《供配电系统设计规范》（GB 50052—2009）和国家电力监管委员会《关于加强重要电力用户供电电源及自备应急电源配置监督管理的意见》（电监安全〔2008〕43 号）明确规定，一级负荷中特别重要负荷应增设自备应急电源，并严禁将其他负荷接入应急供电。根据《供配电系统设计规范》（GB 50052—2009）规范的理解，应把高等学校的重要实验室电源、消防设施、消防电梯、火灾应急照明及疏散指示标志作为重要负荷纳入自备应急电源供电范围。

六、某高等学院停电案例

2008 年 6 月 24 日，某市高等学院东校区配电室内部配电柜严重受潮，造成高压柜内部多处短路，引起 10kV 总线越级跳闸，造成周边的广电大楼、第二中学等用户大面积停电，高校由于高压设备短路受损严重，无法恢复送电，造成整个学院全面停电。

1. 基本情况

该市高等学院为当地政府部门认定的重要电力用户，学院有东校区、西校区二个配电室。高等学院东校区变电站主接线图如图 10-3 所示。供电电压等级为 10kV，双电源供电，运行方式为一主一备，高压线路侧切换，机械闭锁。变压器容量 1000kVA×4，合计 4000kVA。学院内没有配备自备发电机。

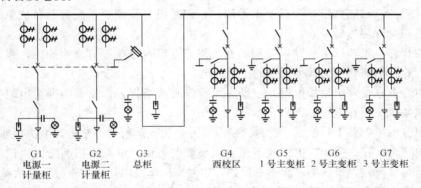

G1　　　　G2　　　　G3　　　　G4　　　　G5　　　　G6　　　　G7
电源一　　电源二　　总柜　　　西校区　　1 号主变柜　2 号主变柜　3 号主变柜
计量柜　　计量柜

图 10-3　10kV 高等学院东校区变电站主接线图

2. 事故经过

2008 年 6 月 24 日 20：05，学院突然停电，停电后学院总务科立即电话专职电工，要求专职电工前来学院查明原因，20：35，电工赶至学院，在检查至东校区配电室时发现 1 号主变柜跳闸，在没有查明故障原因的情况下，立即对 1 号主变柜进行合闸操作，随后出现一声巨响，柜内弧光闪出，送电失败。

20：50，供电企业 95598 接到广电大楼、第二中学以及居民来电，反映线路停电，95598 立即通知抢修班去现场查明原因并进行处理，抢修人员对线路进行检查，未发现明显故障点，在巡视至第二中学时，第二中学反映隔壁的师范学院内不久前发出巨响后就停电了，抢修人员立即赶赴师范学院才得知东校区配电室设备故障引起跳闸，在查明故障点后抢修人员立即对线路联络开关进行操作，隔离了学院故障点后汇报调度，调度发令线路强送后才恢复其他用户的供电。同时供电企业接到市政府电话，获悉学院已向市政府汇报学院出现全面停电，市政府要求供电企业立即组织力量协助学院尽快恢复送电。

21：34，供电企业组织相关专业人员到达师范学院，发现学院东校区配电室建在一个低洼处，边上有一个小池塘，水面高度和配电室的台阶基本持平。对学院的配电室设备检查中，发现高压进线总柜只配备了熔丝保护且不带开关，用户侧的保护设置全部靠 10kV 主变压器的微机保护。同时发现高压电缆沟积水非常严重，已经蔓至高压柜底部，柜内电气设备均布满水蒸气，1 号主变柜内高压电缆头炸裂且后门炸飞，10kV 母排有多处相间短路痕迹。在配电室还发现安装有 2 台除湿器，但是电源插头未插没有投入运行。

为了让学院尽快恢复供电，供电企业在现场研究制定了抢修方案，由于东校区配电室内高压设备内部短路后已无法使用，只有连夜架设 10kV 中压箱临时搭接，将高压电缆通过中压箱直接连接变压器，保护靠新增的柱上六氟化硫开关来实现。抢修工作一直持续到次日凌晨 3：05 才恢复了学院的临时供电。

3. 停电原因

（1）直接原因：师院东校区变电房电缆沟长期积水且湿度非常高，使内部电气设备严重受潮，造成 10kV 高压主变压器开关第一次跳闸。

（2）间接原因：①学院电工在未查明故障原因的情况下盲目合闸，造成故障点进一步扩大，由于母线短路且高压进线总柜只有熔丝保护引起系统变电站越级跳闸；②除湿器没有投入运行，配电室建在低洼处，造成电缆沟大量积水，使高压设备严重受潮。

4. 暴露问题

通过对事故的调查分析，发现其中存在以下问题。

（1）学院虽然被政府部门列为重要电力用户，但是没有按照要求配置自备应急电源，造成出现停电没有应急保障措施。

（2）学院操作电工违反事故处理规程的有关规定，出现停电没有查明原因，强行送电，造成越级跳闸，直接影响到周边其他用户的正常用电。

（3）供电企业在受理申请用电时，查勘、验收没有严格把关，没有明确指出配电室不能建在低洼处，供电企业存在责任。

（4）配电室虽然配备了除湿器，但是学院没有开启投入运行，日常运行维护管理不到位。

（5）配电室设计存在问题：主接线不完善，重要电力用户没有采用两路常供低压末端互为备用的方式，可靠性差。设计中进线不带保护，如果高压母线出现故障直接会导致越级跳闸。

（6）停电后学院没有按照有关要求及时向供电企业汇报，同时没有有效的内部应急措施，延长了抢修人员查找故障的时间和其他用户的停电时间。

（7）学院配电室没有按照规定落实配电室日常值班，出现故障再通过电话联系专职电工，延误了处理的时间。

（8）供电企业用电检查人员对重要电力用户检查不到位，对存在的问题没有及时发现，没有尽到指导、督促用户对隐患进行整改的义务。

5. 防范措施

（1）完善内部应急预案，加强事故停电预演，理论联系实际，加强现场事故停电模拟预演，不断提高突发事件的应急能力。

（2）加强电气设备的日常维护和检查，进一步提高电气设备运行水平。按照重要负荷的实际大小配置相应容量的自备应急电源，确保突发事件重要负荷的正常供电。

（3）学院对东校区配电室进行改造，对室内电缆沟抬高 50cm，解决原来电缆沟积水问题。填埋池塘，改变配电室的周边环境。

（4）加强值班电工的日常理论和技能培训，熟悉电气设备性能和操作原理，提高电气设备故障排查和处理能力。加强配电室的日常电工值守，做好电气设备的日常维护和保养，建立一个良好的设备运行环境。

（5）结合今后增容、改造的机会，完善内部电气主接线方式，采用两路常供，低压末端自动切换的方式，进一步提高供电可靠性。同时调整保护方式，确保用户内部故障不引起供电企业公用线路跳闸。

（6）供电企业应加强日常的用电检查，对发现的缺陷和隐患及时开具《缺陷通知单》，积极联合安全生产监督管理局、经信委等政府部门督促用户做好整改工作。

第四节　输油泵站篇

一、行业简介

输油泵站是成品油管道枢纽工程的重要组成部分，其主要用电设备是高压电动机——笼型异步电动机，由高压电动机带动主输泵运转，从而给经过泵的油品加压，实现油品在密闭管线中的连续输送。

二、负荷分级

《输油管道工程设计规范》（GB 50253—2003）明确规定，输油站场的电力负荷分级如下。

（1）首站、末站、减压站和压力、热力不可逾越的中间（热）泵站用电应为一级负荷；其他各类输油站用电应为二级负荷。

（2）独立阴极保护站用电应为三级负荷。

（3）输油站场及远控线路截断阀室的自动化控制系统、通信系统、输油站的紧急切断阀及事故照明用电应为一级负荷中特别重要的负荷。

三、用电特点

（1）用电负荷曲线较平稳。由于输油泵站的连续性和均衡性，用电负荷较平稳，正常情况下日用电负荷率在95％左右，年用电负荷率在85％以上。

（2）供电可靠性高。由于输油泵站的特殊性，对供电可靠性有很高的要求，尤其是自动化监控中心和通信站用电要求非常高，内部变压器、高低配、受电回路、加压泵等均为备用设置。

（3）10kV高压电动机起动电流非常大，会产生很大的冲击负荷，直接起动时冲击电流不能满足继电保护要求，所以往往采用软起动方式，一般有电液软起动、固体软起动、变频起动。

（4）起动变频器从电网中吸取能量的方式均不是连续的正弦波，而是以脉冲的断续方式向电网索取电流，这种脉冲电流和电网的沿路阻抗共同形成脉动电压降叠加在电网的电压上，使电压发生畸变，产生的谐波很大，如果采用12脉冲整流可以减少谐波，但是满足不了对谐波的严格要求，必须采取谐波治理措施予以控制。

四、停电后果

（1）油品泄漏。若中间输油泵站或末站突然跳泵，由于水击作用，将造成上一级输油泵压力超高，出站管线薄弱地方将可能破裂而使油品泄漏；阀门憋压，可能造成阀门垫片损坏而漏油。

（2）损坏设备。若中间输油泵站或首站突然跳泵，将造成下一级输油泵压力超低，甚至可能造成下一级输油泵站输油泵抽空，损坏输油泵机组。

（3）溢罐。若中间输油泵或末站突然跳泵，由于水击作用，将造成上一级输油泵站压力超高，当压力达到保护值时，出站高压泄压阀将开启向泄压罐泄放油品，由于中间输油泵站泄压罐容量小，很可能有溢罐的危险。若首站突然跳泵，将造成首站储油罐油品液位过高，迫使油田来油降量，油井减产。

（4）全线停输。若中间输油泵站或末站突然跳泵，由于水击作用，将可能造成上一级输油泵压力超高，上一级输油泵站保护仪表动作，顺序跳泵或全跳泵，这样将引起全线连锁跳泵，造成全线停输。若中间石油泵站或首站突然跳泵，将造成下一级输油泵站压力超低，下一级输油泵站保护仪表动作，顺序跳泵或全跳泵，同样将引发全线连锁跳泵，造成全线停输。如果冬季管线上时间停输，将可能造成凝管事故发生，一旦凝管，整套管线将报废，后果不堪设想。

五、电源配置

（1）一级负荷输油站应由两个独立电源供电；当条件受限制时，可由当地公共电网同一变电站不同母线段分别引出两个回路供电，但作为上级电源的变电站应具备至少两个电源进线和至少两台主变压器。输油站每一个电源（回路）的容量应满足输油站的全部计算负荷，两路架空供电线路不应同杆架设。

（2）二级负荷输油站宜由两回线路供电，两回线路可同杆架设；在负荷较小或地区供电条件困难时，可由一回 6kV 及以上专用架空线路或电缆线路供电，但应设事故保安电源。事故保安电源的容量应能满足输油站保安负荷用电，宜采用自动化燃油发电机组。

（3）对输油站中自动化控制系统、通信系统及事故照明等特别重要的负荷应采用不间断电源（UPS）供电，蓄电池的后备时间不应少于 2h。

（4）在无电或缺电地区，输油站内的输油主泵宜由内燃机直接拖动，站内低压负荷供电应采用燃油发电机组，发电机组的选择应符合设备的用电需求。

六、某输油泵站停电案例

2007 年 10 月 23 日，某输油泵站时有发生变电站突然停电事故，造成全线停输、管线憋压及油田被迫减产降量等事故发生。

1. 基本情况

该输油泵站为当地政府部门认定的重要电力用户，主要从事石油输送加压，供电电源为 35kV 电压等级，双电源供电，电源一、二为两个独立的电源，其中一条主供电源为系统变电站联络线 T 接，另一回备用线路为系统和电厂联络线 T 接。35kV 输油变电站主接线图如图 10 - 4 所示。运行方式为一主一备，高压线路侧切换。变压器容量 15 000kVA×2，合计 30 000kVA。

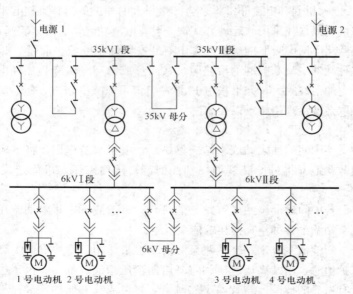

图 10 - 4　35kV 输油变电站主接线图

35kV 侧和 6kV 侧接线均为单母线分段接线方式。

2. 事故经过

2007 年 10 月 2 日，某市供电企业线路工区在线路巡视时发现输油泵站的 35kV 系统变电站联络线 T 接线路 1 号塔和 2 号塔之间线路有断股和绝缘子破损现象，同时由于 5 号杆塔基础位于鱼塘边上，当地农民挖鱼塘引起杆塔出现倾斜。出现上述重大隐患，线路工区立即向相关领导进行了汇报，相关领导非常重视，为确保系统变电站联络线路的安全运行，要求调度部门立即通知用户停电，并要求生产部门停电后立即实施用户 T 接点与系统线路拆头，最后要求营销部门告知用户立即消缺，直至线路消缺后才能恢复搭接。由于该用户线路投运前没有委托有资质的单位落实线路维护工作，所以一时找不到施工检修单位，而供电企业检修单位在用户一再要求下以没有签订协议为由不愿意承接消缺任务，造成主供电源的隐患到 10 月 23 日还未能处理。2007 年 10 月 23 日 17：50，输油泵站内部先出现电灯熄灭又亮起的现象，然后出现全站失电，输油泵站变电站值班员立即查找停电原因，发现备用电源（电源 2）外部失电。通过与供电调度部门取得联系，才得知由于树木触碰造成外部线路非永久性故障引起跳闸，出线开关重合闸动作，但由于电厂低周低压保护未动作解列，造成非同期并网，使得出线开关损坏，一时无法恢复。

该输油泵站为输油系统的中间输油泵站，突然停电造成跳泵，10min 后，上一级输油泵站压力出现超高，部分出站管线出现破裂使得油品泄漏；阀门憋压，造成阀门垫片损坏而漏油。20min 后，该输油泵站泄压罐泄放油品时出现溢罐。下一级输油泵站压力超低，造成输油泵抽空，输油泵机组损坏。最后输油泵站保护仪表动作，顺序跳泵引发全线连锁跳泵，造成全线停输。

3. 停电原因

(1) 直接原因：树木触碰线路引起输油泵站第二路供电线路出现非永久性短路故障是造成第一次跳闸的直接原因。

(2) 间接原因：①保护存在设计缺陷，在电厂未解列的情况下重合闸动作，造成事故进一步扩大。②主供线路出现隐患没有及时处理，造成用户一回线路跳闸后没有第二路电源作为备用。③输油泵站内部没有突发停电的应急措施，是造成事故扩大的一个原因。④供电企业不肯承接主供线路的检修，也是引起主供线路一直未消缺、无法投运的一个原因。

4. 暴露问题

(1) 输油泵站变电站投运前供电企业在竣工检验时没有严格把关，在用户 35kV 线路没有委托施工维护单位的前提下，就同意变电站冲击启动送电。

(2) 用户对供电设备的安全不重视，输油泵站没有委托有资质的施工单位落实线路日常巡视维护。虽然用户应负主要责任，但是出现缺陷后供电企业采取线路拆头来保证系统线路运行安全的方式欠妥。

(3) 供电企业检修单位在用户一再要求下仍以没有签订协议为由不愿意承接消缺任务，违背了供电企业优质服务的理念，相关职能管理部门没有做好内部协调工作。

(4) 由于电厂低周低压解列保护的动作时间设置为 0.5s，而系统重合闸时间设置为 0.4s，造成重合闸时非同期并网。作为电厂并网线路，应在系统侧增加线路检无压保护功能，并在运行期间停用线路重合闸功能。电厂建设时，本可以采用三段光纤差动保护等多种方式来确保电厂和系统的安全，设计和运行存在严重缺陷，供电企业在初步设计审查和图纸审查时没有严格把关。

(5) 输油泵站作为重要电力用户，没有配备自备应急电源，也没有采取其他的应急措施，不满足国家电力监管委员会《关于加强重要电力用户供电电源及自备应急电源配置监督管理的意见》（电监安全〔2008〕43 号）规定的要求。

（6）输油泵站内部主接线图高、低压均为单母线分段接线，按照重要电力用户运行方式的要求，已经满足了两路常供的条件，但还是采取一主一备的方式，可靠性明显降低。

（7）该输油泵站为重要电力用户，供电要求非常高，本应该采用专用线路供电，但是该用户两条 35kV 线路系统接线方式均采用 T 接方式，供电方案制订不合理。

5. 防范措施

（1）立即配合用户消除主供线路存在的缺陷后恢复线路搭头，确保用户双电源线路正常接线方式。有可能的情况下将 T 接方式改为专用线路供电方式，提高供电的可靠性。

（2）要求用户立即委托有资质的施工单位落实线路维护工作，加强日常的巡视维护，清除线路下方的障碍物、树木及悬浮物等，出现隐患和缺陷及时处理消缺，并建立内部隐患缺陷管理台账。

（3）及时消除原设计缺陷给安全运行带来的影响。完善系统出线间隔检无压功能，加装线路检无压电压互感器。同时退出线路重合闸功能，并校核保护配备的合理性，完善各保护定值之间的可靠配合。

（4）按照国家电力监管委员会《关于加强重要电力用户供电电源及自备应急电源配置监督管理的意见》（电监安全〔2008〕43 号）规定的要求，内部应配备足够容量的自备应急电源，同时完善内部应急预案并定期开展演练，确保出现突发事件能够充分应对。调整 35kV 变电站运行方式，采用两路常供方式。

（5）供电企业要加强人员的日常技能培训和有关文件规定的学习，在业扩工程供电方案确定、设计文件审核、工程竣工检验等环节严格把关，确保新上用户不带缺陷、隐患投运。

第五节　化　纤　篇

一、行业简介

化学纤维用天然的或人工合成的高分子物质为原料、经过化学或物理方法加工而制得的纤维的统称，简称化纤。因所用高分子化合物来源不同，可分为人造纤维和合成纤维。用天然高分子物质为原料制成的纤维为人造纤维，如粘胶纤维等。用合成高分子物质制成的纤维为合成纤维。其中，聚酯纤维又称为涤纶，聚酰胺纤维又称为锦纶，聚丙烯腈纤维又称为腈纶，聚乙烯醇纤维又称为维纶，聚丙烯纤维又称为丙纶等。

人造纤维的原料为各种天然植物经化学、机械加工而成的浆粕；合成纤维的原料来自煤加工、石油化工合成的乙烯、丙烯、聚酯等（见石油化工用电），经加工而成的初级产品单体。化学纤维工业生产可分为纺丝液制备、纺丝成形和后处理三个阶段。

二、负荷分级

（1）《氨纶工厂设计规范》（JGJ 88—2009）明确规定，本工程工艺生产及其有密切联系的公用工程用电负荷应为二级负荷；辅助生产设施应为三级负荷。

（2）《粘胶纤维工厂设计规范》（GB 50620—2010）明确规定，粘胶短纤维为连续生产，电力负荷等级应为二级。

（3）《腈纶工厂设计规范》（GB 50488—2009）明确规定，腈纶行业工艺生产及其有密切联系的公用工程用电负荷大部分应为二级负荷；辅助生产设施（包括维修、保全等）以及生活设施应为三级负荷。聚合釜的搅拌电动机、夹套冷却水泵等部分用电设备，工艺有特殊要求的电动阀门，仪表控制联锁电源及消防电源应为一级负荷；原液淤浆槽搅拌电动机宜作为特别重要的负荷。

（4）《锦纶工厂设计规范》（GB 50639—2010）明确规定，锦纶行业工艺生产及其有密切联系的公用工程用电负荷大部分应为二级负荷；辅助生产设施（包括维修、保全等）以及生活设施应为三级负荷。

（5）《涤纶工厂设计规范》（GB 50508—2010）明确规定，涤纶工厂纺丝连续生产装置和纺丝冷却风等生产用电负荷应为二级负荷；气体爆炸场所用于稀释爆炸介质浓度的通风机应为二级负荷；消防用电负荷应为二级负荷；其他用电负荷可为三级负荷。

（6）《丙纶长丝厂建设标准》（JGJ 234—1993）明确规定，丙纶长丝为连续生产，电力负荷等级应为二级。

三、用电特点

化学纤维企业的用电负荷特点主要有以下几方面。

1. 用电负荷及耗电量大

化学纤维生产工序多，占地面积大，机械运转设备多，且有的工序常需蒸汽（或电）加热，同时生产自动化水平较高，所以化学纤维企业是耗电大户。

2. 用电负荷率高

化学纤维为三班连续生产，日用电负荷率在 90％以上。由于用电波动幅值不是很大，所以表现为总负荷基本是平稳的，负荷曲线没有明显波动。

3. 用电要求高

化学纤维生产中有气体、粉尘和烟雾产生，有爆炸危险性，有的对人体有害，因此应有良好的通风和空调系统，以及对排出物的净化处理系统。

4. 自然功率因数较高

化学纤维日用电负荷曲线较平稳，有蒸汽加热或电加热，自然功率因数也较高。

5. 谐波量大

化学纤维生产企业采用大量的变频设备，会产生大量的谐波，给电力系统带来不利影响。这些都需要采取消谐措施加以治理。

四、停电后果

对于化学纤维生产企业来回说，突然短时停电会造成加热设备内部温度下降从而出现次品，直接影响产品质量。如果中断供电时间较长，会造成流水线中原料凝固，流水线上原料、半成品将全部报废，还会造成喷丝头等设备内部凝堵，需较长时间才能恢复生产。

五、电源配置

化学纤维生产企业具有一级负荷、二级负荷，除腈纶工厂、聚合釜等用电需不同变电站的电源外应采用以下方式供电。

（1）供电系统宜由两回线路供电，上级电源可来自同一变电站的不同母线；同时供电的两回及以上供配电中一回路中断供电时，其余线路应能满足全部一级负荷或部分二级负荷；供电主接线方式宜采用单母线分段，母分开关应设置自投装置。运行方式采用高压两路电源同时供电，低压互为备用。

（2）化学纤维生产企业采用大量的变频整流设备用电，它属于非线性负荷，从电网吸收非正弦电流，引起电网电压畸变。它既是一个谐波源，又是一个谐波接收者。作为谐波源，它对各种电气设备，自动装置、计算机、计量仪器以及通信系统均有不同程度的影响，会引起电网电压波形畸变，需要单独采取谐波治理措施。

六、某市化纤企业停电案例

2005年5月9日，某市化纤企业双回路电源突然出现停电，经与供电企业联系进行应急处理后恢复供电，但是由于锦纶（聚酰胺纤维）生产的工艺特点，造成锦纶流水线中原料全部报废，损失巨大，两天后化纤企业才恢复正常生产。

1. 基本情况

该化纤企业为生产锦纶及功能切片项目，供电电源为10kV电压等级，双回路专用线路供电，电源一、二为系统同一变电站不同母线的电源，运行方式为两路常供（详见图10-5所示的化纤变电站主接线图），高压线路侧手动切换。变压器容量为2000kVA。10kV侧和0.4kV侧接线均为单母线分段接线方式。

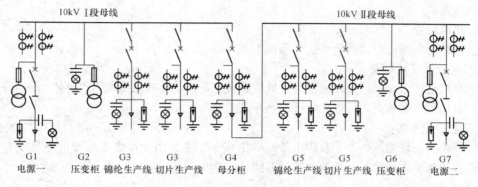

图10-5　10kV化纤变电站主接线图

2. 事故经过

2005年5月9日13：40，某市化纤企业生产车间突然停电，锦纶聚合工段流水线全停，车间主任立即电话联系动力科，动力科要求配电室值班电工查明原因并将此情况汇报了企业领导。配电室值班电工检查中发现，0.4kV出线断路器全部在分闸状态，0.4kVⅠ、Ⅱ母线电压表无指示，两台主变压器无运行声音，10kV高压室断路器全部在合闸位置，2个10kV电源进线柜电压表无指示，柜上带电显示灯不亮，初步判断为外部电源失去。化纤企业立即打电话向当地供电企业汇报了企业全部停电情况，并告知可能是外部电源失去。14：10，供电企业抢修人员赶至现场，发现企业二回供电线路为同杆架设方式，经检查门口杆架式 SF_6 断路器指示在合闸位置，于是和调度值班员取得联系，询问化纤企业两条线路是否有跳闸记录，调度值班员立即回复，这两条线路为有序用电B方案拉闸线路，由于当天负荷控制不够，接市有序用电办公室通知执行有序用电B方案，所以13：35发令要求集控站进行操作。抢修人员得知这一情况，立即告知企业停电原因，同时向本单位上级部门汇报，供电局领导得到汇报后立即要求调度部门恢复送电。

15：10，化纤企业两条线路恢复送电。由于锦纶企业是连续生产型企业，走完一个生产流程，需要20～30h，这20～30h中，流水线不能中断，如果企业所有流水线正在生产，突然发生停电，即使只停1s，所有流水线上原料、半成品将全部报废，机器要重新清理。供电企业相关部门负责人赶至企业，沟通中获悉本次停电对企业影响非常大，已进入流水线的原料全部报废，管道由于原料冷却全部堵塞，清理起码需要2天时间才能完成，损失约250万元，企业负责人明确要求供电企业赔偿损失并向市政府汇报。市政府有关部门进行协调，由于有序用电是一项政府工作，希望企业能够理解，对于工作中存在问题将会及时弥补避免再次发生。随后化纤企业同意不再要求供电企业赔偿损失，但是要求供电企业承诺以后不再发生该类事件。

随后供电企业立即召开会议，对其中存在的问题进行分析，发现市局在制订有序用电方案中，线路调整时将化纤企业的两条 10kV 线路都放在 B 方案的同一时段内，有序用电方案发至调度审核时，由于该企业不是市经委认定的重要电力用户，所以也没有注意。供电分局在审核的时候由于不清楚化纤企业的生产工艺特性的重要性，认为没什么问题，同时也没考虑到双电源用户的高可靠性要求。

3. 停电原因

（1）直接原因：供电企业在执行市有序用电办公室 B 方案时把化纤企业的二路供电线路同时拉闸，造成化纤企业全面停电，直接经济损失巨大。

（2）间接原因：①供电企业制订有序用电方案时将该企业双回路电源放在同一限电时段。②供电企业相关部门对制订的有序用电方案以及名单的审核工作把关不严。

4. 暴露问题

通过对事故的调查分析，发现其中存在很多问题：

（1）供电企业违反了有序用电管理办法的相关规定，在执行有序用电方案时应该提早通知用户，让用户有提前准备的时间。

（2）供电企业有关人员没有建立起双电源用户供电可靠性的概念，造成有序用电方案审核把关不严。

（3）调度部门没有按照相关要求和专线双电源用户签订调度协议、明确调度关系。

（4）分局用电检查人员对于用户行业用电特性不清楚，作为一个合格的用电检查人员，要做好企业的服务工作，必须对企业的用电特性和用电需求有一定的了解。

（5）当地供电所在接到企业停电汇报后，没有首先通过调度 SCADA 系统查询或向调度部门询问的方式了解线路状态，而是盲目的赶至现场对线路进行检查，待检查没问题后再联系调度部门，延误了送电时间。

（6）化纤企业工艺流程很多设备允许停电时间为毫秒级，应该配备 EPS 等不间断自备应急电源来满足要求，保证外部电源失电后的应急保障。

（7）化纤企业发生停电后未及时采取非电性质的应急措施，应急能力差。企业内部突发停电应急预案不完善且缺乏定期演练经验。

5. 防范措施

（1）供电营销部门每年应将双电源用户和重要电力用户的名称、线路等信息报送调度及有序用电专职，在制订方案时不能将双电源二回线路放在同一限电时段，并应将重要电力用户的供电线路在有序用电方案中剔除。

（2）调度部门应严格按照有关规定和专线双电源用户建立调度关系并签订调度协议，明确调度程序和操作要求。

（3）供电企业应加强用电检查人员的日常理论和技能培训，熟悉各行业用电特性。用电检查人员要提高日常工作的责任心，主动了解企业用电需求，在制订供电方案、设计文件审查、现场用电服务等环节告知用户内部存在的不足和缺陷，以便及早弥补。

（4）针对化纤企业的用电特性，企业应该提高意识，配备容量足够的自备应急电源。同时完善突发停电的应急预案并定期开展演练。

（5）供电企业应该制订切实可行的用户突发停电的应急预案，针对用户停电报修，明确应对流程和步骤，最大限度的缩短恢复送电的时间。

（6）供电企业应加强日常的用电检查，对发现的缺陷和隐患及时开具《缺陷通知单》，同时积极联合安全生产监督管理局、经信委等政府部门督促用户做好整改工作。

第六节　玻　璃　篇

一、行业简介

玻璃是一种较为透明的固体物质，在熔融时形成连续网络结构，冷却过程中黏度逐渐增大并硬化而不结晶的硅酸盐类非金属材料。普通玻璃化学氧化物的组成为 $Na_2O \cdot CaO \cdot 6SiO_2$，主要成分是二氧化硅。玻璃广泛应用于建筑物，用来隔风透光，属于混合物。

玻璃生产过程主要包括：①原料预加工：将块状原料（石英砂、纯碱、石灰石、长石等）粉碎，使潮湿原料干燥，将含铁原料进行除铁处理，以保证玻璃质量。②配合料制备。③熔制：玻璃配合料在池窑或坩埚窑内进行高温（1550～1600℃）加热，使之形成均匀、无气泡，并符合成型要求的液态玻璃。④成型：将液态玻璃加工成所要求形状的制品，如平板、各种器皿等。⑤热处理：通过退火、淬火等工艺，消除或产生玻璃内部的应力、分相或晶化，以及改变玻璃的结构状态。

玻璃主要分为平板玻璃和特种玻璃。平板玻璃主要分为引上法平板玻璃（分有槽/无槽两种）、平拉法平板玻璃和浮法玻璃 3 种。浮法玻璃由于厚度均匀、上下表面平整平行，再加上劳动生产率高及利于管理等方面的因素影响，浮法玻璃成为玻璃制造方式的主流。

二、负荷分级

《平板玻璃工厂设计规范》（GB 50435—2007）明确规定，玻璃生产企业的电力负荷分级如下：

（1）玻璃熔炉及其控制设备为一级负荷。

（2）其他工艺生产设备、支持生产的动力设备、消防及用于安全保证的设备为二级负荷。

三、用电特点

玻璃行业的用电负荷特点主要有以下几方面。

（1）可靠性和连续性。供电可靠性是供电质量的重要指标，玻璃行业的可靠性和连续性要求非常高，玻璃窑炉一般开炉后几年内不能停电，直至玻璃窑炉自然报废。

（2）负荷大、耗能高。玻璃生产耗电量大，主要消耗在熔炉供风和锡罐气体保护用电方面。一般情况下每座熔窑风机就有数台，每台风机电动机功率为 17～40kW 不等。同时玻璃生产需要一套完成的熔化加热系统和退火系统，然而这个系统都需要电加热作为主要加热，或者辅助加热或者工艺问题调整，所以有一个比较明显的高耗能用电特点。

四、停电后果

玻璃生产过程中，一旦停电，影响最大的是玻璃窑炉，而恢复供电后需要较长时间才能恢复正常生产，造成重大经济损失。

（1）玻璃窑炉所需燃料一般为天然气，若突然断电，则玻璃生产企业的风机将停止运行，而原料天然气不断地进行输入，因此导致天然气与空气不匹配，因缺氧熄灭。此外，天然气外泄引发中毒或遇明火、高热、机械火花、静电火花、雷电等极易引起火灾、爆炸事故。

（2）玻璃窑炉若停电，还可能造成炉缸的热源消失，炉缸中的物料降温，从而发生冻结事故、结瘤事故，从而造成重大质量事故。

五、电源配置

玻璃生产企业具有一、二级用电负荷，所以供电电源不应少于两个，并应从地区电网不同的变电站引入，必要时，可在厂内设自备发电站。从地区电网引入的电源必须有一个为专用线路。两个供电电源应符合下列条件之一：

（1）两个电源之间无联系。

（2）两个电源之间有联系，但在发生任何一种故障时，两个电源的任何部分必须不同时受到损坏，并必须有一个电源能继续供电。

供电电源的总容量必须满足烤窑升温时的最大用电量需要，平时必须满足正常生产用电量。如平时供电电源为两个，两个电源宜各承担全厂负荷的50％左右，当一个电源故障中断供电时，另一个电源应满足全厂一级和二级负荷的用电量需要。

根据《供配电系统设计规范》（GB 50052—2009）的规定，有必要把玻璃行业的玻璃熔炉及其控制设备等用电纳入自备应急电源供电范围。

六、某玻璃企业全厂停电案例

2007年3月4日，供电企业220kV戈山变电站1号主变压器110kV母线闸刀故障，引起110kV正、副母线全部失电，造成某玻璃企业全厂停电，由于110kV母线闸刀修复时间较长无法立即恢复送电，造成玻璃厂炉内上万吨玻璃溶液凝固而全部报废，窑炉严重损坏，经济损失巨大。

1. 基本情况

该玻璃厂主要生产厚度为4～25mm优质超厚浮法玻璃，厂内有两条日溶化量800t级超厚浮法玻璃生产线，该企业为省内重点企业。采用110kV电压等级供电，目前由220kV戈山变电站110kV正、副母线供电。内部有两台容量为16 000kVA的变压器，合计容量为32 000kVA，接线方式为内桥接线，运行方式为一主一备，110kV线路侧配置备自投。主供线路为专用线路，备用线路T接至戈山变电站至某水泥厂线路。用户内部没有配备自备应急电源。110kV玻璃厂变电站主接线如图10-6所示。

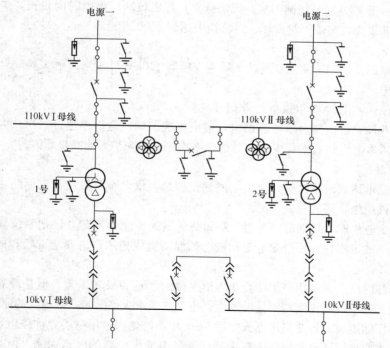

图10-6　110kV玻璃厂变电站主接线图

2. 事故经过

2007年3月4日13：40，220kV戈山变电站1号主变压器中压侧接地零序保护动作，1号主变压器 110kV 断路器跳闸，由于 220kV 戈山变电站只有一台 220kV 主变压器，二期主变压器扩容正在申报中，所以引起 110kV 正、副母线失电，造成两个 110kV 用户变电站全厂失电，即 110kV 水泥变电站和 110kV 玻璃变电站。

经查，跳闸原因是由于 220kV 戈山变电站 1 号主变压器 110kV 母线闸刀触头松动合闸不到位，接触不良引起弧光放电，造成 110kV 母线 V 相瞬时性单相接地，1 号主变压器中压侧接地零序保护动作，引起 1 号主变压器 110kV 侧断路器跳闸。

2002 年该玻璃厂申请双回路供电，2002 年 2 月《关于 110kV 玻璃用户变电站接入系统设计审查意见的批复》意见为"新建 220kV 龙山变电站至玻璃变电站 110kV 线路 1 回，线路长度约 19km，导线截面 300mm²，龙山变电站新扩建 110kV 线路间隔一个。同时新建 1 回线 T 接于 110kV 龙山变电站至水泥线上"，玻璃变电站投产时双回路电源由 220kV 龙山变电站 110kV 不同母线供电。2004 年在 220kV 戈山变电站立项时，当地供电局生产和规划部门在做电网规划时考虑将水泥变电站和玻璃变电站从 220kV 龙山变电站割接至 220kV 戈山变电站，没有考虑到玻璃厂为双回路供电用电，用户割接方案也没有征得营销部门同意。2006 年 10 月 220kV 戈山变电站投产后，营销部门被生产部门告知要求通知用户做好割接配合工作的时候才得知此方案，当时营销部门极力反对玻璃厂二回电源由 220kV 戈山变电站一台主变压器下面的二段母线供电，同时还出具了很多相关规定和合同作为依据，但生产和规划部门商量后认为 220kV 戈山变电站上级 220kV 有两个电源通过备自投装置能够保证玻璃厂的供电，又考虑到供区的合理性，经有关领导同意后最终还是决定割接，造成原双回路供电的玻璃厂变为单电源供电。由于玻璃行业窑炉点火之后不能停电，在割接时用户要求供电企业采取措施保证供电，最后供电企业采用二回 10kV 电源临时连接主变压器低压侧，保证了改接期间玻璃窑炉的保温供电。

本次停电由于 110kV 母线闸刀短时无法修复，造成玻璃厂停电时间较长，炉内上万吨玻璃溶液凝固而全部报废，窑炉严重损坏，经济损失达到 4000 万元。

3. 停电原因

(1) 直接原因：220kV 戈山变电站 1 号主变压器 110kV 母线闸刀触头松动合闸不到位引起玻璃厂全面停电。

(2) 间接原因：①2006 年供电企业把玻璃厂从 220kV 龙山变电站割接至 220kV 戈山变电站，由原来的双回路供电变为单电源供电，造成本次玻璃厂全面停电。②用户内部没有配备应急自备电源和采取非电性质的保安措施是造成本次停电损失扩大的间接原因。

4. 暴露问题

(1) 用户原申请双回路供电，由于电网建设改造，供电企业将用户双回路供电改为单电源供电，违背了供用电合同的有关约定。

(2) 供电企业生产和规划部门对用户双回路供电的概念不清楚，错把系统变电站上级电源的双电源误理解成可以作为用户双电源，概念的混淆造成把用户的安全责任和风险自动移至供电企业。

(3) 营销部门已经知道用户割接后变为单电源的严重后果和风险，但是没有极力坚持自己的观点，通过其他手段制止线路割接的发生，也是造成本次停电的一个很大的原因。

(4) 玻璃厂知道玻璃行业窑炉点火之后 5～8 年不能熄火，用电不允许停电，这么重要的用电需求，用户本应该配备自备应急电源来确保外部电源失电后的应急保障。但是为了节约建设费用，玻璃厂迟迟不肯配置。

(5) 玻璃厂发生停电后不能及时采取非电性质的应急措施来降低企业的损失，应急能力差。同时在事故调查中发现用户没有编制内部突发停电应急预案并定期开展演练，无法将危险点防患于未然。

（6）供电企业用电检查人员对重要电力用户检查不到位，对于用户没有配备自备应急电源等隐患和缺陷隐患没有及时开具《缺陷通知单》告知用户，并指导、督促用户进行整改。

5. 防范措施

（1）供电企业在电网建设系统线路改接时要充分考虑到双电源用户和重要电力用户用电的可靠性，坚决杜绝把用户双电源改为单电源，或把一级重要电力用户双电源改为双回路供电。

（2）供电企业要根据《供配电系统设计规范》（GB 50052—2009）以及国家电监会、经信委等相关规定，按照负荷等级分类高低程度，在条件允许的情况下满足用户的用电需求，同时在业扩、日常检查等环节严格把关，指导用户做好安全用电。

（3）用电需求非常高的用户或重要电力用户要提高自身的安全意识，要按照规定配置容量足够的自备应急电源。同时编制内部突发停电的应急预案并定期演练，出现停电事件确保能够采取非电性质的保安措施降低损失。

（4）加强生产、调度、规划等部门营销法律法规以及相关规定的宣贯和培训，使其他能意识到目前电力企业存在的法律风险，各部门齐心协力共同做好用户的用电服务工作。

（5）供电企业应加强日常的用电检查，对用电需求较高的用户以及重要电力用户没有配备自备应急电源等隐患和缺陷应及时开具《设备缺陷通知单》并经用户签收，同时应积极联合当地安全生产监督管理局、经信委等政府部门督促用户做好整改工作。

第七节　煤　矿　篇

一、行业简介

煤矿是人类在开掘富含有煤炭的地质层时所挖掘的合理空间，通常包括巷道、井峒和采掘面等。煤是最主要的固体燃料，是可燃性有机岩的一种。它是由一定地质年代生长的繁茂植物，在适宜的地质环境中，逐渐堆积成厚层，并埋没在水底或泥沙中，经过漫长地质年代的天然煤化作用而形成的。

尽管煤矿生产产品单一，但过程复杂、环节众多。采、掘、运、支、通风、排水、照明、供电、提升等各个环节都必须相互配合和适应。煤矿生产系统大致可以分为两大生产系统，分别是地面生产系统和井下生产系统。

许多煤矿基本是井下开采，地下作业是它的基本特点。较之地面作业，它具有许多不安全的自然因素，如水、火、瓦斯、矿尘、冒顶等，时时刻刻都在威胁着我们的生命和财产安全。

二、负荷分级

《矿山电力设计规范》（GB 50070—1994）明确规定了煤矿电力负荷的分级方法。

1. 矿井电力负荷分级应符合的规定

（1）一级负荷。

1）因事故停电有淹井危险的主排水泵；

2）有爆炸、火灾危险的矿井主通风机；

3）对人体健康及生命有危害气体矿井的主通风机；

4）具有本条 1）～3）项之一所列危险矿井经常使用的力井载人提升装置；

5）无平硐或无斜井作安全出口的立井，其深度超过 150m，且经常使用的载人提升装置；

6）矿井瓦斯抽放设备。

（2）二级负荷。

1）不属于一级负荷的大、中型矿井井下的主要生产设备；

2）大、中型矿井地面主要生产流程的生产设备和照明设备；

3）大、中型矿井的安全监控及环境监测设备；

4）没有携带式照明灯具的井下照明设备。

（3）三级负荷。

不属于一级和二级负荷的生产设备和照明设备。

2. 露天矿电力负荷分级应符合的规定

（1）一级负荷。

1）用井巷疏干的排水设备；

2）有淹没采掘场危险的主排水设备和疏干设备；

3）大型铁路车站的信号电源。

（2）二级负荷。

1）大、中型露天矿的疏干设备和采掘场排水设备；

2）大、中型露天矿采煤、掘进、运输、排土设备；

3）大、中型露天矿地面生产系统中主要生产设备及照明设备。

（3）三级负荷。

不属于一级和二级负荷的生产设备和照明设备。

3. 选煤厂工程二级负荷和三级负荷的分级应符合的规定

（1）二级负荷。

1）大、中型选煤厂的破碎、矿石及原煤系统主要设备及照明设备；

2）大、中型选煤厂的重选、磨矿、浓缩、浮选、干燥等系统主要生产设备及照明设备；

3）大、中型选煤厂的装车系统主要生产设备及照明设备。

（2）三级负荷。

不属于二级负荷的生产设备和照明设备。

三、用电特点

煤炭工业包括煤炭的开采和洗选。煤炭开采用电包括落煤、井下运输、提升、排水、通风压气、照明等几部分直接生产用电。落煤用电随回采工艺（机械化程度）不同而不同，其中炮采最少，综采最高；井下运输用电随巷道延伸而增加，也与运输方式有关，皮带运输用电较少，刮板运输用电较高；提升用电几乎随煤层埋藏深度呈比例增加；排水、通风用电除了与埋藏深度有关外，更与涌水量、瓦斯浓度有直接关系，对露天开采则无通风用电、排水用电也很少，其用电量与剥采比（采煤量与剥离量之比）及运输装置是否用电关系很大。因此，煤炭直接开采的用电构成、吨煤电耗均因矿井自然条件而异。

煤矿的用电负荷特点主要有以下几方面。

1. 对电气设备有特殊要求

井下生产环境差、空间小，有灰尘、潮湿气，砸、压、挤等机械破坏力在所难免，多数煤矿煤中都含有爆炸的沼气（CH_4，又叫瓦斯），因此井下电气设备都要选用防爆型或矿用一般型电气设备。

由于中心点直接接地系统单相接地电流很大，容易引起瓦斯爆炸，所以我国于 1986 年规定井下配电变压器中性点不得直接接地，同时不得由设在地面上的中性点直接接地的变压器或发电机直接向井下供电。

矿井剩余电流动作保护装置的动作电阻值和动作时限都比地面的要求高。矿井井下保护接地网的总接地电阻，要求不超过 2Ω，比地面相同供电系统接地网接地电阻为 4Ω 要求高。

2. 井下电压等级逐渐升高

为保证经济供电和电压质量，矿井采区电压随井下用电量增加而提高。如我国 20 世纪 50 年代井下采用的电压等级为 380V，60 年代为 660V，70 年代提高到 1140V，现对日产万吨煤的高产高效综采工作面，开始试用 3300V 电压。

3. 负荷率较低

煤矿日负荷曲线与矿井生产条件、作业班制、机械化程度及通风、压气、排水、提升负荷量有关，一般矿井采用 3 班作业制，也有 4 班作业制的，其中一个班停产维修，负荷率一般为 70%～80%。改变维修班时间，错开排水开泵时间，错开不同采区的作业时间，可以调整负荷以提高平均负荷率。

4. 自然功率因数较低

由于煤矿用电多为感性负荷，自然功率因数一般低于 0.8，需在 6kV 母线上接入适当容量的无功补偿装置，以提高用电功率因数，实现无功负荷就地平衡，减少线损。

四、停电后果

（1）对容水量大的矿井，若遇突然停电，矿井水位将迅速提高，若断电时间较长，将可能淹没井下重要电气设备和威胁井下人员的生命安全。因突然断电可能导致的矿井事故及后果：重大人员死亡、设备淹没、矿井停产或报废。

（2）矿井提升系统突然停电可能引起的事故类型及后果：人员高处坠落死亡、设备损坏或报废。

（3）突然断电会导致掘进工作面很快就会被瓦斯等气体所占据，造成瓦斯超限积聚，即作业环境中的瓦斯浓度很快就会达到爆炸浓度范围，此时若遇任何火源，便会引起瓦斯爆炸，进而引发煤尘爆炸的灾难性事故，使井下人员无法逃生，矿井遭遇毁灭性的破坏。

五、电源配置

煤矿具有一级负荷、二级负荷。按照《煤矿安全规程（2011 版）》的规定，应由两个电源供电，上级电源应为两个不同的变电站，当一个电源发生故障时，另一个电源不应同时受到损坏。同时供电的两回路电源，其中一个回路中断供电时，其余线路应能满足全部一级负荷及全部或部分二级负荷的供电，两路电源应考虑同时供电。

按照《供配电系统设计规范》（GB 50052—2009）规定的理解，煤矿的矿井通风机、井下的排水泵和经常运送人员的提升机等用电设备应纳入自备应急电源供电范围。

（1）矿井排水系统采取双回路供电或备用应急电源，备用电源的容量必须保证一类负荷的起动。

（2）矿井通风系统采取双回路供电或备用应急电源，按照《煤矿安全规程（2011 版）》的要求，备用电源的切换时间满足小于 10min。

（3）矿井提升系统、采掘系统采取双回路供电或备用应急电源。

六、某煤矿全矿停电案例

2011 年 2 月 13 日，某矿井下中央变电站 35kV 1 号进线断路器跳闸，引起井下西区变电站 Ⅰ段、15 号煤变电站 Ⅰ段停电。在恢复送电过程中，西区变电站 Ⅰ段再次停电。随后井下中央变电站 1 号进线断路器再次跳闸，出现地面 35kV 变电站全站停电，矿井全矿停电。停电 45min，井下出现 4 处瓦斯超限。2h 后通风机恢复送电，同时按程序恢复了其他负荷供电。

1. 基本情况

该矿井采用 35kV 电压等级供电，35kV 和 10kV 为单母线接线方式，运行方式为一主一备，系统的运行方式如图 10-7 所示，川寺Ⅰ回电源（435～421）经 35kV 母联 400 断路器带 35kV Ⅰ、Ⅱ段母线运行，401 断路器带 1 号主变压器经 501 断路器带 10kV Ⅰ段母线向井下供电，402 断路器带 2 号主变压器，经 502 断路器带 10kV Ⅱ段母线向井下供电，川寺Ⅱ回电源（439～422）和 10kV 母联 500 断路器为备用状态，井下中央变电站 10kV 母联断路器断开。

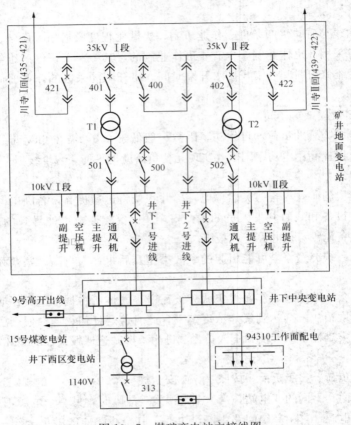

图 10-7　煤矿变电站主接线图

2. 事故经过

2011 年 2 月 13 日 2:37，某矿井下中央变电站 1 号进线断路器跳闸，引起西区变电站Ⅰ段、15 号煤变电站Ⅰ段停电。3:27，在恢复送电过程中，西区变电站Ⅰ段再次停电。经检查发现两次跳闸均由西区变电站 313 号断路器去 94310 工作面出线电缆连接器发生短路而引起，但未造成全矿停电。4:10，井下中央变电站 1 号进线断路器再次跳闸，继而川寺Ⅰ回线路失电，地面 35kV 变电站全站停电，矿井全矿停电。全矿停电 45min，井下所有人员于 36min 内撤离上井。矿井停电期间，井下有 4 处瓦斯超限，其中 94310 综采工作面瓦斯浓度最高达 1.55%。值班员立即启动矿井停电应急预案，在检查全站设备均无异常后，拉开 10kV Ⅰ、Ⅱ段母线上除通风机外的所有断路器，检查 35kV Ⅱ回电源线路侧带电正常，于 4:15 合上 422 断路器给矿井送电，但Ⅱ回线路瞬间失电，站内调度值班员立即与地调联系送电，直到 4:55，35kV Ⅱ回线路带电，通风机恢复送电，随后按程序恢复了其他负荷供电。

事故发生后经检查发现，井下中央变电站 9 号断路器出线电缆连接器发生爆炸，造成井下中央变电站 1 号进线开关跳闸；井下中央变电站 10kV Ⅰ 段失电后，井下机电人员没有消除 9 号断路器出线电缆连接器短路故障，却对井下 1 号进线断路器给 10kV Ⅰ 段母线充电，导致再次发生短路，使川寺 Ⅰ 回线路越级跳闸，造成全矿停电。经查 1 号主变压器受到过大的短路电流冲击，且开关拒动，短路电流的热效应使变压器绕组绝缘击穿，变压器受到损毁。

3. 停电原因

(1) 直接原因：①西区变电站 313 号断路器去 94310 工作面出线电缆连接器发生短路引起 35kV 1 号进线断路器跳闸。②下中央变电站 9 号断路器出线电缆连接器发生爆炸，造成井下中央变电站 1 号进线断路器跳闸。

(2) 间接原因：井下中央变电站 10kV Ⅰ 段失电后，井下机电人员没有消除 9 号断路器出线电缆连接器短路故障，却对井下 1 号进线断路器给 10kV Ⅰ 段母线充电，导致再次发生短路，使川寺 Ⅰ 回线路越级跳闸，造成全矿停电。

4. 暴露问题

(1) 运行方式。

矿井正常生产期间，供电系统运行方式为川寺 Ⅰ 回电源经 35kV Ⅰ、Ⅱ 段母线分别由 1 号、2 号主变压器带 10kV Ⅰ 段、Ⅱ 段母线矿井供电，川寺 Ⅱ 回电源为备用状态，形成"一个电源，两回线路"的工作模式。这种运行方式存在的主要问题是：当运行的电源线路突然停电时，需要操作开关切换电源，会出现短时停电现象，降低矿井供电的可靠性。特别是当主通风机和局部通风机停电时，如果由于切换备用电源不及时，就可能因主通风机和局部通风机停止运行造成井下瓦斯积聚，导致事故发生。

(2) 恢复送电过程。

用 Ⅱ 回线路通过 35kV Ⅰ、Ⅱ 段母线向 1 号、2 号主变压器送电，增加了不确定因素，一旦 35kV Ⅰ 段母线及母联开关、10kV Ⅰ 段母线或 1 号主变压器发生故障，不仅恢复送电不成功，而且又扩大了事故范围，甚至导致事故发生。该起事故曾发生了多次断路器拒动、越级跳闸现象，说明该矿井上和井下电气设备继电保护装置选择性、可靠性差，动作灵敏度不高。

(3) 继电保护。

地面变电站下井开关在没有达到继电保护整定值时即跳闸，跳闸电流和微机保护的显示不一致；对 1 号主变压器微机保护也作了检查，其断路器未跳闸。这都说明下井断路器继电保护整定值不准确，微机保护动作不可靠。事故发生当时，1 号主变压器 10kV 侧 W 相短路电流为 3586A，而正常情况下，1 号主变压器 10kV 侧电流约为 350A，在这近 10 倍的短路电流冲击下，1 号主变压器保护装置未正常动作，短路电流的热效应使变压器绕组绝缘击穿，损毁变压器（见表 10 - 1 所示的变压器检测表）。

表 10 - 1　　　　　　　　　　　变 压 器 检 测 表

项　目	标准值	实测值	其他
油中溶解气体色谱分析	氢气≤150	1476.13	严重超标
	总烃≤150	4708.23	严重超标
	乙炔≤5	1589.44	严重超标
绕组绝缘电阻 绕组直流电阻	≤2%	≥10%	二次绕组与铁芯金属性短接； 严重超标

5. 防范措施

（1）对现有运行方式采取措施。

针对现有的运行方式对川寺Ⅰ回线路突然停电的事故应急预案进行修改，在恢复Ⅱ回线路送电时，断开 35kV 母联断路器，通过 2 号主变压器向井下送电。系统采用分列运行方式，供电后重新制定停电事故专项应急预案。

（2）采用分列运行方式。

按照《煤矿安全规程（2011 版）》规定，矿井双回路电源必须采用分列运行方式，并且延伸到井下采区变（配）电站和向局部通风机供电的井下变（配）电站。川寺Ⅰ、Ⅱ回线路分别带 35kVⅠ、Ⅱ段母线经 1 号、2 号主变压器带 10kVⅠ、Ⅱ段母线向井下供电。

35kV 母联 400 断路器、10kV 母联 500 断路器、井下中央变电站 10kV 母联断路器全部断开，形成两回路独立电源。采用这种运行方式，既避免了故障情况下的全矿停电，又增强了矿井供电的可靠性。

（3）完善保护设置。

针对矿井上下继电保护装置保护误差大、选择性和可靠性差、动作不灵敏的问题，完善保护设置和整定配合，确保矿井供电的安全可靠，必要时更换变电站综合自动化保护装置。

（4）加强维护责任制。

认真落实岗位负责制和巡回检查责任制，加大对电气设备及电缆的巡检和维护力度，特别是加强对关键部位的检查、检修及红外测温工作，及时发现隐患并处理。

第八节　民用机场篇

一、行业简介

民用机场，是指专供民用航空器起飞、降落、滑行、停放以及进行其他活动使用的划定区域，包括附属的建筑物、装置和设施。民用机场不包括临时机场和专用机场。

二、负荷分级

《民用建筑电气设计规范》（JGJ 16—2008）明确规定，民用机场用电负荷分级如下：

（1）航空管制、导航、通信、气象、助航灯光系统设施和台站电源；边防、海关的安全检查设备的电源；航班预报设备的电源；三级以上油库的电源；为飞行及旅客服务的办公用房及旅客活动场所的应急照明用电属于一级里面的特级负荷。

（2）候机楼、外航驻机场办事处、机场宾馆及旅客过夜房、站坪照明、站坪机务用电属于二级负荷。

（3）除一级负荷中特别重要负荷及一级负荷以外的其他用电属于三级负荷。

（4）非高层建筑室外消防用水量>25L/s 的其他公共建筑的消防用电属于二级负荷。

民用机场如果有高层建筑，用电负荷分级如下：

（1）一类高层建筑消防控制室、消防泵、防排烟设施、消防电梯及其排水泵、火灾应急照明及疏散指示标志、电动防火卷帘等消防用电、走道照明、值班照明、警卫照明、航空障碍标志灯、排污泵、生活泵属于一级负荷。

（2）二类高层建筑消防控制室、消防泵、防排烟设施、消防电梯及其排水泵、火灾应急照明及疏散指示标志、电动防火卷帘等消防用电、走道照明、值班照明、警卫照明、航空障碍标志灯、客梯、排污泵、生活泵属于二级负荷。

三、用电特点

1. 用电负荷分散

机场占地广，用电负荷具有其特有的布局特点：总体分散、局部集中，形成数个以航站楼、卫星厅及能源中心为负荷中心所组成的负荷群落，这些负荷群落容量大、重要性高。因此，中心变电站的设置均与这些负荷群落相匹配。

2. 用电要求高

机场航站楼、灯光站等设施中的大部分负荷属于一级负荷中的特别重要负荷，所以用电要求非常高。机场变电站设计全部按照全备用的原则，航站楼、灯光站等重要的10kV变电站内部电源失电、变压器或母线故障，将不会影响机场的正常运行。

机场除了航站楼、卫星厅、能源中心等用电大户外，尚有飞行区及许多配套辅助设施需供电。飞行区占地广，负荷容量不大，而负荷重要性最高，直接影响机场运作。其余辅助设施单个负荷容量小，但数量众多。

3. 供电的灵活性

随着机场不断建设，负荷分布有可能有较大的转移，设计时间要考虑到较灵活地满足负荷重心偏移要求。

4. 电力监控要求高

变电站、开关站按服务性质分布在机场各个功能区内，其中相当一部分为无人值守或要求发展为无人值守型，各站之间距离远，甚至有禁区相隔。这种网络分散格局给电力系统运营管理带来难度，尤其是对突发事故的处理及时性方面提出了更高的要求。为确保供配电系统万无一失，完善管理、调度，需要建立一个完整的、具有技术先进、经济合理和适合机场特点的机场变电站电力监控系统。

5. 逐步扩容要求

机场占地面积大，机场建设周期长，负荷增长时期相应也长，因此在设计时一定要从长远考虑，留有足够的扩展余地。

四、停电后果

（1）在无任何的对策措施的条件下，如果突然断电，就意味着机场的整个航运的起飞、降落过程的管理、指挥系统将处于瘫痪状态，导致飞机起降事故。

（2）机场候机楼作为一个相对封闭的公共场所，离港系统、楼宇自控系统等都是靠电力维持，如果突然断电，旅客用以获知外界信息的广播、电视等各种媒体以及照明即刻全部中断，旅客会因不能得知事故原因而由开始的茫然、焦虑情绪慢慢演变为烦躁甚至愤怒，混乱状况会愈演愈烈，极有可能演变为起哄、骚乱甚至互相踩踏，造成大量人员伤亡、设施毁坏。

（3）机场跑道以及滑行道在突然断电之后，助航灯光以及围绕停机坪的滑行通道网络等就会立即中断工作，如果飞机操作人员处理稍有不当，就会机毁人亡。

（4）飞行区灯光在突然断电之后，近灯光和仰角的跑道、滑行道边缘灯光也将失去作用，正在起飞的飞机若不能及时正确停止运行，同样会造成严重的飞机事故。

（5）机场导航系统如果突然断电，雷达、测距系统、仪表着陆系统、盲降系统等也就马上停止工作，所有接受机场信号导航的飞机得不到机场发送的信息，进港航班只能在空中持续飞行，所有出港航班只能停止起飞。

（6）施工、检修的突然断电，标志着机场设施无维护能力。若是灯光系统得不到维修和维护，照明灯光供电不够，将造成飞机起飞、降落的困难，更可能是一片漆黑，飞机无法起飞或降落甚至相撞。若是通信导航系统得不到维修和维护，飞机失去导航，当然无法正常运行，且正起、降的飞机失去导航也面临着碰撞事故。若地面管治系统或是仪表"跑道"系统得不到及时的维修和维护，事态的后果显然与前面所说的雷同。

（7）办公电源突然断电：管理系统瘫痪，整个机场运行即瘫痪。

这里要强调一个特殊的意义，就是在特定的条件下，如果突然断电（无论是上面说到的几个用电项目中的任何一个），它所造成的危害远不止上面所说的那些。

五、电源配置

机场具有一级负荷中特别重要负荷、一级负荷、二级负荷。《民用建筑电气设计规范》（JGJ 16—2008）明确规定，应由两个电源供电，且上级电源应来自两个不同的变电站，当一个电源发生故障时，另一个电源不应同时受到损坏。同时供电的两回路电源，其中一个回路中断供电时，其余线路应能满足全部一级负荷及全部或部分二级负荷的供电，两路电源常供，负荷末端自动切换。

《供配电系统设计规范》（GB 50052—2009）和国家电力监管委员会《关于加强重要电力用户供电电源及自备应急电源配置监督管理的意见》（电监安全〔2008〕43号）明确规定，一级负荷中特别重要负荷应增设自备应急电源，并严禁将其他负荷接入应急供电。机场的特别重要负荷应考虑增设柴油发电机＋UPS相结合的应急电源方式。

六、某国际机场突发停电案例

2009年8月11日，某国际机场发生停电事故，导致机场关闭3h，延误航班148个，滞留旅客上万人，直接经济损失约172万元。该事故引起社会关注，国务院领导对此高度重视，先后两次做出重要批示，省政府成立了由电监办牵头，省安监局、监察厅、国资委、建设厅、应急办、民航地区管理局、省电力公司等有关单位参加的机场停电事件调查组。

1. 基本情况

该民航110kV中心变电站（以下简称"民航站"）承担该国际机场供电负荷，该变电站位于国际机场内，隶属于机场集团有限公司（以下简称"机场集团"），由机场集团自行维护管理。该变电站于2000年10月开始试运行，2001年2月21日通过竣工验收，投入使用。110kV国际机场电气主接线图如图10-8所示。民航站110kV系统采用内桥接线，安装有两台容量31.5MVA的主变压器，两路110kV进线分别是顺航线和羊航线。10kV系统采用单母线分段接线，主要供电区域涉及整个国际机场民航系统范围，包括航站楼、空管局导航指挥系统、地面指挥系统、助航灯光站、场道维护保养、各住场单位办公系统等。

2. 事故经过

2009年8月11日10：14：13，承担机场T2航站楼临时设施洗车槽项目施工的第四建筑工程公司（以下简称"四建"）施工人员使用挖掘机开挖沉沙池，将从民航站10kVⅠ段939开关柜引出的机场货运一线10kV电缆损伤，造成电缆W相弧光接地故障。10：14：50，W相单相接地故障产生的暂时过电压，使处于热备用状态的930断路器V相（或U相）击穿绝缘对地放电，与W相形成相间短路，短路电弧产生的强电流引起10kV总路901、902断路器跳闸。民航站值班人员为尽快恢复供电，根据此前由货运一线电缆W相接地时监控装置发出的Ⅰ段母线"零序保护动作"报警信号，误认为短路故障仅发生在Ⅰ段母线上，于是从监控机上操作902断路器合闸，重新引燃故障电弧，902断路器第二次跳闸。10：18：31，902断路器由于二次接线毁损短路引起自动合闸，再次引发930开关柜内故障电弧，导致柜体和断路器彻底毁坏外，还将二次接线严重烧损，造成主控制室直流控制开关跳闸，902断路器失去操作和控制电源，10：18：34，Ⅱ号主变压器高压侧过电流保护动作，越级切除110kV羊航线192断路器。变电站对外供电全停。

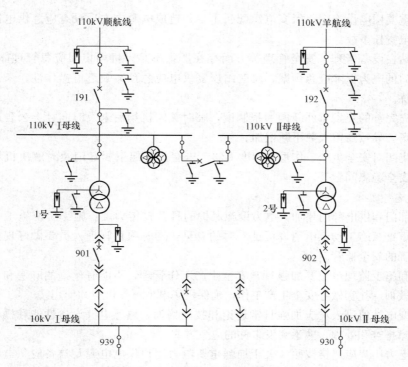

图 10 - 8　110kV 国际机场电气主接线图

　　停电发生后，民航站人员立即进入 10kV 室灭火排烟并隔离故障设备，省电力公司得知机场停电情况后，立即启动应急预案，供电局及开关厂相关人员迅速赶赴现场支援指导事故抢修和供电恢复工作，于当日 15：28 恢复Ⅱ段母线所带全部负荷，12 日 0：10，恢复Ⅰ段母线所带全部负荷。

　　3. 事故原因

　　(1) 主要原因：施工单位违规施工损伤电缆，引起供电线路故障，导致开关设备绝缘被击穿，发生三相短路，造成变电站停止供电。

　　(2) 间接原因：民航站值班人员误操作加剧了设备毁损程度。在 10kVⅠ、Ⅱ段母线失压、民航站对外供电全停后，值班员误判故障情况，合上 902 断路器对 10kVⅡ段母线送电，进一步加剧了 930 开关柜内一、二次设备毁坏，造成 10kV 部分直流系统故障，导致抢修恢复送电时间延长。

　　4. 暴露问题

　　(1) 施工单位违规施工，未严格执行建设单位在审查《施工动土申请许可证》时提出的"道肩不许挖"意见，自行制订人工开挖方案。施工人员未执行现场安全技术交底和项目管理人员要求，擅自将施工方案中要求的人工开挖方式改为机械开挖方式，挖掘机损伤地下高压电缆，引发民航站供电设备故障。

　　(2) 机场扩建工程指挥部 T2 航站楼现场管理人员和监理公司现场监理人员履行职责不到位，未发现现场施工人员冒险指挥、违规施工的行为。

　　(3) 变电站值班人员业务技能差，没有仔细分析故障原因，简单依据Ⅰ段母线"零序保护动作"报警信号造成误判故障，向故障设备送电，加重设备损坏，扩大故障范围，延长恢复送电时间。

（4）机场重要用电设施应急保安电源配备不足，造成电源失去后没有应急供电措施，致使机场关闭的停电责任事故。

（5）民航站在设备管理、安全管理等方面存在严重不足。机场集团应急管理体系不健全，机场未制定专门的电力保障应急预案。民航站恢复供电应急预案缺乏可操作性，未开展针对性应急培训和演练。

（6）未建立完善的突发事件新闻通报制度，临时关闭机场后未及时向社会公告，旅客仍源源不断涌向机场，导致滞留人数不断增加。

（7）机场集团对安全生产工作重视程度不够，未有效督促下属部门及时解决机场在电力保障方面存在的安全隐患问题等。

5. 防范措施

（1）政府部门和供电部门要加大电力设施保护的日常宣传力度。施工单位施工中要严格执行建设单位在审查《施工动土申请许可证》时的意见，同时项目管理人员要做好现场安全技术交底和现场施工的安全监管。

（2）机场和施工监理单位要加强日常安全生产工作管理，不能有丝毫的麻痹和松懈，从本次事故中吸取教训，扎实做好安全生产工作，确保机场电力可靠供应和使用。

（3）机场变电站值班人员应加强日常理论和技能培训，熟悉电气设备性能和操作原理，熟悉电气设备故障排查和处理，熟悉突发事件的应急方式。

（4）重要电力用户应严格按照《关于加强重要电力用户供电电源及自备应急电源配置监督管理的意见》（电监安全〔2008〕43号）的要求，加强自备应急电源配置和运行管理，切实提高突发时期的应急保障水平。

（5）机场要加强应急管理工作，建立应急联动机制，要完善相关电力保障应急预案，健全电力突发事件通报制度，推进开展电力应急联合演练，提高对大面积停电事件的综合处置能力和应急水平。一旦发生电力突发事件，要按照有关规定立即报告，同时及时启动应急预案、快速响应、果断处置、积极支援，防止事态扩大，最大程度减少社会影响和损失。

（6）各单位加强与地方政府相关部门的沟通、协调与配合，切实做好重要电力用户用电安全监督检查工作，指导重要电力用户落实安全用电措施，提高重要电力用户电力保障能力，维护社会公共安全。

第九节　氯　碱　篇

一、行业简介

氯碱工业属于化学工业，产品分为碱产品和氯产品。碱产品主要指烧碱。氯产品主要指聚氯乙烯、盐酸和液氯。

氯碱产品是以原盐为原料，进行电解产生的烧碱、氯气、氢气及盐酸等产品，氯碱工业产品烧碱、氯气、氢气的下游产品可达900多种。聚氯乙烯（PVC）产品是重要的耗氯大户。

聚氯乙烯是五大合成树脂之一，以其价廉物美的特点，占合成树脂总消费量的29%左右。由于PVC具有优良的耐化学腐蚀性、电绝缘性、阻燃性、质轻、强度高且易加工、成本又低，因而PVC制品广泛用于工业、农业、建筑、电子电气及人们生活的各个领域。PVC硬质制品可代替金属制成各种工业型材、门窗、管道、阀门、绝缘板及防腐材料等，还可用作收音机、电话、电视机、蓄电池外壳及家具、玩具等，PVC软制品可制成薄膜，用作雨披、台布、包装材料及农用薄膜，还可制成人造革、电线电缆的绝缘层，是一种能耗相对较少、生产成本较低的产品。

氯碱企业是流程性生产企业，加之生产具有高温高压、有毒有害、易燃易爆的特点，原料及中间产品多在密闭的设备、管道中反应、输送，生产流程长，设备复杂，生产要求平稳，长周期、满负荷运行，力求减少频繁地开停车。

二、负荷分级

氯碱工业中的电解生产过程是持续进行的，而且氯产品和碱产品在整个生产过程中的平衡关系是较严密的。在电解生产过程中，不论是直流供电系统突然断电，还是动力操作系统突然断电，都可能引起爆炸，造成人员伤亡、设备损坏和生产系统的混乱，还可能造成氯气外溢危害人身、污染庄稼等灾害。氯碱工业的氯气、氢气生产装置、聚合生产装置属于一级负荷，其他生产装置属于二级负荷。

三、用电特点

（1）需要大电流的直流电源。随着石油化工的发展，氯碱企业向大型化发展，电解槽也向大型化、高电流密度方向发展。直流电流大小随着电解槽的阳极有效面积和电解槽种类的不同而异，一般在几千安培到几十万安培；各种电解槽的电流密度差别也较大，石墨阳极电解槽电流密度一般在 $800A/m^2$，金属阳极电解槽电流密度一般在 $2000A/m^2$，水银电解槽电流密度一般在 $6000A/m^2$ 以上，离子膜电解槽电流密度一般在 $4000A/m^2$。

（2）要求直流供电电源有稳流和电压调节的能力。为使电解生产持续、稳定地进行，要求电解生产系统能进行电流调节、平抑电压波动和增减电解槽数。因而，氯碱企业的大容量整流装置都必须具备一定范围的电压调节能力（一般调压范围均大于额定电压的 50% 以上）和自动稳流措施。

（3）负荷稳定。氯碱企业生产是连续性生产，在正常生产中负荷较稳定，日负荷曲线平稳，日负荷率在 95% 以上。

（4）单耗高。由于氯碱产品是用电能完成化学反应而获得的，所以单耗较高。1990 年我国烧碱平均单耗为 2551kWh/t，先进水平大约在 2440kWh/t 左右，离子膜碱单耗约 2350kWh/t。在生产过程中，不断提高电流效率、严格控制电流密度、降低槽电压是提高电能有效利用率、降低烧碱单耗的关键措施。

（5）自然功率因数小。由于电解生产对直流电源有调压和稳流的要求，一般氯碱企业的整流装置均采用交流侧有载调压整流变压器和饱和电抗器相配合的直流电源或采用晶闸管调压整流装置，虽满足了生产需要，但也相应降低了整流装置的自然功率因数，使自然功率因数达不到 0.9。为此，不少企业均增设电力无功补偿装置。

（6）电气设备和材料要防腐蚀。氯碱企业的环境腐蚀性强，所以在电气设备和材料的选型和维修上必须注意防腐蚀。

（7）对电力系统产生谐波污染。整流装置是电网谐波源之一。氯碱企业用的整流装置多，整流装置工作过程中产生的高次谐波电流，造成电力系统的谐波污染。随着氯碱工业的发展，大型硅整流装置、晶闸管整流装置的使用已日趋普遍，治理谐波源的问题也已相应提到日程上来。

四、停电后果

氯碱企业是流程性生产企业，加之生产具有高温高压、有毒有害、易燃易爆的特点，原料及中间产品多在密闭的设备、管道中反应、输送、生产流程长，设备复杂，生产要求平稳、长周期、满负荷运行，力求减少频繁地开停车，突然断电将会破坏生产的平衡，如果处理不当，会对企业的生产造成严重的后果。

（1）在正常的生产情况下，由于阴阳极室之间有石棉隔膜或离子膜阻断了两种气体的混合，在氯气和氢气输送时，一般要求氯气微负压，氢气微正压，当突然断电时，氢气压力突然升高，电解槽中阴极室内的氢气就有可能渗入阳极室，与氯气形成混合性爆炸气体，引起电解槽发生爆炸事故。

（2）电解产生的氯气，由下游的氯氢处理工序用氯气泵或氯压机进行输送，电解槽到氯氢处理之间通常保持微负压，当发生断电事故时，氯气泵或氯压机停转，氯气输送不及时，氯气局部压力迅速升高，就会通过管道或氯压机或氯气泵泄漏，由于氯气是剧毒的气体，会危及人们的生命安全，损坏人体健康，更会引起重大的环境事故。

（3）国内的聚氯乙烯聚合通常采用悬浮法生产，在聚合釜内加入原料氯乙烯，并加入引发剂、分散剂等助剂，在搅拌的作用下，氯乙烯单体均匀地分散在水中，在反应过程中，通过夹套的冷却水带走反应热来控制反应的速度和温度，聚合反应的温度控制要求非常严格，否则就会生产不出预期型号的树脂。当发生突然的断电事故时，如果搅拌停止，冷却水供应不上，聚合釜内会出现局部反应过快的爆聚现象，釜内温度和压力急剧升高，可能导致发生燃烧和爆炸事故。严重时，会造成整个反应釜的物料全部成为次品甚至完全报废，造成巨大的经济损失。

五、电源配置

氯碱工业的用电性质决定了它对供电可靠性要求很高，其中具有一级、二级负荷，应由两个电源供电，且上级电源应来自不同的变电站，当一个电源发生故障时，另一个电源不应同时受到损坏。同时供电的两回线路电源，其中一个回路中断供电时，其余线路应能满足全部一级负荷及全部或部分二级负荷的供电，两路电源应考虑同时供电。

《供配电系统设计规范》（GB 50052—2009）和国家电力监管委员会《关于加强重要电力用户供电电源及自备应急电源配置监督管理的意见》（电监安全〔2008〕43号）明确规定，一级负荷中特别重要负荷应增设自备应急电源，并严禁将其他负荷接入应急供电。根据《供配电系统设计规范》（GB 50052—2009）的规定理解，应把氯气、氢气生产装置、聚合生产装置纳入自备应急电源供电范围，自备电源的形式应考虑柴油发电机＋EPS相结合的应急电源方式。

六、某氯碱公司停电案例

某氯碱化工股份有限公司（以下简称：氯碱公司）生产经营困难，公司对安全隐患整改工作重视不够，由于存在数量众多的重大危险源，安全生产隐患突出。为此，当地安全生产监督管理局于2008年9月5日下午对氯碱公司下达了《强制措施决定书》，责令氯碱公司停产整改。由安全生产监督管理局金局长带领工作人员入驻氯碱公司，要求氯碱公司制订安全停产方案。2008年9月5日下午，正在金局长与氯碱公司总裁助理陈某等负责人协商讨论停产之事时，供电企业对氯碱公司采取了拉闸停电的措施。氯碱公司正在生产的系统出现了异常，发生了危险化学品泄漏排放和设备受损的事故，当日有1名员工吸入有毒物质送医院治疗，次日出院。直接经济损失达372万余元。事故发生后，区政府责成区安监局、经济开发区管委会、人劳局、监察局、区总工会、公安分局等有关部门派出人员，并邀请区检察院参加，成立了事故调查组，对氯碱公司的有关人员进行了调查，制作了《调查询问笔录》，调阅了有关材料，展开了事故调查工作。

1. 基本情况

该氯碱公司是经国家计划委员会于2000年6月批复成立，由国家、自治区、某市及某科技股份有限公司等6家股东共同出资组建的股份制企业。年产电石15万t、烧碱6万t、聚氯乙烯树脂6万t，配套11.2万kW热电联产机组，于2004年9月25日投产，总投资17.21亿元。公司于2006年10月取得安全生产许可证，许可范围为电石、液碱、固碱、液氯、高纯盐酸、聚氯乙烯。

公司设有总裁、常务副总裁等高管人员，下设电石分厂、氯碱分厂、树脂分厂等 10 个分厂和生产部、安全监管部等 13 个部门。公司拥有职工 1100 余名。

公司李董事长兼总裁，负责公司全面工作，公司安全生产第一责任人；刘副总裁负责公司常务工作及营销工作，分管营销部、供应部、运调部；张副总裁负责公司生产、技术管理工作，分管工程部、设备技术部、质计部；赵副总裁协助张副总裁负责发电装置的管理工作，分管发电分厂、电气分厂、仪控分厂和公司的电费的对账和缴纳工作；陈总裁助理协助张副总裁负责化工装置的管理工作，分管生产环保部、安监部、矿山分厂、电石分厂、氯碱分厂、树脂分厂、动力分厂；此外，公司还设有负责党务、财务、保卫、物资管理等工作的高管人员 5 人。

2. 事故经过

截至 2008 年 8 月 26 日，氯碱公司拖欠供电企业电费 2574.70 万元。为此，供电公司于 2008 年 8 月 23 日、8 月 26 日、9 月 2 日三次发出《催收拖欠电费的通知》。3 份通知单分别注明"将于 2008 年 8 月 29 日下午 15：30 停（限）氯碱公司炉变负荷"、"2008 年 9 月 1 日下午 15：30 停（限）氯碱公司炉变负荷"、"2008 年 9 月 5 日下午 15：00 对氯碱公司顺达变电站 152 号、153 号线路断开系统，线路断开系统前半小时请做好停电准备"。

2008 年 9 月 2 日，供电公司下达催缴电费通知单后，氯碱公司刘副总裁、赵副总裁与供电公司大用户局协商，9 月 5 日前向供电公司缴纳 600 万元电费，后来协商至 400 万元，可以不断电。9 月 5 日下午 14：30 左右，供电公司调度电话通知氯碱公司当班调度，因欠电费 15：30 要停电，氯碱公司当班调度即向生产部副部长进行了汇报。生产部副部长向杨总裁助理进行汇报后，指示当班调度先不要停产。15：40 左右，氯碱公司工作人员刘某在供电公司缴纳 300 万元的电费，但没有达到与电业局协商的 400 万元，当日 16：20 左右，供电公司调度再次电话通知氯碱公司当班调度 16：35 要停电。氯碱公司当班调度解释："正是交接班时间，不能停"。16：38 供电公司把闸拉掉了。事后对氯碱公司赵副总裁调查询问中介绍："9 月 5 日前两天，供电公司已经断开了氯碱公司双回线路供电中的一路，以示警告"。

此次断电前，氯碱公司各分厂运行情况如下：

（1）电石分厂：两台电石炉、两台废热锅炉均处于运行状态。因停电可能造成电石炉体和设备循环水管道高温，残余水汽化设备管道内压力升高而发生爆炸，最终导致锅炉等其他设施的连环爆炸。

（2）氯碱分厂：电解槽等各系统运行正常，氯气生产流通量达 4t/h，氢气生产流通量 2200m³/h，氯化氢生产流通量 2400m³/h，液氯储槽储量 15t。因停电可能导致电解槽、氯化氢合成炉爆炸，大量氯气、氢气、氯化氢等有毒有害气体泄漏，在 2.8km 范围内有人员被毒害致死的危险。

（3）树脂分厂：各系统运行正常，VCM 装置负荷 2100m³/h，乙炔装置负荷 2100m³/h，乙炔气柜储量 1200m³，氯乙烯储量 30m³，预聚釜内 17t 乙烯，1 号、2 号聚合釜共 60t 氯乙烯正在聚合反应，氯乙烯球罐储量 10m³，低温化学品库库存 5t 引发剂。因停电可能导致乙炔发生器、氯乙烯反应器、聚合釜、储罐爆炸，大量氯乙烯气体、乙炔气体泄漏爆炸，在 1.2km 范围内所有设备、建筑物全部被毁。

因停电可能造成氯碱公司爆炸、有毒有害气体泄漏，其冲击波导致周围化工厂连环爆炸，特别是一路之隔的泰达制钠厂也有几十吨液氯泄漏，爆炸后大量的有毒有害气体泄漏。整个工业园区和部分相邻工业园区的上 100 家企业被毁，数万居民被毒害致死，后果不堪设想。

2008 年 9 月 5 日 16：38 断电后，区安监局领导和工作人员当即会同氯碱公司负责人在公司总调度室指挥应急处置工作，立即启动了公司应急预案，按预案规定展开了事故应急工作。断电约 2min 后，电石、氯碱、树脂三个分厂的自备发电系统全部启动。电石分厂循环水和锅炉供水系统恢复运行；氯碱分厂氯气、氯化氢气体紧急切换至回收处理装置，氢气管道放空处理；树脂分厂由于自备发电机发电量不足，停水且聚合釜搅拌装置不能正常运转，聚合釜压力急剧升高，近 5t 氯乙烯单体通过聚合釜防爆膜外泄，为防止险情进一步扩大，该岗位工作人员随后采取手动间歇式排放处理。此过程中公司有 1 名员工吸入有毒物质被送医院治疗，次日出院。与此同时，区安监局局长立即向区政府分管领导进行了汇报，区危险化学品应急预案进入预警状态，各相关单位随即做好了应急准备。为防止外泄的氯乙烯单体在无风条件下聚集燃烧爆炸，交警部门对处于影响范围内的相关路段进行了交通管制；开发区管委会通知供电企业密切关注开发区内供电线路，防止电线打火引发事故；安监局派驻监察人员入驻氯碱公司各分厂，协助处置突发事件。在区政府副区长等有关领导的积极协调下，供电公司于 17：50 许恢复向氯碱公司供电。至 9 月 6 日夜间，氯碱公司实现安全停产。9 月 7 日，区安监局聘请了多名相关专家，对氯碱公司进行了全面排查，制订了详细处置方案。

3. 事故原因

(1) 直接原因：停电使正常运行的生产系统停止运转，冷却水等冷却介质断供，聚合釜等反应设备和装置出现超温超压现象，造成氯乙烯等危险化学品泄漏排放和电石炉等运转设备受损。

(2) 间接原因：①氯碱公司对供电公司多次停电通知和断掉另一路供电线路未引起足够重视，未安排生产部门等采取相应的停电准备措施。②供电公司解决电费拖欠问题的手段单一，对氯碱公司正常生产时采取拉闸停电造成的危险、有害后果未引起高度重视，未采取其他妥善的安全对策措施。

4. 暴露问题

通过对事故的调查分析，发现其中存在很多问题。

(1) 氯碱公司虽然与供电企业签订了供用电合同，但是没有认真履行合同规定的义务，对还款协议的内容不履行、不配合，严重违反了合同法的有关条款的规定。

(2) 氯碱公司对于供电企业多次催收拖欠电费的通知没有引起重视，对最后的停电通知也不予理睬，且拒绝配合，没有做任何的停电安排措施，没有对生产系统采取相应的停电准备措施，造成百余万元国有财产的损失。

(3) 供电企业虽多次书面告知氯碱公司要进行停限电，但在得知氯碱公司未做好停电相关准备工作情况下，未与公司所在地政府相关安全生产监管部门沟通协调处理，即采取拉闸停电措施，解决拖欠电费问题的手段和方法单一，在本起事故中存在过失行为。

5. 防范措施

(1) 氯碱公司生产系统在进行生产时，必须与供电企业协商保证企业所属的双回线路供电系统能正常工作。

(2) 氯碱公司要认真准备突然停电等情况的应急预案，确保企业能应对停电等突发事件对安全生产带来的影响。

(3) 氯碱公司高管人员应高度重视企业债务纠纷等外部因素对安全生产带来的不利影响，要做好相应的防范措施，切实贯彻"安全第一、预防为主"的方针。

(4) 供电企业要深刻吸取对企业采取拉闸停电的手段处理拖欠电费的行为会给正在生产的企业特别是高危化工企业带来安全生产事故的教训，在处理经济问题时，也要切实按照安全第一的原则，在确保安全生产前提下，采取有效的手段妥善处理。

第十节 体 育 场 馆 篇

一、行业简介

体育馆是室内进行体育比赛和体育锻炼的建筑。体育馆按使用性质可分为比赛馆和练习馆两类；按体育项目可分为篮球馆、冰球馆、田径馆等；按体规模可分为大、中、小型，一般按观众席位多少划分，中国现把观众席超过 8000 个的称为大型体育馆，少于 3000 个的称为小型体育馆，介于两者之间的称为中型体育馆。

二、负荷分级

《民用建筑电气设计规范》（JGJ 16—2008）明确规定，体育建筑负荷分级如下：

（1）特级体育场馆、游泳馆❶的比赛场（厅）、主席台、贵宾室、接待室、新闻发布厅、广场及主要通道照明、计时记分装置、计算机房、电话机房、广播机房、电台和电视转播、新闻摄影及应急照明等用电属于一级负荷中特别重要负荷。

（2）甲级体育场馆、游泳馆❷的比赛场（厅）、主席台、贵宾室、接待室、新闻发布厅、广场及主要通道照明、计时记分装置、计算机房、电话机房、广播机房、电台和电视转播、新闻摄影及应急照明等用电属于一级负荷。

（3）特、甲级体育场馆、游泳馆非比赛用电和乙级❸及以下体育建筑的比赛用电属于二级负荷。

三、用电特点

目前在国内已经建成众多的大型运动场馆，这些大型的运动场馆除了拥有写字楼的供电、给排水、空调、电梯等常规设备外，专门配置有智能化的中央控制系统、无线上网系统、广播扩音系统、照明系统、草坪加热系统、制票检票系统及门禁身份识别系统等电气化设备。

这些大型运动场馆在大型赛事、活动举行时，最大的运营特点是人口密度在一定时间内迅速增大，结束后又急剧减少。因此保证这些大型运动场馆在举行大型赛事时的供电系统、照明系统、冷暖空调系统、通风排气、音箱、电子设备（计时、记分、显示屏）等用电设备供电的可靠性至关重要。

四、停电后果

大型运动场馆尤其是举办国际赛事和大型巡演活动的场馆，其供电系统的可靠性要求非常高，一旦在举办大型赛事时突然停电，将会造成整个活动的终止，如果是国际赛事，将会在国际上造成一定的影响。由于大型运动场馆一般设计的观众座位数都是几万人甚至更多，尤其是在晚上举办的大型赛事比较多，如果突然停电，将会造成整个场面的失控，运动员或者巡演人员的安全将会受到威胁。如果现场处置不当，可能造成现场观众的恐慌，可能发生起哄、踩踏事件，会给整个赛事的组织者甚至国家造成较大的负面影响。

五、电源配置

按照体育场馆的不同级别具有特别重要负荷、一级负荷、二级负荷。根据《民用建筑电气设计规范》（JGJ 16—2008）的有关规定，应由两个电源供电，且上级电源应为两个不同的变电站，当一个电源发生故障时，另一个电源不应同时受到损坏。同时供电的两回线路电源，其中

❶ 特级体育场馆、游泳馆属于国家体育场工程。
❷ 容纳 25 000 人以上称为甲级体育场馆、游泳馆。
❸ 容纳 15 000～25 000 人称为乙级体育场馆、游泳馆。

一个回路中断供电时，其余线路应能满足全部一级负荷及全部或部分二级负荷的供电，两路电源应考虑同时供电，重要负荷低压末端自动切换。

《供配电系统设计规范》（GB 50052—2009）和国家电力监管委员会《关于加强重要电力用户供电电源及自备应急电源配置监督管理的意见》（电监安全〔2008〕43号）明确规定，一级负荷中特别重要负荷应增设自备应急电源，并严禁将其他负荷接入应急供电。体育场馆应增设自备柴油发电机＋UPS来提高应急保障。

六、某乒联职业巡回赛突然停电案例

2010年8月13日，国际乒联职业巡回赛总决赛在某大学体育馆举行。开赛后，场馆的各项运行工作正常。8月13日15：24，场馆发生停电事故，照明灯光熄灭，导致正在进行的乒乓球赛事短时中断。经处理，20min后恢复供电。后经调查，事故原因系场馆内部电气设备设计存在缺陷，在系统电压出现故障沉降时跳闸。

1. 基本情况

该大学体育馆供电电源为10kV电压等级，双回专用线路供电，电源一、二为系统同一变电站不同母线的电源，运行方式为两回线路常供，体育馆配变电站主接线图如图10-9所示，低压互为备用，低压末端自动切换，2台2000kVA变压器，10kV侧和0.4kV侧接线均为单母线分段接线方式。

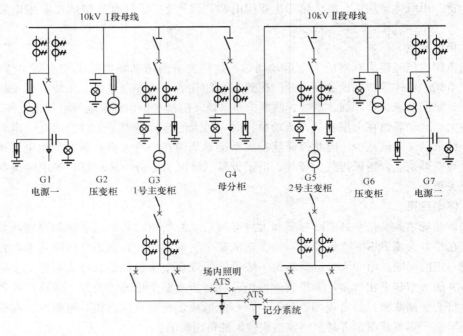

图10-9　体育馆配变电站主接线图

2. 事故经过

2010年8月，国际乒联职业巡回赛总决赛在某大学体育馆举行，供电企业成立了保供电小组，并会同该大学编制了详细的保供电应急预案，同时比赛期间落实人员现场保供电，并配备了一辆500kW的柴油发电机给场馆进行备用。13日15：00比赛开赛后场馆各项设备运行工作正常。15：24，场馆突然出现停电，场馆照明灯光全部熄灭，导致正在进行的乒乓球赛事短时中断。

供电企业得到场馆配电室值班人员汇报停电后，立即协助场馆值班人员对 10kV 配电室进行检查，发现两路 10kV 进线线路带电显示有电压，两台主变压器出线柜带电显示有电压，所有高压设备均在合闸位置运行正常，两段高压母线均带电。检查低压室时发现 0.4kV 两段母线均带电，所有设备运行正常。针对这一情况，场馆配电室值班人员立即通知场内电气控制室值守人员检查场馆配电间的低压设备，检查发现从配电室过来的两回 0.4kV 线路均带电，末端自动切换装置出线侧带电，最后发现照明分路出线的低压接触器全部在分闸位置，于是在检查无故障痕迹的情况下立即进行强送合闸处理，但是由于场馆内部大部分照明灯光为冷启动方式，等全部开启需要 10min。停电半小时后场馆才恢复正常供电。

后经调查，15∶24 场馆 1 号 10kV 电源上级 110kV 系统变电站母线其他一回 10kV 出线出现短路事故，母线电压出现沉降，引起场馆电压也同时出现电压沉降，由于照明出线使用的接触器为失压保护 0s 跳闸，没有延时功能，所以造成电压沉降时场馆全部停电。

3. 事故原因

(1) 直接原因：110kV 系统变电站 10kV 线路出现短路故障，造成 10kV 母线电压沉降，引起场馆低压出线接触器跳闸。

(2) 间接原因：①场馆低压出线接触器没有采取加装延时保护等功能，造成电压波动就出现跳闸。②场馆照明大部分采用冷启动方式，造成灯光送电后启动很慢。

4. 暴露的问题

(1) 场馆内部电气设计存在严重缺陷，低压出线接触器跳闸时间躲不过电源自动切换时间，电压出现沉降也会直接出现跳闸，造成上级电源配置不管如何完善真正遇到故障时也无法避免场馆停电的发生。

(2) 比赛场馆照明大部分采用冷启动方式，如果解决了接触器失压跳闸的问题，在一回电源故障切换至备用电源的情况下灯光再次投入时间很长，也会造成比赛停赛。

(3) 比赛虽然制定了详细的《突发停电应急预案》，但是由于没有开展操作演练，所以对于其中存在的电气设备缺陷没有及时发现。

(4)《突发停电应急预案》缺乏操作性，虽然供电企业配备了柴油发电车备于应急，但是真正出现停电时，没有立即启动发电机作为热备用。

(5) 供电企业用电检查人员对于不同行业的用电特性不熟悉，造成保供电手段和措施不能真正应对突发事件。

5. 防范措施

(1) 全面强化比赛场馆的电源建设。针对比赛场馆电源现状和结合比赛用电特性，以及供电负荷等级，设计建设可靠的供电电源和选择合理电气设备。并在竣工检验期间严格把关，避免带缺陷投入运行。

(2) 在比赛举行前，应针对比赛供电要求开展各种类型停电故障的操作演练，通过演练来发现组织、设备、步骤等方面存在的不足和缺陷，针对性地采取相应措施进行完善和处理。

(3) 制订合理的具有实际操作性强的《突发停电应急预案》，使电源切换操作方式和发电车等应急电源能够充分起到应急的作用，以确保比赛期间供电的万无一失。

(4) 供电企业在预案制定的时候应切实明确责任分界点。同时对于发现用户责任的隐患缺陷应开具书面通知单及时告知用户和相关政府管理部门，督促用户及时进行消缺。

(5) 对大型运动场馆供电的线路和高低压用电设备在比赛前应全部进行特巡和"地毯式"检查，对发现的缺陷进行及时处理。比赛期间，可以利用远红外测试装置随时监测比赛场馆的负荷情况，出现异常及时处理。

（6）人员全部到岗到位，值班值守。故障抢修人员需 24h 坚守岗位，随时待命。对重要线路的重点地段、重要电缆、电缆隧道、箱式变电站、环网柜、发电车和用户变电站等用电重要部位全部设立值班值守人员。

第十一节　酒　店　篇

一、行业简介

酒店或饭店是为大众准备住宿、饮食与服务的一种建筑或场所。一般说来，就是给宾客提供歇宿和饮食的场所。具体地说，饭店是以它的建筑物为凭证，通过出售客房、餐饮及综合服务设施向客人提供服务，从而获得经济收益的组织。

二、负荷分级

JGJ 16—2008《民用建筑电气设计规范》明确规定，酒店用电负荷分级如下：

（1）大于等于四星级❶，一、二级酒店❷。

经营及设备管理计算机系统的电源属于一级负荷中的特别重要负荷。

电子计算机、电话、电声及录像设备电源、新闻摄影用电，排污泵、生活泵、主要客梯，宴会厅、餐厅、康乐设施、门厅及高级客房、主要通道等场所的照明用电，厨房用电属于一级负荷。

其他用电为二级负荷。

（2）三星级❸，三级酒店❹。

经营及设备管理计算机系统、电子计算机、电话、电声及录像设备电源、新闻摄影用电，排污泵、生活泵、主要客梯，宴会厅、餐厅、康乐设施、门厅及高级客房、主要通道等场所的照明用电、厨房用电属于二级负荷。

其他属于三级负荷。

（3）小于等于二星级，四至六级酒店。

所有负荷为三级负荷。

（4）非高层建筑室外消防用水量大于 25L/s 的其他公共建筑的消防用电属于二级负荷。

如果宾馆是高层建筑，用电负荷分级如下：

（1）一类高层建筑消防控制室、消防泵、防排烟设施、消防电梯及其排水泵、火灾应急照明及疏散指示标志、电动防火卷帘等消防用电、走道照明、值班照明、警卫照明、航空障碍标志灯、排污泵、生活泵属于一级负荷。

（2）二类高层建筑消防控制室、消防泵、防排烟设施、消防电梯及其排水泵、火灾应急照

---

❶ 四星酒店：设备豪华，各种服务齐全，设施完善，服务质量优秀，店内环境高雅。标准间面积在 20m² 以上，高级地毯和各种豪华设施，卫生间面积在 5～6m² 以上，168cm 以上浴盆，低噪声马桶、紧急呼唤器、红外线取暖器等设备；设有中西餐厅、多个小宴会厅、咖啡厅、酒吧及内部餐厅等，有较齐全的健身娱乐设施和服务项目。顾客可以在此得到物质、精神的高级享受。属于上层旅游者和公务旅行者的等级。

❷ 一级酒店，相当于国际的四星级标准；二级酒店，相当于国际的三星级标准。

❸ 三星酒店：设备齐全，除提供优良的食宿外，还有会议室、游艺厅、酒吧、咖啡厅、美容室等综合服务设施。标准间面积为 16～20m²，上等地毯、墙面，有消防装置，全空调（中央空调），房内设有彩电、电话、音响、唤醒器；卫生间面积为 3.5～5m²，152cm 浴盆，配套抽水马桶，排气装置，有梳妆台的脸盆，全天供应热水；设有中西餐厅和内部餐厅、酒吧、咖啡厅等。属于中等经济水平旅游者的等级，目前最受旅游者的欢迎。因此，此类酒店数量最多。

❹ 三级酒店，相当于国际的二星级标准。

明及疏散指示标志、电动防火卷帘等消防用电、走道照明、值班照明、警卫照明、航空障碍标志灯、客梯、排污泵、生活泵属于二级负荷。

三、用电特点

（1）用电设备种类繁多。酒店用电设备很多，有照明、电梯、给排水系统、空调系统、音箱视听、办公机电、通信监控、消防安保、电热水器等。

（2）用电水平高。一般宾馆饭店的用电水平较高，在 $70\sim130W/m^2$ 之间。其中空调（含制冷、供热、通风）大约占 $50\%\sim60\%$，照明占 $25\%\sim35\%$，其他（电梯、厨房设施、洗衣房色设施、音响视听设备、通信设备）占 $10\%\sim20\%$。

（3）耗电量大。酒店大部分设备都为用电设备，晚上是用电高峰期，利用率很高。同时酒店宾馆作为营利性商家，无法及时监测客房客人的去留和用电情况，因此存在比如白天长明灯、外出忘记关灯、电视等现象，导致电能浪费非常严重。

（4）供电可靠性要求高。一般建筑中，即使是电梯用电负荷与楼梯照明，也属于二级负荷。而商业酒店的高层建筑中，电梯、计算机系统、新闻摄影、录像、宴会厅、厨房、高级住房等都是一级负荷，所以供电可靠性的要求明显提高。

四、停电后果

酒店突然停电将可能造成以下影响：

（1）国宾馆、大型宾馆等经常召开国家级、省级大型重要会议以及各类大型活动，如果突然出现停电，将直接影响会议的召开和活动的举办，甚至造成很大的社会和政治影响。

（2）突然停电可能会出现客人被困在电梯内，会发生人员安全事故。晚上出现突发停电可能导致人员恐慌，失去疏散照明后会引发意外。

（3）突然停电会影响酒店重要区域监控系统无法正常运作，可能引发人员及财产的安全事故，可能导致设备的损坏。

（4）酒店是人员密集型场所，消防用电非常重要，如果出现火灾等情况，停电可能会引起火灾无法控制进一步扩大。

五、电源配置

按照酒店不同级别会具有特别重要负荷、一级负荷、二级负荷。《民用建筑电气设计规范》（JGJ 16—2008）规定，应由两个电源供电，且上级电源应为两个不同的变电站，当一个电源发生故障时，另一个电源不应同时受到损坏。同时供电的两回线路电源，其中一个回路中断供电时，其余线路应能满足全部一级负荷及全部或部分二级负荷的供电，两回线路电源应考虑同时供电，低压互为备用，重要负荷低压末端切换。

《供配电系统设计规范》（GB 50052—2009）和国家电力监管委员会《关于加强重要电力用户供电电源及自备应急电源配置监督管理的意见》（电监安全〔2008〕43号）明确规定，一级负荷中特别重要负荷应增设自备应急电源，并严禁将其他负荷接入应急供电。酒店除四星级及以上的经营及设备管理计算机系统的用电外，还应考虑把消防电梯、消防设施、消控中心、应急照明等用电负荷纳入应急电源供电范围。

六、某宾馆停电案例

2009年1月10日8：50，某市宾馆突然停电，7名客人被困电梯内，在自行逃生过程中，两人坠亡电梯井道身亡。从被困到出事，不到 10min，如果他们在被困时，能理智地等待救援，也不会发生这样的悲剧。

1. 基本情况

该宾馆是一家集餐饮、住宿、会议为一体的商务型酒店，共17层。第七层为某国企项目部承租，供工作人员住宿、办公使用。宾馆为当地政府认定的重要电力用户，有一个配电室，供电电压等级为 10kV，单电源供电，10kV、0.4kV 采用单母线接线方式，宾馆配变电站主接线图如图 10-10 所示，有 2 台 800kVA 的变压器，合计容量 1600kVA。内部配有一台柴油发电机，容量为 500kW，发电机切换地点在 1 号主变压器低压总柜闸刀侧，主要承担宾馆的厨房、1 号会议室、消控中心、应急照明的应急供电保障。

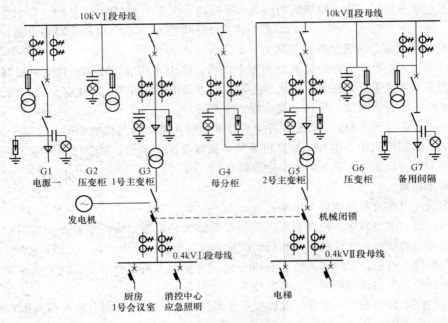

图 10-10　宾馆配变电站主接线图

2. 事故经过

2009 年 1 月 10 日 8：50，宾馆第七层的国企项目部经理和同事共 7 人乘坐酒店电梯下楼，准备外出。司机闫某在大厅等候。突然，电梯停了下来。被困在电梯里的 7 人，不免有些发慌，有的给外面打电话，有的用随身携带的钥匙等物品合力撬门，试图打开电梯门出去，费了好大劲，电梯轿厢门终于分开，面前出现的是一面墙，原来电梯停在了两个楼层之间。

宾馆获悉电梯内有人被困，一边通知配电室值班电工检查停电原因，一边通知工程部和保安进行施救。值班电工通过检查发现宾馆停电是由于 10kV 主供电源外线失电，于是立即启动自备柴油发电机，5min 后发电机电源通过 1 号主变低压总柜切换后成功送出，但是后来发现，电梯电源由 0.4kVⅡ段母线供电，而发电机电源由于没有 0.4kV 母分柜无法送到Ⅱ段母线给电梯供电。

与此同时，工程部取了电梯上层门开锁钥匙，奔上 4 楼将厅门打开。此时，接到同事求助电话的司机闫某从大厅跑到 4 楼电梯口，准备接应被困的几人。电梯距四层、五层的门都有 1m 多的距离。由于轿厢内没有张贴"乘梯须知"等警示牌，所以几人决定往 4 楼的门口跳。电梯挡板与门之间有约不到 1m 的缝隙，从缝隙中，可看到黑漆漆的电梯运行通道。电梯里有 6 人陆续成功跳到 4 层的电梯门口，此时的电梯里只剩下了工程师马某，他体形较胖，纵身一跃，落地时重心不稳双脚踩空，整个人向缝隙掉落，站在电梯门口的闫某不知为何，也掉了进去，两人双双向电梯运行通道坠落，摔到电梯通道里的闫某和马某，被送往当地医院抢救，由于伤势过重，两人经抢救无效死亡。

事故发生后，当地安监部门立即成立了事故调查组对事故进行调查。经调查，当天供该宾馆的10kV公用线路没有跳闸，只是宾馆门口电缆搭接点的SF_6断路器在分闸状态，还获悉8：50左右，宾馆附近有爆炸的巨响。后经当地供电企业配合检查，发现宾馆10kV进线电缆沟内电缆有明显短路痕迹，电缆短路痕迹的下面架着2块不规则的大石头，后来据工程部人员说，大石头是三个月前宾馆在挖污水井时放的，由于污水管道要穿过电缆下面，所以才用石头把电缆架高，施工结束后没有复原。最后经专家分析，由于10kV电缆自身承重较重，而架在下面的石头边缘又比较锋利，时间一长电缆被石头慢慢割破，最终导致短路。

同时调查组又获悉，2008年宾馆投产时，为了节省建设投资，虽然供电企业的供电方案明确答复双电源供电，但宾馆迟迟不肯架设，所以至今仍是单电源供电。

3. 事故原因

（1）直接原因：10kV进线电缆短路故障造成宾馆全面停电，引起电梯停运，7人被困在电梯里。被困人员在电梯里采取一些不理智的撬门并往4楼跳的不安全自救措施，使事故进一步扩大，导致2人坠落井道身亡。

（2）间接原因：①重要负荷应急电源设置不合理，导致柴油发电机发起后无法给电梯供电。②宾馆工程部人员和保安缺乏突发事件的应急救援能力，尤其当被困人员试图采用撬门等非常措施逃生时，没有及时阻止。

4. 暴露的问题

通过对事故的调查分析，发现其中存在很多问题：

（1）被困人员在电梯里面表现出急躁、丧失理智，感到恐惧甚至产生大难临头的感觉，缺乏常识及自救知识，采取了一些不理智甚至属于"自杀"式的自救措施。

（2）电梯发生故障，宾馆工程部人员和保安到达现场后，没有按照正规救援程序，首先断开电梯电源连接，以防止在救援过程中突然恢复供电导致意外发生，然后再按操作流程解救被困人员或及时通知电梯维保公司人员进一步救援。

（3）宾馆工程部在污水管道施工时，没有严格按照规程要求，盲目地在高压电缆下面架设石头，严重破坏了电缆的运行环境。

（4）宾馆虽然被政府部门列为重要电力用户，但是没有按照要求配置双电源供电，造成主供线路失电后没有备用电源投入，供电可靠性低。

（5）在用户新投产时，宾馆没有按照供电企业出具的供电方案答复要求建设备用电源，供电企业在竣工检验时没有严格把关。

（6）电梯电源和自备柴油机电源设置不合理，低压母线没有设置母分断路器，宾馆重要负荷没有全部配备自备应急电源。

（7）供电企业用电检查人员对重要电力用户检查不到位，对存在的问题没有及时发现，没有尽到指导、督促用户对存在的隐患进行整改的责任。

5. 防范措施

（1）宾馆应提高安全管理意识，加强员工的日常安全教育培训，定期开展突发事件的应急演练，让每位员工熟练掌握出现突发事件的应对措施。

（2）宾馆应按照国家电力监管委员会《关于加强重要电力用户供电电源及自备应急电源配置监督管理的意见》（电监安全〔2008〕43号）和《供配电系统设计规范》（GB 50052—2009）的规定配置备用电源。合理调整重要负荷自备应急电源的供电范围。

（3）供电企业今后要按照用户的负荷特性和国家规定，在设计文件审核、中间检查、竣工检验环节严格把关，避免用户带缺陷并入电网。

（4）宾馆要在轿厢内张贴"乘梯须知"警示牌。避免乘客出现"用身体挡在电梯门口，阻挡电梯关门"、"在电梯内打闹"、"长时间按键，延长电梯开门时间"、"在没有专业人员操作的情况下，用客梯搬运"等危险行为。

（5）宾馆电梯应设置安装应急"自救平层装置"。该装置相当于一个蓄电池的功能，在突然停电情况下，通过该装置，电梯可自动以低速运行，并在最近的服务层停梯开门，可防止乘客被困电梯现象发生，是电梯的安全辅助装置。目前全国已有部分城市要求公共场所电梯必须加装该装置。

（6）供电企业加强日常的用电检查，对发现的缺陷和隐患及时开具《缺陷整改通知单》，积极联合安全生产监督管理局、经信委等政府部门督促用户做好整改工作。

第十二节　银　行　篇

一、行业简介

银行是通过存款、贷款、汇兑、储蓄等业务，承担信用中介的金融机构。银行是金融机构之一，而且是最主要的金融机构，它主要的业务范围有吸收公众存款、发放贷款以及办理票据贴现，另外政府还可以通过对银行的控制来调节国家的经济结构等。在中国，中国人民银行是中国的中央银行，也是警力的保护地。

二、负荷分级

（1）《民用建筑电气设计规范》（JGJ 16—2008）明确规定，县级以上银行的用电负荷分级如下规定：

1）重要计算机系统和安防系统用电属于一级负荷中特别重要负荷。

2）大型银行营业厅及门厅照明、防盗安全照明属于一级负荷。

3）小型银行营业厅及门厅照明属于二级负荷。

（2）非高层建筑室外消防用水量大于 25L/s 的其他公共建筑的消防用电属于二级负荷。

（3）银行如果是高层建筑，用电负荷分级如下：

1）一类高层建筑消防控制室、消防泵、防排烟设施、消防电梯及其排水泵、火灾应急照明及疏散指示标志、电动防火卷帘等消防用电、走道照明、值班照明、警卫照明、航空障碍标志灯、排污泵、生活泵属于一级负荷。

2）二类高层建筑消防控制室、消防泵、防排烟设施、消防电梯及其排水泵、火灾应急照明及疏散指示标志、电动防火卷帘等消防用电、走道照明、值班照明、警卫照明、航空障碍标志灯、客梯、排污泵、生活泵属于二级负荷。

三、用电特点

1. 电能质量要求高

银行行业一直对用电安全有着特殊要求，随着银行现代化、信息化建设的不断发展，电子设备（计算机、开关电源、UPS 等）被广泛应用于电力网络的运行中。这些大量的电子设备的使用及联网，使安装在弱电系统中的设备经受着电源质量不良（如电源谐波放大、开关电磁脉冲）、直击雷、工业操作瞬间过电压、零电位漂移等浪涌和过电压的侵袭，造成网络运行中断，甚至造成设备损毁。

在银行供电系统中，除一般的照明、制冷等负荷以外，非线性负荷占有很高的比例，尤其是一些高精密的安全防护系统设备、计算机网络系统设备、ATM 机等，它们对电网供电电源质量要求很高。

2. 用电设备能耗利用率低

(1) 银行空调系统设计选型时，大多预留了约20％的容量，但正常运行时很少运行在满负荷状态；其次，空调水循环系统实际运行时处于最大设计固定流量下工作，不随负荷变化而变化，无法使主机、辅机和末端舒适温度三者达到合理的动态自动调节，导致电能利用率低，电能浪费严重。

(2) 银行的照明用电和其他部分感性用电设备，末端功率因数多为0.5～0.8之间，存在大量的无功损耗，大大降低了系统的电能使用效率。

3. 变压器、供电线路损耗大

(1) 银行系统变压器负荷率相对较低，特别是晚上时间段，造成变压器自身损耗大，电压变化率高。

(2) 银行用电设备多且复杂，供电线路分支多、长，视在功率大，存在较大的集肤效应损耗及热阻线损，导致末端电压降大，电能使用效率明显下降。

4. 用电连续性

中央行或大区行（或总行）这类数据中心机房设备的正常运行与否，关系到该银行多个省级分行乃至全国的业务能否正常开展。省市级计算机房的设备如因配电故障不能正常运行，将影响全省的部分业务和省会城市的所有业务，市级（分行）机房将影响辖内所有的业务。这类机房设备的正常运行关系到全省或某个城市的业务。

由于金融重要电力用户（如银行数据汇接局、省一级数据处理中心）用电连续性要求非常高，需要非常可靠的供电和应急电源来保证。在电网发生故障时，应当迅速采取措施优先恢复对其供电。

四、停电后果

(1) 停电会造成防盗报警系统不能探测（声、光、电）和报警，阻止非法入侵措施不能执行。如防范高压电网不带电，形成安全漏洞。非法侵入人员一般会利用停电（甚至造成停电）期间防盗报警系统失效时入侵。停电会造成电视监控系统失效，失去威慑和监督作用，形成安全漏洞，被犯罪人员利用，同时不能为问题的解决提供影像数据。

(2) 停电会造成某些门禁系统自动关闭门，如无蓄电池或机械锁装置会造成紧急情况下人员无法及时通过。如火灾条件下，人员可能无法及时疏散而造成伤亡。同时由于消防安全的考虑，停电时有些门禁系统会自动使门处于开启状态，造成非预期人员的进入。

(3) 停电会造成消防报警系统失效，不能探测初期火灾并报警，会使人员疏散不及时，不能及时发现火灾而造成事故扩大；火灾时造成消防联动系统的防火门、消防卷帘门不能关闭，机械排烟装置不能使用；消防水泵不能启动，消防供水阀（包括气体灭火系统的供气阀等）不能自动开启，自动灭火装置失效；消防电梯、安全疏散导引系统不能工作造成人员盲目疏散，以及与消防报警系统自动联动的其他部分不能自动联动，报警电话无法及时报警等问题，造成灭火不及时，火灾事故扩大。

(4) 停电会造成定位系统不能接受定位信号（GPS），不能接受实时监控影像押运过程出现紧急情况时不能及时了解准确信息也不能提供相关协助信息。

(5) 停电会造成自助设备业务处理半途中断，自助设备不能提供服务，安全防范系统失效。

(6) 停电会造成业务数据、安全监控数据不能传输与存储，造成业务终止，网络安全监控不能实现。特别是对从事股票、基金、债券、期货、外币交易及其他有价证券的投资等时效性强的活动会产生较大的影响，造成大的经济损失。如银行的数据汇接局、省一级数据处理中心停电会造成大面积业务终止。

五、电源配置

银行具有特别重要负荷、一级负荷、二级负荷。《供配电系统设计规范》（GB 50052—2009）和《民用建筑电气设计规范》（JGJ 16—2008）规定，应由两个电源供电，且上级电源来自两个不同的变电站，当一个电源发生故障时，另一个电源不应同时受到损坏。银行一般采用高压两路电源同时供电、低压互为备用、特别重要负荷低压末端自动切换的方式，同时供电的两回线路电源，其中一个回路中断供电时，其余线路应能满足全部一级负荷及全部或部分二级负荷的供电。

《供配电系统设计规范》（GB 50052—2009）和国家电力监管委员会《关于加强重要电力用户供电电源及自备应急电源配置监督管理的意见》（电监安全〔2008〕43 号）明确规定，一级负荷中特别重要负荷应增设自备应急电源，并严禁将其他负荷接入应急供电。银行的应急电源应采用 UPS＋柴油发电机的方式。

根据《民用建筑电气设计规范》（JGJ 16—2008）规定，银行省级数据处理中心应有双回路供电，双备用应急电源，UPS 电源保证机房用电。银行网点主要业务用计算机系统电源为一级负载，所以必须采用 UPS 供电，同时配置柴油发电机。UPS 一般选用集中供电模式，即配置一台足额的 UPS，集中对重要设备进行供电，UPS 供电对象包括服务器、各营业窗口（终端、票据打印机）、网络设备、安防系统（闭路监控、出入口控制系统）、报警系统、流水打印机、ATM 取款机。其中每个营业窗口配置一路市电直供电源，供点钞机及其他非计算机系统的设备使用。同时再配置一路 UPS 供电回路，供终端计算机、票据打印机使用。

中央行或大区行（或总行）这类数据中心机房对 UPS 的性能和配置要求非常高。省市级计算机房对 UPS 的配置要求也较高，但相对于大型数据中心来说，要求相对要低些。营业网点内的 UPS 负载有柜员终端、保卫的视频监控设备、ATM 等自助设备、ATM 数字视频监控设备等，一般负载在 2～3kW 之间，配备 3kW 的 UPS 即可。由于个别网点的影响不大，因此对 UPS 的品质没有特别要求。

六、某人民银行停电案例

2009 年 11 月 4 日，某市人民银行全面停电，造成银行的防盗和监控系统连续瘫痪达 40h 以上，不仅引起柜台办不成汇兑业务，就连银行的安全问题也受到严重影响。

1. 基本情况

该市人民银行为当地政府认定的重要电力用户，有一个 10kV 配变电站，供电电压为 10kV，单电源供电，银行变配电站主接线如图 10 - 11 所示，两台 2000kVA 变压器，合计容量 4000kVA。银行内部有一台 500kW 的柴油发电机，在 1 号主变低压总柜侧切换，主要承担银行计算机系统和安防系统用电的应急保障供电。

2. 事故经过

2009 年 11 月 4 日 20：58，人民银行突然停电，应急照明灯亮起，配电室值班电工王某发现停电后立即检查停电原因，最后发现是 10kV 供电线路外部停电，于是立即启动 500kW 的自备柴油发电机，发电机启动后，在带负荷逐步增加后发现柴油发电机出口电压迅速下降不能正常运转，试了几次都失败了。21：20，值班电工王某在束手无策后把无法恢复供电的情况向银行办公室副主任邹某进行了汇报，邹某得知这一情况后，立即向当地供电企业电话求救，要求派发电车增援。

供电企业接到救援电话后非常重视，立即通知发电车驾驶员和操作人员在完成发电车检查后出发前往人民银行协助恢复重要设备供电，同时通知抢修人员立即前往现场巡查 10kV 线路的停电原因。21：35，供电企业发电车到达银行内部大院，银行办公室副主任邹某和值班电工王

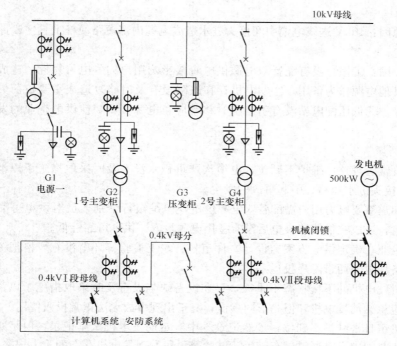

图 10-11 银行变配电站主接线图

某早已等候在银行大厅后口，经简单沟通后，供电企业发电车操作人员得知银行的配电室在地下二楼，大楼的一楼没有配电站移动备用电源的应急接口引出，银行当时设想将低压配电柜上原来的柴油发电机电缆拆除，然后接入供电企业发电车的电缆。经现场查勘后，电缆唯一通道只能从大楼一楼大门引入，通过地下一楼和二楼的楼梯再引入低压配电室，初步估算距离在160m左右，而发电车的随车电缆全长只有50m，根本无法满足接入低压配电室的要求。与此同时，抢修人员也查明10kV线路的停电原因是由于电缆沟长期积水，导致电缆中间接头进水短路引起进线杆上真空断路器跳闸。该电缆接头原来制作是银行自行委托外省施工单位安装，由于配件为非标产品，供电企业没有备品备件，所以一时无法修复，后来和原施工单位联系后才和电缆接头厂家取得联系，厂家告知配件快递邮寄需要两天时间。

面对各项恢复供电施措均失败的情况，银行设备上配置的自备 UPS 应急电源容量又只能坚持到了次日 15∶00 左右，且只能保证办理业务的计算机用电，带不起防盗、监控系统的用电负荷，因此 4 日晚上所有防盗监控系统全部瘫痪后，银行为此不得不增派保安力量昼夜守护。次日下午 UPS 自备电用完后，全国各地送至该银行的所有电子汇兑业务也被迫中止，大量汇兑单据积压成堆，造成了严重的社会影响。直至 6 日上午厂家电缆接头收到后在供电企业的配合下才恢复外部电源供电。

事后银行联系柴油发电机厂家对发电机在带负荷后出口电压迅速下降不能正常运转的情况进行了全面检查，最后发现是由于一年前发电机超负荷长期运转，造成发电机润滑系统机油严重漏油、励磁系统损坏，当时没有及时消缺造成本次发电机投运不成功，虽然供电企业用电检查人员发现发电机漏油曾开具《缺陷整改通知单》要求整改，但银行一直没有引起重视。

事故调查中又发现，对于银行单电源供电的情况，供电企业曾经多次提出重要电力用户必须按照相关规定配备双电源供电，但是人民银行以省上级部门一直没有批复资金为由迟迟不肯增设电源。

3. 事故原因

(1) 直接原因：10kV 进线电缆中间接头进水造成电缆内部短路使杆上真空断路器跳闸而引起银行全面停电。

(2) 间接原因：①银行没有配置双电源供电直接影响用户的供电可靠性，造成一回供电线路故障，没有其他电源作为备用。②发电机存在缺陷没有及时修复造成重要负荷失电后没有应急电源供电保障。③低压配电站没有引出临时移动应急电源接口，使供电企业的发电车无法给重要负荷供电。

4. 暴露的问题

(1) 银行日常管理差，维护不到位，电缆沟严重积水没有及时采取措施予以消缺，造成了10kV 电缆中间接头进水短路，引起事故的发生。

(2) 银行知道重要电力用户需配备双电源供电，但是银行个别人员对供电可靠性不重视迟迟不肯落实整改，造成主供线路失电后没有备用电源投入，供电可靠性低。

(3) 供电企业在确定供电方案、设计文件审核、竣工检验等环节没有严格把关，造成重要电力用户没有备用电源而带隐患投运。

(4) 银行对发电机的不良状态不重视，存在设备缺陷没有及时采取措施予以消缺，造成虽然配备了自备应急柴油发电机，但是形同虚设，真正出现事故无法正常投入使用。

(5) 发电机组日常维护不到位，虽然记录本中有定期发电机试车记录，但是实际没有开展试车，将近一年时间内没有通过试车带负荷试验等手段发现发电机存在的重大缺陷。

(6) 银行应急措施不完善，由于低压配电室没有引出临时移动应急电源接口，没有发现接口引出的必要性和重要性，致使供电企业发电车就位后，却无法给重要电力负荷供电。

(7) 银行没有配备必要的备品备件，致使电缆中间接头损坏后由于配件采购时间较长造成电缆无法及时修复，延长了恢复供电的时间。

5. 防范措施

(1) 采取切实有效的措施解决电缆沟积水问题，避免今后由于电缆中间接头进水短路的再次发生。

(2) 按照《供配电系统设计规范》（GB 50052—2009）和《民用建筑电气设计规范》（JGJ 16—2008）规定，配置双电源供电，切实提高供电可靠性。

(3) 供电企业应加强客户经理的业务培训，掌握各用户的行业用电特性和负荷等级分类，熟悉不同类型负荷特性的供电要求，在日常工作中严格把关。

(4) 银行要高度重视自备应急电源存在缺陷将带来的后果，应加强自备电源的日常维护和检查，定期开展试车试验，确保自备电源状态良好并能够安全可靠投入运行。

(5) 重要电力用户应加强完善各种应急措施，有必要增设或预留临时移动电源的应急接口，满足供电企业发电车或其他应急电源可靠接入的条件。

(6) 用户需配备相关电气设备的备品备件，避免出现故障后由于没有备件造成短时无法恢复供电的现象。

第十三节　监　狱　篇

一、行业简介

广义的监狱，是指关押一切犯人的场所，包括监狱、看守所、拘留所等。狭义的监狱，是指依照刑法和刑事诉讼法的规定，被判处死刑缓期两年执行、无期徒刑、有期徒刑的罪犯，在监狱内执行刑罚。监狱是国家刑罚执行机关，属于司法系统。监狱建设规模按罪犯人数，划分为大❶、中❷、小❸三种类型。

二、负荷分级

（1）《民用建筑电气设计规范》（JGJ 16—2008）明确规定，监狱的用电负荷分级如下：

警卫照明、提审室用电属于一级负荷。

（2）《监狱建设标准》（JGJ 139—2010）规定，监狱的电力负荷为一级负荷，除厂房、教育楼为三级负荷外，其他单位建筑的用电均按一级负荷考虑。

（3）如果监狱有高层建筑，用电负荷分级如下：

1）一类高层建筑消防控制室、消防泵、防排烟设施、消防电梯及其排水泵、火灾应急照明及疏散指示标志、电动防火卷帘等消防用电、走道照明、值班照明、警卫照明、航空障碍标志灯、排污泵、生活泵属于一级负荷。

2）二类高层建筑消防控制室、消防泵、防排烟设施、消防电梯及其排水泵、火灾应急照明及疏散指示标志、电动防火卷帘等消防用电、走道照明、值班照明、警卫照明、航空障碍标志灯、客梯、排污泵、生活泵属于二级负荷。

三、用电特点

（1）供电要求高。监狱一级负荷多，走廊、干警值班室等处照明，犯人活动的场所的监视设备、通信及干扰设备、报警装置等监狱安全警戒设施 24h 运行，所以需要电源连续性、可靠性高。

（2）安全性。监狱是人员密集型场所，特别是生产现场基本为手工作业，所以对用电安全要求较高，低压供电线路均要求安装剩余电流动作保护装置。

（3）分散性。监狱的负荷点的分布一般是分散性的，一般情况下建筑单位都是独立的，建筑单位的使用功能明确。

四、停电后果

（1）如果夜晚突然停电，会造成监狱监控失灵，狱内没有照明会造成一些罪犯产生冒险想法。

（2）夏天天气炎热，如果突然停电，会造成监舍温度升高，可能引发群体事件，或者造成个别体弱罪犯中暑、导致病情加重。

（3）突然停电会造成监狱内部生产停止，监区内服刑人员几天几夜一直待在监舍，会造成混乱或情绪失控，有可能酿成监管事故。

五、电源配置

监狱具有一级负荷和二级负荷。根据《民用建筑电气设计规范》（JGJ 16—2008）规定，应由两个电源供电，且上级电源应来自两个不同的变电站，当一个电源发生故障时，另一个电源不应同时受到损坏。同时供电的两回线路电源，其中一个回路中断供电时，其余线路应能满足全部一级负荷及全部或部分二级负荷的供电，两路电源应考虑同时供电，低压互为备用，重要负荷低压末端切换。

《供配电系统设计规范》（GB 50052—2009）和国家电力监管委员会《关于加强重要电力用户供电电源及自备应急电源配置监督管理的意见》（电监安全〔2008〕43 号）明确规定，一级负

❶　大型监狱是指罪犯人数在 3001～5000 人之间的。

❷　中型监狱是指罪犯人数在 2001～3000 人之间的。

❸　小型监狱是指罪犯人数在 1000～2000 人之间的。

荷中特别重要负荷应增设自备应急电源，并严禁将其他负荷接入应急供电。根据《供配电系统设计规范》（GB 50052—2009）规定和《监狱建设标准》（JGJ 139—2010）规定的理解，监狱应该设置备用电源和应急照明器材，重要负荷应包括警卫照明、提审室用电。

监狱宜选择 EPS 应急电源＋柴油发电机作为监狱一级负荷的应急备用电源，可靠性能得到很好的保证，经济性也得到兼顾。

六、某省属监狱停电案例

2010 年 8 月 2 日，某省属监狱由于小动物进入 10kV 配变电站高压柜内，造成 10kV 母线短路引起 10kV 变电站 10kV 进线柜保护动作断路器跳闸，瞬时监狱内监墙电网断电、狱内监控失灵，整个监狱全面停电。

1. 基本情况

该市省属监狱为当地政府认定的重要电力用户，有一个 10kV 配变电站，供电电压为 10kV，单电源供电，监狱变配电站主接线如图 10 - 12 所示，一台 1600kVA 变压器，一台 800kVA 变压器，合计容量为 2400kVA。监狱内部有一台 400kW 的柴油发电机，在 1 号主变低压总柜侧切换，主要承担监狱的警卫照明、监控用电等应急保障供电。

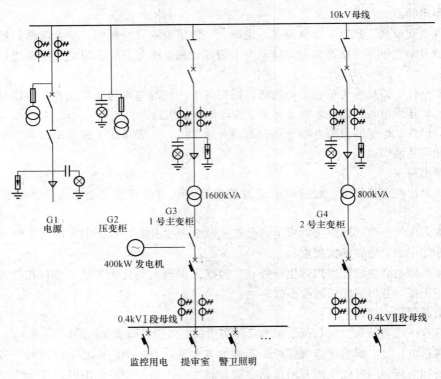

图 10 - 12   监狱变配电站主接线图

2. 事故经过

2010 年 8 月 2 日 21：30，监狱突然出现全面停电，监狱水电供应全面中断。正处于夏季高温天气，全监 2000 余名罪犯、1700 余名警察职工及驻监武警部队生活无法正常保障，监墙电网断电、狱内监控失灵。

监狱长高某在接到汇报后，迅速做出四条决定：通知武警中队全面封锁监门，加强监墙警械；命令改造警察、分监区第一责任人立即进监，组织分监区值班警察迅速将所有罪犯控制在监舍里，并立即清理狱内外人员和车辆；迅速查明停电原因，如无法处理，立即与当地供电企业取得联系要求协助，在最短的时间里解决狱内照明问题；迅速向监狱上级部门通报情况。

在汇报的同时，后勤部大队长张某已赶到10kV配电室和值班人员一起检查电气设备状况和停电原因，检查中发现低压室所有电气设备均失电，高压室10kV压变柜电压指示表显示无电压；10kV进线柜断路器在分闸状态，柜上电压表显示有电压，10kV进线柜速断保护信号继电器掉牌，同时发现10kV进线柜内有异味飘出，初步判断停电原因是由于10kV进线柜内部原因造成断路器跳闸致使整个监狱停电。在基本确定停电原因和检查完所有低压电气设备无明显故障现象后，后勤部大队长张某立即命令值班人员启动400kW柴油发电机，通过20min操作后，22∶01，发电机顺利起动并带上负荷，监狱里的警卫照明、监控用电等负荷恢复供电。

由于10kV进线柜内有异味，所以后勤部大队长不敢要求值班人员强行进行送电操作，怕会造成故障点的进一步扩大。在恢复部分重要负荷供电后，后勤部大队长立即与当地供电分局客户中心主任取得联系，报告了监狱停电情况及初步判断跳闸的原因，并说明了自备柴油发电机的油量只能坚持到第二天中午，要求分局帮助联系抢修部门协助处理。

由于当地供电企业的抢修部设在某三产配电安装有限公司，客户中心主任接到保修电话后，立即与安装公司的总经理取得联系，说明了监狱停电紧急情况并要求前往抢修处理。但是安装公司总经理说由于时间太晚，夜间无法进行故障处理，考虑到人员安全要等到第二天早上才能派员前往。客户中心主任在无奈的情况下立即汇报市局营销部门负责人，营销部门负责人和安装公司总经理联系后也得到上述的回复。最后分局客户中心主任只能告知监狱要等到第二天上午才能派员抢修，并要求监狱做好柴油发电机的运行监视，如有问题及时和分局联系，同时立即将一辆500kW发电车派往监狱以提供后继的应急准备。

第二天7∶00，客户中心主任打电话给安装公司总经理问有没有派员前往抢修，安装公司总经理说马上打电话通知生产部安排，8∶50，安装公司生产部人员打电话给客户中心主任，说不清楚监狱的位置，要求分局派用电检查人员陪同前往，待分局客户中心主任联系用电检查人员赶至安装公司再陪同抢修人员到达监狱已是10∶00。在打开10kV进线柜后发现柜内有一只烧焦的老鼠，10kV母线上还有放电痕迹，抢修人员在清理了老鼠并对放电痕迹进行了简单处理后，要求监狱值班人员对10kV进行试送，试送成功后整个监狱恢复供电。

3. 事故原因

（1）直接原因：老鼠进入10kV配变电站高压进线柜内，发生10kV母线短路引起10kV进线柜保护动作跳闸，导致监狱全面停电。

（2）间接原因：监狱没有配置双电源供电，一回供电线路出现故障跳闸后，没有备用措施，直接影响用户的供电可靠性。

4. 暴露的问题

（1）监狱配变电站高压柜内电缆沟的电缆洞没有封堵，造成老鼠钻入高压柜内引起短路事故，配变电站投运时安装施工单位的施工质量较差。

（2）配变电站投运送电时供电企业竣工检验不到位，对于电缆洞未封堵问题没有及时发现并向用户提出，造成10kV配变电站带隐患投入运行。

（3）监狱具有一级负荷用电设备，没有严格按照规范的要求申请双电源供电，供电可靠性较低，造成主供电源失去后，只能靠自备柴油发电机来保证重要负荷供电。

（4）监狱具有一级负荷同时又是当地政府部门认定的重要电力用户，供电企业在确定供电方案、图纸审查、竣工检验等环节没有严格把关，没有严格要求监狱配置双电源供电。

（5）抢修部门设置不合理，抢修任务本应由供电企业主业来承担。而该供电企业的抢修部门设置在三产的配电安装有限公司，不能满足用户日常的抢修要求。

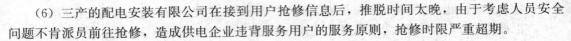

（6）三产的配电安装有限公司在接到用户抢修信息后，推脱时间太晚，由于考虑人员安全问题不肯派员前往抢修，造成供电企业违背服务用户的服务原则，抢修时限严重超期。

5. 防范措施

（1）对监狱配变电站的所有电缆沟等洞孔封堵情况进行检查，检查所有配电室窗户金属纱窗是否破损，检查配变电站所有门口是否安装了防小动物挡板，对所有不符合要求的地方进行全面整改。

（2）监狱按照《供配电系统设计规范》（GB 50052—2009）、《民用建筑电气设计规范》（JGJ 16—2008）和《关于加强重要电力用户供电电源及自备应急电源配置监督管理的意见》（电监安全〔2008〕43号）的规定，配置双电源供电，切实提高供电可靠性。

（3）供电企业应加强客户经理的日常理论和技能培训，在确定供电方案、图纸审查、竣工检验等环节严格把关，杜绝用户配变电站带设备缺陷和设备隐患投运的现象发生。

（4）供电企业应按照要求合理设置用户抢修部门，切实提高服务用户的意识，严格按照规定的抢修时限完成用户报修任务。

（5）重要电力用户应加强完善各种应急措施，有必要增设或预留临时移动电源的应急接口，满足供电企业发电车或其他应急电源可靠接入的条件。

第十四节　非煤矿山篇

一、行业简介

非煤矿山是指开采金属矿石、放射性矿石以及作为石油化工原料、建筑材料、辅助原料、耐火材料及其他非金属矿物（煤炭除外）的矿山、尾矿库。非煤矿山虽无瓦斯爆炸的危险，但在其他方面与煤矿无根本区别。由于矿体条件多种多样，非煤矿山的采矿方法主要有空场、充填、崩落三大类。

二、负荷分级

《矿山电力设计规范》（GB 50070—1994）明确规定了矿井电力负荷分级。

1. 矿井电力负荷分级应符合的规定

（1）一级负荷。

1）因事故停电有淹井危险的主排水泵。

2）有爆炸、火灾危险的矿井主通风机。

3）对人体健康及生命有危害气体矿井的主通风机。

4）具有本条1）～3）项之一所列危险矿井经常使用的力井载人提升装置。

5）无平硐或无斜井作安全出口的立井，其深度超过150m，且经常使用的载人提升装置。

（2）二级负荷。

1）不属于一级负荷的大、中型矿井井下的主要生产设备。

2）大、中型矿井地面主要生产流程的生产设备和照明设备。

3）大、中型矿井的安全监控及环境监测设备。

4）没有携带式照明灯具的井下照明设备。

（3）三级负荷。

不属于一级和二级负荷的生产设备和照明设备。

2. 露天矿电力负荷分级应符合的规定

（1）一级负荷。

1）用井巷疏干的排水设备。

2）有淹没采掘场危险的主排水设备和疏干设备。

3）大型铁路车站的信号电源。

（2）二级负荷。

1）大、中型露天矿的疏干设备和采掘场排水设备。

2）大、中型露天矿采矿、掘进、运输、排土设备。

3）大、中型露天矿地面生产系统中主要生产设备及照明设备。

（3）三级负荷。

不属于一级和二级负荷的生产设备和照明设备。

3. 选矿厂二级负荷和三级负荷的分级应符合的规定

（1）二级负荷。

1）大、中型选矿厂的破碎、矿石及原煤系统主要设备及照明设备。

2）大、中型选矿厂的重选、磨矿、浓缩、浮选、干燥等系统主要生产设备及照明设备。

3）大、中型选矿厂的装车系统主要生产设备及照明设备。

（2）三级负荷。

不属于二级负荷的生产设备和照明设备。

三、用电特点

1. 对电气设备有特殊要求

井下生产环境差、空间小，有灰尘、潮湿气、砸、压、挤等机械破坏力在所难免，因此井下电气设备都要选用防爆型或矿用一般型电气设备。

矿井剩余电流动作保护装置的动作电阻值和动作时限都比地面的要求高。矿井井下保护接地网的总接地电阻，要求不超过 2Ω，比地面相同供电系统接地网接地电阻为 4Ω 的要求高。

2. 井下电压等级逐渐升高

为保证经济供电和电压质量，矿井采区电压随井下用电量增加而提高。如我国 20 世纪 50 年代井下采用的电压等级为 380V，60 年代为 660V，70 年代提高到 1140V，现开始试用 3300V 电压。

3. 负荷率较低

日负荷曲线与矿井生产条件、作业班制、机械化程度及通风、压气、排水、提升负荷量有关，一般矿井采用 3 班作业制，也有 4 班作业制的，其中 1 个班停产维修，负荷率一般为 70%～80%。改变维修班时间，错开排水开泵时间，错开不同采区的作业时间，可以调整负荷以提高平均负荷率。

4. 自然功率因数较低

由于非煤矿山用电多为感性负荷，自然功率因数一般低于 0.8，需在 6kV 母线上接入适当容量的无功补偿装置，以提高用电功率因数，实现无功负荷就地平衡，减少线损。

四、停电后果

（1）非煤矿山的作业是通过通风机运转保证井内有充足的新鲜空气，从而可以使空压机得以正常运转和使用。非煤矿山的通风设备主要有通风机和局部通风机。当突然断电时，主要通风机和局部通风机无法运转，井下空气得不到及时的补充，空压机就无法起动，同时凿岩机也无法钻眼，从而导致后续工作无法进行，如爆破矿石。耙岩机、电机车、胶带运输机、刮板运

输机、斜坡绞车、电翻笼、箕斗、给煤机等无法作业，造成全部生产系统停工、停产。

（2）非煤矿山冒顶主要是由顶板支护工作的工作人员负责。当矿井突然断电时，矿井内部的空气得不到及时扩散，负责顶板支扩工作的员工会立即撤离现场，支护工作中断，从而可能发生冒顶塌方事故。因断电，夜间工作无照明，也可能发生人员伤亡事故等。

（3）与煤矿相似，非煤矿山同样存在水灾的安全隐患。由于地表水和地下水通过岩层渗透进入矿井，导致了矿井中积有大量的积水。为了确保矿下工作人员、设备以及矿井因长期浸水而塌跨，因此矿井积水应及时进行排空。由于突然断电，导致排水系统无法正常工作，对涌水量大的矿井，积水得不到及时排空，可能有淹没矿井的危险。

（4）对竖井而言，常常需要绞车提升机等对矿井内进行供给相关物品等。在绞车提升过程中，若突然发生断电，可能会发生钢丝绳钝断而发生跑车事故。在重力的作用下，可能导致矿井内设备损坏，严重时造成人员伤亡或人员困在竖井中。

五、电源配置

（1）露天金属、非金属矿山采矿场、主排水泵的供电线路应有两回电源线路，并引自不同的变压器或同一变压器的不同母线，而且两回电源线路的架空路线不能同杆架设。井工金属、非金属矿山应有两回电源线路或备用应急电源。

（2）地面变电站到抽风机房、地面变电站到井下变电站或主排水泵房、地面变电站到提升竖井绞车房、斜井绞车房都应有两回电源线路供电，一回工作，一回备用。

（3）单回电源线路供电的金属、非金属矿山，应配备柴油发电机组，使露天矿能保证排水、提升的用电要求。

（4）井工矿能保证通风、排水、提升的用电要求，即矿井保安负荷的要求。

（5）矿井应对主备用电源线路、井下两回 10kV 供电电缆及其设施、设备定期检查、维护，保证供电的可靠性、连续性，两回线路电源的切换必须在 10min 之内切换完成。

（6）主要风机房、提升机硐室、中央变电站、井口调度室、地面总配电站均应设置应急事故照明装置。

六、某矿业公司铅锌矿停电案例

2007 年 4 月 15 日 8：55，某矿业有限公司五星铅锌矿发生一起重大淹井事故，造成 3 人死亡，直接经济损失达 95 万元。

1. 基本情况

该矿业有限公司铅锌矿系民营股份制企业。2005 年 4 月取得采矿许可证和工商营业执照，2005 年 5 月，由省矿山设计规划院编制了初步设计，由某安全评价咨询服务有限公司编制了安全预评价报告，2005 年 6 月，在省安全监管局组织的安全设施"三同时"设计审查会上获得通过，并批准其开工建设。2006 年 11 月，该公司与某矿山建设有限公司签订了竖井掘进工程建设合同。该矿属于在建矿井，竖井掘进深度为 110m。铅锌矿建有 35kV 变电站一座，双电源供电，二回 35kV 线路为系统变电站不同母线的电源，线路采用同杆架设方式，矿内没有配备自备应急电源。

2. 事故经过

2007 年 4 月 15 日，该矿业有限公司铅锌矿进行竖井掘进工程施工作业，凿岩工王某、崔某、凿岩辅助工李某、鲁某 4 人在 110m 标高工作面进行凿岩作业，水泵工曹某在 83m 水平进行排水作业。8：55，35kV 矿山变电站 35kV 高压线路因天降大雪，突发故障，导致矿井停电，井下排水设备全部停止运行，致使 90m 标高临时水仓很快充满并溢出，裂隙水直接涌入 110m 标高掘进工作面，井底水位迅速上升，将 4 名作业人员困在井下。凿岩工崔某抓住风管攀到行人钢梯上，此时，矿长侯某已利用绳索溜到停在距井口4m处的吊桶中，采取卷扬机制动控制与曹某一起下到吊盘上，发现崔某后，立即用绳索将其拉上吊盘，之后，继续向井下人员抛绳施救。期间有一人曾抓住绳索爬出水面，后因体力不支重新落入水中。当水位上升了10多米后，3人未敢继续营救，顺行人钢梯逃到83m水平处。9：43，矿井恢复供电，3人起动水泵后升井。到15：00，先后将井下3人救出，并送往五营区职工医院抢救。李某、鲁某两人因抢救无效分别于当日16：20和17：10死亡，王某于16日17：17死亡。

3. 事故原因

（1）直接原因：矿山变电站二回同杆架设的35kV供电线路因突降大雪，发生故障，造成矿山停电，引发矿井突涌水造成淹井，井下安全梯架设不够规范，未达到工作面，不利于作业人员逃生，导致3人溺水死亡。

（2）间接原因：①事故发生时，气温为8～10℃，因突降大雪，气温较高，雪发黏，造成高压供电导线严重覆冰，发生闪络，弧光短路，断路器跳闸。这起停电事故属于自然灾害引发的；②五星铅锌矿二回35kV供电线路采用同杆架设方式，造成主、备电源同时失去；矿内没有自备应急电源造成无法采用应急电源供电；③铅锌矿地质条件复杂，正在掘进施工的竖井存在较大的裂隙水，每小时涌水量约200m³，90m标高临时水仓容积仅有9m³，明显偏小。停电后，3台抽水泵停止工作，裂隙水很快灌满水仓并溢出，造成淹井；④矿山建设单位矿业有限公司以包代管，对施工单位放弃安全管理，没有及时发现井下安全梯架设不规范等问题。矿山施工单位矿山建设有限公司未配备专门的安全管理人员，项目负责人无施工项目上岗资格证，爆破人员无特种作业人员操作证，未为井下作业人员配备必要的应急照明设备。

4. 暴露的问题

（1）该矿业有限公司以包代管，对施工单位放弃安全管理。未为施工方提供正规的施工图，对施工方没有为井下所有作业人员配备应急照明设备、安全梯架设不规范等问题监督不到位，致使突然停电后作业人员逃生困难，导致事故发生。

（2）矿山建设有限公司项目负责人无证上岗指挥，未配备专门的安全管理人员，从业人员未经安全培训上岗作业，未为所有从业人员办理工伤保险或人身意外伤害保险，安全设施不完善，竖井安全梯架设不规范，在突然停电后作业人员逃生困难。

（3）矿山建设有限公司承建铅锌矿竖井掘进工程的现场负责人。在施工过程中，未配备安全管理人员，聘用的爆破员无特种作业人员操作证，未为所有从业人员办理工伤保险或人身意外伤害保险，没有及时解决竖井安全梯架设不规范且未直通工作面问题。

（4）该矿业有限公司没有按照《矿山电力设计规范》（GB 50070—1994）要求内部配置自备应急电源的规定，致使供电电源失去后没有恢复供电的应急有效措施。

（5）当地供电企业为矿业公司提供两回35kV电源线路采用同杆架设方式，违背了《矿山电力设计规范》（GB 50070—1994）的相关规定。

（6）当地区安全生产监督管理局，负责非煤矿山安全监管工作，没有认真履行职责，未及时发现该矿安全梯架设不规范、从业人员未经培训上岗、企业职工未全员参加工伤保险或人身意外伤害保险、竖井掘进无施工图设计等安全隐患和问题。

5. 防范措施

（1）要切实加强安全监管队伍建设。该矿业公司是全省非煤矿山安全监管的重点地区，地下矿山数量占全省的1/3，监管工作任务量大，必须尽快增加非煤矿山安全监管人员，加强专业技术培训，提高监管人员的技术水平和执法水平。要按照"专家查隐患、政府搞督查、部门抓监管、企业抓整改"的隐患排查整改机制，尽快组建安全生产专家组，为监管工作提供技术支撑。

（2）各级安全监管部门要进一步加强新、改、扩建矿山安全监管，严格履行安全设施"三同时"设计审查、竣工验收程序，监督企业严格按设计施工建设，严防新、改、扩建矿山出现新的安全隐患。

（3）要切实加强采掘施工企业的安全监管，不具备施工资质或施工能力的，禁止从事采掘施工作业，对进入外省采掘施工企业要进行登记、备案。

（4）矿业有限公司和矿山建设有限公司要认真吸取事故教训，真正落实企业安全生产主体责任。要加大安全投入，完善安全生产条件，加强对从业人员的安全教育培训。在矿山建设中，要严格执行国家有关法律、法规和政策，保证施工质量，确保安全设施到位。

（5）根据《关于加强重要电力用户供电电源及自备应急电源配置监督管理的意见》（电监安全〔2008〕43号）的要求用户配备足够容量的自备应急电源，同时编制内部应急预案，定期进行演练，确保出现突发事件能够充分应对。同时调整35kV线路同杆架设方式。

第十五节 广 播 电 视 篇

一、行业简介

广播电视是通过无线电波或通过导线向广大地区播送音响、图像节目的传播媒介，统称为广播。只播送声音的，称为声音广播；播送图像和声音的，称为电视广播。

二、负荷分级

《民用建筑电气设计规范》（JGJ 16—2008）明确规定，电视台广播电台的负荷分级如下：

（1）计算机系统用电，中心机房、直播电视演播厅、微波设备及发射机房的用电属于一级负荷中特别重要负荷。

（2）直播的语音播音室、非直播电视演播厅、控制室、录像室属于一级负荷。

（3）洗印室、电视电影室、审听室，主客梯、楼梯照明属于二级负荷。

（4）非高层建筑室外消防用水量大于25L/s的其他公共建筑的消防用电属于二级负荷。

如果电视台广播电台有高层建筑，用电负荷分级如下：

（1）一类高层建筑消防控制室、消防泵、防排烟设施、消防电梯及其排水泵、火灾应急照明及疏散指示标志、电动防火卷帘等消防用电、走道照明、值班照明、警卫照明、航空障碍标志灯、排污泵、生活泵属于一级负荷。

（2）二类高层建筑消防控制室、消防泵、防排烟设施、消防电梯及其排水泵、火灾应急照明及疏散指示标志、电动防火卷帘等消防用电、走道照明、值班照明、警卫照明、航空障碍标志灯、客梯、排污泵、生活泵属于二级负荷。

三、用电特点

电视广播系统用电系统主要分为工艺、动力、灯光3种类型。其中工艺电源主要用于发射系统设备、播出系统设备、数据信息系统设备、视音频编辑系统设备等。动力电源主要用于空调系统、消防系统、供水系统、电梯系统、办公照明等用电设备。灯光电源是演播厅（室）、剧场等正式演出场所特有的一种专业电源，这种电源专门供演出灯光使用。

（1）播出用电供电系统安全可靠的重要性，对于电视台的安全播出工作来讲是不言而喻的。在正常工作状况下，播出机房供电系统包含了主备技术供电回路以及各环节多种备份手段，足以保障电视台的正常播出安全。但是要做到万无一失，研究解决灾难性播出事故及应急播出的特殊性问题，如长时间断电、大面积停电事故的应急等，已成为电视台安全播出工作中的重点技术改进方向。

（2）演播厅（室）、剧场等舞台照明设施中，普遍采用可控硅元件对电路快速切换，以达到各种灯光闪烁，在舞台上呈现色彩斑斓的艺术效果。由于这种艺术照明的灯光常常随着节目情节内容的变化和音乐曲调节奏的变化而变化，从技术的角度来分析，很难找到其变化的规律。

（3）演播厅（室）、剧场等演出灯光电源，其特点是使用过程中负荷容量大，功率因数低，经过可控硅调光输出后电源产生的高次谐波对视频、音频设备产生干扰。

四、停电后果

1. 突然停电对广播电视系统工艺电源的影响

如果广播电视系统中的工艺电源突然停电，将会使广播电视系统的节目停止录播，发射系统将无法将广播电视信号传播到广大的用户。

2. 突然停电对广播电视系统动力电源的影响

如果广播电视系统的动力电源突然停电，整个广播电视系统的空调将停运，造成工作人员极大的不便，同时对于温度有要求的设备将会停运甚至遭到损坏。如果此时发生火灾事故，消防系统将无法起动，给事故的救援以及扑救带来极大的影响，使事故的损失进一步扩大，同时对人员的疏散也会带来一定的影响。供水系统以及电梯系统办公照明等用电设备将会停运，给工作人员的正常工作造成很大的影响。同时可能有许多人员被困于电梯中，可能由于被困人员的焦虑与恐惧，在电梯维修人员没有到来之前，强行打开电梯门，而发生人员跌落电梯井事故。

3. 突然停电对广播电视系统灯光电源的影响

如果电视演播系统灯光电源突然停电，远程传输的电视图像将失去理想的效果甚至出现黑屏现象，几乎等于导致了视频录制及影像实时传输被阻止。

五、电源配置

（1）由于电视广播系统的工艺电源主要用于发射系统设备、播出系统设备、数据信息系统设备、视音频编辑系统设备等，这类设备对电源波形质量要求高，涉及电视信号直接输出，因此工艺电源是一级负荷电源中最重要的，在进行供电工程方案设计时，除考虑两路市电独立供电和发电机应急供电外，还要考虑市电供电线路中使用 UPS 不间断电源备份。

（2）动力电源主要用于空调系统、消防系统、供水系统、电梯系统、办公照明等用电设备，这类设备主要属于二级负荷甚至三级负荷，但是由于电视台的行业特点，需考虑发电机输出线路中有一路作为事故照明输出。

（3）灯光电源是演播厅（室）、剧场等正式演出场所特有的一种专业电源，这种电源专门供演出灯光使用，其特点是使用过程中负荷容量大、功率因数低，经过可控硅调光输出后，电源产生高次谐波，对视频、音频设备产生干扰，因此灯光电源应注意功率因数补偿，其他专业设备如视频和音频设备，特别要注意不要与灯光系统使用同一电源，以免受调光设备干扰。

（4）应配备应急电源，应急电源系统一般主要由 UPS 不间断电源系统和柴油发电机组成。其中 UPS 不间断电源系统为发射系统设备、播出系统设备、数据信息系统设备、新闻中心系统设备、视音频编辑系统设备提供电池电源，当两路市电同时失电或发生重大线路故障时，UPS 不间断电源系统能为上述设备提供 20～30min 的电源供应。柴油发电机为发射系统设备、播出系统设备、数据信息系统设备、新闻中心系统设备、消防系统设备和事故照明设备等提供应急电源，当发生两路市电同时失电的情况时，柴油发电机能够在 12s 内自动投入使用。以上两种应急电源能够保证电视台电视信号的正常播出。

六、某电视台停电案例

2009 年 1 月 30 日，某市电视台主供线路因外部建筑单位施工挖断电缆引起短路故障跳闸，短路时的电压瞬变导致播控中心机房 UPS 发生故障，机房技术供电中断，造成电视台的 5 套自办电视节目及其他的电视节目等中断（黑屏）。

1. 基本情况

该电视台为当地政府部门认定的重要电力用户，有两个配电室，总、分变形式。电视台配电室主接线如图 10-13 所示，供电电压等级为 10kV，双电源供电，运行方式为一主一备，高压线路侧切换，机械闭锁。一台 1000kVA 变压器，一台 800kVA 变压器，合计容量 1800kVA。1000kVA 变压器设置在总配电室内，800kVA 变压器设置在分配电室内。主供电容量 1800kVA，备用容量 280kVA。电视台在中心机房配备了一台 UPS，容量均为 40kW，主要承担计算机系统用电、播控中心机房设备的应急供电。直播电视演播厅、微波设备及发射机房的应急用电主要靠配备的 200kW 柴油发电机来承担，200kW 发电机切换位置在 1000kVA 变压器的低压总柜侧。

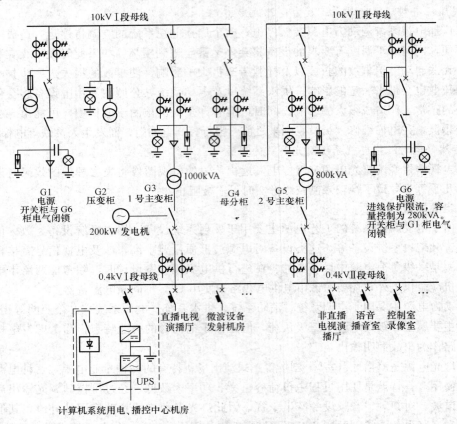

图 10-13　电视台配电室主接线图

2. 事故经过

2009 年 1 月 30 日 19：10，某市电视台突然停电，机房技术供电中断，造成电视台的 5 套自办电视节目及其他的电视节目等中断（黑屏）1h。

电视台配电室值班员立即检查停电原因，发现主供电源（G1 柜）进线电压显示无电源，判断外部电源失去，于是立即进行电源切换操作，备用电源顺利投入运行，待分路断路器逐一送出后，19：20，计算机系统、播控中心机房、直播电视演播厅、微波设备及发射机房恢复供电。19：25，电视台又出现全面停电，10kV 备用电源（G6 柜）过电流保护动作断路器跳闸，经检查发现，原电视台申请备用电源时，考虑到备用容量需交纳高可靠性接电费，所以按照重要负荷实际用电量测算后略放余度申请了 280kVA，但是随着这几年电视台计算机系统、播控中心机房、直播电视演播厅用电设备的更新换代，重要负荷的用电容量已远远超过 280kVA，所以待各种设备负荷逐步带上后，10kV 备用柜的过电流保护立即动作导致断路器跳闸。

由于电视台配置的柴油发电机容量只有 200kW，也无法保证计算机系统、播控中心机房、直播电视演播厅、微波设备及发射机房的正常供电，所以最后只有向当地供电企业请求救援，要求派发电车前往应急发电，19：45，供电企业 500kW 发电车赶至电视台，电视台值班员在供电企业操作人员的指导下，拆除了 200kW 发电机接入电源，将发电车电源接入 1000kVA 变压器的低压总柜双头闸刀下侧，20：10，发电车发动，计算机系统、播控中心机房、直播电视演播厅、微波设备及发射机房负荷成功带上。

恢复供电后，电视台和供电企业调度取得联系，获悉电视台主供专用线路失电是由于附近某建筑单位施工挖断高压电缆而造成相间短路故障，引起电力系统变电站 10kV 出线柜断路器跳闸，目前已组织抢修人员连夜赶赴现场抢修，预计需要 4h 的修复时间。

电视台计算机系统和播控中心机房配备了 40kW 的在线式 UPS 应急电源，按照常理来说，市电失去后，UPS 能保证电视台计算机系统和播控中心机房一段时间的正常供电，但是当时主供电源失电时，UPS 没有正常运行，第二天经 UPS 生产厂家检查分析，原因是 UPS 本身存在质量问题，在高压电缆相间短路出现的电压瞬间波动致使 UPS 逆变器损坏，所以停电后 UPS 无法发挥正常的应急电源作用。

3. 事故原因

（1）直接原因：建筑单位野蛮施工中把电视台 10kV 高压电缆挖断，造成电视台全面停电事故的发生。

（2）间接原因：①电视台 10kV 备用电源容量小于计算机系统用电，中心机房、直播电视演播厅、微波设备及发射机房等重要电力负荷的容量，造成负荷超过了限流保护定值，过电流保护动作跳闸引起第二次停电。②电视台配备的柴油发电机容量小于重要电气设备的实际负荷，造成柴油发电机设备形同虚设。

4. 暴露的问题

（1）建筑单位施工管理不到位，施工单位施工前期没有到规划部门查阅施工环境资料。项目经理没有做好施工现场的安全管控，虽然电缆埋设地面都设置了警示牌，但是施工人员在施工中视而不见，没有采用人工挖掘，仍然采用机械设备挖掘，造成电视台 10kV 高压电缆被挖断。

（2）电视台备用电源容量没有考虑到一级负荷的备用供电，且申请容量连重要负荷也不能保证。电视台原申请备用电源时，考虑到备用电源需交纳高可靠性接电费，所以对计算机系统、中心机房、直播电视演播厅、微波设备及发射机房等重要电力负荷进行了排摸并略放余地后申请了 280kVA 备用容量。但随着用电设备的更新换代，重要电力负荷容量已经远远超过 280kVA，而电视台没有重新申请增容，致使备用电源容量和实际需求不匹配。

（3）虽然电视台配备了 200kW 柴油发电机，但如形同虚设。电视台虽然知道发电机容量已经不能满足重要电力负荷的需求，但是没有及时更换大容量柴油发电机，致使突然停电后应急电源起不到应有的作用。

（4）UPS 工作原理为市电不直接供电给用电设备，而是到了 UPS 就被转换成直流电，再兵分两路，一路为电池充电，另一路则转回交流电，供电给用电设备，市电供电品质不稳或停电时，电池从充电转为供电，直到市电恢复正常才转回充电。所以高压电缆相间短路出现的电压瞬间波动时，UPS 应从充电转为供电。本次逆变器损坏主要是 UPS 质量存在问题。

（5）电视台运行采用一主一热备方式，重要电力负荷 0.4kV 线路采用单回线路供电，可靠性较低。电视台电源的运行方式宜采用两回线路常供、低压互为备用、末端自动切换的方式。同时配备 UPS＋柴油发电机的应急电源。

5. 防范措施

（1）政府部门和供电企业应加强日常电力设施保护的宣传，提高施工单位对光缆、电缆的保护意识。当地政府、公安部门应联合加大打击破坏电力设施的行为，避免电缆被挖断事件的发生。供电企业应加强日常的巡视检查，发现有施工现场应及时告知注意事项和危险性风险。

（2）电视台应对内部一级负荷和二级负荷的实际负荷大小进行实测，按照实际情况申请备用电源增容，备用电源的容量应能满足电视台目前全部一级负荷及全部或部分二级负荷的正常供电，可适当考虑近期电气设备增加的余地。备用容量的限定不宜采取保护限流方式，宜采用变压器容量限制的方式。

（3）电视台应根据重要电力负荷的实际需求更换大容量柴油发电机，发电机容量按照重要电力负荷的 120% 配备。切换方式应采用自起动方式，确保在供电电源失去后 12s 内能够自动投入运行。

（4）UPS 生产厂家应对电视台的 UPS 进行全面检查，及时消除存在的缺陷，避免上述问题的再次反生。同时电视台应考虑采用一主一备的 UPS 方式，以切实提高计算机系统用电、播控中心机房设备的应急供电可靠性。

（5）电视台应结合扩建、改造的机会，将目前采用一主一热备的运行方式改为两回电源线路常供、低压互为备用、末端自动切换的运行方式。同时所有一级负荷和重要电力负荷 0.4kV 线路采用双回线路供电。

（6）电视台应定期开展日常应急演练，发现演练中人员操作、应急程序、电气设备、供电电源、应急电源中存在的缺陷和问题，及时采取有效措施予以弥补，以提高出现突发事件时的实际应急能力。

第十六节 大型商场篇

一、行业简介

大型商场❶是指聚集在一个或相连的几幢建筑物内的各种商铺所组成的市场，面积较大、商品比较齐全的综合商店。大型商场一般理解有以下几方面的意思：①较大规模的商店，如百货商场、自选商场；②聚集在一个或相连的几幢建筑物内的各种商铺所组成的市场；③面积较大、商品比较齐全的综合商店；④提供多种经营模式，经营种类较多，能够聚集多种货物的大型销售店面。

二、负荷分级

（1）《民用建筑电气设计规范》（JGJ 16—2008）明确规定，大型商场的负荷分级如下：

1）经营管理用计算机系统用电属于一级负荷中特别重要负荷。

2）营业厅、门厅、主要通道的照明、应急照明属于一级负荷。

3）自动扶梯、客梯、空调设备属于二级负荷。

（2）非高层建筑室外消防用水量大于 25L/s 的其他公共建筑的消防用电属于二级负荷。

---

❶ 大型商场的规模一般是指营业面积 5000～10 000m² 以上，职工 500～2000 人以上，经营品种 1.5 万～4 万种左右。

（3）大型商场如果有高层建筑，用电负荷分级如下：

1）一类高层建筑❶消防控制室、消防泵、防排烟设施、消防电梯及其排水泵、火灾应急照明及疏散指示标志、电动防火卷帘等消防用电、走道照明、值班照明、警卫照明、航空障碍标志灯、排污泵、生活泵属于一级负荷。

2）二类高层建筑❷消防控制室、消防泵、防排烟设施、消防电梯及其排水泵、火灾应急照明及疏散指示标志、电动防火卷帘等消防用电、走道照明、值班照明、警卫照明、航空障碍标志灯、客梯、排污泵、生活泵属于二级负荷。

三、用电特点

（1）大型商场主要电气设备有灯光照明、电梯、消防用电，收银系统、监控系统用电，一些电器商品的临时用电等，其中灯光照明系统是用电负荷较大的一个系统。一旦突然停电可能导致整个商场无法营业，同时还可能造成人员的秩序混乱等，所以供电可靠性的要求很高。

（2）大型商场照明采用大量的荧光灯，虽然荧光灯电流谐波含量低，功率因数高（通过电容补偿），寿命长，稳定性好，市场占有比较大的比重，但对大面积照明采用荧光灯，谐波含量超标还是一个需要重点考虑的问题。

（3）耗电量大。目前的大型商场由于建筑采光问题，所以内部主要靠各式各样的照明设施来满足需要，用电比较集中且耗电大。大型商场的内部温度和空气要求比较高，夏天、冬天主要靠空调系统来保持恒温需求，商场的空气质量主要靠通风设施来实现，空调的制热和通风运转基本来自于电能，在大型商场整体用电负荷中所占的比例较大。

（4）负荷波动大。大型商场的负荷波动大，日曲线变化明显。白天随着人流量的不断增加，用电设备的大量使用，使得电流急剧增加、负荷增加，晚上 22：00 左右后商场关闭，除消防监控等设备还在运行，其他的电气设备基本全部停止工作，负荷急剧下降。

四、停电后果

1. 突然断电对商场灯光照明系统的影响

由于现代化商场为了最大化地利用空间，商场的自然采光严重不足。为了提高商场的档次，商场的照明基本上全部是靠各种照明设施来满足需要的，从柜台到墙、柱、顶棚到商场外墙的广告，到处都布满了照明灯具。如果突然停电，将会使整个商场的照明设施瘫痪，商场处于一片漆黑的状态，整个商场无法营业，致使商家不能够经营，造成一定的经济损失。同时由于突然停电，商场里的大量人员感到紧张，会蜂拥至商场的出口，造成人员秩序混乱，甚至发生人员拥挤、踩踏事故。由于人员的拥挤无序和光线不足，加大了商场偷窃被盗事件的发生，给顾客个人的财产以及商场商家造成一定的经济损失。

2. 突然断电对商场电梯系统的影响

商场的电梯一般分为两种：一种是自动扶梯，属于开放式的；还有一种就是客用电梯或货物用电梯，属于封闭式垂直运输。商场的主要上下楼的通道基本上是电梯，楼梯一般仅作为消防通道，如果突然停电，将会导致电梯突然停止运行。如果是自动扶梯，突然停电，可能使扶梯上的人员由于惯性而摔倒，造成人员伤亡。客用电梯或者货运电梯如果突然停电，可能导致人员被困于电梯内，电梯的通风一般靠机械通风，由于通风不良以及人员的焦虑，可能使人员身心受到伤害。由于人员被困电梯后的急躁，没等商场工作人员以及电梯维修人员的到来，可能会强行打开电梯门，而发生人员跌落电梯井事故。

---

❶　一类高层是指 18 层以上的居住建筑（高度到 50m 以上的商业建筑）。

❷　二类高层是指 18 层以下的居住建筑（高度到 50m 以下的商业建筑）。

3. 突然断电对商场消防用电系统的影响

消防系统关系到整个商场发生火灾事故后能否及时的发现，从而有效的施救，将损失降到最小，因此商场的消防用电的可靠性至关重要。由于商场的商品有很多的易燃物和可燃物，如服装鞋帽、纺织品、工艺美术品等，一些商品即使是不燃材料制成，但其包装箱、盒却都是可燃物品，更有一些商品属于易燃易爆化学危险物品，如指甲油、摩丝、酒精、赛璐珞制品等。现代大型商场为了商品快速周转和便利销售，往往前店后库、前柜后库，整个商场储存了大量的商品。另外大型商场的装修材料、柜台、货架等也常采用可燃材料。如果商场的消防系统突然停电，商场此时如果发生火灾事故，将无法进行施救，商场的人员众多，火势将很快蔓延，给人员的疏散以及外来消防人员的救援带来很大的困难，将会给商场造成巨大的财产损失和人员的伤亡。

4. 突然断电对商场收银系统用电、监控系统的影响

现代化商场的交易一般都是有固定的收银系统，顾客须到固定的场所进行刷卡或者现金付账，商场进行统一的管理，如果突然停电，可能导致收银系统瘫痪，只能由收银员人工进行收费，且很多的刷卡消费不能进行，这就让商场损失了很多顾客，从而给商场的销售造成一定的损失。

由于现代化商场为了防止发生贵重商品被盗事件，在很多场所安装了监控设施，一旦突然停电，这些监控设施将无法运行，这样就加大了商场的安保难度，发生顾客和商场被盗事件的概率就会加大，从而给顾客和商场造成了一定的经济损失。

商场里的很多电气商品，如空调、电脑、冰箱等，顾客在挑选和选购时都要进行实际的操作和感受，这样就需要很多的临时用电电源，如果突然停电，这些电器商品将无法为顾客进行体验，将会损失一部分顾客，从而给商家的销售造成一定经济损失。

五、电源配置

大型商场具有特别重要负荷、一级负荷、二级负荷。根据《民用建筑电气设计规范》（JGJ 16—2008）规定，应由两个电源供电，且上级电源应来自两个不同的变电站，当一个电源发生故障时，另一个电源不应同时受到损坏。同时供电的两回线路电源，其中一回路中断供电时，其余线路应能满足全部一级负荷及全部或部分二级负荷的供电、两路电源应考虑同时供电、低压互为备用、重要负荷低压末端切换。

《供配电系统设计规范》（GB 50052—2009）和国家电力监管委员会《关于加强重要电力用户供电电源及自备应急电源配置监督管理的意见》（电监安全〔2008〕43 号）明确规定，一级负荷中特别重要负荷应增设自备应急电源，并严禁将其他负荷接入应急供电。大型商场的消防备用、应急照明电源宜考虑采用柴油发电机，在紧急停电后能够迅速地起动备用电源，以保证消防系统等特别重要负荷的正常使用。

六、某大型商场突发停电案例

2010 年 9 月 25 日晚，某市大型商场内部突然停电，整个商场照明设施瘫痪、收银系统瘫痪、自动扶梯全停，通风系统全停，随后商场内顾客秩序出现混乱，在拥挤中出现踩踏事故，造成 4 人重伤，1 人经医院抢救无效死亡。

1. 基本情况

该市大型商场为当地政府认定的重要电力用户，商场配电系统主接线如图 10 - 14 所示。它有一个 10kV 配变电站，供电电压为 10kV，双电源供电，正常运行方式为两路常供，一台 1250kVA 变压器，一台 1000kVA 主变压器，合计容量 2250kVA。商场内部有一台 50kW 的柴油发电机，电源切换点在 2 号主变压器低压母线发电机专用切换柜侧，主要承担商场收银系统、

监控系统的应急保障供电。

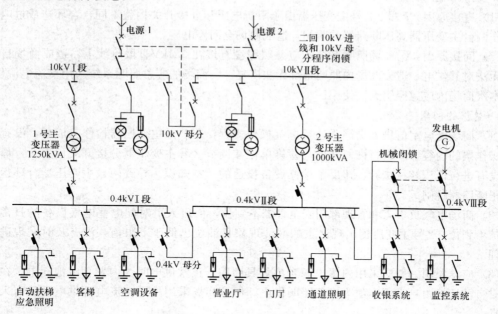

图 10 - 14 商场配电系统主接线图

2. 事故经过

2010 年 9 月 18 日，供电企业用电检查人员在下厂检查时发现该大型商场 2 号主变压器严重漏油，油位指示明显低于下限值，于是立即开具了设备缺陷通知单，要求商场尽快进行消缺，针对该问题商场非常重视，立即联系检修单位并确定了施工时间，9 月 25 日 14：00，检修单位来到商场处理 2 号主变压器漏油问题。

商场配电室值班员在减负荷后将 2 号主变压器改为检修状态，合上 0.4kV 母分断路器，利用 1 号主变压器带 0.4kV Ⅰ、Ⅱ 段母线的用电负荷，然后许可检修单位进行工作。检修单位在拆开变压器盖板后发现变压器橡胶垫已严重老化，无法继续使用必须更换。检修单位由于没有该型号的变压器橡胶垫，只能到处打听，最后获悉当地某县一个变压器厂家有该型号橡胶垫，于是立即派人前往购买，18：50，变压器橡胶垫被送到商场，检修单位立即进行更换处理，在处理中，商场值班员告知检修人员平时用电时 0.4kV 母线电压偏低，要求检修人员调节 2 号主变压器无载调压挡位，检修人员将变压器分接开关从二挡调到一挡。

19：30，所有检修工作完成，工作票结束后值班员进行操作，首先将 2 号变压器改为热备用状态，然后按照顺序逐一合上投入主变压器高压侧断路器和低压侧断路器，在投入 2 号主变压器低压侧断路器后没多久，突然出现跳闸，整个商场全部失电。停电后，整个商场照明设施瘫痪、收银系统瘫痪、自动扶梯全停，通风系统全停。值班员发现停电后，因一时无法查明跳闸原因，所以只能起动自备应急电源，19：45，发电机起动成功带上负荷，商场收银系统、监控系统恢复供电，但是照明系统不在 0.4kV Ⅲ 段母线，所以无法恢复供电。停电 20min 后，商场内顾客秩序已是一片混乱，人员拥挤中有 4 人被挤倒踩伤，1 人经医院抢救无效死亡。

自备电源起动后，检修单位配合值班员立即检查跳闸原因，发现 1 号、2 号主变压器高压柜过电流保护动作，然后还发现 1 号主变压器阻抗电压 6.55%，分接开关挡位在三挡，2 号主变压器阻抗电压为 5.80%，分接开关挡位检修时被调到一挡。由于两台主变压器的阻抗电压不同，分接开关挡位不同，低压合环后产生很大的环流电流，造成高压断路器过电流跳闸。

3. 事故原因

（1）直接原因：1号、2号主变压器由于阻抗电压和分接开关挡位不同，合环造成过电流保护动作两台主变压器高压断路器均跳闸，造成商场全面停电。

（2）间接原因：①商场照明系统和应急照明没有接在 0.4kV Ⅲ 段母线上，造成商场自备发电机无法对其供电，造成商场内照明系统无法恢复。②商场的应急照明系统采用交流电源供电，造成本次商场内应急照明无法使用。

4. 暴露的问题

（1）商场配电室值班人员严重违反电气操作规程，在 2 号主变压器检修完成后，没有按照典型操作票的内容要求进行恢复送电，检修单位在调节 2 号主变压器分接开关位置后，母线带电后没有进行低压核相试验，违反了检修设备投运的基本知识。导致两台主变压器合环运行引起高压断路器跳闸。

（2）商场电气负责人和管理部门安全管控不到位，值班人员对配电室电气设备的日常巡视和维护不到位，2 号主变压器出现严重的漏油现象且油位已低于下限值，没有及时发现进行消缺处理。

（3）应急照明一般应采用内置电源自力灯具照明，正常供电时为内置蓄电池充电，在市电故障时自动切换由自带蓄电池为应急照明供电。但该商场采用的是交流电源供电而没有采用自力灯具。

（4）自备柴油发电机虽然按照《民用建筑电气设计规范》（JGJ 16—2008）的规定保证了特别重要负荷供电，但是商场的应急照明直接会影响到公共安全，所以应急照明也应该纳入应急发电机的供电范围。

（5）商场出现全面停电后，没有采取非电性质的应急疏散措施来保证顾客的人身安全和商场的财产安全，造成场面失去控制，出现人身伤亡事故。

5. 防范措施

（1）加强值班电工的日常理论和技能培训，熟悉电气设备性能和操作原理，熟悉电气设备故障排查和处理。检修单位应加强检修人员的日常理论培训，熟悉电气设备投运要求和起动试验内容。

（2）商场电气负责人应增强责任心，并加强日常的安全管控，督促配电室值班人员做好日常的巡视和检查，发现缺陷及时处理，同时做好日常电气设备的维护工作。

（3）商场应急疏散照明和疏散标志灯应满足应急作用的特殊要求，应采用自力灯具内置电源或集中式蓄电池供电。应急照明的转换时间和持续工作时间应满足：疏散照明和疏散标志灯的转换时间不应大于 15s，工作时间不宜小于 30min。

（4）商场的应急照明直接会影响到公共安全，所以应急照明也应该纳入应急发电机的供电范围。将商场的应急照明回路改接至 0.4kV Ⅲ 段母线，在市电失去的情况下，采用自备柴油发电机电源为应急照明供电。

（5）商场应编制详细的突发停电内部应急预案，明确停电后的应急措施和人员疏散程序，并定期开展事故停电现场实战模拟预演，及时发现操作中存在的不足和缺陷予以弥补，理论联系实际，不断提高突发事件的应急能力。

【思考与练习】

1. 用电企业的电力负荷是如何分级的？

2. 简述用电企业的主接线方式和运行方式种类。

3. 电力负荷对其供电电源有哪些要求？

4. 按照允许中断供电的时间可分别选择哪些应急电源？

5. 简述单电源、双电源、双回线路的概念。

6. 供电电源与自备应急电源之间的切换方式有哪些？

7. 简述生产企业供配电系统的基本要求。

8. 简述自动投入装置应符合的基本要求。

参　考　文　献

[1] 四川省电力公司 . 供电企业高危和重要客户安全隐患辨识及防控措施 . 北京：中国电力出版社，2010.

[2] 李珞新 . 行业用电分析 . 北京：中国电力出版社，2002.